MANUEL PRATIQUE

D'EXPLOITATION DES MINES

BIBLIOTHÈQUE DES ACTUALITÉS INDUSTRIELLES N° 146.

MANUEL PRATIQUE

D'EXPLOITATION DES MINES

PAR

ARNOLD LUPTON

Ingénieur des Mines,
Ancien professeur d'Exploitation des Mines,
Directeur et Inspecteur de Charbonnages,
Membre de l'Institut of Civil Engineers.

ÉDITION FRANÇAISE ADAPTÉE

PAR

DANIEL BELLET

Ancien Directeur de la Revue Minéralurgique,
Professeur à l'École des Sciences politiques,
Correspondant de l'Engineering.

AVEC 569 FIGURES DANS LE TEXTE

PARIS

LIBRAIRIE BERNARD TIGNOL

PUBLICATIONS DE LA

Librairie de l'École Centrale des Arts et Manufactures

53 bis, QUAI DES GRANDS-AUGUSTINS, 53 bis

PRÉFACE

Ce livre est destiné aux commençants ; mais il leur donne un instrument de travail très complet, quoique d'intelligence très facile ; et l'auteur s'est bien rendu compte que son livre pouvait rendre de grands services pratiques à une foule de gens, en dépit de l'espace matériellement très restreint ou il voulait faire tenir tous les enseignements qu'il désirait mettre à la disposition de ceux qui ont besoin d'acquérir des connaissances d'ensemble, aussi pratiques que possible, sur l'exploitation des minéraux en général ou des minerais. M. Lupton a été vingt-cinq ans Directeur d'exploitations minières, et il fait profiter le lecteur de l'expérience qu'il a pu acquérir.

Partout où il n'avait pas une documentation personnelle complète, il a su mettre à contribution les hommes les plus autorisés de tous les pays, depuis Reumaux jusqu'à Galloway ou Reuben Smallman.

Dans ces conditions, il nous a semblé qu'une édition de ce livre serait intéressante et utile entre les mains du public fran-

çais. Plutôt que traduction disons adaptation ; c'est qu'en effet nous nous sommes permis de résumer, d'une main très légère, quelques passages du livre un peu trop ardus, ou qui s'adressaient plus spécialement aux lecteurs anglais ; dans ce même esprit, nous avons remplacé parfois des détails se rapportant uniquement à l'exploitation des mines en Grande-Bretagne par les détails correspondants relatifs à la France ; mais, sauf ces quelques points qui s'imposaient, nous avons essayé de conserver le caractère du livre pour qu'on y sente bien la personnalité de l'auteur, nous avons tenu à disparaître personnellement, autant que nous l'avons pu.

Bien entendu, nous avons converti les mesures anglaises en mesures françaises, pour faciliter la compréhension du texte, et aussi l'usage pratique des formules et des tableaux fort intéressants fournis par l'auteur. Dans ce travail nous avons été fort heureux de trouver le concours précieux et éclairé d'un ingénieur des plus distingués, M. Alfred Dubois ; il avait été frappé de l'originalité du livre de M. Lupton, et il s'est associé à la tâche que nous avions entreprise de le faire connaître au public français. Nos lecteurs lui en seront reconnaissants comme nous-même.

Nous avons maintenu sans les modifier presque toutes les figures de l'édition anglaise, afin de laisser à l'ouvrage son caractère original. Souvent, cependant, la légende explique certains des mots anglais portés dans le dessin. Aussi bien il nous a semblé utile, étant donnée l'importance de l'exploitation minière dans les pays de langue anglaise, eu égard à l'influence que la terminologie anglaise a prise dans cette exploitation et dans son langage, que nos lecteurs puissent s'initier avec les mots les plus usuels de cette terminologie. Nous donnons, du reste, en tête de ce livre un répertoire som-

maire des termes usités dans le langage minier avec leur explication française et espagnole.

Ce livre ne remplacera pas les traités magistraux que tout le monde connaît; mais il facilitera l'initiation des étudiants et des prospecteurs, et constituera un Manuel pratique, clair et précieux pour tout le monde.

D. B.

VOCABULAIRE ANGLAIS-FRANÇAIS-ESPAGNOL

DES PRINCIPAUX TERMES USITÉS DANS L'INDUSTRIE MINIÈRE

Anglais.	Français.	Espagnol.
Adit level.	Galerie d'accès, d'écoulement.	Socabon.
Air shaft.	Puits d'aérage.	Lumbrera.
Alluvial deposits.	Alluvions.	Aluviones.
Ascending steps.	Tailles montantes.	Tajos ascendentes.
Attle, addle, deads.	Déblais de mines.	Dasmontes, aterros, ripios.
Ball pulveriser.	Broyeurs à boulets.	Molino de bolas.
Basket skep.	Couffin, couffade.	Cesto, cesta, capacho.
Bead cut.	Veine en chapelet.	Huevo.
Bed.	Gisement en couche.	Manto capa.
Bed seam.	Couche de terrain.	Capa.
Bed rock.	Roche stérile.	Roca esteril.
Black jack.	Blende.	Blenda.
Blind lode.	Filon sans affleurement visible.	Filon crestones.
Blow.	Elargissement de filon.	Ensanchamiento de veta.
Bore hole.	Trou de sondage.	Taladro de sondeo.
Bored shaft.	Puits de sonde.	Pozo de indagación.
Bore hole, drill hole.	Trou de mine.	Taladro de mina.
Boring.	Forage, sondage.	Taladro, sondeo.
Brattice.	Canard soufflant.	Caño soplante.
Breaking, getting.	Abatage.	Derribo, arranque.
Bucket hibble.	Benne d'extraction.	Espuerta, esporton, jaula.
Bucking, cobbing.	Scheidage.	Machado, machaqueo.
Bunch pocket of ore bonanza.	Poche de minerais.	Bolsonada.
Counterlode.	Filon croiseur.	Crucero.
Chute, shoot run.	Couloir de mine.	Rumbadero, coladero.

Anglais.	Français.	Espagnol.
Clay.	Argile.	Arcilla, marga.
Coal.	Houille.	Hulla, carbon de piedra.
Coal-cutter.	Haveuse.	Socavadora.
Colliery.	Charbonnage.	Hullera.
Concentrates.	Concentrés.	Concentrados.
Concrete.	Béton.	Hormigon.
Contact lode.	Filon de contact.	Veta de contacto.
Core.	Carotte, noyau.	Nucleo.
Crop, bucking ore.	Minerai riche.	M. rico.
Cross-cut.	Travers-banc.	Travez cajas, cruzada.
Cross spur, counter lode.	Filon de quartz croiseur.	Crucero de cuarzo.
Crushed ore.	Minerai broyé.	Granza.
Crushing-mill, pulveriser.	Broyeur.	Triturador.
Cutting down.	Elargissement de puits.	Ensanche de pozo.
Dam, weir, cofferdam.	Barrage.	Dique, tapon.
Descending steps.	Tailles descendantes.	Tajos descendientes.
Dip.	Couche inclinée.	Inclinacion de un manto, capa.
Dislocator.	Filon rejeteur.	Veta dislocadora.
Downcast.	Puits de descente.	Pozo, tiro de descenso.
Drift, drive.	Galerie en filon ou d'allongement.	Testera.
Drusy.	Druse.	Drusa, bolsa.
Dyki, channel.	Filon stérile.	Macho dique.
Fault.	Faille.	Falla, quiebra.
Faute, slide.	Fente.	Grieta.
Feeder.	Veine minéralisée en filon	Cordon mineralizado, **gula**.
Fire clay.	Argile réfractaire.	Arcilla refractaria.
Fire damp.	Grisou.	Grisu.
Floor, horizontal lode.	Filon couché (plateur).	Veta de sombra, manto.
Foot wall under clay.	Mur d'un gisement.	Muro yacente.
Gallery drift gate.	Galerie.	Galeria.
Gangue, stuff.	Gangue.	Ganga matriz.
Gate way.	Galerie de roulage.	Galeria de rodaje.
Goaf.	Débris, remblais.	Residuos, rellenos, terreros.
Gold.	Or.	Oro.
Ground sill	Boisage.	Solera.
Hade, inclination.	Pendage.	Buzamiento, inclinación.
Hanging wall.	Toit de filon.	Techo pendiente.
Heading.	Cunette, galerie d'avancement.	Cuneta, galeria de dirección.
Hoisting rope.	Câble d'extraction.	Cable de extracción.
Hole.	Trou.	Hogo, tronera.
Horizontal bed ore.	Couche horizontale.	Rumbadero, coladero.
Horse level.	Voie exploitée par chevaux.	Via servida por caballos.
Incline lode.	Filon penché.	Veta de cajon.
Inlet.	Entrée, admission.	Entrada, admisión.
Intake.	Arrivée.	Llegada, arribo.

Anglais.	Français.	Espagnol.
Iron tubbing.	Cuvelage en fer.	Blindage.
Iron ore.	Minerai de fer.	Mineral de hierro.
Jig.	Laveur à crible à mouvement vertical.	Lavadero con cernidor, cuba.
Jumper.	Fleuret.	Florete, broca.
Ladder.	Echelle de mine.	Escala de mina.
Level.	Niveau souterrain étage.	Nivel, piso, plan.
Lime.	Chaux.	Cal.
Limestone.	Roche calcaire.	Yacimiento.
Long walls continuous face.	Exploitation par grandes tailles.	Mazicos grandes tajos.
Low grade, ore raff, leavings.	Minerai pauvre.	M. pobre.
Main lode, mother lode.	Filon principal.	Veta madre.
Mineral vein lode.	Filon minéralisé	Criadero veta filon.
Monkey shaft rise, raise.	Cheminée, montage.	Chiflon, chimenea.
Mouth of a shaft.	Orifice de puits	Boca del pozo, bocamina.
Mouth of the pit or adit.	Entrée de mine ou de puits.	Bocamina.
Outlet.	Sortie, issue, échappement.	Salida, escapa.
Open cut quarry.	Exploitation à ciel ouvert.	Labores a roca abierta, tajo abierta.
Open ore.	Minerai de surface.	M. de cogollos de creston.
Ore.	Minerai.	Mineral.
Outcrop, blossoming.	Affleurement.	Afloramiento, crestones.
Overhead stoping.	Dépilage par gradins renversés.	Charca.
Overhand stoping, back stoping, overhead stoping.	Exploitation par gradins renversés.	Trabajo de cielo ó de testeras, testeras.
Pack-wall.	Exploitation par remblais.	Explotatión por rollenos.
Panels work.	Exploitation par piliers.	Labores por cuadros.
Pillar.	Pilier.	Pilar.
Pinching, pinching out.	Etranglement de filon.	Estrechamiento del filon.
Pipe.	Tuyau.	Cañon, tubo.
Pit.	Puits, fosse.	Pozo.
Pudding stone.	Conglomerat.	Conglomerado.
Pulley.	Poulie.	Polea.
Pump shaft, engine pit.	Puits d'épuisement.	Pozo de desague.
Quarry.	Carrière.	Cantera.
Reef.	Filon de quartz.	Veta de cuarzo.
Refuge hole.	Evitement.	Recodo.
Return road.	Voie de retour.	Via de regreso.
Ripcast.	Puits démonté, d'évacuation.	Pozo de subida, de evacuación.
Roasting.	Grillage.	Tostada, tostión.
Roasting furnace.	Four de grillage.	Horno de tostar.
Rob, robbing.	Dépilage.	Despilado.
Rod.	Tige de sondage.	Varilla de sonda.
Roof.	Plafond de galerie, toit.	Techo, cielo.
Rope.	Corde, câble.	Cuerda, cable.
Sand, gravel.	Sable.	Arena.
Seam.	Gite, veine, filon.	Yacimiento, veta, filon.

Anglais.	Français.	Espagnol.
Shaft.	Puits.	Pozo, tiro.
Shale.	Schiste.	Esquista.
Shooting place.	Chantier d'abatage.	Trabajo de arranque.
Silver.	Argent.	Plata.
Slate.	Ardoise.	Pizarra.
Smelting furnace.	Four de fusion.	Horno de fundición.
Solid coal.	Charbon massif.	Carbon, micizo, grueso.
Spotty or bunchy ore.	Mineral en poches ou rognons.	M. de bolsadas, de bolsones.
Stone.	Pierre.	Piedra.
Stone drift.	Galerie rocheuse.	Galeria en roca.
Stone tubbing.	Cuvelage en maçonnerie.	Encubado de manposteria.
Stope, stoping.	Chantier en gradins.	Trabajo de bancos.
Swell, belly.	Renflement de filon.	Bolsonada.
Tailings.	Résidus de traitement.	Residuos.
Tamping, stemming.	Bourrage de mine.	Taco.
Thick, thickness.	Epaisseur (de filon).	Potencia, espesor.
Timbering.	Boisage.	Enmaderado.
Tubbing.	Cuvelage.	Apeo.
Tubbings wedges.	Picotage, picots.	Cuñas de apeo.
Underground workings.	Fond d'une mine.	Fondo, labores subterraneas.
Underhand stoping.	Dépilage par gradins droits.	Rebaje.
Underhand stoping bottom, stoping, overhead stope-work.	Exploitation par gradins droits.	Trabajo de banca, bancos rebaje.
Vein.	Veine.	Vena, veta.
Vertical lode.	Filon vertical.	Veta de resbalon.
Walling.	Muraillement.	Mamposteria abbañebria.
Walls.	Epontes.	Raspaldos hastiales.
Waste heaps.	Haldes.	Acopios.
Water bucket.	Benne à eau.	Cuba, caja.
Wind gate, wind-way.	Galerie d'aérage.	Galeria de ventilación, socabon.
Winding.	Extraction, enroulement.	Extracción.
Windingshaft.	Puits d'extraction.	Pozo de extracción, tiro.
Winze.	Descenderie.	Coladero, calderilla.
Wire rope.	Câble porteur aérien.	Andarivel, cable aero.
Wood tubbing.	Cuvelage en bois.	Entibado.

LÉGISLATION FRANÇAISE DES MINES

Loi du 21 avril 1810 concernant les Mines, les Minières et les Carrières (1).

Des Mines, Minières et Carrières.

ARTICLE PRÉMIER. — Les masses de substances minérales ou fossiles, renfermées dans le sein de la terre ou existantes à la surface, sont classées, relativement aux règles de l'exploitation de chacune d'elles, sous les trois qualifications de mines, minières et carrières.

ART. 2. — Seront considérées comme mines celles connues pour contenir en filons, en couches ou en amas, de l'or, de l'argent, du platine, du mercure, du plomb, du fer en filons ou couches, du cuivre, de l'étain, du zinc, de la calamine, du bismuth, du cobalt, de l'arsenic, du manganèse, de l'antimoine, du molybdène, de la plombagine ou autres matières métalliques, du soufre, du charbon de terre ou de pierre, du bois fossile, des bitumes, de l'alun et des sulfates à base métallique.

ART. 3. — Les minières comprennent les minerais de fer dits d'alluvion, les terres pyriteuses propres à être converties en sulfate de fer, les terres alumineuses et les tourbes.

(1) Avec les modifications apportées aux articles 57-58 par la loi du 9 mai 1866 et aux articles 11-23-26-42-43-44-50-78-81-82 par la loi du 28 juillet 1880 et aux articles 33 à 40 par la loi de finances de 1910.

ART. 4. — Les carrières renferment les ardoises, les grès, pierres à bâtir et autres, les marbres, granits, pierres à chaux, pierres à plâtre, les pouzzolanes, le trass, les basaltes, les laves, les marnes, craies, sables, pierres à fusil, argiles, kaolin, terres à foulon, terres à poterie, les substances terreuses et les cailloux de toute nature, les terres pyriteuses regardées comme engrais, le tout exploité à ciel ouvert ou avec des galeries souterraines.

De la propriété des Mines.

ART. 5. — Les mines ne peuvent être exploitées qu'en vertu d'un acte de concession délibéré en Conseil d'État.

ART. 6. — Cet acte règle les droits des propriétaires de la surface sur le produit des mines concédées.

ART. 7. — Il donne la propriété perpétuelle de la mine, laquelle est dès lors disponible et transmissible comme tous autres biens, et dont on ne peut être exproprié que dans les cas et selon les formes prescrits pour les autres propriétés, conformément au Code Napoléon et au Code de procédure civile. Toutefois une mine ne peut être vendue par lots ou partagée, sans une autorisation préalable du Gouvernement donnée dans les mêmes formes que la concession.

ART. 8. — Les mines sont immeubles.

Sont aussi immeubles, les bâtiments, machines, puits, galeries et autres travaux établis à demeure, conformément à l'article 524 du Code Napoléon.

Sont aussi immeubles par destination, les chevaux, agrès, outils et ustensiles servant à l'exploitation.

Ne sont considérés comme chevaux attachés à l'exploitation, que ceux qui sont exclusivement attachés aux travaux intérieurs des mines.

Néanmoins les actions ou intérêts dans une société ou entreprise pour l'exploitation des mines seront réputés meubles, conformément à l'article 523 du Code Napoléon.

ART. 9. — Sont meubles, les matières extraites, les approvisionnements et autres objets mobiliers.

De la Recherche et de la Découverte des Mines.

Art. 10. — Nul ne peut faire des recherches pour découvrir des mines, enfoncer des sondes ou tarières sur un terrain qui ne lui appartient pas, que du consentement du propriétaire de la surface, ou avec l'autorisation du Gouvernement, donnée après avoir consulté l'administration des mines, à la charge d'une préalable indemnité envers le propriétaire et après qu'il aura été entendu.

Art. 11. — Nulle permission de recherches ni concession de mines ne pourra, sans le consentement du propriétaire de la surface, donner le droit de faire des sondages, d'ouvrir des puits ou galeries, ni d'établir des machines, ateliers ou magasins dans les enclos murés, cours et jardins.

Les puits et galeries ne peuvent être ouverts dans un rayon de 50 mètres des habitations et des terrains compris dans les clôtures murées y attenantes, sans le consentement des propriétaires de ces habitations.

Art. 12. — Le propriétaire pourra faire des recherches, sans formalité préalable, dans les lieux réservés par le précédent article, comme dans les autres parties de sa propriété; mais il sera obligé d'obtenir une concession avant d'y établir une exploitation. Dans aucun cas, les recherches ne pourront être autorisées dans un terrain déjà concédé.

De la préférence à accorder aux Concessions.

Art. 13. — Tout Français, ou tout étranger naturalisé ou non en France, agissant isolément ou en société, a le droit de demander et peut obtenir, s'il y a lieu, une concession de mines.

Art. 14. — L'individu ou la société doit justifier des facultés nécessaires pour entreprendre et conduire les travaux, et des moyens de satisfaire aux redevances, indemnités, qui lui seront imposées par l'acte de concession.

Art. 15. — Il doit aussi, le cas arrivant de travaux à faire sous des maisons ou lieux d'habitation, sous d'autres exploitations ou dans leur voisinage immédiat, donner caution de payer toute indemnité, en cas d'accident : les demandes ou oppositions des intéressés seront, en ce cas, portées devant nos tribunaux et cours.

ART. 16. — Le Gouvernement juge des motifs ou considérations d'après lesquels la préférence doit être accordée aux divers demandeurs en concession, qu'ils soient propriétaires de la surface, inventeurs ou autres.

En cas que l'inventeur n'obtienne pas la concession d'une mine, il aura droit à une indemnité de la part du concessionnaire ; elle sera réglée par l'acte de concession.

ART. 17. — L'acte de concession, fait après l'accomplissement des formalités prescrites, purge, en faveur du concessionnaire, tous les droits des propriétaires de la surface et des inventeurs, ou de leurs ayants droit, chacun dans leur ordre, après qu'ils ont été entendus ou appelés légalement, ainsi qu'il sera ci-après réglé.

ART. 18. — La valeur des droits résultant en faveur du propriétaire de la surface, en vertu de l'article 6 de la présente loi, demeurera réunie à la valeur de ladite surface et sera affectée avec elle aux hypothèques prises par les créanciers.

ART. 19. — Du moment où une mine sera concédée, même au propriétaire de la surface, cette propriété sera distinguée de celle de la surface, et désormais considérée comme propriété nouvelle, sur laquelle de nouvelles hypothèques pourront être assises, sans préjudice de celles qui auraient été ou seraient prises sur la surface et la redevance, comme il est dit à l'article précédent.

Si la concession est faite au propriétaire de la surface, ladite redevance sera évaluée pour l'exécution dudit article.

ART. 20. — Une mine concédée pourra être affectée, par privilège, en faveur de ceux qui, par acte public et sans fraude, justifieraient avoir fourni des fonds pour les recherches de la mine, ainsi que pour les travaux de construction ou confection de machines nécessaires à son exploitation, à la charge de se conformer aux articles 2.103 et autres du Code Napoléon, relatifs aux privilèges.

ART. 21. — Les autres droits de privilège et d'hypothèque pourront être acquis sur la propriété de la mine, aux termes et en conformité du Code Napoléon, comme sur les autres propriétés immobilières.

De l'obtention des Concessions.

ART. 22. — La demande en concession sera faite par voie de simple pétition adressée au préfet, qui sera tenu de la faire enregistrer à sa date sur un registre particulier, et d'ordonner les publications et affiches dans les dix jours.

ART. 23. — L'affichage aura lieu pendant deux mois aux chefs-lieux du département et de l'arrondissement où la mine est située, dans la commune où le demandeur est domicilié et dans toutes les communes sur le territoire desquelles la concession peut s'étendre : les affiches seront insérées, deux fois et à un mois d'intervalle, dans les journaux du département et dans le *Journal officiel*.

ART. 24. — Les publications des demandes en concession de mines auront lieu devant la porte de la maison commune et des églises paroissiales et consistoriales, à la diligence des maires, à l'issue de l'office, un jour de dimanche, et au moins une fois par mois pendant la durée des affiches. Les maires seront tenus de certifier ces publications.

ART. 25. — Le secrétaire général de la préfecture délivrera au requérant un extrait certifié de l'enregistrement de la demande en concession.

ART. 26. — Les oppositions et demandes en concurrence seront admises devant le préfet jusqu'au dernier jour du second mois à compter de la date de l'affiche. Elles seront notifiées, par actes extrajudiciaires, à la préfecture du département, où elles seront enregistrées sur le registre indiqué à l'article 22. Elles seront également notifiées aux parties intéressées, et le registre sera ouvert à tous ceux qui en demanderont communication.

ART. 27. — A l'expiration du délai des affiches et publications, et sur la preuve de l'accomplissement des formalités portées aux articles précédents, dans le mois qui suivra au plus tard, le préfet du département, sur l'avis de l'ingénieur des mines et après avoir pris des informations sur les droits et les facultés des demandeurs, donnera avis, et le transmettra au ministre de l'Intérieur.

ART. 28. — Il sera définitivement statué sur la demande en concession par un décret impérial délibéré en Conseil d'État.

Jusqu'à l'émission du décret, toute opposition sera admissible devant le ministre de l'Intérieur ou le secrétaire général du Conseil d'État ; dans ce dernier cas, elle aura lieu par une requête signée et présentée par un avocat au conseil, comme il est pratiqué pour les affaires contentieuses ; et dans tous les cas, elle sera notifiée aux parties intéressées.

Si l'opposition est motivée sur la propriété de la mine, acquise par concession ou autrement, les parties seront renvoyées devant les tribunaux et cours.

ART. 29. — L'étendue de la concession sera déterminée par l'acte de concession : elle sera limitée par des points fixes, pris à la surface du sol et passant par des plans verticaux menés de cette surface dans l'intérieur de la terre à une profondeur indéfinie, à moins que les circonstances et les localités ne nécessitent un autre mode de limitation.

ART. 30. — Un plan régulier de la surface, en triple expédition, et sur une échelle de 10 millimètres pour 100 mètres, sera annexé à la demande.

Ce plan devra être dressé ou vérifié par l'ingénieur des mines, et certifié par le préfet du département.

ART. 31. — Plusieurs concessions pourront être réunies entre les mains du même concessionnaire, soit comme individu, soit comme représentant une compagnie, mais à la charge de tenir en activité l'exploitation de chaque concession.

Des obligations des propriétaires de mines.

ART. 32. — L'exploitation des mines n'est pas considérée comme un commerce, et n'est pas sujette à patente.

ART. 33 à 40. — Les redevances fixes et proportionnelles, que les concessionnaires des mines sont tenus de payer à l'État d'après la loi du 21 avril 1810, sont, à dater du 1er janvier 1910, réglées de la manière suivante :

Redevance fixe.

La redevance fixe est calculée à raison de 50 centimes par hectare compris dans l'étendue de chaque concession.

Cette redevance est réduite à 15 centimes par hectare pour les concessions de mines de combustibles dont le périmètre n'est pas supérieur à 300 hectares et le revenu net à 1.500 francs, à la condition que le combustible produit par ces mines soit habituellement employé au chauffage domestique dans un rayon de 30 kilomètres.

Elle n'est due qu'à partir du 1er janvier de la troisième année qui suit celle au cours de laquelle le décret de concession est intervenu.

Redevance proportionnelle.

La redevance proportionnelle est calculée, chaque année, à raison de 6 0/0 du produit net de l'exploitation de la concession pendant l'année précédente, dont 5 0/0 au profit de l'État et 1 0/0 au profit des communes.

Sont comprises dans l'évaluation du produit net toutes les opérations commerciales ou industrielles consécutives et accessoires à l'exploitation. Ces opérations ne sont pas soumises à la contribution des patentes.

Lorsque la concession est exploitée par une société par actions ayant ou non adopté la forme commerciale ou par une société en commandite ou à parts d'intérêts dont les dividendes sont déterminés par les délibérations des conseils d'administration ou des assemblées générales des associés, et si l'exploitation de la mine forme l'objet principal de la société, le produit net imposable est forfaitairement égal au montant total des sommes distribuées, au cours de l'exercice qui a précédé l'année de l'imposition, aux actionnaires et porteurs de parts, sous la forme de dividendes ou de toute répartition autre que le remboursement total ou partiel du capital.

Toutefois, si l'objet principal de la société est le partage en nature des produits de la concession entre les associés, ou si la mine est manifestement l'accessoire d'une autre industrie, le produit net continuera à être déterminé par l'évaluation adminis. trative.

Le montant total des sommes distribuées comme il est dit ci-dessus sera déterminé au vu des documents déposés à l'administration de l'enregistrement pour le payement de la taxe de 4 0/0 sur le revenu des valeurs mobilières.

Est rendu applicable, en ce cas, l'exercice, par cette administration, du droit de communication qui lui est conféré par les lois existantes pour le recouvrement de cette taxe au siège des sociétés ayant émis des titres d'actions ou d'obligations négociables.

Si la société exploite plusieurs concessions et si cette exploitation est son objet principal, elle est imposée pour l'ensemble des concessions ainsi exploitées au lieu principal de l'exploitation.

Redevance communale.

La fraction de la redevance proportionnelle perçue au profit des communes sera divisée en deux portions égales.

La première sera attribuée pour chaque concession de mines ou chaque société minière aux communes sur le territoire desquelles fonctionnent les exploitations assujetties; et, au cas où il y aurait plusieurs communes intéressées, elle sera répartie pro. portionnellemont au principal de la contribution foncière de la propriété bâtie pour lequel l'exploitant figure sur le rôle de chacune d'elles.

La seconde portion formera pour l'ensemble de la France un fonds commun qui sera réparti chaque année entre les communes où se trouvent domiciliés des ouvriers ou employés occupés à l'exploitation des mines ou aux industries annexes et au prorata du nombre de ces ouvriers ou employés. Ne seront pas comprises dans cette répartition les communes pour lesquelles ce nombre sera inférieur à 25.

Pour l'application de la disposition contenue dans l'alinéa précédent, les exploitants de mines seront tenus de faire parvenir chaque année, à la préfecture, dans le courant de janvier, un relevé nominatif des ouvriers et employés occupés par eux à la date du premier dudit mois, avec l'indication de la commune du domicile de chacun de ces ouvriers. Les relevés ainsi dressés seront communiqués aux maires des communes intéressées, qui devront les renvoyer dans un délai de quinze jours, en y joignant leurs observations s'il y a lieu. Ces relevés seront ensuite, après avis des services des mines et des contributions directes, rectifiés s'il y a lieu et arrêtés définitivement par le préfet pour servir de base à la répartition afférente à l'année suivant celle dans laquelle ils auront été établis.

Exceptionnellement, les relevés établis en 1910 serviront à la répartition pour les années 1910 et 1911. Ils seront fournis dans le courant d'avril et comprendront les ouvriers et employés occupés par les exploitants au premier jour de ce mois.

A titre transitoire, les communes ne pourront recevoir, par application du présent article et pour les années 1910, 1911 et 1912, des sommes inférieures à celles qu'elles ont reçues en 1909 du chef des centimes additionnels communaux établis sur la contribution des patentes relatives aux industries accessoires à l'exploitation des mines.

Dispositions générales.

La redevance fixe et la redevance proportionnelle seront imposées et recouvrées comme la contribution foncière.

Les réclamations seront présentées et jugées comme en matière de contributions directes.

Le privilège du Trésor public, pour le payement des redevances, est réglé ainsi qu'il suit et s'exerce avant tout autre pour l'année échue et l'année courante, savoir :

1° Sur les produits, loyers et revenus de toute nature de la mine ;

2° Sur tous les meubles et autres effets mobiliers appartenant aux redevables.

En outre, à défaut de payement de la redevance fixe pendant deux années consécutives, la déchéance peut être prononcée suivant les formes prescrites par l'article 6 de la loi du 27 avril 1838.

b

Il sera imposé en sus des redevances fixes et proportionnelles, y compris la part revenant aux communes, 1 décime par franc pour non-valeurs, 3 centimes par franc pour les frais de perception et 5 centimes par article de rôle pour les frais d'avertissement.

Les décimes et centimes ci-dessus seront perçus exclusivement au profit de l'État.

Continueront d'être perçus les centimes additionnels au principal de la redevance des mines établis par application de l'article 87 de la loi du 31 mars 1903, complété par l'article 4 de la loi du 15 juillet 1907, en représentation de la part contributive de l'exploitant aux allocations prévues en faveur des anciens ouvriers ou employés des mines.

Toutefois, par dérogation à l'article 4 précité de la loi du 15 juillet 1907, ces centimes porteront en nombre égal sur la redevance fixe et sur la redevance proportionnelle.

L'article 5 de la loi du 19 juillet 1909 est abrogé et le nombre des centimes additionnels qui doivent être établis pour l'exercice 1910 en vertu du paragraphe précédent est fixé à 6 centimes 38 centièmes.

Des règlements d'administration publique détermineront toutes les mesures nécessaires pour l'application du présent article et notamment le mode d'évaluation du produit net.

Les lois et règlements qui régissent actuellement l'assiette et la perception des redevances sur les mines sont maintenus en vigueur en tant qu'ils ne sont pas contraires aux dispositions du présent article.

Dispositions transitoires.

Sans préjudice des procédures ordinaires en matière de renonciation ou de réduction, les propriétaires de concessions instituées avant le 1er janvier 1910 auront le droit, en la demandant avant le 1er janvier 1913, d'obtenir la réduction du périmètre de leurs mines, le décret à intervenir pouvant toutefois refuser de comprendre dans la réduction sollicitée des parties de gîte déjà exploitées.

Les créanciers hypothécaires ou privilégiés inscrits auront

deux mois, à partir de la signification qui devra leur être faite par le concessionnaire, pour poursuivre la vente judiciaire de la mine totale : faute par eux d'avoir agi dans ce délai, leurs droits de privilège et d'hypothèque seront restreints au périmètre restant.

En cas de vente, le prix est distribué judiciairement.

ART. 41. — Ne sont point comprises dans l'abrogation des anciennes redevances, celles dues à titre de rentes, droits et prestations quelconques, pour cession de fonds ou autres causes semblables, sans déroger toutefois à l'application des lois qui ont supprimé les droits féodaux.

ART. 42. — Le droit accordé par l'article 6 de la présente loi au propriétaire de la surface sera réglé sous la forme fixée par l'acte de concession.

ART. 43. — Le concessionnaire peut être autorisé, par arrêté préfectoral, pris après que les propriétaires auront été mis à même de présenter leurs observations, à occuper, dans le périmètre de sa concession, les terrains nécessaires à l'exploitation de sa mine, à la préparation métallique des minerais et au lavage des combustibles, à l'établissement des routes ou à celui des chemins de fer ne modifiant pas le relief du sol.

Si les travaux entrepris par le concessionnaire ou par un explorateur, muni du permis de recherches mentionné à l'article 10, ne sont que passagers, et si le sol où ils ont eu lieu peut être mis en culture, au bout d'un an, comme il l'était auparavant, l'indemnité sera réglée à une somme double du produit net du terrain endommagé.

Lorsque l'occupation ainsi faite prive le propriétaire de la jouissance du sol pendant plus d'une année, ou lorsque, après l'exécution des travaux, les terrains occupés ne sont plus propres à la culture, les propriétaires peuvent exiger du concessionnaire ou de l'explorateur l'acquisition du sol.

La pièce de terre trop endommagée ou dégradée sur une trop grande partie de sa surface doit être achetée en totalité, si le propriétaire l'exige.

Le terrain à acquérir ainsi sera toujours estimé au double de la valeur qu'il avait avant l'occupation.

Les contestations relatives aux indemnités réclamées par les propriétaires du sol aux concessionnaires de mines, en vertu du présent article, seront soumises aux tribunaux civils.

Les dispositions des paragraphes 2 et 3, relatives au mode de calcul de l'indemnité due au cas d'occupation ou d'acquisition des terrains, ne sont pas applicables aux autres dommages causés à la propriété par les travaux de recherche ou d'exploitation; la réparation de ces dommages reste soumise au droit commun.

Art. 44. — Un décret rendu en Conseil d'État peut déclarer d'utilité publique les canaux et les chemins de fer, modifiant le relief du sol à exécuter dans l'intérieur du périmètre, ainsi que les canaux, les chemins de fer, les routes nécessaires à la mine et les travaux de secours, tels que puits ou galeries destinés à faciliter l'aérage et l'écoulement des eaux, à exécuter en dehors du périmètre. Les voies de communication créées en dehors du périmètre pourront être affectées à l'usage du public, dans les conditions établies par le cahier des charges.

Dans le cas prévu par le présent article, les dispositions de la loi du 3 mai 1841 relatives à la dépossession des terrains et au règlement des indemnités seront appliquées.

Art. 45. — Lorsque, par l'effet du voisinage ou pour toute autre cause, les travaux d'exploitation d'une mine occasionnent des dommages à l'exploitation d'une autre mine, à raison des eaux qui pénètrent dans cette dernière en plus grande quantité; lorsque, d'un autre côté, ces mêmes travaux produisent un effet contraire et tendent à évacuer tout ou partie des eaux d'une autre mine, il y aura lieu à indemnité d'une mine en faveur de l'autre; le règlement s'en fera par experts.

Art. 46. — Toutes les questions d'indemnités à payer par les propriétaires de mines, à raison des recherches ou travaux antérieurs à l'acte de concession, seront décidées conformément à l'article 4 de la loi du 28 pluviôse an VIII.

De l'exercice de la surveillance sur les Mines par l'Administration.

Art. 47. — Les ingénieurs des mines exerceront, sous les ordres du ministre de l'Intérieur et des préfets, une surveillance de police pour la conservation des édifices et la sûreté du sol.

Art. 48. — Ils observeront la manière dont l'exploitation sera faite, soit pour éclairer les propriétaires sur ses inconvénients ou son amélioration, soit pour avertir l'administration des vices, abus ou dangers qui s'y trouveraient.

Art. 49. — Si l'exploitation est restreinte ou suspendue de manière à inquiéter la sûreté publique ou les besoins des consommateurs, les préfets, après avoir entendu les propriétaires, en rendront compte au ministre de l'Intérieur pour y être pourvu ainsi qu'il appartiendra.

Art. 50. — Si les travaux de recherche ou d'exploitation d'une mine sont de nature à compromettre la sécurité publique, la conservation de la mine, la sûreté des ouvriers mineurs, la conservation des voies de communication, celle des eaux minérales, la solidité des habitations, l'usage des sources qui alimentent des villes, villages, hameaux et établissements publics, il y sera pourvu par le préfet.

(*Les articles 51 à 56 sont désuets.*)

Des Minières.

Art. 57. — Si l'exploitation des minières doit avoir lieu à ciel ouvert le propriétaire est tenu, avant de commencer à exploiter, d'en faire la déclaration au préfet. Le préfet donne acte de cette déclaration, et l'exploitation a lieu sans autre formalité.

Cette disposition s'applique aux minerais de fer en couches et filons, dans le cas où, conformément à l'article 69, ils ne sont pas concessibles.

Si l'exploitation doit être souterraine, elle ne peut avoir lieu qu'avec une permission du préfet. La permission détermine les conditions spéciales auxquelles l'exploitant est tenu, en ce cas, de se conformer.

Art. 58. — Dans les deux cas prévus par l'article précédent, l'exploitation doit observer les règlements généraux ou locaux concernant la sûreté et la salubrité publiques auxquels est assujettie l'exploitation des minières.

De la propriété et de l'exploitation des minerais de fer d'alluvion.

(Les articles 59 à 67 sont abrogés.)

Art. 68. — Les propriétaires ou maîtres de forges ou d'usines exploitant les minerais de fer d'alluvion ne pourront, dans cette exploitation, pousser des travaux réguliers par des galeries souterraines, sans avoir obtenu une concession, avec les formalités et sous les conditions exigées par les articles de la section Iʳᵉ du titre III et les dispositions du titre IV.

Art. 69. — Il ne pourra être accordé aucune concession pour minerai d'alluvion ou pour des mines en filons ou couches, que dans les cas suivants :

1° Si l'exploitation à ciel ouvert cesse d'être possible, et si l'établissement de puits, galeries et travaux d'art est nécessaire ;

2° Si l'exploitation, quoique possible encore, doit durer peu d'années, et rendre ensuite possible l'exploitation avec puits et galeries.

Art. 70. — Lorsque le ministre des Travaux publics, après la concession d'une mine de fer, interdit aux propriétaires de minières de continuer une exploitation qui ne pourrait se prolonger sans rendre ensuite impossible l'exploitation avec puits et galeries régulières, le concessionnaire de la mine est tenu d'indemniser les propriétaires des minières dans la proportion du revenu net qu'ils en tiraient.

Un décret rendu en Conseil d'État peut, alors même que les minières sont exploitables à ciel ouvert ou n'ont pas encore été exploitées, autoriser la réunion des minières à une mine, sur la demande du concessionnaire.

Dans ce cas, le concessionnaire de la mine doit indemniser le propriétaire de la minière par une redevance équivalente au revenu net que ce propriétaire aurait pu tirer de l'exploitation et qui sera fixée par les tribunaux civils.

Des terres pyriteuses et alumineuses.

Art. 71. — L'exploitation des terres pyriteuses et alumineuses sera assujettie aux formalités prescrites par les articles 57 et 58, soit qu'elle ait lieu par les propriétaires des fonds, soit par d'autres individus, qui, à défaut par ceux-ci d'exploiter, en auraient obtenu la permission.

ART. 72. — Si l'exploitation a lieu par des non-propriétaires, ils seront assujettis, en faveur des propriétaires, à une indemnité qui sera réglée de gré à gré ou par experts.

(*Les articles 73 à 80 sont abrogés.*)

Des Carrières.

ART. 81. — L'exploitation des carrières à ciel ouvert a lieu en vertu d'une simple déclaration faite au maire de la commune et transmise au préfet. Elle est soumise à la surveillance de l'administration et à l'observation des lois et règlements.

Les règlements généraux seront remplacés, dans les départements où ils sont en vigueur, par des règlements locaux rendus sous forme de décrets en Conseil d'État.

ART. 82. — Quand l'exploitation a lieu par galeries souterraines, elle est soumise à la surveillance de l'administration des mines, dans les conditions prévues par les articles 47, 48 et 50.

Dans l'intérieur de Paris, l'exploitation des carrières souterraines de toute nature est interdite.

Des Tourbières.

ART. 83. — Les tourbes ne peuvent être exploitées que par le propriétaire du terrain, ou de son consentement.

ART. 84. — Tout propriétaire actuellement exploitant, ou qui voudra commencer à exploiter des tourbes dans son terrain, ne pourra continuer ou commencer son exploitation, à peine de cent francs d'amende, sans en avoir préalablement fait la déclaration à la sous-préfecture et obtenu l'autorisation.

ART. 85. — Un règlement d'administration publique déterminera la direction générale des travaux d'extraction dans les terrains où sont situées les tourbes, celles des rigoles de dessèchement, enfin toutes les mesures propres à faciliter l'écoulement des eaux dans les vallées, et l'atterrissement des entailles tourbées.

ART. 86. — Les propriétaires exploitants, soit particuliers, soit communautés d'habitants, soit établissements publics, sont tenus de s'y conformer, à peine d'être contraints à cesser leurs travaux.

Des Expertises.

ART. 87. — Dans tous les cas prévus par la présente loi et autres naissant des circonstances où il y aura lieu à expertise, les dispositions du titre XIV du Code de procédure civile, articles 303 à 323, seront exécutées.

ART. 88. — Les experts seront pris parmi les ingénieurs des mines, ou parmi les hommes notables et expérimentés dans le fait des mines et de leurs travaux.

ART. 89. — Le procureur impérial sera toujours entendu et donnera ses conclusions sur le rapport des experts.

ART. 90. — Nul plan ne sera admis comme pièce probante dans une contestation, s'il n'a été levé ou vérifié par un ingénieur des mines. La vérification des plans sera toujours gratuite.

ART. 91. — Les frais et vacations des experts seront réglés et arrêtés, selon les cas, par les tribunaux ; il en sera de même des honoraires qui pourront appartenir aux ingénieurs des mines ; le tout suivant le tarif qui sera fait par un règlement d'administration publique.

Toutefois il n'y aura pas lieu à honoraires pour les ingénieurs des mines, lorsque leurs opérations auront été faites soit dans l'intérêt de l'administration, soit à raison de la surveillance et de la police publiques.

ART. 92. — La consignation des sommes jugées nécessaires pour subvenir aux frais d'expertise pourra être ordonnée par le tribunal contre celui qui poursuivra l'expertise.

De la police et de la juridiction relatives aux mines.

ART. 93. — Les contraventions des propriétaires de mines exploitants non encore concessionnaires ou autres personnes, aux lois et règlements, seront dénoncées et constatées comme les contraventions en matière de voirie et de police.

ART. 94. — Les procès-verbaux contre les contrevenants seront affirmés dans les formes et délais prescrits par les lois.

ART. 95. — Ils sont adressés en originaux à nos procureurs impériaux, qui seront tenus de poursuivre d'office les contrevenants devant les tribunaux de police correctionnelle, ainsi qu'il est réglé et usité pour les délits forestiers, et sans préjudice des dommages-intérêts des parties.

ART. 96. — Les peines seront d'une amende de cinq cents francs au plus et de cent francs au moins, double en cas de récidive, et d'une détention qui ne pourra excéder la durée fixée par le Code de police correctionnelle.

Décret réglementant l'exploitation des mines
(14 janvier 1909).

ARTICLE PREMIER. — Tout concessionnaire de mine doit faire élection en France d'un domicile où toutes notifications lui seront valablement faites par l'administration ; il en adresse la déclaration aux préfets des départements sur lesquels s'étend la concession.

En cas de cession ou d'amodiation d'une mine, le concessionnaire est tenu d'en informer le préfet et de faire connaître les nom, prénoms et domicile de l'acquéreur ou du nouvel exploitant.

Lorsque l'exploitation n'est pas assurée directement par le concessionnaire, l'élection de domicile prévue au présent article est obligatoire à la fois pour le concessionnaire et pour l'exploitant.

ART. 2. — Lorsqu'une concession s'étend sur plusieurs départements, le ministre des Travaux publics désigne, s'il y a lieu, le préfet de l'un d'eux pour exercer la surveillance de l'exploitation dans toute son étendue. Celui-ci notifie au concessionnaire la décision du ministre.

Le préfet ainsi désigné avertit les préfets des autres départements intéressés dans tous les cas où l'exploitation de la mine donne lieu à des incidents de nature à motiver leur intervention.

Art. 3. — Tout concessionnaire de mine est tenu de placer des bornes en tous les points où le préfet le juge nécessaire pour déterminer le périmètre de la concession.

L'ingénieur des mines constate l'accomplissement de cette obligation par un procès-verbal qui est soumis à l'approbation du ministre des Travaux publics. Une expédition de ce procès-verbal est déposée aux archives de la préfecture.

Si le concessionnaire, après mise en demeure, refuse ou néglige de procéder au bornage, l'opération est faite d'office, à la diligence de l'administration.

Art. 4. — Le préfet de chaque département détermine, par des arrêtés réglementaires, les conditions techniques auxquelles doivent satisfaire l'établissement et l'entretien des installations et de l'outillage des mines, ainsi que la conduite de l'exploitation, au point de vue de la sécurité publique, de la conservation de la mine, de la sûreté et de l'hygiène des ouvriers mineurs, de la conservation des voies de communication, de celle des sources minérales, de la solidité des habitations, de l'usage des sources qui alimentent les villes, villages, hameaux et établissements publics.

Ces arrêtés ne sont exécutoires que lorsqu'ils ont été approuvés par le ministre des Travaux publics après avis du conseil général des mines.

Art. 5. — Le nom du chef de service chargé de la direction technique des travaux est porté par l'exploitant à la connaissance de l'ingénieur en chef des mines.

Le nombre des agents préposés à la conduite et à la surveillance des travaux, sous l'autorité du directeur, doit répondre à la nature et à l'étendue de l'exploitation.

Art. 6. — Avant d'ouvrir ou de reprendre un puits ou une galerie principale débouchant au jour, l'exploitant doit en informer l'ingénieur en chef des mines, un mois au moins à l'avance, en joignant à l'avis qu'il lui adresse : 1° un plan donnant la situation du puits ou de la galerie par rapport à la surface; 2° un mémoire indiquant l'objet du travail.

Avant d'entreprendre l'exploitation régulière d'un siège d'extraction, l'exploitant doit adresser à l'ingénieur en chef des mines, avec les plans et coupes nécessaires, un mémoire exposant le mode d'exploitation qu'il se propose de suivre. Une nouvelle déclaration est produite dans la même forme en cas de modification notable apportée aux dispositions contenues dans ces documents.

Art. 7. — Si l'ingénieur en chef estime que les travaux projetés peuvent occasionner quelques-uns des abus ou dangers prévus au titre V de la loi du 21 avril 1810 modifiée par les lois du 27 juillet 1880 et du 23 juillet 1907, il notifie ses observations dans le mois à l'exploitant.

Si, à l'expiration du délai d'un mois, aucune observation n'a été notifiée à l'exploitant, celui-ci est libre de procéder à l'exécution des travaux.

Dans le cas contraire, l'exploitant ne peut entreprendre les travaux qui ont fait l'objet des observations de l'ingénieur en chef qu'après lui avoir fait connaître les mesures projetées afin d'y donner satisfaction. Faute par l'exploitant de prendre les dispositions nécessaires pour prévenir les inconvénients qui lui ont été signalés, le préfet, sur le rapport de l'ingénieur en chef des mines, lui notifie son opposition à l'exécution totale ou partielle des travaux, et ceux-ci ne peuvent être repris que sur un nouveau projet auquel il n'aurait pas été fait opposition.

L'exploitant peut se pourvoir auprès du ministre contre l'opposition du préfet.

Art. 8. — Si l'exploitant veut abandonner, soit un siège d'extraction, soit un puits ou une galerie d'évacuation communiquant avec le jour, il est tenu d'en faire la déclaration à la préfecture un mois à l'avance; à cette déclaration sont joints le plan des travaux à abandonner et le plan de la surface.

L'ingénieur ordinaire des mines visite sans retard les travaux à abandonner et adresse son rapport à l'ingénieur en chef, qui le transmet au préfet avec son avis.

Le préfet donne acte de la déclaration d'abandon dans le mois de son dépôt à la préfecture, sans préjudice de l'application ultérieure de l'article 49 de la loi du 21 avril 1810. Il fixe, s'il y a

lieu, sur les propositions des ingénieurs des mines, les travaux à
exécuter par l'exploitant avant l'abandon ; ces travaux sont, au
besoin, exécutés d'office.

Les dispositions du présent article sont applicables dans tous
les cas où l'exploitation est arrêtée, de telle sorte que les travaux ne puissent plus être ultérieurement entretenus ni visités ;
elles ne s'appliquent pas au délaissement successif des chantiers
résultant de l'application régulière de la méthode normale d'exploitation.

ART. 9. — L'exploitant doit donner avis au préfet, un mois avant
que les travaux souterrains n'arrivent à une distance horizontale de cinquante mètres (50 m.), soit d'un pont ayant au moins
trente mètres (30 m.) de longueur entre les culées, d'une voie
navigable ou d'un chemin de fer ouvert au service public, soit
d'une quelconque des limites de la concession.

Il doit donner avis au préfet dans les mêmes délais et conditions, avant que les travaux n'arrivent sous les édifices et lieux
habités, lorsque ces travaux sont de nature à compromettre la
solidité des bâtiments.

Le préfet fixe, s'il y a lieu, sur les propositions des ingénieurs
des mines, les investisons ou massifs de protection à laisser dans
chaque couche ou gîte ; ces investisons ne peuvent être traversés
ou enlevés que dans les conditions déterminées par le préfet, le
tout sans préjudice des dispositions spéciales résultant soit du
cahier des charges de la concession, soit des lois et règlements
relatifs aux mines de sel.

ART. 10. — Lorsqu'il se produit dans les travaux des faits de
nature à compromettre la sécurité publique, la conservation de
la mine, la sûreté ou l hygiène des ouvriers mineurs, la conservation des voies de communication, celle des eaux minérales, la
solidité des habitations, l'usage des sources qui alimentent les
villes, villages, hameaux et établissements publics, l'exploitant
doit immédiatement en donner avis à l'ingénieur des mines.

Le préfet, sur les propositions des ingénieurs des mines et
après avoir entendu l'exploitant, ou faute par celui-ci d'avoir
présenté ses observations dans le délai à lui imparti, ordonne
les mesures nécessaires.

Les travaux ordonnés et non exécutés dans les délais fixés par le préfet peuvent être faits d'office par les soins des ingénieurs des mines, sans préjudice de l'application, tant du titre X de la loi du 21 avril 1810, que de l'article 8 de la loi du 27 avril 1838.

Il est opéré comme il est dit au présent article dans tous les cas où, à défaut d'avis de l'exploitant, les ingénieurs des mines croient devoir soumettre d'office au préfet des propositions par application du titre V de la loi des 21 avril 1810, 27 juillet 1880 et 23 juillet 1907, sans préjudice des mesures prescrites, en cas de danger imminent, par l'article 5 du décret du 3 janvier 1813.

ART. 11. — En cas d'accident survenu dans une mine ou dans ses dépendances, avis en est donné par l'exploitant aux autorités compétentes, et il est procédé conformément aux dispositions du décret du 3 janvier 1813, des lois relatives aux délégués et à la sécurité des ouvriers mineurs et des lois relatives aux accidents du travail.

Il est interdit de modifier l'état des lieux où est survenu l'un des accidents prévus par l'article 11 du décret du 3 janvier 1813, ainsi que de déplacer ou de modifier les objets qui s'y trouvaient avant que les ingénieurs, dûment avisés, aient procédé aux visites prescrites par ce décret.

Toutefois cette interdiction ne s'applique pas aux travaux de sauvetage ou de consolidation urgente, ni à ceux qu'il serait nécessaire d'effectuer pour éviter la suspension de l'exploitation.

ART. 12. — Indépendamment des plans des travaux souterrains prescrits par l'article 6 du décret du 3 janvier 1813, l'exploitant doit tenir constamment à jour, pour chaque mine, un plan de la surface, sur toile ou papier transparent, qui puisse se superposer aux plans des travaux souterrains.

Une expédition de chacun de ces plans, dûment certifiée et signée par l'exploitant, doit être remise à l'ingénieur ordinaire des mines. Une nouvelle expédition dûment mise à jour est substituée à la précédente à toute demande de l'ingénieur et au moins une fois l'an.

Chaque exploitant est tenu de communiquer dans ses bureaux, à tout propriétaire qui lui en fera la demande, les plans des travaux souterrains effectués sous sa propriété avec le plan de la surface permettant de se rendre compte de leur situation.

Le préfet, statuant sur le rapport des ingénieurs des mines, peut faire exécuter d'office, après une mise en demeure restée sans résultat, les plans qui ne sont pas tenus conformément aux prescriptions réglementaires ou ceux dont les ingénieurs auraient reconnu l'inexactitude.

Art. 13. — Dans tous les cas où un travail dont les frais incombent à l'exploitant a dû être fait d'office par application du présent décret, les sommes avancées sont recouvrées sur l'exploitant au moyen d'états rendus exécutoires, s'il y a lieu, conformément aux lois, sans préjudice de l'application de l'article 9 de la loi du 27 avril 1838.

Art. 14. — L'exploitant met à la disposition des ingénieurs des mines et agents sous leurs ordres les appareils et engins nécessaires à la surveillance à laquelle les travaux doivent être soumis.

Lorsque les ingénieurs des mines, dans l'exercice de leurs fonctions, ont à procéder à une enquête ou à faire exécuter des travaux d'office, l'exploitant est tenu de mettre à leur disposition, sur leur demande, les locaux nécessaires.

Art. 15. — L'exploitant doit porter à la connaissance des intéressés les règlements et instructions édictés par l'administration en vue d'assurer la sécurité et l'hygiène du personnel, ainsi que ceux qui auraient été établis par lui dans le même but et communiqués à l'ingénieur ordinaire des mines.

Il est remis par l'exploitant, contre reçu, à tout préposé et ouvrier, un exemplaire imprimé dûment tenu à jour des règlements et instructions mentionnés à l'alinéa précédent ou un extrait de ces documents relatif à l'emploi et au travail de l'intéressé.

Toute personne admise à pénétrer dans la mine, à quelque titre que ce soit, est tenue de se conformer aux prescriptions desdits règlements et instructions, ainsi qu'aux instructions qui lui seraient données par le directeur, les ingénieurs et préposés, en vue d'assurer la sécurité de l'exploitation et l'hygiène du personnel.

Art. 16. — Outre la déclaration détaillée du produit net imposable de la mine, l'exploitant est tenu d'adresser à l'ingénieur en chef des mines, dans la forme et aux époques fixées par le ministre des Travaux publics, les renseignements concernant l'exploitation nécessaires à la confection des statistiques générales dressées par l'administration.

Art. 17. — Sont applicables aux travaux de recherches de mines les articles 4, 5 et 9 à 16 du présent décret.

Art. 18. — Sont abrogées l'ordonnance du 18 avril 1842, celle du 26 mars 1843 modifiée par le décret du 25 septembre 1882, et généralement toutes les dispositions réglementaires qui sont contraires au présent décret.

MANUEL PRATIQUE
D'EXPLOITATION DES MINES

CHAPITRE PREMIER

GÉOLOGIE

Le terme « travaux de mine » est fréquemment employé pour caractériser tout travail souterrain, même dans un but militaire ; ici nous nous bornerons aux opérations qui ont pour but la recherche ou l'exploitation des matières premières minérales. Dans ce but, il est avant tout nécessaire de posséder certaines notions sur la structure de la terre.

Forme de la terre. — La terre est ronde comme une boule, à cela près qu'elle est légèrement aplatie en deux points opposés, nommés pôles. A mi-distance entre les pôles est l'équateur. Le diamètre de la terre à l'équateur est de 42,7 kil. plus grand qu'au pôle ; le diamètre moyen est 12.731,3 kil. Aussi le diamètre aux pôles n'est que de $\frac{1}{300}$ plus petit que le diamètre maximum à l'équateur. Si la section de la terre était représentée par un cercle de 75 millimètres de diamètre, cette différence des deux diamètres pourrait difficilement se déceler, même à la loupe. Donc, en représentant la section de la terre à une échelle réduite, il est inutile de chercher à représenter cette ellipticité ; et nous tracerons un cercle parfait. De même, au point de vue géologique, nous considérerons le globe terrestre comme parfaitement sphérique.

La surface de la terre est irrégulière, étant constituée alternativement par des montagnes ou des vallées. Les dépressions les plus profondes servent généralement de réceptacles aux eaux, d'où les océans, mers et lacs ; alors que les vallées peu profondes reçoivent les cours d'eau se rendant à la mer. Le point le plus élevé du globe ne dépasse pas 9 kil. au-dessus du niveau de la mer ; et le point de l'océan le plus profond dépasse à peine 9 kil. et demi au-dessous de ce niveau ; de sorte que la différence d'altitude entre les points extrêmes est d'environ $\frac{1}{660}$ du diamètre de la terre. Si nous traçons un cercle de 75 millimètres de diamètre, l'épaisseur du trait de crayon est supérieure au $\frac{1}{660}$ du diamètre ; de sorte que cette simple épaisseur représente plus que la différence d'altitude, qui nous paraît énorme, entre les sommets vierges des montagnes d'Asie et les abîmes inconnus du Pacifique. La profondeur des sondages et puits de mines les plus profonds qui existent ne dépasse guère 1.600 mètres au-dessous du niveau de la mer ; de sorte que l'épaisseur du trait le plus fin qu'un crayon puisse tracer est encore supérieure, et de beaucoup, à l'échelle choisie, au point le plus profond que la main de l'homme ait atteint dans la croûte terrestre.

Les astronomes et les marins nous ont démontré que la terre est ronde ; mais, pour le commun des mortels, elle apparaît comme plate (à part monts et vallées). Si l'on voulait décrire graphiquement un arc de cercle possédant un rayon égal à celui de la terre, il va de soi qu'on ne trouverait ni emplacement ni instruments de dimensions suffisantes pour décrire notre courbe ; fort heureusement la trigonométrie est là pour nous permettre de construire, avec le secours du rapporteur et de l'équerre, la courbe exacte d'une partie quelconque de la circonférence terrestre.

Composition de la terre. — L'on conçoit que les recherches expérimentales des géologues ne nous révèlent que fort peu de chose sur la composition du globe terrestre, puisque le champ de leurs investigations est limité dans l'épaisseur d'un trait de crayon. C'est aux astronomes et aux physiciens que nous devons faire appel pour nous renseigner sur l'intérieur de notre globe ; le poids de la terre est 5 fois et demi plus lourd qu'un globe d'eau d'égal volume ; c'est-à-dire que sa densité moyenne est 5,5, celle de l'eau étant 1. De même nous affirmons que la terre possède une croûte terrestre de plusieurs centaines de kilomètres ; car, si la partie liquide du globe était à une faible distance de la périphérie, elle se trouverait soumise elle aussi aux attractions célestes qui sont la cause initiale des marées ; et l'on devrait par conséquent constater des mouvements périodiques d'élévation et d'abaissement de la croûte solide ; or nulle trace de pareils mouvements n'a été observée. Il semble probable que, si l'intérieur du globe était fluide, la croûte solide devrait se ressentir de ces marées internes. La densité moyenne de la terre est 5,5 ; or la densité des roches trouvées aussi bien sur les montagnes que dans le fond des mines, n'excède guère 2,5 ; il faut donc admettre que la croûte et le noyau liquide inconnus pour nous ont une densité bien plus forte.

Le minerai de fer le plus lourd pèse 5,3 ; le fer pur 8,14 ; la fonte 7,2 ; le cuivre 8,6 ; le plomb 11,36 ; l'argent 10,47 ; l'or 18,4 ; le platine 21,53 ; l'aluminium 2,56. L'on doit donc conclure que les roches internes font appel dans leur constitution aux métaux lourds, contrairement aux roches que nous connaissons, et qui sont surtout à base de silice, d'alumine, etc. Il faut dire également que le noyau interne est soumis à des pressions colossales, qui tendent à accroître sa densité. Le poids de la croûte externe, que l'on a à supporter au fur et à mesure qu'on s'enfonce dans le sol, est d'environ 0,24 kg : cm² par mètre de profondeur. Ainsi, à 100 mètres, cette pression devient 24 kg : cm² ; à 1 kil., elle atteint 240 kg : cm² ; et, à 100 kil., 24.000 kg : cm². Rien qu'à cette pression l'acier le plus dur est broyé comme un fétu ; et nous avons admis plus haut que l'épaisseur de la croûte solide atteint 1.275 kil. ! L'on voit donc que le noyau liquide est soumis à des pressions pratiquement inconnues pour nous, qui peuvent étrangement accroître sa densité, sans que pour cela sa composition chimique en soit différente de celle de la périphérie. Ce que nous ignorons toutefois, c'est la loi d'accroissement de cette densité.

Chaleur interne du globe. — L'observation démontre que la température interne est supérieure à celle que l'on constate à la surface. La valeur moyenne de l'accroissement de température est de 1° G. par profondeur de 27 mètres ; c'est ce qu'on nomme le degré géothermique. Sa valeur varie légèrement avec le pays ; en certains points l'accroissement est plus grand, en d'autres plus petit que la valeur indiquée. Les sources thermales, fournissant, depuis des milliers d'années, de l'eau chaude, montrent que dans certaines localités, la chaleur interne est très vive, et qu'elle n'est pas affaiblie par ce continuel réchauffage de l'eau qui s'écoule hors de cette chaudière naturelle. Les volcans prouvent qu'en d'autres points cette chaleur interne est suffisante pour fondre les matières réputées les plus réfractaires. La géologie démontre que des volcans ont existé en la plupart des points de la surface du globe.

Origine moderne de la science géologique. — La géologie est, sous divers points de vue, d'origine très ancienne ; et nous avons hérité du bénéfice d'observations faites au temps de la Bible ; mais, dans son acception toute moderne, la géologie est une science essentiellement nouvelle.

Il est possible cependant que nous n'ayons fait que de découvrir les connaissances que possédaient déjà les anciens, très experts en cette science faite toute d'observations, et dont des guerres déplorables auraient détruit les monuments ; mais il n'en est pas moins vrai que c'est durant les cent dernières années que les cartes géologiques admirables que nous possédons aujourd'hui ont été conçues et exécutées, encore que l'histoire géologique de la terre soit incomplète et exige les efforts d'innombrables générations avant son achèvement.

Histoire géologique. — Pour faciliter la conception de la genèse géologique de la terre, nous imaginerons que, au début de l'histoire géologique telle qu'elle nous est retracée dans les roches stratifiées, la surface de la terre était déjà formée de plaines, de montagnes et de vallées, d'océans et de terre ferme ; que les roches de cette époque étaient constituées par l'agrégation de roches ignées primitives, sans doute analogues aux trachytes, basaltes, granits, porphyres, grès verts, amygdaloïdes, obsidiennes, cendres volcaniques, ponce, et de roches cristallines telles que gneiss, schistes ; et que ces roches étaient composées des mêmes éléments, métaux, chaux, alumine, carbone, oxygène, azote, que nous voyons aujourd'hui. Vint alors une érosion, une destruction partielle de la surface solide en question. La pluie, le vent, le soleil, le froid, les glaciers, les vagues de la mer, l'eau des cours d'eau, les actions chimiques, animales et végétales, détruisirent peu à peu la cohésion des roches ; les montagnes se délitèrent en petits fragments qui, entraînés par les eaux, se déposèrent en couches, et formèrent ce que nous appelons aujourd'hui les terrains stratifiés (fig. 1), où les roches se sont produites par amalgamation des débris de terrains primitifs avec les éléments calcaires empruntés ou déposés par la mer. Il faut considérer que, lorsque la condensation des vapeurs atmosphériques put se faire au contact de la surface terrestre, ces eaux étaient en ébullition et contenaient des éléments salins en solution, qui se déposèrent et se séparèrent au fur et à mesure du refroidissement des mers, par suite de la diminution du pouvoir dissolvant. L'on peut aussi concevoir la sa-

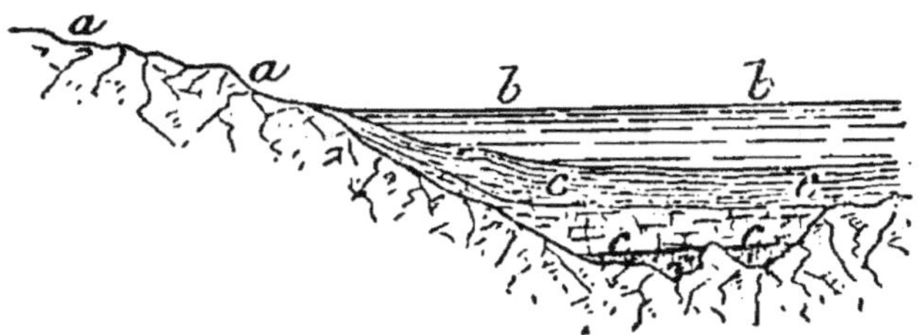

Fig. 1. — Formation des terrains stratifiés anciens : *a* surface primitive de la terre ; *c* débris provenant d'*a* ; *b* surface de la mer.

lure des eaux de la mer comme provenant de la dissolution, à cette époque où les eaux recouvraient tout ou presque tout, des éléments salins de la surface.

Quoi qu'il en soit, les mouvements incessants de notre globe à sa genèse provoquaient des exhaussements et des

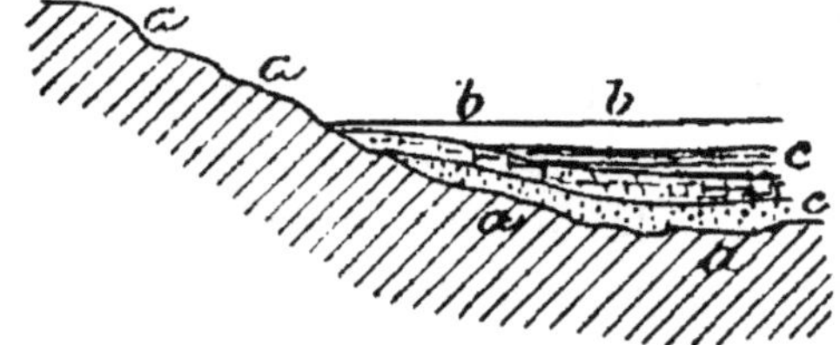

Fig. 2. — Nouvelles stratifications récentes : *a* roches sédimentaires anciennes ; *c* débris de *a* stratifiés.

effondrements fréquents ; de la sorte, telles roches sédimentaires anciennes se trouvaient un beau jour soulevées hors des eaux, et, attaquées à leur tour par les agents atmosphériques, donnaient naissance à des débris qui se stratifièrent de la même façon et formèrent de nouvelles stratifications (fig. 2) plus jeunes. Ces phénomènes se reproduisirent incessamment dans le cours des âges ; et peu à peu la surface primitive disparut, recouverte par les formations sédimentaires.

Mais, dans les convulsions originelles, sous l'effet des pressions, de la température interne, parfois des jets de roches en fusion venaient percer et recouvrir les stratifications (fig. 3) ; d'où leur nom de roches de pénétration ou d'épanchement. En outre ces roches stratifiées anciennes, sous l'action des pressions, de l'action de la température et d'autres causes, virent leur aspect altéré, au point de ressem-

Fig. 3. — Sortie de roche en fusion *b* à travers d'anciens sédiments *c*, et recouverte de nouveau en *e*.

bler à de véritables roches ignées ; on les appela roches métamorphiques, qui forment transition entre les roches ignées et les roches sédimentaires. De cette sorte sont peut-être les gneiss, la serpentine, les quartz. Ces phénomènes se sont conservés jusqu'à notre époque, quoique sous une forme bien atténuée.

Un des agents les plus actifs de la formation des roches est le volcan. Un volcan est une fissure qui met en communication avec l'extérieur certaines poches internes, où les roches sont encore à l'état fluide ; le volcan vomit, sous l'effet des pressions, des torrents de lave, roche ignée primitive. Les éruptions peuvent se reproduire périodiquement. Une autre forme d'éruption est la projection de nuages de cendres ou poussières volcaniques légères, qui

forment avec le temps, par leur agrégation, une roche nom-
mée tuf. Les phénomènes volcaniques se continuent encore
à notre époque. Quant aux poussières, elles s'élèvent souvent à des dizaines de kilomètres avant de retomber.

On ne trouve aucune trace de vie animale ou végétale
dans les roches sédimentaires anciennes ; si la vie se mani-
festait déjà à cette époque, les traces en ont été définitivement effacées par la chaleur et la pression. Les roches sans
fossiles sont appelées archéennes ; elles forment la base des
stratifications et reposent sur le terrain primitif. Au-dessus

Fig. 4. — Coupe d'un terrain carbonifère : houille en D, schistes en *b*,
roche en *c*, argile en *e*.

des roches sans fossiles, commencent à apparaître des restes
plus ou moins conservés de végétaux et d'animaux. Les
restes de végétaux sont souvent accompagnés de fibres car-
bonisées ; les restes animaux, coquilles, os ou arêtes, sont
pétrifiés, changés en pierre par réaction chimique. Souvent
les roches calcaires sont presque uniquement constituées
par des amas de débris d'animaux masses de coquilles ou
autres ; la craie, la terre d'infusoires, les îles de corail, les
calcaires phosphatiques sont dans ce cas. En certains
points, des forêts entières de cette végétation intensive qui
couvrait le globe à ses origines, disparurent sous des sédiments ; et tout ce bois, sous l'influence de la pression subie,

I. — TABLEAU DES FORMATIONS GÉOLOGIQUES

		TERRAINS SÉDIMENTAIRES		ROCHES CRISTALLINES ET ÉRUPTIVES
		FORMATIONS MARINES	FORMATIONS d'eau douce.	
Époque actuelle (quaternaire) ...		Dunes, roches madréporiques....	Humus.. .... Alluvions, tourbes Diluvium...... ..	Laves, Ponces, etc. Volcans en activité.
Époque tertiaire ou néozoïque..	Pliocène . .	Falhuns de Sicile, de Perpignan, d'Anvers, d'Angleterre (Suffolk).	Alluvions anciennes de la Bresse	Trachite, Andesite, Basalte, volcans d'Auvergne.
	Miocène....	Falhuns de Bordeaux, de Dax, de Touraine ... Grès et sables de Fontainebleau	Calcaire de Beauce, Lignites de Teplitz........	
	Éocène	Calcaire grossier...... Argile plastique........ Sables inférieurs.......	Gypse	Liparite granitoïde, Dacite, Trachite, Rhyolite.
Époque secondaire ou mésozoïque.	Crétacé ...	Danien, calc. pisolithiq. Craie blanch de Meudon. Craie blanc. de Touraine. Craie grise de Rouen.. Sables verts.. .... Argile de Gault ... .. . Marnes et calcaires de l'Aptien......... .... Néocomien	ignites du Midi de la France, des États-Unis, des Indes orientales.	Porphyres trachitiques, Amphibole, Serpentine, Trapp, Euphotide.
	Jurassique.	Kimmeridgien - Portlandien .... Corallien .... Oxfordien-Callovien .... Grande Oolite.......... Lias		
	Trias	Marnes irisées .... Muschelkalk.. .... Grès bigarrés...		Mélaphyre, Porphyre brun, Pyromeride, Pechstein, Euphotide, Serpentine.
Époque primaire ou paléozoïque.	Permien ...	Grès des Vosges....... Zechstein... .. .. Nouveau grès rouge....	Houiller supérieur de Bohème.....	
	Carbonifère.	Carbonifère .... Calcaire............... Meulière	Houiller.........	Porphyre granitoïde, Orthophyre, Porphyrite, Porphyre quartzifère, Eurite.
	Devonien...	Psammites de Coudros Calcaire de Ferques.... Grauwackes......... .		Pegmatite, Granulite, Diorite, Diabase.
	Silurien .. (Sup.)	Calcaire de Gotland.... Grès de Caradoc ...... Ardoises d'Angers	Étage H. de Barrande (Bohème).	
	Silurien .. (Infér.)	Grès à bilobites........ Grès de Postdam .... . Schistes A B de Barrande (Bohème)		Granite, Syenite, Diorite.
	Cambrien ..	Huronien ... . Laurentien...		
Terrain primitif..		Archéen		Granite.

sans doute accompagnée de chaleur, se transforma en houille. Elle est l'origine des bassins houillers du globe. La figure 4 donne la coupe géologique des stratifications habituelles d'un terrain carbonifère.

Les autres minéraux utiles dont l'exploitation est aujourd'hui recherchée se trouvent disséminés, par transport ou agrégation, dans les roches stratifiées. On les trouve en couches interstratifiées, ou injectées en dépôts ou poches remplissant les fissures et cavités des roches.

Le fait essentiel que le lecteur devra retenir, c'est que toutes les roches qui recouvrent la surface de la terre n'ont pas eu une formation spontanée, mais qu'elles sont au contraire le produit d'actions régulières, qui ont eu lieu dans un ordre déterminé. Les couches successives sont régulièrement superposées, la plus récente en surface ; et ceci est une règle invariable, sauf aux points où une perturbation locale a occasionné un renversement des stratifications.

Le tableau ci-dessus donne la liste des formations géologiques, avec l'ordre régulier de leur superposition ; le terrain le plus ancien se trouvant au bas, et le plus jeune au sommet de la liste.

Dans le but de donner quelque notion de l'ordre et du mode de superposition des formations stratifiées, une section imaginaire de terrain est donnée figure 5. Toutes les couches étaient sensiblement de niveau à l'époque de leur formation ; les convulsions ultérieures ont eu pour effet d'incliner ces couches ; il y a pu avoir dénudations, dépôts, etc. Dans le croquis, il y a eu soulèvement d'une masse granitique, qui a eu pour effet d'incliner les couches vers l'ouest du croquis. En fait l'inclinaison des couches est rarement aussi forte qu'on l'a indiqué, pour la commodité du croquis.

Le temps qui a été nécessaire pour la formation du système géologique actuel est hors de la conception humaine.

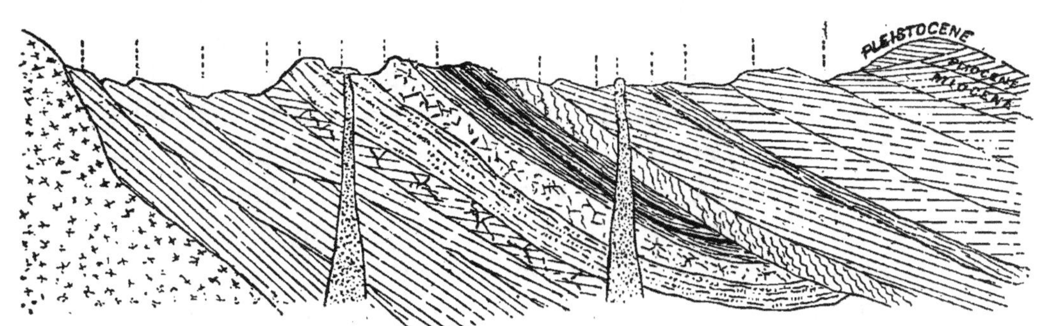

Fig. 5. — Section théorique de stratifications et formations géologiques diverses.

Pour en donner une idée, il suffira de dire que nulle trace de vie humaine n'a pu être découverte avant le quaternaire (post-pliocène). La formation post-pliocène se trouve en Angleterre en épaisseur de 15 à 180 mètres ; en certains points de l'Italie elle atteint 450 mètres. Cette grande épaisseur toutefois n'est pas normale, c'est-à-dire qu'elle serait autre si elle s'était uniformément déposée au fond d'un lac : il y a eu amas de débris. Par comparaison aux autres couches, il est probable que l'épaisseur normale du post-pliocène est de 15 mètres, alors que les couches inférieures ont une épaisseur totale de 5.000 mètres. La date à laquelle les premiers humains ont fait leur apparition est tout à fait incertaine ; et les géologues hésitent à en fixer une valeur numérique, à cause de l'absence de points de repère suffisants ; toutefois certains géologues estiment que les premiers débris fossiles humains remontent à 100.000 ou 250.000 ans, alors que d'autres considèrent cette estimation comme trop élevée. En admettant que le temps exigé pour les formations stratifiées soit proportionnel à l'épaisseur des couches, il se serait donc écoulé, depuis les premières formations sédimentaires, une durée de 300 à 750 millions d'années ! Cette estimation est assurément exagérée.

Une autre façon d'estimer l'âge géologique est d'enregistrer la durée que mettent l'eau et les agents atmosphériques à attaquer les terrains ; par exemple à déliter une colline de 150 mètres de haut, et à la déposer, sous forme d'alluvions, dans la mer, à une distance de 100 kilomètres. Les collines et vallées de la surface actuelle du globe ont, en outre, subi largement les atteintes graduelles des intempéries.

Toutefois les collines actuelles ne sont pas les dénivellations primitives de la terre ; elles sont faites elles-mêmes de roches provenant de débris agglomérés provenant d'autres masses qui avaient été formées de manière analogue, ce même phénomène s'étant répété bien des fois. Nos collines étaient en somme des collines bien avant que la race humaine apparût sur leurs pentes.

Retournant à notre échelle des formations géologiques, on voit que l'époque carbonifère n'en est qu'un échelon bien faible. Cependant le terrain houiller occupe en certains points de l'Angleterre une épaisseur de 3.000 mètres avec des veines de houille interstratifiées allant jusqu'à 30 mètres. Peut-on imaginer le temps nécessaire à la formation de cette couche de houille de 30 mètres d'épaisseur?

La houille est faite de végétaux, de fibres ligneuses qui ont pris naissance et se sont développés sur le terrain ; sa densité est deux à trois fois celle du bois, c'est-à-dire qu'il a fallu une épaisseur d'au moins 75 mètres de matières ligneuses pour produire 30 mètres de charbon. Mais un arbre est une chose qui vit et meurt ; une grande partie en est détruite par la décomposition, seules certaines parties en subsistent ; si nous admettons qu'une moitié a été conservée et transformée en houille, l'épaisseur de la couche de bois nécessaire pour donner les 30 mètres de charbon a dû être de 150 mètres.

Il a été calculé que 9 mètres de tourbes sont exigés pour former 1 mètre de charbon. A supposer une croissance des arbres de 30 centimètres chaque année, la durée nécessaire à la formation de 30 mètres de houille aurait été de 200.000 ans. Encore faut-il y ajouter le temps qui a été nécessaire à la formation du terrain sur lequel les arbres ont poussé, grès, schiste et argile ; cela porterait le temps nécessaire à 20.000.000 d'années. Et le terrain houiller n'est qu'une des trois divisions de la période carbonifère, qui n'est elle-même qu'une des quatorze grandes formations géologiques !

Bien entendu des calculs comme les précédents sont purement hypothétiques ; ils sont simplement cités à titre démonstratif. Il est d'ailleurs évident que la régularité de formation des dépôts a été l'exception, et que, sous l'influence de circonstances locales, elle a été accélérée ou retardée ; et nous n'avons aucune possibilité de jamais connaître la vérité à cet égard, car il faudrait faire intervenir des facteurs inconnus pour approcher de la réalité.

Les différentes formations géologiques sont identifiées en partie par leur caractère lithologique, c'est-à-dire par la composition et l'aspect des roches, partie par les fossiles caractéristiques végétaux ou animaux qu'elles renferment. Chaque formation ne possède pas une série distincte de fossiles, mais elle possède un ou plusieurs fossiles distinctifs. Les couches récentes renferment des restes d'animaux très similaires de ceux qui existent encore aujourd'hui ; mais à mesure qu'on gagne les couches profondes, se manifestent des divergences considérables, jusqu'au moment où disparaît complètement toute trace de mammifères ; et il est à supposer que, dans les terrains les plus anciens, subsistent seulement des restes d'organismes tout à fait rudimentaires ; enfin au delà du silurien, on ne trouve plus aucun fossile, et il est fort à présumer que la vie organisée n'existait encore pas sur notre planète.

Caractères lithologiques. — Les différentes considérations ci-après donnent les caractères lithologiques distinctifs des diverses formations.

Le crétacé est presque toujours tendre ; c'est dans cette couche qu'on exploite les calcaires pour chaux, la craie, les marnes et argiles, les collines s'y présentent avec des pentes douces.

Le trias (en anglais, new red sandstone) est caractérisé par les grès bigarrés (grès rouges), les marnes irisées. Les champs labourés apparaissent rouges, alors que les tranchées de chemin de fer, les berges de rivières montrent des schistes et des grès ; quelquefois de minces veines de gypse se trouvent interstratifiées.

La meulière carbonifère est un conglomérat grossier de sable et de cailloux, consolidés en une roche dure et résistante ; elle est très employée non seulement pour les meules

Fig. 6.
Ammonite.

Fig. 7.
Sigillaria.

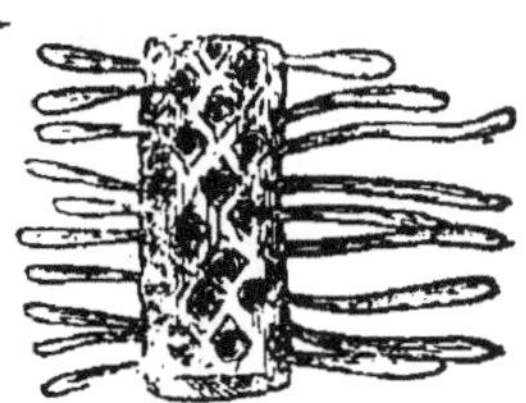

Fig. 8.
Stigmaria.

de moulin, mais encore pour les constructions. Elle se présente avec des fissures abruptes dans les terrains.

Le calcaire carbonifère se trouve dans les montagnes à

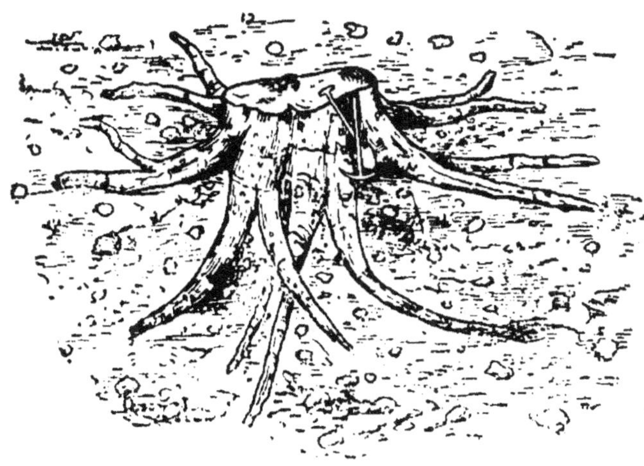

Fig. 9. — Tronc de stigmaria.

contours mamelonnés souvent coupées de vallées profondes avec bords à pic ; il est très employé comme pierre à chaux.

Le silurien et le cambrien sont des terrains très anciens

qu'on trouve dans les montagnes sauvages et hautes ; on y
rencontre de l'ardoise, du granit.

Certains fossiles permettent de caractériser à coup sûr
quelques formations. Ainsi le lias se reconnaît facilement
par ses ammonites (fig. 6) et ses péleumites, qui abondent ;
le terrain houiller, par le sigillaria (fig. 7), le stigmaria

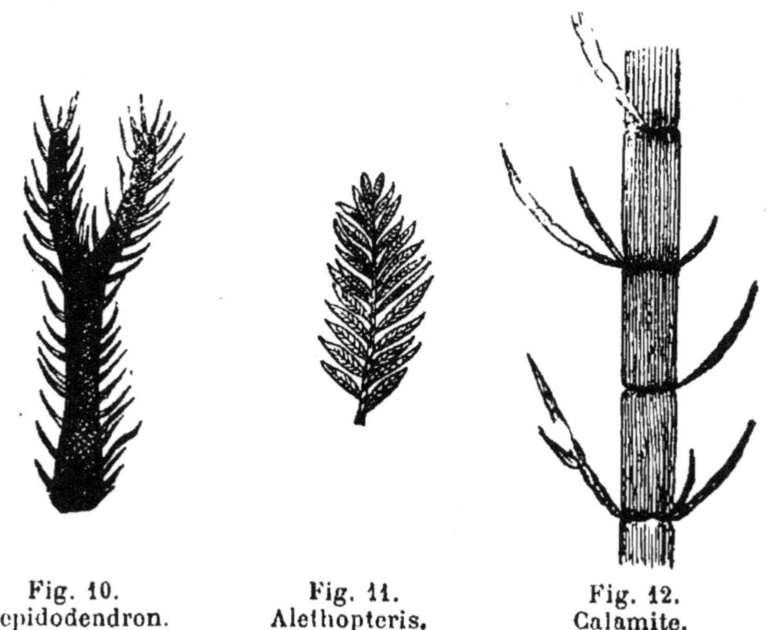

Fig. 10.   Fig. 11.   Fig. 12.
Lepidodendron.   Alethopteris.   Calamite.

(fig. 8, 9), le lépidodendron (fig. 10), l'alethopteris (fougères)
(fig. 11), les calamites (fig. 12), les goniatites (fig. 13), etc. ;
le calcaire carbonifère, par des encrinites (fig. 14) qui constituent parfois la majeure partie du terrain. Enfin les terrains anciens, siluriens, sont caractérisés par les tribolites
(fig. 15).

Répartition des minéraux dans le sol. — Tout le
charbon de l'Angleterre, à part de rares exceptions, apparaît dans la formation carbonifère, et c'est toujours, sans
aucune exception, en veines régulières, interstratifiées avec

des couches d'argile, de schiste et de grès, parfois de calcaire. Le mur, ou sol, de la veine de houille est constitué par de l'argile, et le toit par du schiste. Il y a toutefois des exceptions à cette règle ; parfois l'argile est remplacée par de la silice presque pure, très dure (lit de silex) ; mais ceci est très rare ; plus souvent, quoique rarement, le grès remplace le toit de schiste.

Les veines de houille de l'Angleterre sont remarquables

Fig. 13.
Goniatites.

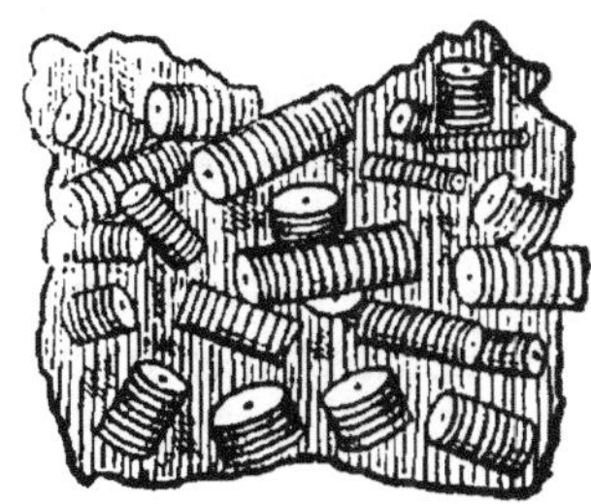

Fig. 14.
Encrinites.

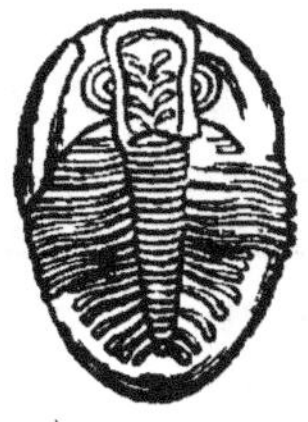

Fig. 15.
Tribolite.

par la régularité de leur épaisseur, et par la façon admirable dont leurs caractéristiques et qualités se maintiennent constantes dans un même gisement. Une veine de 1 m. 20, par exemple, peut quelquefois être dépilée sur 8 à 10 kil. sans montrer une variation d'épaisseur excédant 15 centimètres, ni un changement quelconque dans la qualité. Une veine se poursuivra parfois presque ainsi pendant plus de 60 kil. (sauf pour la houille grasse à longue flamme ou cannel-coal).

La tendance naturelle est cependant vers l'irrégularité, et les épaisseurs d'une même couche s'accroissent ou diminuent ; d'autres fois plusieurs veines se réunissent en une seule (fig. 16) ou bien se séparent en éventail. En outre la qualité change fréquemment, variant du bitumineux à l'anthracite, du compact au friable. De façon analogue, les grès pénètrent graduellement dans les schistes et vice versa (fig. 17); les argiles plastiques se transforment en argiles dures. Dans un bassin houiller, deux veines bien connues peuvent être séparées par 240 mètres de stérile par exemple, et, en moins de 20 kil., l'épaisseur de cette interstratification se réduire à 180 mètres. Ces change-

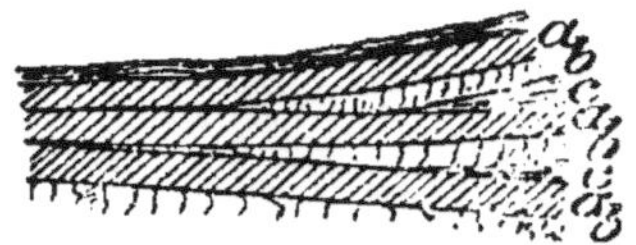

Fig. 16. — Réunion de 3 veines carbonifères *a*; *b* argile, *c* schiste.

Fig. 17. — Grès (*a*) pénétrant dans les schistes *b*.

ments sont la règle ; c'est de la régularité que la géologie doit s'étonner. A remarquer que, dans les veines de charbon, on trouve souvent des troncs d'arbres debout.

Les origines végétales de la houille peuvent être démon-

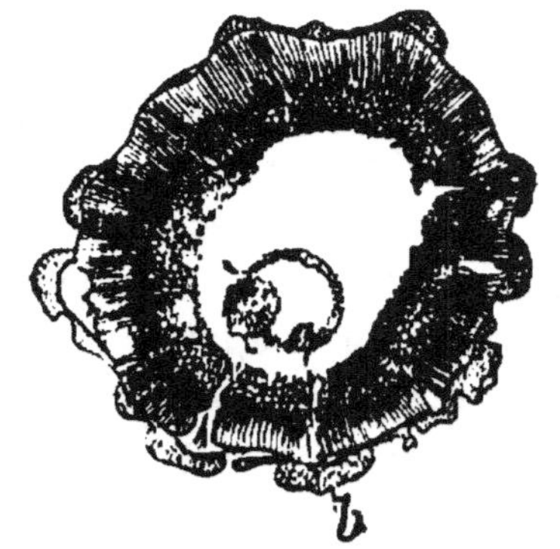

Fig. 18, 19. — Section horizontale et verticale d'un lepidodendron.

trées en meulant une section de charbon jusqu'à ce qu'elle devienne transparente ; si une lumière vive est projetée sur l'échantillon et qu'on examine celui-ci à la loupe, sa structure pourra se distinguer parfaitement sur un fond blanc ;

on y reconnaîtra facilement les cellules caractéristiques du végétal (fig. 18-19).

La liste ci-après renferme la plupart des minéraux possédant une importance industrielle, et qui sont exploités dans ce but ; les plus importants sont en italiques. On a cité seulement le nom des métaux et non celui de leurs minerais, lesquels se trouvent dans plusieurs combinaisons naturelles. Comme il y a des centaines d'espèces minérales, nous ne pouvons songer à les citer, et renvoyons aux traités de minéralogie et de métallurgie.

II. — LISTE DE MINÉRAUX EMPLOYÉS DANS L'INDUSTRIE.

Apatite.
Argile plastique.
Schiste alumineux.
Aluminium (minerai).
Antimoine (minerai).
Arsenic (minerai).
Amiante.
Asphalte.
Baryte.
Bismuth (minerai).
Cadmium (minerai).
Argile réfractaire.
Houille.
Cobalt (minerai).
Cuivre (minerai).
Silex (silice).
Spathfluor.
Gaz naturel.

Or.
Gypse.
Graphite.
Fer (minerai).
Iridium (minerai).
Jais.
Kaolin.
Plomb (minerai).
Lithium (minerai.
Lignite.
Pierre à chaux.
Magnésite.
Manganèse (minerai).
Mica.
Mercure (minerai).
Eaux minérales.
Molybdène (minerai).
Ocre.

Huile de schiste.
Ozokerite.
Palladium (minerai).
Pétrole.
Phosphates.
Platine.
Potassium (sels).
Pierres précieuses.
Sel.
Argent (minerai).
Ardoises.
Nitrate de soude.
Pierres à bâtir.
Soufre.
Strontium (minerai).
Étain (minerai).
Wolfram (tungstène).
Zinc (minerai).

Les minéraux se trouvent répartis dans le sous-sol de deux façons différentes : ou bien en veines, c'est-à-dire en couches interstratifiées ; ou bien en amas et en filon, c'est-à-dire dans des poches, crevasses, fissures, failles, trous de la roche, dans laquelle le minéral s'est introduit ultérieurement à la consolidation définitive des couches.

De la première classe sont les minéraux ci-après :

III. — MINÉRAUX EXPLOITÉS EN VEINES OU COUCHES STRATIFIÉES.

Schistes.	Lignite.	Nitrate de soude.
Simonite.	Calcaire.	Métaux d'alluvion :
Argile réfractaire.	Ocre.	or, étain, platine.
Houille.	Phosphates.	Ozokerite.
Silice.	Sel gemme.	Pierres précieuses.
Gypse.	Ardoise.	Asphalte.
Graphite.	Pierre à bâtir.	
Minerai de fer.	Borax.	

Les gîtes en amas et en filons out, avons-nous dit, leurs minéraux cachés dans des poches ou des fissures. Ces fissures sont dues à des convulsions souterraines qui ont fendu les roches ; alors il s'est produit, soit un glissement qui a eu pour effet de déplacer les unes par rapport aux autres les

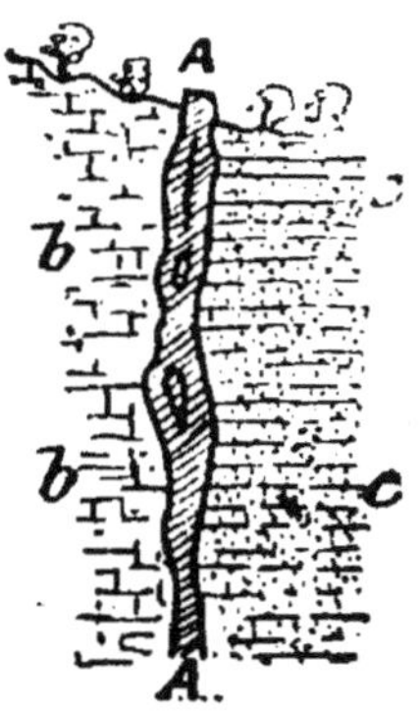

Fig. 20. — Faille contenant en A une veine

couches — on donne à cet accident le nom de faille, — soit une ouverture en V des deux parois, jadis communes, lesquelles sont aujourd'hui séparées par un remplissage A (fig. 20), dont les dimensions peuvent atteindre depuis 10 centimètres jusqu'à 30 mètres de large ; ou bien même le remplissage n'existe pas, le terrain présentant alors une fissure à l'air libre.

Lorsque le terrain est dur, c'est généralement cette dernière solution qui prévaut; au contraire la rupture en terrain tendre s'accompagne presque toujours d'un glissement (fig. 21).

Les poches sont surtout dues à l'action des eaux acides ou chargées de gravier qui liment la pierre. Bien entendu, ces poches sont plus fréquentes dans les terrains tendres (calcaires) que dans les durs. Leur forme est des plus variables, tantôt constituant une vaste cavité, tantôt un simple conduit, tantôt une succession de poches et de

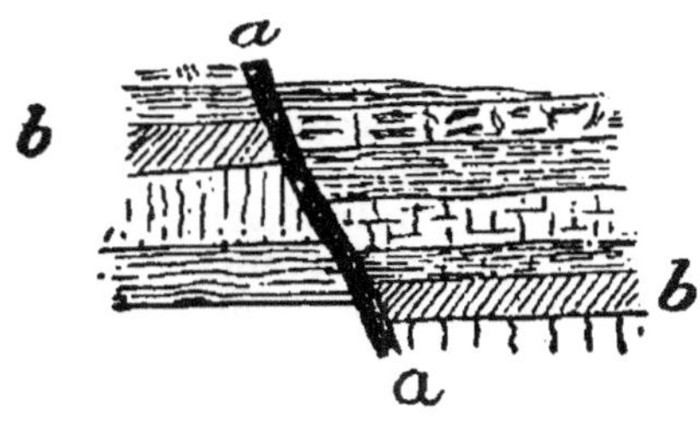

Fig. 21. — Glissement de terrain et déplacement de la veine de charbon *b*, avec débris en *a*.

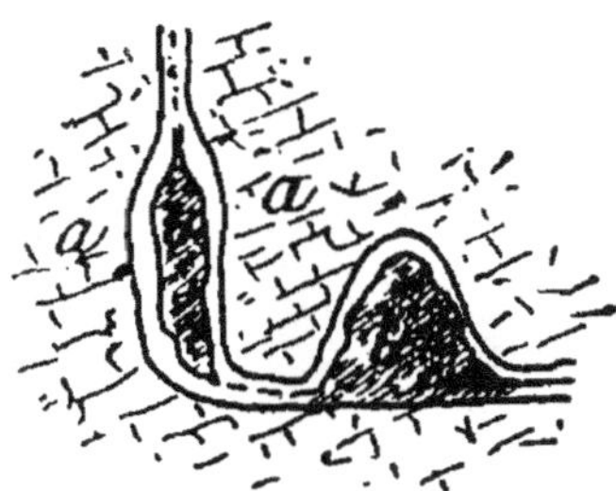

Fig. 22. — Gisement en poches dans la roche *a*.

canaux étroits; ce dernier type de gisement est dit lenticulaire, ou en chapelet.

Ces cavités ont été, ultérieurement à leur formation, remplies par du stérile et du minerai en proportion très variable (fig. 22).

Lorsque les filons ont eu pour origine une cassure des terrains suivie d'irruption violente des minéraux de remplissage de bas en haut, il n'y a aucune raison de douter que le filon ne soit aussi riche en profondeur qu'aux environs de la surface; quelquefois cette profondeur est telle que le sondage ne permet de trouver le pied du filon; c'est ce qu'on appelle les gîtes réguliers.

Il en va tout autrement des amas, stockwerks, ou gîtes irréguliers. Lorsqu'une poche est épuisée, l'on ne possède aucun indice qui permette d'espérer qu'une autre se trouve à proximité.

Ainsi, si une poche d'hématite est exploitée dans une cavité de calcaire carbonifère, il sera inutile de faire des recherches dans les grès ou les schistes inférieurs, dans l'espoir d'y trouver la continuation du gîte.

La table IV ci-dessous donne la liste des minéraux exploités en filons ou en amas.

IV. — MINÉRAUX EXPLOITÉS EN FILONS OU EN AMAS.

Apatite.	Graphite.	Magnésium.
Amiante.	Fer.	Mercure.
Antimoine.	Plomb.	**Mica.**
Arsenic.	Manganèse.	Molybdène.
Baryte.	Sels de potasse.	Palladium.
Bismuth.	Soufre (pyrites).	Phosphates de chaux.
Cadmium.	Étain (minerai).	Platine.
Cobalt.	Zinc.	Pierres précieuses.
Spathfluor.	Iridium.	**Tellure** (minerai .
Or (**conglomérats**).	Lithium.	

Parfois des minéraux sont trouvés dans.des cratères et **des cheminées volcaniques (fig. 23).** De ce genre sont les

Fig. 23. — Cheminée volcanique contenant du minerai en *b*.

mines d'or de Mount Morgan (Queensland), les mines de diamant de Kimberley, les mines de soufre de Sicile.

Caractères de quelques gîtes minéraux. — Les caractères des bassins houillers ont été donnés plus haut.

L'argile réfractaire se rencontre en couches stratifiées, particulièrement abondantes dans le terrain houiller. En règle générale une couche d'argile refractaire constitue le mur d'une veine de charbon. Mais la couche de houille peut être peu épaisse, au point de ne pouvoir être exploitable, ou même être remplacée par une couche d'ampélite ou schiste graphitique. Pour être d'une valeur commerciale, l'argile doit être composée de silicate d'alumine pur ; la présence de silice n'est pas un inconvénient toutefois. On a quelquefois exploité des couches d'argile de moins de 60 mètres d'épaisseur ; de 0 m. 60 à 1 m. 20 est l'épaisseur la plus courante. Il existe des couches d'argile réfractaire possédant jusqu'à 9 mètres d'épaisseur.

Le ganister ou quartz est une variété de grès métamorphique constituée par de la silice presque pure. Il est abondant et constitue le remplissage de nombreux filons, et parfois le toit des veines de houille ; il s'appuie souvent sur l'argile. Il s'emploie pour les revêtements réfractaires sous forme de briques, et les lits de fusion lorsqu'on a besoin de l'élément siliceux. Une couche de quartz a en général une épaisseur irrégulière qui varie sur une faible distance de 5 à 8 centimètres, jusqu'à 0 m. 90 et 1 m. 20.

Le gypse, roche servant à la fabrication du plâtre, se trouve interstratifié avec des marnes irisées, dans le trias. En Angleterre les couches varient comme puissance depuis 10 centimètres jusqu'à 4 mètres environ.

Les schistes bitumineux se trouvent en Grande-Bretagne dans le carbonifère, en couches interstratifiées avec d'autres couches de schiste et des veines de houille. Ils renferment une forte proportion d'huile minérale, qui est extraite par distillation. On le rencontre souvent dans les houillères mêmes ; parfois il est exploité pour lui-même, comme dans les célèbres bog-head d'Écosse.

Le phosphate de chaux trouvé en Angleterre est noduleux, en forme de coprolithes ; il se trouve à une faible profondeur, dans la formation crétacée. Il n'est pas en couche, mais en amas de 2 à 2 m. 50 de profondeur, ressemblant fort à un tas de cailloux. Ces nodules phosphatés sont des restes fossilisés de différents animaux, en particulier de squales.

En Floride et Caroline, comme en Algérie et Tunisie, les phosphates se rencontrent en larges couches dans l'éocène ; ils sont exploités sur une vaste échelle, souvent dragués dans le lit des rivières. Au Canada on en rencontre des veines fort épaisses.

Le sel gemme, comme le gypse, apparaît interstratifié avec des marnes irisées et des schistes rouges, dans le trias. Dans les mines de Norkirch, on exploite des couches qui atteignent une puissance de 50 mètres ; à Wietlizka, près de Krakovie, en Pologne, l'épaisseur de la couche dépasse 300 mètres.

L'ardoise est un schiste durci. En Grande-Bretagne on la trouve surtout dans le silurien et le cambrien. Le schiste a été tellement comprimé par la pression, qu'il a perdu son aspect et ses propriétés habituelles. Les ardoises recherchées sont celles qui possèdent à un haut degré les qualités de clivage qui permettent de les travailler pour toitures. Certaines variétés sont extrêmement fissiles, et un ouvrier habile peut tirer jusqu'à 30 ardoises d'une feuille de 25 millimètres d'épaisseur. Les couches atteignent quelquefois une forte épaisseur : on en connaît qui ont 250 mètres de puissance ; généralement l'inclinaison est très marquée. La pierre à bâtir, quand elle appartient à la classe des grès et des calcaires, est généralement empruntée aux formations sédimentaires. On l'exploite plutôt à ciel ouvert.

Les roches ignées du terrain primitif sont aussi très employées en raison de leur extrême dureté : granite, syenite, diorite, trachytes, porphyres, etc. Généralement le granite est une roche de pénétration, constituant un cône autour duquel se sont déposées des roches de constitution plus récente. On l'exploite plutôt à ciel ouvert, souvent pour les empierrements.

Gîtes métallifères. — Les gisements de minerai de fer sont les plus importants. On les trouve généralement dans les roches stratifiées, et pour ainsi dire dans toutes ou presque toutes les formations géologiques, depuis les plus récentes jusqu'aux plus anciennes formations métamorphiques.

Il se trouve fréquemment sous forme d'une pierre fortement imprégnée d'oxyde de fer; c'est le cas des gîtes stra-

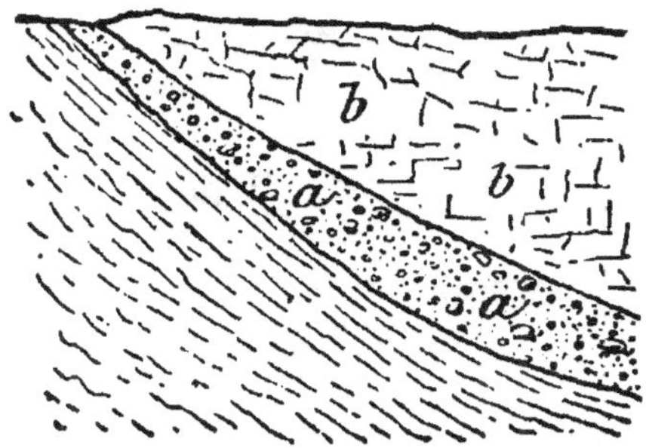

Fig 24. — **Fer hématite** a au milieu de calcaire carbonifère.

tifiés. D'autres fois il se trouve sous forme de grandes masses d'oxyde plus ou moins pur, remplissant des cavités d'âge antérieur à celui du minerai; c'est le cas des gîtes en amas (fig. 24). Les principaux gîtes de minerai de fer actuellement exploités en Grande-Bretagne sont ceux de l'oolithe et du lias dans la formation jurassique, et du terrain houiller dans la formation carbonifère. Le minerai de fer est abondamment distribué dans tous les bassins houillers de l'Angleterre, à l'exception de ceux du Durham et du Northumberland.

Le fer de l'époque carbonifère se trouve sous forme de veines de pierre dure, d'une puissance allant jusqu'à 2 m. 70, bien qu'en général les veines soient plus minces, d'une épaisseur de 2,5 à 15 centimètres, interstratifiées avec des schistes (fig. 25) et de la houille. Fréquemment le minerai affecte l'aspect de nodules ou boulets régulièrement distribués dans un lit de schistes.

Lorsque des veines de bon minerai et de houille apparaissent dans le voisinage l'une de l'autre, on peut souvent se livrer à une exploitation simultanée rémunératrice, alors que l'exploitation d'un seul des deux minéraux n'aurait pu être profitable. Dans de telles conditions, on arrive à tirer

Fig. 25. — Veine de fer de l'époque carbonifère (a) interstratifiée avec de la houille (b).

parti de veines de minerai de 7,5 à 10 centimètres d'épaisseur seulement. Alors qu'exploitée seule, une épaisseur de bon minerai au moins double, distribuée dans une épaisseur de veine de 90 centimètres est nécessaire. Il est bon d'ajouter que ces observations s'appliquent plutôt à une époque passée. A l'heure actuelle, le fer carbonaté des houillères ne peut être exploité avec succès qu'en quelques points où les couches sont d'une grande puissance : dans le Lanarkshire, le Nordstaffordshire. Près de Leeds, on exploite une couche de 10 centimètres seulement, mais contiguë à une veine de houille de 5 m. 4 (fig. 37). A ces quelques exceptions près, le fer du carbonifère, qui fournissait encore récemment la majeure partie du fer anglais, est aujourd'hui abandonné.

Le minerai oolithique a pris la place du minerai des houillères, parce qu'il se trouve plus près de la surface, comme dans le Leicestershire, le Northamptonshire, le Ruttlandshire, et le Lincolnshire. De cette façon le coût d'extraction est quatre fois moindre que pour le fer des houillères ; ailleurs, dans le Cleveland, quoique en profondeur il se trouve en couches épaisses de 2 m. 7, à 3 m 60, qui, plus tendres, sont plus faciles également à exploiter, et coûtent trois fois moins que le fer de l'époque carbonifère.

Les autres sources principales de la sidérurgie anglaise

Fig. 26. — Minerai de fer (*a*) presque à fleur de sol
sous du calcaire (*o*).

sont les hématites rouges du Cumberland et du North-Lancashire, et les hématites brunes du Dean et des South-Wales.

Un autre oxyde de fer, la gothite, été trouvé dans une mine près de Lostwithiel, en Cornwall. Du minerai a été également découvert en d'autres points. Le minerai, dans les régions citées tout à l'heure, se rencontre en grandes masses dans le calcaire houiller, masses qui mesurent quelquefois 300 mètres de long sur 225 mètres de large et 120 mètres d'épaisseur. Quelquefois le minerai apparaît à fleur de terre, mais le plus souvent il est recouvert de quelques couches de calcaire (fig. 26). Assez souvent les amas importants sont réunis entre eux par d'étroits canaux remplis de minerai.

Après le fer, le métal le plus important exploité en Angleterre est l'étain ; toutes les mines d'étain sont concentrées dans le Cornwall, quelques-unes sont sur la lisière du Devonshire.

L'étain se trouve en filons dans le granit et le killas, cette dernière roche étant une variété métamorphique de l'ardoise argileuse. Les filons varient comme épaisseur entre quelques centimètres et 7 m. 50 en profondeur ; on n'en connaît pas l'allure, les mines d'étain les plus profondes ne dépassant pas 900 mètres. Les filons sont parfois presque verticaux, parfois possèdent une inclinaison de 27° sur la verticale ; rarement les filons se perdent horizontalement en multiples petits filons.

Le minerai exploité est la cassitérite, un oxyde d'étain, qui se trouve disséminé dans le quartz, constituant généralement le remplissage du filòn. A Dolcoath, cette roche de remplissage est appelée « blue capel » ; elle est d'une extrême dureté ; d'autres fois, comme à Saint-Austell, la roche de remplissage est au contraire tendre. D'autres fois encore, comme à Carn Brea, le minerai est distribué de part et d'autre du filon, formant un ensemble minéralisé qu'on appelle stockwerk

Après le fer, le plomb est le métal le plus répandu en Grande-Bretagne. On le trouve en Angleterre, dans le pays de Galles, l'Écosse, l'Irlande, et dans l'île de Man. Il se trouve en filons apparaissant surtout dans le calcaire carbonifère, dans le Northumberland, Durham, Yorkshire, Derbyshire et Flinckshire ; mais on rencontre également des filons plombifères dans le silurien, comme en Mid-Wales, et dans d'autres roches encore. Le principal minerai exploité est la galène, un sulfure de plomb. Les épaisseurs de filon varient depuis quelques centimètres jusqu'à 6 mètres. Parfois toute la largeur du filon est occupée par le minéral ; plus souvent il est noyé dans un remplissage de quartz ou de spath.

Les minerais de cuivre, de zinc et les barytes se trouvent

également en filons comme le plomb et l'étain. Il n'en existe que de rares gisements en Grande-Bretagne.

Autrefois le cuivre était bien plus exploité en Angleterre ; mais la baisse des prix a rendu longtemps impossible une exploitation rémunératrice. La hausse des prix a fait reprendre des exploitations interrompues.

CHAPITRE II

TRAVAUX DE RECHERCHES; PROSPECTION

L'ingénieur ou le prospecteur peut s'assurer, avec une certaine certitude, s'il existe ou non des minéraux exploitables dans une région qui lui est étrangère et même savoir sous quelle forme ils seront trouvés. Dans ce travail délicat, la science géologique est d'un secours inestimable pour la

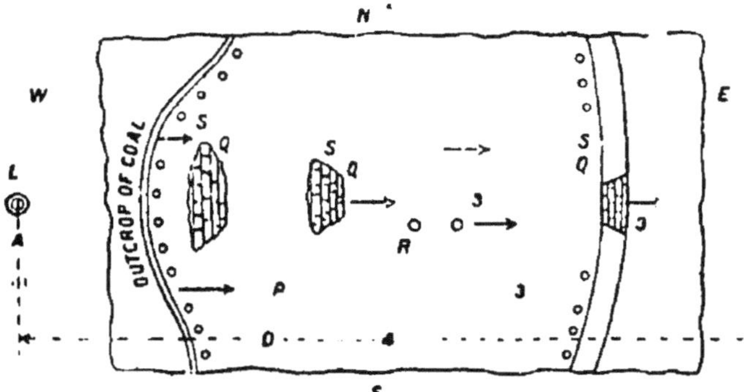

Fig. 27. — Plan d'une région à explorer : *o*, forages ; *outcrop*, affleurement houiller.

prospection. Les pages suivantes sont destinées à montrer de quelle façon on doit tirer parti des [indications géologiques faciles à relever, dans le lieu où l'on se livre aux recherches. Pour simplifier, nous considérerons seulement quelques-uns des cas multiples en présence desquels on se trouve dans la pratique.

Cas I. — La région à explorer est située dans un bassin houiller ; elle est indiquée fig. 27 et 28. Le plan et l'élévation montrent le résultat de l'exploration. Deux puits existent, à l'est et à l'ouest ; celui de l'ouest est en dressant, c'est-à-dire du côté où les couches s'élèvent vers la surface, alors que le puits d'est est en plus grande pente. Les profondeurs respectives de ces deux puits sont 120 mètres et 360 mètres

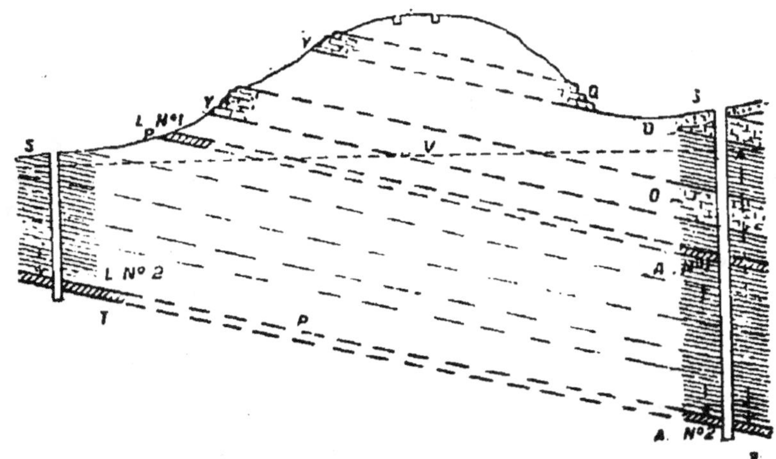

Fig. 28. — Section verticale ouest-est de la même région.

depuis la surface jusqu'au recoupement de la veine de charbon la plus basse, qui a 1 m. 20 d'épaisseur. Le puits d'ouest a son carreau à 20 mètres au-dessus du niveau de la mer, celui d'est est à 60 mètres au-dessus du même niveau ; de sorte que les profondeurs au-dessus de ce niveau sont respectivement 100 et 300 mètres comme côté sur le croquis.

Chacun de ces deux puits exploite un charbon analogue, provenant apparemment de la même couche, dont la direction et le pendage sont sensiblement pareils dans les deux cas. De plus, une autre veine de charbon (n° 1 du croquis) sort de terre au flanc de la colline, à une altitude de 45 mètres, s'inclinant vers l'est avec un pendage de 3 degrés environ. Une veine identique, apparemment la même, se retrouve dans le puits est, à 125 mètres au-dessous du niveau de la mer, et a une distance d'environ 3.400 mètres de l'affleurement. L'on notera qu'une pente de 3 degrés correspond approximativement comme valeur numérique à 5 pour 100, soit 1 pour 20 : une profondeur de 1 mètre verticalement correspondra à une distance de 20 mètres horizontalement. Une telle inclinaison, sur 3.400 mètres, correspond à une différence de niveau de 170 mètres c'est-à-dire précisément le niveau constaté, si l'on ajoute les 45 mètres au-dessus du niveau de la mer aux 125 mètres au-dessous. L'on remarque également, sur le flanc de la colline, deux carrières de grès correspondant nettement à deux couches distinctes ; l'une d'elles ressort sur le flanc est ; l'autre est rencontrée dans le puits ouest ; double constatation qui permet de fixer la pente de ces couches de grès à 3 degrés également.

Quelques trous de sonde, poussés à une profondeur de 1 m. 80 à 2 mètres dans les schistes du sommet de la colline, montrent encore que l'inclinaison est bien régulièrement de 3 degrés. D'autre part la ligne d'affleurement de la veine n° 1 est reconnue transversalement du nord au sud, ou à la pioche et à la pelle ou par des trous de sondage de 5 mètres environ de profondeur, qui indiquent la continuité de la couche ; de même est reconnu l'affleurement est de la stratification de grès.

L'exploration du quartier se trouve complète de la sorte.

L'uniformité du pendage, démontrée par les couches, affleurements et trous de sonde, permet d'affirmer que l'on ne rencontre pas de faille ni de plis entre les deux puits ; de même la régularité de l'intersection des plans d'affleurement avec le sol permet d'affirmer également qu'aucune fracture, aucun plissement ne vient altérer la régularité des strates dans le plan nord-sud.

Il est donc raisonnable de conclure que les deux veines de houille rencontrées se poursuivent uniformément entre les deux puits. Il est possible cependant que, sur la distance de 4 kil. qui sépare ces puits, les épaisseurs relatives

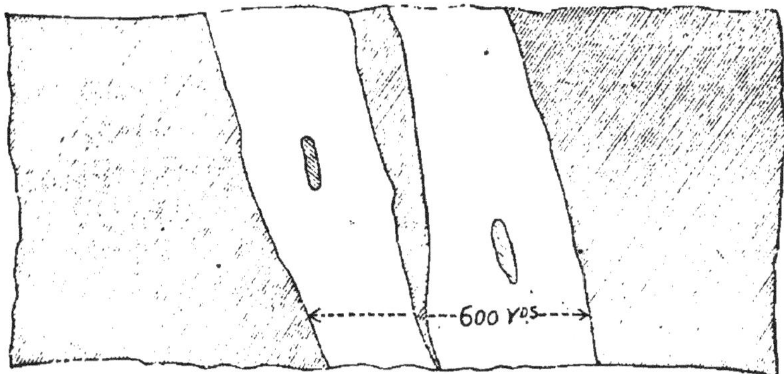

Fig. 29. — Passées de stérile.

des couches de houille, et de celles qui constituent le toit et le mur, argile, schiste, varient dans une assez grande proportion. La qualité peut se modifier; telle couche peut disparaître absolument. Il pourra même arriver que, pour une

Fig. 30. — Section verticale d'une passée de stérile au-dessus de l'argile (clay).

couche de puissance aussi faible que 1 m. 20, le charbon soit par places remplacé par la roche (fig. 29-30). Ces « passées » de stérile ont eu pour cause originelle un courant souterrain, qui a balayé le charbon; la cavité ayant été remplie ensuite par des sables ou un affaissement des morts terrains supérieurs. Ces passées ont quelquefois 600 mètres de large, leur longueur atteignant parfois 10 à 15 kil. de long.

Dans le cas figuré par notre plan (fig. 27), il est possible qu'une passée de ce genre traverse le quartier du nord au sud. S'il n'existe pas, au nord ou au sud, de puits d'exploitation permettant d'affirmer la puissance et l'existence de la houille dans cette direction, il n'y a pas d'autre moyen d'effectuer la reconnaissance que par sondages profonds, ce qui est coûteux. Les passées sont néanmoins assez rares en

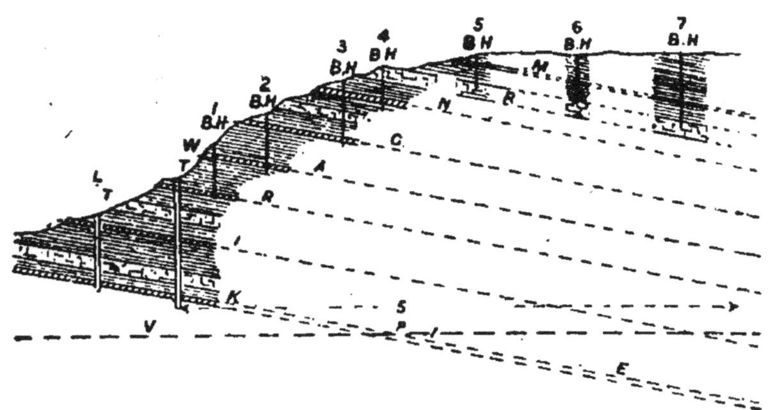

Fig. 31. — Section verticale d'une houillère reconnue à l'ouest.

général, pour qu'on se dispense de recourir à ce moyen dispendieux, lorsque toutes les indications précédentes concordent de façon satisfaisante.

Cas II. — Nous nous plaçons toujours en terrain houiller. Mais ici il n'y a d'exploitation que sur le côté ouest seulement du quartier à reconnaître (fig. 31). L'on devra, dans ces conditions, relever toutes les indications de profondeur, inclinaison des couches, épaisseur du charbon, failles, plis et recoupements, présence de l'eau dans la mine ou dans les terrains supérieurs, etc.; ceci fait, l'on s'aidera alors des indications relevées à la surface.

Indications en surface. — Il faut d'abord rechercher toutes les indications permettant de se faire une idée de la constitution du terrain sous-jacent. Quelquefois les tranchées de chemin de fer, les carrières, les puits avec rejets de terre, les gorges à pic, les fentes naturelles sont d'un grand secours. Les indications d'un puisatier creusant un puits dans les environs seront précieuses. Un champ fraîchement labouré pourra révéler des faits intéressants : un terrain noir indiquera l'affleurement d'une couche de schiste, de houille ; de nombreux cailloux dénonceront l'existence d'un lit récent de gravier recouvrant les strates proprement dites. Un flanc de coteau à pic peut être dû à l'existence d'une couche de roche dure (fig. 32) qui, résistant mieux

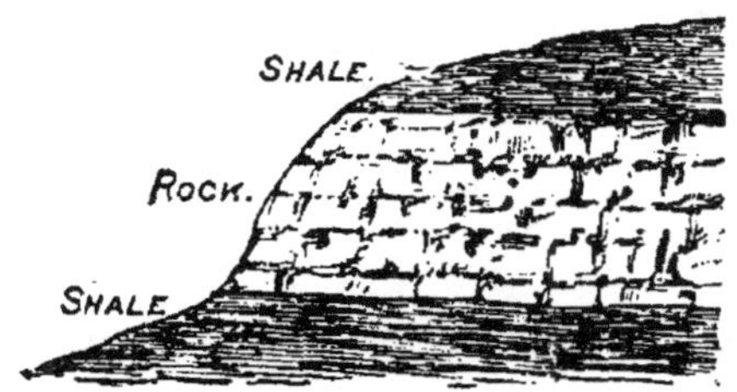

Fig. 32. — Section verticale par un flanc de coteau, accusant des schistes (*shale*) et roches (*rock*).

aux agents atmosphériques, présente une inclinaison très grande, alors que les couches tendres, schistes, marnes, etc., présentent toujours des inclinaisons faibles.

Un filet d'eau sortant de la roche peut former un dépôt révélant l'existence interne d'oxyde de fer.

Une source est due souvent à une faille, qui modifie la direction d'un courant d'eau souterrain. La roche, par les lèvres des fissures déparant les couches, recueille les infiltrations d'eau qui, suivant l'inclinaison des terrains, devraient déboucher aux affleurements dans la vallée. Mais, par suite d'une faille, il y a eu un glissement, et une strate de schiste imperméable est venue se substituer à la roche, de sorte que l'eau, ne pouvant plus descendre jusqu'à la vallée, ressort à flanc de coteau sous forme de source ; ou, si le terrain avoisinant est tendre, argileux, l'eau suinte en nombre d'endroits formant marais. La probabilité de l'existence d'une faille peut, dans certains cas, être déduite de l'existence d'une source ou d'un marais.

Une vive couleur rouge des terres labourées dévoile sou-

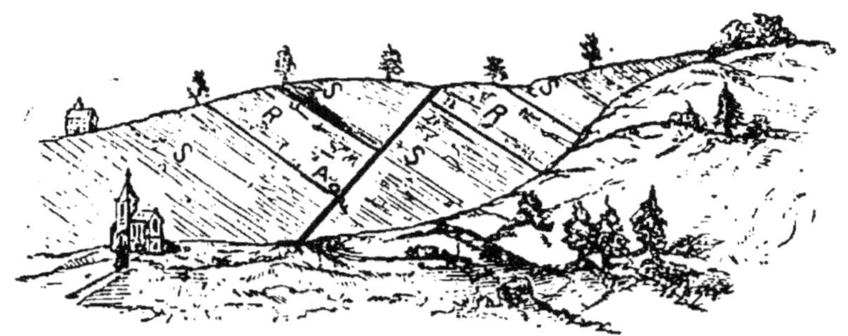

Fig. 33. — Élévation en section d'un flanc de coteau
avec faille et source.

vent une formation de grès rouge nouveau. Les silex abondants permettent d'espérer la présence de la craie au-dessous du sol superficiel.

Dans notre cas n° 2 (fig. 31), les indications de surface ont fourni un résultat négatif, et l'on ignore également si la veine de houille se continue ou ne se continue pas. La seule indication est l'existence d'un affleurement de roches près du sommet de la colline, roches qui semblent être du grès en couche épaisse. Ce lit de roches a servi de carrière, et l'on en a extrait quelques matériaux; l'affleurement semble se continuer du nord au sud; mais il est recouvert en grande partie par de la terre, de sorte que l'indication est incertaine ailleurs qu'aux carrières.

Les travaux à l'ancienne fosse démontraient l'existence d'une veine secondaire de houille appelée « Little ». Connaissant les caractéristiques de cette veine, son affleurement peut être tracé sur le plan du quartier par le calcul. Cet affleurement sera vérifié par des trous de sonde ou de petits fossés. Si le terrain était plat, la ligne d'affleurement nord-sud serait rectiligne ; le terrain étant mamelonné, la ligne d'intersection est ondulée, l'affleurement étant reporté plus à l'est en vallée, et plus à l'ouest en colline. Les travaux à la nouvelle fosse, quoique encore peu étendus au nord et au sud, ont néanmoins démontré qu'il n'y avait aucun accident de terrain ; ce puits coupe une nouvelle veine, la veine « Frog », qui affleure presque au carreau de la nouvelle fosse ; on trace de même l'intersection, d'abord par le calcul ; ensuite on vérifie la ligne par des sondages superficiels.

La ligne d'affleurement ainsi tracée se trouve sensiblement parallèle à celle de la veine « Little ». Au flanc du coteau, un peu au-dessus de la nouvelle fosse, on procède alors à un sondage. A 10 mètres environ, on recoupe une nouvelle veine de charbon, qu'on appelle « Bates » ; en continuant le sondage, on recoupe à son tour la veine « Frog » au niveau 60 mètres.

La découverte de la veine « Bates » permet d'en tracer l'affleurement, tant par calcul que par sondages superficiels. Un second sondage (n° 2) est alors commencé au-dessus du n° 1 ; à 5 mètres, nouvelle veine rencontrée, la veine « Jug » ; ce sondage est continué jusqu'à ce qu'il recoupe une des veines précédemment découvertes, ce qui arrive au niveau 65 mètres, où la veine Bates est recoupée. L'affleurement de Jug est tracé comme précédemment, et le sondage n° 3 est commencé, puis les suivants comme indiqué fig. 3 (lettres B.H.)

Par ces travaux, on présume avoir reconnu la nature des 378 à 400 mètres qui sont au-dessus de la veine Frog, au sondage le plus à l'est. L'on s'est assuré de même que l'inclinaison des couches est bien régulière, et qu'aucun accident n'est venu troubler les lignes d'affleurement. L'on peut dans ces conditions espérer que la couche principale de houille, celle qui est exploitée par les deux fosses existantes, se continue régulièrement dans tout le quartier, jusqu'à l'est; pour arriver à ce résultat, il a fallu exécuter environ 800 mètres de sondage, sans compter les petits sondages superficiels exécutés pour vérifier la régularité des affleurements.

La prospection du quartier aurait pu se faire de trois autres manières :

a) En suivant, selon la pente, la veine principale, depuis la nouvelle fosse. Au taux ordinaire d'avancement, ce travail aurait demandé environ six ans.

b) En effectuant un sondage profond au point où a été amorcé le sondage n° 7. Mais un sondage profond est coû-

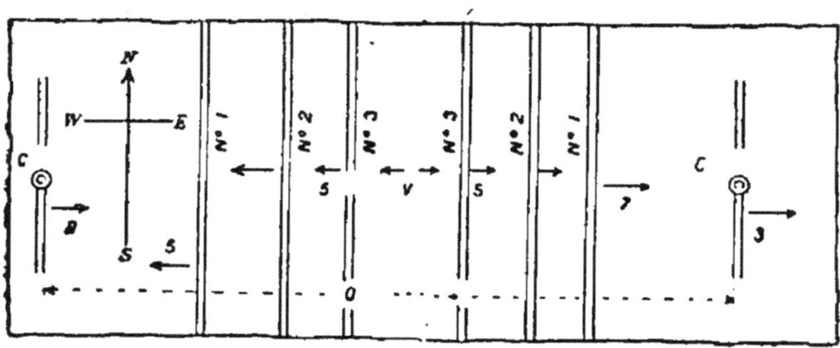

Fig. 34. — Plan d'une houillère.

teux, peut exposer à des mécomptes ; en outre l'interprétation des indications d'un seul sondage peut prêter à erreur.

c) En fonçant une nouvelle fosse d'exploitation. Une opération aussi coûteuse que l'établissement d'un siège d'extraction ne peut se faire que si l'on est à peu près certain de rencontrer le minéral utile.

En résumé la prospection selon la méthode exposée est la moins coûteuse et la plus certaine. En outre, si l'on veut, elle peut être menée rapidement, en effectuant simultanément les divers sondages.

Cas III. — Exemple d'un cas où l'observateur trop superficiel peut se tromper facilement. Les deux fosses est et ouest exploitent la même veine, dont l'inclinaison en ces deux points est régulière ; ce qui permet d'augurer que la veine n° 2 se continue régulièrement suivant AA (fig. 34 et 35).

Les indices relevés dans les deux exploitations ne four-

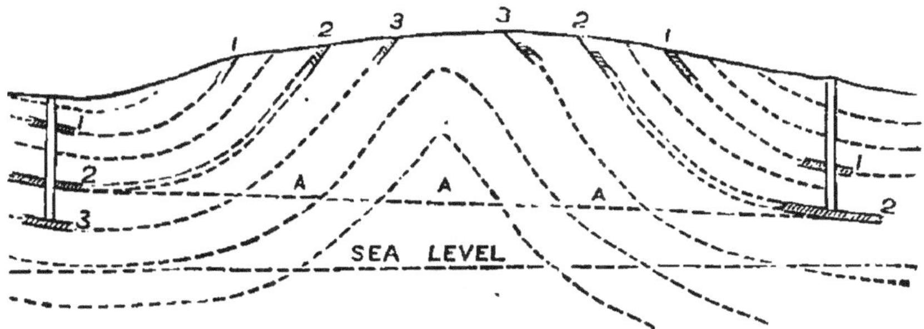

Fig. 35. — Section où l'on a tracé l'allure probable de l'anticlinal.

nissent rien qui soit contraire à cette hypothèse. Cependant le prospecteur avisé examine le terrain avant de prendre une décision, et découvre que les couches ont, à leur affleurement, une inclinaison très forte entre les deux

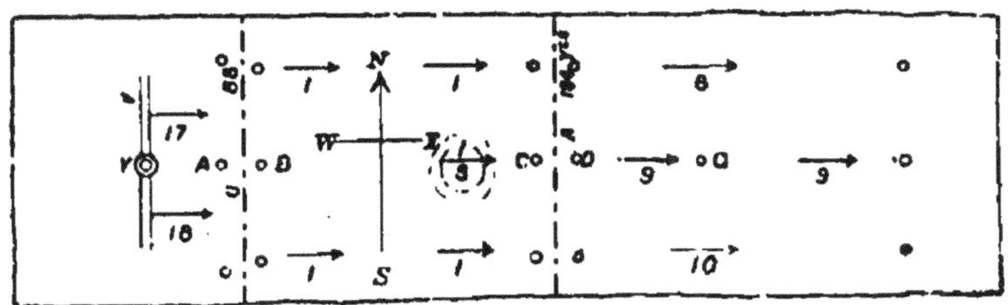

Fig. 36. — Plan d'une exploitation : - - - failles ; o o o sondages.

fosses ; en outre, en certains points, le pendage incline vers l'est, alors qu'en d'autres il incline vers l'ouest. Il s'impose quelques sondages judicieusement pratiques, qui permettront de retrouver les affleurements des différentes veines recoupées dans les puits, et par suite de tracer la figure 35 ; on obtient l'allure probable de l'anticlinal, et on arrive à cette déduction qu'une bonne partie du quartier n'est pas à exploiter.

Cas IV. — Un seul puits est exploité à l'ouest, et le terrain à l'est est inconnu ; en examinant la surface à l'est et sondant superficiellement, on reconnaît qu'entre A et B l'inclinaison des couches varie très sensiblement (fig. 36).

Fig. 37. — Section des strates du sondage B de la fig. 36.

Un sondage au point A traverse un mort terrain consistant, puis recoupe une faille ; un second sondage effectué alors au point B, mené jusqu'à 100 mètres, coupe une veine de charbon qui est reconnue appartenir comme qualité à la veine n° 2 exploitée. Le mode d'identification peut être mieux compris en se référant à la figure 37.

Celle-ci est une section des strates, dont les éléments

sont fournis par le sondage B. Cette section est identique à celle qu'on a rencontrée dans le fonçage du puits d'exploitation, où la veine n° 2 a le même toit en schiste noir très dur, surmonté de schiste ordinaire, et le même mur d'argile réfractaire, supportée par des schistes ; enfin une même couche de grès en bas, et une même veinule de houille en haut, en S, achèvent de démontrer l'identification des deux sections de terrain. De même cette veinule est retrouvée plus à l'est, au point C, où un nouveau sondage montre que

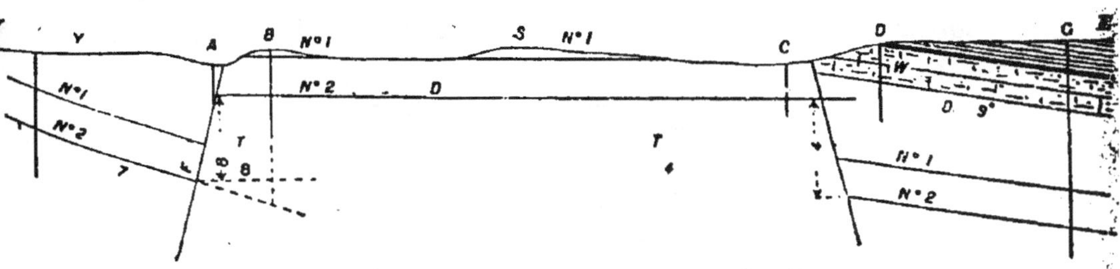

Fig. 38. — Section à échelle naturelle représentant le gîte reconnu.

la veine exploitable se continue ; un autre sondage D, pratiqué un peu plus loin, donne une section de terrain fort différente, où l'on rencontre un fort banc de grès. L'on croit se trouver en présence d'une couche de roche bien connue, qui fournit matière à une carrière située à 2 kilomètres au nord du puits, et que l'on sait être à 80 ou 90 mètres au-dessus de la veine exploitée n° 1.

Se basant sur cette indication, on commence en G un sondage profond, qui recoupe en effet successivement les veines n° 1 et n° 2. On peut alors délimiter exactement, au moyen de petits sondages, l'emplacement des failles qui ont provoqué le bouleversement du quartier ; et l'allure du gîte peut être donnée à échelle « naturelle » dans la figure 38. De façon générale en effet, l'on n'emploie que peu l'échelle naturelle, car les inclinaisons de couches sont en général très faibles, de sorte que pour faire ressortir davantage les pentes ou plissements de terrain on adopte une échelle plus grande pour les distances horizontales que pour les verticales,

Cas V. — Toujours en terrain houiller ; mais ici il n'existe pas de puits exploités. Par une inspection soigneuse de la surface, accompagnée de sondages superficiels, on a délimité l'affleurement de deux veines de charbon. La veine n° 1 a 0 m. 9 de puissance, et la veine n° 2, 1 m. 20, avec, au toit, une bande de 15 centimètres de bitumineux qui permet de la distinguer aisément de la veine n° 1. Aucun sondage profond n'a été fait, le plus grand ne dépassant

Fig. 39. — Faille directe relevant les couches.

pas 10 mètres. Ces sondages superficiels ont permis de tracer les lignes d'affleurement indiquées, et d'affirmer que l'inclinaison des terrains est régulière, et atteint environ 26 degrés 1/2, soit 1 pour 2. La surface étant sensiblement de niveau, et le pendage régulier, les lignes d'affleurement devraient être rectilignes. Or, il n'en est rien ; il faut donc attribuer cette anomalie à la présence de failles. L'affleurement A se trouve déporté en B, à 86 mètres est ; comme l'inclinaison reste régulière à ces deux affleurements, on en déduit l'existence d'une faille directe, qui relève les couches de 43 mètres verticalement (fig. 39). En C, l'affleurement est de nouveau déporté, mais cette fois de 36 mètres ouest ; on en déduit de même l'existence d'une faille, inverse celle-ci, qui abaisse les couches, par rapport au plan précédent, de 18 mètres. En D, nouveau déportement 70 mètres est de l'affleurement, d'où existence d'une nouvelle faille directe relevant les strates de 35 mètres.

Cas VI. — La surface, au lieu d'être plate et de niveau, affecte une forme irrégulière ; la ligne d'affleurement devient curtiligne N S jusqu'au point x, à partir duquel elle change de direction, passant à l'est. L'inclinaison des

Fig. 40. — Exemple d'un relèvement de couches.

couches est uniformément de 26 degrés 1/2 — soit 1 pour 2 — vers l'est. La colline en C a une altitude de 25 mètres au-dessus du niveau en A ; l'effet de cette dénivellation serait de chasser la ligne d'affleurement 50 mètres à l'ouest, en C'. Or, comme l'on ne relève pas une telle inter-

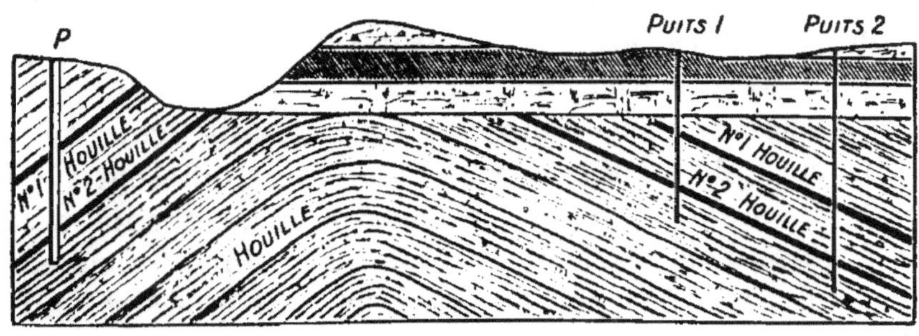

Fig. 41. — Section montrant un bassin houiller qui semble finir par suite d'un pli anticlinal avec recouvrement.

section, et que l'inclinaison des couches est partout régulière, on en déduit qu'une faille directe a relevé de 25 mètres les couches au sud (fig. 40). Quand le sol plat est retrouvé au point x, on voit que l'affleurement a été chassé à 50 mètres est du point A, ce qui est dû à une faille.

Cas VII. — Dans ce cas (fig. 41) le bassin houiller

semble prendre fin à l'ouest ; le centre et l'est étant recou-
verts par les roches du permien et les nouveaux grès rouges.

La veine n° 2 est la couche inférieure exploitable ; partout
où l'on trace des bovettes, on ne trouve à l'est que le calcaire houiller stérile. Cependant on tente à l'est un sondage
profond n° 1, qui traverse deux veines de composition analogue à celles qui sont exploitées dans le puits ouest. Un
second sondage encore plus à l'est recoupe encore les
mêmes couches, mais plus bas, montrant une inclinaison de
couches inverse de celle qu'elles avaient dans le puits :
d'où l'on peut déduire l'existence d'un pli anticlinal dont le
sommet a été recouvert par une formation plus jeune. La
surface ne pouvait fournir aucune indication utile dans la
circonstance, sauf le fait que, étant plus récente dans
l'échelle géologique, il était assez naturel de supposer que
le carbonifère était sous-jacent.

Les indications des sept cas précédents sont générales, et
s'appliqueraient indifféremment aux minéraux se trouvant
en couches interstratifiées : houille, minerai de fer, gypse,
argiles, pierre à bâtir, etc.

La recherche des filons (étain, plomb, cuivre, or,
argent, etc.), doit s'effectuer de façon toute différente. Il est
rare que l'on entreprenne la recherche de gisements métallifères sans qu'on possède à leur égard quelque information
antérieure. En Europe, en Asie, en Afrique, les mines
métalliques actuelles sont presque toujours la continuation
d'anciennes exploitations, avec extension des découvertes
primitives. En Australie, dans une bonne partie de l'Amérique, la mise en exploitation est due plus à une circonstance accidentelle ayant conduit à la découverte du filon,
qu'aux investigations scientifiques.

Les minerais métallifères apparaissent surtout dans les
régions montagneuses ou vallonnées : c'est pour cela que,
en allemand, par exemple, la même mot « berg » signifie

montagne ou mine, et un mineur se nomme « bergman », qu'on pourrait traduire : homme de la montagne. Plusieurs raisons expliquent ce fait : c'est d'abord qu'à flanc de coteau les affleurements de filon se reconnaissent plus facilement, la couche de terre qui recouvre les stratifications ayant été balayée par les eaux ; ensuite que l'exploitation à flanc de coteau permet un écoulement naturel des eaux qui n'exige pas l'emploi d'appareils d'épuisement spéciaux, impossible avant la machine à vapeur, trop coûteux même maintenant pour des recherches.

Ces deux considérations expliquent pourquoi les mines métalliques, lesquelles sont généralement, avons-nous dit, d'origine ancienne, et dues au hasard, sont plus nombreuses dans ces régions de montagne qu'en plaine, où la recherche en est aventureuse, et l'exploitation onéreuse.

Prospection de l'or, de l'étain, etc. — Certains minéraux : l'or, l'étain, quelques métaux rares, se trouvent assez souvent dans les alluvions récentes et les sables constituant le lit d'une rivière, ou les embouchures de fleuves, où ils ont été évidemment transportés par érosion des roches qui les renfermaient. Ces sables, une fois excavés, sont examinés au « pan » ou à la « battée », sortes de récipients dans lesquels on introduit quelques poignées du sable à essayer ; on lave ensuite à l'eau pour chasser les parties les plus légères ; on enlève à la main les cailloux et grains les plus gros, et peu à peu, par décantations et lavages, on arrive à un résidu, au fond de la battée, qui contient les particules les plus lourdes, parmi lesquelles on cherche soigneusement à reconnaître, par examen visuel, l'existence de paillettes d'or, etc.

Les dépôts d'alluvion peuvent servir d'indication pour rechercher les filons ; il est assez naturel de penser en effet que, ces particules ayant été entraînées mécaniquement par les eaux, l'on aura grande chance de trouver les filons générateurs en remontant le cours d'eau où on les rencontre, et prospectant sur les rives. Il ne s'en suit pas cependant que l'exploitation du filon sera toujours plus profitable que celle des sables. Au contraire, la roche ayant été détruite naturellement par les agents atmosphériques, l'opération du broyage de la roche se trouve ainsi évitée; de sorte que, si les sables sont assez riches, leur exploitation sera plus rémunératrice que celle du filon. Il s'est produit souvent un phénomène de concentration, la teneur étant bien plus élevée dans les sables que dans la roche.

Cas VIII. — *Recherche des filons.* — Le prospecteur examinera soigneusement toute fissure ou interstratification

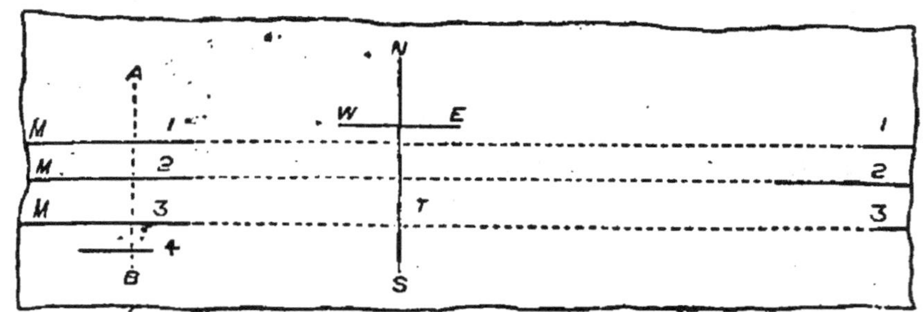

Fig. 42. — Plan montrant trois filons.

dans les roches dénudées qu'il pourra observer dans les à-pic, gorges, ravins, etc. En effet les filons, dont le remplissage est différent des roches qu'il traverse, sont plus durs ou plus tendres, et par suite présentent des échancrures ou des saillies par rapport aux couches encaissantes. D'autres fois on pourra s'aider de la couleur : une veine de quartz (pouvant renfermer de l'or) est blanche; de même une veine de spath calcaire (qui accompagne le plomb argentifère).

Lorsqu'un filon est découvert, on en fera sauter à la mine ou au coin quelques portions; il pourra se faire alors que la partie minéralisée apparaisse : masse de galène, de pyrite cuivreuse, etc. L'or, l'étain sont en général invisibles à l'œil nu ; la vraie manière de s'assurer de leur présence est de faire quelques analyses.

Cas IX. — Des filons ont été déjà exploités dans le quartier entre A et B (fig. 42). Les filons sont orientés vers l'est;

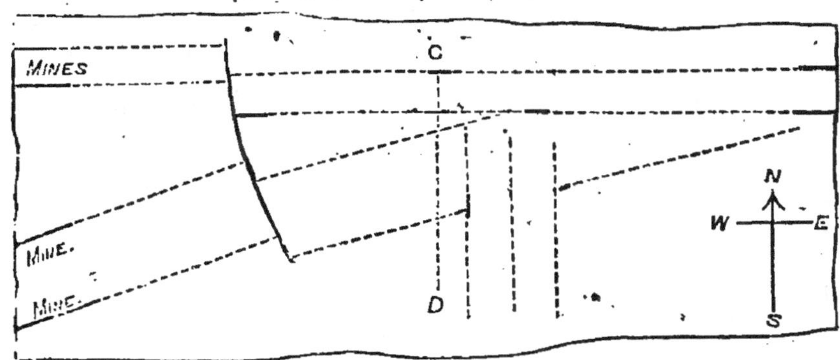

Fig. 43. — Plan de la région de la fig. 42.

l'on se demande s'ils se continuent régulièrement dans cette direction. Sur le flanc est de la montagne, une prospection superficielle fait découvrir les affleurements de 3 filons

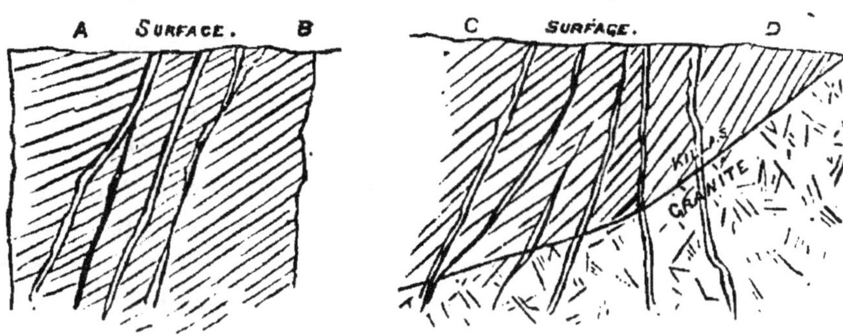

Fig. 44. — Section verticale suivant A B de la fig. 42.

Fig. 45. — Section suivant C D de la fig. 42.

similaires, que l'on peut estimer être les prolongements des précédents. La figure 44 est la coupe par A, qui montre le mode d'apparition des filons.

Cas X. — Ici nous sommes en présence de 4 filons

exploités à l'ouest. Deux sont orientés est-ouest, les deux autres vont du sud-ouest au nord-est. De nombreux sondages superficiels indiquent qu'ils se continuent probablement de la façon que montrent les lignes pointillées figure 43. L'exploitation ultérieure a fait constater que ces filons sont inclinés de 60 à 75 degrés sur l'horizontale, et en profondeur passent du killas au granit (fig. 44, 45).

Cas XI. — Du minerai de fer a été trouvé par hasard, affleurant en A ; en approfondissant, on découvre une vaste

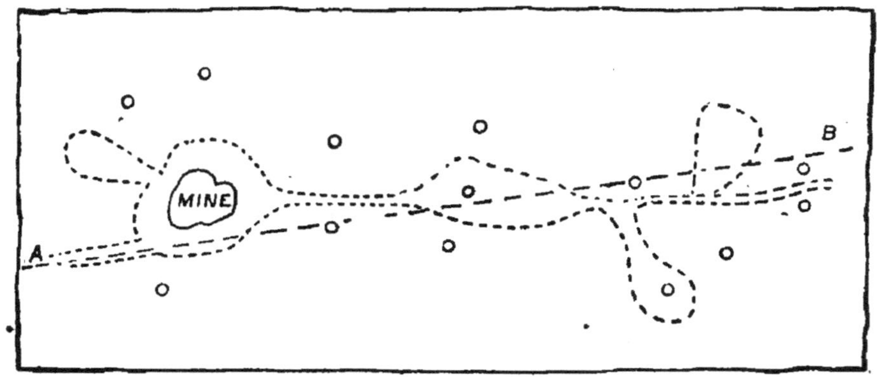

Fig. 46. — Plan d'une mine de fer avec poches et sondages *o*.

poche de minerai. Le quartier est alors sondé de la façon indiquée sur les figures 46, 47 ; quelques sondages traversent le minerai, alors que d'autres ne rencontrent que le stérile ; en pareil cas, la seule règle à suivre est de sonder dans le calcaire. Par endroits le calcaire est recouvert par du schiste ; en ce cas on foncera le sondage plus avant pour retrouver le calcaire. En effet, dans les quartiers où le minerai remplit des cavités d'origine évidemment hydraulique, il est naturel de rechercher dans les terrains tendres, où de telles cavités ont pu se produire : c'est-à-dire dans le calcaire, et non pas dans des terrains durs : grès, schistes, etc. Dans quelques cas, ces remplissages sont nettement orientés, et suivent une fissure faible ou rejet ; dans d'autres ils suivent une ligne de soulèvement, sans fracture visible ; ou enfin ils sont distribués au hasard, et l'on ne peut indiquer de règle à suivre par le prospecteur.

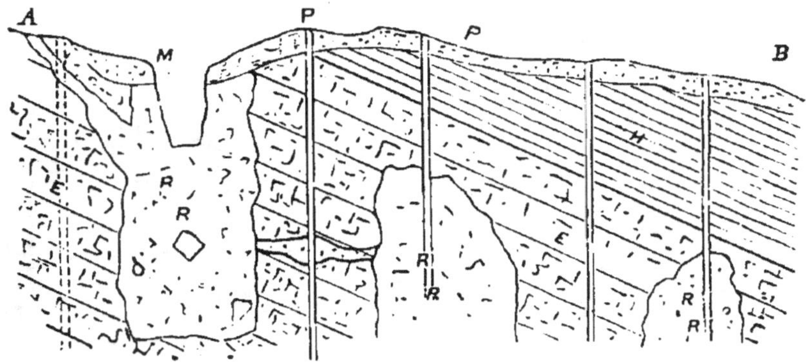

Fig. 47. — Section suivant A B de la figure 46, avec poches de fer en R dans le calcaire.

Détails des méthodes de prospection. — Nous avons fréquemment parlé, dans ce qui précède, des sondages et

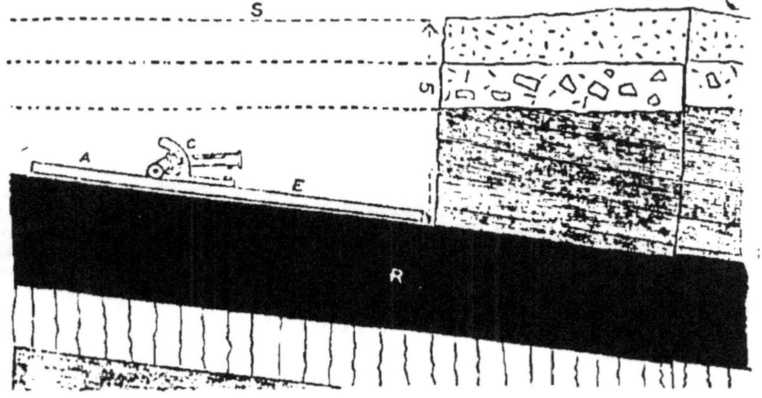

Fig. 48. — Affleurement d'une veine de charbon R sur lequel est placé un clinomètre.

excavations superficiels destinés à rechercher les affleurements, et montré également l'importance de l'inclinaison des couches. Voici quelques détails pratiques à ce sujet.

La figure 48 montre une excavation profonde de 2 m. 70 qui met à nu l'affleurement d'une veine de charbon.

Sur la surface dénudée est appliquée une règle ; on y place un clinomètre et on y lit l'angle de pendage.

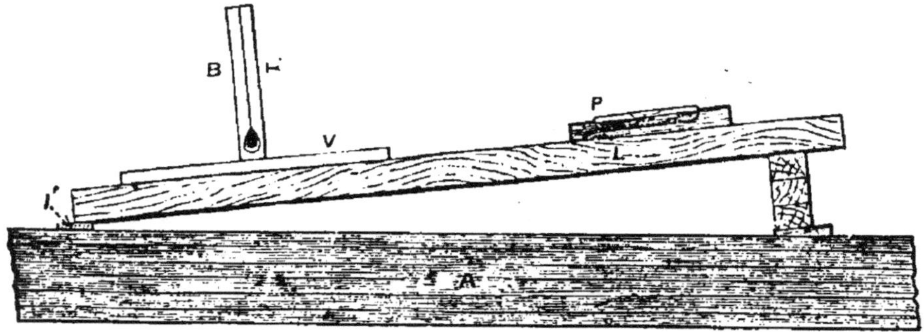

Fig. 49. — Mesure du pendage au niveau.

Dans ce clinomètre, on trouve un arc de cercle gradué en degrés, ou même en pour cent (1 sur 100 signifie 1 pour 100,

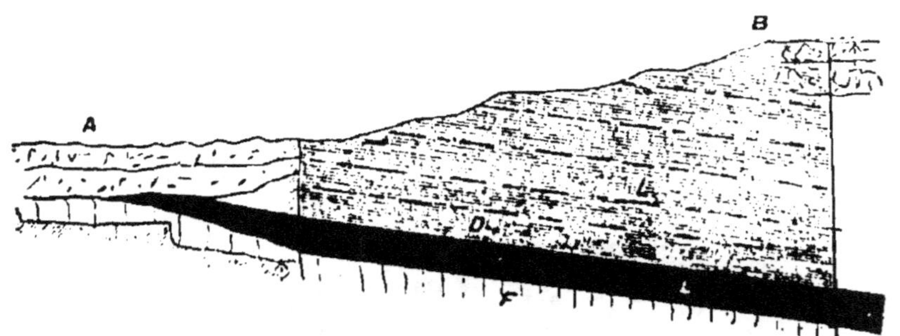

Fig. 50. — Mesure de la pente par déblai et sondage.

1 sur 50, 2 pour 100 ; 1 sur 10, 10 pour 100, etc.) De la sorte, une inclinaison de 45 degrés (demi-pendage) est marquée 100 pour 100 ; 7 degrés et demi, 13 pour 100 ; 5 degrés, 8,7 pour 100, etc. La figure 49 montre comment la pente peut être mesurée au moyen d'un simple niveau de maçon (à plomb ou à bulle), une règle et un décimètre. La figure 50 montre comment la pente peut être mesurée au moyen

d'une excavation et d'un trou de sonde, en tenant compte
bien entendu de la différence d'altitude des deux points.

Il n'est pas toujours possible de mesurer l'inclinaison
moyenne vraie au moyen d'une seule observation. Il est
souvent préférable de procéder à deux mesures, aucune des
deux ne se trouvant sur la ligne de plus grande pente.

La figure 51 montre, en plan, deux lignes suivant lesquelles a été observée l'inclinaison de la couche : CD, direc-

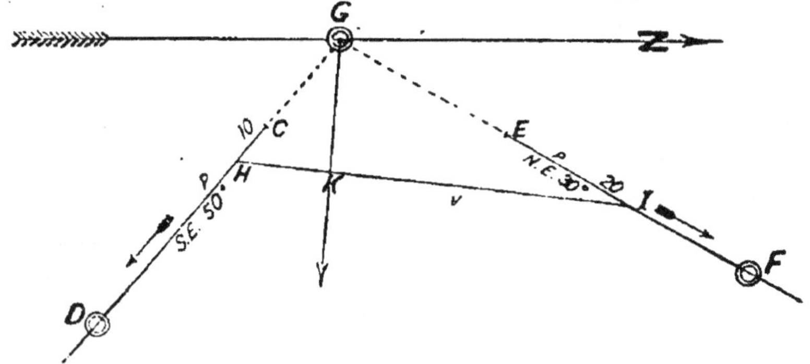

Fig. 51. — Plan donnant les lignes d'observation de l'inclinaison.

tion 50 degrés sud-est, pente trouvée, 1 sur 10; et EF, direction 30 degrés nord-est, pente trouvée, 1 sur 20. Ces deux
lignes sont portées à l'échelle sur le papier, en grandeur et
direction; on les prolonge jusqu'à leur intersection en un
point G. Sur la direction GD est alors portée une longueur
10 = GH, et sur la direction GF, une longueur 20 = GI; ces
longueurs sont, comme l'on voit, proportionnelles aux
inclinaisons mesurées respctivement sur les lignes CD et
EF. On trace alors la ligne HI, et une perpendiculaire à
cette ligne est menée depuis le point G. Cette direction GK
est celle de la ligne de la plus grande pente, d'après la
moyenne des deux observations relevées, et GK mesure à
l'échelle la valeur de cette pente, soit 8 1/4 dans le cas présent. Le pendage de la couche est donc 1 sur 8 1/4.

L'on peut encore établir la pente moyenne d'une couche à l'aide de trois puits; la construction est analogue : G, D et F sont les trois puits (fig. 51). Il est tout d'abord nécessaire de réduire les profondeurs vraies en profondeurs relatives par rapport au niveau de la mer. Ainsi, supposons que la profondeur des puits au-dessus de la même veine de houille, soit de 150 mètres pour G, 220 mètres pour D et 250 mètres pour F; si le carreau de G est à 90 mètres au-dessus du niveau de la mer, celui de D à 108 mètres et celui de F à 117 mètres, il faudra, prenant la profondeur de G comme base, enlever 108 — 90 = 18 mètres à D, et 117 — 90 = 27 mètres à F. ce qui réduit leur profondeur relative à 202 mètres pour D et 223 mètres pour F. Alors, si les distances GD et GF sont connues, la valeur de l'inclinaison suivant ces lignes peut être facilement calculée, et ensuite l'inclinaison de plus grande pente, à la façon que nous avons donnée dans le paragraphe précédent.

Si la pente est mesurée au clinomètre en degrés, la valeur de l'inclinaison peut être réduite en valeur linéaire en se rappelant qu'elle est égale au rapport du rayon du cercle à la cotangente de l'angle d'inclinaison. Si par exemple le rayon est 1, la cotangente 10, la valeur de la pente est 1 sur 10; pour un angle de 6 degrés, la cotangente = 9,5; la pente est donc 1 sur 9,5.

Lors de l'étude géologique d'une région, il est nécessaire de posséder une carte indiquant en plan la position de tous les indices utiles : affleurements, trous de sonde, excavations, cavités, collines, cours d'eau, etc. Il est également nécessaire de relever l'attitude de tous ces points. Le prospecteur doit donc se doubler d'un leveur de plan. Dans les contrées civilisées, il pourra généralement obtenir des cartes de la région à prospecter, sur lesquelles il sera aisé de marquer sans grandes opérations l'emplacement des points qui l'intéressent, en se fixant sur les repères de la carte : cours d'eau, montagnes, etc. Les opérations de nivellement seront grandement facilitées s'il possède des cartes où les collines et mouvements de terrain sont indiquées pour des courbes de niveau cotées. Dans les pays neufs, la prospection est généralement faite par un groupe comprenant des leveurs de plans.

Équipement du prospecteur. — L'équipement du prospecteur contient un bon marteau, une forte loupe, une bouteille d'acide pour reconnaître la roche calcaire, un clinomètre, un baromètre anéroïde et un thermomètre, pour relever les altitudes, une boussole, un carnet de notes, et une carte. Pour la prospection active, le prospecteur se fera suivre d'une équipe de terrassiers avec pioches, pelles, barres à mine, poudre, etc.

CHAPITRE III

SONDAGE A LA MAIN, A LA CORDE, A LA TIGE, AU DIAMANT, etc.

Une reconnaissance n'est jamais complète sans quelques sondages. Un puits donnerait évidemment des indications plus parfaites que le sondage ; mais on ne peut songer à un tel mode d'exploration, à cause de son coût considérable. En outre le sondage est exécuté beaucoup plus rapidement.

Deux modes principaux de sondage. — Ce sont le sondage par percussion, dans lequel la force vive d'un outil percutant est employée pour broyer la roche en débris qui sont retirés ultérieurement ; et le sondage par rotation, dans lequel un outil à grande vitesse de rotation rode la roche, et découpe une carotte. Les variantes du premier dispositif sont très nombreuses ; il n'en existe que deux du second : le sondage au diamant, et le sondage dans lequel on emploie un outil analogue, mais où l'on fait usage d'acier extra-dur au lieu de diamant.

Sondage par battage ; différents systèmes. — Une des méthodes les plus usitées pour les faibles profondeurs, de 5 à 50 mètres, (quelquefois plus, mais rarement) est le sondage à la tige. Le trépan est en acier, soudé à une barre de fer, la longueur totale de l'outil étant environ 45 centimètres ; pour les terrains tendres, il est à lame simple (fig. 52 n° 1) ; pour les terrains durs, en étoile (fig. 52 n° 2). Sa largeur correspond au diamètre du trou de sonde, c'est-à-

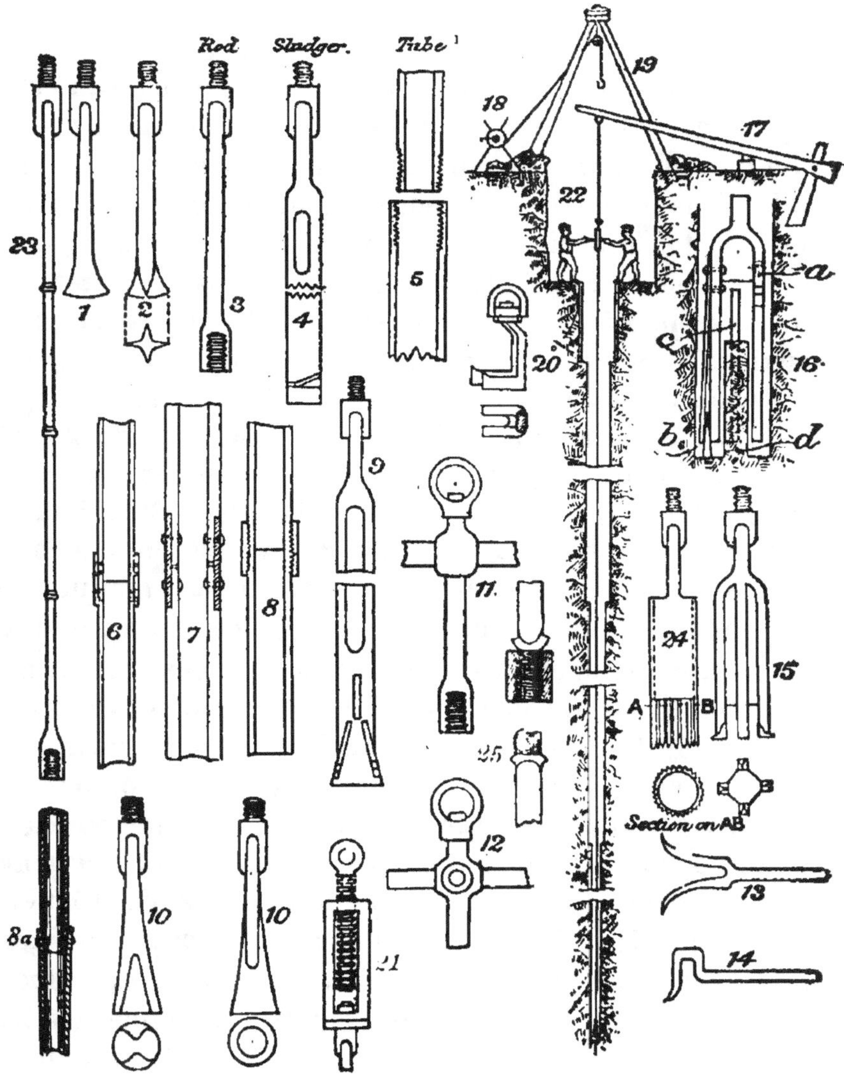

Fig. 52. — Les outils de sondage.
Au n° 22 est figuré un sondage à bras complet.

dire varie entre 75 et 200 millimètres environ. A moins que
l'on se propose d'atteindre de très grandes profondeurs, on

emploie rarement un diamètre initial supérieur à 150 millimètres.

La dimension de la tige varie de 20 à 28 millimètres;
22 et 25 millimètres sont des dimensions courantes. Ces
tiges devront être en fer de la meilleure qualité possible,
afin de diminuer les chances de rupture. Elles sont terminées, à leur partie inférieure, par une douille à vis, et à
leur partie supérieure par un épaulement fileté (fig. 52)
qui permet de réunir les unes aux autres les tiges, ainsi
que le trépan à la partie inférieure, et la tête de sonde à la
partie supérieure. Un jeu de tiges de sondage comprend :
le trépan de 45 à 50 centimètres de longueur, une tige de
50 centimètres, une tige de 1 mètre, une tige de 2 mètres
(ces tiges étant appelées rallonges ou courtes tiges), enfin
une série de tiges plus longues, de 3, 4 ou même 6 mètres,
suivant les circonstances locales; généralement on ne
dépasse pas 4 mètres pour les facilités de manutention;
quelquefois on monte des tiges de 6 mètres en réunissant
par un accouplement à vis (fig. 52, n° 25) plusieurs tronçons
de 2 mètres. On recourt parfois aux assemblages à douille.

La conduite du sondage à tige pleine est la suivante : si
l'on ne doit pas dépasser 15 mètres comme profondeur, le
sondage est attaqué directement avec une tige courte, en
plaçant sur le sol une planche percée d'un trou au travers
duquel passera le trépan. La manœuvre, jusqu'à 15 mètres,
se fera par deux ou trois hommes. On ajoute les tiges au
fur et à mesure de l'enfoncement. Au delà de 15 mètres, il
faudra quatre ou cinq hommes; en outre, le pylone et le treuil
de manœuvre deviennent indispensables (fig. 52, n°° 18,
19, 22). Au delà de 30 mètres, un balancier ou dispositif
analogue s'impose pour équilibrer dans une certaine mesure
le poids des tiges (fig. 52, n° 17). Les pylones de battage se
font aujourd'hui assez souvent en fer profilé ou en tubes.

Si l'on se propose de pousser profond le sondage, l'attaque se fera plus soigneusement; il est de pratique courante de faire un avant-puits de 1 m. 8 à 2 m. 10 de diamètre et 2 m. 10 environ de profondeur. Cet avant-puits est suffisant pour déblayer la couche superficielle de terre végétale et découvrir la couche sédimentaire; en outre, il constitue une plate-forme commode pour la mise en place des longues tiges, sans exiger un pylone de grande hauteur, et il garantit dans une certaine mesure les sondeurs, qui sont ainsi à l'abri.

Au fond du puits, est alors creusé à la pioche un trou de grand diamètre, que l'on revêt d'un tubage de diamètre intérieur correspondant au trépan de la plus grande dimension (fig. 52, n° 22). Ce tubage, de 60 centimètres à 1 m. 80 de long, suivant la profondeur du sondage que l'on va commencer, est très soigneusement établi, car il va servir de guide aux trépans. Il se termine à la partie supérieure par une bride. Autour de ce tubage placé verticalement dans le trou, on tasse la terre; la bride vient reposer sur la terre ou sur une planche percée d'un trou pour le passage du tubage.

Au-dessus de l'avant-puits est fixé le balancier élastique (fig. 52, n° 17). Un jeune bouleau ou mélèze de 9 mètres de long fait très bien l'affaire. Le gros bout est solidement maintenu par une cheville en fer traversant le tronc, et également les bouts supérieurs de deux solives solidement fichées en terre. A une distance que l'on peut modifier de temps à autre (entre 0 m. 90 et 2 m. 40) de l'extrémité ainsi fixée, est placé un bloc de bois faisant point d'appui, de façon à élever l'extrémité libre du balancier à une hauteur convenable — 3 à 4 mètres au-dessus de l'avant-puits. Reste enfin le pylone; pour les sondages de faible importance il est constitué par trois jambes de force assemblées par leur sommet, où est suspendue la poulie de renvoi. Sur deux des montants est fixé le treuil de manœuvre, qui d'ailleurs peut également être séparé et ancré dans le sol, chargé de pierres. Parfois, au lieu d'un balancier élastique on emploie un balancier à contrepoids.

Ceci fait, la manœuvre est commencée. Une couple d'hommes prennent le trépan vissé à l'extrémité d'une rallonge, et entament le battage, tournant à chaque fois le trépan d'une fraction de tour. Si l'on est dans la roche dure, un peu d'eau jetée dans le trou facilite l'attaque. Après avancement d'un demi-mètre environ, ils mettent en place la tête à traverse, permettant de tourner la tige ; puis ils placent une seconde rallonge, puis une troisième, une quatrième tige. Plus tard les quatre rallonges sont remplacées par une tige de 2 mètres et ainsi de suite; de façon à maintenir la tête à bonne hauteur pour les bras des hommes.

La profondeur du sondage est mesurée par le nombre de tiges que l'on a fixées. Lorsque deux ou trois hommes ne peuvent plus manier le poids des tiges et du trépan, la tête de sonde est accrochée au balancier au moyen d'une chaîne, dont la longueur est réglée selon la force des coups à battre, et d'un crochet spécial ; à chaque coup on tourne de 1/8 de tour la tête de sonde, de sorte que le taillant du trépan a fait un tour complet au bout de 8 coups battus. Le poids des tiges abaisse forcément le contrepoids; la chaîne présente constamment la longueur voulue pour que le trépan soit juste à ne pas toucher le fond du sondage. Après un certain temps de travail, variant, suivant la dureté du terrain, de 10 minutes à 1 heure, le fond du trou de sonde, où se sont accumulés les débris, amortit les chocs du trépan, qui ne produit plus grand effet utile, ou le trépan est émoussé. Il faut alors retirer les tiges du trou à l'aide du treuil, et du pied de bœuf (fig. 52, n° 20), qui vient saisir les tiges à leur épaulement supérieur ; l'ensemble est soulevé de quelques centimètres, et vient reposer par l'épaulement inférieur de la tige sur une fourche appelée clef de retenue (fig. 52, n° 13). La tête de sonde est alors dévissée à l'aide d'un tourne-à-gauche (fig. 52, n° 14); et de même pour les tiges, une ou plusieurs ensemble, jusqu'à ce que le trépan soit remonté au jour.

Ce trépan est soigneusement examiné; car des débris sont toujours adhérents au taillant de l'outil, et renseignent dans une certaine mesure sur la nature du terrain traversé. On recueille précieusement ces débris, qui sont renfermés dans des bocaux étiquetés, avec mention de la profondeur à laquelle ils ont été recueillis. La dureté du terrain a pu être constatée à chaque coup.

Le curage s'effectuera alors en descendant une cuiller ou cloche à soupage appelée pompe à sable (fig. 52, n°4), qui est fixée à l'extrémité des tiges à la façon d'un trépan. Souvent la cuiller se termine par une surface hélicoïdale, de sorte qu'en la tournant on la visse, à la façon d'une tarière, dans la boue à extraire; on bat également quelques coups, pour forcer la matière à traverser la soupape. Fréquemment on donne à la tige et à la cuiller un mouvement de descente et de remonte pour faire entrer les boues par la valve.

On remonte alors la cuiller en dévissant à nouveau les tiges. L'examen du contenu de la cuiller (versé dans un récipient) est la partie la plus importante du sondage, le but de l'opération. Bien entendu la boue liquide que renferme l'outil ne ressemble guère à l'état sous lequel le terrain a été rencontré; aussi faut-il une certaine expérience pour commenter les indications fournies par le contenu de la cuiller. On met de côté les parties solides, on fait sécher tout ce qu'on peut. Si la boue est constituée par du sable, et que, pendant le battage, on ait rencontré la roche dure, on en conclut que c'est un banc de grès qu'on a traversé; si la boue est argileuse, noire, et le battage dur, on se trouvait en présence de schistes durs; si le sable et l'argile sont mélangés dans la boue, c'était un banc de schistes mélangé de sable. La couleur est également un indice qui fournit de bonnes indications ; il se trouve aussi généralement des fragments de roche non pulvérisés, qui permettent de déduire plus sûrement le diagnostic. L'épaisseur de chaque couche est déterminée avec assez de précision, car, en général, lorsque le trépan passe d'une couche à une autre, l'homme de manœuvre à la tête de sonde perçoit distinctement une différence dans le régime du battage, et l'on note alors exactement la longueur de tiges. Quand le terrain est tendre, la cuiller doit être descendue deux et trois fois avant qu'on ait un curage satisfaisant, lequel s'annonce par ce fait que la cuiller ne retire plus que des quantités insignifiantes de matière. Un nouveau trépan, fraîchement affûté, est alors descendu, et le battage reprend.

Il est souvent nécessaire de prélever un échantillon de plus grande dimension, et plus cohérent que les fragments épars dans la boue que retire la cuiller ; on emploie dans ce but une sonde à noyau. Cette sonde consiste, en général, en une fourche à quatre dents, chaque dent constituant un taillant (fig. 52, n° 15), de telle sorte que la sonde, au lieu d'attaquer une surface de cercle, découpe seulement une couronne périphérique, laissant au milieu une carotte solide. Une autre sonde à noyau, travaillant plutôt par rodage que par percussion, est représentée figure 52, n° 24 ; on doit la faire tourner sur elle-même pendant le travail.

La carotte découpée, il s'agit de la briser par sa base et de la remonter à l'aide de l'outil représenté figure 52, n° 16. La cloche *a* est descendue sur la carotte *d* ; le coin *b*, en s'enfonçant, vient serrer une des fourches de l'outil contre le noyau, provoquant le détachement de celui-ci ; enfin une lame élastique *c* serre le noyau dans la cloche pendant la remonte. La figure 53 représente un autre genre d'outil pour l'extraction du noyau ; le cylindre *a*, *a* est abaissé sur l'échantillon, ce qui ouvre les couteaux élastiques *b b* ; la cloche est toujours soumise à un mouvement de rotation, alors qu'on lui imprime verticalement un léger mouvement alternatif ; pendant ce double mouvement, les couteaux dégradent peu à peu la base du noyau qui s'étrangle comme le montre le croquis. Un anneau *d* est descendu sur les couteaux

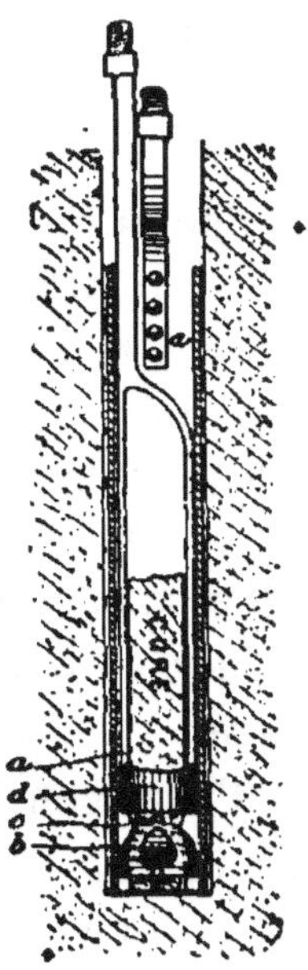

Fig. 53. — Outil de sondage extrayant le noyau.

à l'intérieur du cylindre *a*. Lorsque l'érosion est suffisante, le noyau se détache, et l'on remonte l'échantillon. Pour obtenir une bonne carotte par le moyen de cet outil, il est nécessaire que le trou de sonde ait un diamètre supérieur à 10 centimètres. Quand un noyau peut être retiré du fond, ses indications sont évidemment beaucoup plus sûres et plus probantes que celles que l'on déduit de la boue ramenée par la cuiller.

Stratamètre. — Dans quelques cas la direction et le pendage des couches peuvent être déduits d'après la carotte. Supposons, par exemple, que, lorsque ce noyau est remonté

au jour, on n'ait tourné d'aucune fraction de tour l'échantillon depuis son extraction du sol ; on pourra alors mesurer directement l'angle de pendage et la direction. Mais,
pour éviter toute erreur résultant d'une torsion pendant la
remonte, l'on marque quelquefois le noyau avant qu'il soit
détaché de la couche dont il faisait partie. A cet effet, on
descend un outil constitué par un anneau dont la partie
extérieure est munie d'un couteau ; on vient faire reposer
délicatement l'anneau sur la tête du noyau, et l'on relève à
la boussole la position; l'orientation du couteau, au moment
où l'on donne un léger coup pour marquer la carotte. On
retire ensuite la dite carotte de la façon indiquée, et l'on
oriente la marque laissée par le couteau suivant la position
relevée précédemment à la boussole.

Vitesse de sondage. — Au début, avec une bonne
équipe et un bon maître-sondeur, un sondage en terrain
houiller, schistes et calcaires, peut être conduit à raison de
30 centimètres par heure ; lorsqu'on a dépassé les 20 premiers mètres, le taux d'avancement diminue, par suite du
temps exigé pour le vissage et le dévissage des tiges. Il est
évident que le temps pris par ces opérations s'accroît avec
la profondeur, de sorte que, dans les sondages profonds, la
vitesse est très faible, quel que soit le peu de résistance
de la couche traversée ; et, avec le matériel que nous venons
de décrire, l'avancement est rapidement réduit au taux de
30 centimètres par 24 heures.

Sondage mécanique. — Dans le but d'améliorer la rapidité du sondage, la machine à vapeur est employée, con-
curremment avec d'autres méthodes. Si un pylône élevé est
employé, on peut dévisser à la fois une grande longueur de
tiges ; ainsi, si la poulie est de 20 mètres environ au-dessus
de la plate-forme de manœuvre, on pourra dévisser d'un
coup 18 mètres de tiges, ce qui provoquera une grande éco-
mie de temps dans la remonte des sondes ou des cuillers.

Si l'on emploie un treuil à vapeur pour les manœuvres, et qu'on descende les cuillers à l'extrémité d'un câble au lieu de tiges, on gagnera encore un temps très appréciable;

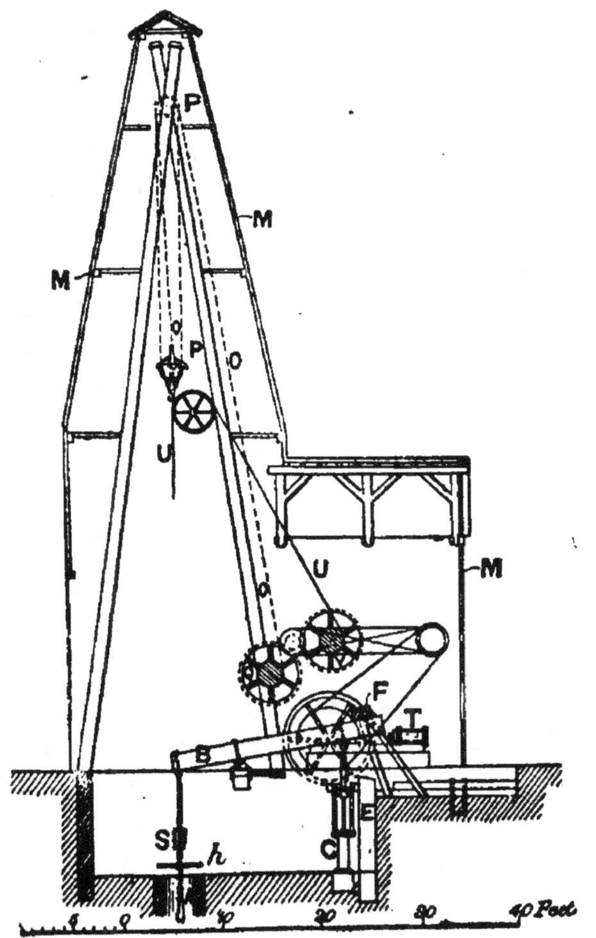

Fig. 54. — Section verticale d'un sondage mécanique sous son abri.

enfin, si au lieu d'un balancier élastique ou à contrepoids, on emploie un balancier commandé par un cylindre à vapeur, une plus grande vitesse d'avancement sera encore obtenue. Par l'emploi de ces divers moyens les chiffres d'avancement rapportés plus haut peuvent être quadruplés. La figure 54 montre un sondage à la tige d'après le système Dru, l'ingénieur bien connu. A est l'extrémité supérieure des tiges de sonde ; S la tête de sonde permettant la descente des tiges et la rotation de la tête ; C une machine à vapeur verticale qui donne le mouvement au balancier ; E une butée destinée à donner l'impulsion au trépan à chute libre ; F une autre butée empêchant les tiges de descendre trop bas ; T la machine horizontale du treuil ; V, V le treuil et le câble pour la manœuvre des instruments de curage ; O, Q le treuil et le chaîne pour la manœuvre des tiges ; P le pied de bœuf pour soulever les tiges ; M un coffrage en bois qui garantit la machinerie et les hommes des intempéries. Un tel outillage permet de forer des trous variant en diamètre de 10 centimètres à 1 m. 20

Dans la roche dure l'avancement avec la sonde classique est extrèmement faible, à peine 25 centimètres par 24 heures ; à la vapeur, avec l'outillage ci-dessus, il est possible de traverser les terrains les plus durs à un taux d'avancement bien autrement rapide.

Rupture de tiges. — Par suite de l'augmentation de profondeur, le poids des tiges aboutées devient considérable ; et à chaque coup la ligne tend à flamber, des vibrations se produisent, et la rupture d'une tige est à craindre. Cette tendance à la rupture est même si forte, qu'on arrive fatalement à une rupture avant que le sondage soit très profond. On a recours à la coulisse pour en diminuer les chances.

Coulisse de battage. — La coulisse (fig. 55) est une sorte de joint qui peut être situé de 10 à 20 mètres au-dessus du trépan, les tiges B B qui constituent cette longueur étant exceptionnellement robustes. Quand un coup est donné, durant la chute, la ligne des tiges A supérieures peut continuer sa course après que le trépan a déjà buté contre la roche, de sorte que l'effet de la coulisse est d'amortir le choc à ces tiges supérieures. L'ensemble des tiges et du trépan est remonté par le collier *a*, qui soulève la tête M placée à l'intérieur de la coulisse.

Trépans à chute libre. — La coulisse évite le flambage des tiges, et, dans une certaine mesure, leur rupture.

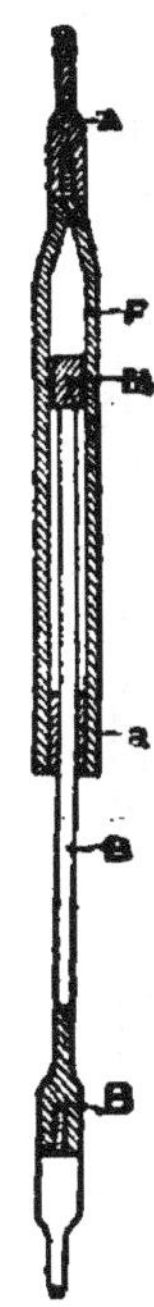

Fig. 55. — Dispositif de joint glissant.

Elle n'est pas toutefois satisfaisante, en ce sens qu'avec les dispositifs considérés jusqu'ici, la vitesse avec laquelle le trépan heurte le fond du trou n'est pas plus grande que la vitesse avec laquelle se déplace la ligne des tiges dans le trou. Or, la puissance du coup de trépan est proportionnelle au carré de la vitesse. Pour accroître l'effet du coup, on emploie fréquemment le trépan à chute libre ; les tiges se terminent à une certaine distance du trépan, et une coulisse combinée avec un joint à chute libre est employée pour la manœuvre du trépan. Quand les tiges ont été remontées avec le trépan à quelque 0 m. 60 du fond, le déclic fonctionne, et le trépan, avec une certaine longueur de tiges, tombent librement avec la vitesse due au poids, modifiée par la résistance de l'eau accumulée dans le trou. Cette vitesse est d'ailleurs bien plus grande que celle qu'il est

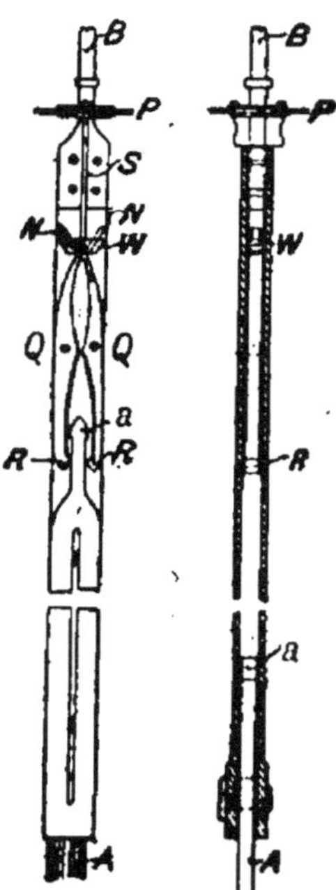

Fig. 56, 57. — Joint à chute libre Kind.

permis d'adopter pour le déplacement de l'ensemble des tiges. Après la chute du trépan, les tiges sont abaissées au balancier pour ressaisir le trépan et le relever de nouveau.

Joint Kind à réaction d'eau. — Les figures 56 et 57 représentent le joint à chute libre de M. Kind, ingénieur allemand bien connu. A A est la tige inférieure solidaire du trépan ; a est le gland d'ancrage ; R R, une paire de mâchoires dont le point de pivotement est Q Q ; B B, la ligne des tiges supérieures reliées au balancier de battage ; P est un piston plus petit que le trou de forage et libre de glisser sur une certaine distance le long de la tige B; W est un coin relié au piston par les tiges S. Deux trous traversent ce coin, qui font un angle de 40 degrés sur la verticale ; à travers ces trous passent deux tiges N N, qui sont le prolongement supérieur des mâchoires. On comprend dès lors le fonctionnement du système. Lorsque le piston s'élève, le coin remonte, les mâchoires s'ouvrent, la tige A portant le trépan tombe librement ; lorsque le coin s'abaisse, la manœuvre inverse a lieu, les mâchoires se referment et viennent saisir le gland. Supposons que le trépan au bout des tiges dans le trou de sonde soit à une distance par exemple de 0 m. 90 du fond; et maintenant, à l'aide du balancier, abaissons vivement le système ; le piston P, qui s'appuie sur l'eau, descendra beaucoup moins rapidement que la masse des tiges, de sorte que le coin sera soulevé, les mâchoires ouvertes, et le trépan tombera. Les tiges continueront à descendre jusqu'à ce que les mâchoires s'appuient sur le gland ; pendant le mouvement ascensionnel qui suit, la même résistance de l'eau agit sur le piston, mais en sens inverse, fermant les mâchoires qui enserrent le gland pendant la remonte du trépan.

Joint Fabien, à baïonnette. — Un autre ingénieur, M. Fabien, a imaginé le joint à chute libre que représentent les figures 58, 59. Comme dans l'appareil Kind, le trépan est connecté à une ligne de tiges inférieures exceptionnellement robustes supportant le trépan. Les tiges supérieures A se terminent par une cloche B, dont le fond est percé d'une ouverture E, par laquelle traverse la tige inférieure C portant le trépan. La tige C se termine par une tête p (fig. 59 à 61) en étoile. Quatre gorges pratiquées à l'intérieur de la cloche servent de guide aux quatre branches de cette étoile; à la partie supérieure, ces gorges s'évasent de la manière indiquée en plan et élévation dans les figures 58 et 61 ; sur les quatre sièges formés par cet évasement, peuvent reposer les quatre branches de l'étoile (fig. 60) ; si l'on vient à tourner brusquement la tige A d'un certain angle, les branches de l'étoile tombent dans les gorges et la chute du trépan a lieu. Les tiges sont alors abaissées jusqu'à ce que l'étoile se

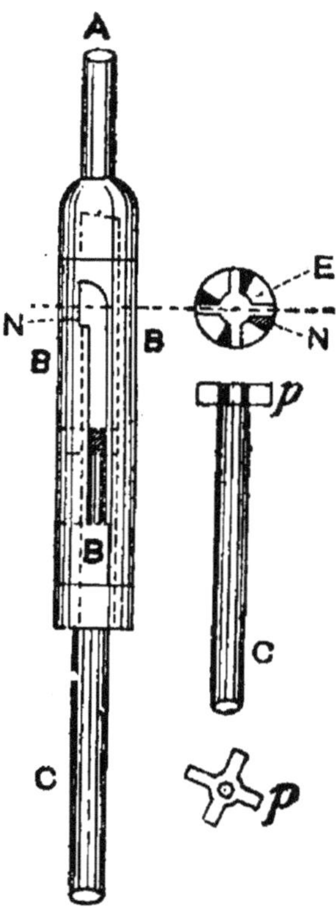

Fig. 58 à 61. — Joint Fabien à baïonnette et ses divers organes.

retrouve au sommet de la cloche, et une manœuvre inverse provoque l'enclanchement des baïonnettes ; le tout est remonté et prêt à battre un nouveau coup. Ici la tige C ne se séparant pas complètement de A, on est toujours sûr de ressaisir le trépan.

Joint Dru à réaction de choc. — Ce joint (fig. 62 à 65) est employé avec l'outillage décrit plus haut (fig. 54). Les tiges supérieures A se terminent dans un cylindre ou fourche K. A la partie supérieure de cette fourche est un

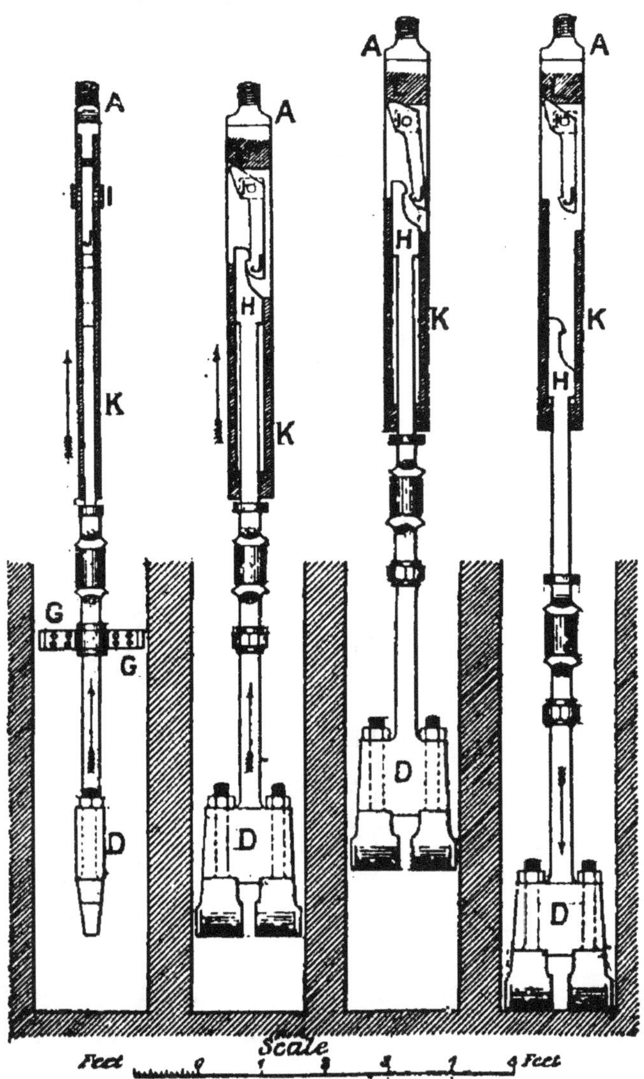

Fig. 62 à 65. — Joint Dru à réaction de choc
dans ses diverses positions.

levier à cran J, pivoté en I, qui vient saisir le chien H disposé au sommet de la portion inférieure des tiges portant

le trépan. Quand le balancier B (fig. 54) vient heurter la
butée E, il se produit une impulsion qui détermine, par le
choc produit, le déclanchement de l'encliquetage JH (fig. 64)
grâce au plan incliné L et à l'inertie, et le trépan tombe

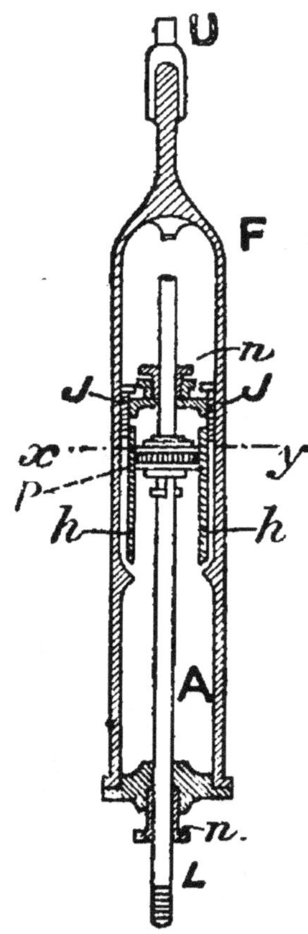

Fig. 66. — Joint Arrault.

(fig. 65). On descend alors les tiges, et, à la remontée, le
cliquet J vient embèqueter de lui-même avec le chien H.

Joint hydraulique Arrault — M. Arrault, ingénieur
connu, a imaginé une coulisse à joint hydraulique (fig. 66).
Ici la tige L portant le trépan se termine, à sa partie supérieure, par un piston P, se déplaçant dans la cloche A reliée
par la fourche F aux tiges supérieures U.

Au début du coup de sonnette, la chute du trépan est d'abord ralentie, la cloche étant pleine d'eau, et le piston se trouvant à la partie supérieure ; cependant, par les canaux $h\,h$, l'eau peut passer de la face inférieure du piston sur la face supérieure, de sorte que la chute s'accélère rapidement. Lorsque le trépan a donné son coup, les tiges U continuent à descendre, jusqu'à ce que le piston se retrouve dans la partie supérieure de la cloche ; quand on relève les tiges, le trépan se trouve également remonté, car le piston ne peut que se mouvoir très lentement dans la région étranglée.

La vitesse à laquelle a lieu la chute du trépan peut être réglée par la couronne filetée J ; n, n sont des presse-

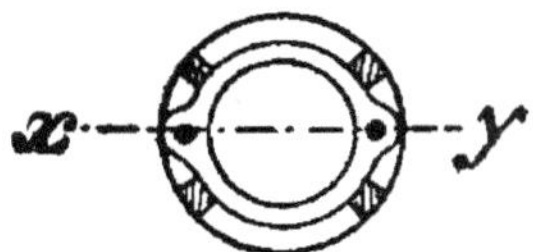

Fig. 67. — Section du joint Arrault.

étoupe ; la figure 67 est une section de la partie supérieure de la cloche.

Tiges en bois. — Pour les sondages profonds, il est courant de donner au bois la préférence pour la constitution des tiges. Ces tiges en bois sont faites aussi longues que le permet la hauteur du pylône, de façon à réduire le nombre des joints ; elles ont de 9 à 18 mètres de long, et de 6,5 à 15 centimètres de côté. A chaque extrémité, une fourche métallique se terminant en tige filetée, est rivée ou boulonnée sur la tige de bois ; l'assemblage se fait par un raccord à vis (fig. 68), dont une pièce d'équerre boulonnée empêche le dévissage. Le bois étant plus léger que l'eau, le poids des ferrures se trouve, de la sorte, équilibré naturellement dans une certaine mesure, réduisant le poids mort à manœuvrer. Lorsque le trou de sonde est de diamètre rela-

tivement grand, le fouettement et les oscillations de la ligne
de tiges sont réduits par des lanternes (fig. 69) qui servent
de guide, leur diamètre correspondant à celui du tubage. A

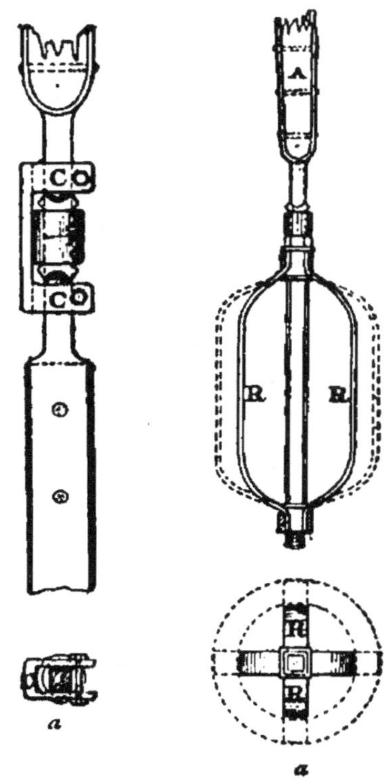

Fig. 68, 69. — Élévation et plan d'un assemblage de tiges,
et d'une lanterne de guidage.

noter que, dans ce mode de sondage, la cuiller est souvent
manœuvrée simplement à l'aide d'un câble sur lequel agit
un treuil à vapeur.

Sondage à la corde. — Quelquefois, au lieu de tiges,
on emploie la corde pour la manœuvre du trépan. Un des
meilleurs exemples de cette méthode est celui que nous
fournissent les champs de pétrole de Pensylvanie, où des
trous de sonde sont pratiqués par ce procédé jusqu'à des
profondeurs de 750 mètres. L'outillage employé est repré-

senté figures 70 à 75. La force motrice est fournie par une
machine à vapeur A (fig. 70) qui commande par courroie le

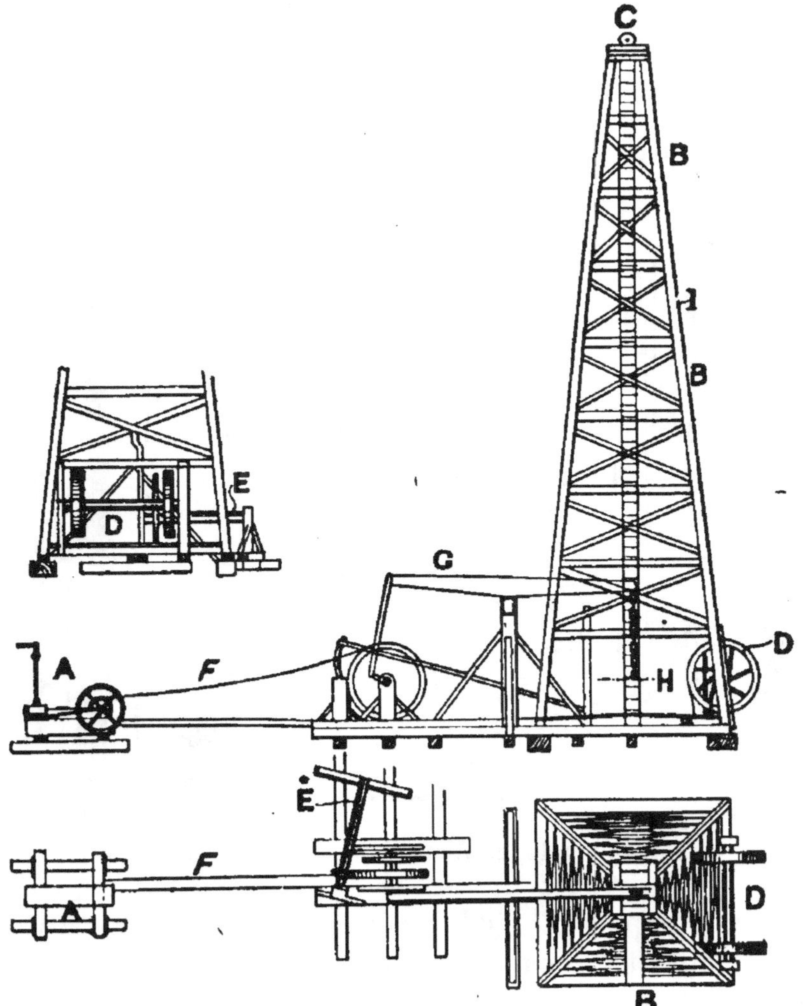

Fig. 70 à 72. — Vues diverses d'un sondage américain à la corde.

mécanisme monté sur la plate-forme du chevalement (on
l'installe a une certaine distance par crainte du feu). Une
longueur de tiges de 18 à 20 mètres, pesant environ une

tonne (fig. 73, A), est connectée à l'extrémité d'un câble en
chanvre, et descendue dans le trou de sonde; l'extrémité
supérieure du câble est alors serrée dans une tête de sonde
à vis (fig. 73, C) suspendue par une chaîne à l'une des
extrémités du balancier (G, fig. 70), dont l'autre extrémité
est montée à bielle et manivelle sur l'arbre commandé par

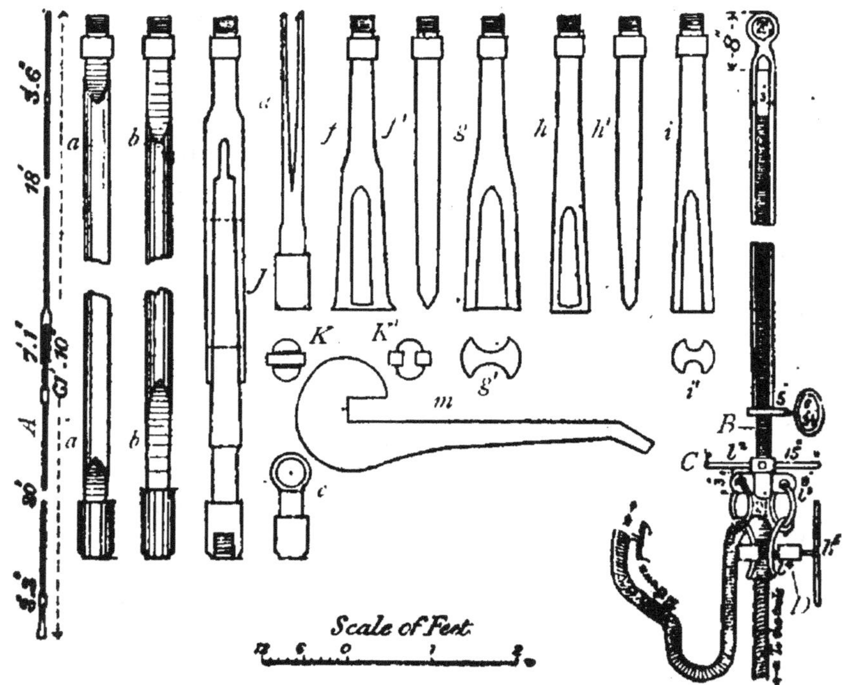

Fig. 73. — Outils employés dans le forage des puits à pétrole.

la machine à vapeur ; le balancier s'abaisse plus vite que le
câble portant le trépan, de sorte que celui-ci travaille
comme s'il était à chute libre; une coulisse JK (fig. 73) permet au câble de continuer à descendre, après que le trépan
a fourni son coup, ce qui tend le câble continuellement. Au
moyen de la tête à vis, l'angle d'attaque du trépan est varié
continuellement, la vis descendant au fur et à mesure que
le trépan pénètre. Quand la vis est parvenue à fond de

course (au bout d'un avancement de 1 m. 20 environ), elle est remise en sa position primitive, en même temps que le câble est saisi 1 m. 20 plus haut. Le trépan est retiré par un enroulement du câble autour du treuil D, qui est commandé dans la circonstance par une courroie de renvoi. La cuiller de curage, fréquemment appelée pompe à sable par les sondeurs américains, est du type analogue à celui que montre la figure 78 ; quelques coups de sonnette sont donnés, qui remplissent la pompe, laquelle est retirée ; le curage peut d'ailleurs nécessiter plusieurs descentes de la pompe. Le sondage est exécuté par deux hommes seulement, qui suffisent également à la conduite de la machine à vapeur et à l'affûtage du taillant des outils ; si le sondage est mené activement nuit et jour, la manœuvre est effectuée par deux équipes de 12 heures ou trois de 8 heures. Dans les terrains tendres, ce mode de sondage permet d'atteindre de grandes vitesses d'avancement, variant de 6 mètres à 60 mètres par 24 heures. La hauteur du chevalement, appelé *derrick*, est de 22 m. 50 au-dessus du sol. La façon d'effectuer le tubage est indiquée figure 74.

La partie supérieure du trou est garnie de tubes de 20 centimètres descendus dans le terrain tendre jusqu'au premier fil de roche ; le forage est alors effectué au trépan de 19 centimètres, et on garnit le trou avec des tubes de 15 centimètres de diamètre intérieur. La partie inférieure de ces tubes est à angle tranchant, de telle sorte qu'en mordant le terrain, il se forme un joint étanche empêchant la pénétration de l'eau des terrains supérieurs dans le trou de sonde. Pour mieux assurer l'étanchéité, on garnit quelquefois les deux extrémités du tube d'un bourrelet de graines de lin enfermées dans un petit sac ; les graines en gonflant font un joint qui se comprime sur le terrain avoisinant, empêchant dans une certaine mesure l'infiltration de l'eau. Un troisième tubage, de 50 à 75 millimètres de diamètre intérieur, est ensuite descendu jusqu'au fond, depuis le jour, où il est muni d'une tête ; les gaz traversent l'espace annulaire (fig. 74, 75), alors que l'huile minérale s'échappe

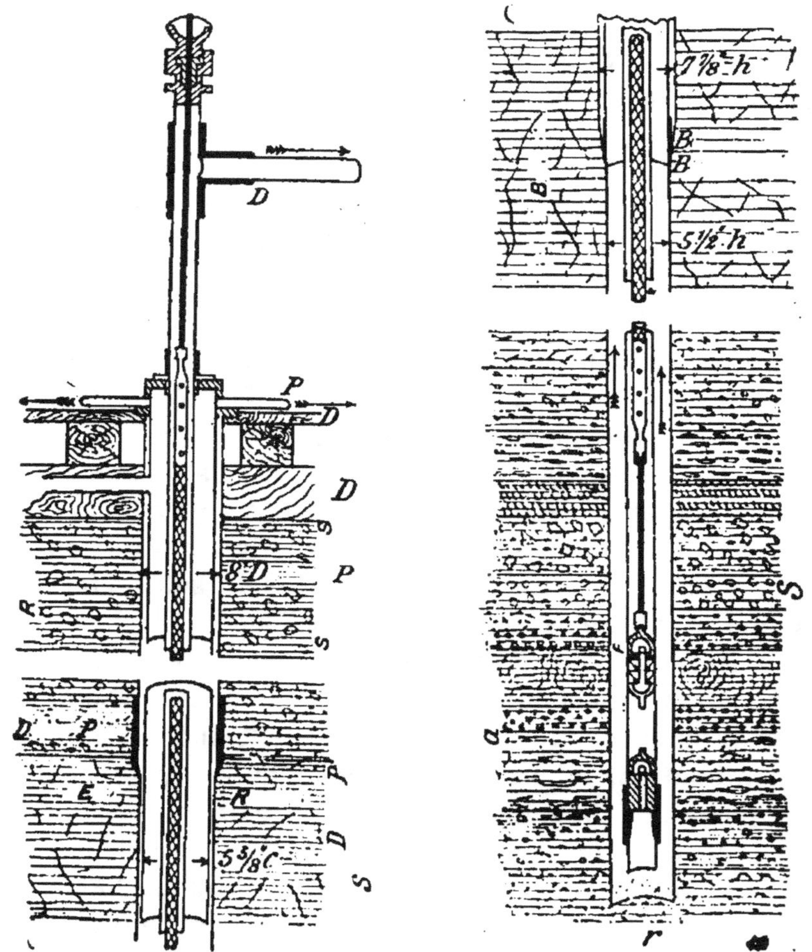

Fig. 74, 75. — Tubage d'un sondage américain à la corde.

ou est pompée par le tube central. Au début, la pression des gaz chasse l'huile

La figure 75 montre ce type de pompage ; la partie inférieure du tube central est munie d'un piston à clapet, le mouvement étant donné par des tiges. visibles sur la figure, que commande à la partie supérieure une tige traversant un presse-étoupe montré figure 97. Quand le débit de l'huile diminue sensiblement, on excave parfois à la dynamite le fond du sondage. A cet effet, un long tube d'étain renfermant une dose parfois de 40 litres de nitrogly-

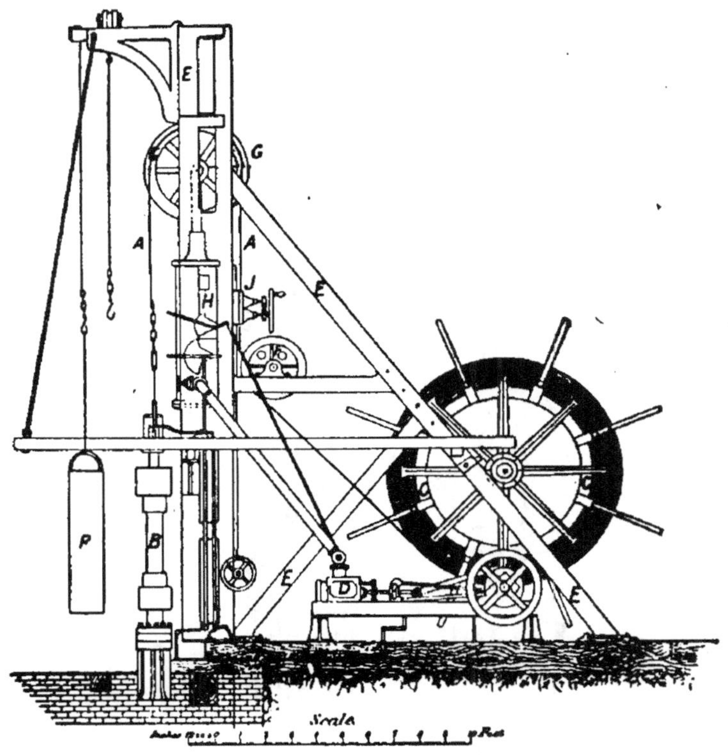

Fig. 76. — Sondage au câble plat Mather et Platt.

cérine liquide, est descendu à la corde dans le trou de sonde ; ce tube est revêtu à sa partie supérieure d'un détonateur puissant. Le tube reposant dans le trou, on y fait tomber une masse de fer qui provoque par son choc l'explosion. Il se forme ainsi une poche dans laquelle l'huile se rassemble, et le débit de l'huile augmente.

Sondage au câble plat. — Cette méthode, qu'on

àppelle aussi méthode anglaise, par opposition à la précédente, dite méthode américaine, a été étudiée avec succès par les constructeurs anglais Mather et Platt. Leur appareil de sondage est représenté figures 76 et 77. La vapeur ali-

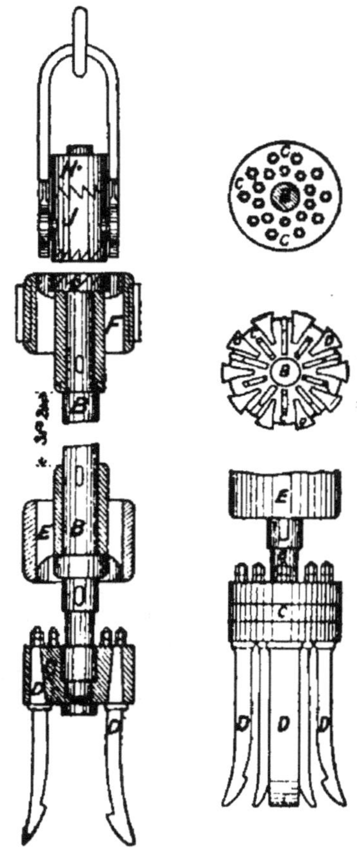

Fig. 77. — Outils (avec détail) servant dans le sondage de la fig. 76.

mente deux moteurs séparés ; l'un D, commande la bobine où s'enroule le câble plat ; .l'autre H commande la sonde, en soulevant périodiquement le câble, et, par conséquent, l'outil qui est au bout. L'outil B, montré à plus grande échelle figure 77, est constitué par une solide barre d'acier ou de fer, portant à sa partie inférieure un certain nombre de couteaux, huit ou davantage, selon la dimension du trou. Quand l'outil est en position de travail, et qu'il a été descendu au fond du trou, la griffe S serrée saisit le câble, qu'elle maintient solidement. La vapeur est alors admise dans le cylindre de battage H, dont la tige de piston soulève la poulie G. Il est évident que, si la poulie est soulevée de 50 centimètres par exemple, l'outil suspendu dans le trou sera soulevé de 1 mètre, le câble étant attaché d'autre part à un point fixe, comme dans les moufles et poulies différentielles ; donc, lorsque le piston et la poulie redescendront, grâce à la manœuvre d'une valve d'échappement de vapeur, l'outil perforateur tombera avec une vitesse double de celle du piston. A l'aide d'une distribution spéciale, le mécanicien pourra donc graduer à son gré la violence du coup, en réglant la course du piston et sa vitesse linéaire, l'échappement se faisant automatiquement. Un ingénieux dispositif a été imaginé pour provoquer le déplacement angulaire de l'outil d'attaque, après chaque coup de sonnette ; on le comprendra à l'examen du croquis (fig. 77). Le manchon balladeur J se termine à ses deux bouts par une denture à rochet ; quand le câble se soulève, cette denture engrène avec un collier solidaire de la barre portant l'outil ; quand la chute a lieu, le manchon retombe sur le collier inférieur, solidaire de l'outil lui-même, et de façon telle qu'il se produise engrènement et torsion légère du manchon et du câble porteur ; lorsque celui-ci se soulèvera à nouveau, le câble en se détendant provoquera le déplacement angulaire de l'outil, pendant que le manchon engrènera à nouveau avec le collier supérieur, mais une dent plus loin. Le curage du trou de sonde se fait au moyen d'une pompe à sable que représentent les figures 78, 79 ; cette cuiller se manœuvre à la façon habituelle ; on la descend en la fixant à l'extrémité du câble aux lieu et place de l'outil foreur. A l'aide de cet outillage, les sondages de diamètre variant entre 20 centimètres

et 60 centimètres ont été effectués généralement avec succès. Il semble cependant qu'en terrain très dur, il se présente des chances de rupture.

Sondage à tiges creuses et circulation d'eau. —
Cette méthode de sondage (fig. 80) emploie encore la percussion, mais est à curage continu. Les tiges sont faites de

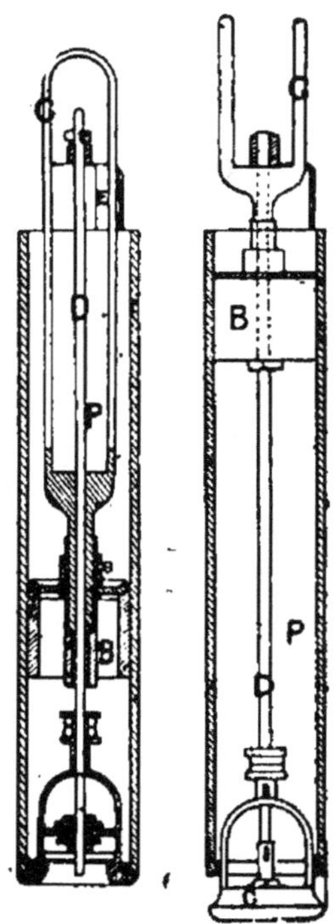

Fig. 78, 79. — Cuiller pour curage.

tubes à vapeur vissés les uns au bout des autres. Le curage
s'effectue par un courant d'eau qu'on envoie à l'aide d'une
pompe, à l'intérieur des tubes, filetés à leurs extrémités
pour les raccords. Le courant d'eau, en remontant extérieurement à la tige, entraîne avec lui les débris minéraux,
boues et sables détachés ; ils se déposent dans un bassin de
décantation où débouche le retour d'eau. L'examen constant du dépôt dans le bassin renseigne sur la nature de la

couche traversée. Par cette méthode, le battage n'est interrompu que lorsqu'il s'agit de remplacer un trépan dont le taillant est émoussé. Toutefois cette méthode assez peu utilisée ne donne d'indications satisfaisantes que pour les

Fig. 80. — Installation d'un sondage à tiges creuses et injection d'eau.

terrains tendres ; il est bon d'extraire de temps à autre des carottes d'échantillonnage (1).

Rupture des tiges. — Il est assez fréquent qu'une tige se rompe ; différentes formes d'outils de sauvetage sont usitées pour extraire la portion restée dans le trou. On emploie dans ce but la caracole, simple crochet avec lequel on peut prendre et soulever la tige à une de ses épaules d'emmanchement. On fait également usage du grappin de

(1) Nous signalerons rapidement les procédés de battage rapide à injection d'eau et à tige rigide ou à chute libre de M. Lippman ; surtout la méthode également rapide et à injection d'eau de M. Raky, où il y a équilibrage des tiges, etc. Des méthodes intéressantes ont été inventées en Allemagne.

la figure 52, n° 9. Il est constitué par un tube de 1 m. 50 de
long, s'ouvrant en forme de cloche, et fileté à sa partie
supérieure pour être fixé et descendu à l'extrémité d'une
tige ; à l'intérieur de ce tube sont quatre lames d'acier faisant ressort à la partie inférieure, et siège à la partie supérieure. Le grappin est descendu sur la tige cassée, et forcé,
pour que cette tige passe entre les lames, jusqu'à ce qu'un

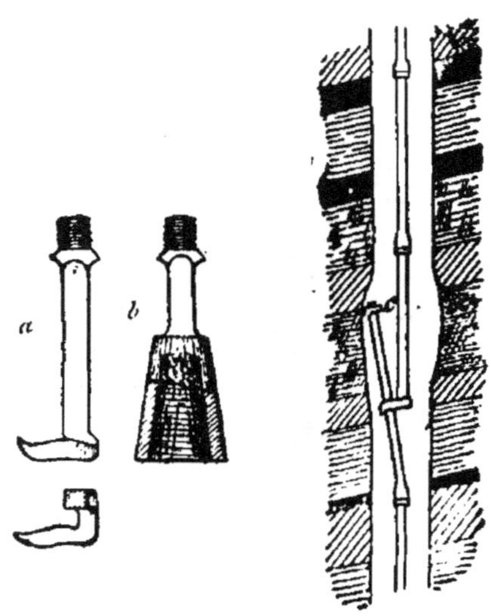

Fig. 81, 82. — Grappin pour tiges pleines et mode d'emploi.

épaulement ait trouvé son siège sur les lames d'acier ; on
peut alors remonter le tout, et le sauvetage est opéré. Il
existe de très nombreuses formes de grappins : outre la
caracole déjà signalée, que la figure 81 a montrée séparément, et la figure 82 en fonctionnement, il faut mentionner
les outils de sauvetage taraudés ; pour les tiges pleines, ce
sera un cône taraudé intérieurement (fig. 81, b) ; pour les
tiges creuses, on fera au contraire usage d'un véritable
taraud.

Signalons spécialement le grappin de Wolff (fig. 82, 83,
84), étudié de façon telle que, si l'on ne peut aucunement

extraire les tiges restées dans le trou et saisir par le grappin, celui-ci peut être déconnecté des tiges supérieures, qu'on peut ainsi remonter. Si en effet le grappin s'accrochait à des tiges coincées définitivement dans le trou, et qu'on ne puisse plus désengager le grappin des tiges agrip-

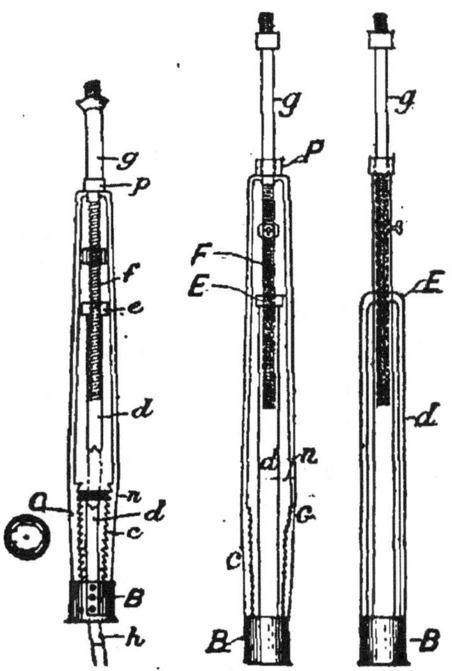

Fig. 83 à 85. — Grappin de Wolff.

pées, il serait impossible de remonter les tiges descendues dans le puits ; d'où impossibilité absolue d'un sauvetage quelconque. Ce grappin de Wolff se compose d'une douille BB, suspendue par les mâchoires dd, et l'écrou e à une vis f, vissée à la partie inférieure des tiges servant à descendre l'outil ; les mâchoires cc sont maintenues écartées par une cale de bois n. Lorsque la douille peut coiffer une tige brisée, l'extrémité h de cette tige chasse la cale, et les mâchoires cc viennent serrer la tige à rattraper, dont on peut alors effectuer la remonte. En cas de coincement fatal, il suffira d'abandonner le grappin dans le trou, en faisant tourner dans un sens déterminé les tiges supérieures et la vis f, qui leur est solidaire, jusqu'à ce que cette vis se soit dégagée de l'écrou p et de la vis e. Souvent le desserrage des mâchoires sera suffisant pour que la tige à rattraper se dégage, sans qu'il soit nécessaire de sacrifier le grappin (fig. 85.)

Parachutes. — Durant les manœuvres de sondage, il peut arriver qu'accidentellement une tige vienne à tomber dans le trou. Si le sondage est profond, le résultat serait un accident irréparable, aussi place-t-on, de distance en dis_tance, un parachute sur les tiges. Les parachutes sont des disques, susceptibles de coulisser entre deux collets qui en limitent le jeu, et dont le diamètre est un peu inférieur à celui du trou de sonde. Ces disques font l'effet de pistons amortisseurs au sein d'un liquide; pour les manœuvres courantes, la vitesse de déplacement étant faible, la résis·tance opposée par les pistons est relativement faible aussi; mais, en cas de chute, elle s'accroîtrait considérablement, en fonction de la vitesse, et le choc final en serait d'autant amorti.

Tubage des trous de sonde. — Quand un sondage est pratiqué en terrain tendre, à plus forte raison en terrain inconsistant ou aquifère, les parois du trou céderaient, l'eau entraînerait des terres, les tiges les effriteraient, et les débris s'amasseraient au fond, en empêchant le travail du trépan, et, en faussant les indications, à retirer des matériaux remontés par la cuiller. Aussi procède-t-on généralement à un tubage du trou de sonde ; on emploie à cet effet des tubes en fer forgé, en acier, en fonte, en cuivre, en zinc, et même en bois. Néanmoins le tube devant être aussi peu fragile (brisant) que possible, le fer ou l'acier très doux sont généralement usités. Pour les gros diamètres, ils

sont en tôle rivetée longitudinalement; pour les petits diamètres on emploie couramment des tubes soudés. Les
joints de tube à tube sont ou rivetés ou vissés (voir fig. 52).
Quand on emploie le joint riveté, les rivets sont descendus
à l'intérieur du tube, à l'extrémité d'un fil de fer (fig. 86);
à l'aide d'une tige ou d'un crochet, on pousse les rivets dans
les trous; on descend alors dans le tube un rivoir à coin
(fig. 87), ce qui permet d'achever le rivetage de l'extérieur.

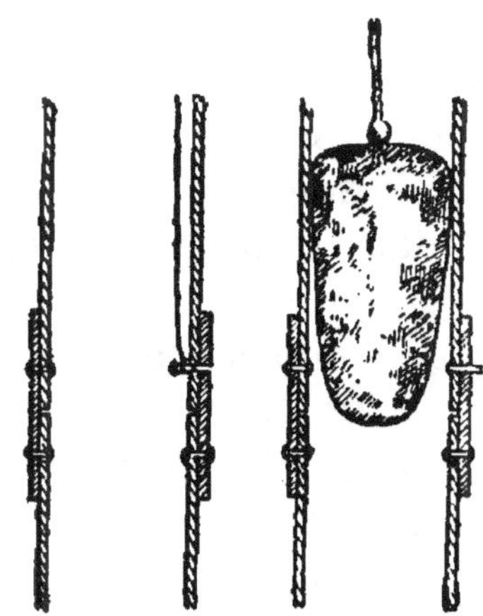

Fig. 86, 87. — Procédé de rivetage sur place.

Cette opération ne laisse pas que d'être très délicate, étant
donné surtout que les tubes sont en tôle relativement mince,
Quelquefois on rive en cône et à emmanchement (fig. 52 n° 8a),
ce qui évite l'emploi de la fourrure extérieure (fig. 86-87).
D'autres fois, pour éviter la surépaisseur que constitue la
fourrure, et qui tend à s'opposer à la descente du tubage (ou à
la remonte accidentelle), on entaille les abouts des deux tubes
pour y noyer le manchon (fig. 75, 7); mais il va sans dire
que ceci peut seulement se pratiquer avec les tubes à fortes
parois. Pour les tubes assemblés à vis, on fait usage d'un
raccord extérieur (fig. 52, n° 8), qu'on entoure parfois d'un
manchon en tôle rivetée pour augmenter l'étanchéité du joint.

Réductions du diamètre du trou. — Il est évident
que, lorsqu'on a procédé à la descente d'un premier tubage,
le trépan dont on fera usage pour continuer le forage devra
être sensiblement plus petit que le diamètre premier du
trou non encore tubé. En pratique cette réduction de diamètre varie entre 2 centimètres et 4 centimètres. Il s'en suit
que la pose de deux ou trois tubages successifs réduit le
diamètre du sondage de facon excessive. Au début du sondage l'on devra donc se fixer la profondeur approximative
à laquelle on va pousser, et en conséquence le diamètre
initial à adopter, de manière que la descente de plusieurs
tubages laisse encore au sondage un diamètre acceptable.
C'est ainsi qu'un sondage commencé avec 30 centimètres
de diamètre pourra supporter la pose de six tubages successifs, le diamètre du sondage restant encore, après le
dernier tube, de 15 centimètres : ce qui est admissible.
Pour les sondages très profonds, c'est-à-dire de 600 mètres
et au-dessus, l'on ne devra pas commencer le forage avec un
diamètre inférieur à 45 centimètres ; naturellement, si les
couches près de la surface sont reconnues comme tendres
(sable, argile), l'on pourra même adopter, sans inconvénient ni coût exagéré, un diamètre initial plus grand
encore.

Il arrive fréquemment que l'on n'a pas pu prévoir exactement le nombre de tubages nécessaires ; de sorte que le trou
est déjà réduit à son extrême dimension ; toutefois l'avancement du forage exige absolument, pour être porté plus loin,
un nouveau tubage ; le seul remède en pareil cas consiste
à aléser l'intérieur du trou au-dessous du dernier tubage, à
l'aide de l'outil appelé élargisseur. L'élargisseur de Kind
est représenté fig. 88-89. L'érosion de la roche est produite au moyen de deux couteaux d'acier montés sur l'axe b,
et munis d'un épaulement a, qui constitue la partie coupante proprement dite. Ces couteaux peuvent être fermés

(fig. 88), ou ouverts (fig. 89) au moyen d'un coin *c*, dont on détermine l'enfoncement en tirant sur une cordelette *d ;* le déplacement du coin est limité par *h*. Ce premier outil alèse la roche au-dessous du dernier tubage, mais laisse une saillie *e*, pour soutenir celui-ci. Un second élargisseur,

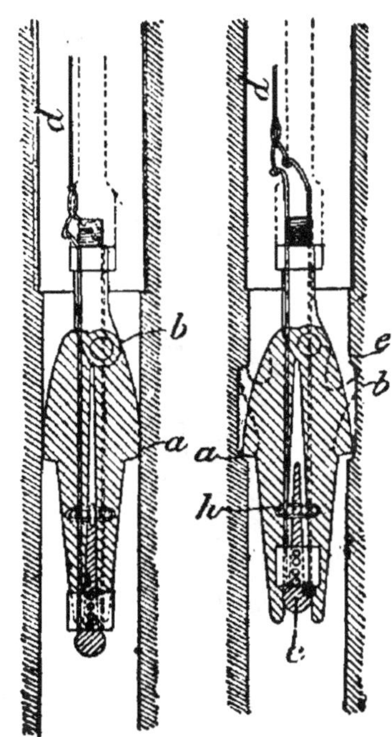

Fig. 88, 89. — Élargisseur Kind.

analogue, mais possédant ses taillants disposés en sens inverse (pointillé fig. 89) est descendu pour travailler en remontant, et enlever la saillie *e*, provoquant ainsi la descente du tubage.

Sondage au diamant. — Nous abandonnons ici les méthodes par percussion, pour passer aux méthodes par rodage.

Le diamant, un des corps les plus durs que l'on connaisse, est plus dur que les roches diverses que l'on peut rencontrer; en frottant l'un contre l'autre, diamant et roc, c'est donc ce dernier qui s'usera et se résoudra en poussière. Il est une variété de diamant qui ne peut être employée comme pierre précieuse, à cause de sa coloration fumeuse, et qui possède par suite une valeur marchande beaucoup moindre. C'est cette variété, dite diamant noir, qu'on sertit dans une couronne d'acier, et qui servira d'outil d'attaque.

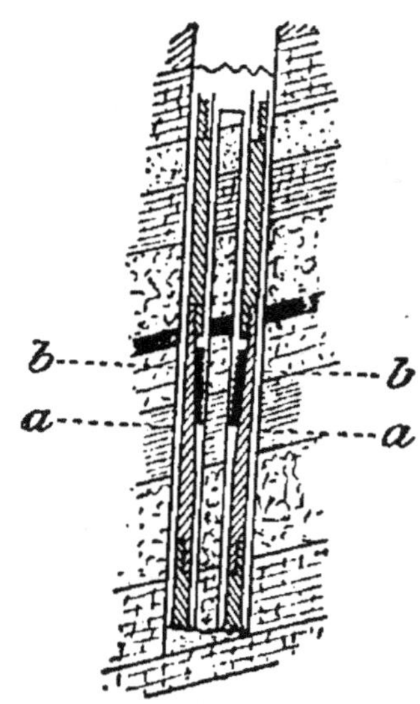

Fig. 90. — Le tube d'acier au fond du trou.

Cette couronne, d'un diamètre de 5 à 45 centimètres, et portant des trous de sertissure en queue d'aronde, où le métal est rabattu au pourtour des pierres, est vissée à l'extrémité d'un long tube d'acier (fig. 90), auquel on donne mécaniquement un mouvement de rotation. La machine employée est représentée figure 91. A la surface, la ligne de tubes portant à la partie inférieure la couronne à diamants, se raccorde à un arbre creux A, muni d'une clavette susceptible de coulisser verticalement dans un manchon qui reçoit le mouvement par le pignon d'angle B, et entraîne par conséquent d'un mouvement de rotation l'ensemble des tubes.

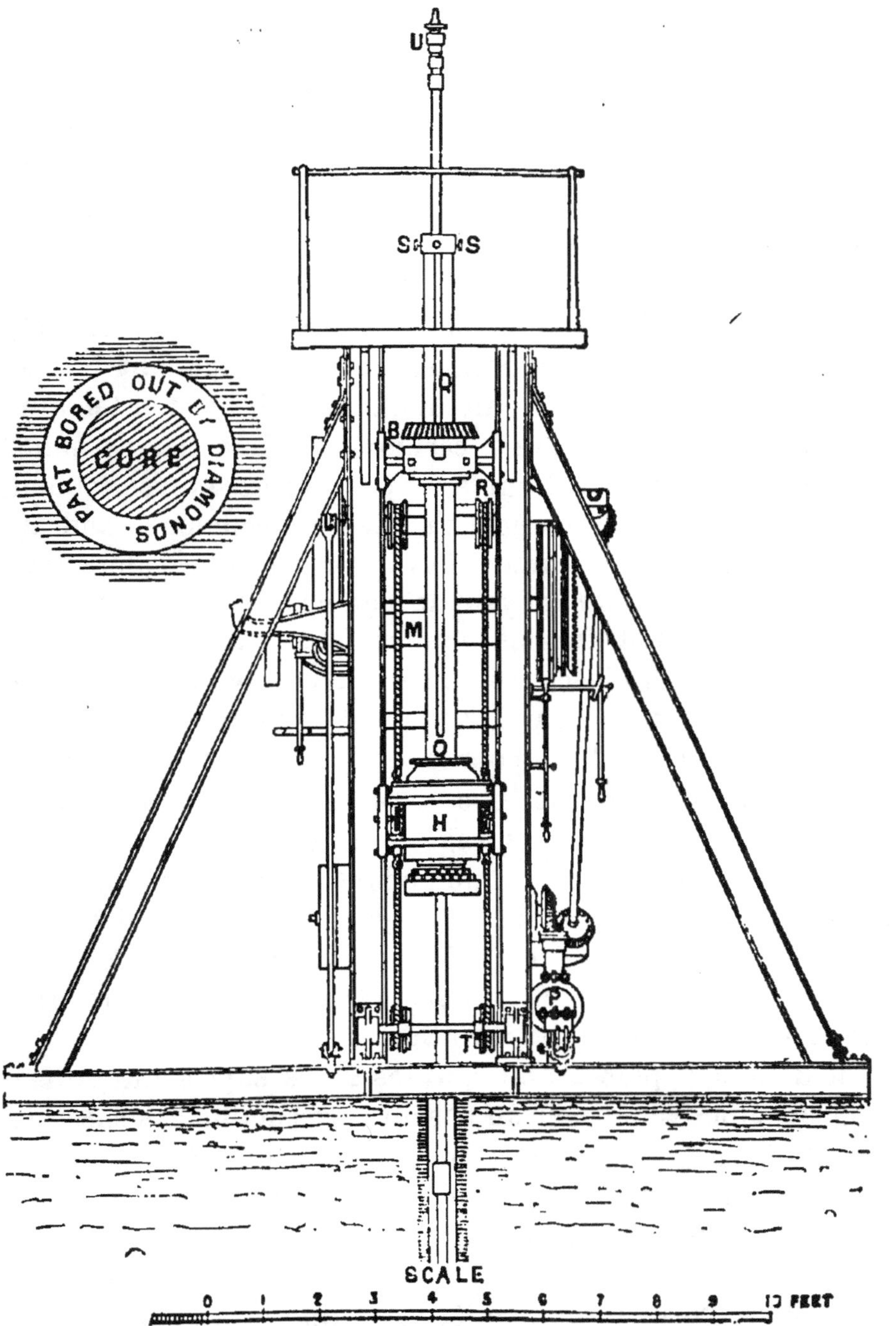

Fig. 91. — Montage d'un sondage au diamant laissant la carotte centrale (*core*).

A l'intérieur des tubes, circule un courant d'eau, qu'une pompe de compression P envoie par l'intermédiaire du tuyau V ; l'eau est ainsi refoulée jusqu'à la couronne, et remonte extérieurement à la ligne de tubes ; le point d'attaque est donc toujours curé de façon continue. Par l'effet de la clavette et du manchon, l'avancement peut se faire régulièrement, la colonne tournant à 200 ou 300 tours, et, grâce à sa faculté de glissement vertical, appuyant de tout son poids sur la couronne de diamant, qui mord le terrain. Cependant, à partir d'une certaine profondeur, ce poids deviendrait trop considérable, et pour vaincre le frottement et faire tourner la colonne à sa vitesse normale, il faudrait dépenser une trop grande force. On équilibre alors une partie de ce poids au moyen de chaînes fixées à la tête de sonde H, passant sur les poulies R, et chargées à l'autre bout de contrepoids convenables. Bien entendu la tête de sonde laisse tourner la tige. Quand le tube Q qui porte la clavette est au bas de sa course, on le remonte au sommet ; on intercale un nouveau tube qu'on relie d'une part à Q, de l'autre à la colonne, et le forage continue.

Carottes. — La couronne rodant la roche suivant un anneau (fig. 91), il en résulte qu'elle laisse subsister un noyau central à l'intérieur des tubes. La partie inférieure de la colonne, sur laquelle est fixée la couronne à diamants, est du reste appelée tube carottier ; ce tube est plus robuste et de diamètre plus grand que les tubes supérieurs ; il est disposé pour renfermer au besoin et recueillir des carottes de grande longueur, jusqu'à 6 mètres parfois. Pour pouvoir retirer cette carotte en même temps que les tiges, on pratique, pour donner prise sur la carotte, à l'intérieur du tube, trois gorges, dont le fond est incliné comme le montre la figure 90, de manière à ce que le diamètre de la gorge en *b* soit plus grand qu'en *a*. Dans ces gorges sont placées des mâchoires en acier, susceptibles de coulisser sur le fond des gorges ; la carotte, en entrant, soulève ces mâchoires, qui lui font place ; mais lorsqu'on élève le tube carottier, les mâchoires coincent d'autant plus énergiquement, que la traction est plus forte ; la carotte est ainsi détachée du fond et maintenue pendant la remonte des tiges. (Parfois on emploie dans le même but un anneau fendu).

Le sondage au diamant est le mode de forage le plus perfectionné pour les terrains durs ; il est employé sur une vaste échelle dans ces terrains. Dans les terrains plus tendres, calcaires houillers par exemple, il ne donne pas toujours de bons résultats, la carotte se délitant et se transformant en une boue qui est entraînée par le courant d'eau ; dans ces conditions, on ne possède que de trop vagues indications sur les couches traversées, et l'on a pu ainsi recouper une veine de charbon sans que les sondeurs s'en soient aperçus. Si l'on veut obtenir de bonnes carottes dans le calcaire ou dans la formation du nouveau grès rouge, il est nécessaire d'adopter un diamètre de sonde d'au moins 15 centimètres. L'on se trouvera bien également de protéger la carotte par une virole fixe, intérieure au tube carottier ; cette virole protège la carotte de l'action de l'eau et du contact avec le tube tournant, c'est-à-dire des deux actions qui produisent la désagrégation du noyau. Le chapeau de la virole est percé de quelques trous, par lesquels l'eau peut être chassée à mesure que la carotte monte.

Un autre type de sonde à diamants est indiqué figure 92 ; il a été employé pour la prospection du district ferrifère du Michigan (États-Unis). Cette machine peut s'employer dans les galeries souterraines, et fore un trou dans n'importe quelle direction, aussi bien horizontale que verticale ou à 45 degrés.

La tête A, qui commande la sonde, est montée à rotule et peut être inclinée d'un angle quelconque. Sur la même

machine est un treuil B, sur lequel s'enroule un câble pour
la manœuvre des tiges. Les figures 93 à 98 représentent les
accessoires de cette foreuse ; on y voit aussi des cou-

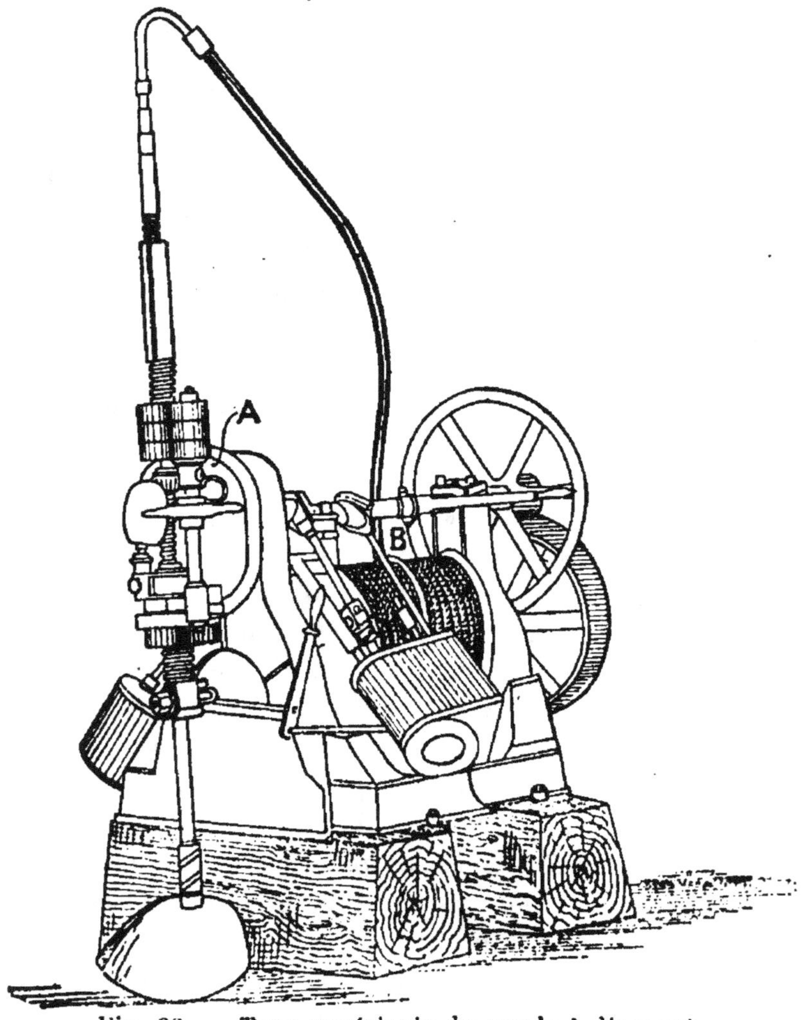

Fig. 92. — Type américain de sonde à diamant.

ronnes à rodage ; la première attaque la roche ; la seconde
coupe les carottes ; en 95 et 96 des mâchoires à tube pour
la manœuvre des tiges ; en 97 le mode d'accouplement à
baïonnette pour le raccord des tiges entre elles ; ce raccord

à baïonnette économise le temps du dévissage et revissage des joints à vis ordinaires ; enfin, en 98 est un outil pour la remonte des carottes.

La sondeuse Davis Calyx a attiré récemment l'attention des ingénieurs, par les nombreuses applications qu'elle a reçues en Australie et en Angleterre. Elle fonctionne exactement à la façon d'une sondeuse à diamants, à ceci près

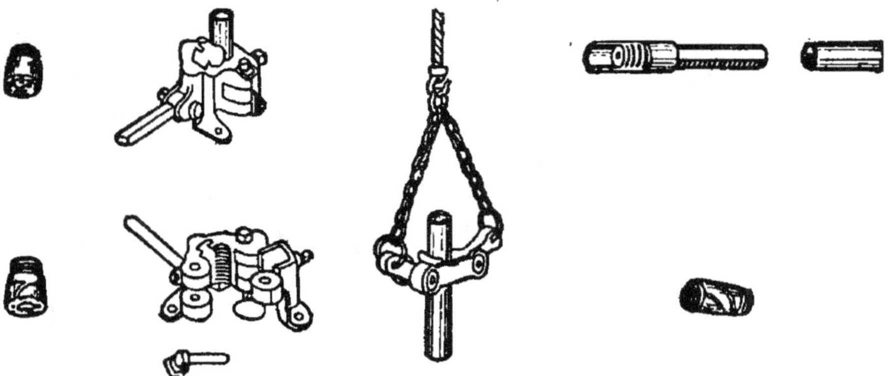

Fig. 93 à 98. — Accessoires de la sondeuse à diamant.

que la couronne à diamants est remplacée par une couronne munie de dents de scie en acier cémenté trempé, de grande dureté, qui remplit le même office : les dents présentent un *chemin* suffisant pour que l'outil puisse être retiré après isolement de la carotte. Par-dessus le tube carottier, et d'un diamètre un peu moindre que le trou de sonde, est disposé un autre tube, fermé au fond, ouvert au sommet, que les constructeurs ont appelé calice (calyx en anglais) et qui a donné son nom à la foreuse. Les sables, chassés par le courant d'eau arrivant par les tiges creuses, remontent d'abord dans l'espace intersticiel, puis s'accumulent dans le haut élargi du calice, où la vitesse du courant diminue, et où l'on peut étudier la composition des couches traversées, indépendamment de la carotte que découpe l'appareil. Ce calice sert aussi de protecteur et recueille les débris qui peuvent tomber des parois du trou de sonde, et empêche ainsi l'engorgement de la couronne d'attaque (1).

Choix de la méthode. — Avant de décider du choix d'une méthode de sondage, il importe de considérer le but que l'on recherche. Pour la prospection, il est nécessaire de posséder des indications précises sur les terrains traversés et de pouvoir retirer une bonne carotte. Pour le forage d'un puits artésien ou d'un puits de pétrole, la question de noyau n'a aucune importance ; il s'agit de forer le plus rapidement possible et verticalement. Dans certains cas de prospection en terrain neuf, on cherchera à prélever une carotte sur toute la profondeur du sondage ; dans d'autres, où les terrains sont déjà connus, il s'agit de prélever simplement des échantillons dans telle ou telle couche, etc.

Coût du sondage. — En ce qui concerne le coût du sondage, il varie tellement avec la nature des terrains et les salaires et l'habileté des ouvriers sondeurs, qu'il est difficile de dire quelque chose de précis à cet égard ; il y a aussi à tenir compte de la part de bénéfice de l'entreprise de sondage. Pour le sondage à la main, avec tiges pleines et balancier élastique ou à contrepoids, les prix suivants sont ordinairement payés, dans le terrain houiller : trou de sonde de 75 centimètres (diamètre initial), l'entrepreneur fournissant l'outillage, mais pas le pylone, le treuil et le balancier : premiers 5 mètres, 7 fr. 45 par mètre ; 5 mètres

_____

(1) La verticalité du sondage a une grande importance à différents égards ; on constate généralement la direction du trou de sonde au moyen d'un tampon de bois qu'on laisse descendre au bout d'un fil métallique, qui passe sur une poulie qui, elle, est dans l'axe du sondage.

Comme dispositifs complémentaires des sondages, signalons encore les coupe-tubes et arrache-tubes. Les premiers comportent des ciseaux horizontaux qu'on promène au bout des tiges à hauteur voulue. Les autres ont pour organes essentiels des lames à ressort munies à leur extrémité inférieure de crochets.

suivants, 9 fr. 95 par mètre, et ainsi de suite avec une augmentation de 2 fr. 50 par mètre pour chaque nouvelle fraction de 5 mètres.

Une simple règle de trois permet de calculer le prix moyen du mètre x pour une profondeur D. On a :

$$x = \left(\frac{D - 5}{2 \times 5} \times 2,5 \right) + 6,25.$$

Dans le cas par exemple d'un sondage de 105 mètres de profondeur, le prix moyen du mètre sera :

$$x = \left(\frac{105 - 5}{10} \times 2,5 \right) + 6,25 = 25 + 6,25 = 31 \text{ fr. } 25,$$

et le prix total du sondage :

$$36,25 \times 105 = 3.806 \text{ fr. } 25.$$

On calculerait de la sorte qu'un sondage de 305 mètres de profondeur est à peu près huit fois plus coûteux au total qu'un de 105 mètres, et revient environ à 80 francs le mètre.

Suivant les localités, les prix précédents peuvent être un peu plus forts ou un peu plus faibles. En Amérique, le forage des puits de pétrole ainsi que les trous de sondage dans les districts cuprifères et ferrifères est d'un prix très modéré. Il est vrai qu'on ne recueille guère d'échantillons des terrains traversés. Pour des sondages ne dépassant pas 90 à 120 mètres, pratiqués à la sonde à diamant donnant une carotte de 3 centimètres de diamètre, le prix est de 7 fr. 45 par mètre, comprenant tous les frais, sauf la force motrice.

Les coûts de divers sondages effectués sur le continent ont été réunis par M. J. Clark Jefferson, dans un intéressant mémoire en 1878.

Le sondage au diamant peut être pratiqué aujourd'hui

à un prix moindre qu'autrefois, car on a acquis une très
grande expérience en cette matière; l'on peut traiter
actuellement, en Europe, aux prix suivants : les 300 premiers mètres, 75 francs par mètre ; de 300 à 450 mètres,
112 fr. 50 par mètre ; de 450 à 600 mètres, 200 francs par
mètre ; de 600 à 750 mètres, 380 francs par mètre. Ces prix
comprennent l'extraction des carottes.

CHAPITRE IV

AMÉNAGEMENT, TRAÇAGE

Ayant terminé les travaux de recherche et de reconnaissance du minéral, la chose à laquelle on doit procéder avant tout est de tracer, choisir un mode d'approche du minéral qui permette d'appliquer une méthode d'exploitation rationnelle et rémunératrice. Quelques exemples montreront bien la façon de procéder.

La figure 99 représente un cas très simple, qui se présente assez souvent : plusieurs veines de charbon horizon-

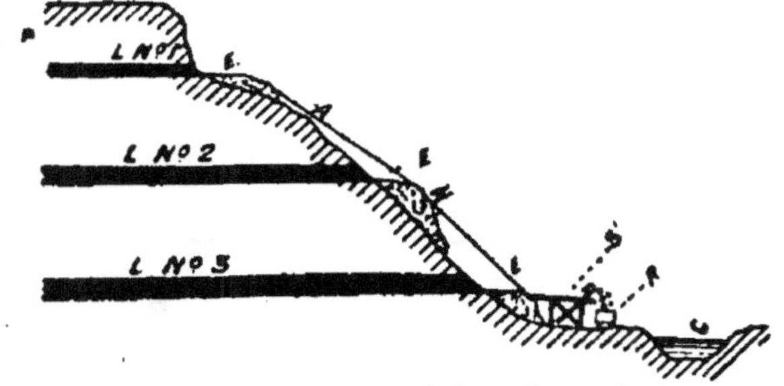

Fig. 99. — Veines de charbon débouchant à flanc de coteau.

tales débouchant à flanc de coteau. Ici on tracera des galeries d'exploitation directement dans le charbon, et dans le sens des couches. La houille sera descendue des travaux, au wagon ou au bateau, par plans inclinés automoteurs.

La figure 100 représente une veine inclinée affleurant

près du sommet d'une colline. Une attaque de la veine révélera la présence d'eau abondante. On creusera un travers-banc de niveau, qui drainera ainsi toutes les eaux des travaux de niveau supérieur. L'épuisement assuré de la sorte, on exploitera la couche en descendant en maîtresse

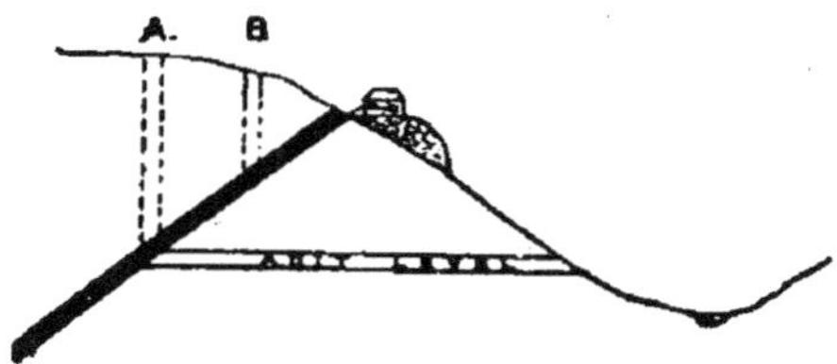

Fig. 100. — Veine inclinée affleurant près du haut d'une colline.

galerie le long de la veine ; le charbon sera extrait par plan incliné jusqu'au sommet de la colline ; la ventilation sera assurée par les puits A et B.

La figure 101 représente deux couches de charbon à faible inclinaison, affleurant l'une dans la vallée, l'autre à

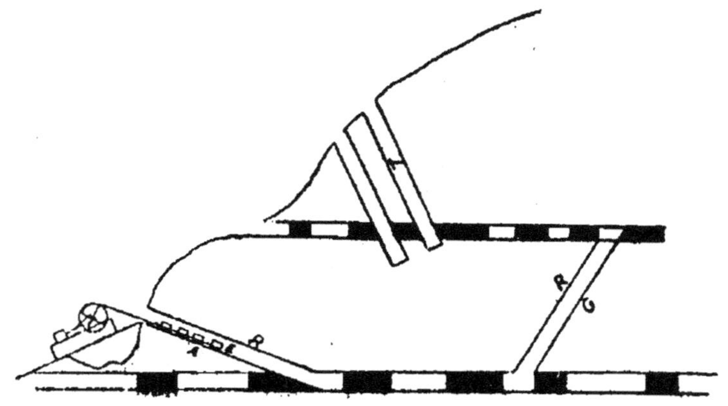

Fig. 101. — Deux couches affleurant à des niveaux différents.

flanc de coteau. Deux puits ont été foncés jusqu'à la première veine, qui est humide, et a nécessité une machine d'épuisement.

Tout le charbon au-dessus du niveau où les puits recoupent

la veine n° 1 ayant été dépilé, on a percé dans le stérile une galerie inclinée jusqu'à la seconde veine, qui est sèche. Des maîtresses galeries sont alors tracées dans la direction de la couche, et un travers-banc incliné réunit les deux veines ; toute l'extraction se fera alors par la galerie inclinée, et le charbon extrait de la veine n° 1 sera descendu à la veine n° 2 par un plan incliné automoteur installé dans le travers-banc. Au point de vue de l'aérage, la galerie inclinée servira d'entrée, et l'un des puits, de retour d'air.

La figure 102 montre quatre couches de charbon de faible

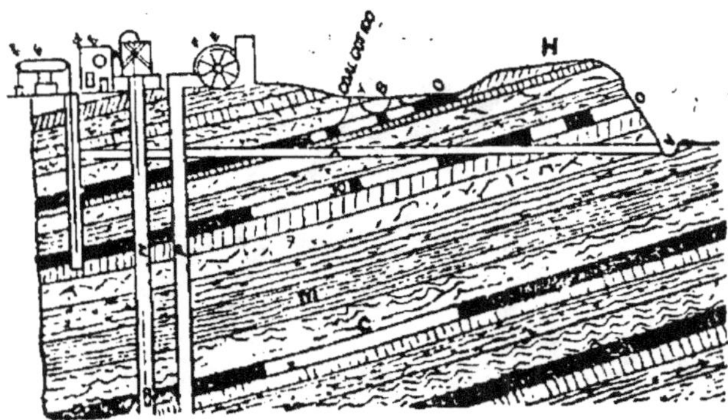

Fig. 102. — Conditions variables d'exploitation de trois couches.

inclinaison, dont deux affleurent sur une petite colline qui surplombe de 30 mètres un petit cours d'eau ; le charbon dans le voisinage a été extrait par des fosses de faible profondeur ; du côté opposé, trois puits ont été foncés jusqu'à ces veines supérieures. La mine étant très humide, on a percé une galerie d'écoulement jusqu'au ruisseau, avec une pente de 1 sur 600 ; toutes les eaux des niveaux supérieurs à cette galerie sont ainsi drainées. Dans le but d'atteindre les couches inférieures, on commence par approfondir le puits où est installée la machine d'épuisement, qui remontera l'eau jusqu'à la galerie d'écoulement. L'exhaussement général de l'exploitation sera ainsi assuré.

C'est maintenant au tour du puits d'extraction, qui sert
en même temps d'entrée d'air, et au puits de retour d'air
d'être foncés jusqu'à la veine n° 3 d'abord, puis à la veine
n° 4 ultérieurement. Les services généraux ainsi assurés, on
pourra commencer l'exploitation des veines inférieures.

La figure 103 montre cinq veines de charbon à fort pendage
(entre 12 et 50 degrés sur l'horizontale). Deux puits (entrée et
retour d'air) sont foncés à une profondeur qui peut être atteinte
pour un prix raisonnable (entre 100 et 500 mètres par exemple).

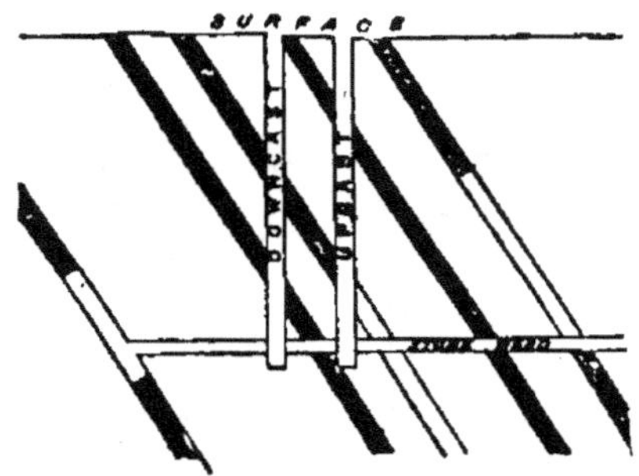

Fig. 103. — Exploitation de veines à fort pendage.

Du fond des puits partira un travers-banc qui va recouper
les cinq veines de charbon. Des maîtresses galeries de
niveau sont alors tracées dans trois de ces couches (les
meilleures), d'où l'on fera partir les tailles d'exploitation.
Noter que, à l'exception du cas des minières exploitées en
surface, tous les minéraux s'exploitant en couches interstratifiées devront être attaqués par l'une des cinq méthodes précédentes ou une variante.

La figure 104 représente le mode d'attaque des filons;
ceux-ci sont très inclinés (70 degrés par exemple sur l'horizontale), et affleurent en surface. On les attaquera par les
affleurements, et l'on exploitera en puits incliné, avec maîtresses galeries de niveau de 20 en 20 mètres, en descendant au fur et à mesure dans le filon; des travers-bancs
horizontaux, une galerie aboutissant à flanc de coteau, et

par suite dans la vallée, assureront l'écoulement des eaux
s'il y en a ; si l'inclinaison du coteau est faible, ces travers-
bancs seront de grande longueur et coûteux par conséquent ;
on en connaît de plus de 18 à 19 kil. Pour les mines
importantes, il sera préférable de foncer un puits vertical,
par où l'extraction des produits se fera plus rapidement et

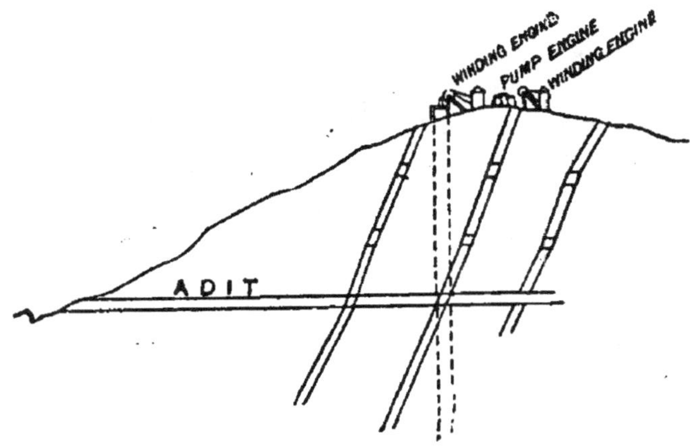

Fig. 104. — Attaque de filons inclinés, avec galerie (adit),
machines d'extraction (winding).

plus économiquement que par puits incliné ; la descente
et la remonte des hommes se fait aussi plus commodément
de la sorte.

Quand le minéral n'apparaît pas en filon, mais en poches
de grandes dimensions, on exploitera par puits verticaux
ou inclinés, à recoupe-banc horizontal, ou en carrière, suivant les circonstances.

L'épuisement des eaux d'un district métallifère est souvent le plus coûteux des travaux préliminaires, et l'on a
fréquemment percé, pour l'écoulement des eaux, des travers-bancs de plus de 20 kil. (Mansfeld, Clausthal, Chem-
nitz). Lors d'un récent voyage aux mines de fer et de
charbon de la forêt de Dean, l'auteur a été frappé de la
grande économie que l'on obtiendrait dans l'exploitation de

ces mines, en perçant une bovette (galerie horizontale) de
4 kil. environ, allant à l'estuaire de la Severn, et qui assé-
cherait tout le district (fig. 105). La hauteur à laquelle il

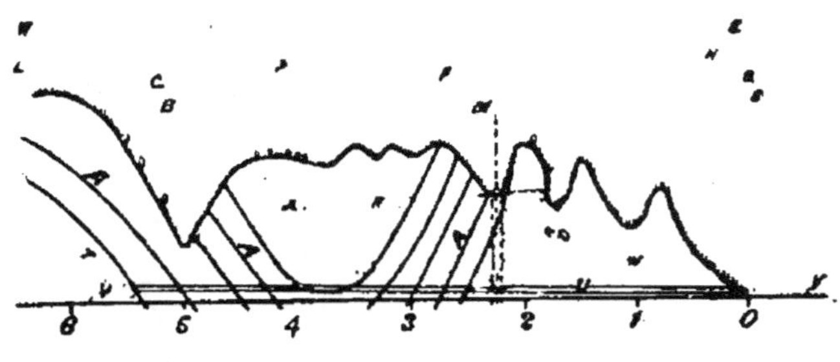

Fig. 105. — Cas où il y aurait avantage à percer une bovette
d'asséchement.

faut remonter les eaux pour l'épuisement des travaux
profonds serait ainsi réduite, suivant· les endroits, de
60 à 150 mètres (1).

(1) Un travail énorme de ce genre a été effectué récemment aux
mines du Fuveau, en France.

CHAPITRE V

FONÇAGE DES PUITS; CUVELAGE; MURAILLEMENT; FONÇAGE EN TERRAINS AQUIFÈRES; CONGÉLATION; AIR COMPRIMÉ; PROCÉDÉ KIND-CHAUDRON, ETC.

Choix de l'emplacement d'un puits. — En choisissant l'emplacement d'un puits, il importe de s'inspirer de deux genres de considérations : celles qui ont trait à la surface, celles qui ont trait au minéral à exploiter. Dans le premier ordre d'idées, la fosse doit être rapprochée d'une voie de transport : route, voie ferrée ou canal, pour les produits de la mine, comme pour l'apport des matériaux et machines ; au second point de vue, le puits doit être foncé du côté du quartier où la couche est le plus inclinée, car, en fonçant le puits suffisamment bas, on pourra drainer de la sorte les eaux de tous les travaux. De plus le roulage du charbon pourra se faire par la gravité ou sans peine au moyen de chevaux.

Néanmoins différentes considérations peuvent influer sur ce choix ; il est évident que si le puits tombait au sommet d'une montagne ou en tout autre lieu inaccessible, il n'y aura pas lieu de suivre étroitement la règle ; de même s'il s'agit d'un gisement de vaste étendue, il sera plus avantageux de placer le puits au centre, plutôt qu'à l'endroit le plus profond, afin d'éviter aux produits extraits un long transport souterrain. Il faut tenir compte aussi des droits de passage qu'on ne peut acquérir, etc. Pour les houillères de quelque importance, il est utile d'avoir à proximité de la fosse d'extraction et des bâtiments du lavage, un canal ou une ligne de chemin de fer ; mieux encore au bord de la mer, on aura avantage à placer le puits le plus près possible d'un port ou d'un goulet profond où puissent accoster directement les cargo-boats.

Fonçage. — L'emplacement des points généraux fixés, on procède à la détermination du lieu de fonçage des puits. Toujours on en établit deux simultanément, pour l'aérage de la mine ; quelquefois trois, lorsqu'on veut consacrer un puits spécial à la machine d'épuisement. Comme nous l'avons déjà signalé plus haut, le puits d'asséchement devra être foncé le plus bas possible, et du côté où la couche s'enfonce le plus profondément, de façon à drainer toutes les eaux de la mine. Souvent du reste les strates inférieurs sont séchés. La distance minimum entre deux puits, imposée par les règlements, est de 15 mètres.

La première opération du fonçage consiste à enlever la couche superficielle de terre végétale, sur toute l'étendue qui sera occupée par des bâtiments ou des annexes de la mine. Le but de cette pratique est de mettre de côté la terre de telle façon que si la mine est ultérieurement abandonnée, on pourra remettre en place la couche d'humus et utiliser à nouveau le terrain dans un but agricole. Toutefois, cette pratique est assez peu appliquée, étant donné son coût onéreux, surtout pour les charbonnages, qui durent si long-temps.

Excavation, forme du puits. — La seconde opération consiste à commencer à la pioche et à la pelle l'excavation du puits suivant la section qui a été choisie. En Angleterre on fait généralement les puits circulaires ; dans les Galles on a foncé quelques puits elliptiques et en Ecosse beaucoup sont rectangulaires. Sur le Continent, les sections sont variées ; aux États-Unis elles sont le plus souvent rectangulaires. La dimension courante varie actuellement entre 1 m. 80 et 6 m. 30 de diamètre ; pour les houillères dont l'extraction atteint 1.000 tonnes par jour, le puits a généralement de 4 m. 20 à 5 m. 40 de diamètre.

L'excavation à la pelle et à la pioche ne peut être conduite économiquement au delà de 3 à 4 mètres, les déblais étant remontés par jet à la pelle entre plates-formes intermédiaires ; il faudra, à partir de cet instant, employer un treuil à main et des cuffats pour la remonte des déblais ; la profondeur pourra ainsi être poussée jusqu'à 20 mètres. Jadis on employait, à partir de cette profondeur, un treuil à manège jusqu'à 40 ou 50 mètres, et enfin un treuil à vapeur au delà. Aujourd'hui le cheval n'est plus employé, et l'on installe le treuil à vapeur dès que le treuil à main n'est plus pratique.

Aussitôt qu'on rencontre les premières couches sédimentaires un peu dures, la pioche elle-même doit faire place à l'explosif.

Abatage aux explosifs.. — Les trous pour le logement de l'explosif seront percés à la barre de mines, tige de fer ou d'acier de 1 m. 8 à 3 mètres de long, terminée par un taillant toujours en acier. Le diamètre du trou sera de 7 à 8 centimètres pour la poudre, et de 3 à 5 centimètres pour la dynamite. La fig. 106 montre le mode de forage des trous à la barre de mines ; le battage est fait par deux hommes, à chaque coup la barre est tournée d'une fraction de tour ; en outre on verse de temps en temps un peu d'eau dans le trou. Le curage se fait avec une petite cuiller à main, représentée sur la figure. Le perçage des trous dans la roche très dure se fera au marteau avec une barre plus courte ; quelquefois l'équipe est de trois hommes : un qui tient la barre et la tourne, deux qui frappent en cadence.

Le forage des trous de fond se fait sur une inclinaison de
15 à 35 degrés par rapport à la verticale ; les trous de côté
sont généralement horizontaux ; en terrain dur, la profondeur des trous de mine est rarement portée à plus de
0 m. 90 ; en terrain tendre on va jusqu'à 1 m. 20 ou
1 m. 50.

Un premier trou est foré dans le centre du puits, creusant
ainsi une excavation ; ensuite, sur la périphérie, on perce

Fig. 106. — Forage d'un puits à la barre de mines
et outils employés.

une couronne de trous qui achèvent l'abatage, jusqu'à
obtention du diamètre voulu. Grand soin doit être pris
pour la détermination du nombre, de l'emplacement et de
la direction des trous de mine. Le mode d'allumage a également son importance ; souvent plusieurs coups sont chargés
simultanément, mais on les munit de mèches plus ou moins
longues, de façon à ce qu'au moment de l'explosion, on
puisse compter les coups, et se rendre compte qu'il n'y a
pas eu de ratés. D'autres fois les mines sont tirées simultanément à l'électricité. La fig. 107 représente le plan et la
section d'une fosse en fonçage. Six trous sont percés dans
le centre, sur des inclinaisons différentes ; la section montre

la zone qu'ils vont excaver. Ces trous sont forés sur 1 m. 80
et chargés chacun d'un kilog de dynamite, leur explosion
simultanée produira l'effet indiqué. Après enlèvement des
déblais, la couronne restante sera abattue en perçant dix
trous verticaux sur la périphérie, également chargés avec

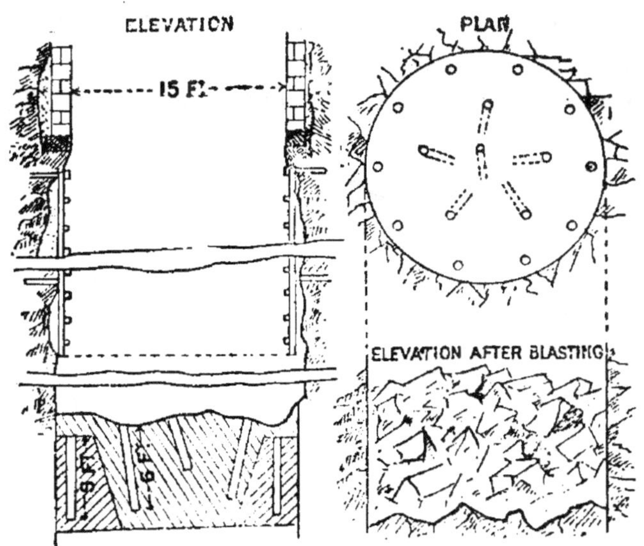

Fig. 107. — Plan et section (avec déblais de l'explosion)
d'une fosse en fonçage.

un kilog de dynamite et explosés simultanément; ils
arrachent les massifs latéraux.

La façon courante de charger un trou de mine est indiquée fig. 108 Si la charge est à la poudre, on séchera
d'abord le trou en y introduisant des poussières que l'on
retirera à la cuiller; tout au moins la poudre sera-t-elle
introduite dans une cartouche imperméable, que l'on
pourra constituer par du papier parcheminé ou de la toile
caoutchoutée. Le bout de la mèche est noyé dans la poudre
et le col du sac constituant la cartouche est serré autour de
la mèche; le tout est descendu au fond du trou et l'on
bourre par-dessus; le bourrage, près de la cartouche, sera

très modéré ; on pourra bourrer plus énergiquement lorsque le trou sera à moitié plein. Le bourroir, bien qu'il soit généralement en fer, avec bout en cuivre ou laiton, sera de préférence en bois. De l'efficacité du bourrage dépend dans une large mesure l'effet utile produit par le coup de mine. On doit employer des débris bien secs. Souvent on enduit de poix le point de jonction de la cartouche et de la mèche.

Quand plusieurs coups doivent être tirés simultanément, les longueurs égales de mèches sont disposées de manière

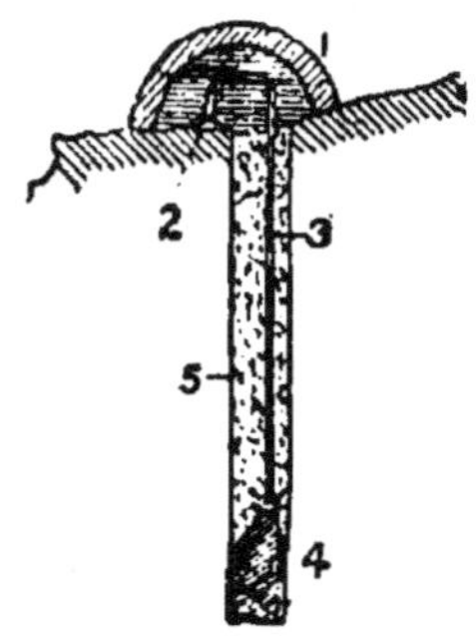

Fig. 108. — Chargement d'un trou de mine.

à venir faire quelques tours autour d'une bougie non allumée ; les outils sont enlevés, et les ouvriers se mettent à l'abri ; un seul reste, qui allume la bougie ou le rat de cave ; il saute alors dans le panier, et le treuil le remonte. Le mécanicien a été averti à l'avance. La bougie arrive à allumer la mèche, qui allume la cartouche. Souvent des débris sautent très haut.

Le chargement à la dynamite est plus simple ; l'enveloppe imperméable n'est pas indispensable, la dynamite ne craignant pas l'action temporaire de l'humidité ; et, étant donnée la grande vitesse de déflagration, le bourrage n'a pas besoin d'être aussi soigné : un simple remplissage du trou avec de l'eau suffit. Toutefois on procède généralement à un léger bourrage. La dynamite n'explosant pas par simple allumage, la mèche doit être coiffée d'un détonateur au fulminate, qu'on sertit au bout de la mèche, fraîchement sectionnée ; le sertissage est recouvert d'un peu de graisse, qui empêche l'humidité ou l'eau de pénétrer dans le détonateur ; celui-ci est alors introduit dans une cartouche, qu'on appelle alors la cartouche amorce. On place une à

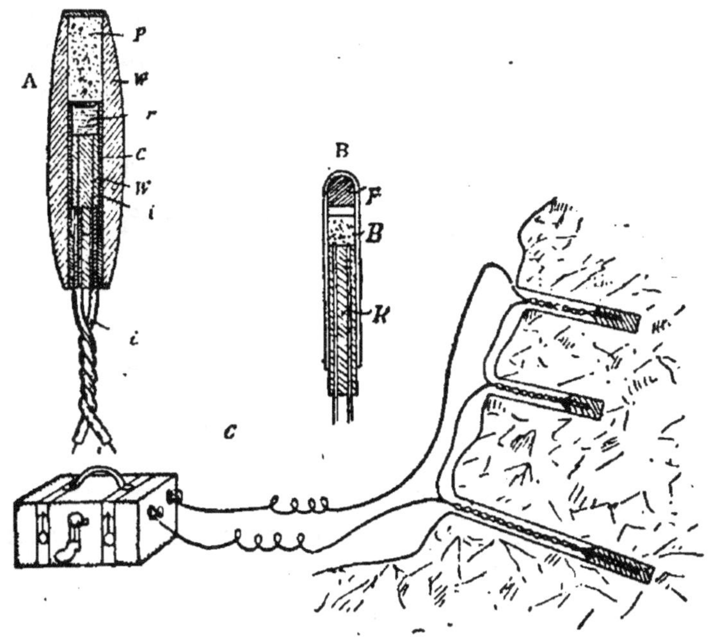

Fig. 109 à 111. — Dispositif de tirage électrique d'une mine.

une les cartouches dans le trou, en déchirant le papier dont elles sont enveloppées ; on comprime ces cartouches, dont la matière est plastique, pour faire occuper à celle-ci tout le fond du trou ; on introduit la cartouche amorce, et l'on bourre par-dessus. La dynamite possède une puissance explosive environ trois fois plus forte que la poudre de mine ; elle est d'un emploi relativement délicat, et dégage beaucoup de fumées nocives ; on lui préfère généralement aujourd'hui les explosifs dits : dynamite-gomme.

Tir électrique des mines — La figure 109 représente l'une des deux méthodes de tirage électrique des mines : le tir en série. L'amorce électrique à haute tension A, consiste en deux conducteurs de mine isolés, dénudés à leur extrémité, et plongeant dans une masse susceptible d'être enflammée par le passage du courant, et par conséquent d'allumer la mine. Si l'on emploie la dynamite au lieu de la poudre, l'amorce est constituée par un détonateur à culot de cuivre B (fig. 110), contenant au fond une charge de fulminate, surmontée par l'amorce électrique proprement dite.

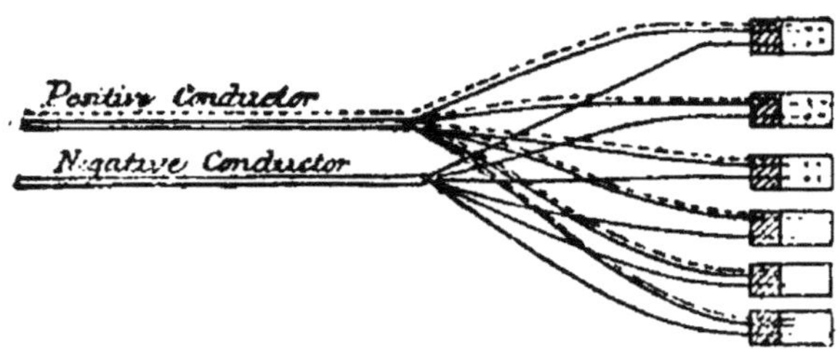

Fig. 112. — Montage de tir de mines en parallèle.

La longueur des fils attenant à l'amorce électrique a de 1 m. 20 à 1 m. 50, suivant la profondeur du trou de mine.

Pour le tir à la volée de plusieurs mines, les fils sont réunis entre eux suivant le schéma de la figure 110, qui montre le mode de tir en série ; on peut également réunir ces mêmes fils aux conducteurs principaux, d'après le montage de la figure 112, dit en parallèle. Le courant total, au lieu de traverser toutes les amorces, est divisé en autant de circuits séparés qu'il y a d'amorces ; le montage des séries est bien préférable, car il met à l'abri des ratés : ou toutes les mines partent ensemble, ou le raté est général. Le courant nécessaire à l'allumage est presque toujours fourni par des magnétos, à haute ou basse tension suivant le genre d'amorces employées. On emploie aussi des exploseurs à percussion, dits coups de poing ; mais ils ne sont satisfaisants que lorsqu'il s'agit de mettre à feu un nombre de mines très réduit. Que le courant vienne d'une batterie ou d'une autre source, l'appareil producteur est installé en dehors du puits, et le courant descend par des fils isolés et protégés.

Les amorces à basse tension sont d'un emploi plus sûr que les amorces à haute tension, car il est possible de les essayer avant emploi. La figure 113 montre une amorce à basse tension, introduite dans une cartouche de dynamite; elle ne diffère de l'amorce haute tension qu'en ce que les deux conducteurs sont réunis par un fil extrêmement fin

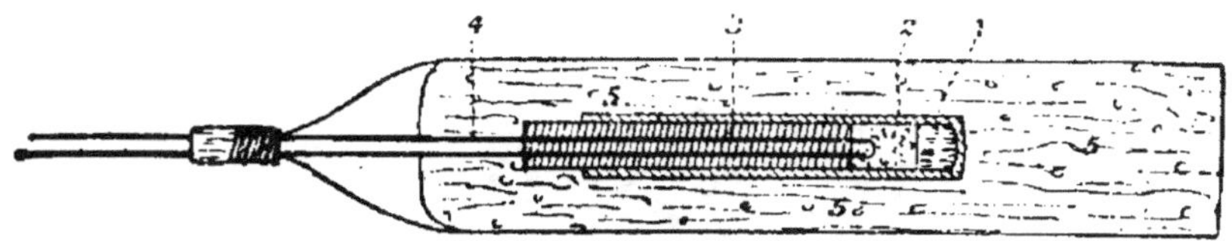

Fig. 113. — Amorce pour cartouche de dynamite.

de platine iridium. La charge, au lieu d'être allumée par une étincelle comme dans les amorces haute tension, est allumée par la chaleur du fil porté à l'incandescence par le passage du courant. L'essai des amorces basse tension avant emploi se fait à l'aide d'un galvanomètre et d'une pile; si l'aiguille du galvanomètre, monté en série avec la pile et l'amorce, dévie, c'est que le fil fin de l'amorce n'est pas rompu, et l'amorce utilisable par conséquent.

Cuvelage. — Le puits ayant été foncé de quelques mètres, il devient nécessaire de protéger les ouvriers contre les chutes de pierres. En procédant avec précaution et enlevant au passage les pierres branlantes, on peut atteindre une profondeur d'environ 7 mètres; à ce moment il devient nécessaire de procéder au muraillement des parois en maçonnerie de briques ou de moellons.

Dans ce but, un anneau (fig. 114) en madriers de chêne

assemblés ou en segments de fonte boulonnés est posé au
fond du puits après un nivelage soigné du sol. On laisse au
centre, dans le sol, une sorte de puisard. Sur cet anneau,
servant de base au muraillement, les maçons commencent
leur travail. L'épaisseur du cuvelage en briques ou moellons
est de 25 centim. en général ; cependant, dans la partie voisine de la surface, on porte fréquemment cette épaisseur
à 45 et même 60 centimètres. Au moyen du fil à plomb les
maçons construisent le cuvelage rigoureusement vertical ;
les espaces vides derrière la paroi sont comblés avec des
déblais ; pour consolider en terrain meuble vers la surface,

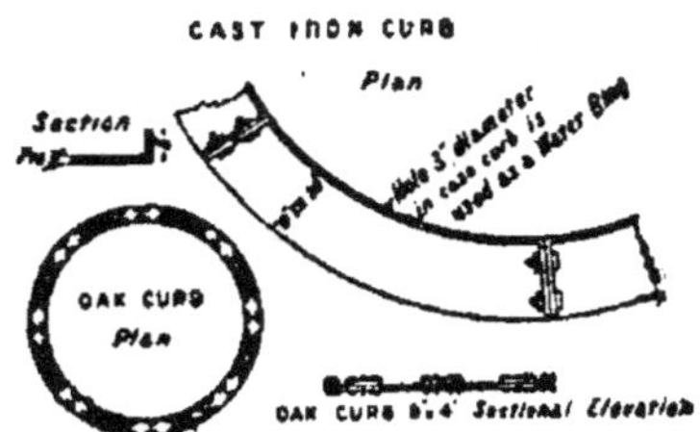

Fig. 114. — Disposition d'un cuvelage en bois ou fonte.

on coule en général du béton derrière le cuvelage. En continuant le fonçage, on a soin, bien entendu, pendant le
premier mètre, de ne pas creuser au-dessous de l'anneau
sur lequel repose le muraillement ; plus bas on pourra
rétablir le diamètre primitif (fig. 106), et procéder de
7 mètres en 7 mètres à la pose d'un anneau. Pour être certain de la verticalité du puits, on suspend des lignes de fil à
plomb depuis le premier anneau ; ces lignes, écartées entre
elles de 2 mètres environ au pourtour du puits, servent de
guides pour le muraillement et la pose des cadres inférieurs ;
pour être d'ailleurs bien assuré qu'un anneau est rigoureusement superposé à l'autre on suspend une ligne de fil à
plomb centrale depuis le jour, de façon permanente si
possible, ou avec position répérée dans le cas contraire.

Au moyen d'une règle graduée, l'on peut de la sorte vérifier si le centre de l'anneau en pose passe bien par la ligne du fil central. Une méthode excellente a été proposée et brevetée par M. W. Foulstone, de Barnsley. Les ouvriers fonceurs construisent le mur maçonné par-dessus le cadre mis en place, comme précédemment sur une épaisseur de

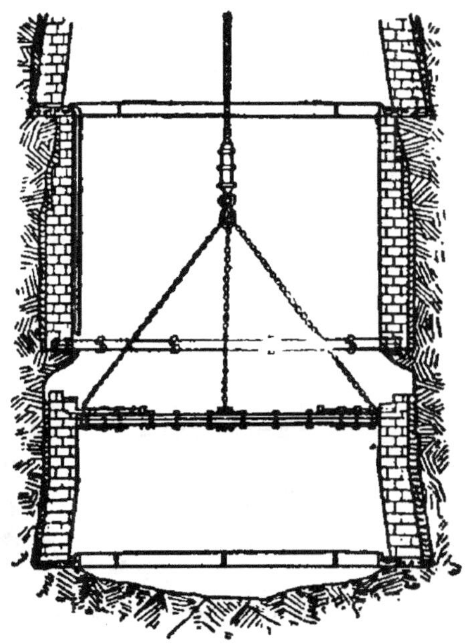

Fig. 115. — Reprises de murailles en retraite.

25 centimètres; une fois parvenu à une distance de 90 centimètres environ du cadre supérieur, le muraillement est réduit à une épaisseur moitié moindre, soit 12 centimètres, de façon à ce qu'une couronne de terrain solide serve d'assise à l'anneau supérieur et au muraillement qu'il supporte. Pour les puits de grand diamètre, où l'épaisseur maçonnée atteint 35 à 45 centimètres, ces reprises de muraillement sont faites en retraites comme le montre la figure 115.

Planchers volants. — Pour l'exécution du muraillement, il est nécessaire que les maçons puissent s'élever en même temps que leur travail ; assez souvent les échafaudages sont constitués par des planches que supportent des madriers, encastrés dans des trous provisoires pratiqués dans le muraillement. Il sera plus commode de faire usage de paliers ou planchers volants (fig. 115) suspendus par une chaîne s'enroulant sur un treuil installé au jour ; le plancher est rendu fixe par des coins que l'on enfonce à sa

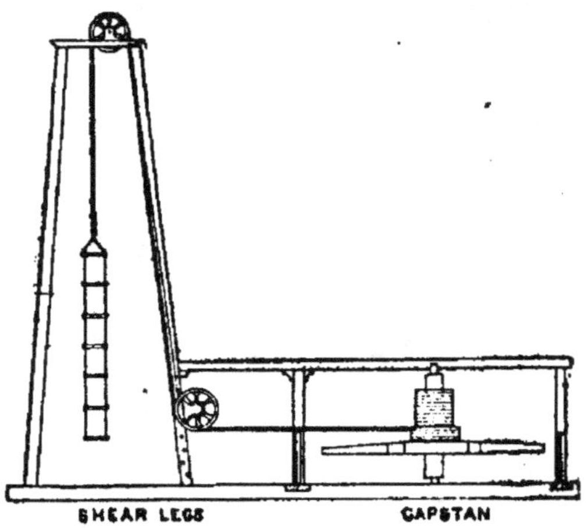

Fig. 116. — Ancien cabestan à main.

périphérie, entre le cuvelage et le palier, ce qui est en général suffisant pour l'empêcher de balancer ou de basculer. Le palier est fréquemment muni de charnières centrales, qui permettent de le rabattre en demi-lune, et de le ranger le long du muraillement, lorsqu'on n'a pas à s'en servir.

Cabestans. — Indépendamment du treuil d'extraction des déblais, il est nécessaire d'avoir des treuils ou cabestans, pour la manœuvre des planchers volants, pompes, trousses, etc. La figure 116 montre un type de vieux cabestan à main presque inusité aujourd'hui. On emploie normalement un cabestan à vapeur, commandé par pignon.

Les dimensions principales d'un cabestan de ce genre sont : paire de cylindres jumelés 25 × 45 centimètres; treuil horizontal de 1 m. 20 de diamètre et 1 m. 50 de longueur; pignon moteur, 38 centimètres engrenant avec une roue de 1 m. 87 sur l'arbre intermédiaire; pignon intermédiaire et roue du treuil de mêmes dimensions respectives ; câble d'acier au creuset galvanisé de 14 centimètres de circonférence, pour charges utiles de 10 tonnes. Un tel cabestan est plus puissant qu'il n'est nécessaire pour la

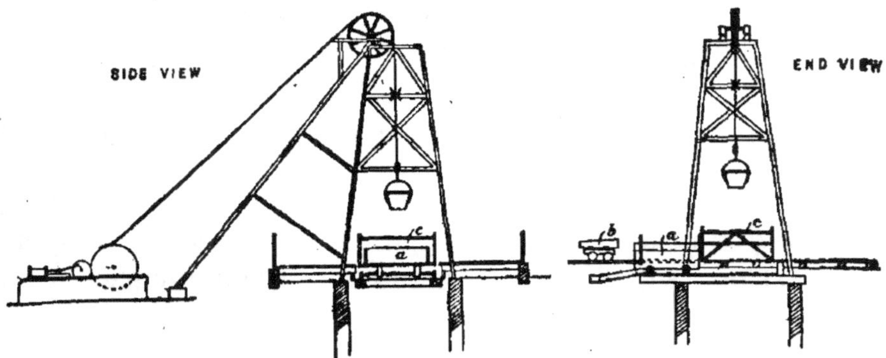

Fig. 117, 118. — Chevalement provisoire pour extraction de déblais.

manœuvre d'un palier ; il est propre à la manœuvre des pompes et à la descente de toutes les pièces lourdes. Les cabestans à vapeur sont d'un usage à peu près général aujourd'hui dans les fonçages, où ils ont remplacé les cabestans à bras; de même les câbles en acier galvanisé ont remplacé les cordes en chanvre, employées autrefois. Tout au plus emploie-t-on le treuil à bras dans des travaux préparatoires ou secondaires.

Chevalement et treuil d'extraction des déblais. — Les figures 117-118 montrent la disposition d'un chevalement provisoire pour l'extraction des déblais. A noter que, pour assurer la sécurité des ouvriers travaillant dans le puits, l'orifice du puits doit être fermé. A cet effet la fosse est couverte d'une trappe mobile et munie de rails ; quand le cuffat plein est sorti du puits, la trappe est poussée sur l'orifice, qu'elle ferme ; le cuffat est déchargé dans le

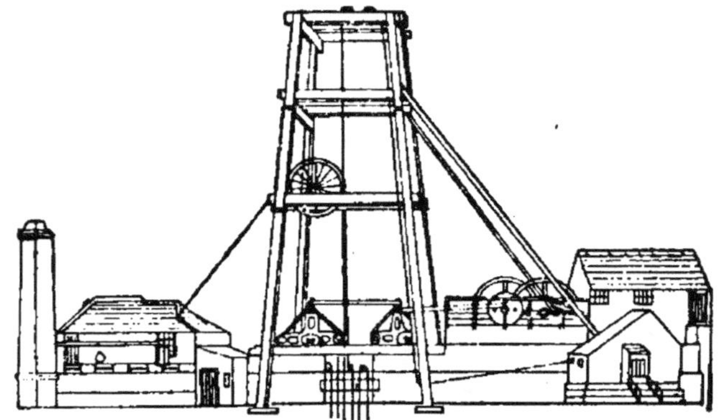

Fig. 119. — Chevalement avec installation d'épuisement.

wagonnet, qui est poussé hors de la trappe, pendant que le cuffat vide redescend ; la trappe est refermée, un wagon vide y est poussé, et la même manœuvre recommence.

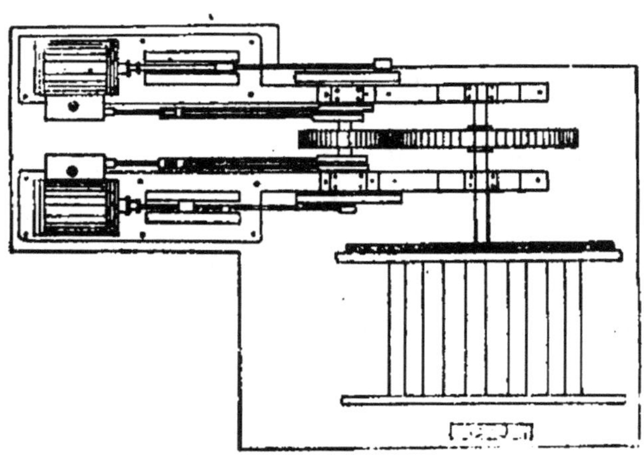

Fig. 120. — Plan d'un treuil de fonçage à deux machines.

La figure 119 montre une disposition plus complexe avec attirail d'épuisement. La figure 120 montre un type intéressant de treuil de fonçage. Étant donné leur caractère provisoire, ces machines sont relativement peu puissantes.

Une paire de cylindres de 45 centimètres d'alésage et 90 centimètres de course, commandant par engrenages dans le rapport de 1 à 2 un tambour de 1 m. 80 de diamètre, constitue une dimension de treuil convenant bien pour le fonçage de puits jusqu'à 500 mètres. Presque toujours le treuil de fonçage est à simple enroulement, un seul câble par conséquent se terminant par un attelage à chaîne (où s'accroche le cuffat), de 3 à 4 mètres de long, lourd par conséquent. Ce poids est nécessaire pour équilibrer la longueur

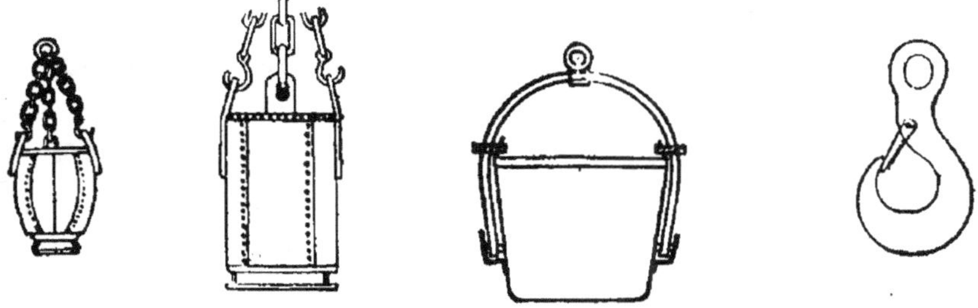

Fig. 121 à 124. — Types de cuffats, bennes, caisses et crochet.

de câble entre la molette et le treuil, qui tirerait sur le brin libre, lorsqu'on détache le cuffat plein pour le remplacer par un vide.

On a employé autrefois des câbles plats pour l'extraction des cuffats, les câbles ronds ayant tendance à tourner sur eux-mêmes durant la cordée; néanmoins on construit aujourd'hui des câbles ronds n'ayant pas tendance à tourner, et on les préfère aux câbles plats : ils sont plus légers et meilleur marché.

Cuffats, paniers, caisses à eau. — La figure 121 représente un vieux type de cuffat en forme de baril, qui présente les avantages suivants : la réduction du diamètre à l'extrémité supérieure empêche dans une certaine mesure la chute des matériaux durant le trajet; lorsque le cuveau heurte les parois, c'est le ventre du baril qui touche le premier, et comme il ne présente aucune saillie, il ne peut s'accrocher accidentellement. La figure 122 montre une forme de cuveau cylindrique à parois droites qui peut être facilement vidé au jour. La figure 123 donne une caisse à eau qui peut être basculée aisément pour la vider. En 124 on voit l'attelage à la chaîne d'extraction ; deux chevilles relient le haut de la caisse à son étrier ; si on enlève ces deux chevilles, la caisse peut basculer sous l'effet d'une poussée très faible.

Un certain nombre de cuffats, bennes ou paniers, sont nécessaires pour le service du treuil, pratiquement 5 à 6 ; pendant la remonte d'un cuffat, un se remplit au fond, alors qu'un autre se vide au jour.

Les cuffats ou bennes à déblais employés aujourd'hui sont de grande capacité, de 1 à 3 tonnes en général, ils sont fréquemment déchargés dans un wagon sans être détachés de leur attelage ; ils ont souvent la forme de la figure 123.

Les caisses à eau, lorsqu'on assèche par le treuil, sont fréquemment munies d'une soupape de fond, à grande ouverture, qui permet le remplissage automatique de la caisse lorsqu'elle plonge dans l'eau.

Gouttières. — Presque toujours on rencontre l'eau dès qu'on s'enfonce en terre. Lorsque les venues d'eau sont modérées, on collecte les suintements pour qu'ils ne tombent pas sur les ouvriers, dans des gouttières très simplement constituées par des bandes de tôle 1 (fig. 125) tire-fonnées dans les cadres en bois ayant servi à l'établissement du cuvelage. La figure 144 *a* représente un autre type de gouttière en fonte très pratique établi par Needham, de Barsnley. Une issue est offerte à l'eau sous forme d'un tuyau de section croissant de gouttière en gouttière, qui dirige l'eau d'une gouttière supérieure à une autre inférieure ; par cette série de gouttières et de cheneaux, l'eau est collectée jusqu'à une excavation ou bougnon, au fond du puits, ou à une citerne ménagée dans la paroi ; et de la sorte elle ne produit pas d'éclaboussures ni de pluie susceptible de gêner le travail des hommes. Lorsque les venues ne sont pas très abondantes, la dernière gouttière se termine par un tube flexible (ou même une corde) qu'on fait déboucher dans une caisse à eau ; lorsqu'une est pleine, on la remonte, et le tube est connecté avec une autre caisse vide, qui se remplira pendant le temps que mettra le treuil à monter et à

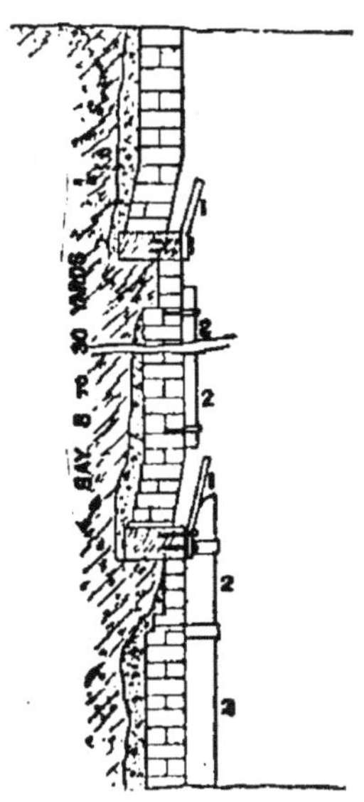

Fig. 125. — Types simples de gouttières.

descendre la première caisse. Lorsque la venue des eaux dépasse 250 litres par minute, un treuil spécial est nécessaire pour l'extraction des caisses à eau ; lorsqu'elle dépasse 1 m³, on doit recourir à une pompe dite d'avaleresse (de puits en creusement), ou à une machine d'épuisement.

Guidages. — En général les bennes et cuveaux ne sont pas guidés durant leur trajet ; on se contente d'arrêter leur rotation au début de l'enlèvement ; lorsqu'on emploie des bennes de grande capacité (plusieurs tonnes parfois), il est préférable d'employer un guidage.

Parmi différents guidages, le gabarit Galloway a été

employé assez fréquemment. Il se compose (fig. 126-127) de
deux câbles métalliques de guidage tendus entre le chevalement et un plancher fixe scellé au bas du muraillement au
fond du puits ; une traverse courbe A est munie à ses extrémités de galets roulant sur les guides, elle est percée à son
centre d'un trou par lequel passe le câble au bout duquel

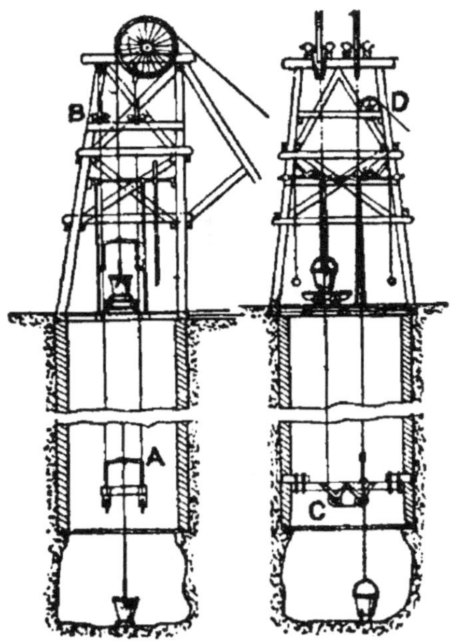

Fig. 126, 127. – Guidage du système Galloway.

est accroché le cuffat ; celui-ci en remontant soulève la traverse, avec interposition d'un tampon amortisseur, et se
trouve ainsi guidé dans ses mouvements. A la descente, la
traverse est arrêtée. Le système Galloway est complété par
ce fait que le palier inférieur est mobile, et qu'on attache
l'extrémité supérieure des câbles de guidage à un cabestan.
Le poids du palier inférieur est tel que les guides sont toujours tendus ; en manœuvrant le cabestan, on descendra le
palier-gabarit au fur et à mesure du fonçage, ce palier servant de plate-forme de travail pour les maçons occupés au

muraillement. Dans le fonçage des puits de grand diamètre, le treuil d'extraction des déblais est quelquefois à double enroulement, comme pour une machine d'extraction ordinaire ; il y. a dans ce cas deux cuffats en montement dans le puits ; les figures 126-127 montrent l'application d'un guidage Galloway en pareil cas.

La figure 128 montre le verrouillage de l'orifice du puits,

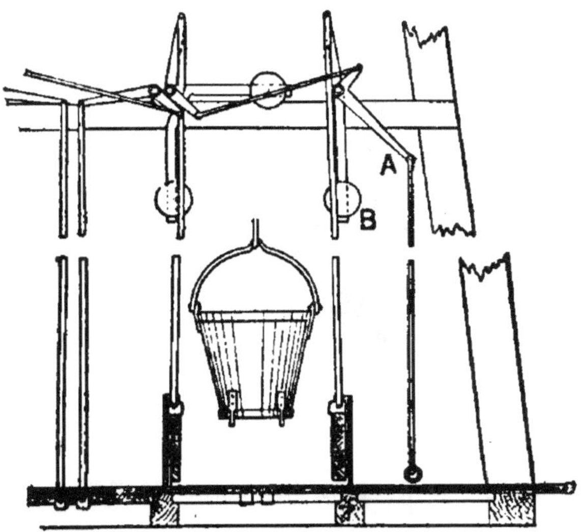

Fig. 128. — Verrouillage d'un orifice de puits.

et la façon dont on ouvre les barrières de garde par le moyen du levier A et des contrepoids B.

Pompes de fonçage soulevantes. — Il est rare aujourd'hui qu'on fasse usage pendant le fonçage de machines d'épuisement, dont l'attirail est si encombrant, alors que l'usage de pompes suspendues est devenu si simple et si pratique depuis la réalisation des pompes électriques centrifuges à axe vertical. Cependant la figure 119 représente les installations en surface d'une machine d'épuisement. Sur l'arbre moteur, un pignon commande, avec une démultiplication de 3 ou 4, un arbre secondaire portant un plateau manivelle, dont le rayon de manivelle peut être varié à volonté en articulant la bielle à des distances croissantes du centre. Cette bielle communique le mouvement d'oscillation à l'attirail de commande des tiges de pompes placé à l'orifice du puits. Les tiges de pompes sont raccordées à l'attirail à la façon indiquée (fig. 129). L'extrémité du balancier se termine par un œillet dans lequel on vient placer une

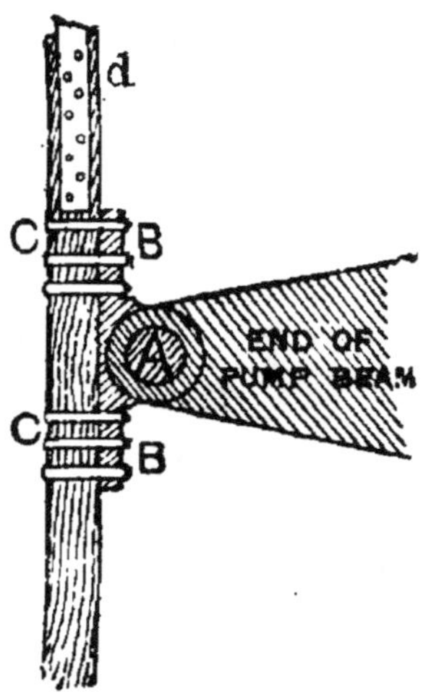

Fig. 129. — Raccord des tiges de pompes.

selle B, qu'on maintient en place par le tourillon A; la selle est boulonnée d'autre part à la tige de pompe. Les tiges de pompe se font en bois, de 10 à 30 centimètres de côté, selon la dimension des pompes; une section carrée de 15 centimètres de côté est d'usage courant pour la commande de pompes de 35 centimètres de diamètre placées à une profondeur de 50 mètres. Dans les machines d'épuisement à maîtresse-tige, la pompe soulevante et travaillante est placée au fond, et au-dessus sont étagées des pompes foulantes raccordées à la maîtresse tige; pour les profondeurs relativement faibles, on étage un certain nombre de pompes soulevantes, commandées chacune par une tige spéciale. La pompe soulevante se compose d'un cylindre dans lequel se meut un piston à clapets ; la partie inférieure se termine par une crépine plongeant dans une citerne ou dans le bougnon du fond.

D'autres fois la pompe est fixée à une console ou à des traverses encastrées dans le muraillement; la crépine est munie d'un joint à coulisse, de 3 mètres environ, qui permet d'abaisser la crépine au fur et à mesure de l'avance-

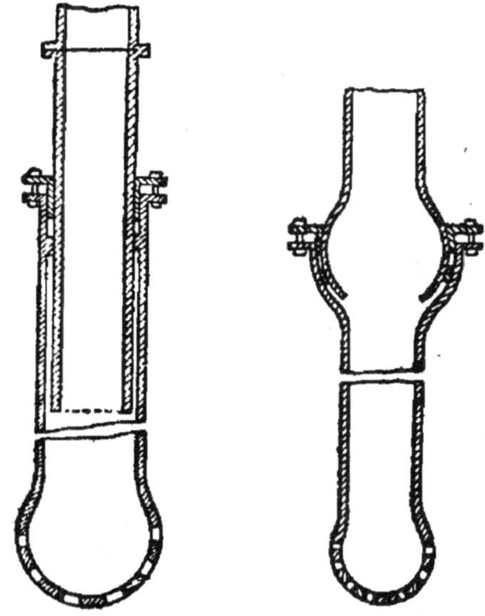

Fig. 130, 131. — Deux dispositions de la crépine.

ment du sondage ; le joint presse-étoupe (fig. 130) doit être évidemment aussi étanche que possible, afin de ne pas contrarier l'aspiration.

Pour protéger la crépine durant le tirage des coups de mines pour l'excavation à exécuter, on établit également les crépines munies d'un joint à rotule (fig 131), qui permet de relever la crépine et de la protéger, ainsi que la pompe, d'un revêtement provisoire de planches. Les pompes suspendues n'ont pas besoin de cet accessoire : on se contente de les incliner du côté opposé où a lieu le coup de mine, et de les protéger par quelques planches.

Une pompe soulevante du genre que nous venons de décrire est employée jusqu'à une profondeur de 70 à 80 mètres ; au-delà, on combine deux pompes, dont l'une remonte l'eau jusqu'à une citerne, d'où la seconde pompe la remonte au jour. Lorsque les venues d'eau sont considé-rables, on peut mettre en batterie deux pompes parallèles ;

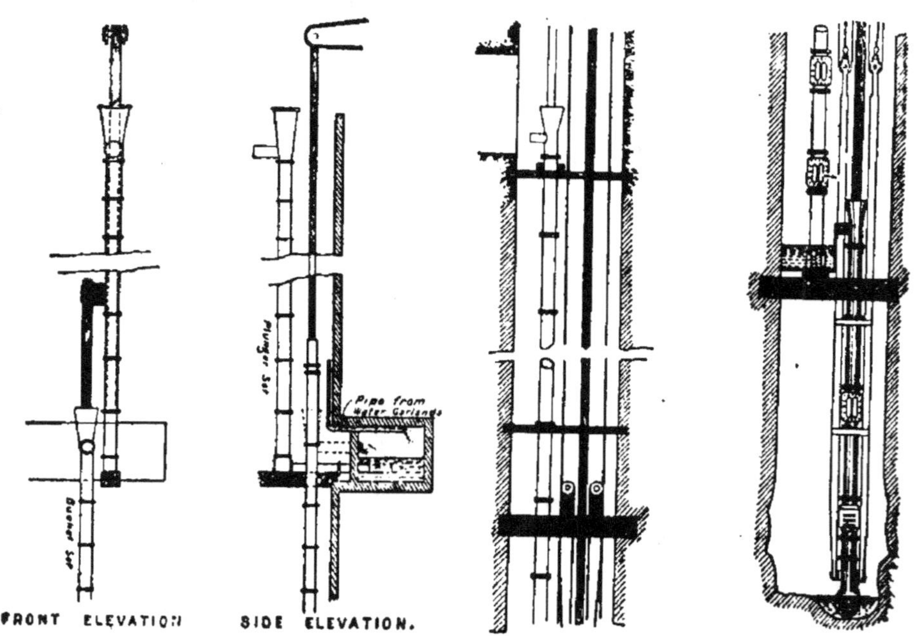

Fig. 132. — Vue de face et de côté d'une machine d'épuisement à maîtresse-tige.

Fig. 133. — Pompe suspendue par poulies et cordes.

toutes ces pompes toutefois, lorsqu'on atteint une grande profondeur, causent un réel encombrement dans le puits : on a vu des fonçages où l'attirail comprenait 5 tiges diffé-rentes. Si l'on se propose de conserver le puits en fonçage comme puits d'épuisement de la mine, on pourra établir de suite une installation définitive de machine d'épuisement à maîtresse-tige (fig. 132, 133), dite de Cornouailles, où une tige unique remplace les tiges séparées. Néanmoins la machine d'épuisement est elle-même en défaveur, et se remplace aujourd'hui par des pompes souterraines ; aussi, pendant le fonçage, emploie-t-on presque toujours des pompes suspendues à vapeur ou électriques.

Pompes de fonçage à vapeur. — La figure 134 représente une pompe suspendue à vapeur (suspendue par câbles

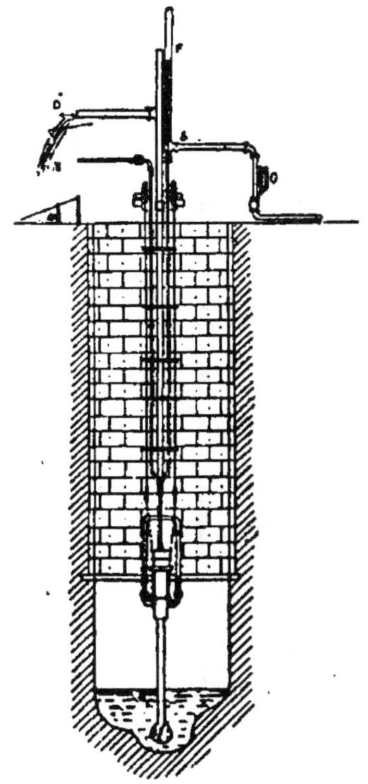

Fig. 134. — Pompe suspendue à vapeur.

métalliques). La vapeur est distribuée par une conduite en fer, se terminant à la partie inférieure par un joint à coulisse, de façon à permettre un certain déplacement de la pompe ; les tuyauteries de refoulement d'eau, de vapeur vive et de vapeur d'échappement sont reliées entre elles de distance en distance par des traverses qui rendent le tout solidaire et consistant. L'ensemble est suspendu à un câble ou à une chaîne amarrée à un cabestan, qui permet de descendre la pompe au fur et à mesure de l'avancement du fonçage. Ce genre de pompe, d'action directe, sans volant ni bielle et manivelle, est d'un emploi très commode ; le fonctionnement est très sûr, l'autonomie de la pompe parfaite. Le seul point délicat est l'établissement des tuyauteries et la chaleur apportée dans le puits par les conduites de vapeur.

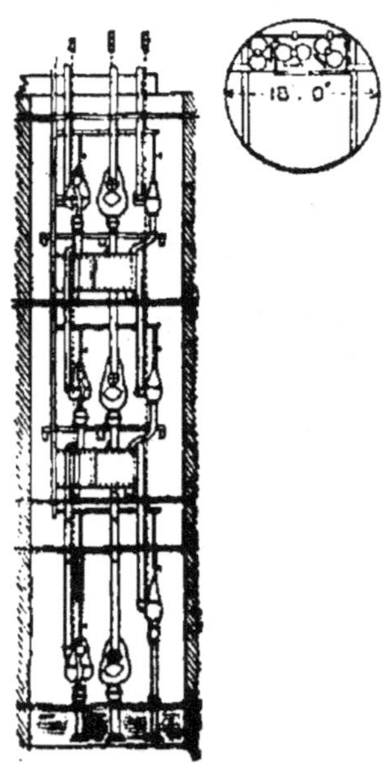

Fig. 135. — Montage d'un pulsomètre.

Aussi ces deux inconvénients ont-ils conduit à adopter les pompes de fonçage électriques, qui ne dégagent pas de chaleur, et dont les câbles d'amenée du courant, relativement souples, n'occasionnent aucune difficulté de pose.

Il existe une grande variété de pompes de fonçage à vapeur ; un type courant atteint jusqu'à des débits de 4.500 litres par minute.

Le pulsomètre est également employé, vu sa robustesse et son faible encombrement ; malheureusement il consomme beaucoup de vapeur, et sa limite de refoulement est rapidement atteinte, de sorte que, pour les grandes profondeurs, il faut en étager un grand nombre. La figure 135 représente un montage de ce genre qui a été réalisé par la maison John Brown and C° lors du fonçage de la fosse Canklow ; le débit à épuiser était de 9 à 12 m³ par minute. Neuf pulsomètres, montés par trois en parallèle, furent installés ; la vapeur était fournie par une chaudière à 5,6 kilogs de pression ; les

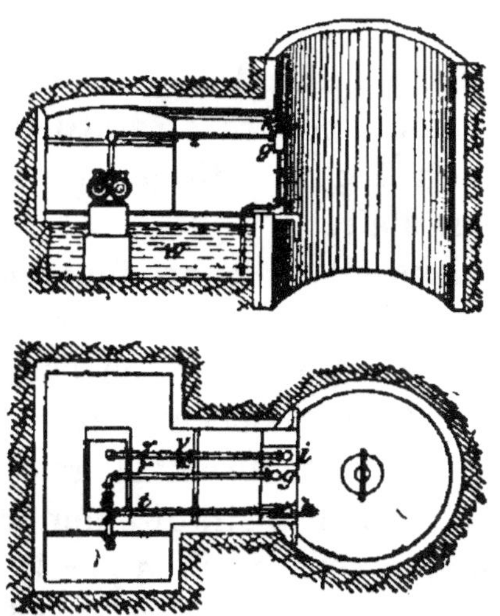

Fig. 136, 137. — Section verticale et horizontale d'une pompe montée sur chambre souterraine.

pulsomètres inférieurs étaient suspendus et munis d'une crépine d'aspiration avec joint à coulisse, de façon à suivre le fonçage au fur et à mesure de son avancement.

Débit des pompes. — Il n'est guère possible de connaître exactement le débit fourni par un pulsomètre autrement que par mesure directe ; pour les pompes à piston, il en va autrement ; le volume en eau remontée peut être calculé assez exactement d'après l'alésage du corps de pompe, la course du piston et le nombre de coups de piston à la minute.

Pompes souterraines. — L'on trouve souvent bien,

surtout si l'on veut faire une installation définitive, d'installer à poste fixe une pompe à vapeur dans une chambre souterraine latérale au puits (fig. 136, 137). Dans ce cas la canalisation de vapeur venant du jour peut être installée avec tout le soin voulu. Pour s'éviter la nécessité d'établir une seconde canalisation pour la vapeur d'échappement, on condense assez souvent celle-ci en l'envoyant dans la citerne. L'avantage de la pompe souterraine est de ne produire aucun encombrement que celui des canalisations dans le puits, ni à la surface. La chaleur de la conduite de vapeur, qui est un inconvénient, pourra être utilisée comme moyen d'aérage en l'entourant d'un coffrage qui servira de goyau, de couloir de retour d'air.

Lorsque les venues d'eau sont abondantes, le fonçage simultané de deux puits voisins est avantageux, en ce sens qu'on peut installer des pompes dans chaque puits, qui se viendront en aide au besoin. Ceci est surtout vrai lorsque les puits doivent être tubés par un cuvelage étanche en fonte ; en ce cas, si l'on ne fonce pas simultanément les deux puits, toute l'eau du quartier sera drainée par le second puits en fonçage, lorsque le premier aura été tubé ; autrement une pompe pourra aspirer toutes les eaux des deux puits.

Toutefois, lorsqu'on installe un épuisement définitif, il est quelquefois plus économique de mener le fonçage du puits d'exhausse en avance sur les autres ; de cette façon les eaux sont drainées dans ce premier puits, et le fonçage des autres puits peut être fait sans le secours de pompes. Si, malgré cela, des venues d'eau se déclarent dans ces puits, l'eau pourra être drainée de la façon indiquée figure 138 ; une galerie est percée partant du puits d'exhausse jusqu'au dessous du puits en fonçage, dont on perce le fond d'un trou de sonde canalisant les eaux jusqu'au puits d'exhausse. Toutefois, sous l'action des eaux, le trou de sonde aurait tendance à se boucher ; aussi y passe-t-on une chaîne, rattachée d'autre part à un treuil qui permet de la déplacer de haut en bas et de bas en haut, de façon à dégorger le trou de sonde.

Tout ce que nous venons de dire concernant le fonçage s'applique de façon générale au fonçage de puits, quel qu'en soit le but, aussi bien pour l'extraction de la houille que

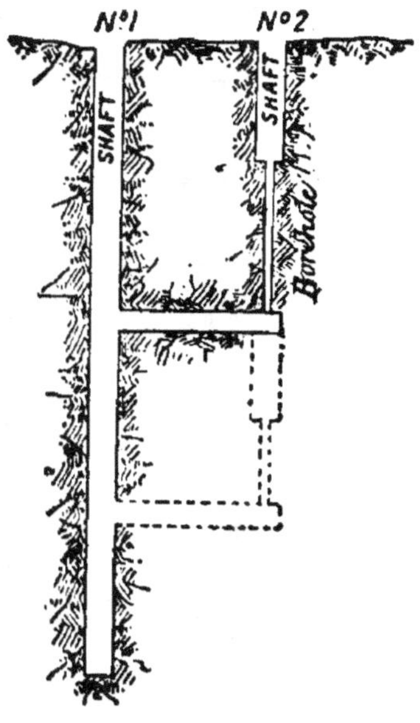

Fig. 138. — Disposition de sondages pour drainage.

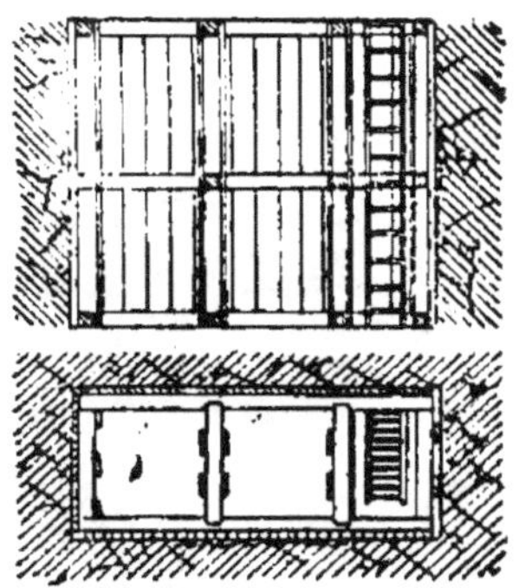

Fig. 139. — Section verti- et horizontale d'un puits rectangulaire.

pour l'exploitation de filons métallifères. Toutefois nous avons dit que, dans ce dernier cas, on perce assez souvent des puits inclinés, suivant le filon en direction. En pareil cas, les cuffats, au lieu d'être suspendus sans guidages, sont remplacés par des bennes, skips ou caisses montés sur roues, et tirés sur un chemin de roulement *ad hoc*; de même les pompes seront sur rouleaux, et les tiges de commande passeront sur des galets. Cependant, dans beaucoup de mines métalliques, le fonçage d'un puits est consécutif à l'exploitation ; à une faible profondeur on percera une gale

rie-maîtresse ou un travers-banc, et on exploitera tout le
quartier correspondant à ce niveau ; ce n'est que lorsque le
filon sera dépouillé de ses parties minéralisées qu'on pous-
sera le fonçage d'un second tronçon du puits, pour atteindre
un second niveau d'exploitation.

Puits rectangulaires. — Lorsque l'on se propose de
revêtir le puits d'un cuvelage en bois permanent, on choisit

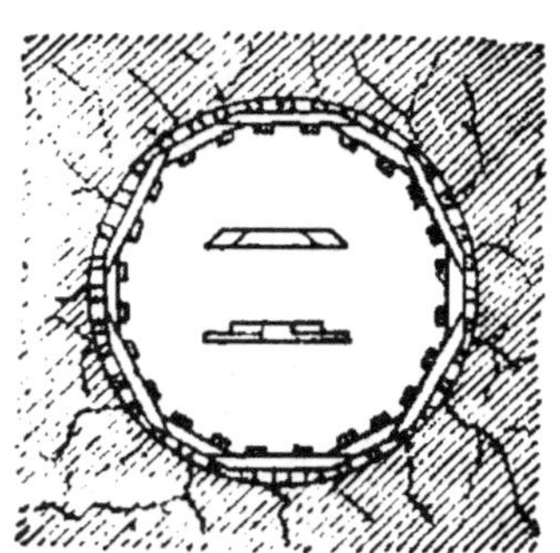

Fig. 140. — Cuvelage
en bois.

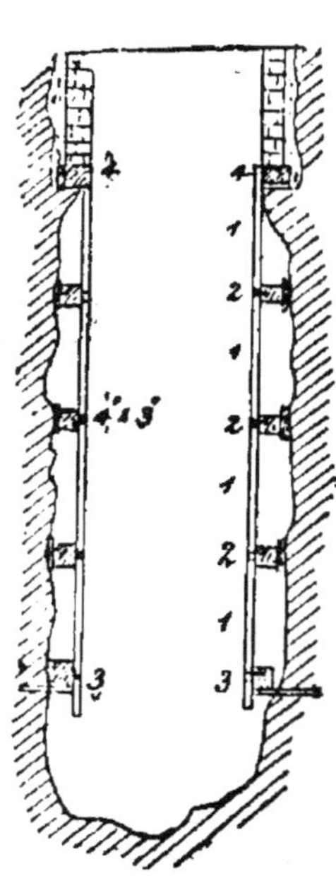

Fig. 141. — Cuvelage
provisoire.

fréquemment la section carrée ou rectangulaire pour le puits
(fig. 139). Le cuvelage est constitué de cadres en pièces de
bois rondes ou mieux équarries, placés à intervalles de 1
à 2 mètres environ ; derrière ces cadres sont poussées, sous
une légère inclinaison, des palplanches taillées au bout, en
biseau ; elles sont maintenues en place par des coins ; c'est
là ce qu'on appelle le fonçage par poussage, qui convient
bien aux terrains tendres, voire même ébouleux.

La figure 140 montre un cuvelage en bois appliqué à un

puits circulaire, bien que, pour ce genre de section, ainsi que pour les puits elliptiques, on n'emploie guère que les cuvelages muraillés ou les cuvelages en fonte.

Revêtements provisoires. — Il est souvent commode de revêtir le puits d'un cuvelage provisoire sur une hauteur de 20 m., 50 m. et même davantage, afin de pouvoir procéder ultérieurement de façon régulière au muraillement définitif. Les revêtements provisoires sont quelquefois constitués de pièces de bois équarries ($10 \times 7,05$ centimètres) sciées en segments, assemblées à boulons, et constituant des cadres circulaires que l'on superpose à intervalles de 1 à 1 m. 20. En terrains durs, ces cadres sont soutenus par des ferrures que l'on fixe au moyen de coins, dans les parois (fig. 141, n° 3) ; autrement, les cadres inférieurs seront suspendus au cadre supérieur (fig. 141, n° 4), solidement amarré, par l'intermédiaire des planches clouées d'un cadre à l'autre, et qui constituent le cuvelage provisoire (fig. 141, n° 1) Un autre genre de revêtement provisoire a été employé par M. Ch. Walker, dans un fonçage, près de Barnsley ; il est constitué (fig. 142, 143) par des anneaux métalliques derrière lesquels sont poussées des palplanches, qu'on maintient en place par des coins. L'anneau supérieur est solidement amarré, par exemple par des chevilles en fer encastrées dans les parois ; les anneaux inférieurs sont alors suspendus à celui-ci par des barres de fer à crochets, de la façon montrée figure 143.

Précautions à prendre pendant le fonçage. — La manière d'assurer la plus grande sécurité pendant le fonçage d'un puits, consiste d'abord à n'employer que des ouvriers habiles, ensuite à veiller à l'observation des mesures de précaution édictées

Ces règles sont les suivantes :

1. Les manœuvres à l'orifice du puits doivent être commandées par un chef ouvrier dont dépendront tous les travaux à effectuer au jour. Ce chef ouvrier devra veiller à ce

qu'aucun matériel, outil ou accessoire quelconque, ne soit dans le voisinage de la trappe, et ne puisse tomber accidentellement dans le puits.

2. Les manœuvres au fond seront sous la direction d'un maître fonceur.

3. Un signal convenu devra mettre en communication le fond et le jour ; d'autres signaux mettront en communica-

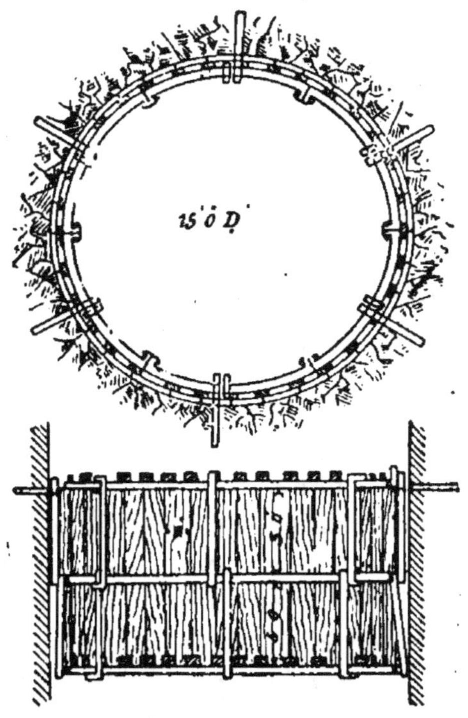

Fig. 142, 143. — Autre cuvelage provisoire avec anneaux métalliques.

tion le fond avec le mécanicien du treuil, et le jour également avec le mécanicien. Il est désirable que celui-ci puisse voir l'orifice du puits, ce qui facilitera les manœuvres.

4. L'orifice de la fosse sera vivement éclairé de nuit, sans que cet éclairement produise un effet aveuglant sur le mécanicien : cela grâce à des écrans interposés au besoin.

5. Quand le fond du puits a été abandonné par les ouvriers,

même pour une courte période, tout particulièrement par exemple pour le tirage des mines, le maître fonceur y retournera le premier, et seul avec une lampe de sûreté, afin de constater quels gaz ont pu se dégager.

6. Avant de recommencer le travail de déblaiement, le maître fonceur se rendra compte ou fera examiner si les parois sont solides, s'il n'y a pas risque d'éboulement, ou si une pierre branlante ne risque pas de tomber d'un niveau supérieur. Quand les maçons travaillent au-dessus, il vérifiera si un outil, une brique, une pierre ne peuvent tomber d'un palier mal joint. Il doit vérifier les coins susceptibles de se détacher, surveiller le débouché des galeries s'ouvrant dans les parois, etc.

7. Un ouvrier du fond aura charge des signaux avec le jour, et ne donnera le signal de la remonte que lorsque le cuffat aura cessé de se balancer, s'il n'est pas guidé.

8. Le mécanicien devra stopper le cuffat à 5 mètres au-dessus du fond, et ne le descendra complètement, tout doucement, que lorsqu'il en aura reçu ordre du fond. On comprend pourquoi.

9. Les cuffats ne seront pas remplis jusqu'au-dessus du niveau des bords, pour éviter toute chute de matériaux durant l'extraction ; les outils transportés seront attachés aux chaînes du cuffat.

10. L'orifice du puits doit être fermé d'une trappe ou d'un pont roulant, pendant qu'on procède au vidage ou au changement de cuffat.

11. La trappe doit être munie d'un encliquetage de sécurité, pour éviter son ouverture intempestive, et la chute qui pourrait en résulter des receveurs, du cuffat et des wagonnets.

12. Un code de signaux entre le fond et le jour doit être établi, par exemple :

Un coup pour soulever le cuffat ; un second coup pour

procéder à l'extraction du cuffat ne tournant plus ; deux coups pour la descente ; un troisième coup pour abaisser le cuffat jusqu'au fond ; quatre coups pour ralentir ; cinq coups lorsque les mines viennent d'être allumées et qu'il s'agit d'enlever le maître fonceur, etc.

13. L'emploi des lampes de sûreté devra être exigé lorsqu'on approchera d'une veine de charbon.

14. Une ventilation active sera maintenue pour déblayer les fumées après explosions de mines, etc., et aussi au-dessus ou au dessous des échafaudages.

15. Les explosifs seront enfermés dans des poudrières de fortune.

Bien d'autres précautions doivent être encore prises, pour éviter tout accident, un fonçage étant toujours une opération très dangereuse. On peut recourir notamment aux crochets pour empêcher le dépassage du treuil par le cuffat, etc.

Ventilation. — Assez souvent la ventilation est réalisée en divisant le puits en deux compartiments à l'aide d'une cloison centrale. D'autres fois on procède à un simple coffrage latéral (fig. 144), qui est établi par fixation, au moyen de crampons et tirefonds 4, deux guides 5 munis d'une rainure de 5 centimètres environ de large, dans laquelle viendront s'engager les planches du cloisonnement a ; ces planches, afin d'assurer l'étanchéité, sont assemblées entre elles à languette et mortaise ; les joints entre le cuvelage et les guides seront calfatés d'une façon quelconque dans le même but ; mais la matière d'aveuglement employée devra être assez légère pour ne pas causer d'accidents au cas où des fragments se détacheraient et tomberaient au fond du puits. La partie inférieure du coffrage 2 est supportée par deux traverses encastrées dans le muraillement ; elle se termine par une cloison que traverse une manche à vent ou canard 1, qu'on peut allonger peu à peu et qui vient envoyer l'air frais dans les travaux. Pour produire le courant d'air, on fera usage d'un ventilateur commandé par une machine à vapeur 3 ; à moins que la présence de canalisations de vapeur dans l'autre compartiment du puits suffise à y échauffer l'air et provoquer un mouvement de l'air produi-

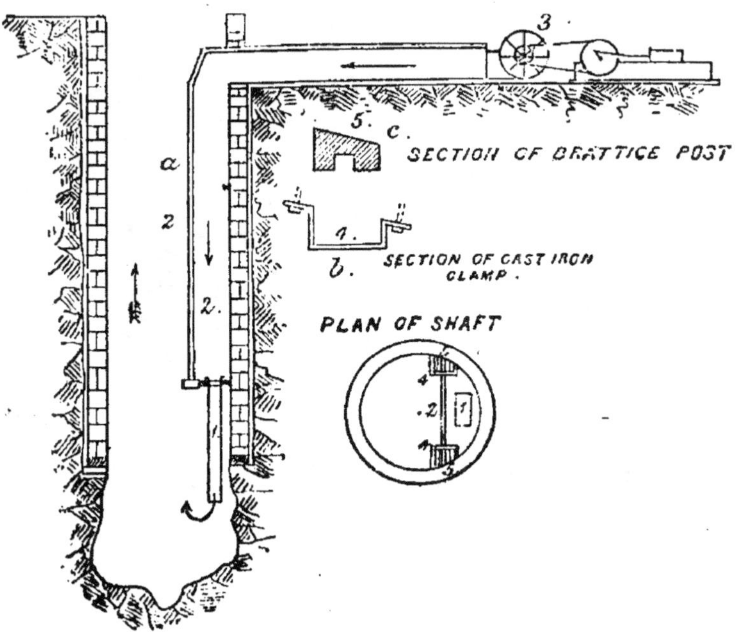

Fig. 144. — Coffrage d'un puits pour assurer sa ventilation (sections diverses de l'installation).

sant aspiration d'air frais par le coffrage. On peut aussi créer un échappement de vapeur au bas du coffrage, et par suite un appel d'air.

Dans le cas de ventilation mécanique, on emploiera un ventilateur centrifuge soufflant ; un moteur à vapeur de 15×30 centimètres attaquant par courroie un ventilateur de 0 m. 90 de diamètre, sera suffisant pour aérer un fonçage ordinaire.

Dans les puits de faible diamètre le coffrage est assez souvent remplacé par de simples tuyaux (fig. 145-146) ame-

nant l'air depuis le ventilateur. Des tuyaux en bois de section intérieure de 20 décimètres carrés suffisent d'ordinaire.
Les coffrages sont meilleurs, pour les fumées notamment.

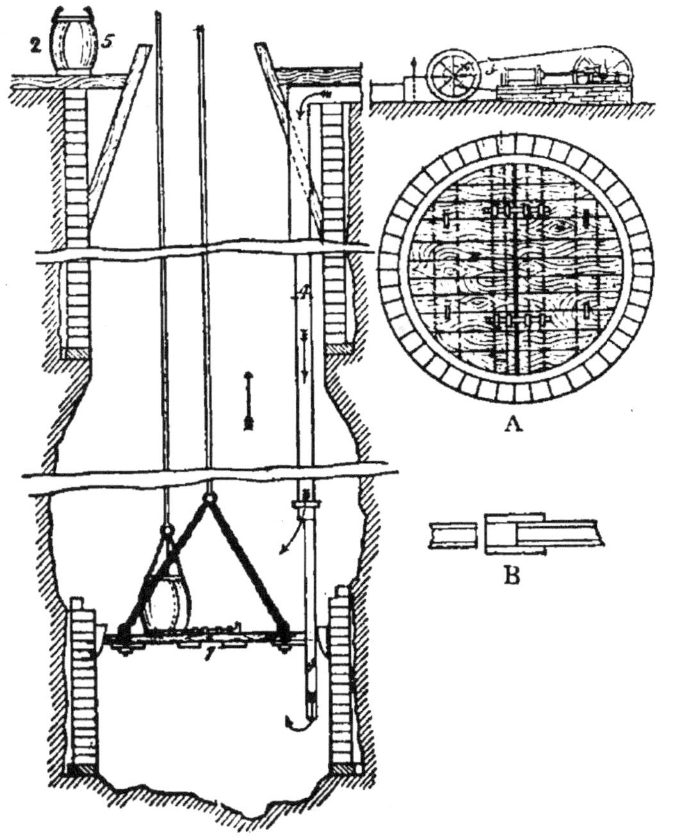

Fig. 145, 146. — Tuyaux d'aération remplaçant un coffrage
(détail du plancher et des joints de tuyaux).

En tout cas, avec les tuyaux il vaut mieux comprimer l'air
dans le puits.

Lorsqu'un palier destiné aux maçons bâtissant le muraillement est rencontré, le conduit d'air doit évidemment
le traverser afin de ventiler l'étage inférieur où travaillent
les fonceurs ; néanmoins une dérivation d'air frais sera distribuée au-dessus du palier. Ceci sera réalisé, comme le

montre la figure 145, en diminuant le diamètre du conduit d'air, et y ménageant une ouverture partielle au-dessus de l'échafaudage.

On emploie indifféremment comme conduits d'aérage, soit des conduits armés en bois, soit des tuyaux cylindriques en tôle ; on soignera particulièrement la solidité des joints, et la fixation aux parois, de manière à n'avoir pas à redouter de chutes de tuyaux par suite d'un heurt accidentel d'un cuffat, projections de pierres ou toute autre cause.

Explosifs. — Pour les terrains relativement tendres, tels les schistes et calcaires du terrain houiller, la poudre en grains ou comprimée est le meilleur explosif à employer, comme soulevant mieux des masses de terrain. Pour la roche dure, on se trouvera mieux au contraire d'explosifs brisants, tels la dynamite gélatine, et analogues. Un des avantages de la dynamite est de ne pas exiger de gros diamètres, partant, de permettre de forer plus rapidement le trou de mine ; alors qu'un trou de 6 à 8 centimètres est nécessaire pour la poudre, un trou de 2 cm. 5 suffit pour loger les cartouches de dynamite, qui n'ont qu'une largeur de 2 centimètres. Avec un gros trou, on peut concentrer la charge au fond.

Perforatrices. — Dans le fonçage des puits de houillères, le terrain n'étant jamais très dur, on se contente de percer les trous de mine au fleuret. L'emploi de la perforatrice ne serait pas avantageux, étant donnée la perte de temps nécessitée par la mise en station et l'enlèvement de l'outil. Pour le creusement en roche dure, surtout sur grande épaisseur, la perforatrice mécanique au contraire présentera un gros avantage économique.

On emploie l'air comprimé comme agent moteur ; pour ne pas installer une machine à vapeur au fond, cet air est fourni par un compresseur au jour, est canalisé jusqu'au fond par des conduites de 5 à 10 centimètres de diamètre,

suivant le nombre de machines à alimenter. Lors du fonçage du puits des houillères Harris Navigation, plusieurs types de perforatrices ont été employés : perforatrices à diamant travaillant par rodage, puis perforatrices
par percussion, qui donnèrent des résultats supérieurs. La
figure 147 représente l'ensemble d'une bonne machine à

Fig. 147. — Une perforatrice.

percussion ; et les figures 148 à 155 les détails de cette
machine : elle comprend un cylindre de 7 cm. 5 à 10 centimètres de diamètre, sur 10 de course ; le tiroir C fonctionne
par le passage du piston D, de sorte qu'on peut atteindre
une très grande fréquence de battage, plus de 500 coups
doubles à la minute ; le piston se prolonge extérieurement
par une douille S, portant le fleuret d'attaque. L'ensemble
de ces organes est porté par une glissière, montée sur la
vis R, de façon qu'on peut déterminer le déplacement du
cylindre, et par suite du fleuret, en manœuvrant la vis, qui
fait office de mécanisme d'avancement.

Au commencement du forage, on fixe dans la douille un fleuret court, et l'on ne donne pas toute la puissance, de façon à amorcer un bon départ. Lorsqu'on a creusé de la sorte, dans des conditions satisfaisantes, un trou de 5 à 6 centimètres, toute la puissance est donnée. Après qu'il a

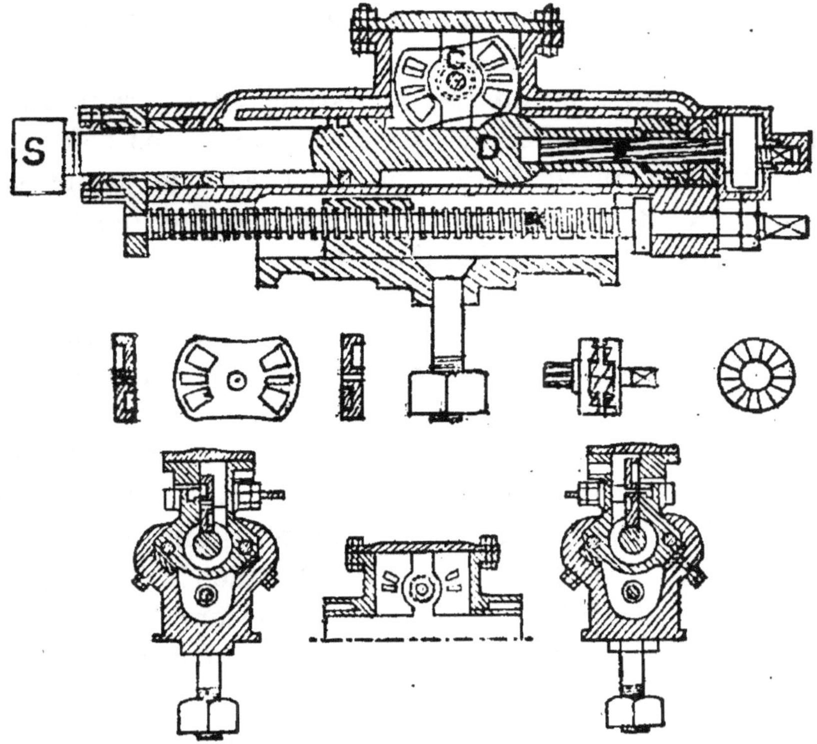

Fig. 148 à 154. — Détail des pièces et mécanisme de la perforatrice.

frappé la roche, le fleuret tourne sur lui-même ; ceci est obtenu automatiquement (fig. 148). Le piston, rayé à l'une de ses extrémités, engrène avec une tige F cannelée héli-coïdement, qui sort hors du cylindre où elle se termine par un mécanisme à rochet ; le piston voyageant dans un sens fait tourner le rochet ; mais quand le piston revient en sens inverse, le rochet s'oppose au mouvement, de sorte que c'est le piston qui doit tourner autour de la tige ; et par suite le fleuret monté au bout du piston.

Au fur et à mesure du battage, le mineur tourne la vis R, qui produit l'avancement et maintient le fleuret au fond du trou ; la course de cette vis est de 45 centimètres ; lorsqu'on est arrivé à fond de course, le fleuret est remplacé par un autre plus long, et dont le taillant est légèrement moins large ; puis par un troisième, et même un quatrième, si la profondeur du trou à percer le requiert. Le curage du trou se fait par injection d'eau, qui en même temps refroidit le fleuret. A la mine Harris, on fit usage de perforatrices Ingersoll et Beaumont. Les premières avaient une course de 115 millimètres et un diamètre de 82 millimètres ; trois de ces machines fonctionnaient simultanément, et étaient employées au perçage de 10 trous de 90 centimètres de profondeur, forés sous un angle de 35 degrés sur la verticale, et d'un diamètre de 4 centimètres à l'orifice et de 3 centimètres au fond. A la main, chaque trou exigeait 2 heures et demie de travail d'une équipe de 3 hommes ; la machine mettait 15 à 20 minutes de travail, plus 5 minutes pour la mise en batterie ; 2 hommes étaient attachés à chaque machine. Par l'emploi de la perforation mécanique, le fonçage du puits de 6 mètres de diamètre avança dans la roche à raison de 3 m. 20 par semaine ; alors qu'à la main l'avancement était de 2 m. 27 seulement (le temps passé au muraillement n'est compté ni dans un cas ni dans l'autre). Ce fonçage exigeait la consommation de 15 kg. 5 de dynamite par mètre d'avancement. Le diamètre du fonçage était de 6 mètres. Le cuvelage muraillé avait 5 m. 10 intérieurement, et l'épaisseur de la muraille en briques 45 centimètres ; une hauteur de 1 mètre de muraillement exigeait 10 heures de travail d'une équipe de 6 maçons et 4 manœuvres.

Pour montrer la difficulté rencontrée pour le passage des

bancs de roche dure, on peut citer ce fait que l'avancement, qui était seulement de 1 m. 80 par semaine, muraillement compris, et avec perforation mécanique, atteignait 6 m. 40 par semaine dès qu'on tombait dans les schistes et calcaires. Ce fonçage est un des plus intéressants sur lesquels on ait publié des chiffres précis ; les détails en ont été donnés par MM. Brown et Adams. La couche à exploiter était à 685 mètres et l'étendue de la concession à 1.400 hectares. Les deux puits foncés jusqu'à 685 mètres étaient distants de 55 mètres environ, et d'un diamètre de 5 m. 10 ; le coût total de ces fonçages et du matériel nécessaire s'éleva à 7.500.000 francs. La durée fut de 6 ans et 3 mois, décomposés comme suit :

Temps passé au fonçage proprement dit 50,5 0/0
Temps passé au muraillement . . . . 12,45 —
Arrêt des travaux (repos, grèves, etc.) . . . . . . 18,3 —
Temps passé au forage des trous de mine. . . . . 2,7 —
Temps pour les chambres souterraines de pompes,
    citernes, etc. . . . . 16,05 —
                                    Total. . . . 100.00

Le fonçage des puits et le perçage de galeries dans les districts métallifères se fait presque toujours à la perforatrice ; car l'on se trouve généralement dans la roche dure ; dans les mines de houille au contraire, la perforatrice percutante est d'un emploi peu fréquent.

Vitesse de fonçage des puits à niveau bas. — Quand les venues d'eau sont abondantes, l'avancement est réduit, car il arrive fréquemment que les ouvriers travaillent dans l'eau jusqu'aux genoux, et dans les éclaboussures, ce qui est peu favorable évidemment à un travail rapide. On passe du temps à l'installation et à la manœuvre des pompes. On peut essayer d'étancher les parois.

Dans les fonçages en terrains secs ou à faibles venues d'eau, le taux de l'avancement dépend surtout de l'organisation du travail, de l'habileté des hommes, et de la valeur de la machinerie employée. Si l'on dispose par exemple d'un seul treuil à simple enroulement, la plus grande partie du temps sera employée à remonter les déblais après chaque coup de mine. Un puits de 4 m. 50 de diamètre présente une section de 16 mètres carrés ; s'il faut 0 m³. 4 de déblais pour faire 1 tonne, chaque couche de 1 mètre d'épaisseur représente un poids de 40 tonnes. Si l'on emploie une benne ou cuffat capable de tenir 800 kilogrammes, ce qui rentre déjà dans la catégorie des cuffats de grandes dimensions, il faudra remonter une cinquantaine de cuffats pour déblayer la valeur d'un mètre d'avancement ; si chaque cuffat exige 4 minutes et demie (1 minute d'ascension, 1 minute de descente, 1 minute un quart de manœuvres en haut, 1 minute un quart en bas), il faudra ainsi 225 minutes, soit pratiquement 4 heures pour déblayer la valeur de 1 mètre d'avancement, en admettant un rendement presque parfait, rarement atteint en pratique. Avec un treuil à double enroulement, le délai précédent serait diminué de moitié. La vitesse d'avancement de 18 mètres par semaine (sans la confection du cuvelage) a été atteinte ; mais la moyenne d'avancement d'un fonçage dans le carbonifère, avec de bonnes conditions d'exécution et d'outillage, est de 7 à 9 mètres par semaine.

Briques et pierres pour cuvelages en maçonnerie. — Dans les régions où la pierre naturelle est abondante, on l'emploie pour la maçonnerie du cuvelage ; le plus souvent cependant celui-ci est exécuté en briques. Les dimensions des briques ordinaires sont en France de 11 × 22 × 6,5. Quand les briques ordinaires sont employées à la confection d'un cuvelage circulaire, les briques joignant à un bout s'écartent à l'autre ; pour éviter ce défaut, on fait usage de briques dites circulaires, dont les côtés sont inclinés. Dans les puits de petit diamètre, 1 m. 80 à 2 m. 50, l'emploi de ces briques constitue un avantage ; mais dans les puits de grand diamètre, comme le maçon ne se rend pas toujours compte de quel côté se trouve le plus petit rayon de courbure, assez souvent il pose la brique

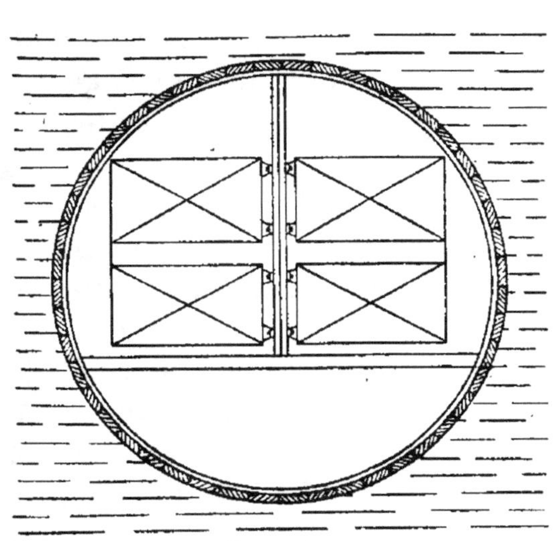

Fig. 155.
Section d'un cuvelage.

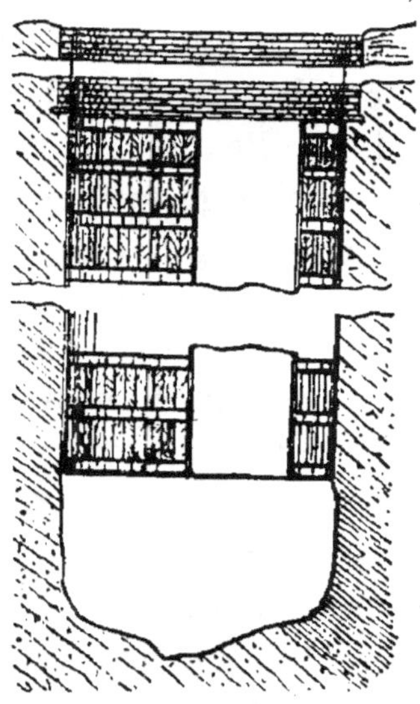

Fig. 156. — Section verticale
d'un cuvelage allemand.

à l'envers ; on se contente de briques rectangulaires, la courbure plus faible imposant moins de précautions.

L'épaisseur du muraillement comprend généralement la valeur d'une longueur de brique, soit 22 centimètres. Dans les puits humides, le mortier devra être à base de chaux hydraulique ou de ciment à prise rapide.

Le cuvelage permanent des puits est quelquefois constitué par un assemblage de fer et de bois comme l'indique la figure 156, donnant la vue d'un cuvelage allemand visité par l'auteur en cours d'exécution vers 1883 ; le diamètre du puits est de 4 m. 70. Les anneaux en fer à section en U, de

20 centimètres de hauteur, sont disposés dans le puits de distance en distance, et fixés par des ancrages dans les parois. Derrière ces anneaux sont enfilées des planches de 0 m. 5 maintenues en place par des coins ; des traverses en fer sont boulonnées aux anneaux, et servent à établir les guidages, cloison de sectionnement A, etc. Ce puits devait être foncé avec ce même mode de revêtement jusqu'à une profondeur de 730 mètres.

Cuvelages étanches. — Les cuvelages étanches se font en bois, brique, pierre, béton ou fonte. Le cuvelage en fonte constitue le type de cuvelage étanche par excellence ; il est très employé en Angleterre.

Lorsque le charbon, exploité au fond du puits, est en terrain sec, **on a évité par le tubage les frais permanents d'exhausse qu'il aurait fallu supporter si le puits n'avait pas été étanche.**

Au cas cependant où la couche de terrain imperméable entre les travaux et la passée aquifère inférieure aurait eu une épaisseur de 30 à 40 mètres seulement au lieu de 100 mètres, il est probable qu'après dépilage d'une partie de la veine, des fissures se seraient produites au toit, sous l'effet de la pression des morts terrains ; fissures par où l'eau de la couche aquifère se serait répandue dans les travaux, rendant inutiles les frais du second tubage étanche. En pareil cas il serait au contraire préférable de drainer les eaux par le puits, de façon à conserver à sec les chantiers d'exploitation.

L'épaisseur de terrain imperméable nécessaire pour donner toute sécurité ne peut guère être déterminée que par l'expérience dans un district donné, car elle varie grandement d'un lieu à un autre. Dans le bassin houiller des Galles du Sud, le tubage étanche est rarement employé, alors que le contraire a lieu dans les Galles du Nord et l'Angleterre. Dans une certaine houillère du Yorkshire, une veine de

1 m. 20 de puissance est exploitée à sec sous une couche aquifère située à moins de 60 mètres au-dessus, et traversée par un cuvelage métallique; la mine, exploitée par la méthode du *longwall*, n'a jamais eu à souffrir d'infiltrations trop abondantes provenant des morts terrains supérieurs. Ailleurs une houillère exploitant une veine de 1 m. 50 à moins de 60 mètres au-dessous d'une couche aquifère, a

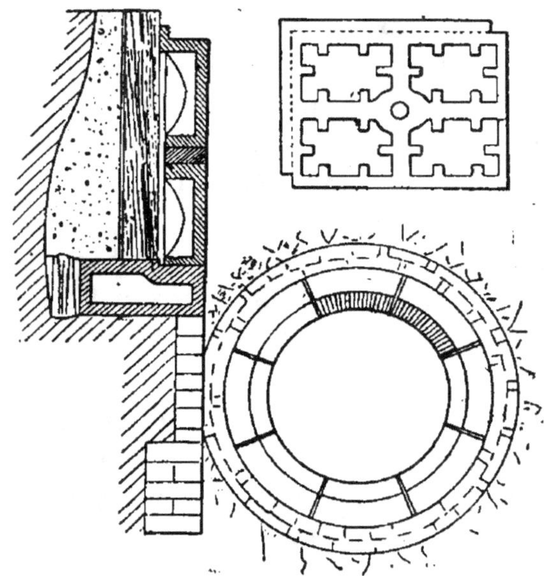

Fig. 157. — Coupes verticale et horizontale et éléments d'un cuvelage d'anneaux métalliques.

souffert considérablement d'irruptions subites d'eau venant des étages supérieurs. Dans quelques cas il semble qu'une épaisseur de 30 mètres de schistes soit suffisante pour empêcher toute venue d'eau dangereuse; alors qu'ailleurs 90 et 100 mètres sont insuffisants. Il est évident que l'épaisseur de la couche imperméable nécessaire doit être proportionnée à la pression de l'eau des morts terrains et à l'épaisseur de la veine exploitée, la méthode d'exploitation étant à considérer. Si une veine de 0 m. 60 seulement est dépilée avec un remblayage soigné, il suffira d'une faible couche imperméable, car la pression aura moins de chances de fissurer la couche que si la veine était de forte puissance, et le remblayage mauvais.

Cuvelage métallique. — La pose du cuvelage comprend d'abord l'excavation d'un bourrelet de terrain dans lequel on vient présenter les segments constituant la couronne; entre deux segments, est intercalée une fourrure de bois tendre et résineux, faisant joint. L'excavation est faite sans le secours des explosifs, sa base bien nivelée. Lorsque la coordination des segments et la vérification de la mise en place de la couronne sont terminées on procède au picotage; des pièces de bois (sapin, pin) sont glissées sur tout le pourtour de la couronne, entre le terrain et les segments; le serrage sera fait par l'introduction de coins dans ces pièces de bois, introduction qui se fait au moyen d'un ciseau enfoncé au marteau, extrait ensuite à l'aide d'un levier, et à la place duquel on introduit un coin. Cette pose de picots est des plus délicate, car elle doit se faire uniformément et simultanément sur toute la périphérie de la couronne; elle exige des ouvriers bien au courant de cette manœuvre. Les coins doivent être débités et taillés très soigneusement. Lorsque le serrage est tel que, même avec l'aide du ciseau, l'on ne puisse plus poser de nouveaux coins, l'opération est terminée. Bien entendu il faut soigner le centrage des anneaux de fonte, un cordeau étant attaché à une cheville fixée dans une poutre traversant le puits et dans son axe.

Cette opération du picotage d'une trousse en fonte pour puits de 4 mètres exige 72 heures de travail d'une équipe de 6 hommes. Le picotage est alors mis à l'abri en y coulant un béton de couverture. Sur cette assise ainsi établie solidement, sont alors montées les plaques de cuvelage; les joints inférieurs, supérieurs et latéraux sont constitués par des feuilles de bois tendre de pin, de 8 à 10 millimètres d'épaisseur, la fibre du bois se dirigeant vers le centre du puits. Derrière les plaques ainsi montées, on vient placer les coins de serrage, un au milieu de la plaque, un au joint entre deux plaques; le picotage est ici moins délicat que pour la trousse, mais il exige plus de puissance : les coins sont enfoncés au marteau à deux mains, à frapper devant; le degré de serrage voulu étant atteint, on remplit et pilonne l'excavation laissée derrière les plaques; une excellente pratique consiste à y couler du béton, qui ajoute à l'étanchéité du système. On met des coins dans les joints verticaux; ils font équilibre aux coins de derrière. L'on procède alors à la mise en place d'une seconde rangée de plaques; ainsi de suite jusqu'à la trousse supérieure que l'on vient poser sur la dernière rangée de plaques, et ainsi de suite; on dispose les points des rangées successives de plaques en quinconce; on pose les coins des points horizontaux tout à fait en dernier lieu.

Il est d'usage courant de réserver dans le centre d'une plaque de tubage un trou que l'on munit d'un petit tuyau remontant jusqu'au niveau hydrostatique. Le but de ce tuyau est, dit-on, de servir de soupape de sûreté contre les pressions d'eau exagérées pouvant s'exercer sur le cuvelage; en réalité il sert surtout à titre d'indication de la valeur de cette pression. Les trous centraux inutilisés sont bouchés d'un bouchon de bois.

Résistance des cuvelages en fonte. — La forme B (fig. 158) est excellente; les proportions sont cotées sur le croquis qui montre une section et une vue arrière de la plaque. Le devant seul de la plaque est uni. Le but des nervures est de fournir une résistance maximum à la flexion. L'on voit que, pour une plaque de 1 m. 50 de long sur 0 m. 80 de haut, l'on a pratiqué 5 nervures horizontales et 5 verticales; ces nervures sont consolidées par des raccords

en équerre, venus de fonte bien entendu avec la masse; la
surépaisseur que porte chaque plaque en haut et à gauche
est usitée comme guide d'encastrement pour la mise en
place des plaques voisines; cela évite aussi, lorsqu'on cal-
fate les joints avec des coins, que la feuille de bois qui est

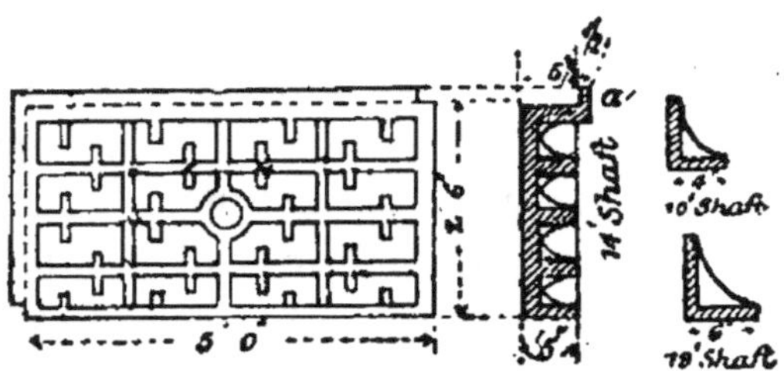

Fig. 158. — Type de plaque en fonte.

intercalée à titre de garniture ne soit repoussée. Dans le
centre, on voit le trou qui sera soigneusement bouché par
une cheville coincée, et qui constitue une prise commode
pour la descente des plaques; en outre ces trous pourraient,

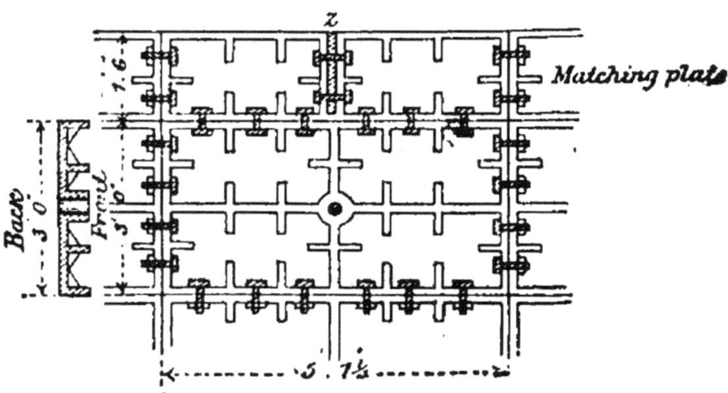

Fig. 159. — Autre type de plaque de tubage.

comme nous l'avons dit, servir d'orifices d'écoulement à une
veine d'eau au cas où une pression par trop dangereuse
s'élèverait sur le cuvelage.

Joints boulonnés. — On a construit des plaques de
tubage avec face interne nervée (fig. 159), côtés dressés et

assemblés par boulons, les anneaux constitués par l'assemblage des segments étant placés sur un tour et tournés ; les joints horizontaux sont également boulonnés, et tous les joints boulonnés sont serrés sur garniture de feutre goudronné faisant joint, d'une épaisseur de 0 m. 03. Cela assure un montage précis. Lors de la pose, les seuls joints aveuglés au moyen de feuilles de bois et nécessitant un picotage, sont les joints horizontaux voisinant la couronne de cuvelage servant d'assise ; on conçoit que, par ce procédé, on économise une main-d'œuvre considérable. Outre cet avantage de la rapidité de pose les (plaques arrivant numérotées), on peut invoquer en faveur de ce dispositif sa grande homogénéité qui accroit la résistance du tubage plus rigide, et aussi l'absence de tension interne analogue à celle que produit inévitablement le picotage des segments à l'aide des coins ; toutefois la rigidité invoquée plus haut peut dans certains cas être un inconvénient, les mouvements de terrain pouvant produire des tensions susceptibles d'amener la rupture ; par contre, même en pareil cas, on n'aurait pas à redouter la chute de segments (retenus par le boulonnement), alors que le contraire est possible avec le tubage à segments piçotés. L'anneau supérieur a une de ses plaques en deux pièces, entre lesquelles on intercale une bande de fer, qui vient former clef.

Par suite de l'usinage que nécessite ce mode de revêtement, le coût en est plus élevé.

Dans le but de procéder à la fixation de la machinerie qui sera installée ultérieurement dans le puits, il est nécessaire d'intercaler, de distance en distance, entre les plaques du tubage, un anneau creux (fig. 160), qui servira de pièce d'ancrage aux poutres de support transversales que l'on viendra installer ; les pièces constitutives de cet anneau sont fortement nervées comme l'indique le croquis, afin de résister aux pressions à supporter ; la profondeur libre est

de 25 à 30 centimètres; la hauteur de 30 à 50 centimètres ;
enfin les nervures verticales sont espacées de 30 centimètres
avec intercalation d'une console venue de fonte également.
Pour supporter une machinerie très lourde, on pourra établir de ces anneaux d'ancrage spéciaux, picotés dans le
terrain avoisinant pour en augmenter l'assise.

Blindages. — On peut employer une trousse en fer,
picotée au sol voisin, et sur laquelle sont bâtis un muraillement intérieur de 22 centimètres d'épaisseur, et un autre
extérieur de 11 centimètres. Entre les deux est coulé un

Fig. 160. — Anneau creux d'ancrage.

mortier de sable et ciment hydraulique, constituant une
tour étanche à l'eau. La même construction pourra se faire
évidemment en employant le moellon au lieu de la brique.
Une autre variante consiste à bâtir trois muraillements en
briques de 11 centimètres d'épaisseur chacun, espacés de
1 à 2 centimètres. Le mur central a ses briques alternées
avec celles des murs extrêmes, de façon à faire chevaucher
les joints entre briques; les deux espaces entre les muraillements sont remplis avec du ciment. Un tel blindage est
parfaitement imperméable. Une autre méthode, décrite par
M. Embleton, est indiquée sur le croquis coté figure 161. Ce
coffrage est en moellons parfaitement dressés et ajustés, et
noyés dans du ciment; l'épaisseur du mur en pierre est de
23 centimètres; de distance en distance, le muraillement est
percé de trous 2, 2, (fig. 161-162) ménagés pour l'écoulement de l'eau. Après achèvement du cuvelage, ces trous ont

été bouchés par des chevilles en bois. Le coût de ce mode de blindage ressort à 270 francs par mètre environ. Le muraillement était, comme précédemment, bâti sur trousse

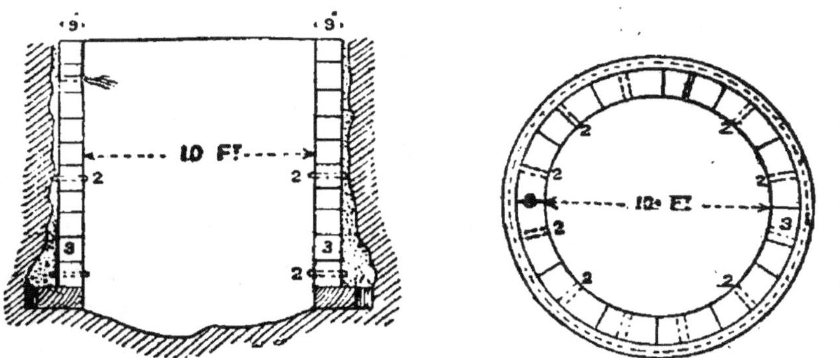

Fig. 161, 162. — Coffrage en moellons (coupes verticale et horizontale).

porteuse picotée. Derrière le muraillement, on tasse de la terre criblée.

Tubages en bois. — Le revêtement en bois représenté fig. 163-164 est d'un usage courant en France. Il est constitué par l'assemblage de blocs en chêne équarris; chaque

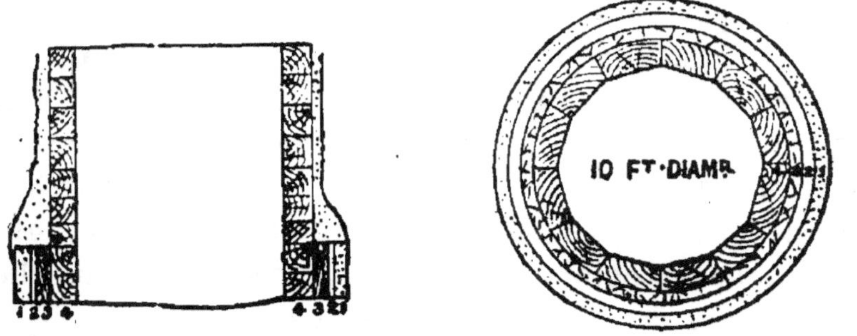

Fig. 163, 164. — Tubage en bois (coupes verticale et horizontale).

bloc a 90 centimètres de long et 23 centimètres de côté; les extrémités en sont sciées de façon à constituer les joints radiaux que montre le croquis, l'ensemble supportant admirablement les pressions. La trousse porteuse est exécutée d'une façon différente de la pratique courante anglaise. Elle est faite de blocs comme le reste du tubage; l'espace entre les blocs et la paroi du puits, par exemple sur 15 centimètres, est en partie occupé par une pièce de bois de 5 centimètres d'épaisseur; entre cette pièce et la paroi, l'espace est comblé avec de la mousse comprimée; les coins sont placés entre la trousse et la pièce en question qui vient comprimer la mousse. Entre les trousses porteuses on vient ensuite établir le cuvelage à la façon indiquée sur la figure. Tous les joints sont ensuite calfatés, à la façon dont on procède pour le calfatage des navires, c'est-à-dire par aveuglement avec de l'étoupe goudronnée. En général les ingénieurs français préfèrent le tubage en bois; mais il est certain que les cuvelages métalliques présentent, pour les grandes profondeurs, une plus grande sécurité; en outre il est difficile de se procurer des pièces de bois saines et de résistance suffisante pour les cuvelages profonds. Par contre la réparation d'un cuvelage en bois sera plus aisée que celle d'un cuvelage en fonte.

Sables boulants. — Les fonçages sont parfois arrêtés par une passée de sables boulants, lesquels coulent dans le puits comme un véritable liquide. Cette difficulté est souvent surmontée à l'aide du fonçage par pilotis. Pour cela, un cadre en bois est posé sur le sol; et, sur toute la périphérie, on enfonce verticalement à la sonnette des palplanches, de fortes planches apointées; la partie intérieure au cercle de palplanches est excavée, et les planches sont maintenues par d'autres cadres que l'on descend.

On avance ainsi, en fonçant des palplanches aussi longues et aussi fortes que possible; mais l'on conçoit que ce mode de travail ne permette pas d'atteindre de grandes profondeurs, à cause de la réduction de diamètre considérable qu'entraîne chaque nouveau battage de palplanches; à chaque fois la contraction du diamètre est en effet de 50 à

60 centimètres. Cette méthode ne donne pas d'ailleurs plein succès avec les sables très boulants.

Un autre mode de fonçage n'entraînant pas réduction du diamètre est le fonçage au poussage (fig. 165). Dans ce cas les palplanches sont poussées inclinées, l'inclinaison sur la verticale étant de 40 degrés environ ; au fur et à mesure de l'avancement, on montre les cadres servant d'assise aux planches comme l'indique la figure. Ce mode de fonçage est également peu satisfaisant dans les sables très boulants. Là

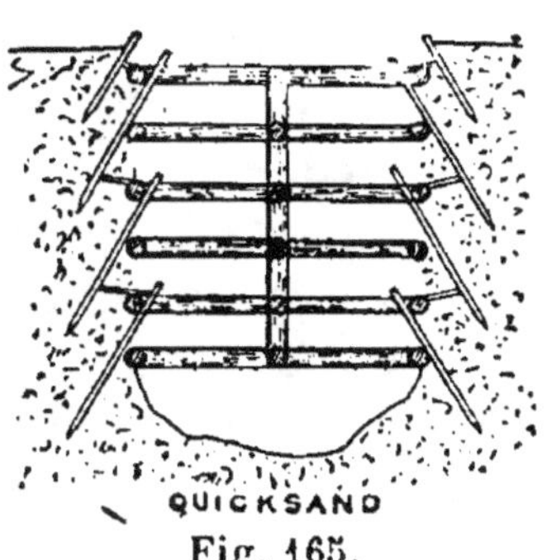

Fig. 165.
Fonçage au poussage.

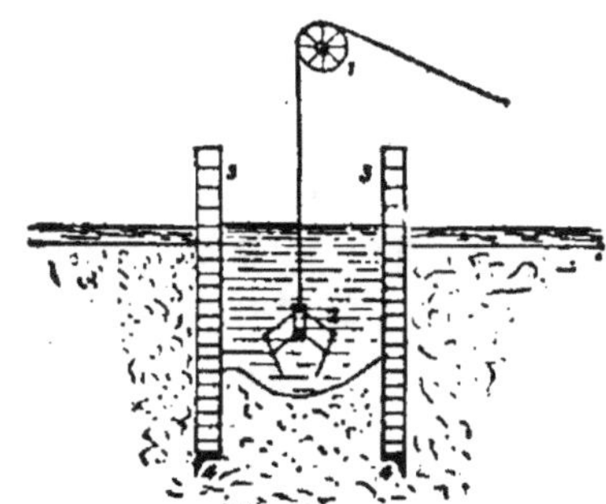

Fig. 166. — Emploi de la trousse coupante avec dragage au grappin.

où le poussage par palplanches présente des difficultés, le système de la trousse coupante (fig. 166) est quelquefois adopté. Cette trousse coupante est un anneau métallique muni d'un véritable taillant à sa périphérie. Sur la trousse est bâti le cuvelage en briques, dont le poids force la trousse à pénétrer dans le sol ; l'intérieur est excavé, et l'on a soin de s'arranger pour que le bord inférieur du cuvelage précède de 1 mètre ou 2 l'excavation, de façon à éviter l'irruption des sables, on surhausse le mur au fur et à mesure en le guidant dans sa descente. Toutefois, plus on avance en profondeur, plus le danger d'irruption des sables s'accroît, le pompage de l'eau l'imposant ; et souvent il interrompt le fonçage à niveau bas, lequel ne peut être continué qu'à niveau plein, c'est-à-dire le puits rempli d'eau, des scaphandriers exécutant alors le travail. Le travail à niveau plein s'impose toutes les fois que le terrain est non seulement boulant, mais encore aquifère, nécessitant un épuisement; l'eau en effet entraîne les sables avec elle, et il est impossible d'avancer. Avec le niveau plein au contraire, la pression de la colonne d'eau s'oppose à l'irruption des sables.

Le problème dans les méthodes à niveau plein consiste à effectuer le creusage du puits; lorsqu'il s'agit uniquement de sables ou de terrains très tendres, on peut combiner la trousse coupante avec le dragage : dragage à godets, ou dragage par grappins à mâchoires (fig. 166), ce dernier seul pouvant aller jusqu'à des profondeurs relativement grandes. Le succès n'est pas toujours certain.

Fonçage à l'air comprimé. — Ce mode de travail est très employé dans les travaux publics, sous différentes formes d'ailleurs. L'auteur a effectué un fonçage pneumatique aux houilles de Bettisfield (Galles du Nord). La figure 167 montre la coupe d'un puits, constitué par l'assemblage de plaques de fontes boulonnées ensemble, avec joints calfatés. Au fond de ce puits, qui avait 3 m. 90 de diamètre, était disposée une sorte de trousse coupaute, surmontée d'une cloche conique réduisant le diamètre à 1 m. 80; à la partie supérieure de ce tube de 1 m. 80 était placé le sas à air, ce sas muni de deux ouvertures ou soupapes, l'une communiquant avec l'atmosphère, l'autre avec la colonne d'air comprimé du tube.

L'air comprimé était envoyé dans la colonne par une tubulure a; et la pression ainsi maintenue à l'intérieur de la colonne empêchait l'eau et les sables de rentrer. L'introduction des hommes, des matériaux, et l'extraction des déblais se faisait par le sas à air de la façon courante. Pour forcer la trousse coupante à pénétrer le terrain, le poids de la colonne, qui avait tendance d'ailleurs à être équilibré par la légèreté de l'air contenu, était accru par des briques placées dans les compartiments annulaires entourant la colonne d'air (fig. 167). Si l'on rencontrait un terrain un

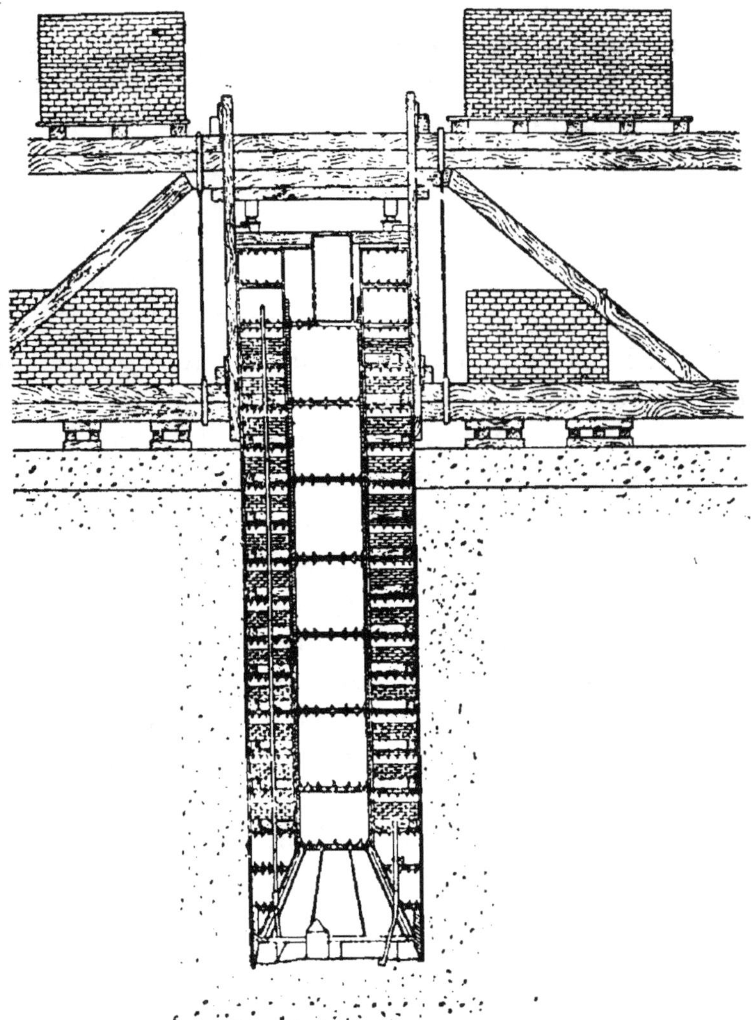

Fig. 167. — Fonçage à l'air comprimé.

peu dur, que le poids du système ne suffirait pas à pénétrer, 4 vérins hydrauliques, de chacun 60 tonnes, réalisaient l'avancement, à la façon indiquée par la figure 167.

Pour servir de point d'appui aux vérins, la charpente boulonnée était chargée de masses de briques d'un poids suffisant pour dépasser la réaction des vérins. Quand on rencontra le terrain dur, une première trousse porteuse fut solidement assise, sur laquelle on établit un tubage venant se raccorder avec le tubage se terminant par la trousse coupante. Cette trousse enlevée, et le raccord étanche terminé, il n'y avait plus qu'à retirer le tube d'air intérieur et la cloche ; on avait réalisé un puits étanche traversant la passée aquifère, et le fonçage put être continué dans les terrains durs sans autre difficulté. Dans cet exemple typique, on avait pu traverser 30 mètres de terrains aquifères ; la pression d'air absolue à l'intérieur de la cloche était donc de 4 atmosphères.

Dans ces travaux à l'air comprimé, il importe de se préoccuper des effets de la pression sur les ouvriers, qui doivent tous être de santé robuste. Le passage de l'air comprimé à l'air libre doit être toujours progressif. La durée de travail d'une équipe pour une pression absolue de 1,5 atmosphère n'excèdera pas 4 heures ; à la pression de 3 atmosphères, elle sera de 3 heures ; au-dessus de cette pression les équipes se relayeront toutes les deux heures. Les hommes devront éviter l'usage des toxiques, alcools, tabac, et veiller à ne pas prendre froid à la sortie du sas à air.

Le fonçage à l'air comprimé est certainement le plus économique des procédés de fonçage à niveau plein ; malheureusement, il est limité aux terrains près de la surface, et l'on ne peut l'employer en profondeur.

Fonçage par congélation. — Souvent les passées aquifères sont à une distance du jour telle qu'on ne peut songer à appliquer l'une des méthodes précédentes ; on pourra alors avoir recours avec succès à la congélation. L'idée a été proposée et mise en pratique par un Allemand, Poetsch ; mais le procédé, tel qu'il est appliqué aujourd'hui, est basé sur l'expérience acquise, lors des fonçages par congélation qui ont été exécutés dans les mines du Nord et la France. On comprend facilement le principe du système, qui consiste à solidifier les terrains par congélation de l'eau qu'ils contiennent. Les figures 168-169 montrent la façon de procéder. Le tableau suivant reproduit d'après M. de Soldenhoff, fournit des données intéressantes concernant un certain nombre de fonçages exécutés en Allemagne d'après cette méthode (1).

Puits fonçés par ce système.	Épaisseur de morts terrains au-dessus de la couche aquifère.	Couche aquifère. traversée.	Nombre de jours pour la congélation du terrain.	Forme du puits.	Dimension du puits.		Coût de la congélation.
	m. c.	m. c.			m. c.	m. c.	fr.
Archibald.	39,00	5,50	20	rectangulaire	3,45 × 4,72		26.600
Centrum .	4,30	30,50	57	rectangulaire	1,95 × 3,96		50.500
Émilie I .	9,50	29,00	20	circulaire	2,33 de diam.		50.500
Émilie II.	9,50	29,00	30	elliptique	2,35 × 2,04		50.500
Houssa . .	61,00	12,00	?	circulaire	5,02 de diam.		42.400

Signalons le cas de la fosse Archibald rencontrant une passée aquifère de 5 m. 40 à 31 m. 80 de la surface. Vingt-trois tubes congélateurs furent placés dans des trous de sonde percés jusqu'aux sables aquifères. Chaque tube avait 20 centimètres de diamètre, et se terminait à la partie inférieure par un tampon a (fig. 169 a), parfaitement étanche à l'eau ; à l'intérieur du tube, uu second tuyau b amenait la saumure froide, distribuée depuis le jour par la conduite b ; le tube extérieur était au contraire relié à la conduite de

(1) Bien entendu on descend maintenant à des profondeurs bien supérieures avec la congélation, 200 mètres et plus. Il suffit de forer les trous pour descendre les tubes, laissant passer le liquide congélateur. En France et en Allemagne les applications sont remarquables maintenant.

retour *e*. Lorsque toute cette installation de 23 tubes congélateurs et des conduites d'amenée et de retour fut établie,
une pompe fit circuler dans le système, de la façon indiquée
par les flèches (fig. 168-169 *a*), une saumure qui pénétrait à

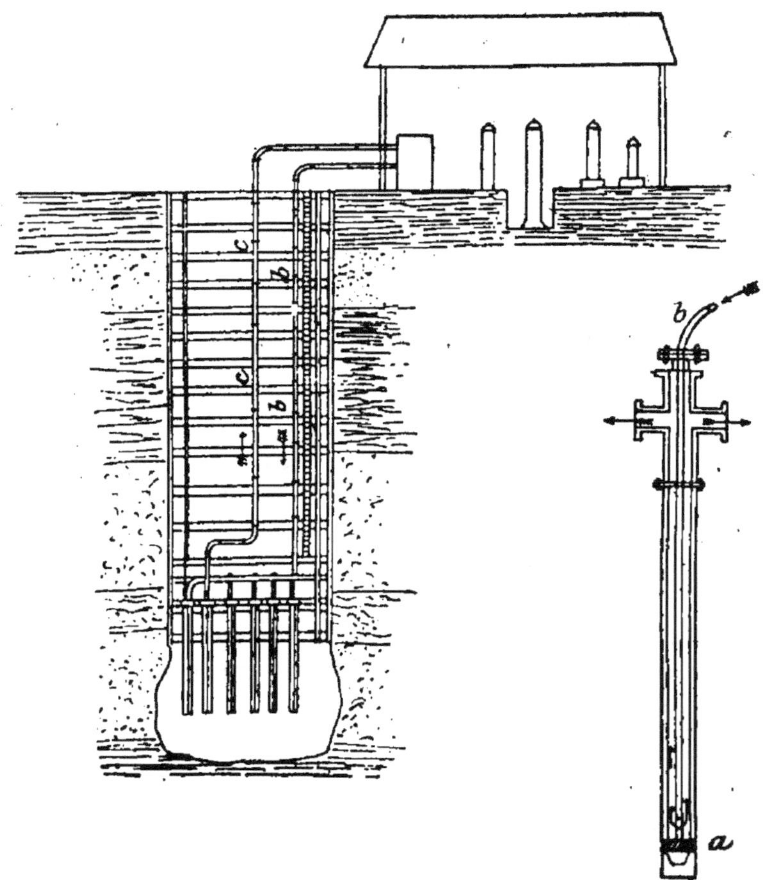

Fig. 168, 169. — Dispositif d'ensemble et de détail d'un fonçage
Poetsch par congélation.

une température d'environ — 25°, et ressortant à — 19°.
Peu à peu la zone entourant les tubes se congelait, et, au
bout de 30 jours, la masse complète était prise. Le fonçage
fut alors pratiqué comme dans la roche dure. La saumure
était une solution de chlorure de calcium à 40° Baumé; cette

solution ne se congèle qu'à une température de — 40°. Le froid était produit par une machine à glace à compression d'ammoniaque, système Carré.

Citons aussi le fonçage effectué en 1892 par ce système aux houillères de Lens (Pas-de-Calais). Ici on se trouvait en présence non pas de sables, mais de couches tendres et aquifères, qu'il s'agissait de solidifier sur une profondeur de 41 mètres au-dessous de la surface. Le puits fut d'abord foncé avec épuisement des venues d'eau jusqu'au moment où celles-ci furent supérieures au débit des pompes, ce qui arriva au bout de 25 mètres. Des tubes congélateurs furent alors placés dans des trous de sonde pratiqués dans le fond du puits; une seconde couronne de tubes fut placée dans des sondages autour du puits. Le nombre des tubes ainsi placés à l'intérieur du puits fut de 8, et à l'extérieur, de 20. Les trous de sonde étaient garnis d'uu tubage en tôle de 3 millimètres; leur diamètre à l'origine était de 35 centimètres et, au fond, de 20 centimètres. Dans ces trous étaient placés les tubes congélateurs, constitués d'uu tuyau extérieur de 115 millimètres de diamètre, et d'un tuyau intérieur de 32 millimètres. Le niveau de l'eau dans le puits fut maintenu constant pendant toute la durée de la congélation, qui s'étendait sur une zone circulaire de 12 mètres de diamètre. La saumure employée était un solution de chlorure de calcium à 20 pour 100; sa température à la sortie du réfrigérant était de — 12°, et à la rentrée, de — 9°. La durée de congélation avait été calculée pour être de 120 jours.

Une des difficultés d'application du système par congélation, consiste dans l'obtention de joints parfaitement étanches aux tubes congélateurs. Par les fuites il se répandrait en effet dans les terrains voisins un liquide incongelable, grâce auquel le terrain resterait inconsistant. Cet inconvénient a conduit M. Gobert à proposer la détente directe des gaz liquéfiés dans les tubes congélateurs employés de la sorte comme réfrigérants. Après la détente productive de froid, le gaz ammoniaque retourne au compresseur, puis au condenseur, et revient se détendre dans les tubes. De cette manière, la saumure est supprimée, et la température dans les tubes est beaucoup plus basse (— 30° environ); partant la durée de congélation plus courte.

Approfondissement des puits et fonçage mon-

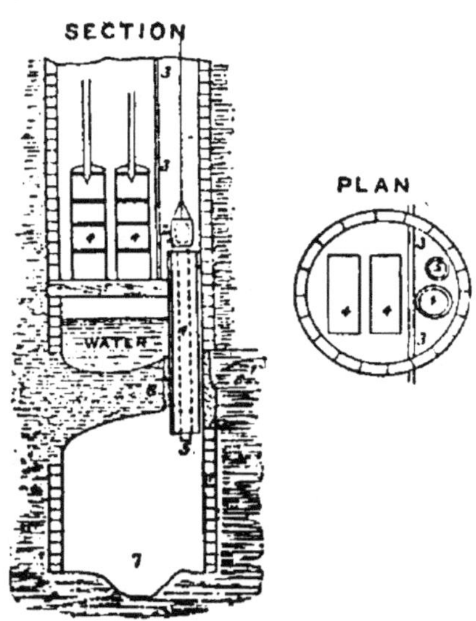

Fig. 170, 171. — Un des systèmes de fonçage en montant.

tant. Ravalement. — Le besoin se fait souvent sentir d'approfondir un puits pendant qu'il continue de servir à l'exploitation d'une veine supérieure. Souvent on pourra suivre la méthode qui a été appliquée en pareille circonstance à Liévin, dans le nord de la France. A travers le fond du puits, c'est-à-dire du puisard ou *bougnon* (plein d'eau), on descend deux forages qu'on munit chacun d'un tubage comme dans la figure 170-171. L'un servira à la ventilation des travaux à faire sous le puisard, l'autre permet de descendre le cuveau pour les déblais. C'est par ce second tubage que descendent les hommes pour élargir le forage et creuser sur un diamètre égal à celui du puits supérieur et dans son prolongement. On dispose naturellement des boisages convenables, notamment pour séparer les tubages des cages d'extraction. On laisse provisoirement un massif suffisant de terre pour empêcher l'eau du puisard de

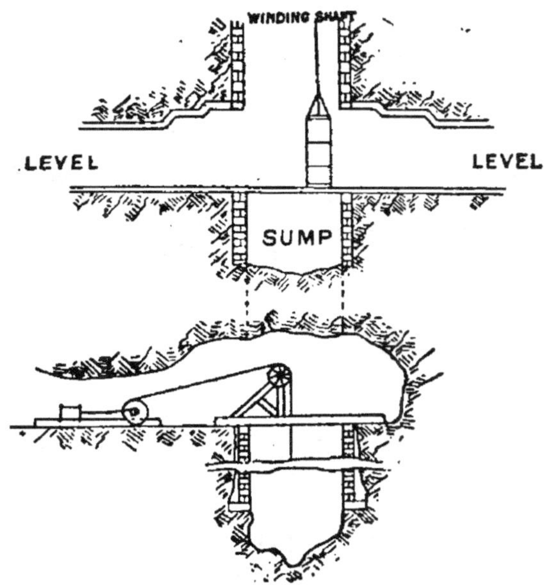

Fig. 172, 173. — Autre méthode de fonçage en montant.

s'écouler dans les travaux. On peut aussi procéder comme l'indiquent les figures 172-173. On descend une galerie inclinée des voies d'exploitation jusqu'au-dessous du puisard du puits existant ; en ce point on creuse une chambre où l'on installe un treuil, commandé de façon quelconque pour l'extraction des déblais. Par des mesures précises, au besoin à l'aide de trous de sonde, on constate où aboutit exactement le prolongement du puits primitif, et l'on fonce le prolongement d'après les méthodes usuelles.

Le fonçage en montant peut se faire pour répondre à un

puits en *sous-stop*, à un prolongement de puits; il se fait plus souvent encore pour les puits intérieurs ou *benstras*. On l'utilise aussi pour les *cheminées*, les montages, les galeries fortement inclinées. On procède parfois un peu comme dans les ardoisières, en disposant en quinconce des planchers, qu'on installe peu à peu, au fur et à mesure que l'excavation augmente de hauteur. Parfois l'excavation est partagée en deux dans le sens vertical par une solide cloison qui monte peu à peu; la moitié de l'excavation donne

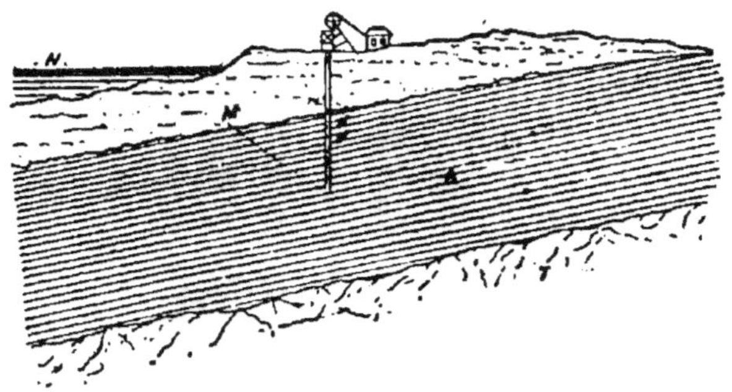

Fig. 174. — Coupes des houillères de Marsden montrant comment s'y font les infiltrations.

passage à des échelles atteignant le haut de l'excavation où l'on travaille, l'autre sert de treuil pour la chute des déblais.

Procédé Kind-Chaudron. — Reste à parler de la méthode de fonçage à niveau plein par percussion, due à Chaudron. Cette méthode belge-allemande a eu une grande vogue, mais on en revient aujourd'hui, et le procédé par congélation lui est presque toujours préféré. Il arrive souvent, dans les districts houillers, que les couches près de la surface sont fortement aquifères, alors que les couches de houille sont protégées par de nombreux lits de schistes imperméables.

Pour citer un exemple typique, les houilles de Marsden, près Moukwearmouth, ont leurs fosses foncées d'abord dans des calcaires magnésiens de la formation permienne (fig. 174).

Cette couche de calcaire s'étend sous la·mer toute proche, et, par des fissures nombreuses, l'eau de mer se montrait en venues abondantes, impossibles à épuiser. Le fonçage à niveau bas devait être abandonné. Ailleurs, comme par exemple dans le nord de la France et en Westphalie, le terrain houiller est recouvert d'une couche de craie poreuse, fortement aquifère. Dans de pareilles conditions, le fonçage à niveau bas exigerait la mise en œuvre de puissants

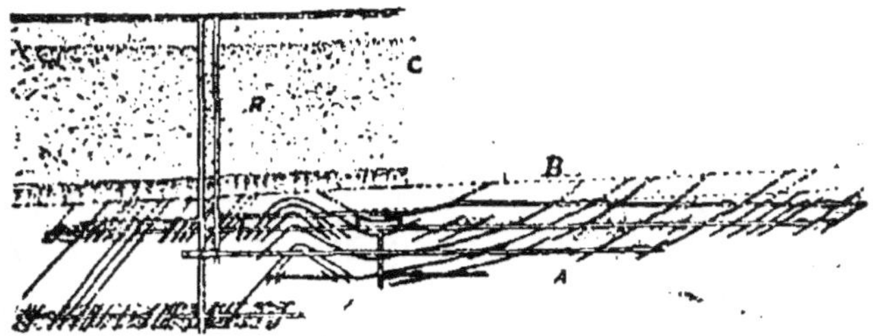

Fig. 175. — Houillères se trouvant sous des couches de craie aquifère.

moyens d'épuisement, très coûteux, et dont on n'aurait que faire une fois terminé le cuvelage étanche de la fosse, et les couches sèches atteintes.

C'est alors que, vers 1854, Hern Kind, un ingénieur allemand, eut l'idée d'appliquer au fonçage des puits le principe du sondage par percussion, au moyen de trépans ; la méthode a été perfectionnée par l'ingénieur belge Chaudron, qui l'a rendue pratiquement applicable. On traverse les terrains aquifères, on met en place le tubage jusqu'aux terrains secs, sans épuisements. Dans les grandes lignes, on retrouve les instruments du sondage, mais considérablement amplifiés. La disposition de l'outillage, quoique bien modifiée, est cependant quelque peu analogue à celle des fig. 54 et 62 : une machine à vapeur réalisant le battage au moyen du trépan, et une autre actionnant le treuil pour la manœuvre de l'outil de curage. Autrefois on se contentait

de forer un avant-puits de diamètre réduit, par exemp
1 m. 50, qui était ultérieurement élargi au diamètre dé
nitif, par exemple 5 mètres. Aujourd'hui on préfère le pl
souvent forer sur toute la circonférence, à moins que
diamètre du puits soit par trop grand.

Le trépan de 1 m. 50 pèse 8 tonnes (fig. 176-177) ;
nombre de coups est de 8 à 20 coups par minute,

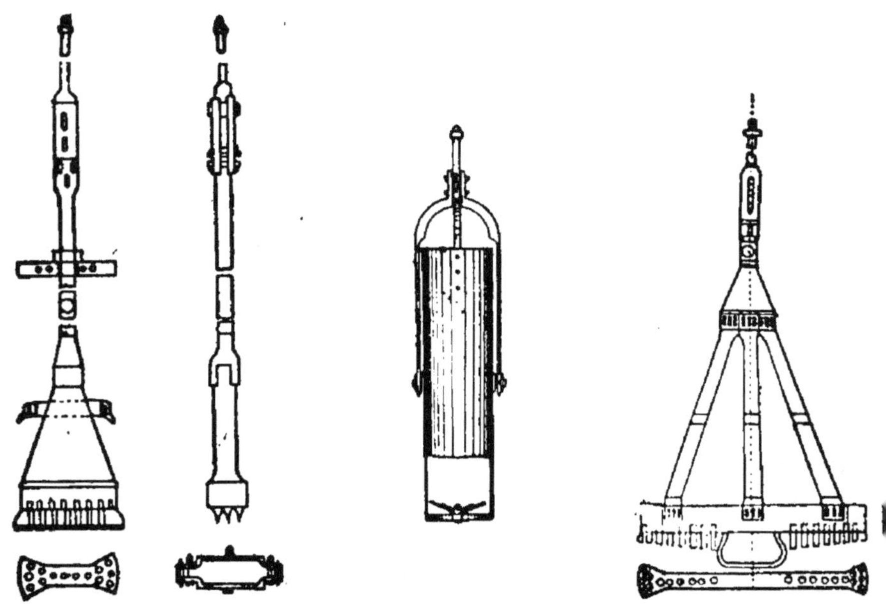

Fig 176, 177 et 180 à 182. — Outillage servant au procédé Kind-Chaud

hauteur de chute de 1 mètre. Le trépan de 4 m. 25 (fig. 17
179) pèse 22 tonnes, le battage se fait sur le taux de 10
15 coups à la minute, et la hauteur de chute est de 40 cen
mètres. Ces trépans, qui se faisaient en fer forgé, av
couteaux rapportés, comme le montrent les figures, se fo
aujourd'hui par la maison Krupp en acier coulé d'u
seule pièce.

Lorsque le battage a été mené un certain temps, il e
nécessaire, comme dans le sondage, de procéder au curag
ce qui se fait en descendant l'outil que représente

figure 180, suspendu à l'extrémité d'un câble que manœuvre l'autre machine à vapeur.

Les figures 181-182 montrent un trépan de diamètre intermédiaire, pesant 8 tonnes, employé lorsqu'on conduit le forage sur trois diamètres (fig. 183).

Cette méthode est usitée lorsque les débris provenant de l'attaque du terrain ont tendance à s'agglutiner, et ne

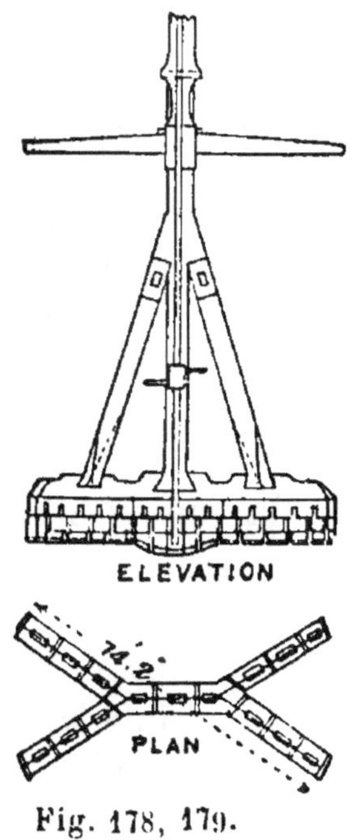

Fig. 178, 179.
Trépan Lippmann.

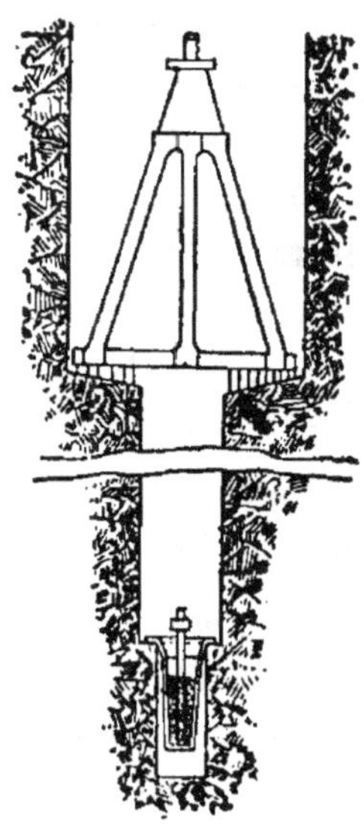

Fig. 183.
Forage à trois diamètres.

peuvent être facilement retirés par la cuiller. En pareil cas, on fore un premier trou de 0 m. 90 de diamètre, puis un second de 1 m. 50 ou 2 mètres, enfin le dernier du diamètre définitif. Au fond du trou intermédiaire, on fait reposer un réservoir conique (fig. 183) dans lequel viennent s'accumuler les débris détachés par le trépan ; il suffira ensuite d'accrocher et de remonter ce réservoir pour effectuer le curage.

Les figures 178-179 représentent un gros trépan destiné au forage direct du puits, suivant la méthode préconisée par Lippman. Ce trépan en fer forgé avec dents d'acier pèse 22 tonnes et a 4 m. 25 de diamètre ; il est muni d'une série de couteaux disposés comme l'indique le plan.

Le cuvelage des puits creusés par le procédé Kind-Chaudron est constitué par des anneaux de fonte d'une seule pièce, d'une hauteur de 1 m. 50 environ ; les nervures de consolidation sont à l'intérieur. Les joints horizontaux sont dressés autour et boulonnés avec interposition d'une feuille de plomb ; les joints sont de plus matés après la mise en place des anneaux. Au fur et à mesure que le cuvelage descend, on boulonne de nouveaux anneaux à la surface. Les anneaux sont généralement fondus près du puits pour éviter les difficultés de transport.

Cette opération de la descente du cuvelage est des plus délicates, et le procédé Kind n'aurait jamais pu réussir sans les perfectionnements de Chaudron : la boîte à mousse et la colonne d'équilibre. Il faut en effet considérer que le cuvelage en fonte d'un puits ordinaire, sur une longueur de 200 mètres par exemple, dépasse le poids énorme de 800 tonnes ; il serait pratiquement impossible de soutenir et guider depuis la surface cette masse considérable. Pour l'équilibrer, un des anneaux inférieurs est muni d'un faux fond a (fig. 184) laissant seulement passer un tube central pour les manœuvres. Grâce à ce faux fond, la colonne tout entière flotte sur l'eau, et la descente du cuvelage peut être guidée, la colonne étant supportée par des tiges ou des chaînes sans fatigue exagérée. On peut d'ailleurs admettre plus ou moins d'eau à l'intérieur de l'espace annulaire, de façon à ce que la colonne, au lieu de flotter, pèse du poids nécessaire pour déterminer l'enfoncement du cuvelage. À la partie inférieure du tubage est disposée la plus ingénieuse des inventions de Chaudron : la boîte à mousse.

grâce à laquelle un joint étanche est réalisé avec les parois
du puits dans le voisinage de la banquette c sur laquelle
viendra reposer le cuvelage. Cette boite d est constituée par
deux anneaux coulissant l'un dans l'autre, et dont les brides

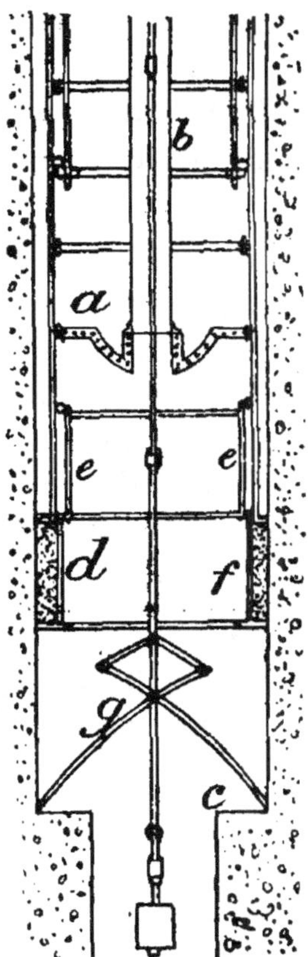

Fig. 184. — Descente du cuvelage suivant la méthode Chaudron.

inférieures sont tournées vers les parois du puits ; dans
l'espace annulaire compris entre ces brides est tassée de la
mousse f : lorsque l'anneau supérieur, et avec lui tout le
cuvelage dont il est solidaire, viendront appuyer de leur
propre poids, la mousse sera formidablement comprimée
contre les parois du puits, constituant ainsi le joint étanche

nécessaire pour permettre l'épuisement des eaux dans le puits, qui sans cela serait un nouveau tonneau des Danaïdes.

En temps normal, le poids du cuvelage est équilibré en grande partie par l'emploi du faux fond a; une fois l'assise solide pouvant supporter le cuvelage trouvée, on dresse et nettoie parfaitement, à l'aide de l'outil g, la banquette circulaire g, sur laquelle viendra reposer la boîte à mousse ; celle-ci mise en place, en admet l'eau à l'intérieur de l'espace annulaire, de sorte que le cuvelage, qui n'est plus équilibré, vient appuyer de tout son poids sur la mousse; par excès de prudence, on assure l'étanchéité du joint en coulant du béton au-dessus de la boîte entre le terrain et la paroi externe du cuvelage. Enfin, le bétonnage fait, on peut commencer l'épuisement des eaux contenues dans la colonne ; on vient ensuite enlever le tube central et le faux fond, et le fonçage se continuera ensuite à la façon ordinaire dans le terrain imperméable. Toutefois, durant les premiers mètres, le travail est mené avec grande circonspection, et l'emploi des explosifs prohibé pour éviter les fissures susceptibles d'amener une irruption des eaux. Au bout de quelques mètres, on posera une première trousse picotée, sur laquelle on bâtira un raccord avec la boîte à mousse ; puis on continuera le fonçage à la façon usuelle, par retraites successives sur trousses picotées.

CHAPITRE VI

PRÉPARATION DES CHANTIERS; APPROCHE DU PRODUIT MINÉRAL

Les puits ne peuvent être espacés réglementairement de moins de 15 mètres; parfois cette épaisseur de terrain est portée à 70 mètres, lorsque le terrain est mou. Ces puits peuvent être disposés comme l'indique la figure 185.

Les maîtresses galeries communiquant avec les puits seront percées dans la houille ou dans le stérile, suivant les nécessités du service. Dans le cas de charbonnages à extrac-

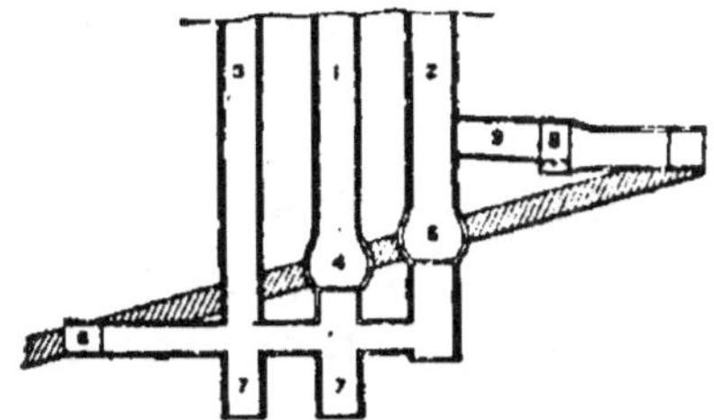

Fig. 185. — Disposition typique de puits.

tion intensive, le voisinage du puits d'extraction sera le siège d'un mouvement intense; aussi est-il nécessaire que la place soit vaste, bien dégagée, et solidement muraillée. Fréquemment l'accrochage est voûté à la façon d'un tunnel, avec des largeurs de 5, 6 mètres; la figure 186 montre trois types de voûtes adoptés. En a, a, a, une voûte entoure com-

plètement la galerie avec radier en bas, ce qui est nécessaire lorsque le terrain est inconsistant et perméable.

Lorsqu'il est solide et imperméable on se contentera de
bâtir des piédroits sur lesquels viendra reposer la voûte ;
les piédroits sont inclinés ou légèrement incurvés, suivant
une courbe de grand rayon, comme le montrent les croquis,
de façon à résister au mieux à la poussée des terrains. On

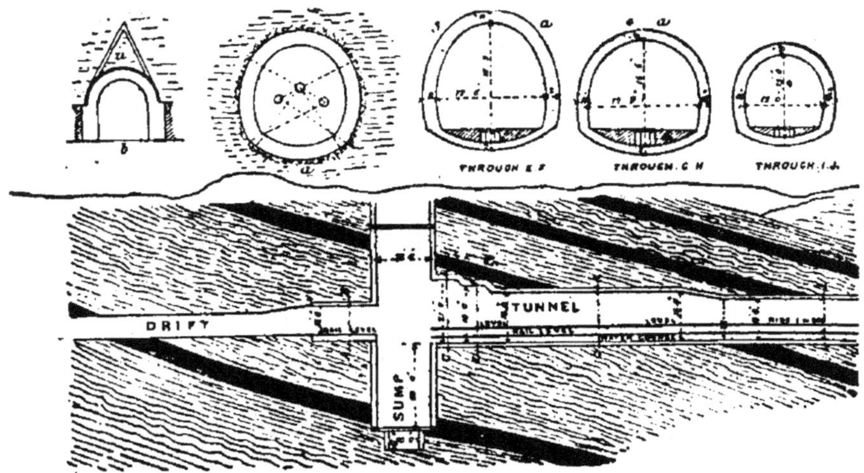

Fig. 186. — Types divers de galeries.

peut aussi adopter la construction (fig. 186) avec piédroits
verticaux. L'accrochage s'étend sur une longueur de 3 à
100 mètres à partir du puits ; près de celui-ci, on augmente
sa hauteur (fig. 186). Cette hauteur facilite l'introduction dans
la mine des pièces de bois ou de fer de grande longueur, les
machines, tuyaux ou rails longs, etc. ; elle facilite également l'aérage, en diminuant la résistance que cause le changement de direction brusque du courant d'air passant du
puits vertical dans la galerie horizontale. Et d'autant qu'un
toit est disposé en ce point pour abriter l'homme de service
à l'accrochage. Quelquefois aussi l'accrochage n'est pas
voûté, mais se fait avec un toit constitué par des poutres en
bois ou en fer ou acier ; enfin, dans certains cas où la roche

est très dure, l'accrochage ne nécessite aucune espèce de soutènement.

En calculant les résistances des voûtes, on se rappellera les points suivants : le poids des morts-terrains houillers peut être pris en moyenne de 1 tonne par 0,4 m³, soit un poids de 2,5 tonnes par m³. Si l'on admettait que toute la colonne de morts-terrains jusqu'au jour s'appuie sur la maçonnerie, celle-ci ne pourrait résister, à partir d'une certaine profondeur ; par exemple, à 300 mètres la pression par m² serait de $300 \times 2,5 = 750$ tonnes, que devraient supporter les deux piédroits de la galerie ; la pression unitaire par cm² de maçonnerie travaillant à la compression dépasserait de beaucoup, dans de telles conditions, la résistance pratique de sécurité, et aussi les résistances maxima à l'écrasement pratiquement constatées. Or, l'on constate fréquemment que les voûtes et piédroits d'un accrochage ou de galeries d'un niveau bien inférieur à 300 mètres ne se fissurent pas, et résistent parfaitement à la pression des terrains pendant une durée pratiquement illimitée. Il faut donc en déduire que toute la colonne de morts terrains ne s'appuie pas sur eux ; ce qui est assez logique, étant donnée la nature stratifiée de ces terrains. En réalité, c'est seulement l'épaisseur de la couche dans laquelle on travaille que la voûte supporte ; en s'opposant à l'affaissement de cette couche, la maçonnerie empêche les couches supérieures de se rompre, et par suite de venir peser sur la maçonnerie. C'est comme un coin de roche, n (fig. 186), qui appuie sur la voûte. On constate pourtant des cas où une maçonnerie bien établie et de proportions convenables a été broyée par la pression des morts terrains. C'est qu'en pareil cas la couche où l'on opérait était de consistance insuffisante pour supporter les couches supérieures, qui se sont affaissées et fissurées, pressant ainsi de tout leur poids sur les travaux en maçonnerie.

Construction des voûtes. — Pour la construction des voûtes souterraines, on doit choisir des briques de qualité supérieure et de résistance maximum; on a quelquefois employé dans ce but des briques réfractaires; mais l'emploi de la brique rouge ordinaire bien cuite est à peu près général. Le mortier employé est un mélange de chaux et de bon sable bien propre, quelquefois mêlé de poussière de mâchefer; un mélange de sable et de terre ou de marne n'est pas favorable. Lorsque le terrain est très humide, il faudra employer de la chaux hydraulique; on sait que la propriété de la chaux hydraulique est de durcir, même en présence d'humidité, et d'être insensible à l'action dissolvante de l'eau. Au lieu de chaux hydraulique, on emploie fréquemment, pour la confection des mortiers, du ciment Portland ou du ciment romain. Le ciment romain est un ciment à prise très rapide, quelques minutes; le Portland est à prise plus lente, variant, suivant les qualités et fabrication, d'une demi-heure à 24 heures ou plus.

Une fois les piédroits bâtis, on a soin de bien bourrer avec des déblais l'espace entre la maçonnerie et le terrain; de même, pour la voûte, au fur et à mesure de son avancement; le but de ce bourrage est d'assurer une uniformité de pression des terrains sur toute la maçonnerie. Là où la brique ne pourrait résister, on emploie des blocs de bois équarris, avec des espaces vides alternant avec les blocs; de cette façon, l'affaissement des terrains, s'il se produit, a pour effet de combler les vides et resserrer les blocs. Dans les mines où, par suite de la grande profondeur ou de l'inconsistance des terrains, les voûtes ne pourraient résister à la pression des terres, on en évite l'emploi; le soutènement sera alors constitué par des cadres très rapprochés, en bois ou en acier. De cette façon, lorsqu'un cadre cède ou s'affaisse, il est facile de procéder à son remplacement, alors qu'en pareil cas l'entretien d'une voûte maçonnée serait dispendieux et peu aisé. L'on devra toujours se rappeler que le but de tout moyen de soutènement quelconque, voûte ou cadre, est moins de supporter le poids de grandes masses de terres, que d'empêcher simplement les éboulis de se détacher du toit de la galerie ; c'est pour cela que tout boisage par cadres doit se compléter d'un garnissage en palplanches ou en dalles, s'opposant à la chute des pierres.

Traçage des approches. — Une fois l'accrochage construit, on perce les maîtresses galeries, pour le roulage et l'exploitation ; ces grandes galeries seront muraillées ou boisées, suivant la nature des épontes ou terrains environnants, la profondeur, etc. Le boisage des galeries est traité en détail dans un autre chapitre.

Quel que soit le mode d'exploitation choisi, il est coutumier de laisser, dans le voisinage du puits, un pilier du minéral à exploiter, de façon à ne pas laisser mettre en danger la solidité du puits, et ne pas affecter par des mouvements de terrain l'emplacement des machines et du matériel installés en surface, à l'orifice du puits. La dimension de ce pilier n'est pas fixée par une règle invariable ; toutefois, d'après la pratique déduite de nombreuses expériences pratiques, on laisse autour du puits une bande de largeur égale au tiers de la profondeur du puits. Si, par exemple, cette profondeur est de 300 mètres, on laissera un anneau de 100 mètres non exploité autour du puits, de sorte que le diamètre du pilier échappant à l'exploitation sera de 200 mètres ; quelquefois, au lieu d'un périmètre circulaire, le pilier sera carré, le côté ayant 200 mètres dans l'exemple envisagé. Dans l'opinion de certains ingénieurs, un tel pilier est insuffisant ; pour d'autres, il est plutôt exagéré. En réalité ce sont surtout des considérations locales qui doivent diriger ; si le terrain est consistant, et la machinerie près de l'orifice du puits, le pilier établi d'après la règle précédente est certainement plus que suffisant ; dans le cas contraire, et si la machinerie pour laquelle on craint les affaissements de la surface est à une certaine distance de l'orifice du puits, il sera nécessaire d'augmenter l'assise du pilier. Si la machinerie est à une distance de 70 mètres du puits, dont la profondeur est 600 mètres, la largeur de la bande à ménager devra être de $200+70=270$ mètres, soit un diamètre de pilier de 540 mètres. Si l'on juge à propos de ne ménager qu'un pilier de dimension exiguë, il sera préférable de ne pas en laisser du tout ; le minéral sera complètement dépilé et remplacé par un remblayage soigné évitant les tassements.

Dans les couches à fort pendage ou inclinaison, il est recommandé par différents ingénieurs de laisser une bande de protection plus large du côté toit (dessus de la veine) que du côté mur ; la raison en est que ces ingénieurs estiment que la fracture des couches sédimentaires se fait suivant une ligne d'inclinaison comprise entre la verticale et une perpendiculaire à l'inclinaison des couches.

Dans les mines métallifères, les accrochages superposés, par où l'on mène les galeries d'exploitation, sont nombreux et rapprochés, chaque 20 mètres par exemple. Les observations que nous venons de formuler concernant l'établissement des accrochages en général ne s'appliquent évidemment alors que si l'exploitation est comparable, c'est-à-dire si on doit assurer l'extraction intense des produits par un même puits vertical.

De l'accrochage partent, avons-nous dit, les maîtresses galeries traversant le pilier protecteur, et se rendant aux chantiers d'exploitation. Récemment la machine a été introduite pour faciliter le percement de ces galeries dans le charbon. La haveuse Stanley, dont il est question dans un autre chapitre, a été quelquefois mise en œuvre dans ce but. A l'aide de ces machines, l'avancement d'une costresse (maîtresse galerie de niveau et en direction) peut être conduit à raison de 50 mètres par semaine dans le charbon dur ; l'outil taille un tunnel de 1 m. 60 de diamètre, qui est porté aux dimensions que doit avoir la galerie par les moyens d'abatage et de soutènement ordinaires (fig. 187-188). Deux équipes d'hommes sont nécessaires pour suivre le travail

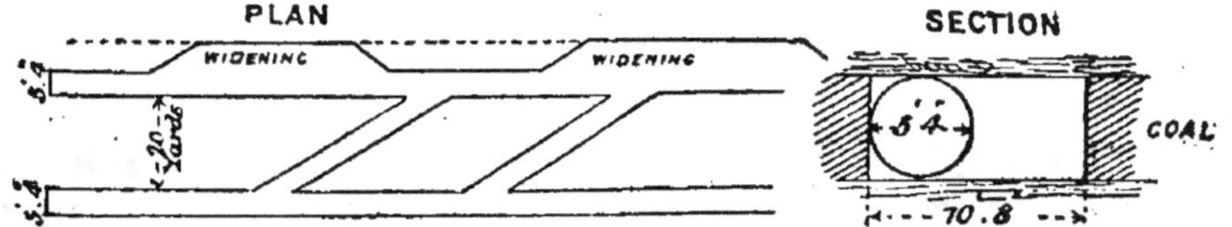

Fig. 187, 188. — Plan et section de maîtresses-galeries creusées à la haveuse Stanley.

d'une seule machine. On doit prendre des précautions spéciales si le gîte est grisouteux, car l'aérage est uniquement produit par l'air comprimé avec lequel la machine est actionnée, de telle sorte que, lorsque celle-ci est arrêtée, la ventilation est défectueuse et il peut se produire des accumulations de gaz.

CHAPITRE VII

MÉTHODES D'EXPLOITATION : CHARBON, FER, ÉTAIN, PLOMB, CUIVRE, OR, SEL, ARDOISES. COMBUSTIONS SPONTANÉES.

Exploitation à ciel ouvert. — L'exploitation de couches affleurant la surface : roches, houille, minerai de fer, se fait jusqu'à des profondeurs n'excédant pas 10 à 12 mètres directement à ciel ouvert. On commence par mettre à nu une bande, aussi longue que possible, du minéral à exploiter ; puis l'on pénètre dans le gîte par gradins réguliers. A l'heure actuelle, les minerais de fer du Lincolnshire, Northamptonshire, Leicestershire, et autres contrées où apparaît du minerai oolithique, sont exploités à ciel ouvert. On a commencé par enlever et mettre en tas la terre végétale, le terrain stérile, pour remblayage ultérieur au besoin. A Mechernich, où l'on exploitait de cette manière du minerai de plomb, tout le terrain, depuis la surface jusqu'au fond de l'exploitation, contenait du minerai ; c'était une roche de la formation des nouveaux grès rouges, dans laquelle la galène était distribuée régulièrement en granules variant de la grosseur d'une tête d'épingle à celle d'un pois ou plus, à une profondeur de 90 et 120 mètres, et une longueur de 300 mètres. Outre le minerai de fer, on exploite aussi à ciel ouvert certains gisements de pyrites cuivreuses, et les puissantes couches d'anthracite de Pensylvanie. Il va sans dire que, quand elle est possible, cette méthode d'exploitation est la moins coûteuse.

Exploitation par poches. — Cette méthode, appliquée par les anciens, abandonnée aujourd'hui, est indiquée

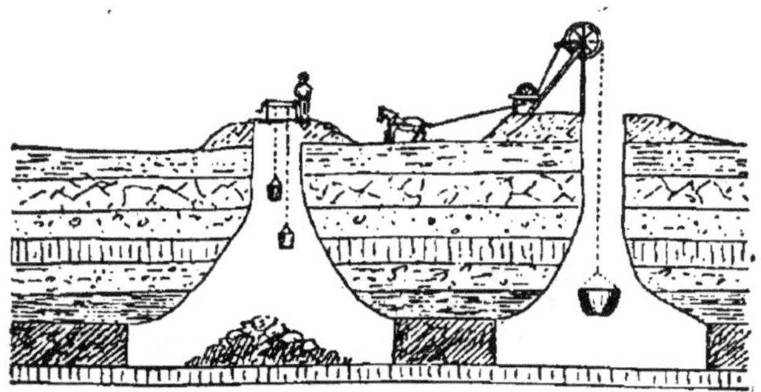

Fig. 189. — Anciennes exploitations par poches.

figure 189. Elle ne peut être usitée évidemment qu'avec les mines peu profondes. De distance en distance, on perce un trou vertical de 1 m. 20 à 1 m. 50 de diamètre, allant jusqu'à la couche à exploiter ; le fond du trou est élargi en

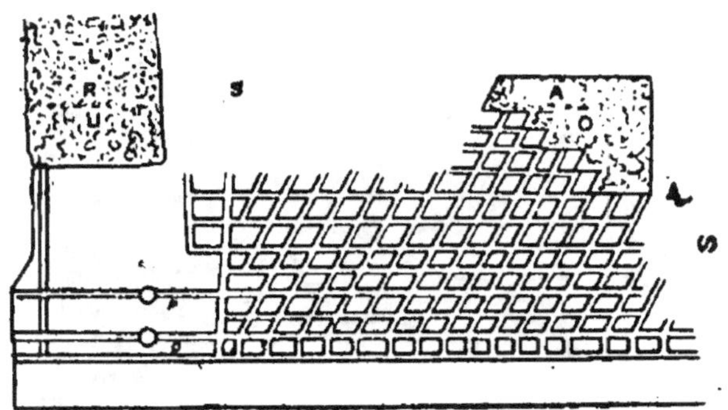

Fig. 190. — Méthode des massifs avec piliers repris.

excavation jusqu'à ce qu'on atteigne la limite de sécurité ; après, on procède au dépilage d'un trou voisin.

Méthode des massifs avec piliers repris (pillar and stall). — Cette méthode est la plus générale et peut s'appliquer à tous minéraux, pierre, ardoise, houille, fer, etc. Les figures 190, 191 montrent différents modes d'application de cette méthode ; elle comporte, comme l'on voit, un traçage très développé, ménageant des « stall » (chambres) dont le minéral est d'abord excavé, et des « pil-

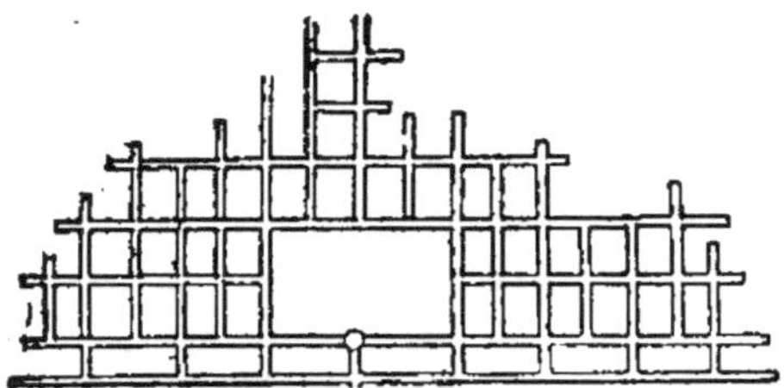

Fig. 191. — Tracé des chambres successives.

lar » (piliers) servant à supporter le toit, et dont le minéral sera dépilé ultérieurement.

La largeur des chambres dépend de la résistance des piliers, de la solidité du toit, etc. Avec un charbon dur et un toit très consistant (en schiste, par exemple), on pourra tra-

Fig. 192. — Vue d'une chambre large.

cer de larges chambres. D'autre part, il est souvent plus coûteux d'abattre le charbon dans une chambre étroite que dans une large, parce que chaque paroi (fig. 192) doit être taillée soit au pic, soit par explosif, le travail étant le même que la largeur de la chambre soit 2 mètres ou 20 mètres. Usuellement, dans le charbon, les chambres ont de 4 à

6 mètres de large, et le toit, à moins d'être d'une solidité exceptionnelle, ce qui est rare, est soutenu par des bois verticaux (fig. 193) ou des remblais. La largeur des piliers dépend également d'une foule de circonstances. Il est évident que si le charbon est dur et compact, il supportera une plus grande compression que s'il était tendre, et les piliers pourront être de section plus réduite. C'est ainsi que, dans certaines mines, les piliers ont quelquefois 50 centimètres seu-

Fig. 193. — Bois verticaux et remblais soutenant le toit.

lement de large, alors que les chambres ont 4 à 5 mètres. Toutefois, si la profondeur de la mine dépasse une quinzaine de mètres, il est à prévoir que de tels piliers seront écrasés au bout d'un temps plus ou moins long. Au fur et à mesure qu'on gagne en profondeur, les piliers doivent être de dimension plus grande, la pression qu'ils ont à supporter croissant avec cette profondeur.

Si, à une profondeur de 300 mètres, la pression par centimètre carré est, par exemple, de 70 kilogrammes, il est en effet évident que, si l'on abat la moitié du charbon, l'autre moitié, c'est-à-dire les piliers, aura à supporter une pression double, soit 140 kilogrammes par centimètre carré.

Si nous considérons une mine de 30 mètres de profondeur seulement, où la pression unitaire sera de 7 kilogrammes par centimètre carré, et que l'on dépile les 9/10 du charbon, le 1/10 restant devra supporter la totalité de la pression des terrains, et la pression unitaire se trouvera décuplée, atteignant 70 kilogrammes par centimètre carré. L'on voit que, dans ce cas, bien qu'on se trouve à une profondeur de seulement 30 mètres, les piliers auront à supporter une pression égale à celle de l'exemple précédent, pris à une profondeur de 300 mètres. Il est probable, d'autre part, que la résistance d'un pilier s'accroît dans une certaine mesure avec ses dimensions ; par exemple un pilier de dimension réduite sera écrasé sous une pression de 70 kilogrammes par centimètre carré, alors qu'un gros pilier résistera sans inconvénient à pareille pression.

D'ailleurs la résistance propre du charbon n'intervient pas seule. Certaines espèces de houille peuvent présenter une résistance élevée, et supporter sans rompre des pressions de 210 à 280 kilogrammes par centimètre carré ; mais le mur, la surface de mort-terrain en dessous de la veine, généralement constitué par de l'argile, peut être extrêmement tendre, et, sous l'effet des pressions, cette terre plastique laisse s'y enfoncer les piliers en remontant elle-même en conséquence. Le dos d'âne se rencontre assez fréquemment dans les mines exploitées par la méthode des chambres, sans toutefois que la glaise arrive à remplir complètement celles-ci.

Un autre effet de l'excès de pression se fait sentir sur le toit, si celui-ci est plus tendre que le charbon, ainsi qu'il advient avec certaines variétés de schistes. En pareil cas, le lit de schistes est coupé au ras des chambres, et le toit tombe en éboulis. D'ailleurs, sauf le cas de toit de grès, l'on constate toujours une fissure de la stratitification supérieure à l'intersection du pilier et du toit ; étant donnée l'allure feuilletée des schistes, l'éboulement n'est pas soudain, mais a lieu petit à petit, se communiquant d'une tranche à l'autre, de sorte que le toit qui paraissait sain au début résiste bien quelques jours, se fendille et tombe en une quinzaine, et, au bout du mois, la chambre est complètement comblée par les éboulis.

En résumé, en déterminant les dimensions relatives des chambres et piliers, il faudra s'inspirer de la profondeur d'abord, c'est-à-dire de la pression probable des morts-terrains, ensuite de la compacité et de la résistance à la compression du minéral, du toit et du mur. Si par exemple le toit et le mur sont bien résistants, le charbon seul aura à supporter les effets de la pression ; et sans être broyé au sens propre du mot, c'est-à-dire occasionner des éboulements, il sera fendillé, et, au moment de l'abatage, se résoudra en menus morceaux : ce qui est désastreux au point de vue commercial, si ce charbon est destiné à la vente comme combustible. S'il est destiné à la cuisson au four à coke, la division en fines ne présentera pas d'inconvénients. Les considérations commerciales sont de premier ordre ici.

Calcul des dimensions relatives des piliers et des chambres. — La dimension usuelle des chambres a été fixée un peu plus haut entre 4 à 6 mètres de large ; les piliers sont compris entre les limites de 5 mètres de large sur 10 mètres de long, et 30 mètres de large sur 40 mètres de long. Au fur et à mesure de l'exploitation de la mine en profondeur, ces dimensions augmentent proportionnellement. Pour prendre un exemple, supposons une mine profonde de 450 mètres et des piliers de 10 et 20 mètres avec chambres de 4 mètres de large et galeries de transverses de même largeur. La mine peut étré divisée en rectangles de 14×24 mètres, présentant chacun une superficie de 336 mètres carrés. Dans chacun de ces rectangles, la section du pilier sera de $10 \times 20 = 200$ mètres carrés ; cette section de 200 mètres aura donc à supporter la pression totale qui s'exerce sur les 336 mètres carrés du rectangle ; pour la profondeur de 1.500 mètres, cette pression peut être prise égale à 105 kilogrammes par centimètre carré. La pression unitaire qui s'exercera sur le pilier, après excavation de la chambre, sera donc donnée par le rapport :

$$\frac{200}{336} = \frac{105}{x}$$

d'où l'on tire : $x = 176$ kilogrammes par centimètre carré.

Il est fort probable que cette pression est bien supérieure à celles que peuvent supporter sans inconvénient le charbon, le toit ou le mur. L'exploitation, dans ces conditions, serait fort coûteuse, sinon impossible. Supposons qu'on porte la dimension des piles à 30 $\times$ 40 mètres, tout en conservant la même dimension aux chambres ; la mine est alors divisée en rectangles de 34 $\times$ 44 mètres présentant une superficie de 1.496 mètres carrés, sur lesquels 1.200 mètres carrés représentent les piliers. La pression que supporteront ceux-ci est réduite en ce cas à :

$$\frac{1.200}{1.496} = \frac{105}{x}$$

$x = 131$ kilogrammes par centimètre carré, au lieu des 176 du cas précédent.

Un autre facteur dans la détermination des dimensions des chambres et piliers est l'inclinaison de la couche. Si la couche est de niveau, on a un très faible pendage, le roulage du charbon n'offre aucune difficulté spéciale ; en cas contraire, des dispositions spéciales doivent être prises pour le halage des wagonnets. Encore un autre point à considérer est celui de l'aérage. Il est évident que plus les piliers sont grands, plus grandes sont les longueurs linéaires de chemin à ventiler entre les points d'entrée et de retour d'air ; dans une mine grisouteuse, cette question de l'aérage devient

même la question prédominante ; il en sera question dans
un chapitre ultérieur.

Dépilage. — Il y a cent ans, les houillères étaient tout
nouvellement exploitées, et l'on se préoccupait plutôt de
chercher un débouché à la houille, que de chercher à
extraire le plus possible de houille d'un chantier donné.
Aussi exploitait-on fréquemment à piliers perdus ; cette
méthode conduit à laisser dans la mine une proportion
considérable de minéral utile. D'ailleurs, souvent on s'atta-

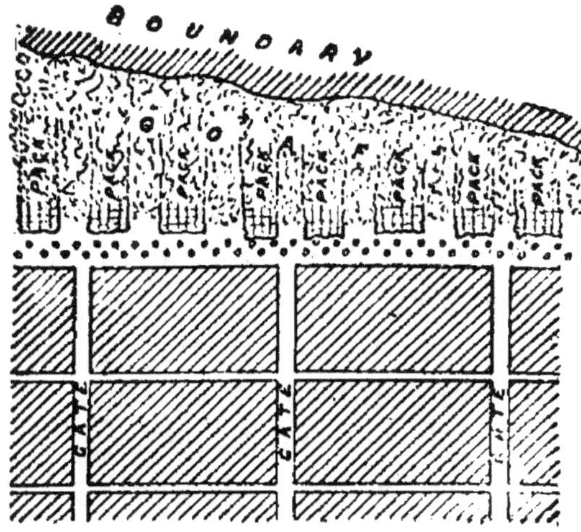

Fig. 194. — Procédé des tailles montantes.

quait aux piliers quand on pouvait laisser s'effondrer le toit.
Mais dans les exploitations modernes, procède-t-on au dépilage des piliers ? Actuellement l'exploitation des piliers
constitue de 50 à 80 pour 100 de l'exploitation totale d'une
mine, et le dépilage est commencé presque immédiatement
après le traçage des chambres et des galeries, à bonne distance des puits.

L'abatage des piliers est souvent pratiqué par tranches
longitudinales dont la largeur est en général de 4 à 5 mètres. Pour soutenir le toit, on emploie des rangées de bois

verticaux, comme l'indique la figure 193, soit des murs de remblayage appelés dames. Quand une tranche a été complètement dépilée, on retire les rails, ainsi qu'une partie des bois, et la tranche voisine est attaquée ; ainsi de suite de proche en proche, jusqu'à abatage complet du pilier.

Un autre mode d'exploitation (fig. 194) est celui des tailles montantes avec rabatage ; le traçage des piliers est mené jusqu'à une certaine limite, en réservant ceux-ci. Puis l'on rétrograde en abattant parallèlement sur toute la ligne. Sur la figure 194, cette méthode est combinée avec le foudroyage, c'est-à-dire l'affaissement des terrains (qu'on voit dans le haut de la figure 194). Le front de taille est en effet soutenu par des bois verticaux, qu'on distingue sur le plan ; mais, au fur et à mesure qu'on se rabat, les bois sont enlevés, et, par suite, le toit cède et vient combler les vides. Pour diminuer les effets de l'éboulement, et augmenter la sécurité des ouvriers, on établit des dames ou murs grossièrement constitués par l'accumulation de matériaux stériles ; le toit, en s'effondrant, tasse ces amas, et la chute des terrains se trouve ainsi amortie et même ralentie.

Forme des chambres. — On a déjà parlé de la fissuration que subissent presque toujours le toit ou le mur à l'intersection du pilier ; dans le but d'éviter cet inconvénient et de conserver au toit sa rigidité, on évite d'abattre les angles des piliers, et l'on ménage une entrée étroite aux chambres, qui sont ensuite élargies en dedans à leur largeur normale.

Clivage du charbon ; orientation des piliers — Le clivage du charbon est un fait connu, qui est même utilisé par les mineurs pour faciliter l'abatage. En introduisant un coin suivant une ligne de clivage, on arrive à séparer aisément de la masse des blocs de charbon de grande dimension. Ces lignes de clivage sont presque toujours situées dans un plan sensiblement perpendiculaire au pendage des couches ; leur direction est également constante, ou à peu près telle, pour un même bassin houiller.

En plus des plans de clivage, on distingue de véritables joints, les uns parallèles, les autres perpendiculaires aux plans de clivage. Ces joints découpent pour ainsi dire la couche en tronçons nettement séparés, l'espace entre tronçons étant rempli souvent de poussières fines de houille. La

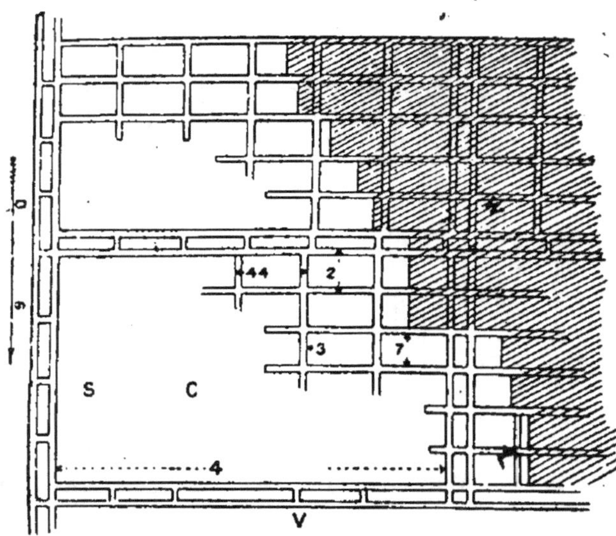

Fig. 195. — Application particulière de la méthode par piliers.
(Parties hachurées indiquant le charbon exploité.)

recherche de ces joints facilite l'abatage et il est plus aisé en général de procéder à l'attaque du charbon perpendiculairement aux plans de clivage, comme il est plus aisé de scier un morceau de bois transversalement aux fibres. Comme application de ce principe, on oriente fréquemment le long côté des piliers dans le sens des plans de clivage.

Application de la méthode pillar and stall. — La fig. 195 montre une méthode d'exploitation qui est suivie dans beaucoup de houillères du Cheshire. Les dimensions des piliers sont portées sur la figure (en yards de 0 m. 9). Ici, les galeries principales sont tracées deux par deux avec de petits piliers intercalaires, de façon à faciliter la ventilation. Ce traçage par paire de galeries découpe le gisement en vastes rectangles de 140 mètres sur 400 mètres environ. L'exploitation est alors commencée à l'une des limites des gisements, l'abatage des petits piliers étant mené simultanément avec leur traçage. Cette méthode peut être aisément combinée avec le foudroyage, elle s'applique bien aux gîtes

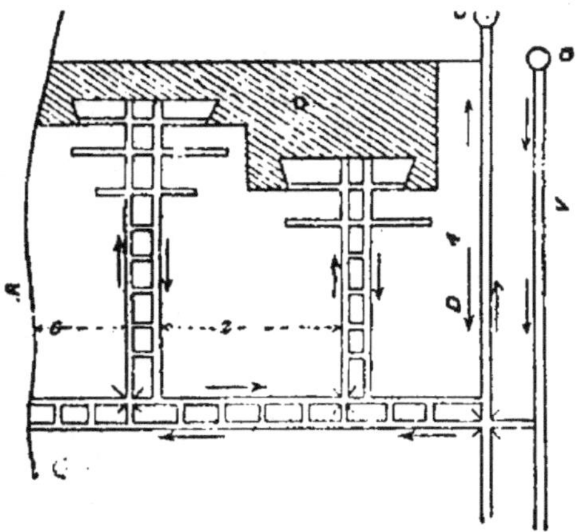

Fig. 196. — Méthode dans des couches en dressant.

en plateur, où la houille est demeurée dans les conditions primitives. On voit sur la figure les attaques successives des piliers ; on procède vite, sans laisser les pressions agir longtemps.

La fig. 196 montre une méthode employée dans le Staffordshire, où les couches sont en dressant (avec forte inclinaison et toit au mur et inversement) ; le dépilage se fait ici par tailles montantes. De distance en distance, des galeries de niveau sont tracées par paires, et reliées aux galeries allant aux puits (une seule paire est figurée sur le croquis) ; de ces galeries partent également par poches, des montages où seront installés les plans inclinés servant au transport du minéral ; le traçage et le dépilage se font à la façon indiquée. Les voies principales sont tracées par paire pour la facilité de l'aérage ; les flèches indiquent le chemin suivi par le courant d'air. La méthode du pillar and stall s'emploie pour toutes inclinaisons ou pendages.

Maîtresses galeries. — Dans l'exploitation d'un gîte étendu, il est nécessaire de percer quatre maîtresses galeries s'étendant jusqu'aux limites extrêmes du gisement vers le nord, le sud, l'est et l'ouest ; ces maîtresses galeries sont simultanément percées par paire dans chaque sens, à cause de l'aérage pour l'arrivée et le départ de l'air, et continuées sur plusieurs kilomètres de longueur. De ces galeries principales, partent des galeries secondaires découpant le gîte en un certain nombre de quartiers, dans chacun desquels le traçage des piliers et chambres sera conduit simultanément. Des piliers réservés avoisinent les galeries principales de roulage et d'exploitation, pour les préserver de surpressions dangereuses et d'éboulements. A 150 mètres de profondeur, une bande de 88 mètres de large suffit pour y percer en sécurité une paire de galeries principales de 3 à 4 mètres de largeur et les montages ou recoupes qui les réunissent de temps en temps. A 250 mètres la largeur de la bande devra être de 110 mètres, et de 205 mètres à 400 mètres de profondeur. Cela varie aussi suivant la nature du terrain.

Méthode du longwall (*longues tailles*.) — L'autre méthode générale d'exploitation à laquelle on peut rattacher les systèmes ne rentrant pas dans la catégorie précédente, est la méthode des grandes tailles, dite du longwall. Une caractéristique permet de la distinguer de la méthode des massifs. Celle-ci en effet, dans toutes ses variantes de traçage, massifs longs ou massifs courts, et de dépilage, tailles chassantes ou tailles montantes, piliers perdus ou piliers repris, est caractérisée par le découpage du gîte en massifs et piliers, qui soutiennent le toit dans le voisinage du front

d'attaque et des galeries de roulage et d'exploitation. Dans
la méthode du longwall, le système des piliers n'existe plus ;
le traçage a disparu. On attaque le gîte progressivement en
avançant à la façon d'une goutte d'huile faisant tache, les

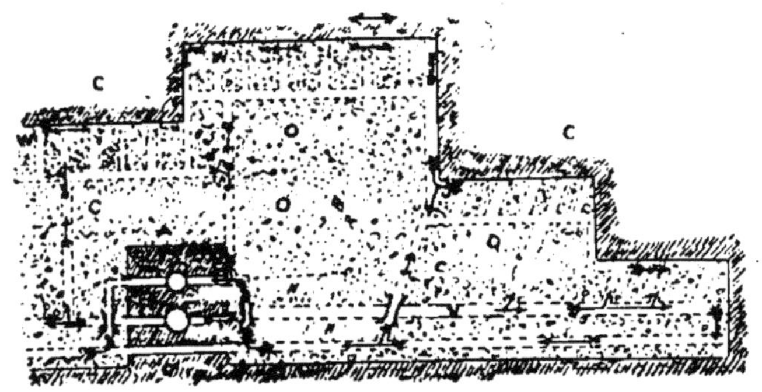

Fig. 197. — Exploitation par longues tailles.

galeries de roulage et d'exploitation étant soutenues par
des moyens artificiels.

A la vérité, les deux méthodes s'enchevêtrent plus ou
moins ; et l'on rencontre nombre de mines où les principales artères sont supportées par des massifs réservés,

Fig. 198. — Section d'un front de taille dans l'exploitation de la fig. 197.

tandis que, dans d'autres, le traçage est développé suivant
le principe du pillar and stall, et les quartiers dépilés d'a-
près la méthode du longwall. Dans la vraie méthode au longwall, les piliers laissés sont au voisinage du puits ou purement exceptionnels.

La fig. 197 et la fig. 201 représentent deux mines exploitées par la méthode du longwall pure ; la fig. 198 montre la section d'un front de taille, la fig. 199 celle d'une galerie de roulage transversalement suivant *a b*, et la fig. 200 la section correspondante longitudinale. Quand la couche est

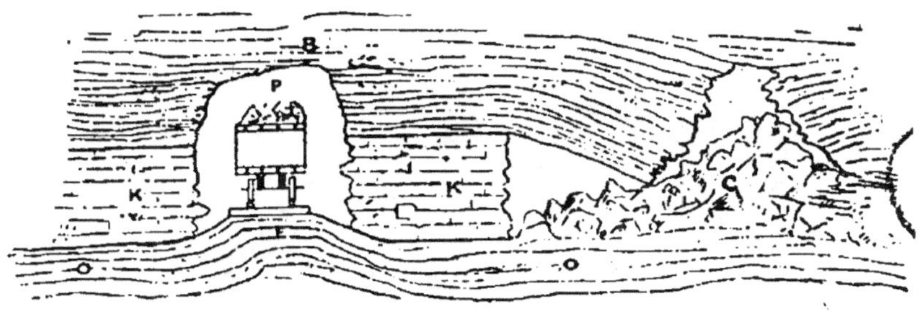

Fig. 199. — Section transversale d'une galerie de roulage.

plus ou moins inclinée, l'avancement des travaux d'exploitation se fait par quartiers consécutifs ; dans les gîtes en plateur, l'avancement se fait simultanément sur toute l'étendue d'un cercle dont le puits d'extraction est le centre.

Au fur et à mesure que le charbon est abattu, le toit est

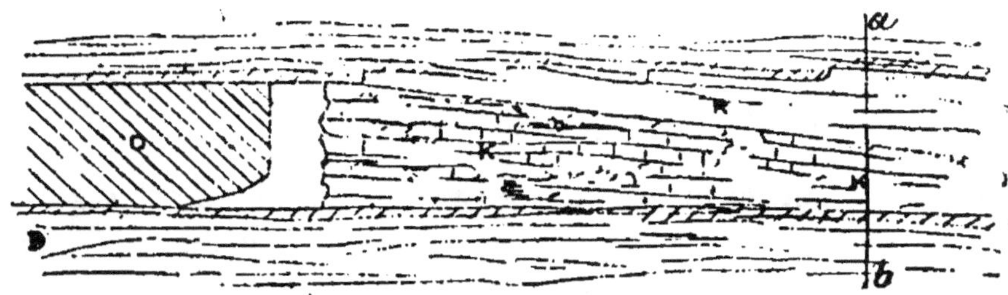

Fig. 200. — Section longitudinale correspondante.

maintenu à l'aide de bois verticaux ; et quand les travaux ont avancé de quelques mètres au delà du pilier de réserve ménagé autour du puits, on construit les dames de soutien, sortes de murs en pierre que l'on établit le long des maîtresses galeries de roulage (fig. 202-203). L'épaisseur de ces murs est de 2 m. 70 à 3 m. 60 et la largeur de la galerie de 2 m. 40 à 3 m. 50 environ. Les espaces vides entre ces murs sont souvent remplis avec des déblais, quelquefois même avec le menu de houille, lorsqu'il n'est pas vendable.

Ces galeries de roulage sont ménagées à intervalles réguliers, le long du front de taille (fig. 202 a) à des distances

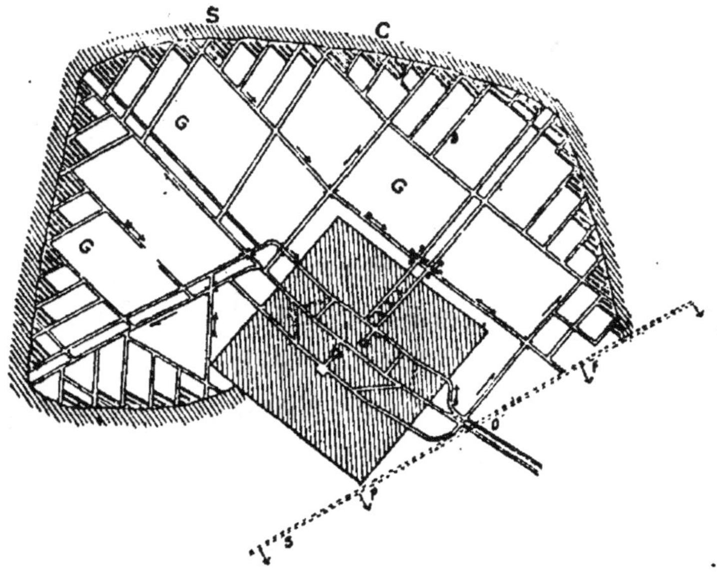

Fig. 201. — Exploitation par longwall.

de 10 à 100 mètres les uns des autres. Plus les galeries sont rapprochées, plus la rapidité de roulage est grande, et par conséquent le tonnage extrait peut être plus considérable. Par contre, plus les galeries sont écartées, moins élevé est le coût d'érection des dames et d'entretien des voies.

En règle générale, plus la couche est épaisse, plus les voies sont rapprochées, pour permettre l'enlèvement plus facile du charbon abattu.

Dans beaucoup de mines; l'exploitation se fait à l'entreprise, une équipe de douze hommes ou plus entreprenant l'exploitation d'un quartier déterminé par une distance régu-

lière de part et d'autre de la galerie de roulage, par exemple,
25 mètres. Dans d'autres mines, au contraire, les mineurs
travaillent individuellement ou par deux à trois seulement ;
en ce cas on fait les galeries très rapprochées (tous les 10 à
20 mètres par exemple), et chaque groupe ou mineur a à
exploiter un côté de galerie. Au fur et à mesure que l'abatage avance, et que les galeries deviennent plus longues, les
murs de soutien sont comprimés par la pression croissante .

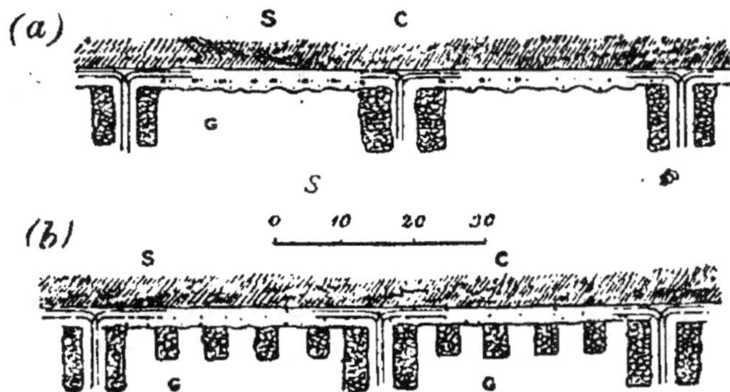

Fig. 202, 203. — Plan de dames de soutien le long de galeries
de roulage.

du toit ; pour conserver aux galeries leur hauteur convenable, il faut alors tailler dans le toit (fig. 200). Lorsque le
toit est dur, on l'entame avec des explosifs. Les déblais
provenant de cette attaque du toit sont utilisés à construire
les murs à l'avancement, s'ils sont durs, et employés comme
remblais dont le cas contraire.

Les galeries de roulage dans les mines exploitant des
couches horizontales de 0 m. 90 à 1 m. 80 de puissance, sont
généralement faites à des distances de 30 à 50 mètres, et la
voie a été établie avec une hauteur libre de 1 m. 80 à
2 m. 40 ; elle reste suffisamment haute jusqu'à ce que l'a-
vancement ait atteint une valeur de 100 à 200 mètres suivant la galerie ; au delà, il est nécessaire de retailler la galerie en entamant le toit. Pour diminuer les frais inhérents

à cette opération, il est d'usage courant de la pratiquer seulement sur une voie, toutes les quatre ou cinq galeries, et de réunir celles-ci à la voie principale par des recoupes, tandis que les parties anciennes des autres voies sont abandonnées Ce système de drainage diminue également les frais d'entretien des voies de roulage, la longueur des rails, le nombre de traverses, et le coût du roulage. Au fur et à mesure que les voies principales s'allongent, on applique le même principe de drainage aux recoupes, qui sont réunies en une voie principale allant aux maîtresses galeries de roulage. Dans les mines importantes, ces maîtresses galeries et les recoupes principales sont le siège de trainage mécanique, à chaîne ou câble (fig. 201).

A noter que le long wall s'emploie de plus en plus, notamment en Angleterre.

Remblayage. — Entre les murs servant de parois aux voies de roulage, et quand la distance des galeries est relativement grande, il est bon d'établir d'autres murs intermédiaires, qui soulagent les bois placés à front de taille d'une pression excessive, et constituent un support compressible pour le mur, qui s'abaisse ainsi graduellement. Les chances d'éboulement et de fracture brusque du système supérieur de stratification sont ainsi grandement diminuées. Le mode de remblayage et soutien par murs varie dans une grande mesure avec les matériaux qu'on possède sous la main. Dans l'exploitation des couches de faible puissance, le remblayage se pratique toujours, car l'on a sous la main le stérile provenant du coupage des galeries et du havage pratiqué dans le mur pour procéder a l'abatage du charbon. En pareil cas l'érection des murs intermédiaires entre les murs de galeries est superflue. Au contraire, dans les couches épaisses, à partir de deux mètres, où l'on ne trouve guère de stérile, il devient nécessaire d'amener de l'extérieur les matériaux nécessaires au remblayage. Il est bien rare toutefois que l'on ne puisse trouver au fond de quoi construire les dames en se servant de pierres provenant soit d'éboulis du toit, soit de l'attaque pratiquée dans celui-ci pour conserver aux galeries leur hauteur ; soit enfin du percement de travers-bancs ou autres dans le stérile. Si la pierre manque totalement, on construira des piliers de soutien en bois, constitués par l'empilage de madriers équarris ; ces piliers s'écrasent peu à peu sous la pression, et il devient nécessaire d'entamer le toit ; on utilise alors la pierre ainsi obtenue pour construire des murs entre les piliers de bois précédemment établis.

En Angleterre ce mode de remblayage au bois est couramment usité ; le contraire a lieu en France, où l'on préfère descendre dans la mine les pierres et remblais nécessaires. Le remblayage s'affaisse, se comprime toujours sous l'effet de la pression des morts-terrains. La valeur de ce tassement varie naturellement avec la valeur du remplissage, autrement dit l'importance des vides qu'on a pu laisser, et la profondeur. Dans les mines très profondes, et même à partir de 200 mètres, la pression est telle qu'il arrive fréquemment que les remblais sont comprimés et enfoncés dans le mur, surtout si celui-ci est assez tendre, de sorte que les galeries sont finalement à peu près entièrement taillées dans le toit. Si ce toit est assez dur et compact, les galeries ainsi établies résistent parfaitement et ne demandent qu'un entretien modéré (1).

Comparaison entre la méthode des massifs et celle

(1) De plus en plus, et avec un succès croissant, on recourt maintenant au remblayage hydraulique, qui consiste à amener, sur les points à remblayer des masses boueuses à demi-liquides, qui sont envoyées de la surface par des tuyauteries *ad hoc*. Il faut maintenir les remblais ainsi constitués pour que les eaux s'en écoulent, et qu'ils demeurent ensuite à l'état sec et solide. On recourt à des pompes interposées pour assurer le transport du magma sur grande distance. Il faut avoir des matériaux se prêtant à ce procédé.

des grandes tailles (pillar and stall et longwall). — En règle générale, la méthode du longwall, qui est très usitée en Angleterre, est choisie lorsqu'il s'agit d'abattre le charbon en gros blocs, et que le remblai nécessaire se trouvera en quantité suffisante dans la mine même. Avec les couches de puissance modérée, la ventilation d'une exploitation par longwall est plus simple que par la méthode des piliers. Dans les couches épaisses, où le remblai fait presque

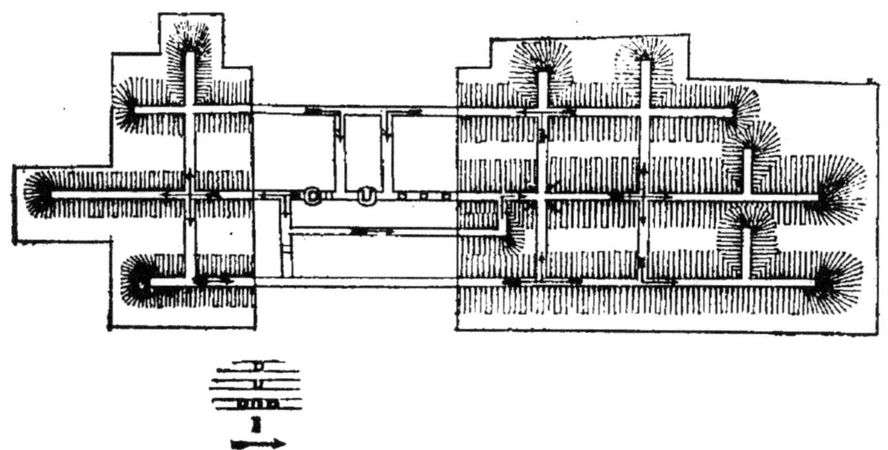

Fig. 204. — Méthode de drainage du gaz.

toujours défaut, on adopte souvent la méthode des massifs dite pillar and stall, avec foudroyage après le dépilage des piliers repris. Dans les mines grisouteuses, la ventilation des chambres est souvent difficile à assurer, et l'on évite difficilement l'accumulation des gaz, car ces chambres reçoivent, non seulement le gaz provenant de leur propre surface, mais encore celui des piliers voisins (fig. 204). On voit sur le croquis que le périmètre sur lequel le gaz peut être drainé est cinq fois plus grand que celui où le charbon est abattu. Il est vrai de dire que, ultérieurement, lorsqu'on se rabattra sur les piliers, ceux-ci auront été débarrassés de leur gaz ; mais cet avantage ne compense que faiblement l'inconvénient d'avoir un excès de gaz pendant la période de traçage, ce qui peut amener des accidents.

Dans un mine exploitée au longwall, la quantité de gaz drainée est au contraire toujours proportionnelle au tonnage de houille extrait, après qu'on a dépassé la section du pilier réservé autour du puits. La ventilation d'une mine longwall est également plus satisfaisante qu'une mine exploitée par piliers pour les autres raisons importantes que voici : toutes les voies, roulage ou aérage, sont, avec le longwall, établies dans les parties dépouillées de l'exploitation, de sorte que, celles-ci étant remblayées, il n'existe pas de grands espaces vides pouvant servir de refuge aux gaz dans les travaux abandonnés ou inexploités. En outre, le charbon étant totalement extrait, on n'a plus à craindre l'ouverture d'un soufflard à travers une fissure causée par un mouvement de terrain. Or, ces deux causes, poches de gaz et mauvais air dans les travaux abandonnés, sortant sous l'influence d'une dépression atmosphérique brusque, sont des causes fréquentes de catastrophes. Il est donc certain qu'au point de vue des risques du grisou, le longwall présente une plus grande sécurité que le pillar and stall.

Combustion spontanée. — Lorsqu'il y a de grandes accumulations de poussiers et de menus charbonneux, il se déclare assez fréquemment des incendies par combustion spontanée. Il est généralement admis aujourd'hui que celle-ci est due à l'oxydation des charbons et des pyrites, qui produit de la chaleur ; celle-ci ne pouvant se dégager, la masse s'échauffe du centre à la périphérie, où, en présence de l'air, le feu s'allume et la masse brûle avec flamme. Les combustions spontanées ont été fréquemment constatées dans les soutes de navires, aussi bien que dans les stocks de charbon, les terrains avoisinant la fosse, et les travaux souterrains. Dans beaucoup de mines, on se sert des menus invendables comme remblais ; c'est presque toujours

dans ces conditions que naissent les incendies souterrains.
Parfois des charbons s'accumulent sous des éboulis. Des
schistes présentent parfois des tendances aux inflammations spontanées.

Moyens de défense, barrages. — L'incendie souterrain est combattu de différentes manières. Lorsqu'on constate qu'un quartier a tendance à chauffer, le mieux est de
l'entourer d'une ceinture d'argile. A cet effet (fig. 205, 206)
les voies de roulage (méthode longwall) sont doublées d'un
mur en maçonnerie bourrée d'argile, ou en argile tassée
qui isole hermétiquement la galerie et empêche l'air de
pénétrer aux alentours ; le seul risque d'incendie est donc

Fig. 205, 206. — Défense des voies de roulage par accumulation
d'argile en matelas latéraux.

au front d'attaque, mais il sera facile de remédier à un
échauffement dangereux, en poussant rapidement les travaux ; en cas de grève ou d'arrêt des travaux, on bouchera
la galerie par un barrage d'argile. Quelquefois on emploie
du sable au lieu de l'argile, mais il faut que ce soit un sable
argileux, plastique, se liant facilement.

D'autres ingénieurs préconisent, en cas d'échauffement,
de forcer au maximum la ventilation, de façon à refroidir
par afflux d'air ; ce procédé nous paraît plus que douteux.
Lorsqu'une partie entrée en ignition est découverte, le procédé généralement adopté consiste à enlever à la pelle les
parties en feu ou fortement échauffées, qu'on remonte au
jour ; le point allumé est ensuite recouvert de sable tassé.
Quelquefois, pour se frayer un chemin jusqu'au foyer de l'in-

cendie, il faut employer l'eau projetée sous pression par une pompe, pour éteindre les parties les plus vivement allumées. On a également proposé des appareils extincteurs à acide carbonique ; mais l'emploi de l'eau est généralement suffisant. Dans les mines sujettes à l'incendie, les maîtresses galeries sont munies tout du long de conduites d'eau sous pression, avec des prises permettant d'y adapter rapidement des manches en toile pour noyer le foyer sous forte pres-

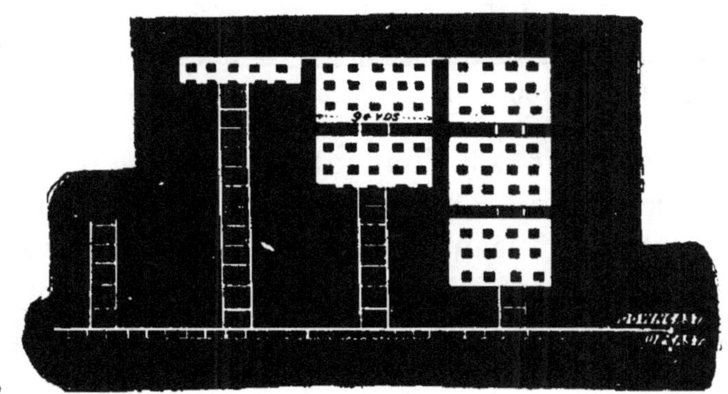

Fig. 207. — Exploitation d'une couche puissante.

sion. Quand l'exploitation a lieu à contre-pente, avec minerais pris au fond, bien souvent on laisse l'eau s'accumuler dans les parties dépouillées, dont on n'a pas ainsi à craindre des risques d'échauffement. Enfin, dans les districts nettement portés aux allumages souterrains, le traçage de la mine est effectué de manière à diviser celle-ci en un certain nombre de quartiers faciles à isoler les uns des autres. Si un incendie vient à se déclarer, on bouche le quartier atteint à l'aide d'un ou plusieurs barrages solides et bien hermétiques, de sorte que le feu s'étouffe de lui-même.

Exploitation des couches puissantes. — Les méthodes précédentes s'appliquent aux couches de puissance moyenne, c'est-à-dire ne dépassant pas 3 mètres environ et en plateur, ou à faible pendage. Les couches de grande

épaisseur, ou en dressant, exigent des méthodes spéciales.
Les couches épaisses se rencontrent en Angleterre, dans le
Staffordshire et le Warwickshire ; chacun de ces comtés a
donné le nom à un mode spécial d'exploitation.

Fig. 208. — Dépouillement par tranches successives.

Les figures 207 et 209 donnent les plans d'une mine du
Staffordshire, exploitant une couche puissante. La méthode
employée est dite à tranches, avec piliers abandonnés. Les
croquis 208 et 209 font bien comprendre le principe de cette
méthode, qui consiste à dépouiller le gîte par tranches

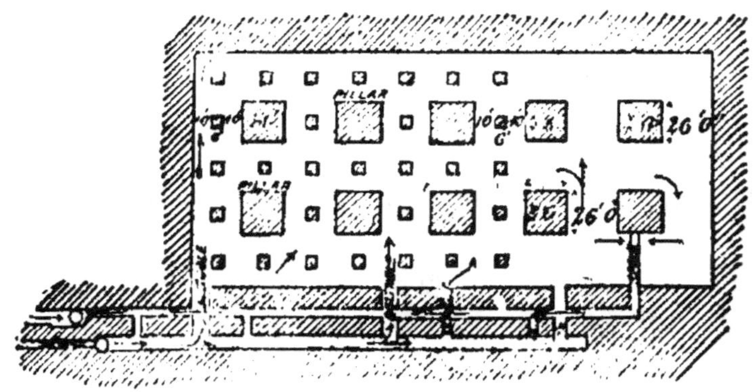

Fig. 209. — Dépouillement d'un gîte puissant.

successives en commençant au mur, et en laissant un certain nombre de piliers à titre de support. Quelquefois on
reprend les piliers, qui représentent une assez forte proportion de charbon perdu, mais le travail est très dangereux, à moins qu'on remblaie, ce qui est coûteux en pareille
épaisseur. Les hommes, durant le travail, peuvent se réfu-

gier dans des trous latéraux aménagés *ad hoc*. On ne touche pas à la couche tout à fait supérieure, dont la chute serait accompagnée de débris la souillant.

La méthode silésienne, dans laquelle les piliers de soutien réservés sont remplacés par un véritable boisage avec bois

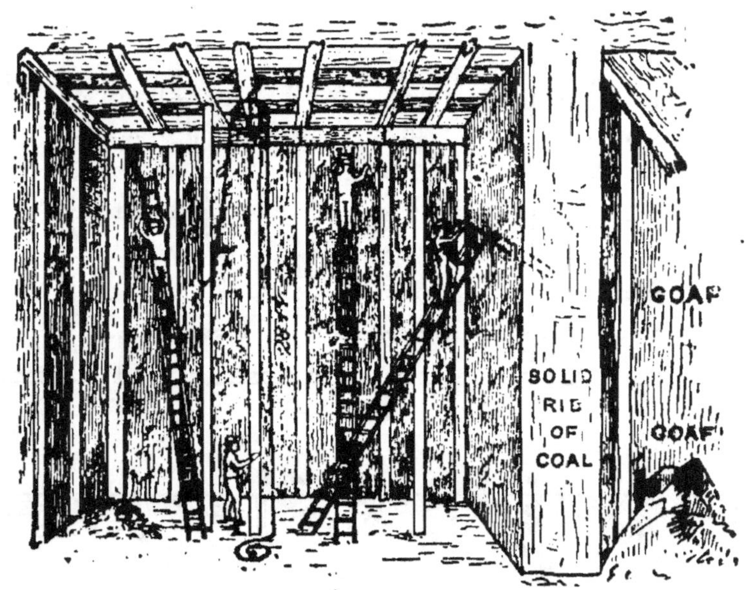

Fig. 210. — Application de la méthode silésienne.

verticaux de grande hauteur (fig. 210), peut être considérée comme une variante de ce système. Toutefois les tranches sont dépilées, en partant du toit, et on monte des bois de soutènement de plus en plus longs à mesure qu'on descend. Cette méthode est coûteuse à cause des frais de boisage ; pour que les bois ne soient pas perdus, ceux-ci sont retirés et l'on remblaie ou foudroie suivant les cas. On arrive à extraire les 9/10 du charbon.

En France, dans la région du Gard, on exploite à la Grand'Combe une couche puissante de 6 m. 50 à faible pendage, par la méthode inclinée avec remblayage (fig. 211-212).

L'exploitation est faite en longwall. La couche est attaquée par le mur, comme l'on voit sur la figure, où il y a trois chantiers d'étagés. Le remblayage est descendu du jour et amené aux chantiers par une maîtresse galerie de roulage ; un plan incliné amène les wagonnets aux points de remblayage, et les

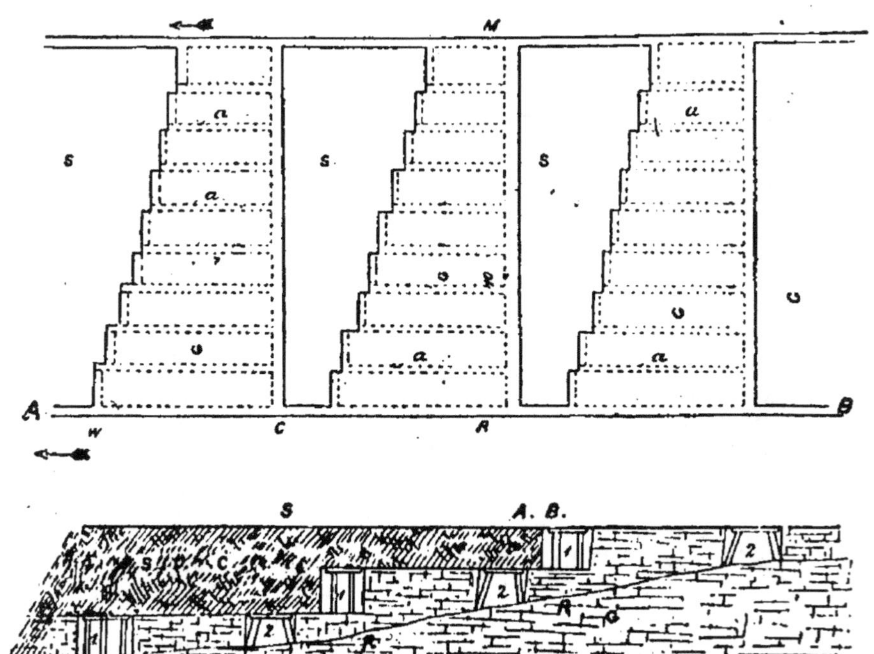

Fig. 211, 212. — Application de la méthode inclinée avec remblayage.

mêmes wagonnets vidés sont remplis de charbon, et retournent par une seconde maîtresse galerie de roulage parallèle à la première jusqu'au puits. Le poids des morts-terrains tasse le remblayage, sur lequel sont établies les voies inclinées menant de la recoupe réunissant les galeries de roulage jusqu'au front de taille ; ces recoupes sont faites à dés distances de 80 à 100 mètres les unes des autres. Par ce mode d'exploitation très sûr, on n'abandonne aucun charbon dans la houille, et l'on n'a pas à craindre les affaissements du sol en surface que peuvent amener les méthodes de foudroyage pratiquées avec

les fortes épaisseurs. Seule la descente du remblai et sa mise
en place occasionnent une dépense supplémentaire ; ce coût
peut atteindre environ 1 franc par tonne de charbon extrait.

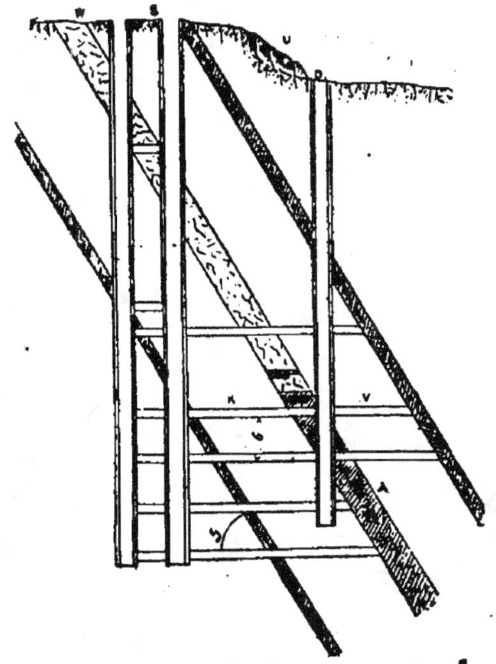

Fig. 213. — Exploitation de couches fort
inclinées par puits et travers-bancs.

Dans le district de la Loire, on rencontre également des
couches à grande épaisseur, mais ici fortement inclinées

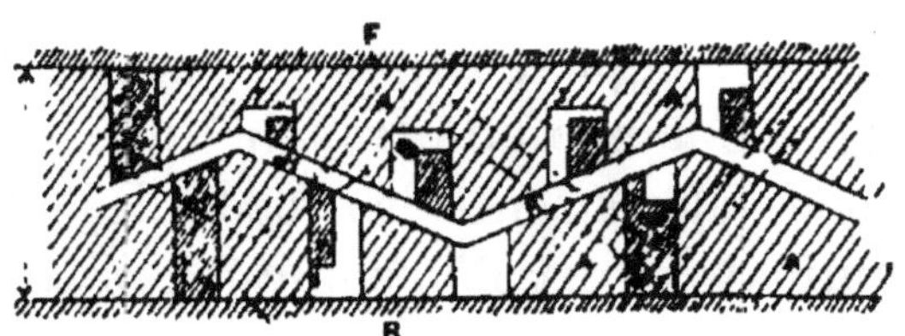

Fig. 214. — Traçage en zigzags des voies
les unes au-dessus des autres.

(fig. 213), environ 50 degrés sur l'horizontale. La puissance en atteint 18 mètres. La veine est approchée par puits verticaux et travers-bancs (fig. 213). Ces travers-bancs, percés dans le stérile, sont à 35 mètres environ les uns au-dessus des autres ; de ces recoupes, une galerie inclinée est poussée dans la houille, et une tranche de 2 mètres d'épaisseur environ dépilée. Une voie centrale est alors poussée en zig-zag (afin que les voies tracées les unes au-dessus des autres ne se projettent pas exactement) et des tailles pratiquées à droite et à gauche comme l'indique le plan (fig. 214) ; les tailles sont remblayées au fur et à mesure. De la sorte on

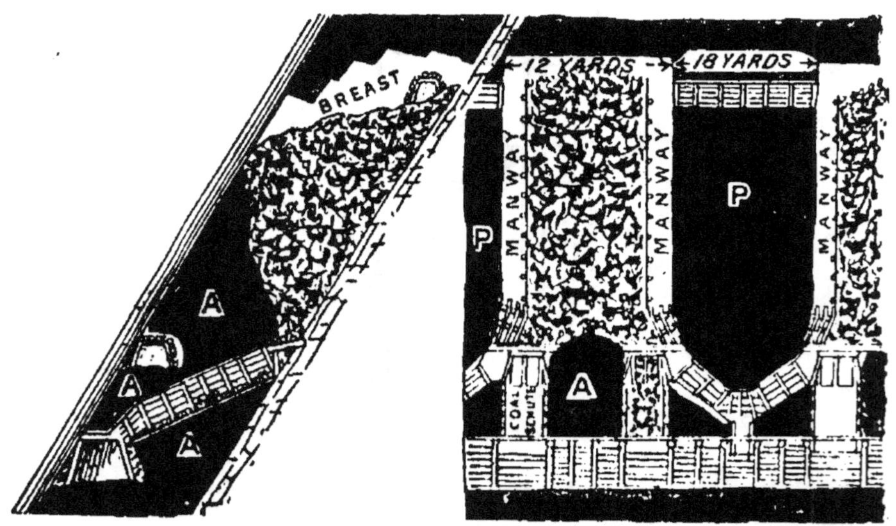

Fig. 215, 216. — Exploitation par cheminées verticales.

arrive à dépouiller complètement une tranche horizontale ; on attaque alors de même une tranche inférieure en poussant une nouvelle galerie centrale avec tailles latérales. Bien entendu le remblayage est d'absolue nécessité ; les pierres destinées au remblai sont descendues du jour par un puits spécial ; un plan incliné conduit le wagonnet au chantier de l'abatage où, après s'être vidé de pierres, il est rempli de houille et roulé jusqu'à la maîtresse galerie.

En Pensylvanie, les couches d'anthracite sont d'une puissance extraordinaire. La veine Mammouth (fig. 215, 216) a une puissance de 18 mètres, et une inclinaison de 60 degrés sur l'horizontale. L'exploitation se fait par des cheminées intercalées entre des piliers réservés P ; la largeur des cheminées est de 12 mètres environ, celle des piliers de 10 mètres ; le charbon abattu descend par pesanteur à la galerie de roulage, où les wagons se remplissent automatiquement.

Dans le Warwikshire, les couches dites épaisses sont plutôt constituées par la superposition de plusieurs couches de mince épaisseur, séparées par des lits minces de stérile.

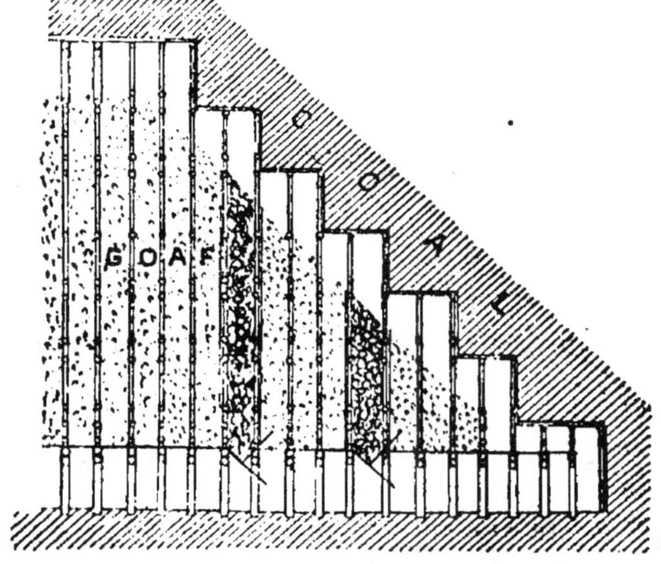

Fig. 217. — Exploitation d'une couche mince.

Dans tel cas on trouvera 4 couches contiguës séparées par des lits de schiste ; la puissance est d'environ 10 m. 20, dont 6 mètres seulement de houille ; l'inclinaison est assez faible. Ces couches sont exploitées d'après les principes du longwall, les travaux étant en avance dans la couche la plus basse. L'exploitation est sujette à la combustion spontanée.

Actuellement la méthode de plus en plus employée est la prise en fond, avec noyage des travaux après dépouillement.

Exploitation des couches en mince épaisseur. — Dans l'exploitation des couches minces, il est toujours nécessaire de tailler en partie les galeries de roulage et voie d'exploitation soit dans le mur, soit dans le toit, ce qui augmente leur prix de revient. A part cette considération, les travaux peuvent être poussés à la façon ordinaire par tailles montantes ou chassantes.

Lorsque la disposition d'accès à la galerie de roulage qu'indique la figure 217 est possible, elle procurera une certaine économie ; les bennes au lieu de glisser sur la terre

Fig. 218. — Section d'une galerie de roulage en couche mince.

pourront être même munies de roulettes et se déplaceront sur les rails, ce qui augmentera la rapidité du portage. Quelquefois les couches de houille, en dressant, c'est-à-dire fortement inclinées, sont exploitées par gradins renversés (fig. 218), on dit aussi par maintenages. On commence par boiser le niveau inférieur, puis l'on monte en continuant le boisage. Le minéral est drainé dans des cheminées d'où on le fait tomber dans les wagonnets. Les déblais s'accumulent comme l'indique la figure.

Méthodes diverses. — Dans le bassin houiller de Bristol (en fort pendage), on emploie des tailles de 14 mètres de large ; les galeries sont soutenues par remblayage. Les chantiers d'abatage sont distribués en conséquence. Des boisages sont disposés au coin de chaque galerie.

. Dans beaucoup de cas le front d'attaque dans la méthode du longwall n'est pas rectiligne, mais accidenté, généralement en gradins (fig. 219). Ici, la couche, d'une puissance de 1 m. 50, est à peu près horizontale ; le front est soutenu par des bois verticaux, et les voies sont remblayées sur leurs parois. Chaque gradin, constituant un chantier d'abatage, a une largeur de 30 mètres environ.

Dans les houillères où l'inclinaison est très forte, comme

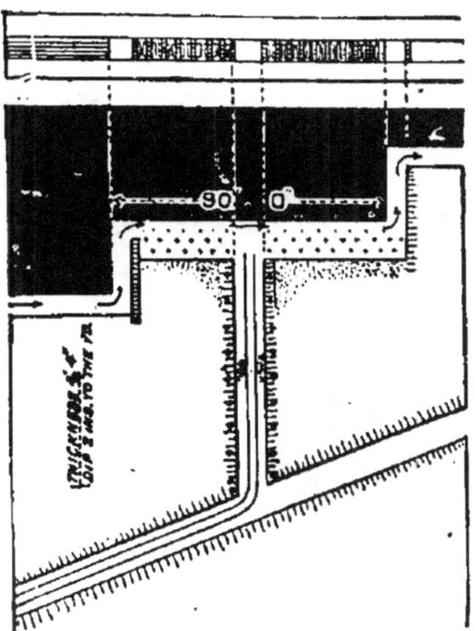

Fig. 219. — Front d'attaque en gradins
dans la méthode de longwall.

celle que montre la figure 220, le charbon après abatage tombe de lui-même jusqu'au wagonnet. Le croquis montre la position du mineur. Cette méthode est appliquée dans le bassin de Liège.

Dans certaines mines d'anthracite de Pensylvanie, on exploite les couches très inclinées en traçant d'abord des galeries croisées avec piliers réservés, qui sont abattus en revenant ; le charbon, étant donnée l'inclinaison, tombe jusqu'à la voie de roulage par une cheminée en bois ou en fer, dans ce dernier cas cylindrique.

Dans beaucoup de districts, on emploie une variante du système des massifs. Les chambres ou tailles sont d'une largeur égale à celle des piliers ; on perce d'abord une paire

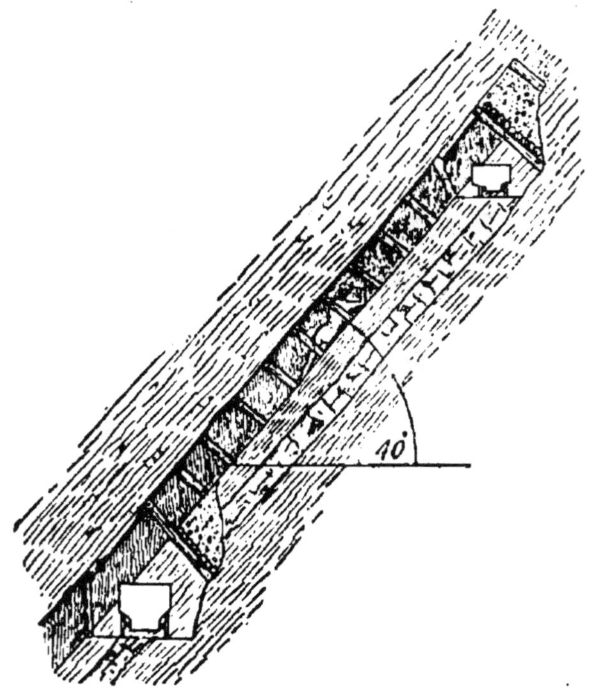

Fig. 220. — Exploitation dans une mine à forte inclinaison.

de galeries parallèles, puis on dépile et abandonne alternativement l'espace compris entre ces galeries.

Une fois le dépouillement de la chambre achevé, on remblaye les côtés. Les piliers sont traversés de distance en distance (tous les 20 à 40 mètres) par des recoupes pour la ventilation. Ce système est adopté dans des veines d'épaisseur comprise entre 1 m. 20 et 2 m. 70.

Mines métallifères; exploitation des filons. — La figure 221 représente la coupe verticale d'une mine de cuivre ; les filons étant toujours très inclinés, les coupes verticales jouent le même rôle représentatif qu'un plan dans une mine plate. C'est ainsi que l'on voit que le minerai

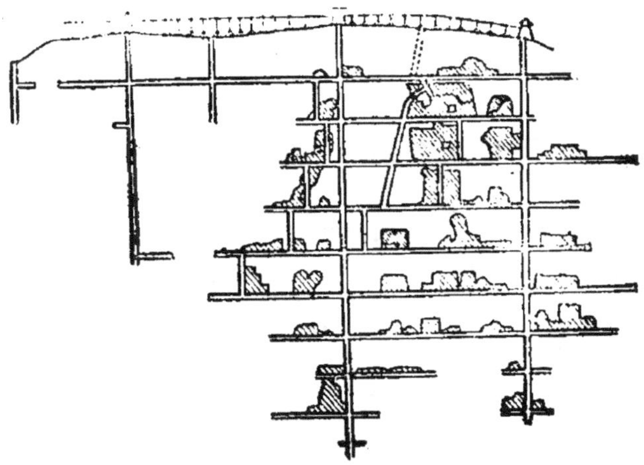

Fig. 221. — Coupe verticale d'une mine de cuivre.

est atteint par des puits verticaux (ou inclinés) auxquels accèdent des galeries de niveau. Les parties minéralisées

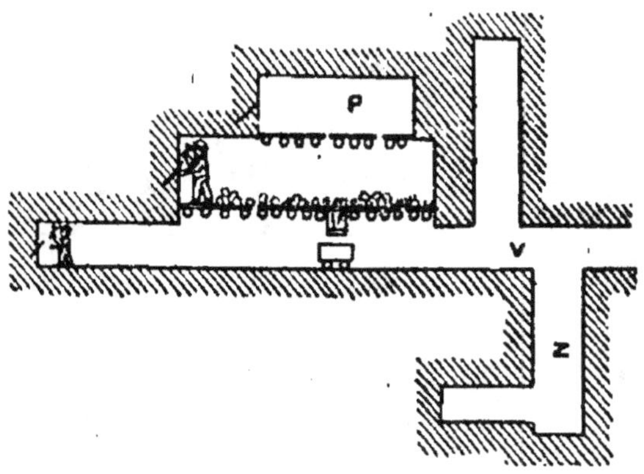

Fig. 222. — Plan d'un chantier d'abatage.

sont dépouillées, en y accédant soit par des montages inclinés, soit par des puits verticaux dits beurtias ou bures, réunissant entre eux des niveaux intermédiaires. Autour des puits principaux, un pilier est ménagé pour éviter l'écrasement. La figure 222 montre à plus grande échelle un chantier d'abatage. Il s'agit ici d'une mine d'or des Galles

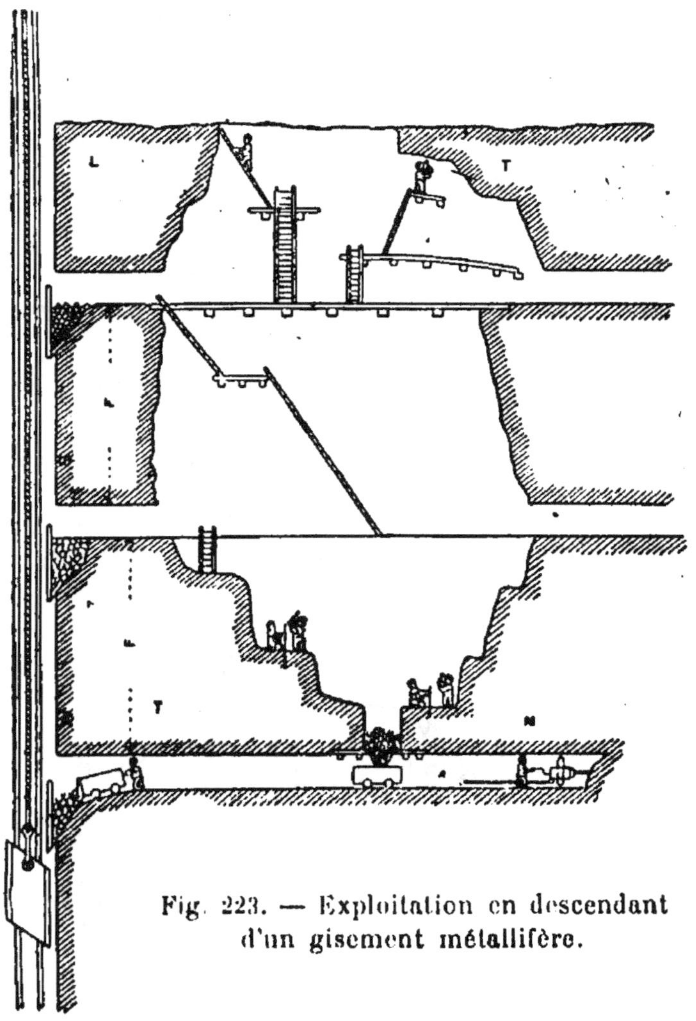

Fig. 223. — Exploitation en descendant
d'un gisement métallifère.

du nord. Le minerai est abattu aux explosifs ; le chantier inférieur est en avance sur les autres, avec un gradin de

retrait au fur et à mesure qu'on monte ; des planches intermédiaires préservent les ouvriers ; des cheminées de bou-
tage (ou de jet de haut en bas) pour le minerai, et de circulation pour les hommes sont ménagées dans ces chantiers.

Au lieu d'aller en montant, on peut exploiter en descendant (fig. 223). Il s'agit d'une mine d'étain en Cornouailles ;
ici les niveaux sont superposés tous les 18 mètres ; l'épaisseur du filon est d'environ 6 mètres ; il est constitué par une
roche extrêmement dure dans laquelle la cassitérité est finement divisée. La perforatrice à air comprimé est employée
pour pousser les galeries de niveau ; les trous de mine dans

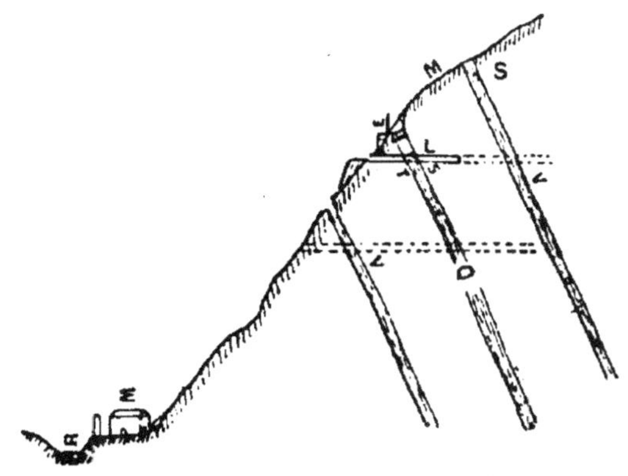

Fig. 224. — Travers-bancs au cas de filons juxtaposés.

les chantiers proprement dits sont simplement percés à la
barre à mine. Le minerai est déversé par des trémies dans
des wagonnets, qui vont à leur tour se vider au puits dans
une autre trémie.

Lorsque plusieurs filons sont juxtaposés, comme dans la
figure 224, on mène les travers-bancs jusqu'à recouper le
filon le plus éloigné, et l'on peut alors établir des chantiers
d'abatages respectifs dans chaque filon, le même travers-
banc servant de galerie de roulage jusqu'au jour, ou au
puits d'extraction.

Mines de sel gemme. — Le sel gemme est abondamment

répandu, en gîtes d'une puissance extraordinaire. On peut l'exploiter par piliers abandonnés, comme dans la mine de sel de Northwich représentée figure 225. Il y a deux lits de sel gemme, chacun d'une puissance de près de 25 mètres. D'après la coupe, on voit qu'on exploite cette grosse épaisseur par tranche, en réservant des piliers de soutien. Ces piliers sont carrés, ont 12 mètres de côté, et sont espacés de 25 mètres ; le point le plus profond de la mine est à quelque 100 mètres ; bien que ces piliers représentent seulement 1/10 de la surface de la mine, et qu'ils supportent une pression de 210 kilogs : centimètre carré, ils ne présentent pas trace d'écrasement.

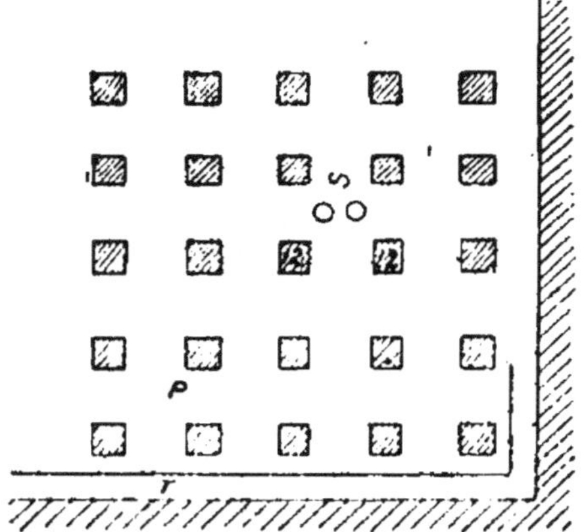

Fig. 225. — Plan d'une exploitation de sel.

Le sel est havé par une machine analogue à celles qu'on emploie pour la houille, et détaché par les explosifs. Les puits d'accès ont été tubés, pour rendre la mine bien étanche.

Ardoisières. — La figure 226 représente les ardoisières de Penrhyn dans les Galles du nord, par coupe de cette exploitation, qui est effectuée, comme l'on voit, par gradins et au jour, et descend à près de 300 mètres. Chacun de ces gradins, au nombre de 14 ou 15, a 10 à 20 mètres de large sur 18 mètres de haut ; un chemin de fer est établi sur chacun des gradins pour la manutention des matières. L'ardoise est abattue à la poudre, sauf dans les passées très dures, où l'on emploie la dynamite-gomme. Le coup de mine fend l'ardoise en fissures invisibles dont la direction est perpendiculaire aux plans de clivage naturels. L'inclinaison du gîte

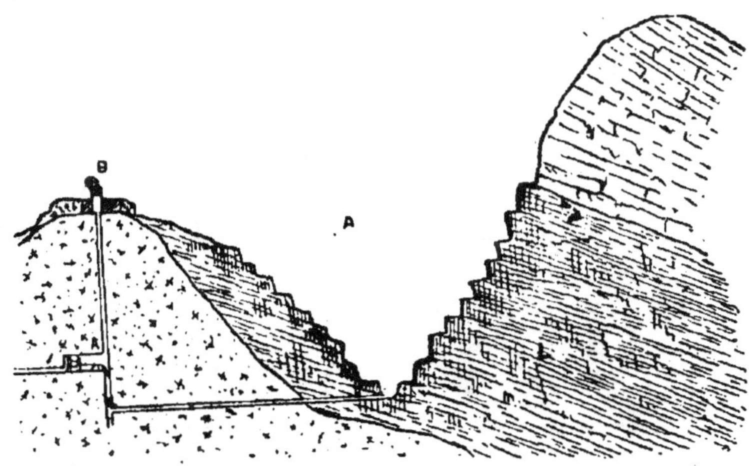

Fig. 226. — Exploitation ardoisière.

est de 30 à 40 degrés sur l'horizontale. L'épuisement se fait par une bovette drainant les eaux jusqu'au puits où travaille

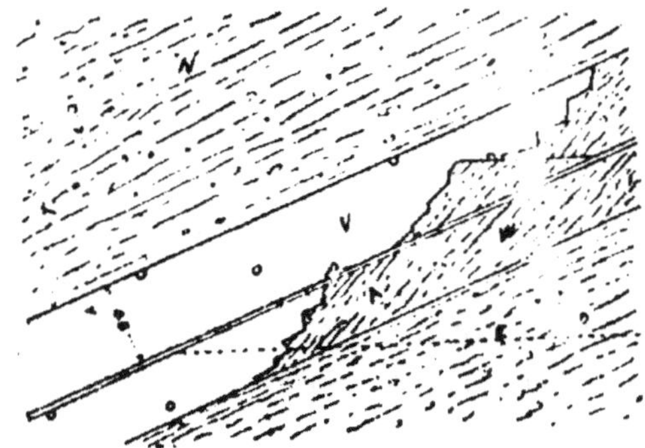

Fig. 227. — Section d'une chambre d'abatage d'une ardoisière.

la machine d'épuisement. Les terrasses se relient par tunnels au puits d'extraction.

La figure 227 est une section d'un chantier d'abatage dans la mine de Ffestinioy. Cette mine est profonde : on y va chercher l'ardoise jusqu'à 300 mètres au-dessous de la surface.

Il y a deux veines d'ardoise juxtaposées. La première (old vein) a 42 mètres d'épaisseur ; le toit est une roche siliceuse, très dure ; la seconde (new vein) située immédiatement au-dessous, a 24 mètres de large ; le lit de stérile séparant les veines a 2 mètres d'épaisseur ; l'inclinaison des couches est de 22 degrés, celle des plans de clivage, de 34 degrés. La méthode d'exploitation est celle des piliers abandonnés ; les chambres d'abatage ont 13 m. 50 de large,

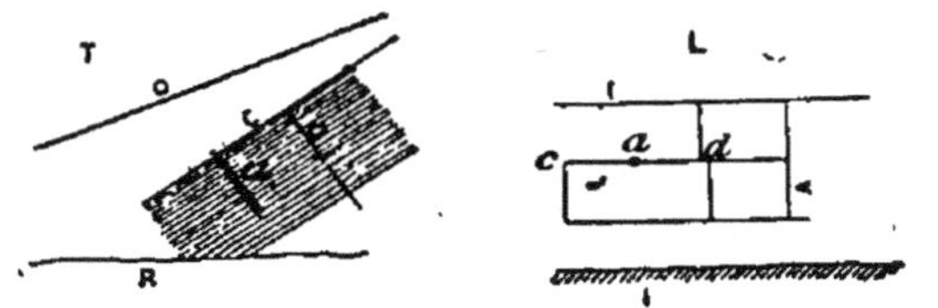

Fig. 228, 229. — Disposition des trous de mines pour exploitation de l'ardoise.

les piliers 7 m. 20. L'abatage a lieu aux explosifs. Le trou de mine, perpendiculaire aux plans de clivage, est percé comme le montrent les figures 228-229 ; le trou est rempli de poudre en petits grains, le bourrage est très léger. L'effet de l'explosion est de produire une rupture régulière à quelque distance du trou *a*. La masse se sépare en *cd* en glissant suivant un plan de clivage ; elle est recueillie et transportée au jour, où elle subira les opérations de la taille. (Tout naturellement, comme en autre matière, l'isolement nécessite toujours séparation de la masse suivant 3 plans).

Abatage hydraulique. — L'or et d'autre métaux précieux se rencontrent fréquemment disséminés à l'état natif dans les sables d'alluvion. Pour éviter des travaux de terrassement et de manutention, on emploie, notamment en Cali-

fornie et au Colorado, des jets d'eau sous très forte pression, qui viennent frapper le terrain, affouillent les sables
qui sont entraînés avec l'eau. On fait alors passer cette
pulpe dans des canaux en bois, munis de distance en distance de cavités dans lesquelles les parties les plus lourdes,
dont l'or, se déposent.

Ce procédé peut être appliqué avec profit si la valeur de
l'or contenu dans 1 m^3 d'alluvion dépasse 0 fr. 70. Avec
les prix de main-d'œuvre pratiqués aux États-Unis, dans
les régions aurifères, ce chiffre représenterait à peine le coût
nécessaire pour la manutention à la pelle du mètre cube à
traiter.

CHAPITRE VIII

VENTILATION : PORTES D'AÉRAGE, CHEMI-NÉES, CLOISONNEMENT, COFFRAGE, FOYERS D'AÉRAGE

Ventilateurs : *Théorie.* — Il est nécessaire et légalement imposé, pour rendre les travaux possibles, de renouveler l'air de la mine par une énergique ventilation diluant les gaz nocifs.

La chose est facile lorsque la mine possède deux orifices distincts, l'un servant d'entrée, l'autre de sortie à l'air. La marche générale de l'air est alors assurée convenablement par le moyen de galeries spéciales, qui répartissent le volume total de l'air aux différents chantiers. Dans les mines peu accidentées, où les galeries d'entrée et de retour sont sensiblement au même niveau, il est nécessaire, pour faire communiquer les unes avec les autres, d'établir à recoupe-banc des galeries perpendiculaires : c'est la méthode d'aérage anglaise, dite par « crossing » ou galeries croisées. Ce système divise la mine en quartiers complètement indépendants au point de vue ventilation.

Aérage local, cloisonnement. — Lorsqu'un quartier de la mine a reçu au moyen des principales voies de circulation le volume d'air qui lui est afférent, il reste encore à répartir cet air dans les voies secondaires et culs-de-sac où n'existerait aucun aérage si l'on ne forçait artificiellement l'air à y circuler.

Dans ce but, la galerie à ventiler, qui peut porter des noms divers, est cloisonnée et divisée en deux parties; la section réservée au passage de l'air est dite : *carnet d'aérage*. Cette cloison peut être en planches (fig. 230 à 233) ajustées et clouées sur des poteaux verticaux disposés au milieu de la galerie ou plutôt légèrement désaxés, la section réservée au

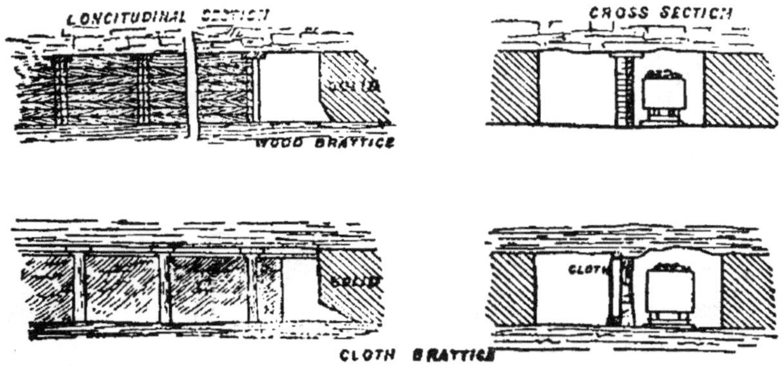

Fig. 230 à 233. — Aérage local par cloisonnements divers.

carnet étant en général plus petite que la section de galerie laissée libre. On établit du reste une circulation d'air montante d'un côté de la cloison, et descendante de l'autre.

Fréquemment, au lieu de la cloison en planches, on emploie la toile goudronnée (fig. 232-233), ou mieux encore la toile huilée, qui est encore moins perméable à l'air. Dans ce cas, on tend la toile en la clouant sur des lattes elles-mêmes clouées sur les poteaux et traverses servant de supports; on bourre les vides qui peuvent exister au niveau du toit; quelquefois on se dispense de clouer la toile à la partie inférieure en la noyant dans les déblais. Si les joints sont faits avec soin, ce mode de cloisonnement est excellent; il est difficile cependant de pouvoir convoyer l'air par ce procédé à des distances excédant 50 mètres. Pour les longues distances, l'on devra donc établir des *carnets* plus fréquents.

. Dans certains cas, où le *carnet* sera d'un long développement, ou dans les veines épaisses où il serait dispendieux d'établir un cloisonnement jusqu'au toit de la galerie, on construit un *carnet* en briques, affectant généralement la forme d'une demi-voûte (fig. 234).

Si l'on doit convoyer l'air sur une grande longueur, faute de pouvoir multiplier les *carnets* par suite de l'éloignement da la galerie d'entrée d'air, on construit soigneusement une

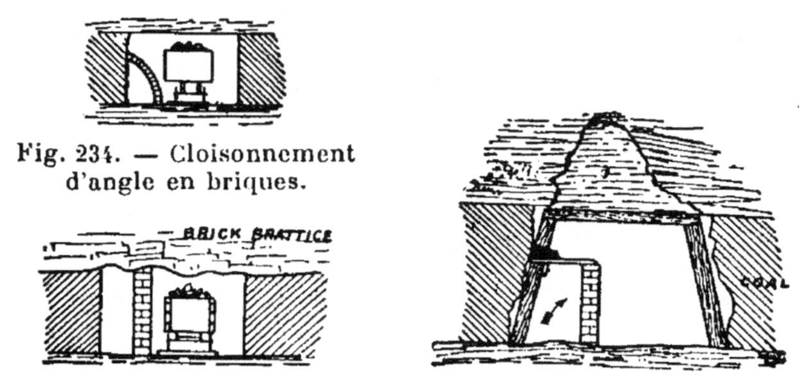

Fig. 234. — Cloisonnement
d'angle en briques.

Fig. 235, 236. — Variétés de cloisonnements par muraillements.

cloison en briques (fig. 235), parfaitement étanche. Si la veine est trop épaisse, ou le toit ébouleux, au lieu d'élever le mur jusqu'au toit, on l'arrêtera à la hauteur voulue (1 m. 50 ou 1 m. 80 environ), et l'on coffrera au moyen de planches recouvertes d'un enduit de mortier faisant joint (fig. 236).

Canards d'aérage. — Dans les galeries, tailles et autres voies de minime importance, l'on emploie le plus souvent, au lieu de *carnets*, des « *canards d'aérage* ». Ce sont des conduits de formes et dimensions diverses. Les conduits en bois sont en général carrés ou rectangulaires (fig. 237 à 240), leurs dimensions varient depuis 0 m. 30 de côté, jusqu'à 1 m. 20 $\times$ 0 m. 60. Les joints sont constitués, comme l'in-

dique la figure, par des manchons dans lesquels on emman-
che de part et d'autre les canards réunis ; en outre les joints
sont calfatés.

On emploie aussi des tuyaux en toile tendue sur des
anneaux en bois ou fer (fig. 237). Un tuyau en toile est naturellement moins étanche qu'un conduit en bois bien établi,
et ne permet pas de convoyer l'air aussi loin.

Les tuyaux en tôle (fig. 239) sont les plus employés ; ils

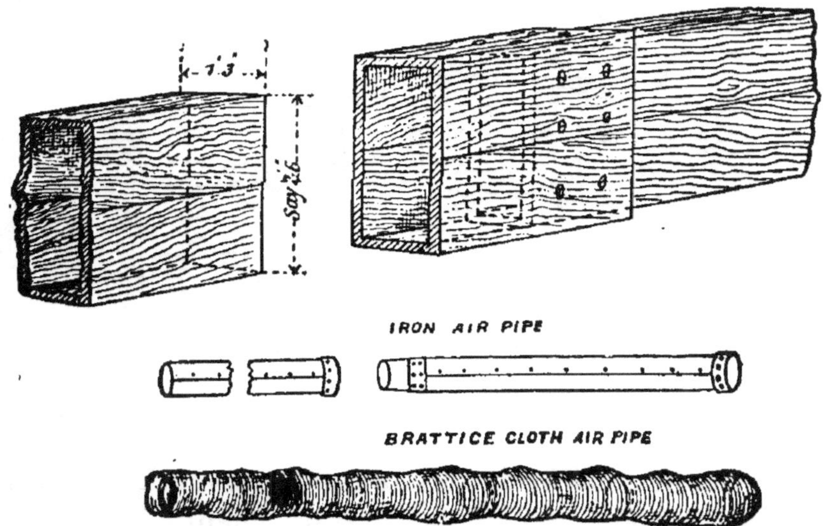

Fig. 237 à 240. — Conduits divers pour aérage (*iron*, en fer ;
cloth, en toile).

sont en tôle, d'un millimètre au plus, rivée longitudinalement ; un bout est évasé, l'autre conique, de façon à ce
qu'on puisse faire entrer les tubes les uns dans les autres.
Le joint est relativement étanche, mais on le recouvre souvent de toile goudronnée ou d'un manchon caoutchouté.

Tous ces canards sont placés dans les galeries, soit posés
sur le sol, soit le plus souvent suspendus au toit.

Précautions dans l'emploi des canards. — Le
canard d'aérage est d'un usage plus commode que le carnet ;

mais il faut en user avec précaution, si l'on veut que la ventilation soit efficace.

Prenons le cas d'une galerie divisée par un carnet; la voie a 1 m. 80 de haut sur 3 mètres de large, et la section réservée au carnet est de 1 m. 80 $\times$ 1 m. 20, soit 2,15 m². Supposons maintenant un canard de 0 m. 35 de diamètre intérieur; il possède une section de 0,09 m² soit le 1/24 seulement de la section offerte au passage de l'air par le carnet. Si donc le canard est disposé de telle façon qu'il

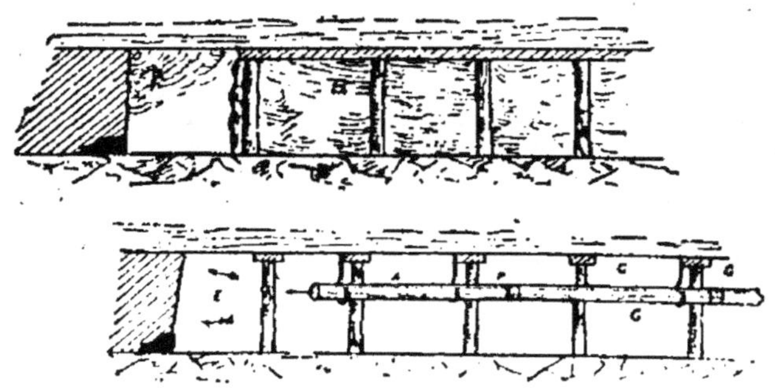

Fig. 241, 242. — Applications des procédés de ventilation.

souffle l'air frais à front de taille (fig. 241-242), le courant d'air balaye constamment la face du chantier, où il est impossible de reconnaître occasionnellement la présence du grisou. Mais le long des faces latérales, ce gaz peut exsuder et engendrer un mélange explosif à 10 mètres en arrière dans la galerie. Ceci constitue un danger qui n'existe pas avec le carnet, avec sa large section et ses fuites inévitables en cours de route; le front de taille est toujours le point le moins susceptible d'être balayé, et si le mélange n'est pas dangereux ici, il le sera encore moins ailleurs.

On remédiera à cet inconvénient du canard en lui donnant un grand diamètre, 0 m. 50, et en disposant plusieurs lignes de conduite parallèles les unes au-dessus des autres.

Répartition du courant d'air. — La répartition de

l'air dans un quartier à l'aide des carnets ou **canards** peut se faire de façon plus ou moins efficace. La figure 243 indique un mode de cloisonnement usité dans une veine d'inclinaison faible ; cette disposition est mauvaise. La figure 244 montre une bonne disposition ; notons que, dans

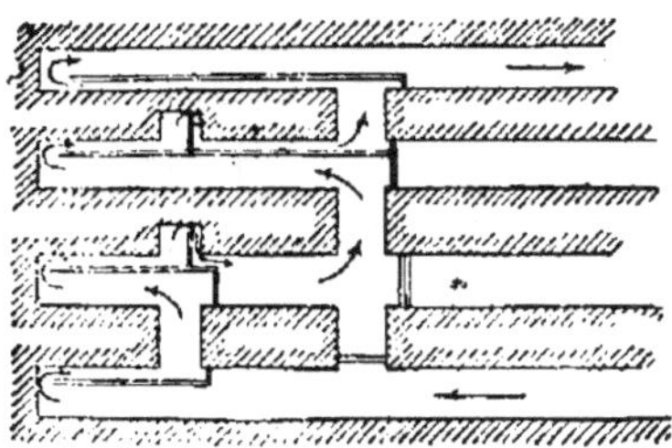

Fig. 243. — Répartition de l'air en faible inclinaison.

ce cas, le niveau le plus bas est aéré avant le second, et celui-ci avant le troisième. Dans le schéma de la figure 244, la longueur de cloisonnement est réduite au minimum ; la résistance opposée au passage de l'air étant faible, la ventilation est par conséquent meilleure.

La figure 245 montre un mode défectueux d'aérage par

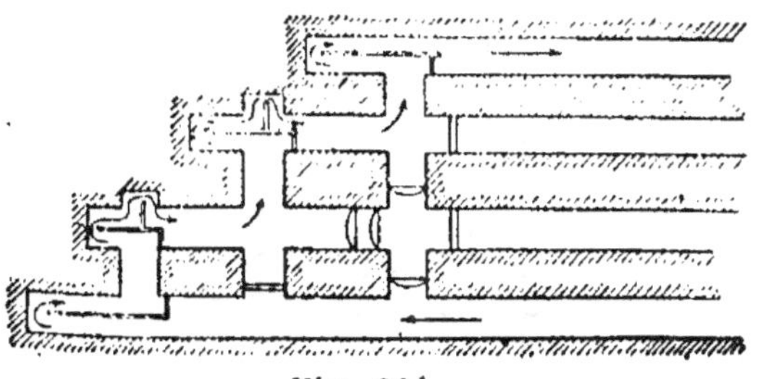

Fig. 244.
Autre système de répartition.

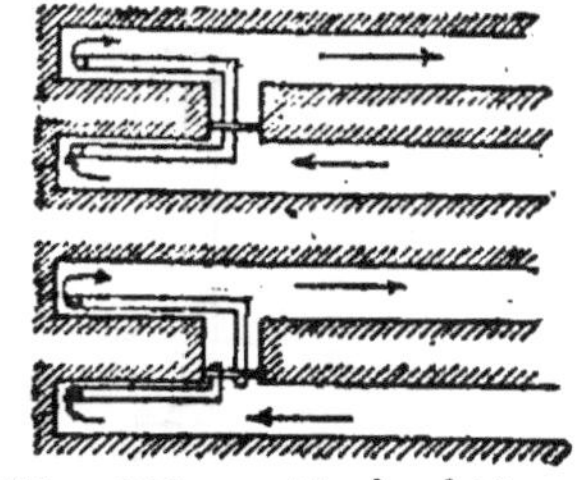

Fig. 245. — Mode défectueux d'aérage par canards.

canards ; on voit qu'un des canards aspire l'air vicié du niveau inférieur pour le refouler au front de taille du niveau supérieur.

La figure 245 montre la façon de placer les conduites, pour éviter cet inconvénient : elle prend l'air au-delà d'un cloisonnement au-dessus duquel se fait le débouché de la première conduite. On voit que le second chantier, comme le premier, sera alimenté d'air frais à front de taille. En outre, la longueur de tuyau est la même dans les deux cas, mais le second tracé présente une résistance moitié

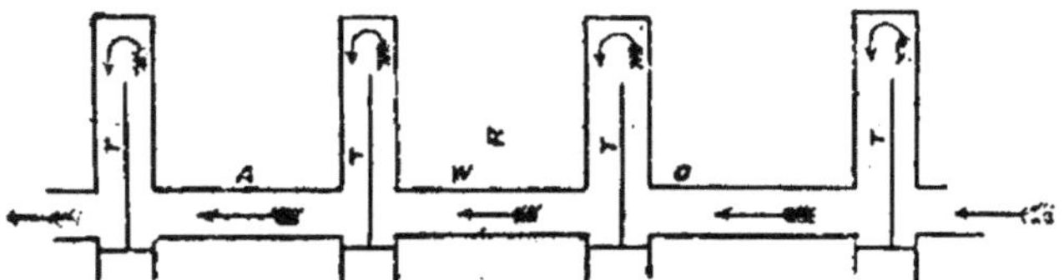

Fig. 246. — Circuit pour attaques simultanées.

moindre au passage de l'air, les canards étant en parallèle et indépendants, au lieu d'être disposés à la suite l'un de l'autre.

La figure 246 montre le circuit d'aérage lorsqu'on attaque simultanément une série de tailles, à partir d'un même niveau; si l'on fait usage de carnets, la figure montre une

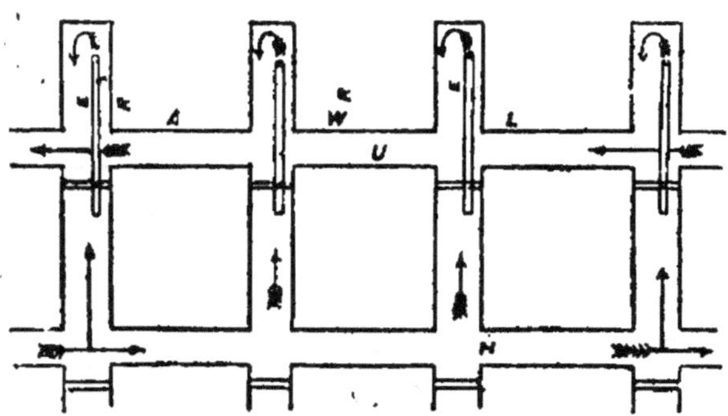

Fig. 247. — Autre disposition des canards.

bonne disposition, que le croquis rend suffisamment compréhensible. Toutefois la voie de roulage est obstruée.

Avec les canards disposés à la façon de la figure 247, la même voie sera libre, les tuyaux étant suspendus au toit. Dans le cas du canard, c'est le niveau inférieur qui sert d'entrée d'air, et le retour d'air de chaque taille se réunit au niveau supérieur. Chaque front de taille a son alimentation propre d'air frais.

Portes, barrages, etc. — Il est fréquemment nécessaire de pratiquer, comme dans l'exemple précédent, une ouverture normale à la circulation d'air, dans le but d'y faire passer les berlines, etc. Dans ce cas, pour ne pas troubler la ventilation, l'ouverture doit être fermée par une porte, dite *porte d'aérage*. Cette porte est fréquemment formée d'une simple pièce de toile clouée à la partie supérieure sur une latte, et pendante à la partie inférieure; cette porte est en réalité une portière que l'on soulève au passage.

D'autres fois, pour régler le circuit du courant d'air, il sera nécessaire d'établir un barrage. Un barrage permanent pourra être établi, soit à l'aide d'un amoncellement de déblais, soit de préférence au niveau d'un mur en brique, de 0 m. 22 d'épaisseur. Le mur en effet pourra être abattu facilement en cas de nécessité, alors qu'un barrage constitué par 4 ou 5 mètres de décombres ne pourra être aisément déblayé. Souvent on établit un mur à un bout, et on fait ensuite un remplissage partiel.

Dans les mines grisouteuses, on aura intérêt à ne pas faire les barrages trop étanches, car les gaz explosibles pourraient s'accumuler dans le cul-de-sac, et être une source de danger.

Un barrage provisoire peut se faire en clouant, sur un cadre, des planches transversales, ou, plus simplement encore, en y clouant une pièce de toile.

Comme nous le disions plus haut, une porte peut être constituée par une pièce de toile montée en portière; on peut, pour augmenter l'étanchéité, disposer deux ou trois de ces portières à quelque distance les unes des autres, de façon à ce que l'une d'elles reste toujours fermée lors du passage d'un wagonnet.

Néanmoins, si l'on doit faire face à une pression d'air

relativement élevée, on doit avoir recours à de véritables portes, généralement en bois. Ces portes sont généralement fixées dans un châssis également en bois, pris dans un barrage en maçonnerie.

Dans les voies principales de circulation d'air, il faut faire usage de portes doubles, de façon à ce qu'il n'y ait pas de dérivation du courant d'air quand on ouvre l'une des deux portes. A cet effet la distance entre portes doit être telle qu'une rame de berlines puisse se garer et l'une des portes être fermée avant que l'autre soit ouverte. Quelquefois la seconde porte est simplement constituée par une portière.

Lorsque les portes d'aérage doivent séparer la voie principale d'entrée d'air de la voie principale de retour d'air, il doit exister au moins 3 portes : celle du milieu à une distance telle des deux autres que, sur cette distance, on puisse garer une rame de berlines. Dans les galeries qui relient l'entrée d'air au retour d'air dans le voisinage du fond du puits, l'isolement doit être assuré par 4 ou 5 portes.

En cas d'explosion, il est à peu près certain que ces portes seront rabattues ou détruites; aussi, dans les mines grisouteuses, on dispose quelquefois de portes de secours attachées au toit de la galerie et retenues par un loquet; on espère ainsi que le passage de l'onde explosive soulèvera le loquet, laissant ainsi la porte retomber d'elle-même après l'explosion.

Il est souvent nécessaire de détourner la plus forte portion d'un courant d'air, tout en laissant libre de passer la portion restante. On dispose pour cela, dans une porte au barrage, un panneau glissant dans une rainure. On règle l'ouverture en immobilisant le panneau dans la position convenable. Cette disposition (fig. 248) porte techniquement le nom de *régulateur*.

Un autre genre de régulateur est commodément réalisé en suspendant au toit des pièces de toile tombant plus ou moins bas vers le sol et modérant le passage de l'air. Ces pièces de toile sont un obstacle peu gênant à la circulation des chevaux et rames de wagonnets, et avec elles l'on n'est pas exposé à des oublis de fermeture.

Toute porte d'aérage doit être disposée de façon à ce qu'elle se referme par son propre poids. Étant donnée la poussée des terrains, les châssis de portes sont constamment déformés ou déplacés, ce qui nécessite un travail continuel de réajustement de la porte. Normalement il faudrait qu'un conduteur de rames, approchant d'une porte, allât la maintenir en abandonnant son cheval. Aussi dans les gale-

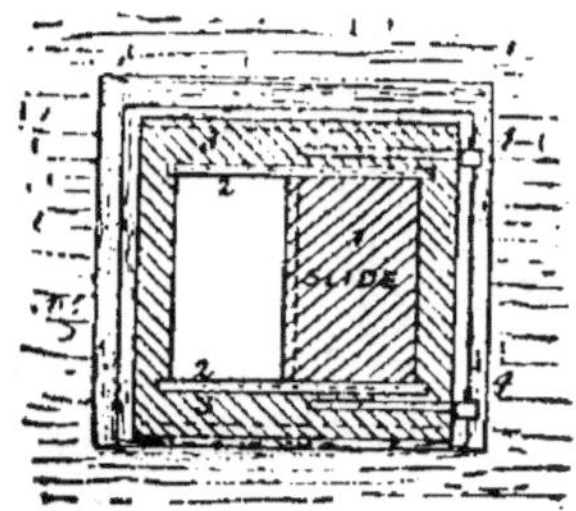

Fig. 248. — Panneau glissant (*slide*) dans un barrage.

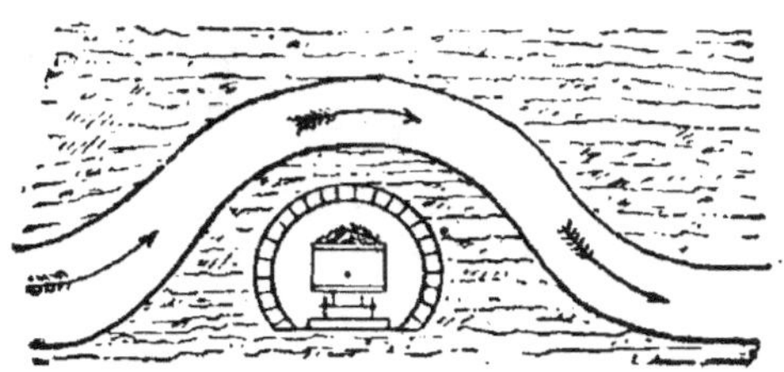

Fig. 249. — Type de croisement de galeries.

ries où ce trafic est intense, il est nécessaire d'avoir un garçon employé à ouvrir et fermer les portes au passage des trains de wagonnets ; par raison d'économie et pour éviter les pertes de temps, il faut s'attacher à intercaler le moins de portes possible sur les galeries de roulage.

Comme nous le disions un peu plus haut, il arrive fréquemment, dans les mines à faible pendage, que les galeries d'entrée et de retour d'air doivent se croiser. Dans ces conditions, on s'arrange pour que la galerie où s'effectue un roulage reste de niveau, alors que l'autre la traverse au-dessus ou au-dessous.

La figure 249 montre un type courant de croisement. Les figures 250-251, se rapportent à un croisement maçonné, avec portes donnant dans la galerie de retour d'air ; par ces portes, des wagonnets peuvent être introduits dans cette galerie, pour y procéder à des réparations ou dans tout

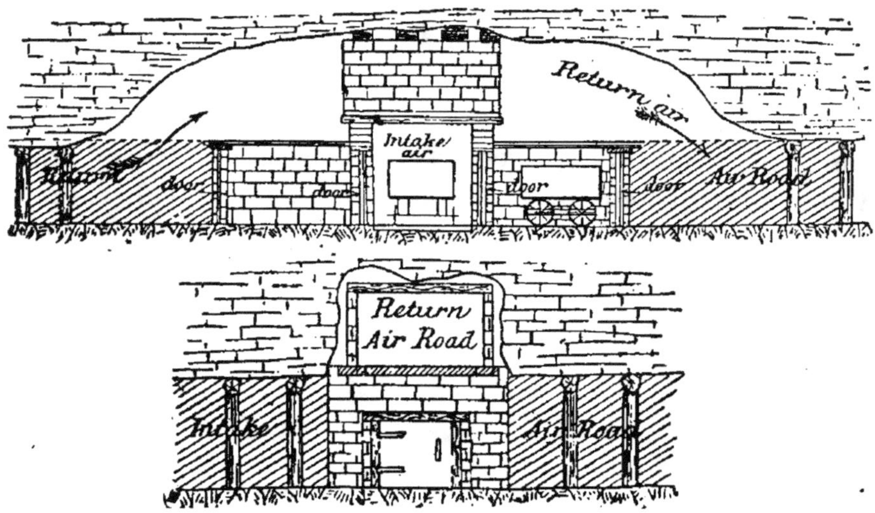

Fig. 250, 251. — Croisement maçonné (*intake*, arrivée ; *return*, retour d'air.

autre but. Les figures 252-253 montrent un croisement à armature métallique, et les figures 254-255 un croisement provisoire établi en construisant deux barrages dans le

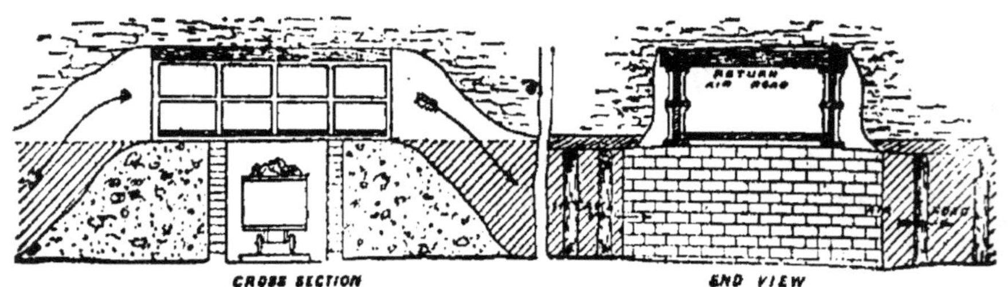

Fig. 252, 253. — Croisement à armature métallique.

retour d'air, et les réunissant par des canards ; évidemment on réservera une porte dans ces barrages ou au voisinage, de façon à pouvoir pénétrer dans la galerie d'aérage. Les galeries croisées sont indispensables dans les mines importantes.

Dans une houillère exploitée « en grandes tailles » (long

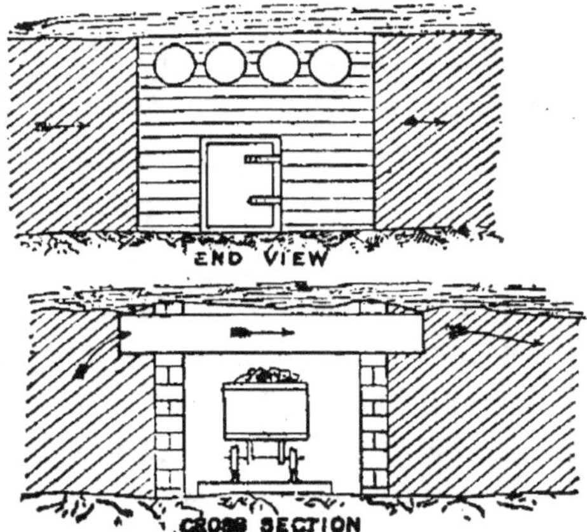

Fig. 254, 255. — Croisement provisoire (en bout et en section).

wall), l'entrée d'air se divise en 4 courants principaux. Chacun de ces courants est également divisé. Cela donne

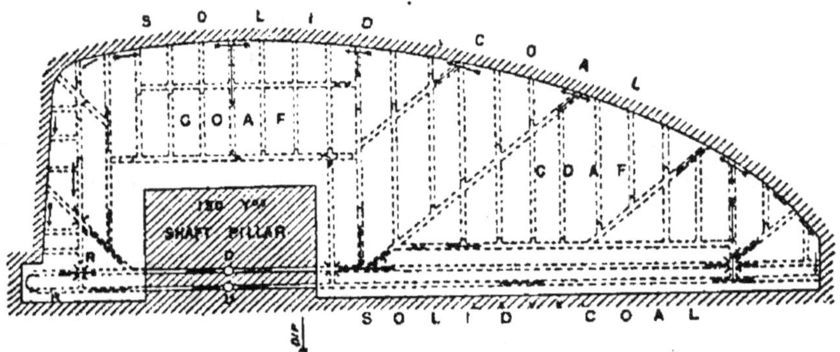

Fig. 256. — Ventilation en grandes tailles. ▭, voies en plein charbon ; ∷∷, voies en remblai ; croisements ; D, portes ; I, barrages ; C, toiles ; R, régulateur.

naissance à plusieurs courants secondaires, de sorte que l'air frais pénètre dans les travaux en des points différents. Quelques-uns de ces courants secondaires ont un circuit plus court que les autres, de sorte qu'il faut intercaler des régulateurs pour réduire l'intensité de la ventilation dans les circuits les plus courts.

Il est possible quelquefois d'établir le tracé général de façon à faire parcourir aux courants d'air des circuits de résistances équivalentes. Dans ces conditions, il n'est pas besoin de portes à panneaux régulateurs ; la distribution de l'entrée d'air se faisant ainsi automatiquement. Une courte différence de longueur dans les circuits n'affecte pas sensiblement l'énergie de la ventilation dans ces mêmes circuits, par le fait que cette énergie ne varie pas proportionnellement à la longueur proprement dite, mais bien en proportion de la racine carrée des longueurs. Ainsi, si l'un des circuits a une longueur de 1.000 mètres, et l'autre de 640 mètres, et s'ils ont même section transversale, le volume d'air circulant dans chacun d'eux sera inversement proportionnel à la racine carrée de 1.000 et de 640. C'est-à-dire que dans le circuit le plus long il passera seulement 80 pour 100 du volume d'air traversant le circuit le plus court. Si alors on désire obtenir une égale intensité de ventilation dans ces deux circuits, on augmentera la résistance du circuit le plus court en suspendant sur le parcours quelques-unes de ces pièces de toile dont nous avons parlé plus haut, et qui feront l'office de modérateurs de vitesse.

La ventilation des mines métalliques doit être établie sur les mêmes principes que celle des houillères, bien qu'elle soit en général plus négligée. L'absence générale de grisou enlève la principale cause qui oblige à la ventilation dans les mines de charbon ; aussi les hommes trop souvent y travaillent dans une atmosphère malsaine. Quand les filons sont très inclinés, ce qui est fréquent dans les mines métallifères, les croisements de retour d'air se font généralement par des cheminées. Un bon aérage est d'ailleurs nécessaire dans ces mines, non seulement pour l'hygiène des hommes, mais encore pour chasser rapidement la fumée des explosifs.

Moyens employés pour produire la ventilation. — Nul travail ne s'accomplit sans absorber de la puissance; et il est nécessaire de posséder une source capable de fournir le travail de ventilation ici. Quelquefois on s'adresse à un agent naturel : le vent. Au sommet du puits est placé un vaste entonnoir (fig. 257) dirigé naturellement du côté où le vent souffle le plus fréquemment dans la région; la

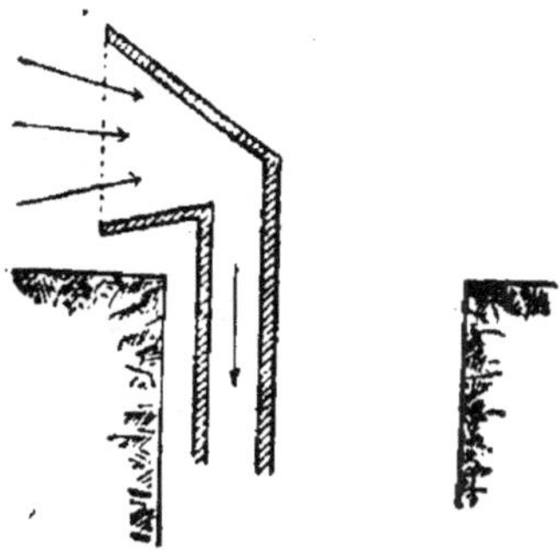

Fig. 257. — Entonnoir pour ventilation naturelle.

pression produite dans l'entonnoir par les courants d'air convergents fait pénétrer l'air dans le conduit et dans la mine. Cette méthode rudimentaire est employée notamment dans les petites mines métallifères et dans les travaux de recherche. Pour les mines grisouteuses un tel procédé est trop irrégulier pour présenter une sincérité suffisante. Une autre source de puissance est celle due à la chute de l'eau. Si un puits est creusé à flanc de coteau (fig. 258), l'on peut drainer l'eau coulant sur le coteau, la diriger vers le puits, dans lequel en tombant elle fera trompe et aspirera de l'air extérieur pour le refouler dans la mine; au fond de la mine l'eau s'écoule par un canal dans la vallée, canal disposé dans un travers-banc.

Une autre source de puissance peut être empruntée à la

température du sol. La température normale de la terre, sous les latitudes tempérées, à une profondeur d'environ 15 mètres de la surface, est de 10 degrés centigrades, et cette température reste constante été comme hiver. Plus près de la surface la température varie légèrement avec les saisons; plus bas elle augmente, et cette augmentation, d'après

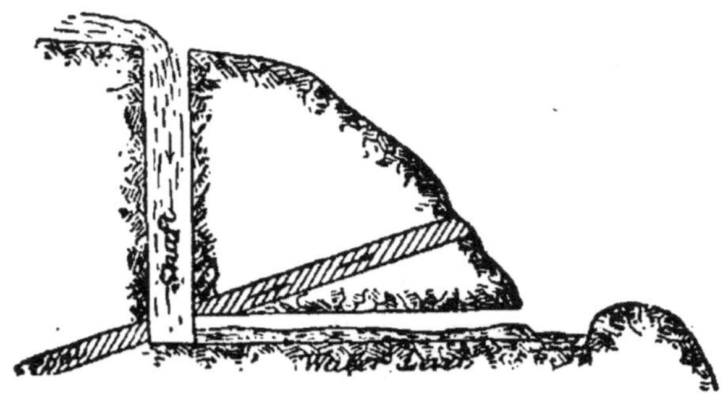

Fig. 258. — Ventilation par chute d'eau dans le puits (*shaft*).

de nombreuses observations, a été reconnue être d'environ 1 degré centigrade par 30 mètres de profondeur au-dessous des 15 mètres au-dessous du sol à température constante. Le calcul de cette température est facile : en voici quelques exemples pour des profondeurs de 210, 300, 420 mètres au-dessous du point à température constante.

$$210 \text{ mètres} \quad \frac{210}{30} + 15 = 7° + 15° = 22° \text{ centig.}$$

$$300 \quad - \quad \frac{300}{30} + 15 = 10° + 15° = 25° \quad -$$

$$420 \quad - \quad \frac{420}{30} + 15 = 14° + 15° = 29° \quad -$$

$$600 \quad - \quad \frac{600}{30} + 15 = 20° + 15° = 35° \quad -$$

Toutefois cette augmentation de température est quelquefois moins rapide (1), étant par exemple seulement de 1 degré par 55 mètres d'après les expériences effectuées en 1892 par un comité de la *British Association*; sur un sondage fait aux États-Unis, la moyenne calculée sur une profondeur de 1.400 mètres s'est montrée être de 1 degré centigrade par 40 mètres. Cet accroissement de température est proportionnel à la profondeur au-dessous de la surface, et non pas au-dessous du niveau de la mer. Ainsi, si, au niveau de la mer, on creuse une galerie horizontale sous une falaise de 300 mètres de haut, et que, à l'entrée de la galerie, on fonce un puits de 300 mètres, la température sera la même au fond du puits et au fond de la galerie.

Dans les Iles-Britanniques, la température de l'air à la surface du sol ne dépasse guère 15 degrés centigrades, et par conséquent la température au fond d'une mine de 360 mètres sera de 27 degrés centigrades plus élevée que celle qui règnera ordinairement à la surface, même au fort de l'été.

Dans le cas d'une mine possédant deux puits, il s'établit presque toujours des courants d'air intenses dans ces puits; c'est-à-dire qu'il y a un courant ascendant dans l'un et descendant dans l'autre. Quoiqu'il soit difficile de dire pourquoi ces courants s'établissent dans un sens plutôt que dans l'autre, il est cependant aisé d'expliquer pourquoi ils continuent une fois amorcés : l'air dans le courant descendant possède une température de 10 degrés par exemple; il va passer dans une galerie de mine dont la température interne est de 21 degrés; en arrivant au puits où règne le courant ascendant, cet air possédant une température sensiblement égale à 21 degrés sera plus léger; par conséquent il s'élèvera naturellement dans le second puits, et terminera ainsi le cycle parcouru par l'air. Les choses se passent

(1) Voir l'*Annuaire du Bureau des Longitudes*.

comme si l'on mettait sur les plateaux d'une balance un égal volume d'air à des températures différentes ; l'air chaud étant plus léger que l'air froid, le fléau s'inclinerait du côté de l'air froid, alors qu'il s'élèverait du côté de l'air chaud. Si au lieu d'une mine de 360 mètres on en considère une n'ayant que 30 mètres de profondeur, les choses se passent différemment. Si, en hiver, le courant d'air est accidentellement établi dans un sens, il continuera dans ce même sens, parce que l'air dans le puits d'entrée d'air aura une température de 5 degrés par exemple, laquelle passera à 10 degrés dans le puits de retour d'air, la température interne de la mine pour la profondeur considérée étant de 10 degrés environ. Cet état de choses subsistera jusqu'à l'approche de l'été, où la température extérieure se relèvera vers 10 degrés. Alors la température de l'air dans la mine, dans les deux puits et à l'extérieur étant la même, il ne pourra plus s'établir de courant d'air dans un sens ni dans l'autre, et il faudra cesser l'exploitation faute d'aérage suffisant. L'on pourra néanmoins obtenir une ventilation naturelle en été, dans le cas où les deux puits n'auront pas la même profondeur. Supposons qu'un puits soit foncé sur la colline jusqu'à une profondeur de 45 mètres, et que l'autre soit creusé dans la vallée à une profondeur de 15 mètres, de telle sorte qu'il existe une différence de niveau de 30 mètres entre l'ouverture des deux fosses. Dans ce cas il s'établira en été un courant d'air pénétrant par le puits le plus profond, parce que cet air *se refroidira* par son passage dans la mine, et que la colonne d'air dans ce puits sera plus lourde que celle qui est à l'orifice du puits de retour d'air ; ce courant d'air subsistera dans ce même sens jusqu'à ce que la température extérieure s'abaisse à la température interne des travaux. Le phénomène inverse aura lieu en hiver, lorsque la température sera plus basse à l'extérieur qu'à l'intérieur.

L'irrégularité et le peu de constance de la ventilation naturelle dans les mines de peu d'étendue, ont conduit à l'emploi des foyers d'aérage, au moyen desquels la température de l'air pénétrant dans le puits de retour d'air est augmentée artificiellement, de telle sorte que, même en été, la température est plus élevée que dans le puits d'entrée d'air; mais dans les mines profondes et étendues, où la

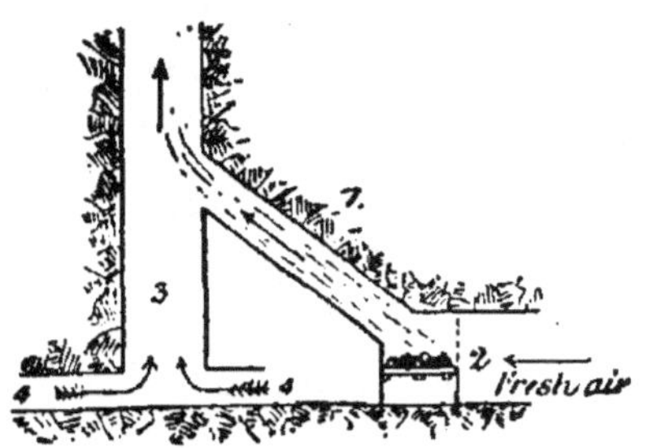

Fig. 259. — Dispositif d'un foyer d'aération.

ventilation est sensiblement constante toute l'année, ce procédé est néanmoins insuffisant pour provoquer une ventilation énergique de la mine.

Dans une mine métallifère, les travaux n'ont jamais une étendue aussi grande que dans les houillères, de sorte qu'il n'est pas rare d'y rencontrer appliqué un procédé de ventilation naturelle; dans les houillères au contraire, on n'applique plus guère aujourd'hui que la ventilation intensive.

Foyers d'aérage. — Un simple foyer incandescent suspendu dans le puits de sortie d'air est quelquefois usité. Le foyer est rempli de charbon, puis descendu au fond du puits de retour dans un cuffat; on le remonte pour le décrasser et le recharger de combustible. Un dispositif permanent est donné figure 259; si le puits est employé à l'extraction ou à la descente et la remonte des hommes, le foyer doit être à quelque distance du puits, pour en éloigner le plus possible les flammes et la fumée; en outre le con-

duit de fumée doit déboucher à une certaine hauteur dans
le puits (20 à 30 mètres du fond) afin que les hommes

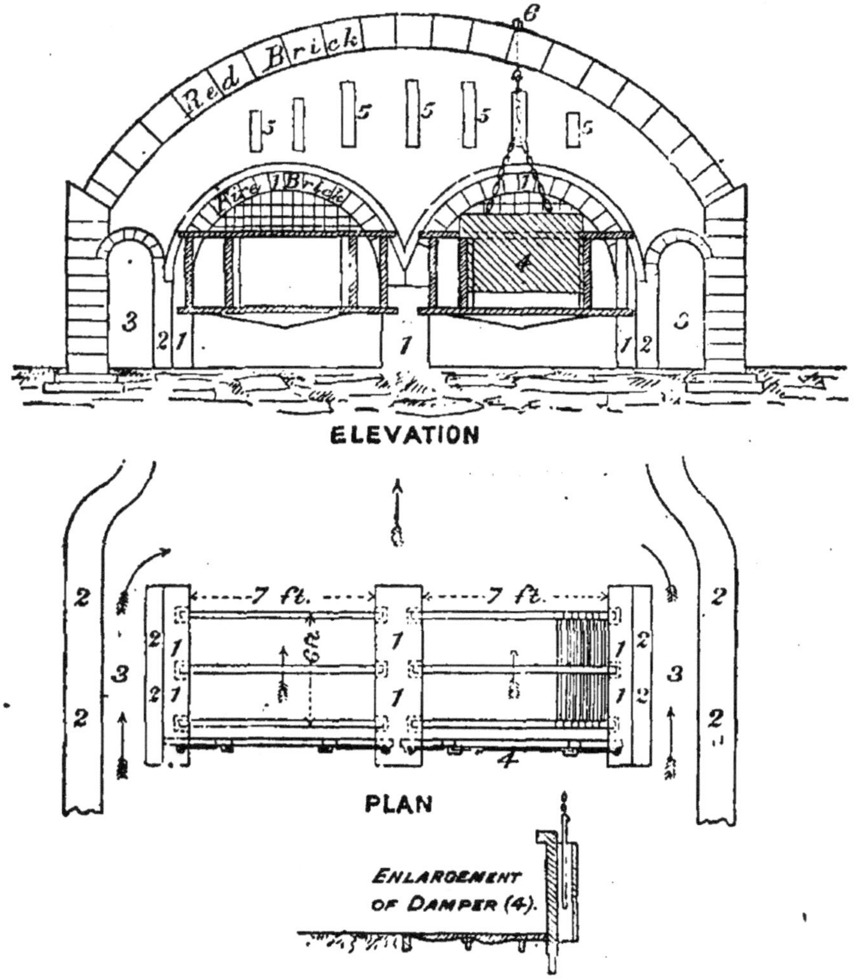

Fig. 260, 261. — Disposition en élévation et plan d'un foyer double.

passant devant en vitesse ne puissent être incommodés par
les émanations du foyer.

Les figures 260-261 donnent un foyer double à deux voûtes
réfractaires et une seule voûte externe. Le courant d'air
passe par les portes latérales 3, 3 et par les ouvertures

supérieures 5. Des boucliers 4, sortes de portes à contre-poids, protègent l'homme de service du rayonnement du foyer. L'avantage de ce dernier système est d'avoir constamment un foyer en feu pendant qu'on procède aux réparations de l'autre ; la ventilation n'est ainsi jamais interrompue.

Les figures 262-263 montrent un foyer d'aérage avec une longueur de grille de 9 mètres. Le foyer est alimenté par

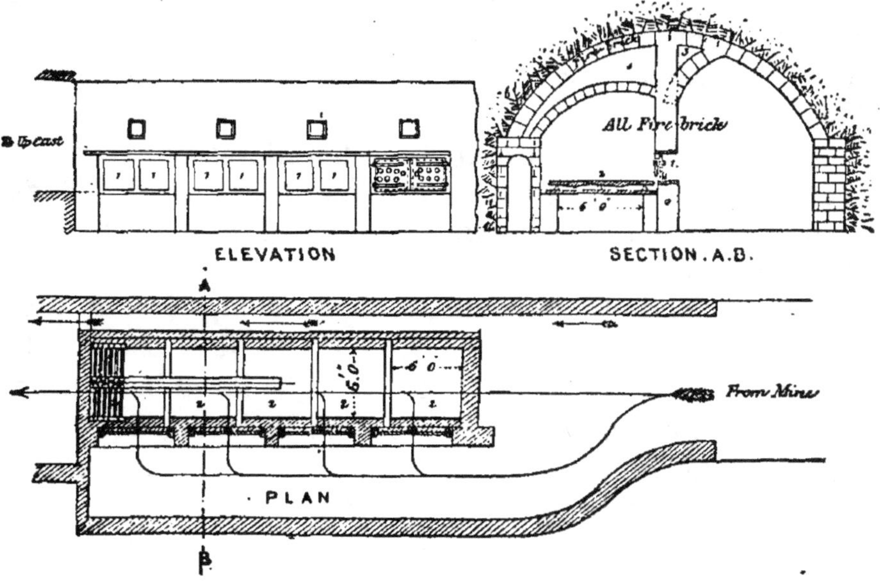

Fig. 262, 263. — Foyer d'aérage d'un autre type.

5 portes latérales ; de cette façon il est possible de maintenir au foyer un feu intense et régulier. Dans quelques cas même, où l'on a besoin d'une ventilation énergique, le foyer possède des portes de chargement de part et d'autre de la grille. Dans beaucoup d'exploitations, on juge peu prudent d'envoyer le retour d'air de la mine au travers du foyer, par crainte de la présence de gaz explosibles ; dans ce cas le foyer est alimenté d'air pris directement au puits d'entrée, ou venant d'un quartier de la mine non suspect.

Le reste du retour d'air est canalisé jusqu'au puits de retour, dans lequel on le fait déboucher ordinairement au-dessous de l'arrivée du conduit de fumée amenant les gaz chauds du foyer à une température cependant insuffisante pour provoquer l'inflammation des gaz explosifs. Lorsque le retour d'air débouche dans le puits au-dessous du conduit de fumée, le puits peut être employé à l'extraction. Mais s'il débouche au-dessus, la température élevée pouvant atteindre 300 degrés qui existe au-dessous du conduit de fumée, rend impossible dans cette région la présence des hommes.

Il y a 30 ans, la ventilation des houillères par des foyers d'aérage était la règle, les ventilateurs l'exception ; à l'heure actuelle, ils ne sont plus que l'infime minorité et tendent à disparaître complètement.

Les objections à formuler contre l'emploi des foyers sont : 1° la possibilité d'explosion au cas où il existerait du gaz explosif dans la mine ; 2° la difficulté d'inspection et de réparation lorsque le puits sert à l'extraction ; 3° les dépenses de combustible et le salaire du chauffeur ; 4° la détérioration des puits ou des canalisations en fer qui s'y trouvent, soit par corrosion, soit par leurs contractions et dilatations incessantes dues aux variations de température du puits.

Dans quelques cas néanmoins, où des chaudières à vapeur sont nécessaires au fond de la mine, il est simple et pratique de les placer à proximité du puits de retour d'air dans lequel on envoie les gaz chauds des chaudières. C'est là un très bon procédé, fort économique, pour produire la ventilation là où il n'y a pas à craindre le grisou ; plus profonde est la mine, meilleur est le système. Dans les puits secs, la chaleur ne s'échappe que bien lentement à travers les garnitures de briques, et le calorique qui est fourni en bas du puits se retrouve presque intact en haut.

Le degré de ventilation obtenu dépend de la différence
de poids existant entre l'air contenu dans le puits d'entrée
et le puits de sortie ou retour d'air. Ainsi, dans le cas
d'une mine profonde de 300 mètres, il existe, pour des
températures données, des différences de poids correspondantes; mais si les puits sont tous deux descendus à
600 mètres, et que les températures respectives restent les
mêmes, la différence de poids, et par suite l'intensité de la
ventilation, seront doublés, bien que la consommation de
combustible exigée pour échauffer l'air soit restée la même
(si le débit d'air est le même bien entendu).

La figure 264 montre une mine dans laquelle l'entrée
d'air se fait par une galerie de niveau, et le retour par un.

Fig. 264, 265. — Deux types de puits de rentrée d'air.

puits de 300 mètres; les lignes pointillées montrent un puits
d'entrée hypothétique correspondant comme profondeur
au puits de retour. Dans toute mine où la ventilation est
puissante, la température de l'air dans le puits d'entrée
diffère très peu de celle de l'air extérieur; et par conséquent la pression de la colonne d'air au fond du puits est
sensiblement la même que si ce puits n'existait pas (d'autant mieux que, dans le puits, cette pression subit une
légère réduction par suite du frottement de l'air contre les
parois).

La figure 265 montre le cas où les puits sont de profondeur inégale, cas qui se ramène, pour les mêmes raisons
que ci-dessus, à la même conclusion.

Dans ce qui suit donc, nous ne nous occuperons dans les

calculs de ventilation que du puits de retour et pas de la profondeur du puits d'entrée d'air, ce puits pouvant toujours se ramener à une colonne hypothétique de même hauteur que le puits de retour d'air, et équivalant à une galerie horizontale.

Dépression produite par les foyers d'aérage. — Voici la façon de calculer la valeur de la dépression produite par un foyer. Le puits de retour a une hauteur de 300 mètres au-dessus du point où dans ce même puits débouchent les gaz chauds du foyer, la température moyenne dans ce puits est 90 degrés centigrades ; la température moyenne dans le puits d'entrée est 15 degrés. Le baromètre au milieu du puits indique 76 centimètres. Comme nous savons que le poids d'une colonne d'air de 300 mètres de haut et de 1 décimètre carré de section transversale est, à 15 degrés centigrades, de 34,6 ; une même colonne à 90 degrés centigrades pèse 27,7 ; la différence est 6,9, qui donne la valeur de la dépression en grammes par décimètre carré dans le cas considéré.

Indicateur de dépression. — La pression d'air dans les mines n'est pas en général mesurée en kilogs par centimètre carré comme nous venons de le calculer, mais en centimètres d'eau. L'indicateur employé est usuellement constitué par un tube de verre de 12 à 25 millimètres de diamètre recourbé en forme d'U. Une échelle graduée en centimètres et millimètres est placée entre les deux branches verticales de l'U. L'une des branches est couverte d'un capuchon perforé pour permettre à la pression atmosphérique de s'exercer ; l'autre branche se recourbe et peut être introduite dans un trou pratiqué dans une porte ou un coffrage. De cette manière l'une des colonnes de liquide est connectée avec l'air d'un côté de la cloison l'autre avec l'air de l'autre côté. S'il existe une différence de pression atmosphérique quelconque de part et d'autre de la cloison, l'eau se déplace dans le tube, et l'on peut mesurer sur l'échelle la différence de niveau ; si cette différence de niveau est de 25 millimètres, on dit qu'il existe une pression ou dépression de 25 millimètres d'eau. Une pression de 1 centimètre ou 10 millimètres d'eau correspond évidemment à une pression de 1 gramme : centimètre carré ou 0,001 kilog : centimètre carré.

Calcul de la dépression produite par les foyers. — Nous référant à l'exemple précédemment cité, où la dépression trouvée a été de 7,45 grammes : centimètre carrés, nous dirons que cette pression correspond à une hauteur de colonne d'eau de 7,45 centimètres ou 75 millimètres d'eau en chiffres ronds.

Cette pression peut également se calculer d'une façon différente sans avoir recours à la table des poids de l'air donnée ci-dessus. En vue de calculs approximatifs, il est suffisant de se rappeler que l'eau, à la température zéro, et à la pression 760 millimètres, est 800 fois plus dense que l'air, autrement dit qu'un litre d'eau pèse 800 fois plus qu'un litre d'air dans les conditions énoncées (ce rapport variant bien entendu, si l'on vise l'exactitude avec la pression et la température). En fait avec de l'eau et de l'air à une température de 15 degrés centigrades, un mètre cube d'eau pèse autant que 820 mètres cubes d'air.

Quand l'air est chauffé, en effet, il se dilate, de sorte qu'il devient plus léger sous un égal volume ; la valeur de cette dilatation est de $1/273^e$ par degré centigrade d'élévation de température.

C'est ainsi que le litre d'air, qui pèse à zéro 1,293 grammes, n'en pèsera plus, à 15 degrés centigrades, que :

$$1,293 \times \frac{273}{273 + t} = 1,22 \text{ grammes.}$$

Nous inspirant de ces considérations nous allons pouvoir

calculer directement la valeur de la dépression et le travail dépensé dans la ventilation naturelle.

Soient : D profondeur du puits de retour en m.

T la température dans ce puits en degrés C.

t la température dans le puits d'entrée.

T′ la température T $+$ 273.

t' la température $t +$ 273.

x la dépression mesurée en mètres d'air à la température d'entrée.

$$On\ a\ x = D - \frac{D \times t'}{T'} \text{mètres.}$$

La dépression, mesurée en centimètres d'eau et lue sur l'indicateur de dépression sera :

$$M = \frac{x \times 1,22}{10} \text{ centimètres d'eau}$$

et mesurée en kilogrammes par mètre carré

$$P = M \times 10 \text{ kilogrammes.}$$

Si Q est le débit d'air qui circule dans la mine en mètres cubes par seconde, le travail de la ventilation sera par seconde :

T $=$ PQ kilogrammètres, et enfin la puissance développée en chevaux :

$$H = \frac{PQ}{75} \text{chevaux.}$$

Prenons un exemple numérique.

Soient : T $= 90°$ c., on a T′ $= 273 + 90 = 363°$.

$t = 15°$, on a $t' = 273 + 15 = 288°$.

D $= 300$ mètres, Q $= 47$ m³. par seconde.

Appliquant la règle énoncée, on a :

$$x = (D)\ 300 - \frac{(D)\ 300 \times (t')\ 288}{(T')\ 363} = 62 \text{ mètres d'air à}$$

15° et à la pression de 760 millimètres.

Réduisant cette colonne d'air en centimètres d'eau, on a

$$M = \frac{62 \times 1{,}22}{10} = 7{,}5 \text{ centimètres, qui correspondent à une}$$

pression par mètre carré de 75 kilogs.

Le débit étant de 47 mètres cubes par seconde, la puissance dépensée dans la ventilation sera de :

$$75 \times 47 \text{ kilogrammètres.}$$
$$\text{ou } \frac{75 \times 47}{75} = 47 \text{ chevaux.}$$

(Nous ne rappelons pas ce que vaut le cheval.)

Si l'on se sert, dans les calculs précédents, de la hauteur en centimètres d'eau directement lue sur un indicateur manométrique placé au fond du puits de retour d'air, il faudra avoir soin de forcer la lecture, pour tenir compte des pertes de charge éprouvées par l'air à cause du frottement contre les parois des puits et galeries ; il sera plus exact de déterminer la dépression par le calcul, au moyen de données expérimentales relevées soigneusement, concernant les températures et pressions dans les puits.

Combustible consommé par les foyers d'appel. — La quantité de charbon brûlée dépend partiellement de l'efficacité de la combustion. Si le feu est mal conduit, la combustion incomplète, la fumée abondante, il est évident que la consommation sera plus élevée qu'avec un foyer bien mené. Si le puits est humide, ou si le puits possède un cuvelage métallique par lequel la chaleur puisse être perdue par conduction au travers de poches d'eau souterraines avoisinantes, il est encore évident que les pertes de chaleur ainsi créées occasionneront un accroissement de la consommation. Le cas idéal est celui d'un puits sec, muraillé en briques.

Dans les calculs théoriques, on suppose le puits sec et sans pertès par conduction ; l'on admet également que l'air arrive au foyer à la même température qu'au puits d'entrée. Ces deux hypothèses sont inexactes en pratique. Le puits est toujours humide, à moins d'être artificiellemeut desséché ; il y a toujours des pertes par conductions ; enfin, dans les mines de 300 mètres et au-dessus, l'air, par son passage dans les travaux, arrive toujours plus chaud au foyer qu'il ne l'était à son entrée dans la mine. Cette chaleur recueillie dans la mine peut être opposée à la chaleur enlevée à l'air par les parois du puits de retour, et il n'est pas improbable que l'une balance l'autre, si le puits ne laisse point passer d'eau, sauf celle qui est canalisée.

Les données ci-après permettent de dire que la supposition précédente n'est pas erronée. Le taux de la perte de chaleur par conduction au travers d'une paroi est proportionnel à la différence des températures de part et d'autre de la paroi. Ainsi, dans notre puits de retour par exemple, la température du sol est d'environ 15 degrés centigrades, et celle de l'air de 82 degrés ; dans les travaux au contraire, la roche aura une température de 18 degrés et l'air qui circule 15 degrés. L'on peut donc dire que la transmission de la chaleur dans le puits comparée à celle qui provient des parois des travaux, est dans le rapport de 67 degrés à 3 ou 22 à 1. Donc, un puits de 300 mètres perdra la même quantité de chaleur que gagnera l'air en circulant dans 6.600 mètres de galeries.

Le pouvoir calorifique de 1 kilogramme de charbon est théoriquement égal à 8.000 calories dans le cas de bon combustible et d'une combustion parfaite. Pratiquement, dans notre foyer, nous ne retirerons de notre charbon pas plus de 6.800 calories.

La chaleur spécifique d'un corps est la quantité de chaleur nécessaire pour élever de 1 degré la température de 1 kilog de ce corps. La chaleur spécifique de l'eau étant prise comme base, soit égale à 1 ; celle de l'air par comparaison est 0,2379. En d'autres termes il faut moins de chaleur pour élever de 1 degré la température d'un kilogramme d'air que pour élever de 1 degré la température d'un kilogramme d'eau.

Connaissant la quantité de chaleur dégagée par la combustion, et la chaleur spécifique de l'air, une simple règle de trois fournit le poids d'air dont la température peut être élevée de 1 degré par la combustion d'un kilog de charbon.

$$\frac{0,2379}{1} = \frac{6,800}{x}.$$

Soit $x =$ en chiffres ronds, 28,583 kilogrammes d'air.

Prenons un exemple. Le débit de la ventilation est de 3.000 mètres cubes par minute, la température de l'air à l'entrée est de 28 degrés centigrades, et à la sortie (dans le puits de retour) de 73 degrés centigrades.

La valeur de l'échauffement à demander au foyer d'appel sera donc de 73 — 28 = 45 degrés centigrades. 3.000 mètres cubes pèsent à 58° degrés, 3.540 kilogrammes. Le poids de combustible exigé par minute pour échauffer notre air sera donc :

$$\frac{3.540 \text{ k.} \times 45°}{28.583} = \frac{3.540 \times 45}{28.583} = 5 \text{ k. } 57$$

Multipliant par 60, on a 334 kilogrammes comme consommation de charbon exigée par heure.

La dépression de ventilation sera de 51 kilogrammes par mètre carré ; le travail, de 2.540 kilogrammètres et la puissance correspondante de 34 chevaux.

Divisant 334 kilogrammes par 34, la consommation spécifique ressort donc dans notre cas à 9,8, soit 10 kilogrammes de charbon par cheval et par heure. Ce chiffre est une moyenne.

Comme nous l'avons dit, le rendement de l'aérage par foyer d'appel varie directement avec la profondeur. Par suite, la consommation de charbon varie inversement, comme l'on voit par les chiffres suivants :

			Par cheval-vapeur.
Puits de	75 mètres, consommation de charbon :	43 kilog.
—	150 — — —	22 —
—	300 — — —	11 —
—	450 — — —	7 —
—	600 — — —	6 —
—	900 — — —	4 —
—	1.200 — — —	3 —

Ces chiffres constituent une moyenne raisonnable ; les données fournies par l'expérience sont parfois supérieures, parfois inférieures à ces valeurs.

Si tout l'air de la mine est conduit dans le puits par un coffrage isolé, et que le foyer soit uniquement alimenté d'air frais pris directement à l'entrée, l'économie de l'aérage est fortement diminuée, parce que l'air frais traversant le foyer sert uniquement à transmettre la chaleur du foyer à l'air dans le puits. Si la température des gaz chauds dans le conduit de fumée est de 280 degrés centigrades et celle de la mine de 10 degrés, enfin celle du mélange au-dessus du point où débouchent les gaz chauds de 110 degrés centigrades, chaque kilogramme d'air frais ayant passé dans le foyer doit fournir dans ces conditions 170 degrés pour réchauffer l'air de la mine, et chaque kilogramme d'air de la mine doit prendre 100 degrés. Cela revient donc à dire

qu'un kilogramme d'air du foyer réchauffe 2 kilogrammes
d'air de la mine, de sorte que, dans un poids total de 3 kilogrammes d'air dans le puits de retour, il y a 2 kilogrammes
d'air de la mine et 1 kilogramme d'air du foyer. Le poids
d'air de la mine est, en résumé, augmenté de 50 pour 100
par addition de l'air ayant passé par le foyer, et, par conséquent, la consommation est, elle aussi, augmentée de 50
pour 100 par rapport à ce qu'elle serait si tout l'air de la
mine traversait le foyer.

Ventilation mécanique. — Ici le courant d'air est produit par un ventilateur mécanique au lieu d'un foyer. A part
de rares exceptions, le ventilateur est placé à la partie supérieure du puits de retour d'air, lequel est clos. Un tunnel
ou conduit mène l'air du puits au ventilateur. La fermeture
du puits peut d'ailleurs être mobile, de façon à permettre le
passage des cages ; elle est fréquemment constituée par un
simple chapeau en bois ou en métal, aussi léger que possible,
qui est soulevé lorsque la cage monte à la recette, et redescend avec elle. La partie supérieure du puits est alors généralement rétrécie par un faux-cuvelage (fig. 266) qui em-
brasse exactement la forme de la cage, de façon à ce que
celle-ci fasse clapet et évite toute irruption d'air lorsque le
chapeau du puits est soulevé. D'autres fois un coffrage clos
monte jusqu'aux molettes, et une cloison le divise en deux
compartiments, un pour chaque cage. Deux portes latérales
à guillotine que les cages soulèvent respectivement au passage permettent les manœuvres. Ce dispositif est représenté
par la figure 267 ; a, a, sont les portes (partiellement équi-
librées par des contrepoids) que la cage vient de soulever en
arrivant à la recette ; b, b, b les parois du coffrage. Quand
la cage redescend, les portes se referment par leur poids
propre. Ces ouvertures des portes, pendant les manœuvres,
ne paraissent pas influencer sensiblement la ventilation générale.

Au point de vue de l'économie de la ventilation mécanique, le terme *rendement* est généralement employé et exprimé en *pour cent*. Ainsi la puissance à la machine est prise comme base, soit 10 pour 100, et la puissance effectivement dépensée dans l'air est une fraction de ce chiffre,

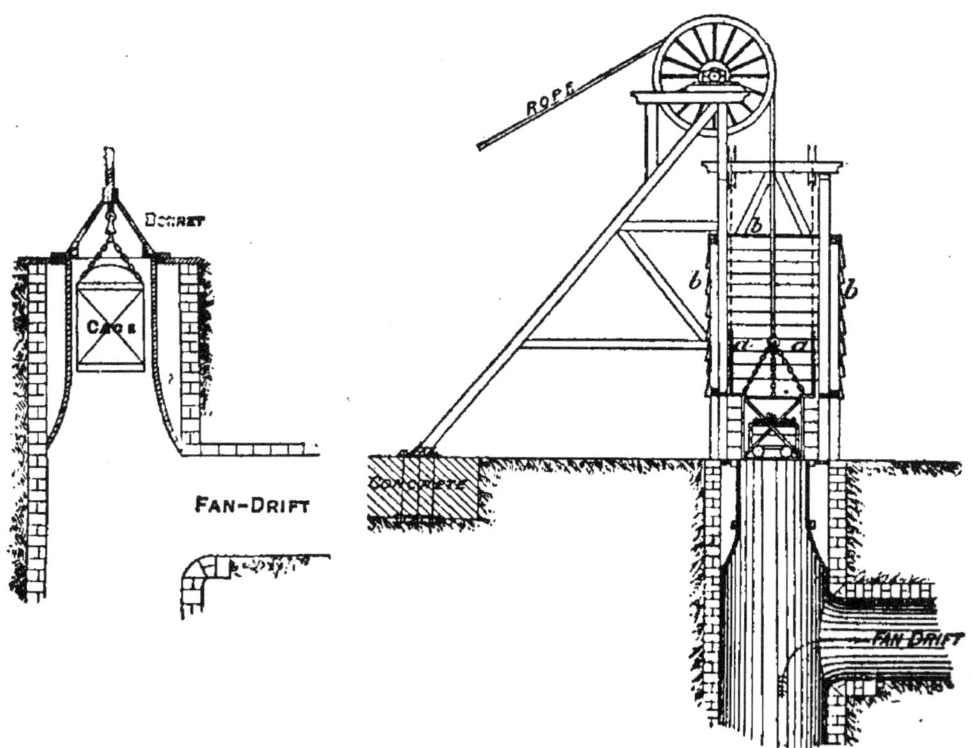

Fig. 266, 267. — Disposition du haut des puits pour permettre la ventilation mécanique (*fan-drift*, galerie du ventilateur).

fraction qui peut être comprise entre 10 et 80 pour 100, suivant le degré d'efficacité.

Puissance à la machine. — La puissance à la machine est mesurée au moyen de l'indicateur dynamométrique, dont il existe de nombreux modèles (Richard, Crosby, Tabor, etc.), tous basés sur le même principe. Les deux derniers sont peut-être meilleurs pour les grandes vitesses.

L'indicateur dynamométrique dé Watt est considéré comme donnant de bons résultats avec les machines tournant jusqu'à 100 tours par minute, et dont la vitesse linéaire du piston n'excède pas 90 mètres par minute.

Puissance dans l'air déplacé. — Cette puissance se calcule de la façon que nous avons déjà indiquée à propos de l'aérage par foyer d'appel, directement par le calcul ou par les données de l'indicateur manométrique à colonne d'eau. Pour les ventilateurs mécaniques, on place l'indicateur dans le tunnel allant au ventilateur, de façon à mesurer la différence de pression entre l'extérieur et celle qui existe dans le tunnel. Cette dépression, quand le ventilateur est placé à la partie supérieure du puits, est en effet tout entière due à l'action du ventilateur. Dans ce cas, si la mesure est bien faite, il n'y a pas de correction à apporter pour les frottements. Il faut avoir soin d'effectuer la mesure avec précaution, et éviter que le courant d'air, qui existe dans le tunnel ne vienne exercer un effet dynamique par pression ou succion sur la colonne d'eau, les lectures dans ce cas pouvant être faussées considérablement. L'extrémité libre du tube exposée au courant d'air devra être munie d'un capuchon percé de petits trous, et l'appareil orienté de façon à éviter du mieux possible l'action du courant d'air.

La puissance dans l'air se calcule de la manière déjà indiquée.

Soit Q, débit en mètres cubes par seconde,

P, la pression en kilogrammes par mètre carré (égale aux centimètres d'eau par 10).

La puissance H est donnée par :

$$H = \frac{PQ}{75}$$

Exemple : Soit Q = 50 mètres cubes par seconde, et la

dépression mesurée, 7 centimètres d'eau. La pression correspondante P = 70 kilogrammètres.

La puissance dans l'air sera $\dfrac{70 \times 50}{75} = 46,7$ chevaux.

Mesure du débit ; anémomètres. — Le volume d'air passant par un point donné peut être calculé, connaissant

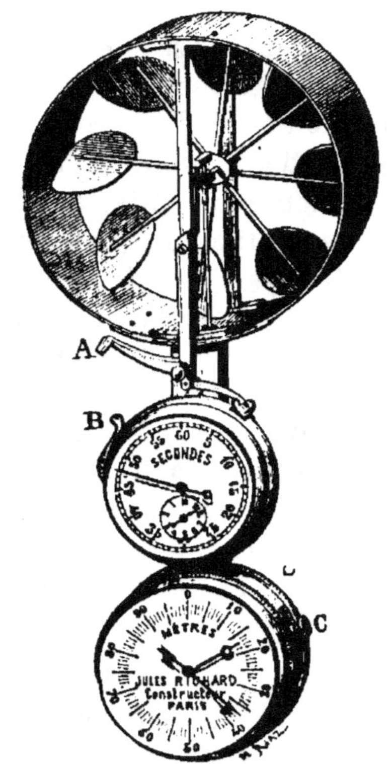

Fig. 268. — Anémomètre à cadran avec compte-secondes.

la section transversale, en mesurant la vitesse avec laquelle s'écoule cet air. Supposons une galerie présentant une section de 1,5 m², et la vitesse de l'air de 300 mètres à la minute ; le débit à la minute sera de 450 mètres cubes, soit 7,5 m³ par seconde. La vitesse du courant d'air se mesure au moyen de l'anémomètre. La figure 268 représente l'anémomètre de Jules Richard, le constructeur bien connu.

Il se compose d'un moulinet en aluminium extrêmement léger et d'une grande solidité ; il fonctionne pour des vitesses très faibles de l'air comme pour les plus fortes, sans se déformer, grâce à la forme des ailettes. L'arbre à vis sans fin engrène avec une petite roue dont l'axe est assez long pour aller transmettre son mouvement au compteur totalisateur, contenu dans un boîtier de montre qu'on tient à la main.

Cette disposition a, sur les anémomètres qui ont leur compteur placé au centre du moulinet, l'avantage de ne produire aucun remous et de laisser à l'air une liberté complète pour son passage.

Pour la mesure, on place l'anémomètre dans le sens du courant d'air. On embraye le moulinet avec le compteur en pressant du doigt sur le levier A, on regarde en même temps sur une montre à secondes le moment du départ, on laisse tourner pendant 10, 20 ou 30 secondes ou même une minute, et on lit directement sur le cadran le nombre de mètres.

L'exactitude de l'anémomètre peut être vérifiée approximativement au moyen d'un couloir ou galerie de longueur connue, dans lequel ne règne aucun courant d'air; l'opérateur se déplace alors avec l'anémomètre, en ayant soin de bien tenir l'appareil à bout de bras et normalement au sens du déplacement ; lorsqu'il s'arrête, l'index de l'appareil doit indiquer le chemin parcouru comme étant celui du courant d'air qui a traversé l'anémomètre.

Un autre type d'appareil est celui de Dickinson (fig. 269), constitué par un simple plan oscillant qui est soulevé par le courant d'air proportionnellement à la vitesse de l'air. La valeur de l'inclinaison est mesurée sur un secteur gradué convenablement.

La vitesse d'un courant d'air peut être également mesurée avec la fumée de la poudre. Prendre une galerie de 100 mètres de large environ et de section uniforme. A l'entrée du courant d'air, faire brûler un peu de poudre ; l'observateur placé à l'autre extrémité met en route une montre

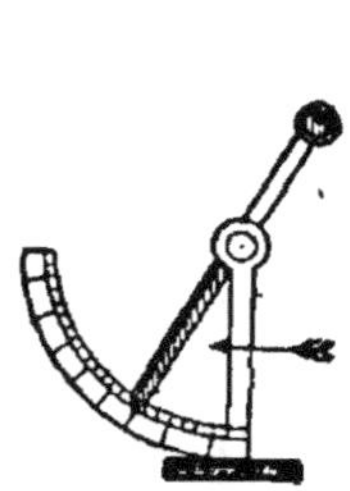

Fig. 269.
Appareil anémomètre Dickinson.

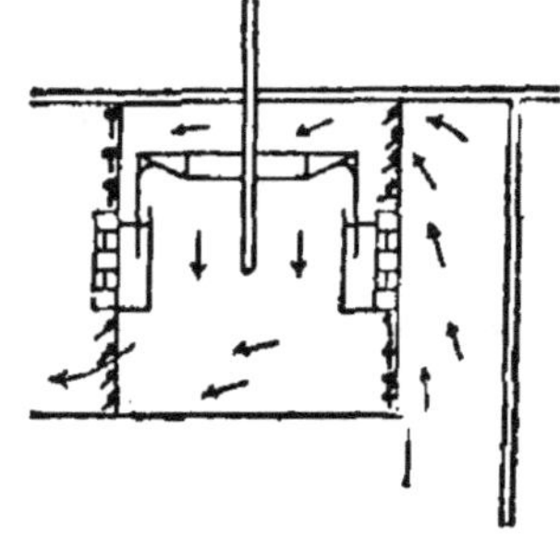

Fig. 271.
Le piston à air de Struve.

à secondes à l'instant où il voit luire la flamme ; il l'arrête quand l'odeur de la poudre lui parvient. Un procédé analogue consistera à briser une fiole d'éther ou autre esprit

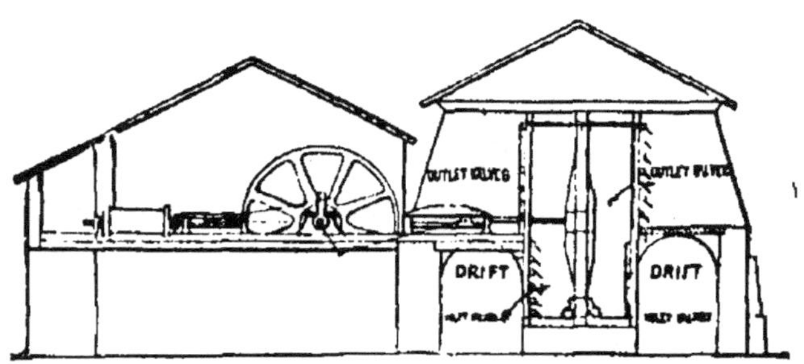

Fig. 270. — Machine soufflante
(avec valves d'entrée et de sortie : *inlet, outlet*).

odorant ; quand l'observateur entend le coup de marteau, il met sa montre en route, et il l'arrête lorsque l'odeur lui parvient. Ces procédés sont évidemment moins précis que ceux qui font intervenir l'anémomètre.

Machines soufflantes à mouvement alternatif. —

La figure 270 représente la machine soufflante de Nixon. Elle est commandée par un moteur à vapeur horizontal monocylindrique de 0 m. 91 de diamètre, 1 m. 80 de course et deux volants de chacun 15 tonnes. Les bielles donnent le mouvement à deux pistons à air, à mouvement horizontal, possédant une course de 2 m. 10. Ces pistons sont rectangulaires et coulissent dans les cylindres également rectangulaires ; chacun d'eux a 9 mètres de large sur 6 m. 55 de haut ; ils se déplacent sur 4 rouleaux courant sur deux rails transversaux ; le jeu, aux extrémités de la course, est réduit autant qu'il a été possible. Chaque cylindre possède 168 valves d'aspiration et 196 de refoulement, ce qui fait 728 clapets pour l'ensemble de la machine ; les volants font environ 7 tours à la minute, ce qui donne 14 coups de piston dans le même laps de temps. Le rendement de la soufflerie dépend du bon fonctionnement des soupapes et de la valeur de l'espace mort dans le cylindre. Cette machine existe dans une mine de Clamorganshire.

La figure 271 représente la partie essentielle de la machine soufflante de Struve. La machine à vapeur monocylindrique a 0 m. 60 d'élevage sur 1 m. 32 de course. Un harnais d'engrenage réduit la vitesse dans le rapport de 4 à 1 ; deux balanciers commandent chacun, à la fréquence de 6 1/5 coups par minute, un piston à air à mouvement vertical de 5 m. 57 de diamètre ; la course est de 2 m. 13. Ces pistons sont construits en tôle de 6 millimètres, et ressemblent à de petits gazomètres. Un joint hydraulique complète l'analyse. La machine fonctionne à la façon d'une pompe à double effet, et la tige du piston traverse dans ce but une sorte de presse-étoupe. Le rendement de cette machine dépend dans une grande mesure de l'état des clapets ; elle a pu fonctionner avec une dépression de près de 15 centimètres d'eau. Il y a 92 valves d'aspiration et 92 de refoulement ; chaque valve a 1 m. 22 de long sur 0 m. 35 de large. Il existe en Angleterre deux machines soufflantes de ce système.

Souffleries rotatives. — Les machines soufflantes alternatives présentent de sérieux inconvénients, la présence indispensable de clapets n'est pas le moindre ; elles doivent marcher à faible vitesse sous peine de se détruire elles-mêmes et de projeter l'eau formant joint, et sont, par suite, très encombrantes. Ces considérations ont conduit à la création des machines rotatives.

La soufflerie de Cooke est représentée par la figure 272. Ici le piston prend la forme d'un tambour de 6 m. 70 de dia-

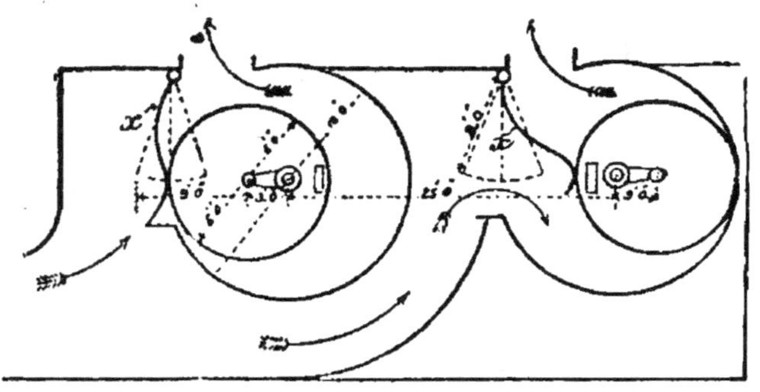

Fig. 272. — Soufflerie rotative Cooke.

mètre et 3 m. 50 de largeur. Ce tambour est monté excentriquement sur un axe moteur, et décrit un mouvement de rotation à l'intérieur d'une chambre circulaire qui est disposée pour épouser le plus près possible ce tambour. Dans ce mouvement, le tambour chasse devant lui dans l'atmosphère l'air qu'il a aspiré derrière lui dans la mine. Une sorte de valve x, pratiquement constituée par une lame élastique, vient, à cet effet, appuyer constamment contre le tambour. Pour faciliter le mouvement du tambour et éviter les réactions violentes, la machine est équilibrée par un second tambour analogue, commandé par le même arbre, mais à excentricité opposée. De la sorte, au moyen de ces deux appareils, la machine de commande ne subit pas d'à-coups, et l'aspiration opérée dans la mine est continue. Le rendement de cette machine dépend du degré de précision avec lequel le jeu peut être réduit entre les parois de la chambre et du tambour et la lame élastique, et de la valeur des frottements dans les paliers supportant les tambours et

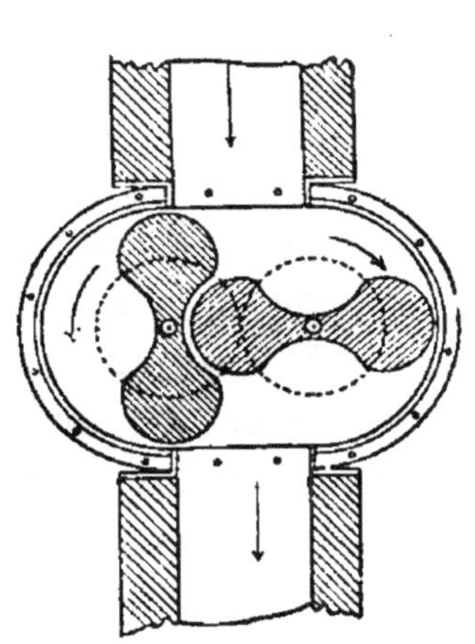

Fig. 273.
Type d'une soufflerie Root.

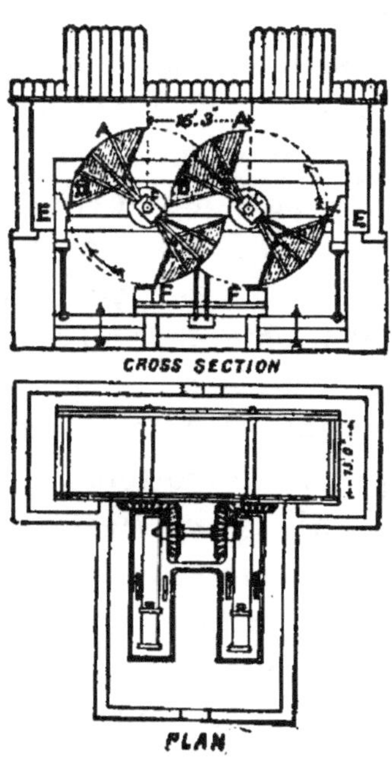

Fig. 274, 275.
Ventilateur Root.

les arbres. (La lame dont nous avons parlé est écartée au moment voulu par des leviers disposés extérieurement).

Un autre type de soufflerie est celui de Root (fig. 273). Le croquis représente l'appareil de petite dimension employé comme ventilateur de forge ou de cubilot. Deux tambours, de la forme indiquée en 8, sont calés à angle droit sur deux arbres respectifs, et tournent en sens contraire. L'appareil fonctionne alors à la façon d'une pompe à engrenages, chaque pignon n'ayant ici que deux dents ; l'air ainsi emprisonné est chassé de l'autre côté ; cet appareil se prête à l'obtention de très hautes dépressions. Un gros ventilateur, basé sur ce principe, fonctionne dans une mine du nord de l'Angleterre (fig. 274, 275). La longueur du grand axe de chaque tambour rotatif est de 7 m. 60, et la longueur du petit axe 2 m. 28. Chacun de ces pistons circulaires a 3 m. 96 de large, et est revêtu d'une bande de tôle de 6 millimètres d'épaisseur L'enveloppe dans laquelle tournent les tambours est en fonte, et le jeu est ramené à 3 millimètres par un ajustage aussi rigoureux que possible ; la machine est commandée par deux cylindres à vapeur de 0 m. 71 d'alésage sur 1 m. 22 de course ; sur les arbres manivelles sont calés deux pignons engrenant avec la roue commandant respectivement chaque tambour. Le rendement de cette machine, comme celui de la machine de Crooke, dépend de la valeur du jeu entre les tambours et les parois de l'enveloppe, et des pertes en frottements nuisibles qui peuvent exister.

Ventilateurs hélicoïdes. — De même qu'un courant d'air donne le mouvement à un moulin à vent, de même un moulin à vent mu mécaniquement donnera un courant d'air ; aussi installe-t-on souvent des ventilateurs ressemblant à des moulins à vent dans un évidement ménagé au travers d'une paroi : un côté du mur communique avec le puits, l'autre avec l'atmosphère. Ces appareils, appelés *extracteurs d'air*, ne donnent qu'une faible dépression, au contraire de ce qui se produit pour la ventilation des bâtiments, où les distances sont faibles. Quelquefois, au lieu d'une série d'ailes ou aubes, on en établit une seule, mais continue en forme de vis (fig. 276). Il existe un très grand nombre de types de ventilateurs hélicoïdes ; mais ils sont d'un emploi peu fréquent dans les mines, parce que, encore une fois, ils ne permettent pas d'obtenir une dépression suffisante pour la ventilation d'une mine un peu importante.

Ventilateurs centrifuges. — Ces appareils sont à peu

près uniquement employés aujourd'hui dans les mines; et incontestablement ils réalisent le mode de ventilation le plus simple, le plus économique et de meilleur rendement.

La force centrifuge est celle qui tend à éloigner du centre les molécules d'un corps animé d'un mouvement de rotation. La raison de ce phénomène se trouve dans l'une des lois du mouvement, celle de l'inertie, qui dit que tout corps mis en

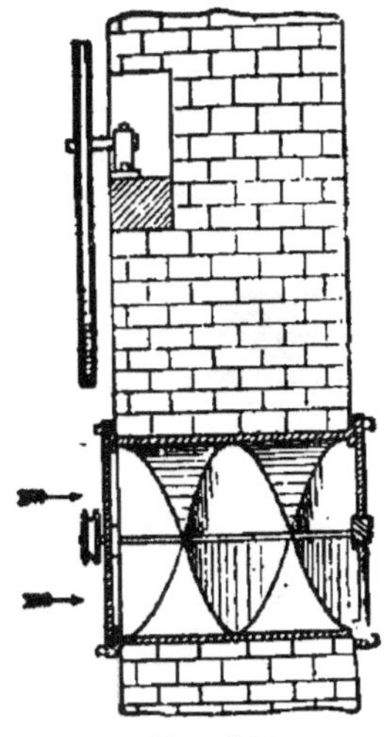

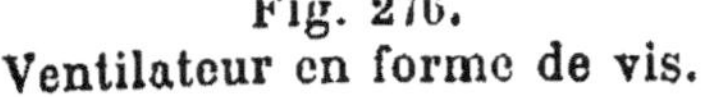

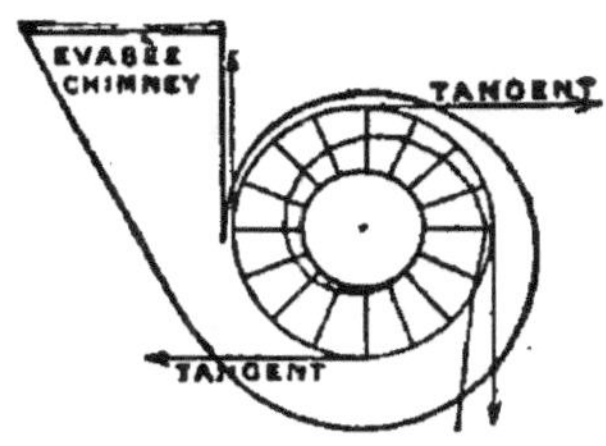

Fig. 276.   Fig. 277.
Ventilateur en forme de vis.   Ventilateur à palettes centrifuge.

mouvement dans une direction quelconque, continue à se mouvoir dans cette direction jusqu'à ce qu'une force extérieure modifie ce mouvement. Une balle lancée dans une allée roulera dans le même sens, jusqu'à ce qu'elle rencontre un obstacle qui la fera dévier; une bille de billard roulera de même jusqu'à ce qu'elle trouve sur son chemin une autre bille ou la bande. En un mot, aucun corps matériel libre ne peut se mouvoir suivant un cercle, à moins qu'il n'y soit assujetti. De même l'air ne peut tourner circulairement que s'il est enfermé dans une enveloppe. Si, dans ces conditions, une roue munie de palettes tourne à l'intérieur de cette enveloppe, et que des orifices soient ménagés à l'axe de la roue et à l'extérieur sur l'enveloppe (fig. 277), l'air qui est à la périphérie de la roue quittera immédiatement le ventilateur suivant la tangente. Cet air sera remplacé par l'air provenant de l'intérieur de la roue, lequel aura pénétré par l'œil ou orifice d'entrée percé à l'axe. Néanmoins, on constate dans les ventilateurs à sim-

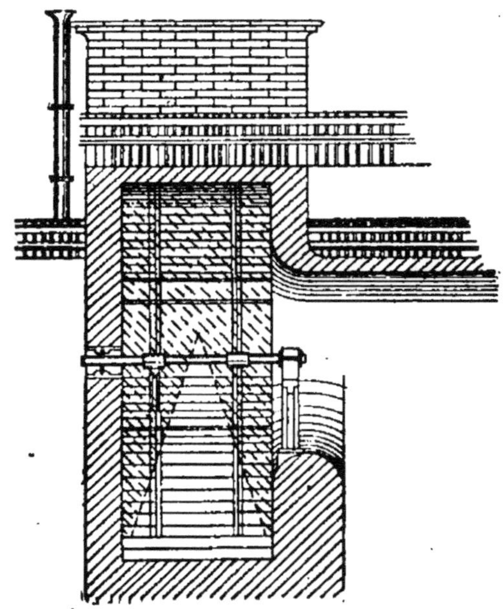

Fig. 278. — Élévation en bout d'un ventilateur Guibal.

ples palettes, à aubes planes, que l'air de l'atmosphère environnante, aussi bien que l'air provenant du centre de l'appareil, vient remplacer l'air chassé par la force centrifuge. Cette rentrée d'air, plus ou moins considérable suivant les types, est la cause qui diminue le rendement de ces ventilateurs.

L'un des types de ventilateurs centrifuges les mieux conçus à ce point de vue est le ventilateur des tarares employés en minoterie. Dans cet appareil, les aubes sont entièrement enfermées dans une enveloppe portant seulement 3 ouvertures : 1 de chaque côté, au centre, pour l'admission de l'air, et 1 sur la périphérie, pour le refoulement de l'air.

Ventilateur Guibal. — Le ventilateur Guibal est une adaptation du tarare ; les figures 278 et 279 en montrent la disposition. Tel qu'il est construit ordinairement, sa turbine a un diamètre de 9 à 15 mètres, et une largeur de 3 mètres à 4 m. 30 ; l'air est aspiré par une ouverture placée au centre du tambour, du côté opposé à la machine de commande, et refoulé par une cheminée évasée. La section de

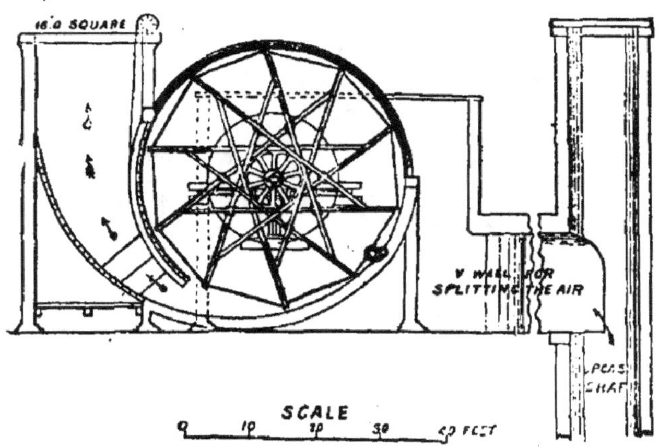

Fig. 279. — Coupe d'un ventilateur Guibal (conduite d'appel, *upcast*).

l'orifice, à la base de la cheminée, est de 3 m² 70 pour un ventilateur de 9 mètres de diamètre et 3 mètres de large, tournant de 50 à 65 tours et aspirant un volume d'air de 2.400 à 3.200 mètres cubes par minute. On peut dans une certaine mesure régler la section de l'orifice au moyen d'une vanne, de façon à faire varier le débit de l'appareil. La cheminée conique a pour effet d'atténuer la vitesse de l'air à sa sortie ; d'après certains auteurs, c'est à ce diffuseur que le ventilateur doit de pouvoir fournir des dépressions assez considérables (voir plus loin). Ce type de ventilateur, déjà ancien, a été adopté à l'origine dans beaucoup d'exploitations. Il est

sujet à de fortes vibrations, qui amènent assez fréquemment de sérieuses ruptures. On remédie dans une certaine
mesure à ces vibrations en employant une vanne à ouverture angulaire qui régularise le refoulement en le rendant
graduel. La figure 278 montre en lignes pointillées l'intercalation de cette vanne. On éprouve aussi quelques difficul-

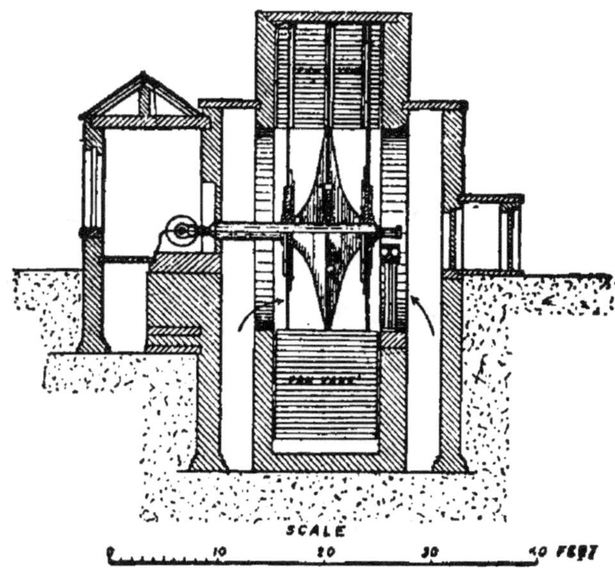

Fig. 280. — Ventilateur Leeds en coupe.

tés à éviter l'échauffement des paliers, la partie tournante
étant d'un poids considérable.

Ventilateur Leeds. — Les figures 280-281 donnent
différentes vues du ventilateur Leeds, qui est une modification du Guibal. L'engin possède deux ouvertures
centrales au lieu d'une, et la largeur est réduite, étant
de 3 mètres seulement pour une turbine de 2 m. 20 de
diamètre. Ce ventilateur fonctionne de façon satisfaisante, mais est sujet aux mêmes observations que le
Guibal concernant les vibrations et le poids de la partie
tournante.

Ventilateur Waddle. — Le Waddle (fig. 282-284) fonctionne à l'air libre. L'on voit, d'après les croquis, qu'il est constitué par deux disques circulaires, l'un droit, l'autre

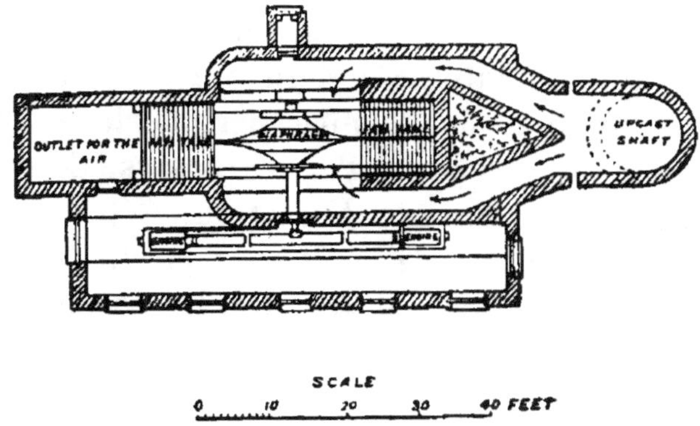

Fig. 281. — Ventilateur Leeds en plan.

convexe, extérieurement réunis par des aubes guidant l'air du centre à la périphérie. Le diamètre varie de 6 à 15 mètres ; pour un appareil de 9 mètres, l'écartement des disques

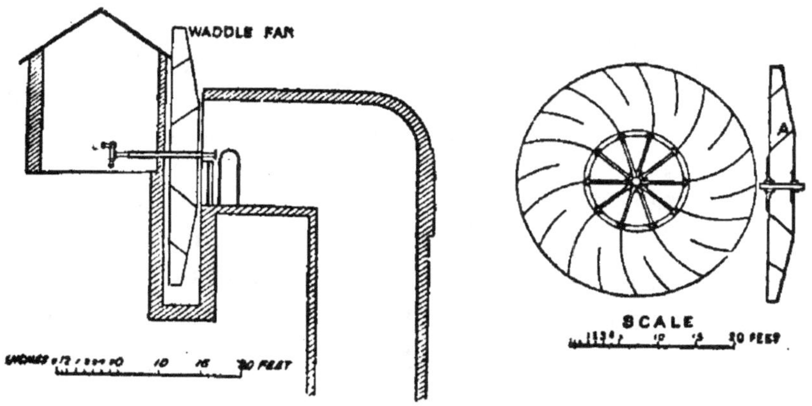

Fig. 282, 283, 284. — Ventilateur Waddle.

est de 0 m. 96 à l'axe et 0 m. 41 à la circonférence. Le ventilateur possède une seule ouverture centrale de 3 m. 60 de diamètre. Elle est munie d'une couronne en bois qui vient tourner devant une autre couronne fixe ; le joint est quelquefois recouvert d'un manchon en cuir cloué sur la couronne fixe. Convenablement établi, la perte par ce joint est insignifiante. L'air de la mine entre par l'orifice central et sort à la périphérie. La courbure des aubes est calculée de façon à ce que la vitesse de l'air qui y circule reste constante, et la largeur de l'orifice périphérique assez faible pour prévenir toute rentrée d'air excessive. Ce type d'appareil est très usité et donne satisfaction.

Ventilateur Rammell. — Cet appareil (fig. 285 et 286) est établi sur le principe du Waddle. Il possède deux ouver-

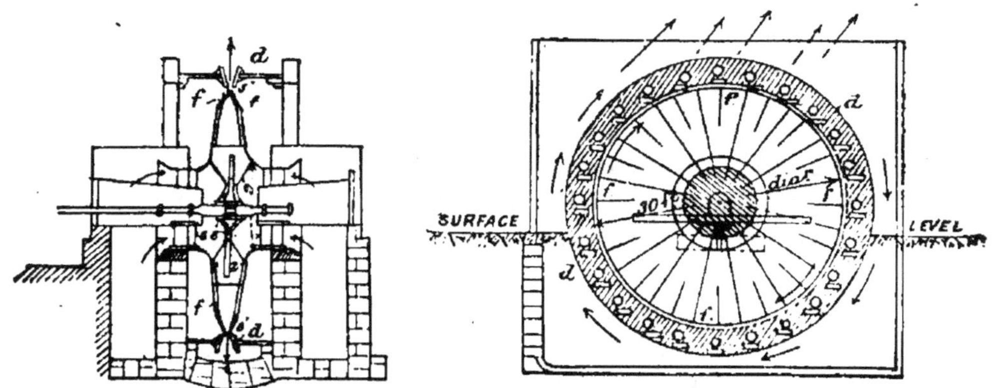

Fig 285, 286. — Ventilateur Rammell.

tures centrales pour l'aspiration de l'air, et l'arbre de la turbine, qui doit être prolongé dans ce but, nécessite trois paliers. L'orifice périphérique de refoulement est contracté dans le but de réduire la rentrée d'air; quelquefois un ajustage divergent *d* est ajouté. Peu de ces ventilateurs ont été construits; ils donnent cependant satisfaction.

Ventilateur Gwynne. — Le ventilateur Gwynne (fig. 287-288) peut être assimilé à une turbine Rammel tournant dans une enveloppe à évacuation partielle et au diffuseur genre Guibal. L'appareil a 1 m. 25 de diamètre et deux ouvertures centrales de 1 m. 50 de diamètre; son

épaisseur à la périphérie est de 1 m. 50, à l'axe, de 0 m. 70 ;
la vitesse 150 tours ; les dimensions du cylindre à vapeur

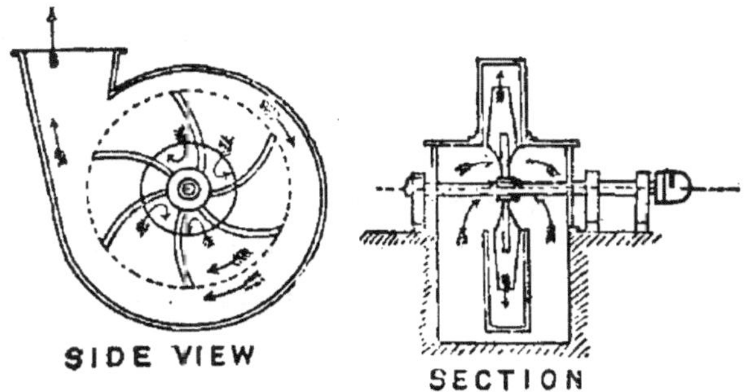

Fig. 287, 288. — Ventilateur Gwynne.

0 m. 40 de diamètre, autant de course. Ce ventilateur donne
satisfaction.

Ventilateur Schiele (fig. 289-290). — C'est un appareil

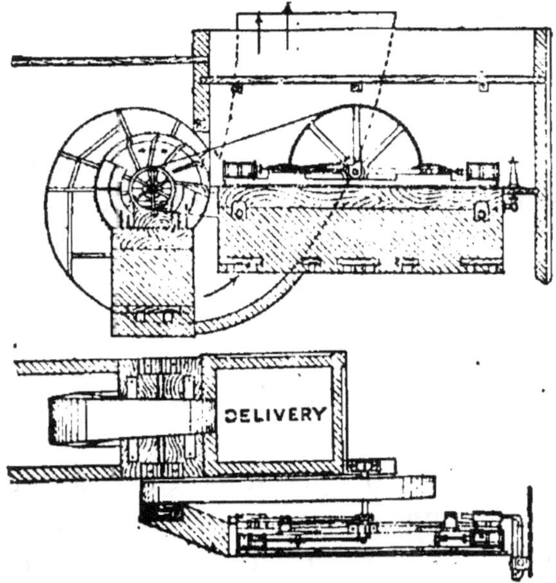

Fig. 289, 290. — Ventilateur Schiele (*delivery*, sortie de l'air).

de petit diamètre et de grande vitesse, à commande par
courroie. Il se construit en diamètres de 1 m. 50 à 4 m. 60.

Il fonctionne à la façon du Guibal, à ouvertures centrales, mais les aubes sont recourbées; l'enveloppe, du type évasé, est spiraloïde. Un ventilateur Schiele, de 3 m. 60 de diamètre, a une largeur de 0 m. 66 à la périphérie. Un certain nombre de ces appareils fonctionnent de façon satisfaisante.

Ventilateur « moyen » (fig. 291-292). — Cet engin a été étudié et construit par l'auteur, qui lui décerna ce nom de « moyen » parce que ses dimensions ne sont ni trop

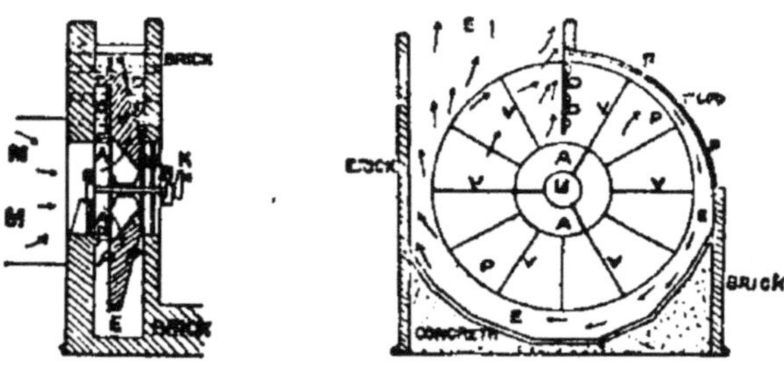

Fig. 291, 292. — Coupe et vue latérale du ventilateur Moyen.

grandes, ni trop réduites. Il est assimilable à une turbine Waddle tournant dans une enveloppe Guibal. Le diamètre atteint 6 m. 10 ; les disques P, P, sont distants de 0 m. 76 à l'axe et de 0 m. 23 à la circonférence. La partie supérieure de l'enveloppe dans laquelle tourne le ventilateur est divisée par une cloison verticale D, D, de chaque côté de la turbine, de sorte que l'air entraîné périphériquement par la turbine ne peut tourner et est rejeté par la cloison dans la cheminée d'évacuation. L'air entre par le passage M dans une seule ouverture AA ; la machine est commandée directement par la manivelle K. La caractéristique de ce ventilateur est, outre l'emploi de la cloison D, l'ajustement efficace de l'enveloppe par rapport à la turbine, en même temps que le cloisonnement. L'appareil donne satisfaction et se modifie comme dimensions suivant les besoins.

Il y a bien d'autres ventilateurs, Lunielles, Fabry, Gunter, Goffint (1).

Ventilation dans les mines à fortes pentes. — Dans les mines de niveau, la température n'a pas d'effet sensible sur la ventilation, jusqu'au point où l'air atteint le puits de retour d'air. Dans des mines inclinées, il n'en est plus de même, et l'effet de la température est d'autant moins négligeable que la veine est plus inclinée. Par exemple, si la ventilation d'un plan incliné ou d'une voie montante se fait par une galerie supérieure, l'air frais pénétrant en descen-

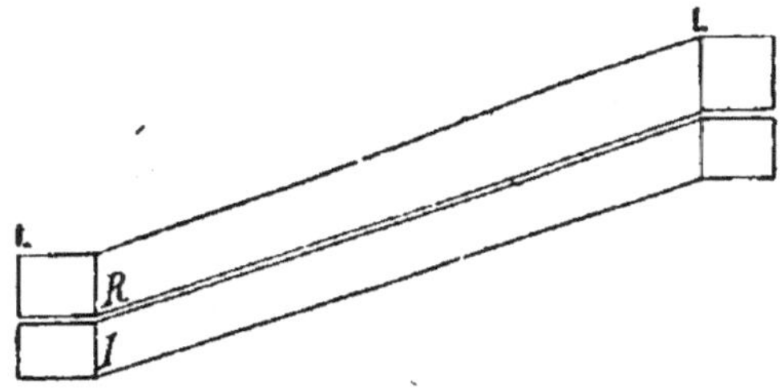

Fig. 293. — Disposition pour ventilation d'une voie inclinée.

dant jusqu'à la voie de fond, et retournant à la galerie supérieure par une autre voie montante, l'aérage se fera naturellement : l'air frais s'étant échauffé dans la première voie et ayant tendance à remonter de lui-même dans la voie de retour. Le phénomène inverse aura lieu si l'on amène l'air frais par la voie de fond, aux dépens de la bonne ventilation.

Prenons un exemple numérique (fig. 293). Supposons une

(1) Nous recommandons au lecteur le ventilateur Ser, qui est un centrifuge, formé d'un disque en tôle portant sur chaque face des ailes en tôle également, recourbées vers l'avant et solidaires d'une enveloppe cylindrique. — Le ventilateur Rateau se fait à une ou deux ouïes ; il est hélicoïde, et ressemble considérablement aux turbines à eau ; les ailettes en sont fixées à la périphérie d'une roue un peu conique ; elles ont une surface en cône ou en cylindre. L'appareil comporte distributeur et diffuseur. — Le ventilateur Mortier est dit diamétral ; l'air y est aspiré à la périphérie de la roue et s'échappe par un autre point de cette périphérie et diamétralement opposé.

voie inclinée de 2.000 mètres de long, la pente étant de 10
pour 100. La dénivellation entre les points d'entrée et de
retour sera de 200 mètres, et la dépression due à l'échauffement de l'air par son passage dans la voie inclinée sera
celle correspondant à un puits de retour qui aurait
200 mètres de profondeur. Supposons que la température
de l'air dans la voie d'entrée est 17 degrés, et dans la voie
de retour 22 degrés. La dépression, obtenue par la formule
donnée a propos des foyers.

$$x = D - \frac{D\,t'}{T'}$$

sera : D étant ici égal à 200 mètres,

$$t' \text{ à } 273 + 17^{\circ} = 290^{\circ} \text{ et } T' \text{ à } 273 + 22^{\circ} = 295^{\circ}$$

$$x = 200 - \frac{200 \times 290}{295} = 4 \text{ mètres}$$

de colónne d'air ; le mètre cube d'air à la température
d'entrée pesant environ 1 kil. 22 la dépression est de
1,22 × 4 = 4 kil. 88 par mètre carré, soit en nombre
rond 5 millimètres d'eau.

On déduirait de même cette dépression au moyen des
tables précédemment données, indiquant les poids de l'air
à différentes températures ; il suffirait de retrancher le
poids du mètre cube d'air à 22 degrés du poids du mètre
cube d'air à 17 degrés, et de multiplier par le nombre de
mètres de dénivellation, pour avoir la dépression en kilogrammes par mètre carré comme précédemment ; d'où il
est facile de la réduire en millimètres d'eau.

Cette dépression locale de 5 millimètres d'eau s'ajoutera
à la ventilation, si comme nous l'avons dit l'entrée et le
retour d'air se font par une voie supérieure ; elle se retran-
chera si l'entrée et le retour se font par une voie de fond.
Si l'on se trouve dans un quartier reculé, à un endroit où

la dépression générale est faible, cette influence ne sera pas négligeable. Elle sera insignifiante au contraire si l'on se trouve dans le voisinage de puits où la dépression est énergique.

Ventilation auxiliaire. — Dans quelques cas spéciaux, il est nécessaire de tracer des voies d'aérage de grande longueur à des distances elles-mêmes considérables des puits ; la pression en ces points reculés est trop faible pour produire une ventilation suffisante ; l'on se voit alors dans la nécessité de placer un régulateur sur le courant d'air principal, ce qui a le plus souvent pour effet de trou-

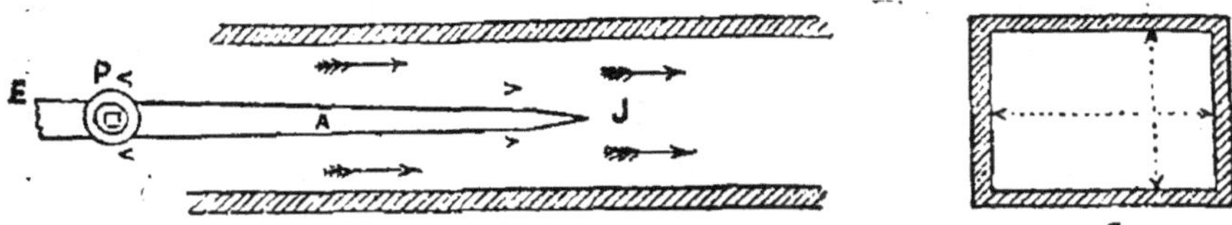

Fig. 294, 295. — Emploi d'un jet d'air comprimé
pour aider à la ventilation.

bler la ventilation générale pour satisfaire à l'aérage de ces voies. — Il est souvent plus pratique, lorsqu'on dispose au fond d'une source de puissance mécanique, air, eau, vapeur, électricité, d'établir un petit ventilateur fournissant la dépression voulue pour faire circuler l'air en ces points locaux. Ce ventilateur peut d'ailleurs être indifféremment soufflant ou aspirant.

Lorsqu'on dispose d'air comprimé dans les travaux, il est assez fréquemment usité comme moyen d'aérage à l'avancement, sous forme de petits jets frappant le front de taille.

Un meilleur procédé d'utilisation consiste à utiliser le jet comme éjecteur, en le faisant fonctionner à l'intérieur d'un conduit en bois, comme l'indiquent les figures 294-295 ; par aspiration, le jet d'air comprimé provoque ainsi un déplacement d'air assez considérable. Néanmoins l'air comprimé est trop coûteux pour qu'on puisse le considérer comme un procédé d'aérage régulier.

Baromètre. — Le baromètre est employé pour mesurer la pression d'air atmosphérique. L'appareil consiste usuellement en un tube de verre, fermé à sa partie supérieure, et plongeant à la partie inférieure dans une cuvette de mercure. La pression atmosphérique fait monter le mercure dans le tube à une hauteur plus ou moins grande, suivant que la pression est elle-même plus ou moins forte. Rappelons que la pression atmosphérique au niveau de la mer est égale à celle d'une colonne de mercure de 1 centimètre carré de section et de 760 millimètres de hauteur, ce qui correspond à une pression de 1,033 kilogrammes : centimètre carré. Quand le mercure descend, c'est que la pression atmosphérique baisse ; et à ce moment le mauvais air contenu dans les vieux travaux, le grisou accumulé dans les poches ont tendance à se dégager plus facilement.

CHAPITRE IX

CHIMIE MINIÈRE : GAZ, EAUX, etc.

GAZ. — L'air est constitué par un mélange de deux gaz
(non point une combinaison) : oxygène et azote ; tous deux
incolores, inodores, et de poids spécifique approchant. Les
proportions du mélange sont, d'après Lavendish, en volume : 20,833 pour 100 d'oxygène pour 79,167 d'azote ; et
en poids : 23 pour 100 d'oxygène pour 77 pour 100 d'azote.
Le poids spécifique de l'air est pris comme base des densités des gaz ; il est donc égal à 1. Le symbole chimique de
l'oxygène est O ; son poids atomique $= 16$. C'est le combu-
rant par excellence, sans lequel la vie ne peut exister, la
combustion ne peut se faire. L'oxygène pur toutefois a un
tel effet que les phénomènes y sont trop vifs : nous ne pour-
rions vivre longtemps dans une telle atmosphère, nous
serions absolument « brûlés », on peut même dire empoi-
sonnés. L'azote est là qui, par sa neutralité, retarde la violence des réactions. Le symbole chimique de l'azote est Az,
son poids atomique 14. On sait qu'il ne peut entretenir ni
combustion ni vie.

Grisou. — Les gaz dangereux rencontrés dans les mines
sont d'abord le grisou, ou gaz des marais, qui est un carbure
d'hydrogène (méthane), dont la formule est CH^4 ; son poids
spécifique est 0,5576 ; il est donc plus léger que l'air. C'est
un gaz incolore, sans odeur ni saveur, éminemment com-

bustible. Quand il est mélangé à l'air dans des proportions variant entre 7 et 14 pour 100 de gaz, le mélange s'enflamme avec explosion ; le maximum de violence est atteint lorsque la proportion de méthane est de 10 p. 100. Il est dégagé souvent des matières en décomposition dans les marais, et forme des bulles inflammables. il se rencontre fréquemment dans les couches de houillère, et même dans les stratifications voisines dans le terrain houiller. Certaines mines en dégagent si abondamment, que le retour d'air en contient jusqu'à 2 pour 100. Étant plus léger que l'air, il se loge de préférence dans les cavités supérieures, et, dans les mélanges d'air et de grisou, ce sont les tranches supérieures des chambres ou des galeries qui en renferment les plus fortes proportions. Il est enfermé dans le charbon sous forme de poches, dans lesquelles le gaz se trouve comprimé à de très fortes pressions, parfois plus de 20 kilogrammes : centimètre carré ; aussi s'échappe-t-il en violents jets, dits soufflards, lorsqu'il trouve une issue. D'autres fois, il s'accumule dans les vieux travaux et, en général, dans tous les vides non ventilés. Sous cette forme le grisou est dangereux, parce que les variations de la pression atmosphérique ont pour effet de faire sortir le mauvais air. Lors d'une baisse brusque de la pression, en effet, le gaz se détend, et un pourcentage proportionnel à la valeur de la dépression s'en répand dans les travaux. La ventilation doit donc être particulièrement énergique en pareil cas. Si l'atmosphère renferme 2 pour 100 de grisou, et qu'il y ait beaucoup de poussières de charbon en suspension dans l'air, ce mélange peut s'enflammer et donner lieu à des coups de poussière dangereux. La proportion de grisou ne peut s'élever au-delà de quelques parties pour 100 sans amener la suffocation des mineurs. Naturellement il reste du grisou dans les charbons apportés à la surface, et c'est pour cela que des précautions s'imposent pour tous les charbons emmagasinés, dans des caves par exemple.

Acide carbonique. — L'acide carbonique, CO_2, a comme poids spécifique 1,524; il est donc beaucoup plus lourd que l'air. Il se rencontre dans beaucoup de mines, en particulier les mines peu profondes. (Les Anglais le nomment *black-damp*, par opposition avec le grisou ou *fire-damp*.) Étant une fois et demie plus lourd que l'air, il se répand à la surface du sol comme le ferait un véritable liquide. Il est tout à fait irrespirable, et amène rapidement l'asphyxie ; une flamme s'y éteint instantanément.

Le professeur Frank Clowes, de l'Université de Nottingham, s'est livré à des recherches intéressantes sur les atmosphères irrespirables et incomburantes, dont le tableau ci-après est tiré :

EXPÉRIENCES DU PROFESSEUR CLOWES

Substances combustibles brûlées.	Composition % de l'atmosphère dans laquelle la flamme s'éteignait.			Proportion % d'oxygène et d'azote provoquant l'extinction.	
	O	Az	CO²	O	Az
I					
Alcool absolu	14,9	80,7	4,35	16,6	83,4
Alcool dénaturé	15,6	80,25	4,15	17,2	82,8
Pétrole d'éclairage	16,6	80,4	3,0	16,2	83,8
Pétrole et colza	16,4	80,5	3,1	16,4	83,6
Bougie.	15 7	81,1	3,2	16,4	83,6
II					
Hydrogène.	5,5	94,5	—	6,3	93,7
Oxyde de carbone	13,35	74,4	12,25	15,1	84,9
Méthane (grisou).	15,6	82,1	2,3	17,4	82,6
Éthylène.	—	—	—	13,2	86,8
Gaz d'éclairage.	11,35	83,7	4,9	11,3	88,7
III					
Air rejeté des poumons. .	16,15	79,9	3,95	—	—
Air frais	20,9	79,06	0,04	—	—

Les résultats inscrits sous les chiffres I et II étaient obtenus en plaçant une bougie ou une lampe sous une cloche, dans laquelle la pression était maintenue constante par un ingénieux dispositif. On constatait que la bougie s'éteignait lorsque le pourcentage de CO^2 atteignait 3,2 pour 100, et ceux d'O et d'Az 16,4 et 83,6 respectivement.

Le chiffre III montre la proportion d'acide carbonique contenue dans l'air expiré, comparée à celle que contient l'atmosphère ordinaire.

Le tableau suivant donne les pour cent de CO^2 nécessaires pour provoquer l'extinction, quand le mélange incomburant est obtenu par addition d'acide carbonique à l'atmosphère.

Substances combustibles.	Proportion de CO^2 ajouté à l'air produisant l'extinction.		
	Pour cent de CO^2 ajouté.	Composition °/₀ du mélange.	
		Oxygène.	Azote et CO^2.
I			
Bougie.	14	18,1	81,9
Pétrole et colza	16	17,6	82,4
Lampe à pétrole ordinaire.	15	17,9	82,1
Alcool pur.	14	18,1	81,9
Alcool dénaturé	13	18,3	81,7
II			
Hydrogène.	58	8,8	91,2
Gaz d'éclairage.	33	14,1	85,9
Méthane (grisou).	10	18,9	81,1
Oxyde de carbone	24	16,0	84,0
Ethylène.	26	15,5	84,5

On voit que, pour provoquer la formation d'une atmosphère incomburante, il est nécessaire d'ajouter à l'air 14 pour 100 de CO^2 pour éteindre une bougie, 16 pour 100 pour éteindre une lampe brûlant de l'huile de colza, et 58 pour 100 pour éteindre la flamme de l'hydrogène.

Une atmosphère incomburante pour la bougie ou le pétrole peut être néanmoins respirable sans inconvénient pendant un certain temps. M. J.-R. Wilson a trouvé que des lapins peuvent respirer une atmosphère contenant 25 pour 100 d'acide carbonique pendant au moins 1 heure avant d'éprouver des troubles.

La présence de l'acide carbonique est révélée à l'aide d'une flamme libre. Il est courant de faire précéder les hommes descendant dans un puits, ou entrant dans un cul de sac, par une bougie : là où la bougie brûle, l'homme et les animaux peuvent vivre. Rappelons que l'acide carbonique est présent dans l'atmosphère dans la proportion de 4 pour 10 000 et que c'est un produit d'expiration.

Hydrogène sulfuré. — C'est un gaz incolore, d'odeur intense d'œufs pourris. Sa formule est H^2S ; il est toxique. Il brûle dans l'air avec une flamme bleuâtre, et peut probablement donner lieu à des explosions quand il est mélangé à l'air. Il est rare dans les mines, bien que pouvant s'y dégager en quantités parfois assez importantes en même temps que le grisou. L'on dit que, respiré, il prédispose à la cécité.

Oxyde de carbone. — L'oxyde de carbone, de formule CO, et de poids spécifique 0,968, est un gaz incolore et inodore. Il est combustible, brûlant avec une flamme bleue, et donne avec l'air des mélanges explosibles s'il est dans la proportion de 1 pour 2,5 d'air. Il est extrêmement toxique, et il suffit d'en respirer de très minimes quantités pour que cela amène un grave empoisonnement. C'est l'un des gaz les plus dangereux pour la respiration, et fort heureusement il ne se trouve pas dans les mines à l'état naturel ; il n'est que le résultat d'une combustion imparfaite, et sa présence peut être due soit à un foyer, soit aux explosifs, la poudre noire en particulier. La flamme brillante et bleuâtre que l'on voit s'échapper des hauts-fourneaux à gueulard libre est en grande partie due à la combustion d'oxyde de carbone. La densité de ce gaz étant à peu de chose près celle de l'air, il se mélange également à lui, n'ayant tendance ni à se réfugier dans les cavités supérieures ni à s'étendre sur le sol.

Mélange des gaz. — La tendance générale des gaz est de se mélanger entre eux ; cette tendance est néanmoins limitée par leur densité, les gaz les plus légers, comme le grisou, ayant tendance à se séparer des plus lourds. C'est ainsi que le grisou se trouve en plus grande proportion au toit, et l'acide carbonique au mur d'une galerie. Quand l'air est en déplacement, la tendance des gaz à se mélanger est plus forte. Quand il y a abondance particulière d'un gaz léger, il pourra, par mélange, se trouver au mur comme au toit.

Les gaz ont également la propriété de pénétrer à travers beaucoup de substances solides ; les murs en briques ordinaires non vernissées ou vitrifiées, sont facilement traversés par les gaz, et plus le gaz est léger, plus vite la cloison est pénétrée. C'est ainsi que le grisou traversera une membrane poreuse plus vite que l'air, et celui-ci plus vite que l'acide carbonique. La vitesse de diffusion des gaz varie en raison inverse de la racine carrée de leur poids spécifique ; ainsi les densités respectives de l'air, du grisou et de CO^2, étant proportionnellement de 2, 1,1 et 3, les taux relatifs de diffusion seront entre eux comme

$$\frac{1}{\sqrt{2}}, \frac{1}{\sqrt{1,1}} \text{ et } \frac{1}{\sqrt{3}}$$

soit comme 0,71, 0,95 et 0,58 ou 71, 95 et 58.

Grisoumètres. — Le grisoumètre d'Ansell est constitué par les organes suivants : une petite cuvette, recouverte d'une plaque de porcelaine poreuse, contient du mercure en relation avec un tube barométrique. Quand l'atmosphère est grisouteuse, suivant ce que nous avons dit tout à l'heure, le grisou traverse la membrane poreuse plus vite que l'air, provoquant ainsi une surpression à l'intérieur de la cuvette ; pression qui détermine un mouvement ascensionnel du mercure dans le tube ; cette ascension peut être utilisée pour fermer le circuit d'une sonnerie électrique, qui se met à tinter. Une autre forme de l'appareil consiste à relier la chambre à paroi poreuse avec un baromètre anéroïde qui indiquera la valeur de l'augmentation de pression. Il est bon d'ajouter qu'aucun appareil de ce genre n'est d'un usage pratique dans les mines.

Le grisoumètre ou indicateur de Liveing est basé sur la propriété que possède un fil de platine de devenir incandescent, lorsqu'il est chauffé au rouge dans une atmosphère grisouteuse. L'appareil est constitué par deux fils de platine disposés, l'un dans une chambre close, l'autre dans une chambre accessible à l'atmosphère extérieure. Un même courant électrique traverse les deux fils et les amène à la même température ; s'il y a du grisou, l'un des deux fils devient d'autant plus brillant que le gaz est plus abondant ; en ajoutant un photomètre sensible au grisoumètre, on peut même mesurer, dans une certaine proportion, la quantité de grisou. Cet appareil est également d'un emploi pratique nul dans les mines.

La présence de petites quantités de grisou peut être décelée à l'aide de la flamme de substances donnant en brûlant très peu de lumière. L'alcool est dans ce cas ; on trouve une application de ce principe dans la lampe de sûreté Picler, décrite au chapitre XI.

La flamme de l'hydrogène, également peu éclairante, a été adoptée comme détecteur de grisou par le professeur Clowes de Nottingham. L'appareil est représenté figure 296. Un petit cylindre d'hydrogène comprimé fournit, par l'intermédiaire d'un robinet à pointeau, du gaz à un petit tube

placé à l'intérieur de la lampe ; H est la bouteille d'hydrogène à 100 kil. : cm² ; le débit est réglé par le pointeau P ; (ce
réservoir d'hydrogène peut être très rapidement ajouté à la
lampe ou détaché de cette lampe, dont il ne fait pas partie
intégrante ; on peut le mettre dans une poche ; B est le tube
brûleur ; la hauteur de la flamme est réglée à l'aide du poin-

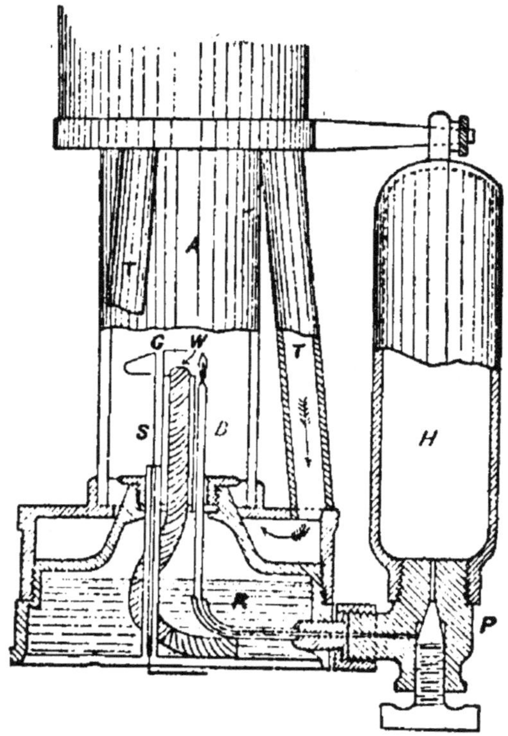

Fig. 296. — Détecteur de grisou Clowes.

teau à une hauteur de 10 millimètres environ ; R est le réservoir d'huile, W la mèche et G la pince à moucher et éteindre
comme dans les lampes ordinaires. L'air à essayer arrive
par le tube T ; A est une enveloppe en verre.

L'atmosphère est d'abord essayée sans flamme d'hydrogène ; si la flamme ordinaire n'indique pas la présence du
grisou, l'on donne l'hydrogène qui s'allume au contact de la

lampe ; celle-ci est éteinte, et l'on règle alors la flamme d'hydrogène à la hauteur voulue. L'on constatera alors la présence de la zone colorée caractéristique du grisou ; si la teneur du grisou est supérieure à 1/5 pour 100, le chapeau coloré peut s'observer distinctement. Avec une teneur de 1/4 pour 100, le chapeau est clair, et possède une hauteur de 17 millimètres ; avec 1/2 pour 100, la hauteur est à peine plus longue, 18 millimètres, mais la teinte plus brillante ; avec 1 pour 100, la hauteur atteint 22 millimètres, et avec 2 pour 100, 31 millimètres. A 3 pour 100, le chapeau a 52 millimètres de hauteur. Cette lampe est d'un emploi très commode, car elle permet d'essayer sur place l'air suspect. La lampe est employée comme lampe ordinaire et transformée instantanément en lampe d'essai en y adjoignant le petit réservoir d'hydrogène. C'est un appareil pratique, pouvant permettre de localiser les venues de grisou.

Analyse. — L'analyse chimique est un moyen très sûr de déceler la présence du grisou ; la seule difficulté réside dans la prise de l'échantillon à analyser. Un bon procédé consiste à se munir d'un ballon ou d'une bouteille pleine d'eau ; on renverse le récipient, en le tenant verticalement. Au fur et à mesure que l'eau s'échappe, elle est remplacée par l'air et les gaz du voisinage. De très faibles teneurs en grisou peuvent aisément être mesurées par la méthode d'analyse du professeur Winkler, de Freiberg. Des analyses systématiques du retour d'air dans les mines grisouteuses, fourniront à peu de frais des données exactes quantitatives sur la nature et le volume des gaz dégagés dans la mine.

Précautions. — Les gaz dont il vient d'être question, le grisou en particulier, se rencontrent surtout dans les houillères ; mais toutes les mines exigent cependant une ventilation active. Les ouvriers, les animaux et les lampes consument de l'oxygène et produisent de l'acide carbonique ; la fumée des explosifs est également très nocive au moment du retour des travailleurs ; et l'on devra disposer de moyens permettant l'aérage rapide et effectif du front de taille. D'ailleurs une atmosphère fraîche et pure se prête mieux au travail qu'une autre lourde et viciée ; et c'est une erreur économique que de lésiner sur des frais de ventilation, alors que les conditions et · la quantité de travail en dépendent très notablement.

Combustion spontanée. — Nous avons déjà parlé de ce phénomène, qui englobe tous les cas où il se produit une combustion vive sans qu'il y ait eu allumage préalable. Ces combustions spontanées sont fréquentes dans les houillères, en particulier dans les gîtes de charbon gras (Warwickshire, Derbyshire). Elles apparaissent rarement dans la masse de la veine, mais plutôt dans les travaux abandonnés, et les remblais où les menus de houille sont entassés en masses relativement considérables. On constate d'abord un échauffement général, hors de proportion avec la température que l'on devrait constater d'après le degré géothermique. Si l'on ne prend pas de précautions, la température s'accroît rapidement jusqu'à produire une fumée bientôt suivie de flamme. Bien entendu le feu se propagera vite. L'origine de ces incendies souterrains a été beaucoup controversée et le point définitif n'est pas encore tranché. On a fréquemment incriminé le dégagement de chaleur dû à la décomposition ou oxydation des pyrites que renferment la houille et les schistes encaissants. Plus récemment, on a accusé l'affinité puissante que posséderait pour l'oxygène le charbon finement divisé ; l'expérience a montré que de la poussière de charbon en présence d'oxygène s'échauffait très rapidement jusqu'à une température de près de 100 degrés. Lorsque les menus sont rassemblés en tas, la chaleur ne peut se dégager et l'échauffement augmente, facilitant d'autre part l'oxydation, de telle sorte que la température d'incandescence est atteinte ; le courant d'air fait le reste, attise le feu.

Il est également possible, lorsqu'on observe des combustions spontanées dans des masses non divisées, que la pression des morts-terrains, le frottement qui en est la conséquence quand le charbon cède, soient pour quelque chose dans le phénomène.

Nous avons examiné déjà au chapitre « Exploitation » les méthodes employées pour combattre les incendies souterrains.

Les accumulations de charbon à la surface, surtout si elles sont dans le voisinage d'une source de chaleur, carneau de fumée, conduite de vapeur, cheminée, etc., sont sujettes aux mêmes accidents. Certaines espèces de schistes donnent également lieu à des combustions spontanées.

Eaux corrosives, etc. — En perçant des puits ou galeries, on met souvent à jour des poches ou des sources d'eaux ayant séjourné longtemps au contact des couches adjacentes, et plus ou moins chargées de matières minérales dissoutes.

De façon générale, l'eau pompée dans une mine varie comme composition avec l'abondance des pluies et les couches traversées. Toutefois, l'infiltration des eaux de pluie est assez rapide et ne dépasse pas généralement une semaine à un mois, de sorte que l'eau n'a pas le temps de se charger fortement en principes minéraux. D'autres fois, ce qui est plus rare, lorsque les couches sont imperméables, l'eau met un temps considérable à la traversée, et l'exhaure est fortement minéralisée. Souvent on trouvera des eaux extrêmement salées.

Dans les mines situées dans le carbonifère, l'eau est généralement ferrugineuse et renferme des sulfures. Dans les mines de cuivre, l'eau est assez fortement chargée de sulfate de cuivre ; or l'on sait que ce dernier déplace le fer avec précipitation du cuivre, de sorte que tout ce qui est en fer, rails, conduites, pompes, etc., est corrodé rapidement. On ne peut employer en pareil cas que le plomb ou le bois.

Dans les filons quartzeux, les mines métallifères, on est fréquemment exposé, lorsqu'on marche en profondeur, à rencontrer des sources thermales. Ces venues d'eau chaude, voire même bouillante, gênent considérablement les travaux et obligent même parfois à sacrifier un quartier de la mine, la température étant intolérable pour les ouvriers. Il se peut que ces eaux siphonnent après être descendues à très grande profondeur, où elles ont été surchauffées. Cela s'est présenté en Cornouailles, dans les exploitations de Comstock, où il fallait arroser les hommes.

CHAPITRE X

LES POUSSIÈRES DE HOUILLE :
DANGERS ET REMÈDES

Il est reconnu aujourd'hui que les poussières fines en suspension dans l'atmosphère jouent un rôle important dans les explosions et catastrophes minières. Il y a 25 ou 30 ans on aurait trouvé cette assertion ridicule ; aujourd'hui on a démontré que le mélange d'air et de poussière, enflammé, peut donner lieu à de véritables explosions dites coups de poussière. (On se rappelle la catastrophe de Courrières.)

C'est aux Français que revient l'honneur d'avoir soupçonné et démontré les premiers le rôle néfaste des poussières. Dès 1864, Verpilleux comparait l'explosion du grisou dans une mine au tir d'un coup de canon, dans lequel la poudre serait la poussière, et le grisou l'inflammateur. En 1872, des ingénieurs de Saint-Étienne relevaient, à l'occasion d'une explosion, que les poussières avaient joué le rôle le plus important, et démontraient que la propagation de la flamme dans un mélange dense d'air et de poussières était si rapide, que la combustion pouvait être assimilée à une véritable explosion. En 1875, Vital publia le résultat de ses recherches sur l'inflammation des poussières, tendant à démontrer qu'un tel mélange pouvait brûler instantanément. En 1876, William Galloway, ingénieur à Cardiff, lisait un mémoire devant la Royal Society sur « L'influence des poussières dans les explosions de grisou ». Les conclusions de l'auteur étaient que les effets désastreux des explosions étaient dus bien plus aux poussières qu'au grisou.

Depuis lors, les études et expériences aboutissant au même résultat se sont multipliées. Ces conclusions peuvent étonner, et semblent en contradiction avec le fait que dans beaucoup de houillères on emploie encore des lampes à feu nu, de la poudre noire comme explosif, et des foyers souterrains pour l'aérage. Il semble en effet qu'il n'y ait pas de raisons pour que la poussière de charbon n'explose pas, car les mélanges de poussière et d'air ont une composition assez **approchée de celle de la poudre de mine ou des mélanges de grisou et d'air dont voici la composition, en poids :**

Élément.	Poudre. 0/0	Grisou et air. 0/0		Poussière et air. 0/0
Carbone.	10,88 ⎱ 5,5	⎱	4,9	6,45
Hydrogène.	0,00 ⎰	⎰	1,6	0,40
Oxygène.	36,96 ⎱ 93,6	⎱	20,8	20,60
Azote.	10,30 ⎰	⎰	72,7	72,2
Potassium.	28,97	—		—
Soufre.	12,80	—		0,1
Cendres.	0,40	—		0,25

Quand la poudre brûle ou explose, la chaleur est produite par la combinaison du carbone avec l'oxygène ; quand c'est le grisou, la chaleur est produite par la combinaison du carbone et de l'hydrogène avec l'oxygène ; et quand c'est la poussière de houille, c'est par combinaison du carbone, de l'hydrogène et de l'oxygène.

L'effet brisant est dû à ce que la combustion est dite instantanée, c'est-à-dire extrêmement rapide, par suite du mélange extrême des particules combustibles avec les par-

ticules comburantes. Ce principe nous paraît particulièrement évident pour les gaz (grisou et air) qui ont tendance
naturelle à se mélanger ; il peut s'admettre également pour
les poussières, qui, à l'état extrêmement ténu, restent en
suspension dans l'atmosphère des galeries. Il y a là un état
de division extrême, très propre à transformer ce qui serait une simple combustion en explosion, lorsque ce mélange
sera allumé. Or c'est là précisément le rôle que joue le
grisou.

De nombreuses expériences de chimistes et d'ingénieurs
ont démontré qu'un mélange de 2 pour 100 de grisou et de
98 pour 100 d'air était inexplosible ; si, dans un pareil mélange, on envoie, sous forme de nuage, de la poussière de
charbon, et qu'on allume, il y a cette fois une explosion violente ; ceci démontre donc indiscutablement qu'une atmosphère non explosible est transformée en atmosphère explosible par la seule apparition de la poussière de charbon. Les
poussières sont plus dangereuses même que ce raisonnement
ne le montre. Une commission de recherche instituée par le
gouvernement allemand se livra à des expériences pratiques
dans un tunnel artificiel, à la surface, sur différents genres
de poussières, et avec ou sans admission de grisou. La commission arriva à provoquer des explosions ou coups de
poussière même en l'absence totale de grisou. On a vu du
reste des explosions se produire dans des installations de
criblage, sans qu'on pût incriminer le grisou. Cette dernière
assertion est solidement étayée par les enquêtes établies à
la suite de diverses catastrophes, tristement célèbres, qui
ont établi le fait que, même sans grisou, les mélanges d'air et
de poussières de charbon constituent de terribles explosifs.

En octobre 1886, une explosion survint à la mine West
Riding, dans le Yorkshire, déterminée par l'ignition des
poussières sous l'influence d'un coup de mine. Cette houillère était bien dirigée et parfaitement ventilée ; pendant

20 ans on n'y avait pas employé autre chose que la lampe à feu nu ; mais on avait récemment introduit, par excès de prudence, la lampe de sûreté. L'enquête établit qu'il n'y avait aucune trace de grisou dans la mine, mais que, par contre, les maîtresses galeries de roulage avaient une atmosphère fortement imprégnée de poussières de charbon, se soulevant en épaisses volutes. La nuit de l'accident, une équipe était occupée à réélargir la galerie ouest, où était installé un important traînage par chaîne et, dans ce but, on employait la poudre noire comme explosif. Depuis des années la poudre noire n'avait été employée dans cette voie. Deux coups de mine furent tirés ; le troisième amena la catastrophe. On suppose que ce dernier coup de mine fit long feu, et ainsi enflamma le mélange d'air et de poussières. Les hommes travaillant à cet endroit furent tués, mais l'explosion ne paraît pas y avoir été très violente, les bois de soutènement n'ayant pas été arrachés ni détruits. Au contraire, à mesure qu'on s'éloignait, en se dirigeant du côté de l'arrivée d'air, les indices de violente explosion devenaient plus nombreux : chute du toit, arrachement des bois, etc. ; au voisinage du puits d'entrée d'air, les survivants déclarèrent avoir vu une grande flamme, puis une grande colonne de poussière et de fumée fut rejetée par le puits. Les effets de l'explosion se propagèrent dans toutes les galeries de roulage, sauf une ; les tailles et chantiers d'exploitation qui devaient contenir la plus grande proportion de grisou, en cas de dégagement de ce gaz, furent au contraire épargnés. Si l'on rapproche ceci du fait que les galeries de roulage étaient abondamment ventilées, mais contenaient de grandes quantités de poussières en suspension, l'on ne peut admettre que le grisou fut la cause de l'accident, mais au contraire des poussières. Le grisou ne pouvait évidemment se dégager qu'aux fronts de taille ; mais on n'y trouvait point de poussières.

En présence de ces faits, la conclusion est évidente : on se trouve en présence d'un coup de poussière, sans trace de grisou.

Beaucoup de personnes sont persuadées qu'une petite quantité de grisou suffit pour produire des effets désastreux. C'est là une erreur. MM. W.-N. et J.-B. Atkinson, inspecteurs des mines, citent dans leur ouvrage sur les explosions de grisou, le cas caractéristique de la mine Whitehaven (fig. 297). Sur une longueur de 360 mètres environ (de C à D) un volume de mélange explosif évalué à près de 1.000 mètres cubes fut allumé ; or les effets de

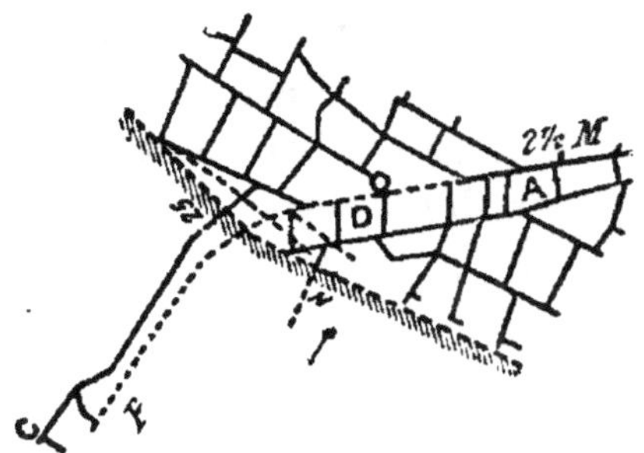

Fig. 297. — Plan de l'explosion célèbre de Whitehaven.

l'explosion ne se propagèrent pas au delà du point A. Cette mine était fortement humide, de sorte que l'atmosphère ne tenait en suspension qu'une quantité insignifiante de poussières ; ce qui, joint au fait que l'humidité absorba une bonne partie de la chaleur produite par l'explosion, explique pourquoi celle-ci ne s'est pas étendue.

Le même auteur rapporte un autre cas survenu dans la mine West Stanley. C'est une houillère fortement grisouteuse, exploitée par la méthode « pillar and stall ». L'abatage était fait à la poudre noire, et un coup de mine détermina l'explosion qui se propagea dans toute la mine à l'exception de deux quartiers.

Les effets produits par l'explosion pouvaient s'observer aussi bien dans l'arrivée que dans le retour d'air. Dans l'arrivée, l'onde explosive se propagea en sens inverse du courant d'air, jusqu'au puits d'amenée ; dans le retour, l'explosion ne parvint pas jusqu'au puits de sortie, mais fut arrêtée par une passée humide. Du puits d'amenée d'air où elle parvint, la flamme tourna à droite, pénétra dans le quartier sud, mais ne pénétra pas dans le quartier nord : celui-ci, dans le voisinage du puits, était très humide. S'il s'était agi uniquement d'un mélange gazeux explosif, l'humidité n'aurait pu s'opposer, et en deux endroits, à la propagation de la flamme. Il faut donc admettre encore ici le rôle des poussières, qui, abattues dans les endroits humides, ne pouvaient plus servir d'aliment à la combustion. On ne se trouve plus d'ailleurs ici en présence d'une explosion due aux poussières seules, mais à une explosion de grisou rendue désastreuse par la présence des poussières.

L'une des plus extraordinaires explosions dues aux poussières est peut-être celle qui survint, en 1886, à la mine Elmore, dans le comté de Durham. L'enquête démontra que l'allumage avait eu lieu dans une maîtresse galerie de roulage, servant de voie d'arrivée d'air, et à une distance de 200 mètres environ du puits d'amenée ; le débit d'air en cet endroit était d'environ 1.100 mètres cubes par minute. La nuit de la catastrophe, une équipe de mineurs était occupée à élargir la voie. Plusieurs coups de mine furent tirés par une première équipe ; une seconde équipe vint relever la première, et tira un premier coup déterminant la déflagration. L'enquête montra que la flamme se propagea à contre-courant jusqu'au puits d'entrée d'air, pénétra dans celui-ci, descendit à un accrochage inférieur, où elle se propagea également dans la voie de roulage réservée à l'arrivée d'air, et ravagea ainsi de même, toujours par le puits d'entrée, un étage encore inférieur. Au total l'onde explosive parcourut 3.200 mètres de galeries, exclusivement sur l'entrée d'air ; les voies de retour d'air et les chantiers d'abatage furent épargnés. Les voies servant d'amenée à l'air frais ne pouvaient évidemment pas contenir de grisou, alors que cela aurait pu être le cas pour les fronts de taille ; au contraire, sèches et poussiéreuses, elles présentaient un aliment facile au feu : indiscutablement, ici encore, l'accident était dû à la présence des poussières, et rien que des poussières.

Il y aurait à citer l'explosion survenue en 1882 à Clay Cross ; celle de la Naval Colliery, à Pen-y-Craig, en 1880 ; où le seul front de taille épargné était humide. N'oublions pas Courrières. On pourrait multiplier de la sorte les exemples de catastrophes où la poussière de houille a joué le rôle principal ; l'on peut même dire que c'est là la majorité des cas, bien qu'en réalité l'allumage de l'explosion ait été souvent facilité par la présence du grisou. La leçon à en tirer est que, dans une houillère, la poussière fine de charbon doit être traitée avec la même prudence qu'on traiterait la poudre de mine.

On ne tirera aucun coup de mine dans les lieux poussiéreux, avant que la poussière ait été abattue par un arrosage convenable. Les voies d'arrivée d'air, qui sont considérées — à juste titre, au point de vue grisou — comme de pleine sécurité, et où le feu nu ou la poudre noire peuvent être employés sans crainte, seront au contraire considérées comme des plus dangereuses, car le courant d'air les assèche ; et d'autre part, comme elles sont généralement réservées au roulage, la proportion des poussières en suspension dans l'air y est particulièrement élevée. Le problème essentiel en pareil cas est d'abattre les poussières ; ce à quoi l'on arrive par différents expédients. On veillera d'abord à ce que les berlines soient bien jointives, et non surchargées, de sorte qu'il n'y ait aucune chute de charbon pendant le transport ; ceci n'évitera pas la poussière due à la désagrégation des parois et du toit, si la galerie est taillée dans la houille ; on évitera ceci dans une certaine mesure au moyen de l'humidification artificielle.

Sécheresse et humidité des mines. — Les voies d'arrivée d'air sont généralement, dans une mine, très sèches, pour les raisons suivantes : en hiver, l'intérieur de la mine est toujours à une température plus élevée que l'extérieur de la mine, et la même chose a lieu en été à partir d'une profondeur de 200 mètres, point où il y a égalité de température pendant la journée, où la chaleur de l'atmosphère est plus grande. Une mine de 400 mètres présente toujours une température plus élevée que celle de l'air extérieur aux périodes les plus chaudes de l'été. Or la capacité hygroscopique de l'air varie comme la température ; si l'air est plus chaud, il se chargera d'une plus grande quantité de vapeur d'eau ; s'il se refroidit, l'excès d'eau se condensera sous forme d'humidité. Si, en été, de l'air traverse une mine peu profonde, 50 mètres par exemple, le toit des galeries deviendra naturellement humide sous l'effet de l'eau condensée, due au refroidissement de l'air par son contact avec les parois plus froides. En hiver, le contraire aura lieu, l'air plus froid que les parois empruntera à celles-ci, par suite de l'échauffement que lui cause leur contact, une certaine proportion d'humidité. Les voies seront sèches. Dans une mine très profonde, l'air froid, pénétrant toujours dans la mine à une température inférieure à celle du terrain, aura donc toujours tendance à s'échauffer, à dessécher par conséquent les voies d'arrivée d'air. Parvenu aux tailles, il aura atteint son maximum d'échauffement, peut-être même son point de saturation, de sorte qu'il n'absorbera plus d'eau ultérieurement en traversant les voies de retour d'air ; si bien que celles-ci pourront être humides ; mais les voies d'entrée d'air seront toujours sèches.

Procédés pour abattre la poussière. — L'abatage des poussières se fait par humidification. A cet effet, on peut employer un tonneau d'arrosage, analogue aux arroseuses municipales, qu'on promène sur les voies à humidifier, ou un procédé plus perfectionné, distribuant l'eau pulvérisée dans tous les sens, aussi bien au toit que sur les parois (une brosse tournante étant l'instrument de projection). L'emploi de wagonnets circulant sur les voies de roulage

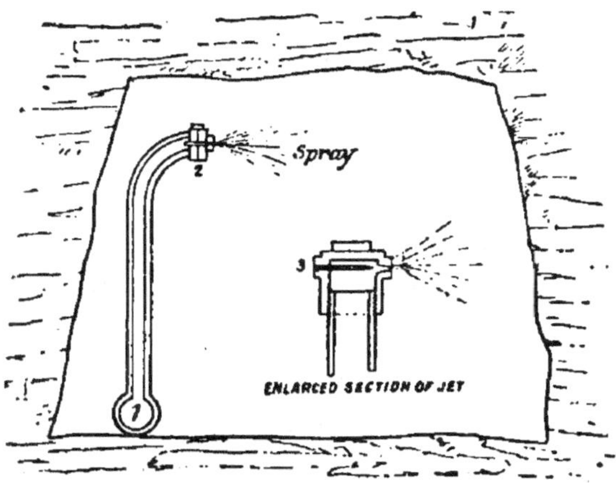

Fig. 298. — Disposition de pulvérisateurs dans une galerie
(en 3 sections agrandies du pulvérisateur).

n'est pas commode partout où le trafic est intense, comme dans les maîtresses galeries. On emploiera de préférence des dispositifs d'arrosage fixés à demeure.

On pourra par exemple employer des tubes percés analogues à ceux qu'on emploie pour l'arrosage des gazons. Une canalisation de 35 à 40 mètres reçoit de l'eau sous forte pression, de 5 à 15 kilog. par cm² par exemple ; tous les 25 mètres se branchera un pulvérisateur du type de la figure 298, essentiellement constitué par une très fine ouverture pointée à contre-courant. L'air, en circulant, entraîne le brouillard d'eau pulvérisée, le dépose sur les parois, qui sont humidifiées, le mêle intimement aux poussières, qui sont abattues. Cette méthode, imaginée par M. J.-J. Thomas, a été appliquée par son auteur aux houillères de Ynishir (Clamorganshire); il a constaté une diminution notable des poussières et un abaissement de la température. Les voies ne sont pas mouillées avec flaques, ainsi qu'il arrive pour l'arrosage par tonneaux, et les traverses ne pourrissent pas. De même, l'excès de sécheresse amenant le fendillement, la pourriture sèche des bois de soutènement dans les voies d'aérage, n'existe plus. Des robinets sont ménagés en certains points de la canalisation, permettant de tirer de l'eau à volonté pour les chevaux, ce qui est un avantage très appréciable.

On a également employé l'air comprimé pour produire la pulvérisation. A la mine Harris's Navigation, on emploie des pulvérisateurs à pression d'eau. 25 kilomètres de canalisations, munies de tels pulvérisateurs, sont posées dans les voies de roulage. La vapeur elle-même a été mise à contribution en tant qu'agent humidificateur. Le système a été appliqué par M. H. Stratton aux mines Pochin; la profondeur est de 290 mètres, la température du retour d'air, de 17 à 18 degrés. M. Stratton envoie la vapeur d'échappement de la machine du ventilateur dans le puits d'entrée, dans lequel **l'air se sature d'humidité en même temps que la température est portée à 17 degrés. Les phénomènes d'assèchement et** la production des poussières sont ainsi atténués considérablement. Ce procédé est ingénieux, mais pas toujours applicable. Par les temps très froids, il conduit à fournir une telle quantité de vapeur pour échauffer l'air, qu'une grande partie se condense sous forme de brouillard opaque au fond du puits, ce qui est un gros inconvénient. Parfois on va jusqu'à enlever les poussières à la pelle.

Violence des coups de poussière. — L'expérience prouve que les effets des coups de poussière sont des plus violents ; des poids considérables sont soulevés ; les portes d'aérage, les bois de soutènement détruits, les wagonnets ou berlines écrasés, les cages rejetées hors du puits, etc. On peut calculer, dans une certaine mesure, les effets de la violence de l'explosion, en tenant compte de la quantité d'oxygène présente, pouvant entrer en combinaison avec la poussière de charbon (1). On arrive en effet aisément à se persuader que des deux éléments, carbone et oxygène, nécessaires à la combustion, c'est le premier qui se trouve en excès, et que dans une galerie poussiéreuse la limite supérieure de la combustion est représentée par la quantité d'oxygène que renferme l'air de la galerie.

Sur cette base on a calculé que l'explosion qui eut lieu à la mine Seaham en 1880 équivalait à la déflagration d'une charge de poudre d'environ 25.500 kilog.

La longueur du chemin parcouru par l'onde explosive était de 7.500 mètres, en admettant une section transversale moyenne des galeries de 4 m. 50 ; cela fait un volume d'air de 4,50 m³ par mètre de longueur, ou en poids 5 kil. 85 dont 23 pour 100, soit 1 kil. 35 d'oxygène. La poudre de mine renferme environ 40 pour 100 d'oxygène, de sorte que ce poids de 1 kil. 35 d'oxygène est contenu dans 3 kil. 40 de poudre ; en admettant que la puissance explosive du mélange poussiéreux est égale — à teneur en carbone et oxygène équivalente — à celle de la poudre, on arrive donc à ce résultat que le coup de poussière en question équivaut à :

$$7\ 500 \times 3,40 = 25.500 \text{ kil. de poudre.}$$

Bien entendu ce calcul n'a nulle prétention scientifique et est plutôt donné comme exemple approximatif de l'énergie que peut mettre en jeu une catastrophe minière.

(1) La poussière renferme elle-même une certaine proportion d'oxygène qu'on peut évaluer au 1/600 du volume nécessaire à la combustion ; cette quantité ne peut donc jouer un très grand rôle.

CHAPITRE XI

LAMPES DE SURETÉ

Durant le dernier siècle, l'exploitation de la houille n'était qu'à ses débuts, les méthodes primitives, la ventilation défectueuse, les connaissances sur les gaz dangereux imparfaites. Aussi les mineurs pratiquaient-ils, pour éviter les explosions de grisou et les accidents analogues, la méthode radicale qu'on pourrait appeler « par explosion préalable ». Un homme résolu, énergique, pénétrait d'abord avec une chandelle fixée à l'extrémité d'un long bâton, étant lui-même enveloppé de tissus abondamment mouillés. S'il se présentait une accumulation de gaz, comme c'était souvent le cas, une explosion se produisait, qui épurait ainsi la mine. Entre temps, on avait proposé mille méthodes extravagantes pour produire de la lumière dans les mines grisouteuses : on avait été jusqu'à proposer la phosphorescence de certains corps, notamment des écailles de divers poissons, et des phénomènes électriques ou magnétiques lumineux.

Plusieurs lampes ingénieuses avaient été proposées par Humboldt, le docteur Clauny, Stephenson ; mais l'histoire de la lampe de sûreté moderne ne commence qu'avec l'appareil qu'imagina, en 1817, sir Humphrey Davy. Les lampes actuelles ne diffèrent que par des détails de construction de celle qu'imagina Davy, il y a 90 ans! Le principe est resté

le même : celui du refroidissement de la flamme au contact
d'un corps froid, ou pouvant se refroidir constamment, qui
peut, dans certaines conditions, empêcher la propagation
de cette flamme. Le refroidissement d'une flamme au contact d'une barre de métal froide est évident ; si, au lieu d'une
barre unique, on oppose à la flamme une toile métallique,
les gaz traverseront celle-ci bien entendu, mais la flamme
sera arrêtée par suite du refroidissement qu'occasionne le
treillis. Le fait que les gaz traversent la toile est prouvé par
cela qu'on peut les enflammer à l'aide d'une allumette de
l'autre côté du treillis. La preuve que le phénomène est dû
à une action refroidissante, c'est que, si le treillis est préalablement porté au rouge, il n'arrête plus la flamme.

Lampe de Davy. — La lampe de Davy (fig. 299) consiste en une lampe à huile ordinaire coiffée d'un tamis. La
toile du tamis est en fils de 5/10 dont on compte 11 au centimètre, soit 120 ouvertures environ au centimètre carré. Par
ces ouvertures, l'air pénètre, mais la flamme ne peut sortir.
Toutefois, dans un courant d'air tordant la flamme, ou en
présence d'un mélange explosif, lequel brûle à l'intérieur, le
tamis rougit rapidement, de sorte que la flamme peut le
traverser, et la lampe ne présente plus de sécurité. Si
même un courant violent, tel que celui qu'engendre un
fort balancement ou la dépression due à une explosion,
vient à se produire, la flamme traverse le tamis à froid ;
aussi bien ne faut-il jamais élever brusquement la lampe
pour qu'elle ne pénètre pas tout-à-coup dans du gaz explosible. Ces inconvénients, joints au pouvoir éclairant extrêmement faible résultant de la présence de la monture et du
tamis serré qu'on emploie (les espaces libres représentent
1/5 de la surface totale), font que la lampe Davy n'est plus
du tout usitée.

Lampe Clauny. — Une première amélioration dans
l'éclairage est obtenue au moyen de la lampe Clauny

(fig. 300), dont la partie inférieure, où se trouve la flamme, est entourée d'un manchon en verre épais. La partie supérieure est constituée d'un tamis 120 comme dans la lampe Davy. Des garnitures assurent l'étanchéité du contact entre le verre et la toile métallique. Cette lampe donne davantage de lumière, et la flamme étant relativement protégée, on peut donner à la lampe des mouvements d'une certaine

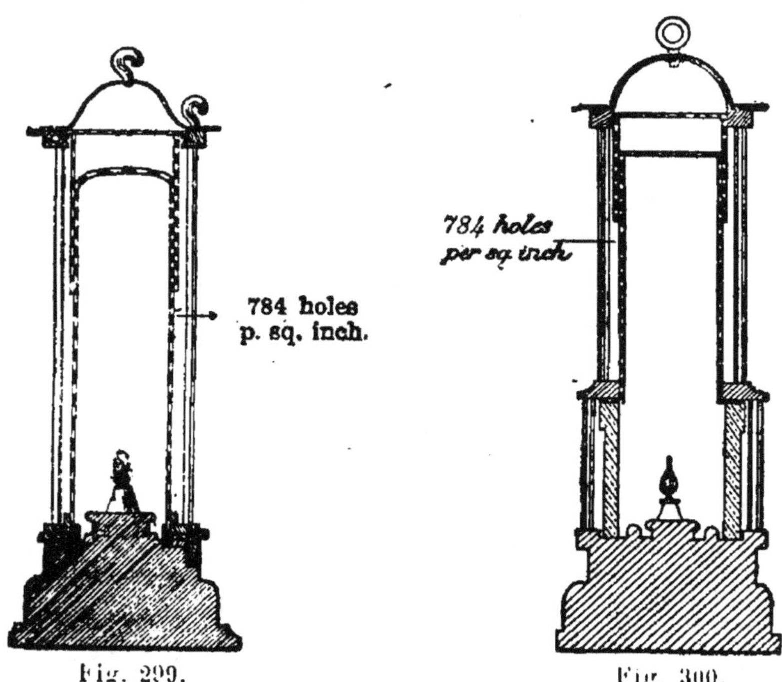

Fig. 299.
Lampe de Davy primitive.

Fig. 300.
Lampe Clauny.

amplitude sans risquer de l'éteindre. Les inconvénients relatifs à la transmission de la flamme en cas de choc, de balancement brusque ou d'explosion intérieure, restent les mêmes. Ce type est également tout à fait inusité en pratique.

Lampe Stephenson. — C'est encore un engin d'un intérêt plutôt historique. Cette lampe (fig. 301) tient des deux précédentes : manchon et tamis sont concentriques, et presque de la même hauteur ; l'air pénètre par un collier annulaire, traverse ensuite la toile métallique à la base de l'appareil ; le manchon de verre est recouvert d'une tête en cuivre perforé. Cette lampe a ceci de curieux qu'elle s'éteint dans une atmosphère grisouteuse. L'air pénétrant par la partie inférieure, toute la colonne au-dessus de la flamme

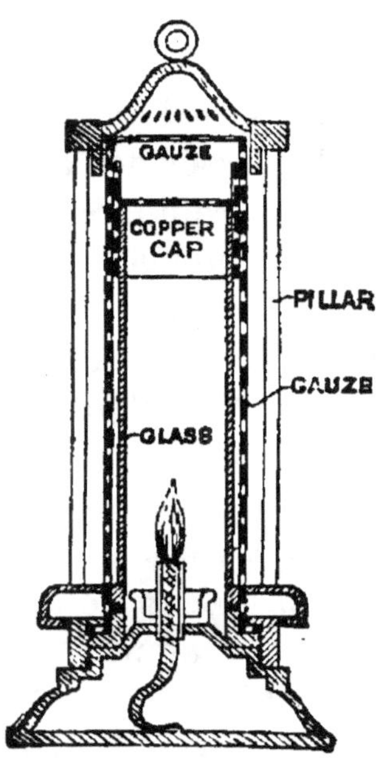

Fig. 301. — Lampe Stephenson.

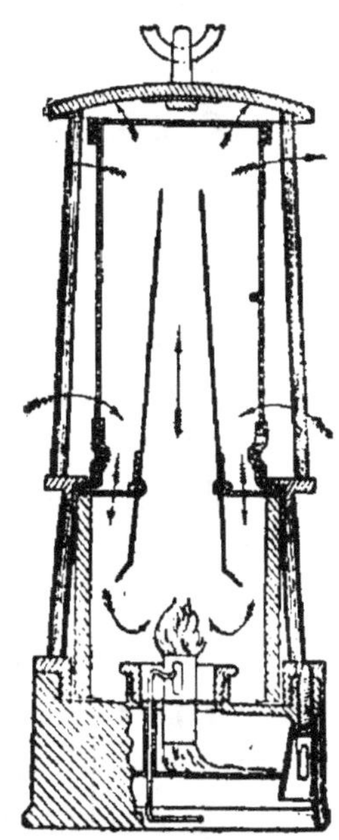

Fig. 302. — Lampe Mueseler.

est occupée par les produits de la combustion ; si, au lieu d'air, il pénètre du grisou, celui-ci brûle en absorbant la petite réserve d'air entourant la mèche, de sorte que la flamme s'éteint. Toutefois ceci n'a lieu qu'en air calme ; autrement la flamme continuera par arrivée d'oxygène, et le tamis peut rougir. Cette lampe est très peu éclairante et aussi peu sûre que les précédentes.

Lampe Mueseler. — Avec la lampe Mueseler, d'origine belge (fig. 302), nous entrons dans la série des lampes modernes encore en usage dans certaines exploitations. On péut la considérer comme une lampe Clauny, munie, suivant son axe, d'une cheminée interne. Cette cheminée règle la circulation de l'air frais et celle des produits de la combustion. L'air pénètre, dans le sens des flèches, à travers le tamis, traverse le diaphragme en toile métallique surmontant le manchon en verre, et vient alimenter la flamme ; les produits de la combustion passent par la cheminée et traversent le fond supérieur du tamis. Cette lampe est beaucoup plus sûre que la Clauny, parce que d'un côté la flamme, pour créer un danger, aurait à traverser deux toiles métalliques, que, de l'autre, elle aurait à remonter toute la cheminée ; c'est par ce côté néanmoins que pèche cet appareil, car, en atmosphère grisouteuse, ou en cas de mouvement brusque, la flamme a tendance à monter par la cheminée et traverser le tamis. La lampe Mueseler n'est plus aujourd'hui considérée comme de toute sécurité. Elle a l'inconvénient de s'éteindre facilement : soit qu'on incline la lampe, au quel cas l'aspiration d'air n'est plus suffisante ; soit qu'on se trouve en atmosphère grisouteuse, le grisou absorbant la provision d'oxygène à l'intérieur de la lampe. A tout prendre cependant, le premier inconvénient est peut-être un avantage, car il empêche la rupture qui surviendrait si la flamme venait lécher le manchon de verre.

Lampe Marsaut. — Cette lampe (fig. 303) est une lampe Clauny à cuirasse et double tamis, ou même triple tamis. Toutefois la cuirasse constitue un perfectionnement suffisant pour faire de la lampe Marsault à double tamis un engin de toute sécurité, le plus répandu en France.

Lampes cuirassées. — On en est arrivé à exiger, dans les lois minières, que les lampes de sûreté fussent munies d'un dispositif assurant la sécurité dans une atmosphère explosive animée d'une certaine vitesse. On arrivait à ce résultat dans les appareils de Davy, Clauny, etc., en entourant la lampe d'une sorte d'enveloppe du genre indiqué par la figure 304. Le fond était percé de trous pour l'admission de l'air, la partie supérieure évidée pour permettre l'échappement des produits de la combustion. Une vitre était disposée en avant de cette sorte de boîte métallique. Marsault eut l'idée de recouvrir les tamis d'une cuirasse constituée par un tronc de cône en tôle, qui protège les tamis contre les courants d'air. Ce dispositif permet de réaliser des

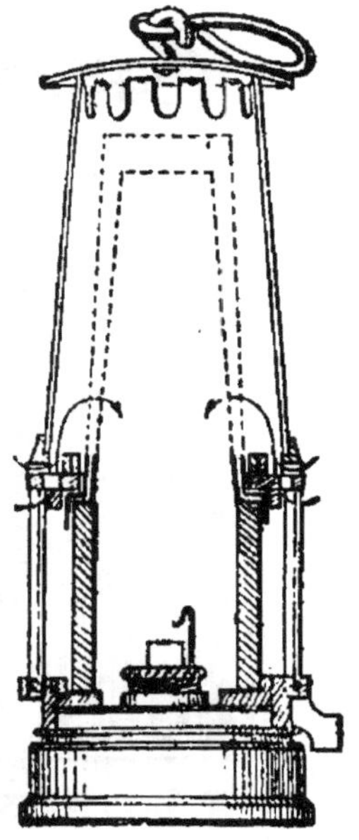

Fig. 303.
Lampe Marsaut.

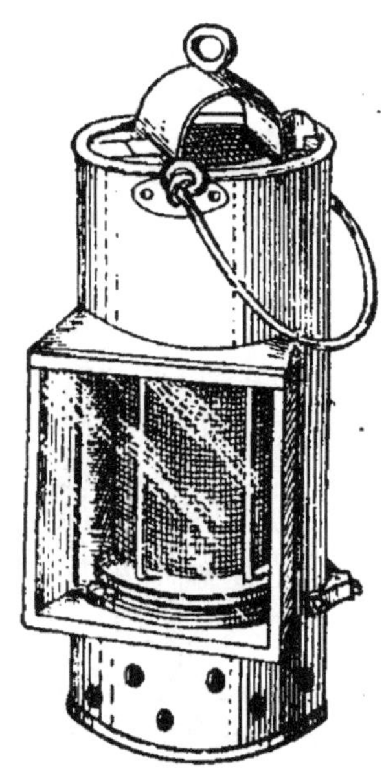

Fig. 304.
Lampe Davy à enveloppe.

lampes parfaitement sûres dans des courants de mélange explosif atteignant jusqu'à 10 mètres par seconde ; alors qu'une lampe ordinaire laisse passer la flamme dans une vitesse de 1,5 à 2 m : s. La cuirasse est devenue aujourd'hui d'un usage général (fig. 305-306). On a formulé contre cette cuirasse (quand elle est fixe) la juste critique qu'elle ne permet pas de se rendre compte de l'état du tamis, de constater s'il rougit. Cet inconvénient est évité avec les

lampes dont la cuirasse, ou une fraction de la cuirasse, est
mobile. Pour éviter toute imprudence du mineur, souvent
la partie mobile est fermée par une serrure de sûreté. La
figure 307 montre une lampe Marsaut avec cuirasse en tôle
ondulée et serrure à ressort. Pour démonter la lampe, on
se sert d'un petit outil spécial qui permet de repousser la
languette élastique hors de son logement, et de retirer la

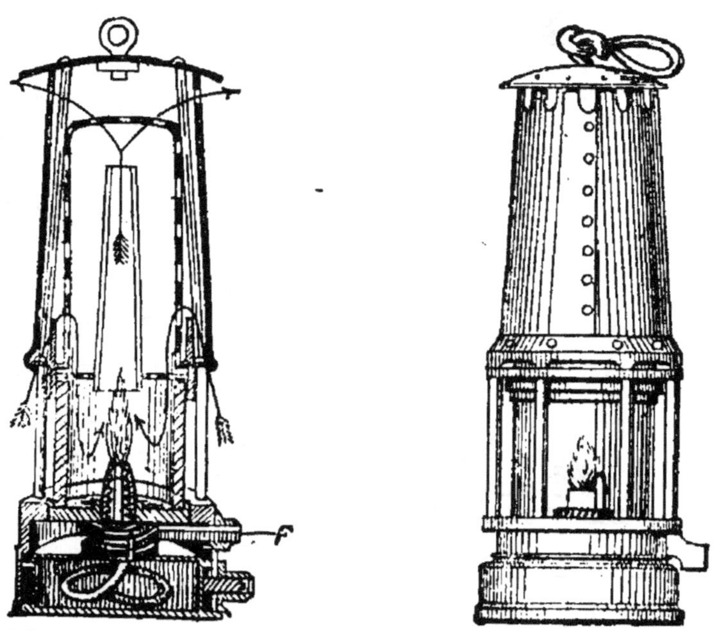

Fig. 305, 306. — Lampes cuirassées Mueler et Marsaut.

cuirasse. Et la cuirasse est replacée à la suite de toute visite
de la lampe. Nous ne ferons que signaler la lampe Evan-
Thomas, fort analogue à la lampe Clauny.

Lampe Morgan. — Dans la lampe Morgan (fig. 308), il
y a une véritable débauche de tamis; aussi, pour obtenir un
appel d'air suffisant, a-t-on été obligé de recourir à la cheminée. L'air doit traverser trois toiles métalliques, et les
produits de la combustion, deux; enfin la cuirasse est
double. Cette lampe résiste parfaitement à des courants

atteignant jusqu'à 15 m : s. (1). Elle donne une bonne lumière.

Lampe Clifford. — La lampe Clifford (fig. 309) possède une cheminée métallique qui se termine à la partie inférieure par une cloche en verre au-dessus de la flamme. Une double cuirasse est disposée de façon que le courant d'air possède une pression uniforme tout autour de la lampe.

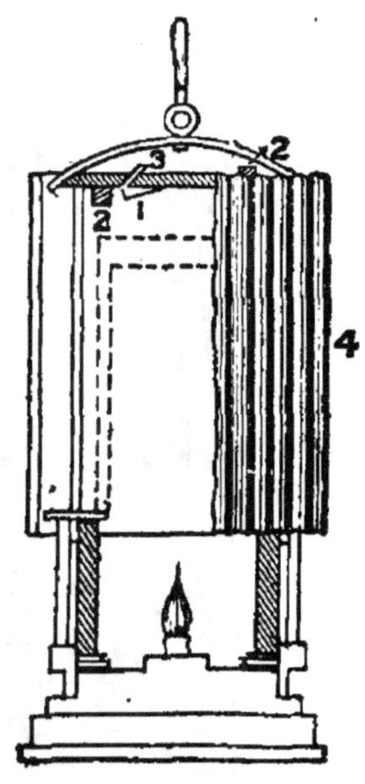

Fig. 307. — Lampe Marsaut
avec cuirasse en tôle ondulée.

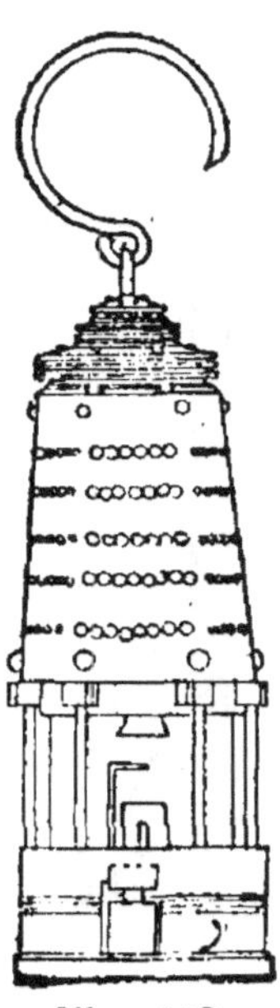

Fig. 308.
Lampe Morgan.

L'air traverse une plaque perforée constituée d'une âme de cuivre et d'un revêtement en alliage fusible; de telle sorte qu'en cas d'échauffement de la plaque, le métal fusible fond et vient boucher le trou d'air. Cette lampe a parfaitement résisté à des courants de mélange explosif atteignant la vitesse de 30 mètres à la seconde.

(1) La multiplicité des tamis est un très grave inconvénient au point de vue de l'entretien, qui devient onéreux.

Lampe Protector. — C'est une lampe à benzine brûlant une essence minérale appelée *colzalene*, fort analogue à la benzine. Le réservoir contient une matière spongieuse qui absorbe l'essence ; l'excédent de liquide est contenu dans un faux fond inférieur. La mèche, incombustible, est en amiante ou en laine minérale. La cuirasse est du type

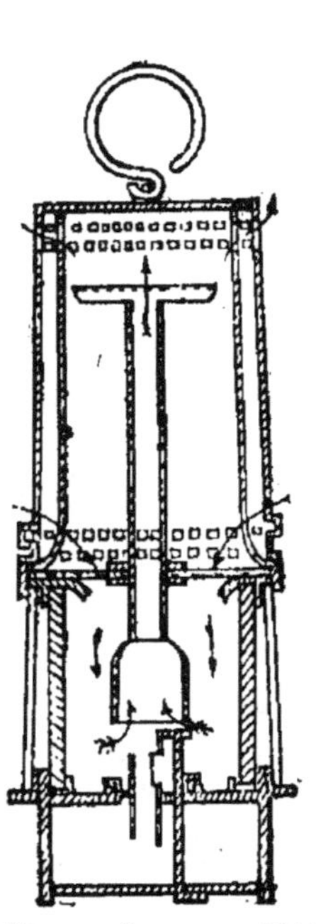

Fig. 309. — Lampe Clifford.

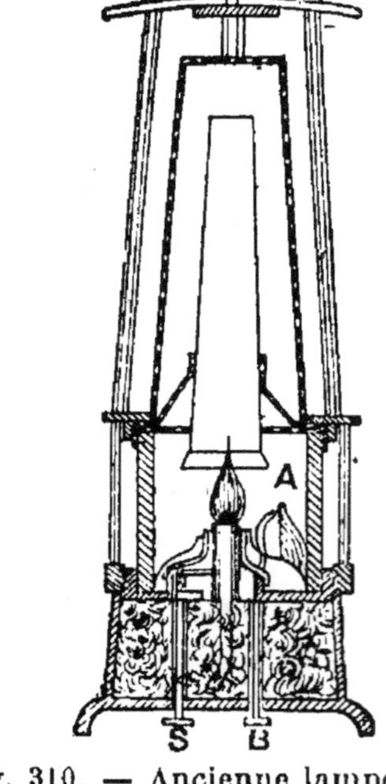

Fig. 310. — Ancienne lampe Wolff.

analogue à celle des lampes Clauny, Mueseler, Marsaut, etc.

La construction est telle que la lampe ne peut s'ouvrir sans être éteinte auparavant ; de plus la lampe est également munie d'une serrure de sûreté.

Lampe Evan-Evans à extinction automatique. — Si la lampe s'échauffe, un point de soudure fond, un ressort agit alors et fait jouer un opercule bouchant l'arrivée d'air et la sortie des gaz.

Lampe Wolf. — La lampe à benzine par excellence,

celle qui est aujourd'hui employée plus qu'aucune autre dans les exploitations minières, est la lampe Wolf, dont la figure 310 représente un ancien modèle à cheminée. Le modèle courant est sans cheminée et possède la cuirasse et le double tamis du type Marsaut. Les caractéristiques essentielles de la lampe Wolf sont l'emploi de l'essence, ou benzine, le rallumeur à friction, la serrure magnétique. Le rallumage interne est un gros perfectionnement, car il économise un temps précieux que perdait l'ouvrier pour aller à la station de rallumage la plus proche. C'est souvent à cette cause que des catastrophes ont été dues, un mineur préférant parfois ouvrir sa lampe par un artifice quelconque et l'allumer, plutôt que de faire des kilomètres pour aller au poste de rallumage, ou d'avoir avec lui un gamin porteur pour les lampes éteintes et rallumées. La figure 310 montre l'ancienne lampe avec rallumeur à percussion. Un marteau A, commandé par le bouton B, vient faire détoner par percussion une petite pastille de fulminate, qui provoque l'inflammation de la benzine.

Ce rallumeur à explosion est dangereux ; il est remplacé dans les lampes plus modernes par le rallumeur à friction, analogue en principe, mais où le fulminate est remplacé par du phosphore, qu'on allume par frottement contre un râcloir. La serrure magnétique est un autre dispositif fort intéressant. Un ressort appuie un cliquet contre une dent de rochet ; le cliquet en question ne peut être retiré de la dent que sous l'influence d'une attraction magnétique produite par un puissant électro-aimant, dont le champ est beaucoup plus intense que celui que peuvent fournir les aimants permanents dont voudraient se munir les ouvriers. On a donc sécurité absolue de ce côté. La hauteur de flamme est réglée par la vis S, qui permet de déplacer verticalement le tube contenant la mèche. La lampe Craig and Bidders s'ouvre aussi à l'aide d'un aimant.

Déflecteur. — Parmi les inventions les plus récentes se rapportant aux lampes de sûreté, il faut citer le déflecteur (fig. 311). Cette lampe est munie d'un double tamis, type Marsaut. La partie inférieure des tamis est entourée d'un collier en laiton, à la partie supérieure duquel des trous laissent l'air pénétrer dans la lampe ; au-dessus du collier est placé le déflecteur proprement dit, sorte d'écran, dont

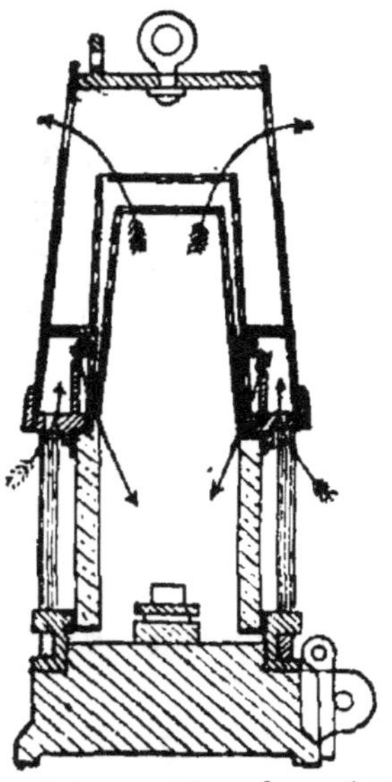

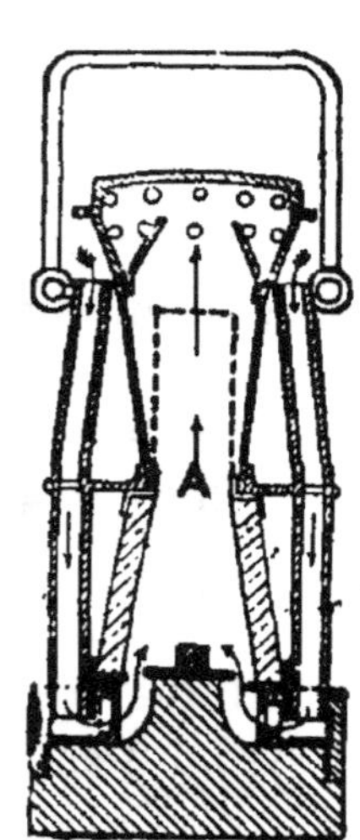

Fig. 311. — Disposition d'un déflecteur.   Fig. 312. — Lampe A.-H.-G.

l'effet est d'infléchir, de renverser le sens du courant d'air entrant au pied de la cuirasse, comme les flèches l'indiquent. Les produits de la combustion s'échappent par les calottes supérieures des tamis et les trous du bouclier.

Lampe A.-H -G. — Cette lampe, système Ashworth-Hepplewhite-Gray (fig. 312), est surtout employée comme lampe d'essayeur. Elle est constituée par un verre conique, à la partie inférieure duquel pénètre l'air frais traversant une toile métallique. Les gaz de la combustion s'échappent à la partie supérieure par un tamis cylindrique entouré d'une cuirasse-cheminée conique, percée de trous à la partie supérieure. Quatre tubes en laiton canalisent l'air, qui est pris au niveau supérieur, jusqu'au tamis inférieur qu'il doit traverser pour gagner l'intérieur de la lampe. Néanmoins de petites trappes à coulisse permettent, si on le désire, d'admettre directement l'air du niveau inférieur. Le but de cette disposition est de permettre à l'essayeur d'éprouver d'abord la zône supérieure, qui a le plus de chances d'être grisouteuse, puis, sans déplacer la lampe, d'essayer la zône inférieure. Le type le plus récent de cette lampe d'essai est celui de la fig. 312, qui comporte un bouclier, de sorte qu'on peut procéder sans danger à un essai dans un milieu gazeux animé d'une certaine vitesse (1).

Lampes à pétrole. — Beaucoup de lampes sont faites pour employer le pétrole lampant, aux lieu et place de l'huile de colza. Le brûleur est, dans ce but, modifié de la façon indiquée par le croquis figure 313, qui montre le type employé aux charbonnages de West Riding.

La lampe Thorneburry est un type brûlant également du pétrole lampant, et donnant un fort éclairement. La mèche est plate, avec une flamme plus large que celle des lampes ordinaires. Il y a deux manchons en verre concentriques, entre lesquels passe l'air frais, qui est admis dans la lampe à la partie inférieure de la cuirasse, comme l'indiquent les flèches. Une cheminée est nécessaire pour assurer le fort tirage qu'exige la flamme, plus grande qu'à l'ordinaire. L'air pénétrant dans la lampe a eu à traverser trois toiles métalliques, les tamis et le filtre annulaire à la partie inférieure. Les gaz de la combustion s'échappent à la partie supérieure du filtre, et le tout est protégé par une cuirasse.

Lampe d'essai à alcool. — La lampe Pieler (fig. 314), d'origine allemande, a été étudiée pour brûler les hydrocar-

(1) Voir ce qui a été dit au chapitre IX (fig. 296) de la lampe d'essai Clowes.

bures à flamme non éclairante, tels que l'alcool. La flamme est cachée par un bouclier a, de sorte que l'essayeur peut facilement observer la zone lumineuse qui surmonte la flamme en présence du grisou. On a la possibilité d'observer, avec cette lampe très sensible, jusqu'à 1/4 pour 100 de grisou dans l'atmosphère. Toutefois, étant donnée précisé-

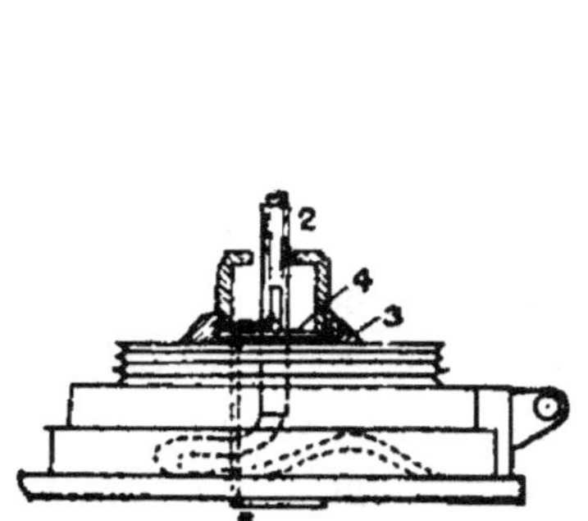

Fig. 313. — Dispositif
pour emploi du pétrole lampant.

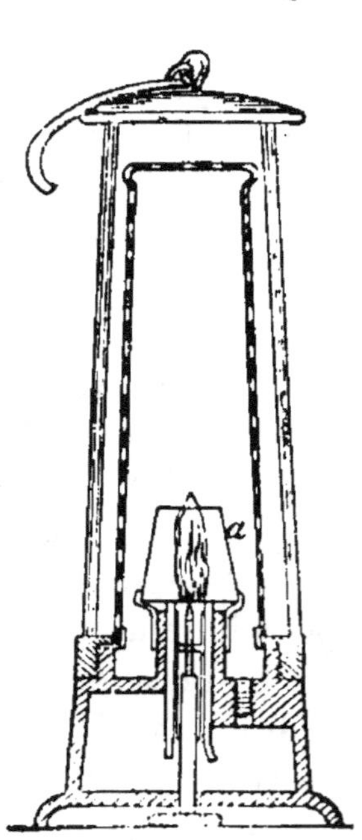

Fig. 314.
Lampe d'essai Pieler.

ment sa sensibilité, le chapeau bleu prend de grandes proportions, et, dans une atmosphère fortement grisouteuse, il atteint le tamis qui rougit rapidement, rendant la lampe dangereuse.

Emploi des lampes de sûreté. — Le but essentiel de la lampe de sûreté est de permettre au mineur de travailler en sécurité dans une atmosphère explosive, ou dans une mine sujette aux dégagements brusques de gaz. En outre, elle sert surtout à mettre l'ouvrier en garde contre la présence du grisou ; car tous les types de lampes présentent des phénomènes caractéristiques, lorsque le gaz se trouve présent dans l'atmosphère. Quand une lampe de sûreté ordinaire est placée dans un mélange grisouteux, la flamme s'allonge sensiblement ; en outre, si la teneur est assez forte, l'intérieur du tamis se remplit de la flamme bleue caractéristique du gaz brûlant à l'intérieur de la lampe ; enfin, dernier symptôme, le tamis chauffe, jusqu'à rougir. Avec une flamme nue les modifications sont bien caractéristiques, mais terriblement dangereuses. Pour l'essai de l'atmosphère, on maintient la lampe élevée, car la grande légèreté du grisou fait qu'il s'accumule dans les poches existant au toit, et que les tranchées supérieures des galeries en contiennent une plus forte proportion.

Lorsqu'on se sert d'une lampe ordinaire comme indicateur de grisou, la flamme est descendue aussi bas que possible, de façon à ce qu'elle ne soit plus qu'imperceptiblement éclairante. S'il y a 2 pour 100 de grisou dans l'air, on peut alors observer un chapeau bleu très caractéristique. Avec les lampes à huile, on éteint fréquemment la lampe en voulant baisser la mèche ; aussi emploie-t-on le plus souvent, comme lampes d'essai, des lampes à flamme naturellement peu lumineuses, telles que les lampes à hydrogène ou à alcool, dont nous avons parlé. Avec la lampe à alcool, on peut observer le chapeau bleuâtre à partir de 1 pour 100 de grisou ; avec la lampe à hydrogène, la sensibilité est encore plus grande.

Lampisterie. — S'il est essentiel d'avoir une lampe de toute sécurité, il n'est pas moins essentiel de procéder à un entretien minutieux des lampes. Dans ce but, il est nécessaire d'avoir une lampisterie bien organisée, doublée de lampistes expérimentés et responsables. offrant la garantie qu'aucun soin nécessaire n'est omis ou négligé. Avec les lampes cuirassées, actuellement répandues, il peut se faire qu'on oublie la mise en place d'un tamis : omission qui peut être cause de catastrophes, et dont on ne peut pourtant se rendre aisément compte à l'aspect extérieur de la lampe. Dans beaucoup de lampisteries on obvie à cet inconvénient, en livrant les lampes montées sans leur cuirasse ; celle-ci est ajoutée à la lampe devant le mineur à qui elle est destinée, ou en présence d'un surveillant appointé à cet effet. Cette précaution augmente quelque peu les frais ; mais elle est indispensable avec les lampes cuirassées si l'on veut s'assurer le maximum de sécurité. Généralement la distribution des lampes aux mineurs se fait simultanément par sept fenêtres à la fois aux mineurs venant se présenter. L'on y gagne beaucoup de temps, ce qui n'est pas à négliger dans les fosses où le nombre des mineurs est élevé. Les lampes attendent en un point et sont montées définitivement plus loin devant l'homme.

Lampes de sûreté électriques. — Dans le but d'augmenter la clarté fournie par les lampes, on a imaginé un certain nombre de lampes portatives dans lesquelles le courant fourni par une batterie de piles ou d'accumulateurs est envoyé dans une petite lampe à incandescence.

La lampe Swan. — Elle pèse environ 3 kilogrammes, et fournit un éclairement d'environ une demi-bougie pendant vingt-quatre heures (1).

Éclairement. — La valeur d'une lampe de sûreté dépend dans une grande mesure de l'éclairement qu'elle peut four-

---

(1) L'éclairage des mines est en train de se modifier profondément par l'emploi, de jour en jour croissant, de l'électricité dans les exploitations souterraines ; et un bon éclairage est précieux pour augmenter le rendement du travail. On a examiné les chances de danger qui peuvent résulter de fractures de lampes ; et l'on est arrivé à cette constatation que les risques sont négligeables avec de bonnes installations. En cas de bris de lampes à incandescence (les lampes brûlant à l'air n'étant pas d'ordinaire admissibles), la durée du contact du corps incandescent — filament — avec une atmosphère grisouteuse, est trop courte pour être dangereuse.

nir; car ce dernier exerce une influence notable sur le rendement du travail et la situation matérielle du mineur. Le
docteur Court, de Stavelez, a trouvé que les mineurs travaillant à la lampe de sûreté étaient sujets à une maladie des
yeux appelée « nystagmus », dont ne souffrent pas les
mineurs travaillant à feu nu. Toutefois il y a lieu de faire
observer que l'éclairement d'une même lampe varie dans
une grande mesure, suivant l'huile employée, l'état de la
mèche, le degré de propreté du verre et des tamis, enfin
selon la hauteur de la flamme. L'éclairement fourni par une
bougie est, au point de vue minier, excellent, car il rayonne
également en tous sens ; l'éclairement d'une lampe de
sûreté ne s'effectue que dans un plan, de sorte que les
mesures photométriques exprimées en bougies, mesurées
dans ce plan, correspondent toujours à une valeur plus élevée que la valeur pratiquement fournie par la source lumineuse.

Si l'on constate à la mesure, par exemple, une intensité
lumineuse de 1/3 de bougie, pratiquement la lampe
n'éclaire pas mieux que ne le ferait sphériquement une
source lumineuse de 1/10 de bougie. Il est même probable que, dans beaucoup de cas, l'éclairement fourni par
une bougie ordinaire est égal à celui que fourniraient
30 lampes Davy usuelles, avec de l'huile à brûler ordinaire.
Les lampes de sûreté électriques fournissent un éclairage
sphérique bien supérieur à celui des lampes à huile. La
lampe électrique Swan fournit 1/3 de bougie dans le sens où
l'on dirige le faisceau lumineux.

CHAPITRE XII

ABATAGE, EXPLOSIFS, PERFORATION DES TROUS DE MINE, TIR ÉLECTRIQUE, ETC.

L'une des plus utiles parmi les inventions modernes est la poudre ; grâce à elle, un homme peut, en une heure, abattre une masse qui lui aurait demandé, sans son intermédiaire, un ou plusieurs jours d'efforts. L'emploi de la poudre est fort analogue à celui de la vapeur ; dans les deux cas c'est la combustion d'un corps inflammable qui produit l'effet utile, en épargnant le travail matériel à l'homme. La poudre est fabriquée en un grand nombre de variétés, suivant l'usage auquel elle est destinée. La poudre des mines est fréquemment en grains, d'environ 1,5 à 2 millimètres de diamètre Sous cette forme, la déflagration est moins rapide qu'avec la poudre fine employée pour les armes à feu et les pièces d'artifice ; mais quoique moins rapides, les effets sont tout aussi puissants. La raison pour laquelle on n'emploie pas, dans l'art des mines, de poudre à combustion instantanée, c'est qu'on a constaté que, dans le cas contraire, les effets de l'explosion se faisaient ressentir dans un périmètre de roches plus étendu. Les efforts se propagent dans la masse.

La figure 315 montre un cas dans lequel un trou horizontal est perforé sur une profondeur de 75 centimètres et chargé à la poudre ; l'effet du coup de mine s'étend encore sur une distance de 1 m. 50 au-delà du fond du trou de mine. La figure 316 montre un trou horizontal perforé près du toit, sur une profondeur de 0 m. 90. La couche est brisée sur une longueur de 0 m. 80 au delà du fond du trou, et latéralement sur une distance de 1 m. 80 de chaque côté du trou. Si l'on avait employé un explosif brisant plus rapide, il est probable que les effets de l'explosion auraient été moins étendus, et que le charbon dans le voisinage du trou de mine aurait été broyé en menus morceaux. Souvent

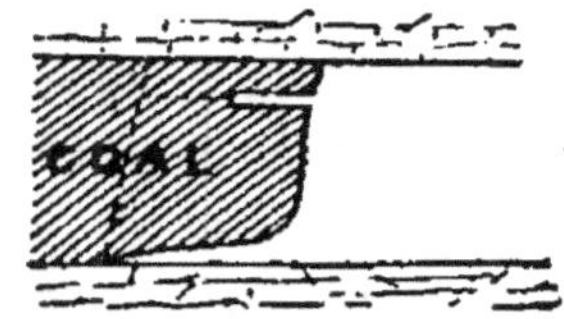

Fig. 315, 316. — Dispositions diverses des trous de mines.

pour l'abatage d'une portion du toit, un seul trou dans l'axe suffit, sur la largeur totale de la galerie et bien au-delà de son fond.

La poudre de mine est aussi fréquemment employée sous forme de cylindres comprimés munis d'une ouverture centrale ; le diamètre de ces cylindres correspond à celui des trous de mines. Cette poudre est d'un emploi plus pratique que la poudre en grain ; il n'y a plus de difficultés dans la confection des cartouches, puisque celles-ci sont constituées par les cylindres de poudre eux-mêmes ; il ne se perd pas de poudre. Et l'on obtient l'allure de déflagration voulue. Dans la roche dure, il est nécessaire d'employer des explosifs rapides, car, avec la poudre, les gaz produits par la déflagration peuvent s'échapper par des fissures de la roche sans briser celle-ci ; dans le cas d'une explosion rapide, les gaz n'ont pas le temps de fuir, et la roche cède. L'explosif brisant par excellence est la dynamite, qui présente en outre le sérieux avantage de ne pas craindre l'humidité ; en outre elle procure une économie sensible de main-d'œuvre dans la perforation ; car un trou de mine de 25 millimètres de diamètre est suffisant là où la poudre noire exigerait un diamètre double. On l'emploie beaucoup dans les mines métalliques.

Il existe un grand nombre d'explosifs brisants analogues à la dynamite : la dynamite-gomme, la gélignite, et aussi la roburite, la carbonite, l'ammonite, le coton-poudre, la sécurité, etc.

La dynamite est constituée par de la nitroglycérine imprégnant un corps absorbant, généralement de la silice pulvérulente appelée Kieselgühr. Jadis la nitroglycérine, composé huileux, était employée telle quelle ; mais son emploi était des plus dangereux, par suite de son instabilité ; et en outre l'huile fuyait par les fissures de la roche. L'adjonction de l'absorbant à la nitro-glycérine diminue évidemment dans une légère mesure la force brisante de ce composé. La dynamite-gomme est un mélange de nitroglycérine et de coton-poudre ; c'est peut-être le plus puissant explosif usité.

La poudre noire et les explosifs ordinaires, s'ils sont fort utiles aux mineurs, sont dangereux en présence de grisou et des poussières, qu'ils peuvent enflammer. Pour éviter ces aléas, on emploie quelquefois différents procédés d'abatage sans explosif.

Coin brise-roche. — C'est le plus simple des engins d'abatage à la main (fig. 317). Son usage est le suivant : le mineur creuse au pic un trou de 7 cent. 5 de profondeur, dans lequel on vient placer le coin, qui est enfoncé au marteau ; si un coin ne suffit pas pour abattre le charbon, ce qui est le cas général, on enfonce de la sorte une rangée de coins dont le nombre varie entre 6 et 20, suivant la dimension du bloc à abattre. Chaque mineur procède à l'enfoncement simultané de 2 à 3 coins ; de telle sorte que la pression exercée porte sur l'ensemble de la masse. On arrive à détacher de la sorte le charbon en gros blocs ; mais il est nécessaire pour cela que la houille soit dure et compacte ; si elle est tendre, on ne fera que broyer le charbon dans le voisinage des coins. Le perfectionnement du coin simple est constitué par l'aiguille infernale ; et la figure 318 montre un type perfectionné et breveté par M. Elliot, d'aiguille infernale à coins multiples. Pour l'employer on perfore un trou d'environ 5 à 6 mètres de diamètre. Deux

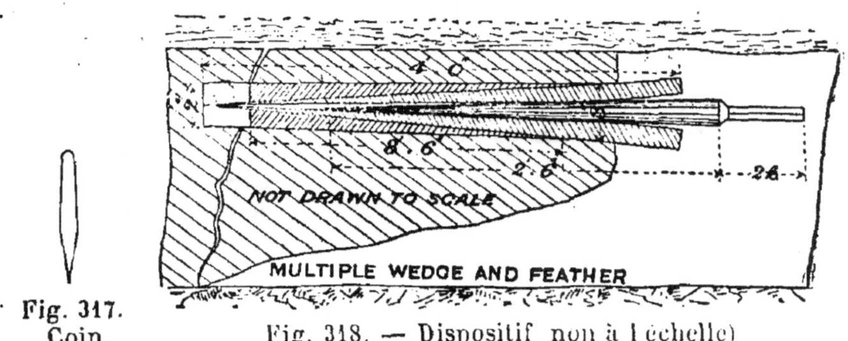

Fig. 317.
Coin
brise-roche.

Fig. 318. — Dispositif (non à l'échelle)
d'une aiguille infernale.

coins en acier, visibles sur le croquis, sont d'abord introduits par le gros bout ; et entre ces coins, vient se placer l'aiguille infernale du type ordinaire. Cela fait pression à l'arrière de la masse de charbon.

Bélier hydraulique. — Les machines hydrauliques à percussion ont été introduites il y a 25 ans dans les mines, pour l'abatage ; mais leur emploi a été abandonné depuis. L'une de ces machines, celle de Chubb, était constituée par une sorte de cylindre qu'on introduisait dans un trou préalablement foré ; latéralement ce cylindre était muni d'une série de béliers, dont on déterminait l'avancement en admettant de l'eau sous pression dans le cylindre.

Coin hydraulique. — M. Grafton Jones étudia différentes machines de ce genre ; et, après de longs essais, fit breveter l'appareil à coin des figures 319-326. D'après ce croquis, on voit que le coin est enfoncé entre deux plans d'acier inclinés, qui glissent en sens opposé, c'est-à-dire en s'écartant au fur et à mesure de l'avancement du coin. Celui-ci est poussé par un piston hydraulique, derrière lequel est un matelas d'eau que l'on comprime à la main au moyen d'une vis à cliquet. A l'aide de cet appareil on peut exercer un effort de 150 tonnes ; la figure 327 montre le mode d'application de l'outil.

Tous ces engins ne sont plus du tout employés aujourd'hui, tant à cause du coût initial que de la main-d'œuvre

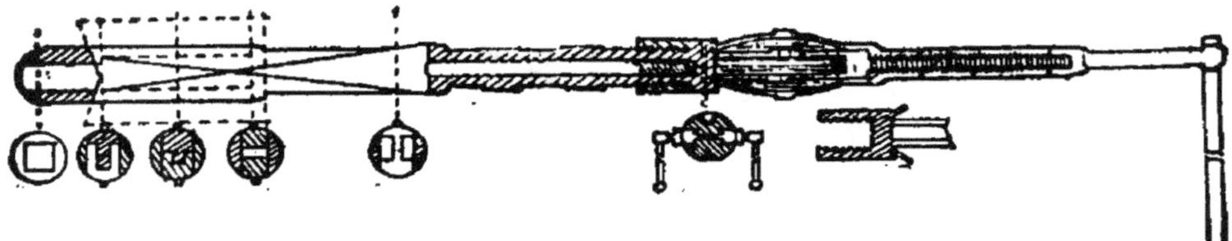

Fig. 319 à 326. — Ensemble et détails, coupes d'un coin hydraulique.

qu'ils exigent. En fait, même dans les mines grisouteuses, on procède à l'abatage par explosifs, mais par explosifs spéciaux, dits de sûreté.

Perforatrices à main. — La perforation des trous de mine en terrain tendre (houille) se fait économiquement à l'aide des perforatrices à main. Dès 1869, l'auteur imaginait la machine que représente la figure 328. Elle est constituée par une tarière, dont la surface hélicoïdale sert à l'évacuation du poussier ; elle est montée sur une longue vis traversant un écrou fixe solidaire de l'affût vertical. Le long de la vis était ménagé un chemin de clavette servant de logement à une saillie solidaire du pignon d'angle donnant le mouvement à la vis. Deux hommes pouvaient agir simultanément sur l'appareil. Avec cet engin un trou était percé rapidement et sans grand effort dans la houille tendre ; dans l'anthracite et le charbon dur, ainsi que vers la fin de l'opération quand le trou était profond, le labeur devenait excessif.

Depuis cette première machine, nombre de perforatrices à main ont été introduites, dont le perforateur Villepigne (fig. 329) est l'un des plus connus. On peut lui reprocher

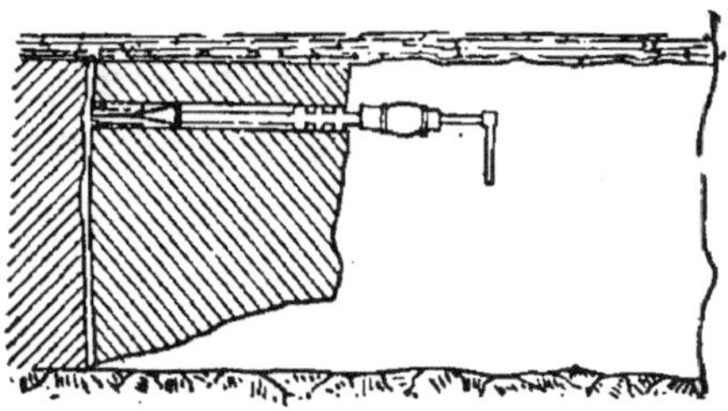

Fig. 327. — Mode d'emploi du coin hydraulique.

d'avoir sa manivelle de commande placée à l'extrémité de la vis, ce qui, lorsque celle-ci est très longue, exige un espace que l'on n'a pas toujours à front de taille. L'écrou à travers lequel avance la vis portant la tarière est constitué (fig. 330-331) par les dents de deux pignons qui sont immo-

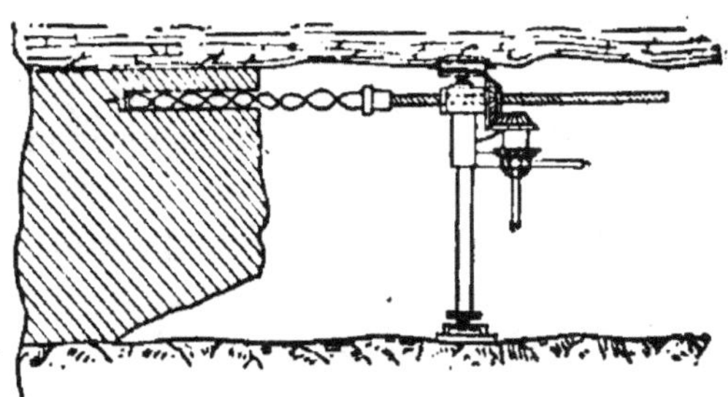

Fig. 328. — Perforatrice à main.

bilisés normalement par un ruban de frein. Si la tarière rencontre un passage très dur ; les pignons tournent, la friction du frein étant vaincue ; la tarière n'avance plus jusqu'à ce que le passage dur ait été petit à petit traversé. Cette machine perfore rapidement les terrains tendres, et

vient à bout des schistes les plus durs, c'est alors une question de temps.

Procédé à la chaux. — Un procédé d'abatage dit « à la
chaux » a été breveté par M. Smith et Moore ; il est basé
sur le foisonnement de la chaux vive lorsqu'on l'arrose
d'eau. On perce un trou de 7 à 8 centimètres de diamètre,
dans lequel on tasse des cartouches de chaux très pure
comprimée ; sept de ces cartouches, occupant une longueur

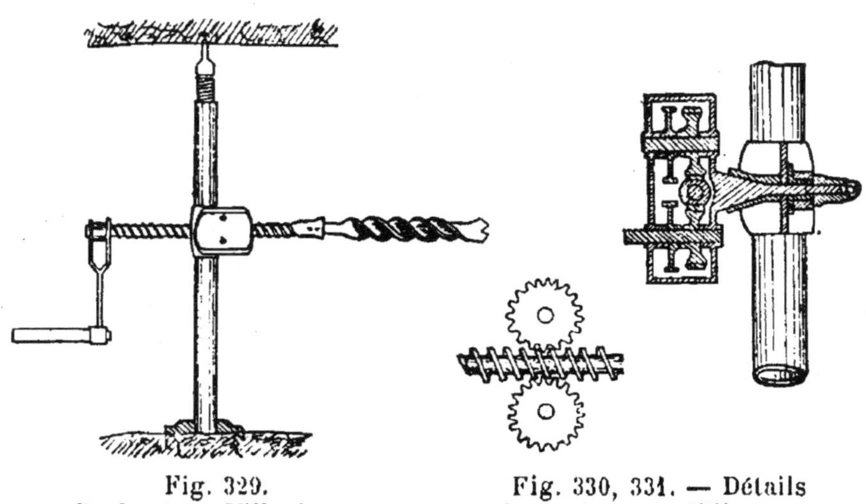

Fig. 329.
Perforateur Villepigne.

Fig. 330, 331. — Détails
du perforateur Villepigne.

de 85 centimètres, sont introduites ; chaque cartouche
porte une rainure moulée qui sert à l'introduction d'un
petit tube perforé, pouvant amener l'eau de l'extérieur ;
par-dessus les cartouches de chaux, on bourre le trou
absolument comme pour les explosifs brisants, puis on
ouvre le robinet d'eau (fig. 332). Une ou deux minutes
suffisent pour constater les effets de la pression sur la
masse de charbon. On faisait agir simultanément plusieurs
charges en des points divers. Ce procédé a été essayé dans
nombre d'exploitations ; mais il n'a été trouvé efficace
qu'avec le charbon tendre, se brisant facilement ; en outre

les mineurs éprouvaient une certaine répugnance à l'employer, la chaux vive corrodant la peau; on risque également des accidents si le bourrage cède, un jet de vapeur et de chaux venant frapper les ouvriers. Ce procédé est réellement abandonné aujourd'hui.

Obus à air. — Un autre procédé ingénieux, mais tout aussi inusité, est l'obus à air. Il consiste en principe à comprimer de l'air — à l'aide d'une petite presse hydraulique à main — dans un récipient métallique placé dans le

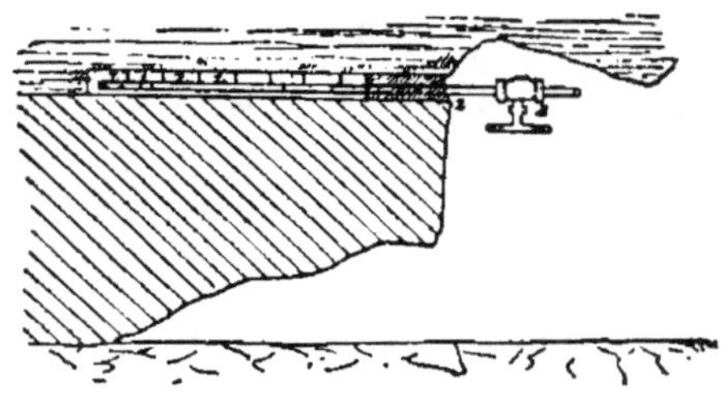

Fig. 332. — Mode d'abatage à la chaux.

trou de mine, jusqu'à rupture dudit récipient, qui éclate alors à la façon d'un obus, et ébranle la masse de charbon à détacher. La pression pouvait atteindre 700 kil. par centimètre carré. On avait songé à amener à front de taille des récipients pleins d'eau sous cette forte pression.

Cartouche hydraulique. — Au lieu d'une action statique de l'eau, comme dans le cas du coin, ou a également eu recours à une action physique (extinction de la flamme) et aussi à une action chimique (décomposition électrolytique). En 1882, M. Mc. Nab, ingénieur, proposait, dans un mémoire intitulé « Un moyen d'éteindre la flamme des coups de mines à la poudre noire », de placer la cartouche de poudre dans une enveloppe d'eau, celle-ci devant avoir pour effet d'éteindre la flamme produite au moment de l'explosion. Ce procédé serait très effectif et réussirait notamment avec d'autres explosifs que la poudre : dynamite, tonite, etc. ; on a même prétendu que la présence de l'eau augmentait les effets destructifs de l'explosion. Il est admis qu'un explosif placé dans une cartouche d'eau ne présente pas de propagation de la flamme ; toutefois l'eau peut s'écouler par des fissures, et la sécurité devient problématique ; aussi a-t-on proposé, sur le même principe, différentes compositions gélatineuses ou plastiques, faisant bourrage hermétique au moment de l'explosion, et étouffant la flamme. (Procédés Heath and Frost, Hargreaves, etc.!). Les divers moyens d'abatage que nous venons de considérer ont fait place aujourd'hui aux explosifs sans flamme, dits explosifs dé sûreté.

Explosifs de sûreté, grisoutines. — Il y a deux genres d'explosifs de sûreté, que l'on a tort de confondre sous le même vocable. Les explosifs sans flammes, ou explosifs de sûreté en présence du grisou, les produits de l'explosion n'atteignant pas une température suffisante pour enflammer le grisou ; et les explosifs de sûreté au point de vue manipulation, c'est-à-dire résistant aux chocs, et insensibles aux actions extérieures, variations de température, etc. Les premiers seuls — appelés plus sûrement grisoutines — nous intéressent dans ce paragraphe. De nombreuses recherches ont été faites, et de multiples explosifs ont été proposés. Les explosifs « permis » varient avec les pays ; chaque contrée publie une liste des grisoutines autorisées.

Il est de règle de considérer qu'un explosif présente une sécurité suffisante au point de vue du grisou, lorsque sa température de détonation ne dépasse pas 2.000 degrés. On admet (circulaire ministérielle) comme grisoutines en France les mélanges à base de :

Dynamite-nitrate d'ammoniaque ; dynamite-gomme-nitrate d'ammoniaque ; coton-poudre octonitrique et véhicule neutre ; binitrobenzine et nitrate d'ammoniaque. Pratiquement les grisoutines les plus connues sont : la grisoutine II, la carbonite, le securophore, les poudres Favier, poudres Cornil, etc.

L'allumage des explosifs-grisoutines exige bien entendu des précautions toutes spéciales, puisqu'il faut enflammer la mèche sans feu libre ; le moyen le plus sûr et d'ailleurs le plus employé est le tirage à l'électricité.

On a également proposé un allumage chimique dans lequel la mise à feu est obtenue par la réaction d'acide sulfurique sur du chlorate de potasse (1).

(1) Bien entendu le mineur fait usage constant. d'outils courants pour décaver, creuser, aider au désagrègement de la roche ou commencer l'isolement des blocs de charbon : pioche ou pic, pince ou rivelaine (lame de fer emmanchée normalement au bout d'un long manche et servant à *haver*, à couper la masse entre les stratifications); pelle à manche souvent très court, marteau à pointe. Nous avons parlé des coins ; on se sert aussi de la pince classique. On a vu plus haut comment, sans les perforatrices, on creuse à la main les trous de mine.

CHAPITRE XIII

PERFORATRICES MÉCANIQUES, ROUILLEUSES, BOSSEYEUSES, MACHINES A TUNNELS.

Tous les travaux souterrains — qu'il s'agisse de fonçage, de traçage de galeries ou d'abatage — où le terrain est très dur, nécessitent l'emploi de machines et appareils mécaniques pour la perforation économique des trous de mine. Cette nécessité économique des perforatrices mécaniques fut abondamment démontrée, il y a plus de quarante ans, lors du percement du Mont-Cenis. Par leur adoption, l'avancement du tunnel atteignit 2 m. 40 à 3 m. 90 par 24 heures. On employa du reste des perforatrices Sommeiller, grosses et lourdes machines que l'on ne rencontre plus guère aujourd'hui. Depuis cette époque un grand nombre d'excellentes machines ont été imaginées ; nous donnons une description de quelques-unes d'entre elles, des plus répandues.

La perforatrice Climax a un cylindre de 75 à 100 millimètres d'alésage sur 100 mètres de course ; un goujon sur la tige de piston donne le mouvement à un tiroir oscillant d'admission de l'air ; il n'y a pas de matelas d'air pour amortir la lance du fleuret. La figure 333 montre la coupe de la perforatrice Rio-Tinto ; c'est également la tige de piston qui donne le mouvement, par l'intermédiaire d'une fourche oscillante, au tiroir, qui est ici un piston coulissant. La perforatrice Darlington (fig. 334) est sans valves; le piston est très lourd; durant sa course, il découvre ou ferme les lumières. La perforatrice Minera n'a également pas de valve, et possède un double piston. Ces perforatrices sans valves sont robustes et pratiques; le mouvement du

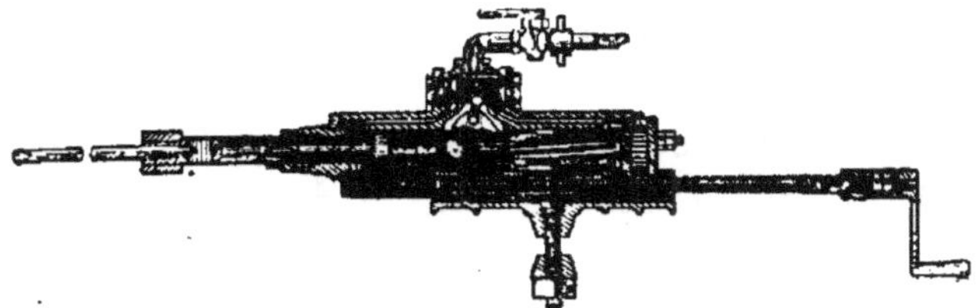

Fig. 333. — Perforatrice Rio-Tinto.

piston est amorti, à chaque extrémité de sa course, par un coussin d'air, ce qui conserve la machine en lui évitant les chocs brusques.

Dans toutes ces machines, l'avance du fleuret est réglée à la main : un ouvrier tourne la vis qui fait avancer l'appareil sur l'affût. Le nombre de coups battus à la minute est

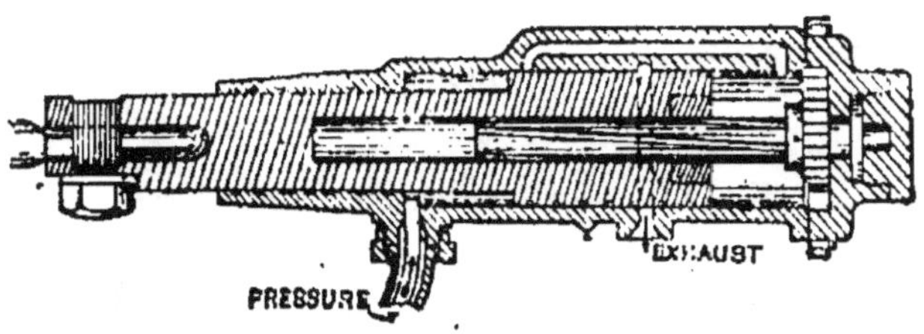

Fig. 334. — Perforatrice Darlington.

de 400 à 600; la rotation du fleuret, d'une fraction de tour à chaque coup, est obtenue automatiquement; cette rotation, jointe à l'injection d'eau, assure le curage du trou. Au fur et à mesure de l'avancement de la perforation, on monte des fleurets de plus en plus longs. Les machines que nous venons de voir sont établies pour percer des trous de 25 à 65 millimètres jusqu'à une profondeur de 1 m. 80. Une fois

la machine réglée, fixée sur son affût, le travail peut être
conduit à la vitesse de 5 à 25 centimètres par minute dans
le granit, suivant la dimension du trou. Perforer un trou
de mine de 0 m. 90 de profondeur en 15 minutes, y compris
les manœuvres accessoires et changements de fleurets, constitue un bon résultat moyen ; il aurait fallu 2 heures à une
équipe de 3 hommes, pour obtenir le même résultat à la
barre à main.

L'agent moteur employé dans les perforatrices percutantes est presque toujours l'air comprimé ; sous une pres-

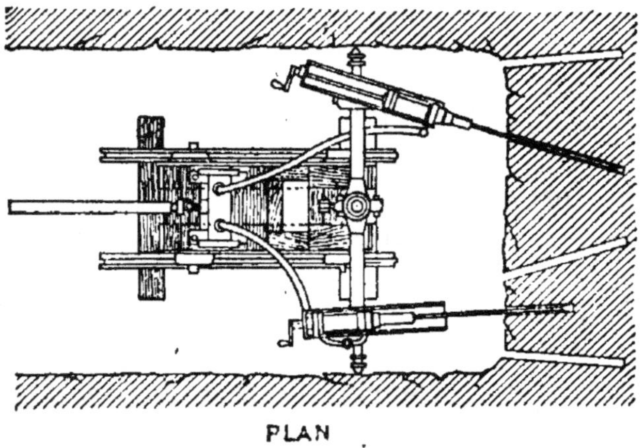

Fig. 335. — Perforatrice sur chariot.

sion variant entre 2,5 et 4,2 kg : cm². La perforatrice
est toujours montée sur un affût, qui sert à l'immo-
biliser ; dans les terrains tendres, cet affût doit être
soigneusement calé, afin qu'il ne s'enfonce pas de travers
dans le sol, ce qui coincerait le fleuret dans le trou. Pour
les perforatrices légères, on emploie fréquemment un affût
trépied dont les branches sont stabilisées par des contrepoids inférieurs ; l'affût-colonne que l'on cale au mur et au
toit est également d'emploi fréquent ; enfin, lorsqu'on utilise simultanément deux ou plusieurs perforatrices, on les

monte sur un affût chariot (fig. 335). Le montage sur chariot est très commode, il permet une mise en station rapide ;
et pendant le tir des coups de mine, on roule en arrière
l'affût chariot et ses perforatrices, pour les ramener après
déblayage. On peut de la sorte, dans une galerie au rocher,
atteindre un avancement de 30 à 50 mètres par semaine,
alors qu'à la main on n'aurait pas dépassé 6 mètres. Toutefois, dans beaucoup de mines on se contente, pour éviter de
grosses dépenses de premier établissement, d'une seule
perforatrice et d'un affût-colonne, et l'on considère un avan-

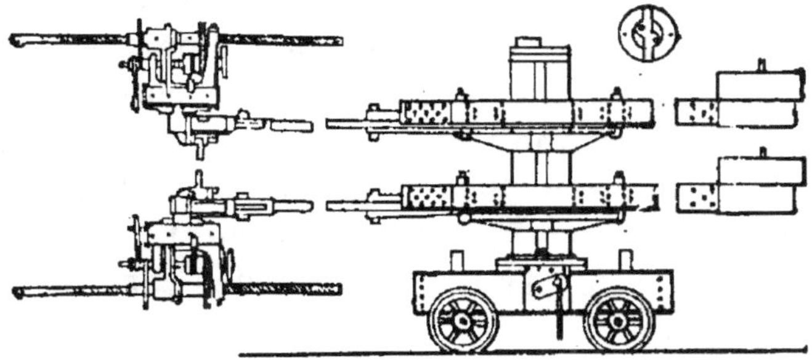

Fig. 336. — Perforatrices à mèche hélicoïdale sur chariot.

cement de 15 à 20 mètres par semaine comme pratiquement
satisfaisant. (Bien entendu l'air s'échappant de la perforatrice aère le front de taille.)

Perforatrices rotatives. — Les perforatrices rotatives
à fleuret-vilebrequin fonctionnant comme celles manœuvrées à main, ne peuvent être employées qu'en terrain
tendre : houille, etc. Pour la roche, le seul type pouvant
concurrencer les perforatrices percutantes est la perforatrice par rodage au diamant, fonctionnant à la façon des
sondes au diamant dont il a été question ici.

La figure 336 montre deux perforatrices à mèche hélicoïdale montées sur affût-chariot ; le mouvement de rotation peut être fourni par un moteur quelconque, air comprimé, hydraulique etc. On a même employé la commande

par courroie d'un moteur à pétrole placé sur l'affût. Souvent elles assureront un avancement de 0 m. 90 à la minute. Ce genre de perforatrices convient particulièrement pour la commande par moteur électrique. L'emploi s'en vulgarise très rapidement.

Machines de traçage. — On a imaginé différents types de machines trancheuses mécaniques, permettant de tracer des galeries, en travers-bancs, sans l'aide des explosifs. Dans le charbon, on emploie les haveuses qui font des saignées horizontales, et les rouilleuses qui font les saignées verticales; on trouvera ces machines au chapitre suivant, qui traite de l'abatage mécanique. Pour les galeries au rocher on emploie les bosseyeuses, machines qui percent des trous dans lesquels on enfonce des aiguilles-coins dont le battage est également opéré par la machine. D'autres trancheuses attaquent par rodage forant un trou cylindrique de grand diamètre; d'autres forent des carottes de grande dimension, etc.

La figure 337 montre la machine du colonel Beaumont, avec laquelle furent creusées des galeries d'exploration près de Douvres, dans le crétacé, lors du projet de tunnel sous la Manche. Le crétacé, roche tendre quoique ne nécessitant qu'un boisage sommaire, convient bien à cette machine, dont la figure montre le mode d'action. Le diamètre du trou foré était de 2 m. 10, et le taux d'avancement de 0 m. 90 à l'heure; bien entendu, il faut déduire au bout de la journée le temps passé à enlever les déblais et à ajuster la machine, à changer les couteaux, etc., temps pendant lequel la machine est à l'arrêt. Une autre machine de ce type, mais plus forte, mue également à l'air comprimé, fut employée par le colonel Beaumont au percement du tunnel de la Mersey, entre Birkenhead et Liverpool. On travaillait ici en terrain dur, dans les nouveaux grès rouges; le trou foré avait 2 m. 20 de diamètre, et l'avancement moyen fut de

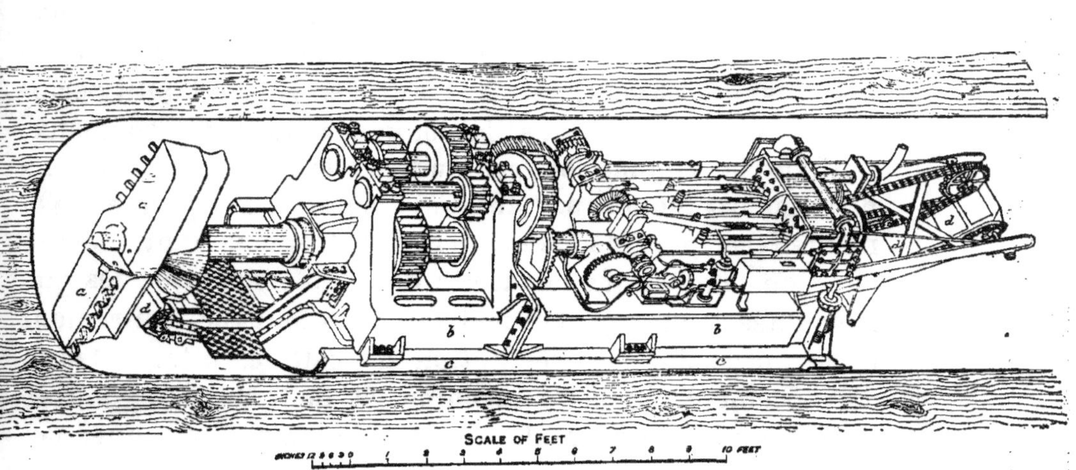

Fig. 337. — Machine perforatrice Beaumont.

15 mètres par semaine, avec un maximum constaté de 30 à 31 mètres. Après modification apportée à la machine, on obtint une vitesse de 54 à 65 mètres par semaine ; à la main une galerie de 3 mètres sur 2 m. 40 dans la même roche n'aurait pu être forée à plus de 10 à 13 mètres par semaine.

La machine Stanley (fig. 338), du reste pour l'abatage du charbon, fonctionne à la façon des sondeuses à carotte ; elle creuse des tunnels de 1 m. 50, 1 m. 80 ou 2 m. 10 à volonté.

La figure montre bien la façon dont travaille cette machine ; la largeur de la saignée annulaire pratiquée par les couteaux est de 7,5 centimètres. L'avancement de l'outil perforateur est automatique ; la longueur du porte-couteaux, limitant la saignée en profondeur, est de 0 m. 90. La machine est montée sur un affût à chariot, qui permet de la manœuvrer plus aisément. Il arrive fréquemment, dans le charbon tendre, que la carotte de houille s'affaisse dès que la saignée atteint 25 centimètres en profondeur. Autrement il faut procéder à la séparation de cette carotte. Le taux d'avancement de cette machine est de 0 m. 90 à l'heure ; pratiquement on dépouille de 27 à 45 mètres de tunnel par semaine.

Dans certaines méthodes d'exploitation, la méthode des chambres par exemple, le trou foré par la machine est de trop faible diamètre ; on emploie alors deux machines mitoyennes ; il existe même des machines Stanley doubles, montées sur un seul affût, permettant de creuser des galeries ou chambres plus larges que hautes ; dans ce cas les porte-couteaux décrivent des cercles tangents, de telle sorte que le pilier central, laissé généralement lorsqu'on travaille à deux machines séparées, est supprimé.

Dans les schistes tendres et le houiller, ces machines permettent d'effectuer des traçages rapides. Toutefois, il convient de rappeler qu'en milieu grisouteux, par suite de la

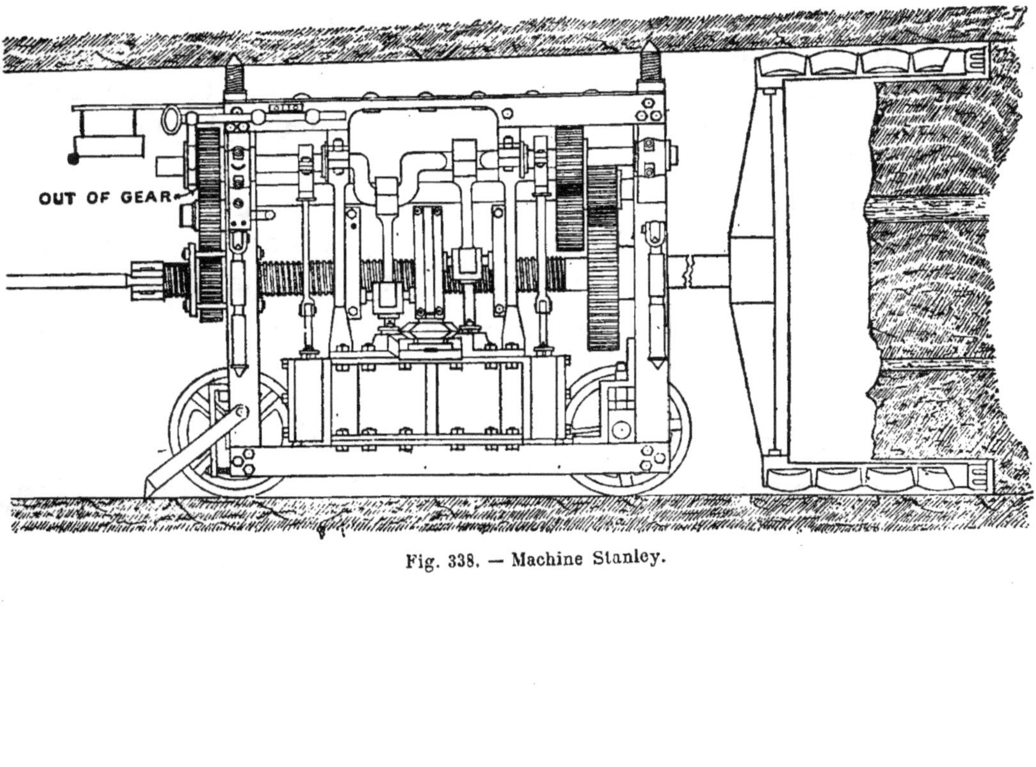

Fig. 338. — Machine Stanley.

rapidité même d'avancement, le dégagement de gaz atteindra un taux plus élevé que la normale ; et il conviendra d'accroître l'intensité de l'aérage. L'air comprimé consommé par la machine suffira généralement à balayer le front d'attaque ; mais l'on doit faire remarquer que, lors des arrêts, le gaz s'accumulera rapidement ; aussi fera-t-on bien de prévoir une ventilation intense du front d'attaque indépendante de celle que peut fournir la machine.

M. Stanley a également imaginé un nouveau type de trancheuse, dans laquelle la carotte est débitée en morceaux plus ou moins menus, qui sont évacués automatiquement en arrière de la machine ; de telle sorte que l'avancement de celle-ci est continu ; la vitesse serait deux fois plus élevée qu'avec l'ancien type.

Perforatrices électriques. — Les premières perforatrices électriques furent exposées à l'exposition de Francfort en 1891. On y voyait deux types à percussion : l'un par compression d'un ressort, l'autre à solénoïde, la barre-fleuret remplissant l'office d'armature dans un puissant électro-aimant. Aujourd'hui il existe un très grand nombre de perforatrices électriques. Telle la rotative Siemens-Halske, ou la perforatrice Bullock ; il y en a aussi de percutantes, qui battent peut-être trop vite. Pour certaines d'entre ces dernières, le mouvement de va-et-vient est assuré par la mise en jeu de nos solénoïdes.

CHAPITRE XIV

ABATAGE MÉCANIQUE; HAVEUSES PNEUMATIQUES ET ÉLECTRIQUES

Le travail le plus rude et le plus dangereux du mineur est probablement le sous-cavage, en d'autres termes la coupure ou saignée pratiquée à la partie inférieure de la masse à abattre, sur une distance variant de 0 m. 30 jusqu'à 2 m. 40 dans certains cas, et transversalement soit sur toute la largeur de la chambre ou galerie, soit sur une fraction seulement. On pratique alors deux saignées verticales ou rouillures, et le bloc est abattu soit par des coins, soit par un coup de mine. Dans l'abatage à la main, le sous-cavage ou havage est pratiqué à la rivelaine, les rouillures, au pic ou au marteau à pointes. Dans le but d'économiser la main-d'œuvre, on a établi des machines dites haveuses et rouilleuses, qui font mécaniquement les saignées verticales et horizontales; certaines haveuses, notamment les haveuses percutantes à pic, peuvent être employées soit comme haveuses, soit comme rouilleuses, c'est-à-dire qu'elles permettent à volonté de pratiquer les saignées horizontales ou verticales.

Dans la méthode du longwall, on sous-cave usuellement sur une grande longueur, jusqu'à 90 mètres parfois ; durant le havage, on soutient la masse par des cales placées de distance en distance ; quand on enlève les cales, fréquemment le charbon tombe de lui-même ; d'autres fois il colle, au toit et il faut le détacher par des coins ou des coups de mine. On aura intérêt bien entendu à sous-caver dans les plans de clivage de la couche, appelés « limés », ou dans les passées plus tendres appelées « havrits ». Lorsqu'on est en présence d'une couche de faible épaisseur, on sous-cave dans l'argile du mur, pour épargner le charbon.

Il existe un grand nombre de haveuses, les unes percutantes, dites à pic, les autres entamant le charbon à l'aide

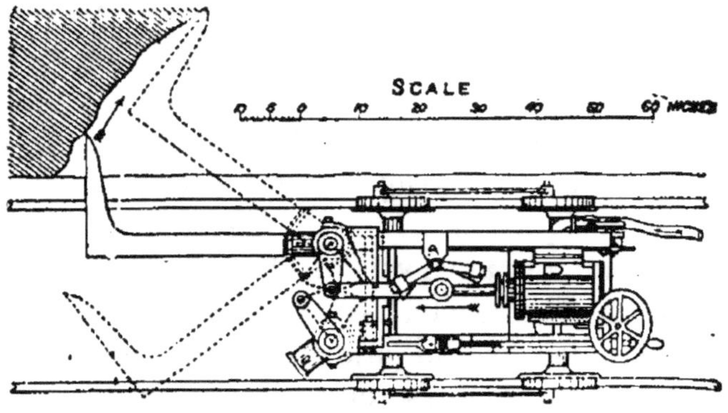

Fig. 339. — Haveuse mécanique Firth à pic (plan).

de couteaux montés soit sur une barre, soit sur un disque ou roue, soit sur une chaîne sans fin. Voici quelques-unes des haveuses les plus connues.

Haveuse Firth. — Cette machine (fig. 339-341) rentre dans la catégorie des haveuses à pic; elle est à air comprimé; l'alésage du cylindre est 15 à 18 centimètres, la course du piston 30 centimètres. Par l'intermédiaire d'un levier, ce piston communique une impulsion au pic, qui décrit un arc de cercle de 120 degrés. Ce pic pèse 35 kilogs; sa longueur est de 0 m. 90, et il bat 74 coups à la minute; la pointe en acier cémenté trempé peut être changée en 2 minutes lorsqu'elle est émoussée. C'est en somme un véritable pic mécanique. On peut l'ajuster dans le sens vertical pour le travail à exécuter. La dimension de la saignée est de 0 m. 60 en pro-

fondeur sur une hauteur de 7,5 centimètres. Comme il est
généralement nécessaire d'effectuer une entaille plus profonde, on reprend le sous-cavage en adaptant sur la machine un pic de plus grande dimension : longueur 1 m. 43,
poids 40 kilogs, battage 60 coups à la minute. La saignée
est approfondie de la sorte de 0 m. 53, ce qui porte sa profondeur totale à 1 m. 13. S'il est nécessaire de sous-caver
encore davantage, on reprend une nouvelle fois avec un
troisième pic, qui porte la profondeur de la saignée à 1 m. 50.
Dans les couches relativement tendres, cet outil fonctionne

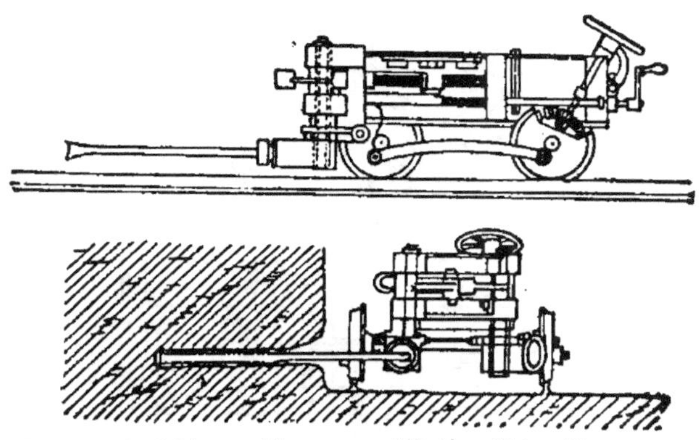

Fig. 340, 341. — Haveuse Firth (élévations).

bien et économiquement ; en 24 heures de marche continue,
on a sous-cavé sur une profondeur de 1 m. 05 une longueur
de 257 mètres. En terrain dur, la machine fonctionne également très bien, mais à un taux plus réduit. Les roues du
chariot sont reliées par bielle, une roue à manivelle et des
roues d'angles permettant de les faire tourner pour assurer
l'avance de la machine au fur et à mesure du creusement.

Haveuse Gillot et Copley. — C'est une machine à
disque (fig. 342) ; cette machine, comme la précédente, est
à air comprimé, et se déplace sur des rails parallèlement à
à la ligne d'attaque ; elle convient donc particulièrement
pour la méthode du longwall. Elle comprend une paire de

cylindres 22 × 23 centimètres, commandant par pignon
d'angle le disque portant les couteaux en acier, au nombre
de 20. La réduction est dans le rapport de 5 à 1. Cet outil
creuse des saignées de 0 m. 60 à 0 m. 90 de profondeur sur
7,5 centimètres de hauteur. Il est nécessaire de sous-caver
à la main au début une entaille, qui servira de logement au
disque. Dans un milieu modérément dur, l'avancement est

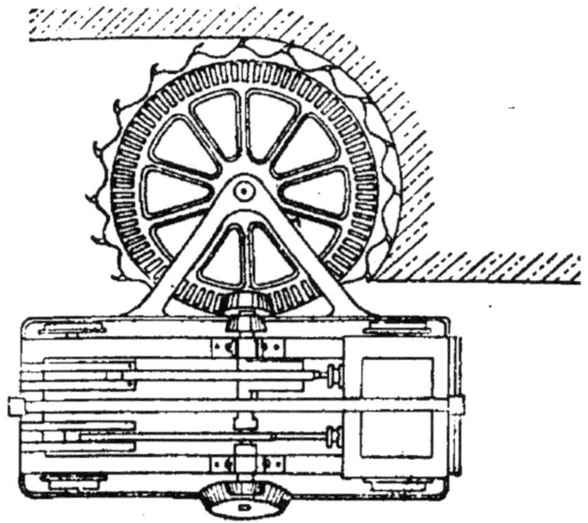

Fig. 342. — Haveuse Gillot-Copley.

de 145 mètres en 16 heures. On marche à une pression
d'air de 3 kilogs.

Haveuse Winstanley. — Encore une machine à disque
(fig. 343) ; elle ne diffère de la précédente que par le fait que
le disque porte-couteaux est mobile au bout d'un bras qui
permet de faire varier la profondeur du sous-cavage, et
rend la machine apte à creuser elle-même le logement initial
du disque. La transmission est également originale : un
pignon à très grosses dents engrène directement avec les
dents correspondantes ménagées sur la périphérie du disque
porte couteaux. Le pignon est toujours en prise, en dépit
des mouvements du bras. La profondeur de la saignée pra-

tiquée est de 0 m. 67 ; la force est fournie par une paire de cylindres à air 23 × 15 centimètres, faisant tourner le pignon à 150 tours par minute. Cette machine n'est plus employée

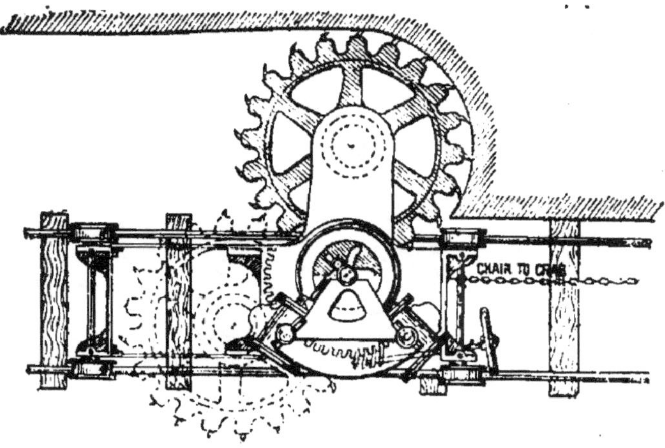

Fig. 343. — Haveuse Wistanley.

aujourd'hui. Elle peut cependant donner un trait correspondant à une section de plus de 0,80 m² à la minute. Elle est malheureusement encombrante.

Haveuse Rigg et Meiklejhon. — Toujours du type à

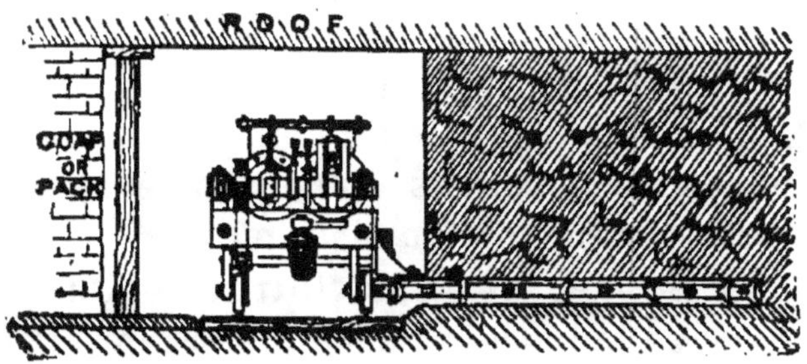

Fig. 344. — Haveuse Rigg-Meiklejhon.

disque (fig. 344), cette machine a ceci de particulier que sa très faible hauteur, 40 centimètres, en permet l'emploi pour l'exploitation des couches de faible puissance. Elle est actionnée par une paire de cylindres à air comprimé de 20 × 30 centimètres ; le diamètre du disque est de 1 m. 20, et il porte à sa périphérie 12 couteaux. Cette machine est à avancement automatique, et sous-cave sur une profondeur de 1 m. 05. Avec des couteaux bien taillants, elle coupe 0,85 m² en 1,5 minute ; dans le charbon dur, elle coupe 4,20 m² par heure en moyenne.

Haveuse Baird. — La machine Baird (fig. 345) rentre

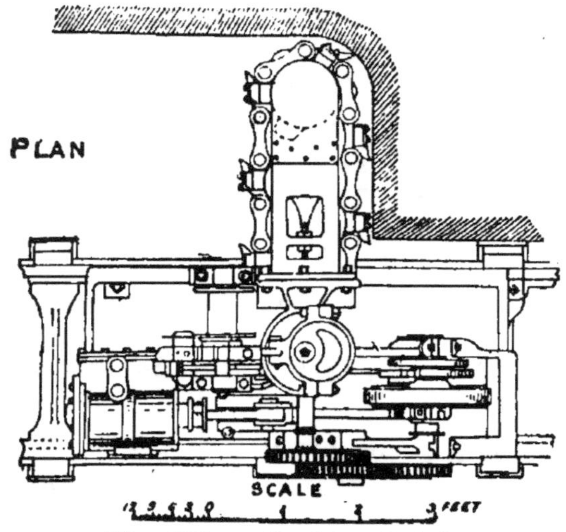

Fig. 345. — Machine Baird.

dans la catégorie des machines à chaîne sans fin. Comme l'on voit, les couteaux, au lieu d'être portés sur un disque, sont montés sur les maillons d'une chaîne sans fin engrenant avec deux pignons, dont l'un moteur.

Haveuse Bower et Blackburn. — Du type à barre (fig. 346-347), cette machine a comme organe d'attaque une barre ou bras armé de 180 taillants. Cette barre est animée d'un mouvement de rotation de 500 tours à la minute. On peut, avec ce type d'engin, sous-caver sur une grande profondeur, car on n'a plus à craindre le voilement du disque sous l'affaissement du charbon ; toutefois on est limité par le porte à faux de la barre. La hauteur de la saignée est 12 centimètres, et sa profondeur de 1 m. 05. Dans le terrain tendre, l'avancement est très rapide, atteignant 14 à 16 mètres par heure. La force motrice est fournie dans la machine de la figure 346, par un câble sans fin s'enroulant sur une poulie

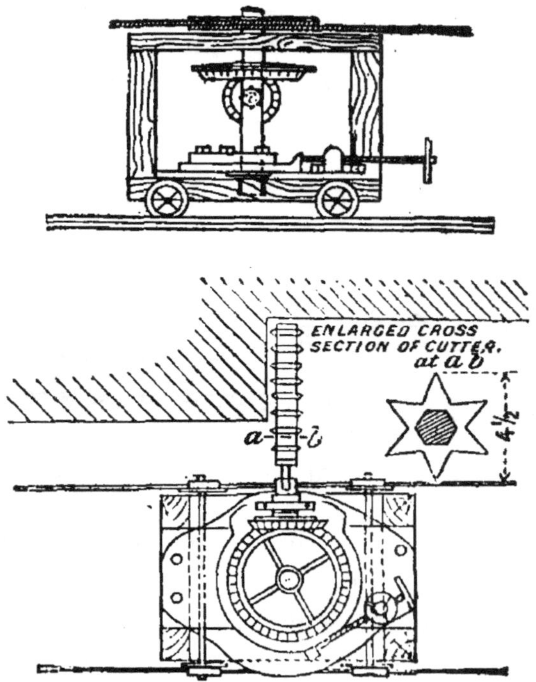

Fig. 346, 347. — Machine Bower-Blackburn
(en détail, agrandissement du couteau).

à gorge, dont l'axe porte une roue d'angle commandant la barre porte-couteaux.

Haveuses hydrauliques. — Une ingénieuse machine a été établie, il y a 25 ans, par Carrelt et Marshall, et expérimentée bien effectivement. Elle fonctionnait à la façon d'une mortaiseuse, sous la poussée d'un piston hydraulique. La pression d'eau était utilisée dans un vérin hydraulique stabilisant la machine, en s'appuyant au toit et au mur. Des difficultés d'application pratique la firent abandonner.

Haveuses pneumatiques percutantes. — Ces machines, d'origine américaine, rentrent dans la catégorie des haveuses à pic ; elles fonctionnent à la façon des perforatrices percutantes. La machine Harrison est une des plus répandues. Elle se fait en deux dimensions, le gros type pesant 180 kilogs et sous-cavant sur une profondeur de 1 m. 35. L'inconvénient de la machine, bien faible d'ailleurs, est le

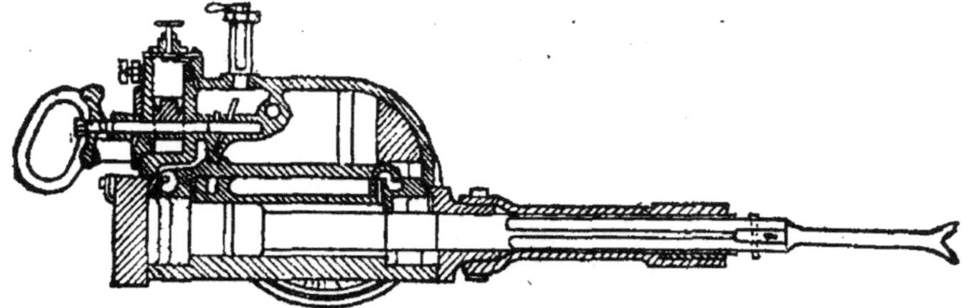

Fig. 348. — Machine Harrison (coupe).

recul, que le mineur annihile avec ses pieds, en se plaçant derrière l'outil. La haveuse est montée sur un train de roues, et se manœuvre sur un plancher de bois, ce qui facilite son maniement ; le mineur taille ainsi dans le charbon suivant un segment de cercle, en dirigeant sur divers points successivement son outil. La figure 348 montre le mécanisme, d'ailleurs très simple ; le fleuret est monté à l'extrémité d'un piston derrière lequel agit l'air comprimé.

La machine Yoch est basée sur les mêmes principes ; le cylindre a 15 centimètres d'alésage, le piston 30 centimètres de course ; l'outil emploie de l'air à 35 kil. On peut sous-caver, en une journée de 9 à 10 heures, une longueur de 18 à 21 mètres sur une profondeur de saignée de 1 m. 20 à 1 m. 50. Le poids est de 550 kilogs ; deux hommes sont nécessaires par machine.

Ces machines à pic sont très employées et très pratiques, tant par leur légèreté, leur faible encombrement et leur robustesse, que par la possibilité où l'on est de les employer à volonté comme rouilleuses ou comme sous-caveuses.

Limitation d'emploi des haveuses. — Il y a bien plus de 30 ans que les premières machines à pic furent introduites. Vingt ans après apparurent les machines à disque et à chaînes. Cependant, encore à l'heure actuelle, l'abatage mécanique est relativement peu pratique. Il se présente en effet des difficultés de divers genres à l'emploi des machines. La plus fréquente est, au milieu des bois et soutiens divers, le manque de place pour la machine, dont l'encombrement est en général important. Le poids est également un inconvénient, la machine étant difficile à manier. Les chutes de pierre, la pression de la masse pouvant fausser les disques ou barres, sont également des difficultés s'opposant à l'extension d'emploi des haveuses. Tous ces facteurs, auxquels il faut quelquefois même ajouter l'opposition du mineur à l'introduction de la machine, rendent le gain à retirer des haveuses si faible et parfois même si problématique, que beaucoup de compagnies hésitent à faire l'avance d'un capital élevé pour l'achat de ces outils coûteux. Souvent du reste le travail à la main permet d'enlever de gros morceaux de mort-terrain, ce que ne fait pas la machine, travaillant de façon uniforme.

Emploi de l'électricité. — Tout naturellement la mise à contribution de l'électricité se développe pour la commande de ces appareils comme pour celle des perforatrices, pour la traction, etc., et avec les mêmes avantages. On conçoit qu'on puisse modifier aisément la plupart de ces appareils en leur adjoignant un moteur électrique à la place d'un moteur à air par exemple. L'induit du moteur sera facilement calé sur la barre, s'il s'agit d'une machine à barre.

Les applications de l'électricité ont pris un développement considérable, surtout aux États-Unis.

M. Garforth, de Normanton, a perfectionné la machine Gillot et Copley, l'a rendue plus robuste, lui a appliqué la commande électrique, et ajouté un dispositif facilitant le changement des couteaux. La nouvelle machine découpe 0,85 m² par minute; travaillant dans une veine de 0 m. 90 de puissance, et taillant entre cuir et chair (à la fois dans le mur et dans la houille), elle a sous-cavé régulièrement 1.000 tonnes de charbon par semaine.

La maison Clarke Steavenson et Cie a également établi un type de haveuse électrique à disque, montée sur rails.

La haveuse à barre Hurd est des plus pratique ; elle comporte différents dispositifs ingénieux ; la barre notamment est articulée et peut se rabattre parallèlement aux rails, ce qui en facilite le maniement. Le remplacement des couteaux a été très étudié ; la barre est très puissante, ne craignant pas de flamber sous la pression ; enfin elle est légèrement conique et fore une saignée en chanfrein, ce qui facilite l'abatage ultérieur. On peut sous-caver jusqu'à 1 m. 80 en profondeur.

Signalons encore la haveuse à plateau et commande électrique Jeffrey ; elle se fait aussi à chaîne. La haveuse ripante Sullivan (qui se déplace automatiquement en se halant sur un pieu d'amarrage) se fait aussi avec moteur électrique.

En ce qui concerne la puissance exigée, les machines actuelles absorbent de 15 à 30 chevaux suivant la dureté du terrain, pour recouper, durant une journée de 9 heures, une surface variant entre 80 et 250 mètres carrés.

L'exploitation mécanique de la houille se développe de jour en jour, même en Europe. En Grande-Bretagne, elle a porté sur 5.800.000 tonnes (pour quelques districts importants) en 1906, au lieu des 3.200.000 tonnes de 1905. Aux États-Unis la production à la machine a été de plus de 100 millions de tonnes métriques, au lieu de 70 en 1904.

CHAPITRE XV

SOUTÈNEMENTS. — BOIS DE MINES.
CADRES MÉTALLIQUES.

Les bois employés dans le soutènement varient suivant la localité et le prix auquel on peut se les procurer. Dans le Nord, près des côtes, on emploie beaucoup le pin maritime, venant de la Scandinavie ou de la Baltique. Dans le Centre, on emploie du bois du pays, notamment le chêne, qui est le bois de mine par excellence, comme résistant longtemps à

Fig. 349.
Soutènement en bois ronds.

Fig. 350.
Soutènement en bois sciés.

la décomposition. Le pin des Landes est également très employé dans les districts méridionaux. Ce pin est exporté en grandes quantités dans les Galles anglaises. Parfois on écorce, parfois pas. Lorsque la pression de morts-terrains à supporter est élevée, on emploie des bois entiers de 15 à 25 centimètres de diamètre (fig. 349); dans le cas contraire, on emploie assez souvent des bois sciés par le milieu (fig. 350), en appliquant au toit le côté plat du bois horizontal. On a également employé des bois équarris, mais c'est assez rare.

Les profilés en acier sont également employés comme soutènement, soit sous forme de fer à I soutenu par deux bois verticaux, soit que le cadre soit entièrement métallique (fig. 351), soit enfin que les poutrelles soient encastrées dans des évidements pratiqués dans des salebandes (ou matériaux stériles) ou dans des murs en briques. Presque toujours on emploie le fer à I, qui présente la résistance maximum pour le mininum de poids ; on a également fait usage de rails dans le même but ; mais ceux-ci

Fig. 351. — Soutènement en profilés d'acier
(en détail, section du profilé).

sont naturellement plus faibles, et se cintrent plus facilement sous la poussée des terres. Le soutènement en fer est beaucoup plus coûteux que le boisage, de deux à six fois suivant les circonstances locales ; par contre, le coût de main-d'œuvre pour la mise en place n'est pas plus élevé, et la durée est plus longue. En beaucoup d'endroits une poutrelle constituera un support permanent, alors que, dans les mêmes conditions, un bois se détruirait rapidement, exigeant, au bout de douze mois par exemple, un remplacement dont le coût de main-d'œuvre est plus élevé que le coût du bois lui-même. Dans ce cas, l'économie de l'acier est manifeste. Dans les galeries, au contraire, dont le caractère est plutôt temporaire, le bois est à préférer évidemment ; et, dans les cas où, par suite de pressions excessives, les poutrelles comme les bois ont beaucoup de chances de flamber, l'usage du bois est plutôt à préférer.

Le mode usuel d'assemblage des bois de cadres est montré figure 349. C'est l'assemblage en gueule de loup, le bois horizontal reposant dans une entaille en V, ou « gueule », pratiquée dans le bois vertical. En France, on emploie aussi

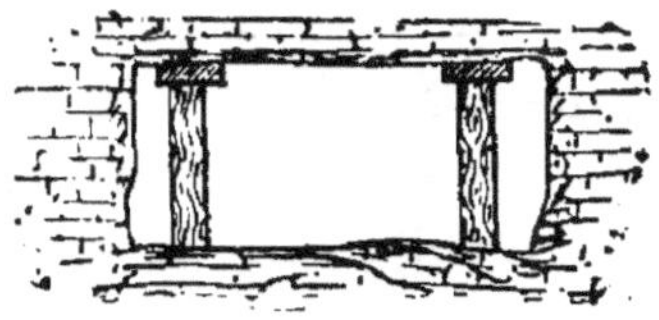

Fig. 352 à 354. — Types d'assemblages de bois et autre genre de boisage.

fréquemment l'entaille en trait de Jupiter, dont la figure 352 est une variante moins classique.

On prend des bois sensiblement de même diamètre pour la traverse et les deux montants. Pour éviter que la traverse, ou bille, ne puisse échapper de l'entaille, on la cale en glissant un coin entre le toit et la bille ; d'autres fois

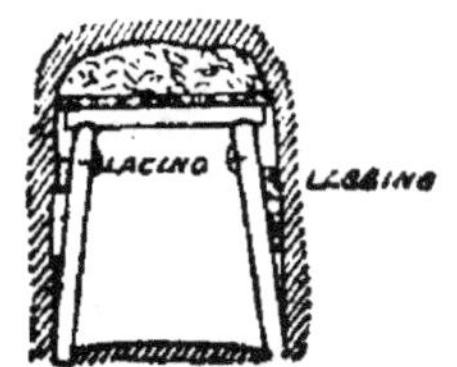

Fig. 355 à 357. — Autres genres de boisages.

(fig. 353) on enfonce une cheville en fer (1). En Angleterre, les bois ont de 7,5 à 30 centimètres de diamètre, parfois plus, et beaucoup plus. Le boisage affecte nombre de variantes ; tantôt on emploie seulement des bois verticaux (fig. 354) avec semelle au toit ; tantôt on emploie seulement

(1) Nous trouvons ce système mauvais, surtout avec les bois tendres, parce qu'il prédispose le bois à fendre.

des billes ou chapeaux (fig. 355, 356), encastrés dans des potelles, évidements pratiqués aux parois. La figure 358 montre un boisage avec garnissage de planches au plafond et sur les côtés, pour éviter la chute des petits éboulis ; le plafond doit être comblé bien soigneusement avec tassement de matériaux, tant pour la conservation du boisage, que pour éviter l'accumulation possible de gaz. Le boisage des tailles, essentiellement temporaire, se fait surtout à l'aide d'étançons diversement placés ; dans les tailles à mauvais toit on dispose assez souvent des chevalements C pour sou-

Fig. 358. — Chevalements dans des tailles à mauvais toit.

tenir les masses (fig. 358). Au front de taille, cela s'impose, et l'on multiplie les étais.

Les étançons ou bois de soutènement isolés employés comme tels, ainsi que les cadres, doivent être disposés dans les galeries inclinées normalement au pendage. Toutefois, avec les fortes inclinaisons, il y a toujours un glissement plus ou moins considérable ; aussi dispose-t-on, en général, les bois de façon à ce qu'ils fassent un angle de 2 à 30 avec la normale, dans le sens du glissement ; de cette façon, le mouvement du terrain tend à ramener le cadre dans la perpendiculaire. On mesure les angles avec des instruments spéciaux.

Les étançons sont toujours calés par une semelle légère-

ment en biseau, que l'on assujettit à force entre l'étançon
et le terrain à soutenir ; quelquefois, au lieu d'une simple
semelle, on place de la sorte (fig. 359) de fortes pièces de
bois L, calées elles-mêmes avec des coins ; l'étançon P soutient de la sorte une plus grande surface de toit. Dans les
tailles à mauvais toit, on pratique beaucoup ce genre de
soutènement, qui met à l'abri, dans une grande proportion,
des accidents pouvant provenir de chutes ou éboulements
résultant d'une fissure passée inaperçue à l'examen superfi-

Fig. 359. — Disposition spéciale d'étançons.

ciel. Enfin, on emploie fréquemment, au lieu de simples
bois, des étançons en fonte, ou même de simples poutrelles
métalliques, dans le même but.

Déboisage. — Dans certaines méthodes d'exploitation,
on retire les bois, par raison d'économie, au fur et à mesure
du déhouillage d'un quartier. Cette opération du déboisage
est assez dangereuse et exige de grandes précautions pour
éviter les accidents. Si l'étançon est fortement encastré, on
procède à la pose provisoire d'un autre étançon pendant
que l'on scie ou entaille l'autre ; puis les deux sont abattus
simultanément au moyen de câbles ou chaînes permettant
aux ouvriers d'opérer à une distance suffisante. La méthode

de déboisage couramment pratiquée consiste à employer
une chaîne et un levier (fig. 360) ; la chaîne est convenablement amarrée au bois à retirer, et le levier prend point
d'appui sur un autre bois dont la résistance est éprouvée ;
d'autres fois on emploie un câble amarré au bois à retirer,
et enroulé autour des bois fixes, à la façon d'une mouffle
(fig. 361). Bien entendu le bois à enlever est convenablement déchaussé, rendu lâche, de façon à ce que l'effort à
produire pour l'arracher ne soit pas considérable. On se
sert, dans ce but, d'une sorte de pic avec un manche de

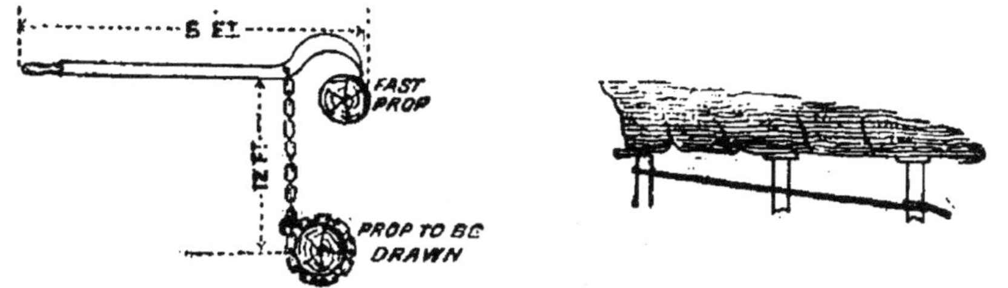

Fig. 360, 361. — Dispositifs pour déboisage.

2 mètres de long. Souvent on considère que le déboisage
s'impose plus pour faciliter le tassement régulier des terrains que pour l'économie.

Lorsqu'une bille transversale a été brisée, ou flambe de
façon exagérée sous la pression des terrains, on doit, avant
de procéder à son enlèvement, poser deux petites billes provisoires, pour éviter un éboulement. De même, dans les
affaissements de longueurs plus ou moins grandes de galeries, la réfection de la voie constitue un travail dangereux ;
on doit s'efforcer, à l'aide de vérins, de relever et soutenir
les billes ou traverses endommagées, pendant que l'on procède à la pose de traverses neuves ; le vieux boisage est
alors retiré sans crainte d'éboulement.

Les points faibles à l'égard du boisage sont, dans une
exploitation, les croisements de galeries ; dans ce cas, on

doit disposer deux solides poutrelles à angle droit faisant
pont par-dessus les deux galeries, et sur lesquelles s'ap-
puieront les billes ou traverses respectives de chaque voie ;
la résistance de ce pont doit être très soigneusement calculée pour éviter tout aléa.

Le boisage avancé dans les sables et terrains inconsis-
tants est garni de palplanches jointives, à la façon décrite
au chapitre « Fonçage des puits » ; le cas se rencontre d'ail-

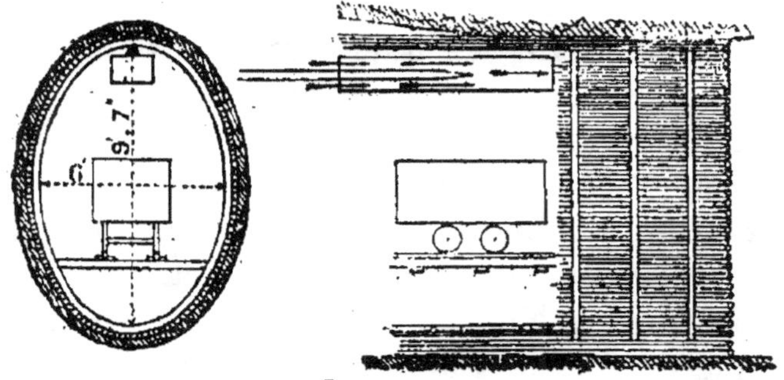

Fig. 362, 363. — Soutènement par anneaux en fer (*iron rings*)
et lattes en sapin.

leurs rarement. Mais souvent on doit enfoncer des palplanches de garde dans le toit et les parois.

Les figures 362 et 363 sont des croquis relevés par l'auteur dans une mine saxonne ; ils montrent, en coupe et élévation, une galerie pratiquée dans une veine épaisse de
houille tendre. Le soutènement est constitué par des
anneaux en fer disposés tous les 0 m. 60 ; derrière ces
anneaux, sont enfilées une série de lattes en sapin, formant
un revêtement complet.

Une autre méthode de soutènement a été relevée par l'auteur dans une mine française. Les cadres sont ici constitués
par des fers profilés en I de 10 kilogrammes au mètre,
courbés en arceaux, et disposés tous les 0 m. 60 ; entre les
arceaux, sont encastrées des pièces de bois. On obtient de la

sorte un revêtement extrêmement robuste, lisse et jointif; la largeur de cette voie de roulage était de 2 m. 10.

La destruction des boisages a lieu de différentes manières : par pourriture, décomposition d'abord ; dans les mines sèches et chaudes, celle-ci est très rapide ; le bois tombe par écailles, se désagrège en quelques mois. On prétend que l'humidification de la mine par des pulvérisations d'eau combat cette destruction, qui est de la pourriture sèche. Il y a aussi à craindre la pourriture proprement dite. Toutefois, dans les quartiers très humides, on a vu des bois durer plusieurs générations.

Le mode de destruction le plus fréquent est certainement le bris par flambage, notamment pour les traverses ou billes, qui ont à subir une poussée en bout due aux parois, et une poussée au centre due aux morts-terrains. On évitera la poussée en bout en ayant soin que les extrémités de la traverse ne portent pas directement contre les parois, et excavant en conséquence.

Charge de sécurité. — Il serait puéril de rappeler que, pratiquement, la charge réelle à adopter doit être de beaucoup inférieure à la charge limite. Dans la construction de charpentes, le facteur de sécurité adopté est en général égal à 7 ; c'est-à-dire que si une pièce doit rompre sous une charge de 7 tonnes, on ne lui fera supporter normalement qu'une charge de 1 tonne. Dans les mines, il n'est pas nécessaire d'adopter un facteur de sécurité aussi élevé, à cause du caractère toujours temporaire — à échéance plus ou moins longue — du boisage. On se contentera, soit pour les cadres, soit pour les bois employés comme étançons, d'un facteur de sécurité de 2 ou 3. Naturellement on doit tenir compte de l'état du bois employé, de l'affaiblissement que peuvent y causer des défauts naturels, courbures ou entailles, qu'on y aurait pratiquées.

CHAPITRE XVI

ROULAGE, TRAINAGE, CABLES ET CHAINES, LOCOMOTIVES, AIR COMPRIMÉ, REMOR-QUAGE ÉLECTRIQUE, CABLES, TRANSPOR-TEURS AÉRIENS, ETC.

Le transport souterrain du minéral est un sujet d'impor-tance croissante, non seulement à cause de l'exploitation tou-jours plus intensive, mais surtout à cause de l'augmentation de surface drainée par un puits, au fur et à mesure de l'ac-croissement de la mine en profondeur. Dans beaucoup de mines, la longueur des voies ferrées souterraines dépasse 10 kilomètres, même davantage. Différents modes de trans-port sont indiqués figures 364, 365, 366; le premier, le por-tage à dos, est des plus primitifs et actuellement aban-donné. Le panier à roulettes, traîné par des gamins qui marchent courbés, quelquefois même à genoux, est quelque-fois employé dans les tailles; une autre variante est le panier à patins, les roulettes étant remplacées ici par une paire de patins permettant au panier de glisser sur une sorte de voie en planches. Ce mode de transport s'emploie parfois dans les mines de cuivre, où l'action corrosive des eaux chargées de sels cuivriques ne permet pas l'emploi de voies en fer; dans les mines de houille, on l'emploie aussi pour porter le charbon des tailles jusqu'à la voie de rou-lage. On recourt aussi parfois à la brouette.

Toutefois le procédé classique de transport souterrain est le wagonnet ou berline. Les vieilles installations, dont il existe encore quelques exemples, employaient comme rails de véritables cornières; puis vient l'usage du « pont », sorte de fer en π; toutefois le type classique est le rail vignole, ou rail à simple champignon, c'est le plus employé;

Fig. 364 à 366. — Divers modes primitifs de transport.

il se laisse cintrer plus facilement que les autres types, ce qui a son importance dans les galeries sinueuses. Le rail à double champignon a l'avantage de pouvoir se retourner, lorsque l'un des champignons est usé; mais il nécessite l'emploi de sommiers spéciaux ou coussinets pour la fixation des traverses, alors que le simple champignon se tirefonne à même la traverse. Les voies soigneusement établies sont éclissées; dans le cas contraire, on emploie simplement une pièce de jonction sans éclisse. Fréquemment on emploie des traverses métalliques, au lieu de traverses en bois. Dans ce cas, la fixation des rails a lieu au moyen de pièces-mâchoires rivées sur la traverse, et dans lesquelles on vient glisser le rail; souvent un coin vient achever la fixation. Pour les bennes ou wagonnets transportant seulement 150 à 200 kilogs de charbon, on emploie des rails pesant 5 kilogs au mètre; pour les bennes portant 350 à 400 kilogs, on établit la voie en rails 8 à 10 kilogs; enfin sur les principales

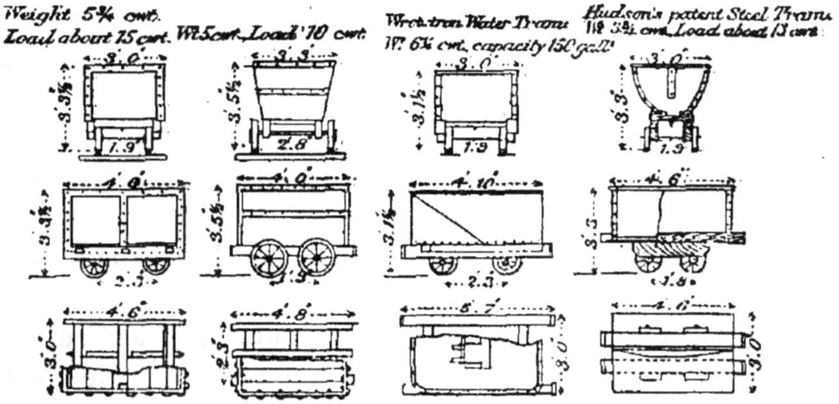

Fig. 367 à 378. — Vues diverses de wagonnets et berlines.

voies de roulage et les voies pour bennes portant 50 kilogs, le rail de 12 à 18 kilogs au mètre est fréquemment usité.

Wagonnets. — Les wagonnets, ou berlines, ou bennes (fig. 366 à 378), sont généralement faits en bois assemblé sur carcasse en fers profilés, mais on les construit aussi en fer ou acier, avec crapaudines ou pièces de liaison avec l'essieu en bois. Les essieux sont presque toujours en acier; les roues sont quelquefois placées à l'intérieur de crapaudines, bien que la disposition contraire soit plus classique. Le diamètre des roues varie, suivant les dimensions du wagonnet, entre 15 centimètres et 60 centimètres; elles sont généralement en acier coulé, qui est plus léger et plus résistant que la fonte; quelquefois elles sont folles sur l'essieu;

mais, quoique ce dispositif ait pour effet de réduire la friction latérale, l'une des roues pouvant tourner plus vite que l'autre dans les courbes, il a été rarement satisfaisant; presque toujours la roue folle joue sur l'essieu et manque les aiguillages. Les roues calées sur l'essieu, comme celles des wagons de chemin de fer, sont presque uniquement employées.

On a naturellement intérêt à construire les parois des berlines aussi minces que possible pour diminuer le poids mort et augmenter la capacité intérieure.

On a construit des wagonnets à claire-voie, simplement constituée par une carcasse en fers profilés; cette disposition est mauvaise, parce qu'elle laisse tomber d'abondantes poussières; en outre, de menus morceaux sont semés tout le long de la route. Dans certaines parties du Midland, on a adopté des wagonnets très plats, les bords ayant seulement 15 à 20 centimètres de hauteur; on augmente leur contenance en empilant le charbon en hauteur, et l'on retient ce charbon par des ridelles en fer; en enlevant ces ridelles au jour, le charbon s'écroule afin de faciliter le déchargement.

Graissage des essieux. — La lubrification des essieux, qui est essentielle pour diminuer la force nécessaire à la traction, a été très étudiée. On la pratique fréquemment en appliquant de la graisse à la main, ou de l'huile à l'aide d'une burette. Dans ce dernier cas, le graissage doit se faire quelquefois sur le wagon retourné, et l'on profite fréquemment, pour effectuer cette opération, du moment où l'on a basculé le wagonnet pour en jeter le contenu sur les cribles. Parfois on installe une station spéciale de graissage, la berline s'arrêtant pour recevoir des jets d'huile. Un autre mode de graissage est indiqué figures 379, 380; au-dessous de la voie est aménagé un petit réservoir à moitié rempli d'huile, dans lequel baigne un train de roues dont l'axe est porté par deux ressorts; les roues graisseuses, en frottant sur l'essieu du wagonnet, viennent le lubrifrier. L'essieu est laissé, dans ce but, presque complètement à découvert par en dessous. On dispose sur le parcours des voies souterraines un certain nombre de ces bains d'huile, de telle sorte que les wagonnets soient lubrifiés par exemple 4 fois par voyage. Enfin on a également employé des boîtes à graisse dans le genre de celles des chemins de fer. Il convient d'ajouter que ces différents modes de graissage ne donnent satisfaction que dans des cas exception-

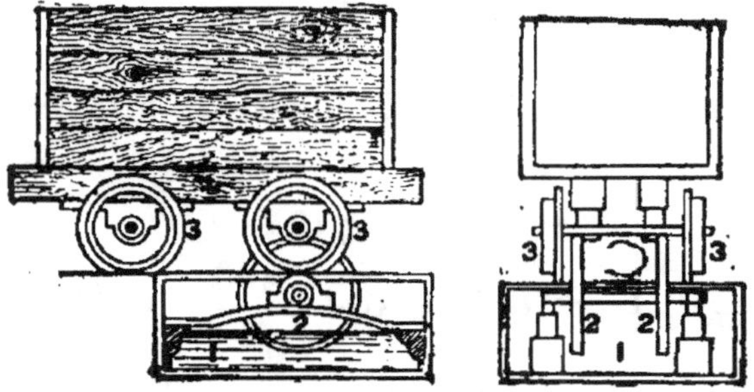

Fig. 379, 380. — Dispositif automatique de graissage.

nels et une main-d'œuvre habile; la poussière, l'humidité en empêchent tôt ou tard le bon fonctionnement, et, en cette matière, le procédé le plus simple, graissage par enduit gras, à la main, est le meilleur.

Rouleurs et chevaux. — Dans les tailles minces, le wagonnet, une fois chargé, est poussé à la main par un gamin; lorsque la voie a une hauteur suffisante, on emploie un cheval ou un poney. Un cheval, conduit par un gamin, roulera 10 à 20 fois le poids qu'aurait roulé le gamin seul.

La traction animale est pratique et économique dans les mines où les voies de roulage sont de niveau ou légèrement inclinées en faveur du poids traîné. La pente la plus économique pour le roulage par cheval est celle dans laquelle le travail du cheval est le même, qu'il remorque dans un sens le train de berlines pleines ou qu'il revienne dans l'autre sens avec les berlines vides. Cette pente se calcule par la formule suivante

$$g = f \times \frac{P - E}{P + E}$$

dans laquelle :

$g =$ pente de la voie,

$f =$ coefficient de frottement de la voie,

$p =$ poids en tonnes du train chargé,

$e =$ poids en tonnes du train vide.

Soit un train de 10 berlines pesant chacune 200 kil. à vide, 700 kil. chargée; traînées par un cheval pesant 600 kil. et conduites par un gamin du poids de 50 kil. Au retour à vide le train porte 500 kil. de bois. — On a :

$$P = 0,70 \times 10 = 7,00$$

$$E = 0,10 \times 10 + 0,50 + \frac{0,60}{2} \times 0,05 = 2\,70$$

Si le coefficient de frottement est de $1/80 = 0,0125$ on a :

$$g = 0,0125 \times \frac{7 - 2.70}{7 + 2\,70} = 0,00554 \text{ ou } 1/180$$

c'est-à-dire que, pour une pente de 5 mm. 1/2 par mètre, la traction animale sera la même dans l'un ou l'autre sens.

Plan incliné. — Lorsque la voie est inclinée, la charge devant descendre la pente, la descente du minerai se fera sans avoir recours à une force extérieure, par plan incliné automoteur.

La pente exigée pour que le système soit automoteur se calcule de la manière suivante.

Soient :

$g =$ la pente du plan incliné en centièmes,

P, E, f ayant mêmes significations que ci-dessus,

R, un certain coefficient égal à $\frac{6}{5} = 1,20$.

la formule à appliquer est :

$$g = \frac{P + E + \dfrac{P + E}{5}}{P - E} \times f \times R.$$

Par exemple si $P = 140$ tonnes, $E = 50$ tonnes, $f = 1/80 = 0,0125$, on aura

$$g = \frac{140 + 50 + \dfrac{140 + 50}{5}}{140 - 50} \times \frac{1}{80} \times \frac{6}{5} = 0,038, \text{ soit } 1/26$$

c'est-à-dire une pente de 1 centimètre par 26 centimètres, ou environ 38 millimètres par mètre.

Dans cette formule $\dfrac{P + E}{5}$ est ajouté pour tenir compte du frottement du câble sur la poulie ; la valeur de ce frottement varie évidemment avec la longueur du plan incliné et le type de la machinerie. Le terme R est introduit comme correctif, pour permettre au poids fort de donner l'accélération au système.

Cette formule s'applique aux plans inclinés simples, à double effet, le train chargé descendant la pente sur une voie, alors que le train vide la remonte sur une seconde voie. Dans beaucoup de cas où le double effet est inapplicable le plan incliné ne possède qu'une seule voie, et le train est équilibré au moyen d'un contre-poids se déplaçant sous les wagonnets et sur une petite voie étroite au milieu de la voie de roulage.

Ce type de plan incliné est fréquemment usité pour les très fortes pentes ; il est très pratique quand le plan se raccorde à un grand nombre de niveaux où le train de wagonnets doit s'arrêter pour prendre un wagon plein et en laisser un vide. La formule pour le calcul de la pente est différente dans ce cas, et est la suivante :

Si B est en tonnes le poids du contre-poids et si les autres notations restent les mêmes que ci-dessus, on a :

$$g = \frac{P + B + \dfrac{P + B}{5}}{P - B} \times f \times R.$$

Supposons P = 15 tonnes, E = 6 tonnes, B = 11 tonnes, $f = 1/110$ et R = 6/5, on obtient :

$$g = 0,0854, \text{ soit } 1/11,7.$$

Démonstration des formules. — Dans le cas du roulage par cheval l'effort de traction T à pleine charge doit être le même que l'effort T′ de traction à vide au retour ; on doit donc avoir à l'aller en charge

$$T = P \times f - P \times g$$

puisque la force nécessaire à la traction est égale au produit de la charge P par la fraction f représentant la résistance au roulement. De cette valeur doit être retranché l'effort de la pesanteur égale au produit de la même charge P par la valeur g de la pente.

Par un raisonnement exactement analogue on a

$$T' = E \times f + E \times g.$$

Le train remontant la pente, la pesanteur agit comme retardateur et son effet doit donc s'ajouter à l'effort normal.

Par définition on a posé T = T′, donc

$$P \times f - P g = E f + E g.$$

ou en simplifiant

$$(P - E)\, f = (P + E)\, g,$$

d'où on tire

$$g = \frac{P - E}{P + E}$$

Dans le cas du plan incliné à double effet, abstraction faite pour un moment du coefficient R, l'effort moteur T du train descendant doit être égal à l'effort retardateur T' du train montant augmenté du frottement de la poulie et du câble, ce qui donne

$$T = T'.$$

L'effort moteur est égal au produit du poids P par la valeur de la pente g.

$$T = P \times g.$$

L'effort résistant est égal au produit du poids E du train vide par la pente g, plus la valeur du frottement sur la voie des trains vides et chargés augmentée du 1/5 de leur frottement pour tenir compte du frottement de la poulie et du câble :

$$T' = Eg + \left(P + E + \frac{P+E}{5} \right) \times f,$$

Égalant ces deux valeurs, on a :

$$Pg = Eg + \left(P + E + \frac{P+E}{5} \right) \times f,$$

ou mieux :

$$(P - E)\, g = \left(P + E + \frac{P+E}{5} \right) \times f.$$

et enfin :

$$g = \frac{P + E + \dfrac{P+E}{5}}{P - E} \times f.$$

On démontrerait de même la formule indiquée pour le plan incliné à contrepoids.

Les figures 381-382 montrent en plan et section un plan incliné ordinaire; depuis le sommet jusqu'au garage intermédiaire la voie est à 3 rails; au delà du garage la voie est unique, et au fond est une double voie; à la partie supérieure, le toit est entaillé, comme l'indique le croquis, pour permettre d'établir une sorte de niveau; de même en bas,

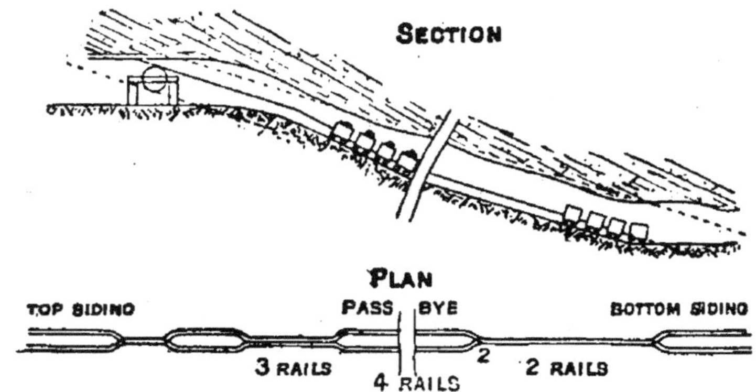

Fig. 381, 382. — Plan incliné ordinaire
(pointillé indiquant la situation de la veine de charbon).

est ménagé un palier, où il sera facile de pousser les wagonnets vides, en donnant par là un véritable « lancé » au

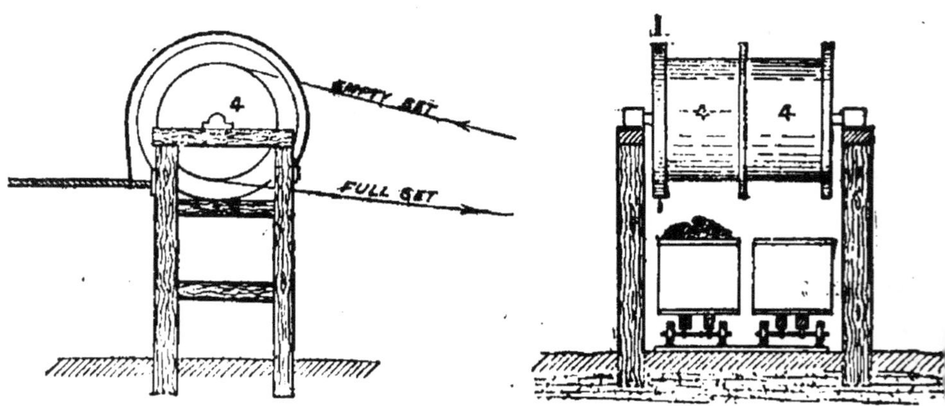

Fig. 383, 384. — Tambour de plan incliné.

système. Les figures 383-384 montrent un tambour, et la figure 385 une poulie de plan incliné.

Il est à peine nécessaire de faire remarquer que la plus faible pente sur laquelle puisse fonctionner un plan automoteur, dépend à la fois du poids à transporter et de la lon-

gueur de la voie. Plus le train est lourd, plus la pente pourra
être faible; plus le plan est long, plus le poids des câbles
et poulies influe, et plus la pente devra être forte. En pareil
cas, on a intérêt à adopter la chaîne flottante ou le câble sans
fin, dans lequel le poids de câble ou de chaîne est toujours
équilibré.

Si le transport par chevaux est économique lorsque le
débit n'est pas très considérable, sur pentes peu marquées,

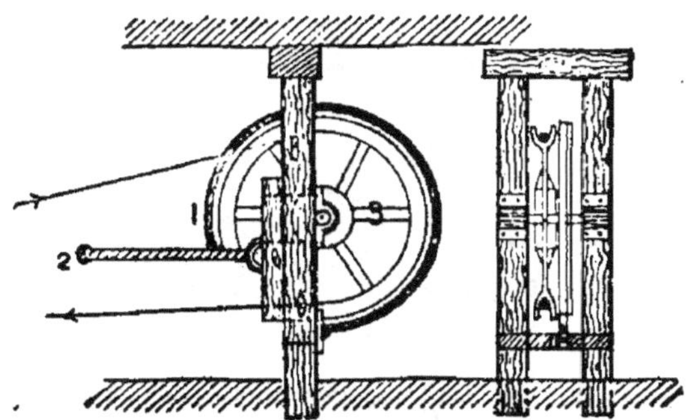

Fig. 385. — Poulie de plan incliné.

et si le plan automoteur est le mode le plus économique
lorsque la pente s'y prête, le traînage mécanique doit forcément être employé pour les grands tonnages, les grandes
longueurs à faible pente, et enfin les tailles où le minéral
doit remonter le long d'une descenderie. On a prétendu que
le traînage mécanique devenait intéressant dès que le débit
exigeait plus de cinq chevaux et cinq gamins; bien entendu
ce sont là des affirmations dont le bien fondé varie d'une
mine à l'autre.

Voyons donc ce qu'on appelle les traînages mécaniques.

Câble simple. — C'est le système généralement employé
dans les descenderies, lorsque la pente est suffisante pour
que les wagons vides redescendent d'eux-mêmes, déroulant
le tambour en entraînant le câble qui leur est attaché par
un bout; le travail du treuil consiste alors seulement à

remonter la charge; un embrayage permet de déconnecter le tambour du moteur, et un frein règle la descente du train. Le système se prête aisément aux arrêts intermédiaires, le mécanicien étant prévenu des points d'arrêt, soit par un indicateur, soit par signaux sonores; les signaux électriques sont employés le plus souvent lorsque la longueur de voie à desservir est assez grande.

Quand le train doit être roulé directement jusqu'à l'accrochage du puits d'extraction, le câble est souvent déconnecté

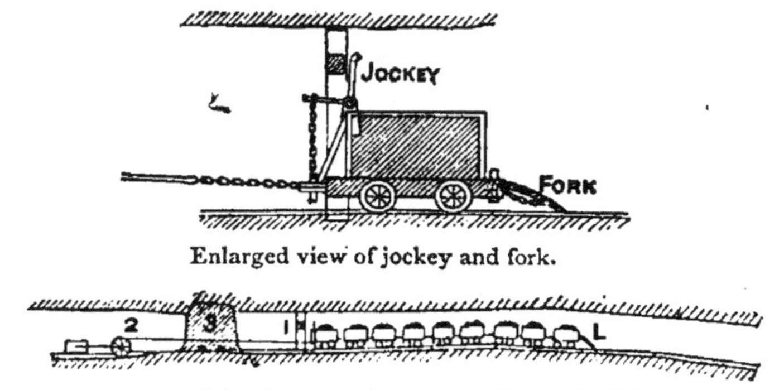

Fig. 386, 387. — Câble de traction avec dispositif de déconnexion.

automatiquement par un dispositif appelé « jockey », que montrent les figures 386-387. Le premier wagon est muni d'un levier à mouvement de sonnette et renvoi qui, en butant contre un heurtoir, tire par l'intermédiaire d'une chaîne sur la clavette d'accouplement. Le dernier wagonnet est muni d'une fourche en fer ou béquille, s'enfonçant dans le sol et arrêtant ainsi le train en cas de rupture du câble, accident qui arrive assez fréquemment.

Câble tête et queue. — (Voir fig. 388.) Lorsque la pente n'est pas suffisante, ou est trop irrégulière, il est nécessaire de tirer le train vide par un câble spécial, dit câble de retour, parallèle à la voie de roulage, et passant sur une poulie de renvoi à l'extrémité de la galerie, pour revenir se fixer au train à tirer, au commencement de sa course; la longueur du câble queue est donc deux fois celle de la voie de roulage. Chacun des câbles, tête et queue, s'enroule sur un tambour spécial, les deux tambours pouvant être isolément rendus fous sur l'axe commun, ou commandés par cet axe au moyen d'embrayage ; on emploie également des tambours sur axes séparés actionnés par des engrenages convenables ; le pignon de commande intermédiaire étant engrené à volonté avec le pignon de l'un ou de l'autre tambour. L'inconvénient majeur du câble tête et queue est qu'il ne peut tirer un train de wagon-

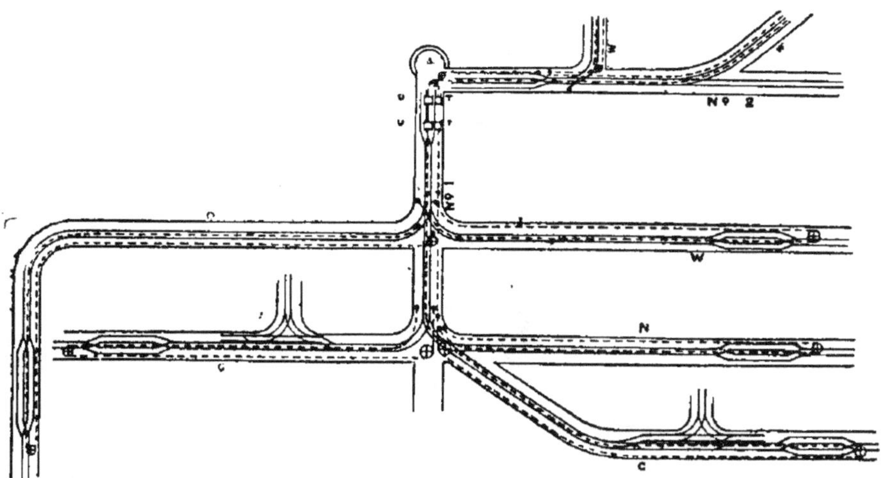

Fig. 388. — Dispositif d'un câble tête et queue.

nets que dans un sens à la fois, ce qui diminue le débit et conduit à une manœuvre de changement des attaches de câbles. Un exemple fait comprendre le mode de travail de ce système de traction : un train de wagonnets plein est à remorquer : on l'attache au câble de tête, et le câble queue est attaché derrière ; le tambour du câble tête enroulera, et le tambour du câble queue, rendu fou, se déroulera ; le retour s'effectuera par la manœuvre contraire, le câble tête étant fou, et le câble queue tirant ; arrivé au point où nous étions tout à l'heure, on décrochera les câbles pour les fixer à un nouveau train, et la même manœuvre recommence.

L'intérêt du dispositif est de se prêter très aisément à la traction sur voies secondaires (fig. 388), dans chacune desquelles on établit, au moyen de poulies de renvoi, une corde-tête et une corde-queue secondaires fonctionnant synchroni-

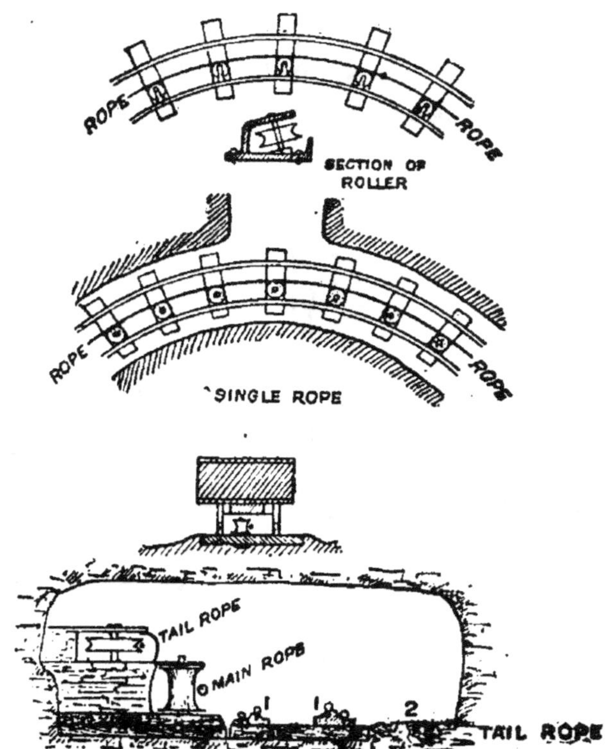

Fig. 389 à 391. — Disposition de voie et de câbles d'un système tête et queue (avec les câbles *ropes*).

quement avec les câbles principaux; au raccord avec la grande galerie, il suffit de changer les attaches de câbles, c'est-à-dire de substituer le câble principal à la corde secondaire. Bien entendu l'aiguillage des voies doit être assuré en conséquence pour éviter tout déraillement.

Ce mode de traînage a été porté à une grande perfection;

on a posé des voies ferrées souterraines en rails lourds,
soigneusement établies, avec des dispositions particulières
aux courbes (fig. 389, 390, 391), contre-rails pour la voie,
rouleaux et poulies pour le guidage des câbles. La vitesse
de halage atteint jusqu'à 16 kilomètres à l'heure. Toutefois
nous ajoutons que ce système est moins en faveur aujour-
d'hui, car il consomme une grande puissance et il ne se
prête pas à un débit considérable.

Chaîne flottante sans fin. — La chaîne flottante est
une ligne sans fin marchant toujours dans le même sens ;

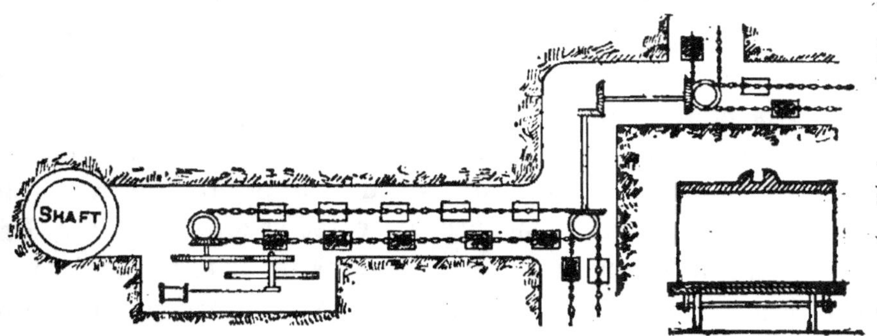

Fig. 392. — Répartition des wagonnets sur une chaîne flottante.
Fig. 393. — Wagonnet avec fourche d'attache de chaîne.

la voie est double tout du long, l'une parcourue par les
wagonnets montants, l'autre par les wagonnets descendants.
Si le parcours est à peu près de niveau, la force motrice est
nécessaire et la chaîne est commandée par un treuil ; si au
contraire il se trouve sur le parcours une pente assez forte,
on en profitera pour rendre le service automoteur, ce qui
est un gros avantage. Pour équilibrer les charges sur la
chaîne, il est nécessaire que les wagonnets soient équi-
distants (fig. 392), la distance intermédiaire pouvant d'ailleurs être variable : 8 à 28 ou 30 mètres en général. La
chaîne est appelée flottante parce qu'elle est disposée près
du toit, passant au-dessus des wagonnets ; le treuil de com-

mande est généralement placé près du puits, la poulie de
renvoi étant placée à l'autre extrémité. La poulie de commande, à dents d'engrenage, est à axe vertical ; la chaîne
s'y enroule 4 ou 5 fois pour assurer l'adhérence ; une lèvre,
à la partie inférieure de la poulie, empêche la chaîne de
dégrener et de tomber en cas de flottement exagéré.

Souvent le poids de la chaîne reposant sur le wagonnet
est suffisant pour provoquer l'entraînement de celui-ci au
moins en faible pente ; mais presque toujours on munit la
berline d'une fourche d'attache (fig. 393), dans laquelle vient
se prendre un maillon de la chaîne, le suivant ne pouvant y
passer : on peut ainsi gravir des rampes de 7, 8 centimètres
par mètre. Si la rampe est plus forte, le wagonnet doit être
fixé à la chaîne par un mode d'attache spécial, une chaînette généralement ; toutefois ce système oblige à détacher
les wagonnets à la main dans tous les points où la chaîne
est relevée ; courbes, raccords de voies secondaires, etc. Enfin la chaîne repose quelquefois dans un berceau latéral au
wagonnet, lorsque celui-ci est chargé à déborder. La chaîne
flottante peut débiter un fort tonnage à une vitesse relativement faible ; plus les wagonnets sont rapprochés, plus élevé
est ce débit. Avec une vitesse de 6 kil. 5 à l'heure et
des berlines relativement espacées, le débit est aussi considérable qu'avec une vitesse de 16 kilomètres et le système
tête et queue. Pour diminuer la force motrice nécessaire, on
a intérêt à marcher à faible vitesse ; on adopte souvent
3 kil. 5 à l'heure.

Le traînage par chaîne se prête admirablement aux raccords de voies secondaires ; on établit dans ces voies secondaires une chaîne flottante prenant son mouvement d'une
poulie à engrenage calée sur un axe vertical portant une
autre poulie autour de laquelle s'enroule plusieurs fois la
chaîne principale. Le changement de direction se fait automatiquement, en donnant une pente relative convenable

aux voies à raccorder : le wagonnet quitte l'une des chaînes relevée par des galets, prend une légère accélération par suite de la pente, parcourt la courbe et vient s'engager dans l'autre chaîne. Dans les virages aigus où la présence de galets de guidage exige le décrochement des berlines, le passage de la courbe est également rendu auto-

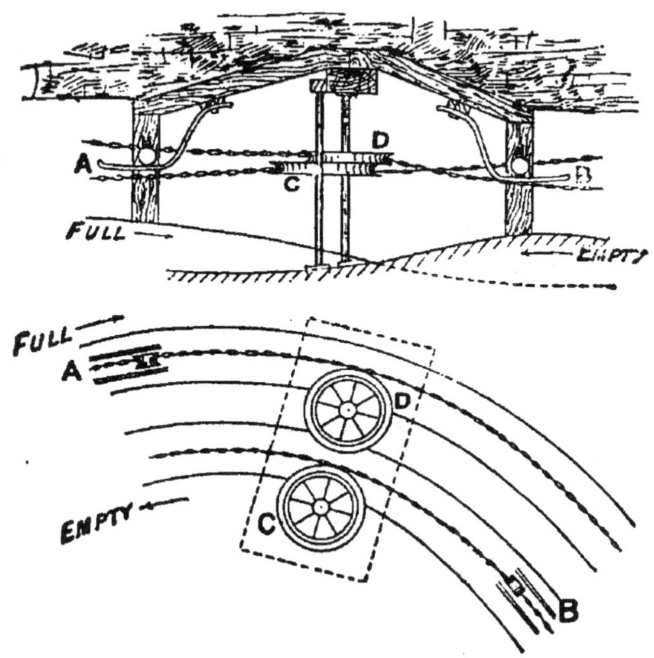

Fig. 394, 395. — Passage en courbe avec système automoteur
(wagons vides, *empty* ; pleins, *full*).

moteur par un dispositif analogue que montre clairement le croquis (fig. 394, 395). Bien entendu, sur les voies secondaires, les wagonnets sont plus espacés que sur la voie principale, où le débit doit être bien plus élevé.

Quelquefois la chaîne, au lieu de flotter au-dessus des berlines, passe au-dessous, et est supportée par de petits galets relativement rapprochés. Un exemple de ce système est donné dans le rapport du Comité de traînage souterrain

du North of England Institute ; la chaîne travaillait sur une
pente de 0 m. 50 par mètre, et une longueur de 540 mètres.
Les berlines pesaient à vide 500 kilogrammes et la charge
utile était de 760 kilogrammes ; elles étaient espacées de
45 mètres. La chaine était en fer de 32 millimètres de diamètre, la longueur d'un maillon était de 0 m. 18, le poids
total 22 tonnes 3. Les poulies dentées de commande avaient
3 m. 10 de diamètre ; le treuil commandait la chaîne à la

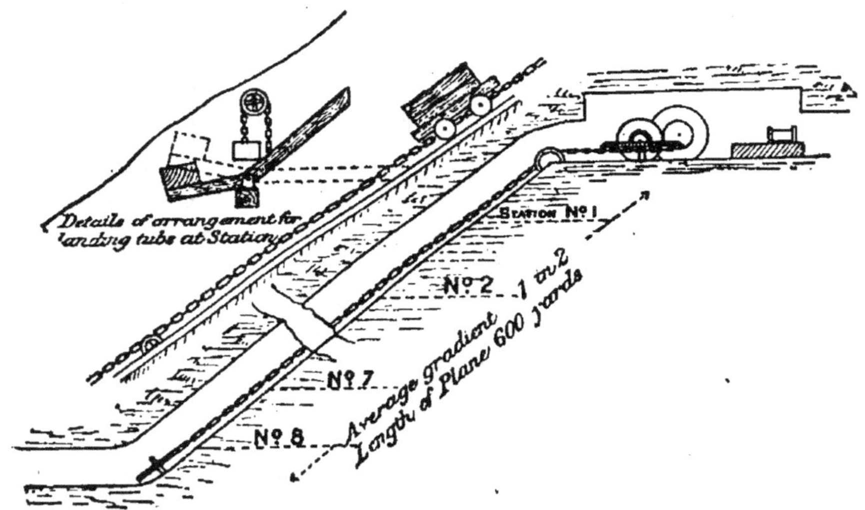

Fig. 396, 397. — Recette d'une chaine flottante.

vitesse de 3 kil. 2 à l'heure, au moyen d'une machine monocylindre de 0 m. 63 d'alésage sur 1 m. 34 de
course ; vu la forte pente, les berlines étaient attachées par
une petite chaîne de 0 m. 75 ; la recette (fig. 396, 397) était
constituée par une plate-forme mobile à contre-poids, pouvant se soulever pour laisser passer la berline ou au contraire s'abaisser pour engager celle-ci sur la plate-forme, le
décrochage de la chaîne étant automatiquement assuré.

La chaîne flottante est très économique et largement usitée ; on peut, avec elle, atteindre tous les tonnages voulus ;
la force motrice est relativement faible par suite de l'équi-

librage naturel résultant de la répartition uniforme des berlines, le travail résistant de la machine n'ayant pour valeur que la différence du poids sur la voie montante et sur la voie descendante, plus les frottements divers. Nous avons déjà dit que, si le profil s'y prête, on peut même sup-

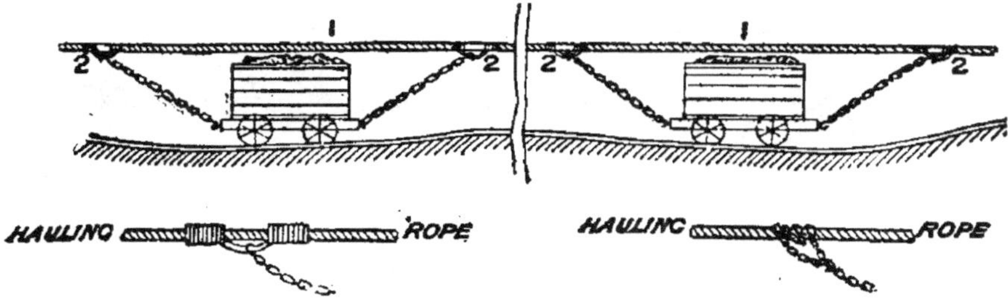

Fig. 398, 399. — Attache par chaînette.

primer complètement la machine et rendre le système automoteur. La seule critique qu'on puisse faire est la nécessité d'avoir des galeries plus larges, à cause de la double voie exigée.

Câble sans fin. — C'est le même principe que pour la

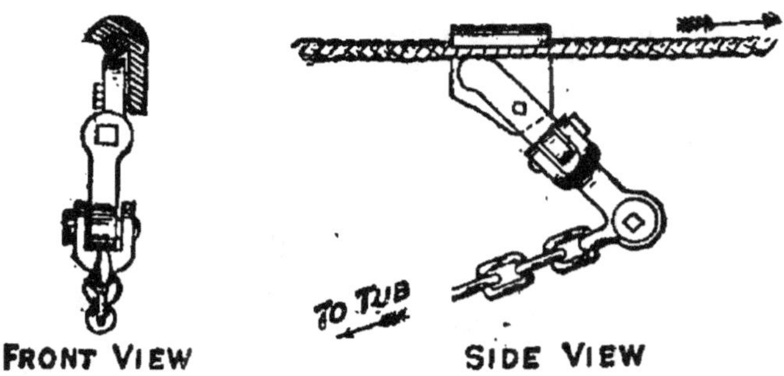

Fig. 400, 401. — Attache par tenaille à coincement.

chaîne ; il n'y a de différence que dans le détail, notamment pour l'attache des berlines, qui est ici obligatoire. Ce mode d'attache varie suivant que le câble passe au-dessus ou au-dessous de la berline ; dans le premier cas on emploie une chaînette (fig. 398, 399) s'enroulant au câble, ou s'attachant

par un crochet, ou encore une tenaille à coincement
(fig. 400 et 401), ou à serrage à la main. Dans le second
cas, on emploie presque uniquement la chaînette s'accrochant par coincement dans une sorte de manchon glissant

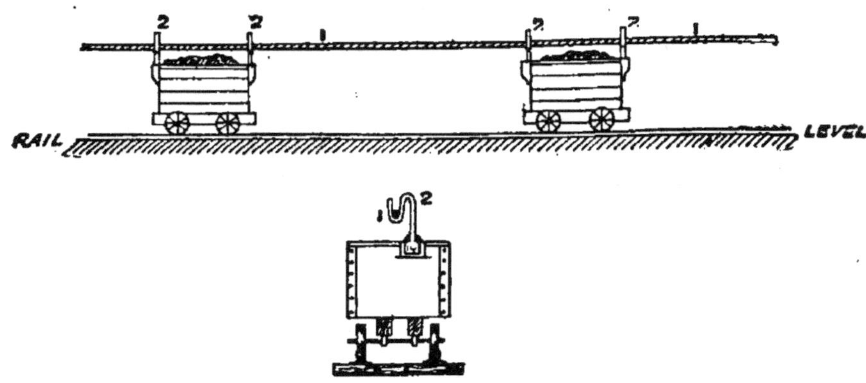

Fig. 402, 403. — Berlines sur le câble sans fin.

sur le câble comme dans la figure 405. Les berlines sont
accrochées isolément ou par séries de 2 à 3, même davantage à la fois (fig. 402).

Si l'on accroche à la fois tout un train de berlines, l'amar

Fig. 404.
Tenaille à serrage à la main.

Fig. 405.
Accrochage par manchon.

rage doit être particulièrement robuste et s'opposer à tout
glissement ; on emploie fréquemment des tenailles à serrage à la main (fig. 404), reliées à la première berline par
une forte chaîne. D'ailleurs ces modes d'attaches des berlines au câble, brevetés et non brevetés, sont innombrables.

La commande du câble a donné lieu également à un nombre de systèmes de poulies permettant d'éviter, ou tout au moins de diminuer le glissement. La poulie Fowler (fig. 406, 407) est constituée par une série de mâchoires

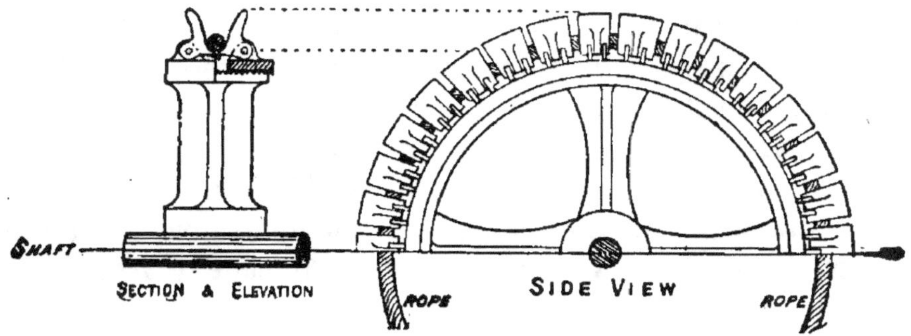

Fig. 406, 407. — Poulie Fowler et détail.

disposées périphériquement ; la tension du câble vient coincer celui-ci dans les mâchoires ; l'on conçoit toutefois que, pour que ces mâchoires abandonnent ensuite le brin qu'elles ont saisi, il faut qu'il y ait harmonie entre le diamètre

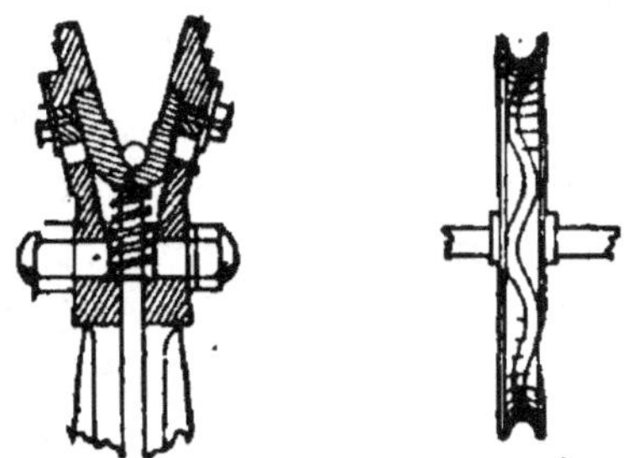

Fig. 408, 409. — Poulie Barraclough.

du câble et le degré de coincement produit ; c'est dans le réglage de ce point que réside le succès de cette poulie. La poulie Barraclough (fig. 408) est basée sur un système analogue ; mais ici un ressort, visible sur la figure, vient aider à la délivrance du câble. Un autre principe est appliqué

dans la figure 409 : la gorge de la poulie est plus large que
le diamètre du câble, mais sur le fond est pratiquée une
rainure formant ondulations, qui bande le câble et augmente
l'adhérence. Dans un autre type (système Blackburn), en
certains points de la circonférence sont placées des four-
chettes venant s'arc-bouter à la façon d'un rochet et empêchant ainsi le glissement du câble ; ce système a été donné
comme satisfaisant pour ceux qui l'ont employé.

Enfin, un autre principe fréquemment appliqué consiste
à augmenter l'adhérence en faisant faire au câble plusieurs
tours sur la poulie motrice qui devient alors un tambour,
presque toujours à gorge, ce qui empêche le frottement du

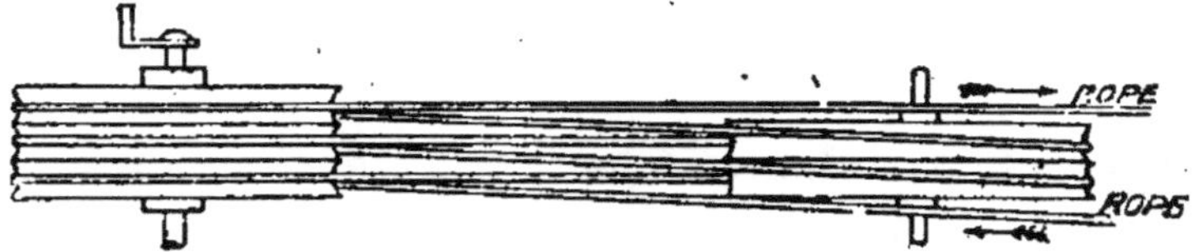

Fig. 410. — Emploi d'une poulie de guidage.

câble sur lui-même. Un procédé consiste aussi à pratiquer
une rainure en spirale faisant faire au câble 5 ou 6 tours ;
le tambour tournant, l'effet de la spirale est d'élever le
câble, mais celui-ci glisse continuellement. Ce système
serait excellent pour la conservation du câble ; on donne
5 à 6 ans comme durée de sécurité d'un câble travaillant
continuellement avec ce type de tambour. Une autre méthode
est représentée par le croquis de la figure 410, où, en plus du
tambour de commande, on introduit une poulie auxiliaire,
dite de guidage, dont le nombre de gorges est égal moins
un à celui du tambour de commande ; le nombre des gorges
de celui-ci est de 3 à 6. Le câble passe d'abord sur le tambour puis sur la poulie, revient sur le tambour, ainsi de
suite, et ressort finalement par le tambour ; le montage des
brins peut d'ailleurs être fait parallèle ou croisé, ce dernier

dispositif étant moins satisfaisant, comme fatiguant davantage le câble.

Ajoutons que ces différents moyens employés pour assurer l'adhérence et éviter le glissement, peuvent être également usités pour les plans inclinés automoteurs.

On a également imaginé quelques dispositifs tendeurs, dont la figure 411 montre un des meilleurs. Il consiste à bander le câble au moment où il quitte la poulie d'entraînement ; en ce point la tension du câble est nulle, et l'on peut lui faire contourner une poulie montée sur un châssis mobile, dont un contrepoids produit automatiquement l'effet

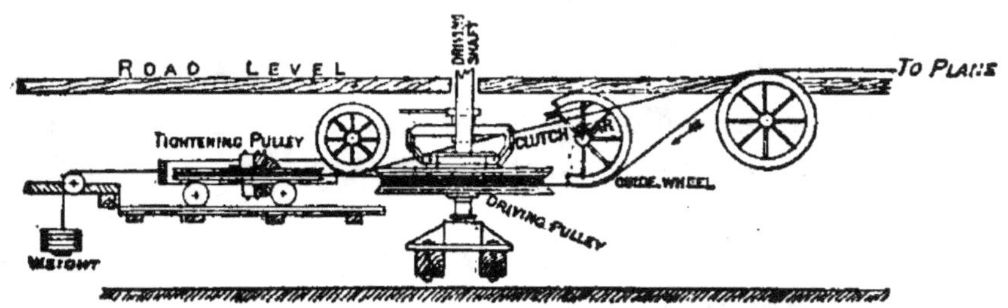

Fig. 411. — Dispositif tendeur.
(Poulie de commande, *driving* ; tendeuse, *tightening*.)

de tension désiré. Si l'on place le tendeur à l'autre extrémité de la voie de roulage, le contrepoids devra être plus lourd.

Il n'est pas bon de tendre trop le câble, car on augmente ainsi la friction sur les galets, poulies, etc. ; dans certains cas où le poids du câble reposant sur les berlines a une influence en ce qui concerne l'entraînement du wagonnet, il est même nécessaire de laisser du ballant au câble.

Locomotives. — Sur les très longs parcours, on a intérêt à remorquer les trains de wagonnets par des locomotives. Il va sans dire que la locomotive ordinaire (à tuyau surbaissé) dont on a pu citer quelques exemples dans des mines américaines, est totalement inapplicable en général. Les risques d'incendie, de mise à feu des mélanges explosifs et la fumée qu'elles dégagent en rendent l'emploi inadmissible dans les travaux souterrains (tout au plus dans les retours d'air). En fait, deux systèmes sont seulement en présence : les locomotives à air comprimé et les locomotives électriques.

Locomotives à air comprimé. — Elles sont extérieurement analogues aux locomotives à vapeur, la chaudière étant remplacée par un réservoir cylindrique d'air sous pression (14 à 28 kilogs par centimètre carré et même bien davantage). Ces locomotives ont fait leurs preuves lors du percement des grands tunnels alpins ; elles étaient de trois types, le plus petit possédant des cylindres de 0 m. 08 de diamètre et pesant 860 kilogs ; le type moyen avait des cylindres de 0 m. 085 d'alésage sur 0 m. 15 de course, un réservoir de 1,15 m³ et un poids de 1.370 kil. ; enfin le gros type avait des cylindres de 0 m. 011 sur 0 m. 20, un réservoir de 1,40 m³ et un poids de 3 tonnes. Une canalisation d'air comprimé descendait dans le puits jusque dans la galerie de roulage, où des prises d'air permettaient de recharger les réservoirs des locomotives. Comme dans les tramways à air comprimé, il faut un réservoir à basse pression pour distribuer l'air aux moteurs avec interposition de régulateur de pression ; généralement il faut un réchauffeur, l'air se refroidissant par sa détente.

L'avantage de ces locomotives est de permettre un trafic intense sur une voie unique (moyennant quelques garages d'évitement). Leur désavantage est d'exiger une voie très sérieusement établie sous peine de déraillements fréquents, et de ne se prêter avantageusement à la traction que dans les voies sensiblement de niveau. Il est reconnu que ce mode de traction cesse d'être économique s'il y a à gravir des rampes supérieures à 1 sur 30. Les mêmes inconvénients se présentent pour les locomotives électriques, que souvent on préfère maintenant.

Locomotives électriques. — Dès 1883, l'auteur put voir en fonctionnement une locomotive électrique aux houillères de Zaukeroda, près Dresde. Depuis l'usage s'en est considérablement répandu en Amérique et aussi sur le continent.

Les figures 412 et 413 montrent le dispositif usité à Zau-

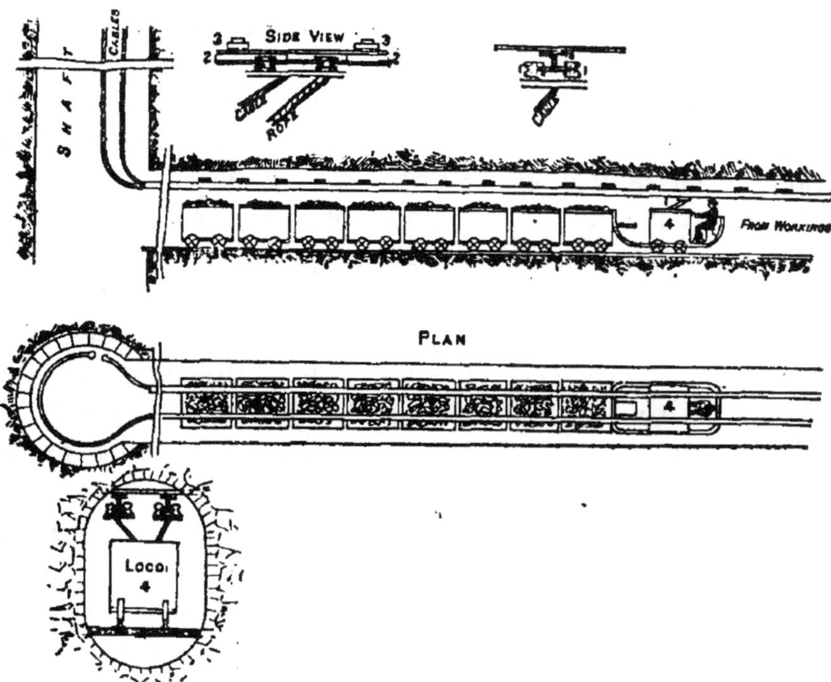

Fig. 412, 413. — Installation de trainage électrique avec détail de la prise de courant.

keroda. L'installation génératrice comprenait une machine à vapeur avec cylindres de 0 m. 25 sur 0 m. 20, tournant à 200 tours et commandant par courroie une dynamo tournant à 660 tours ; deux câbles plongeaient dans le puits sur 230 mètres de long et venaient se raccorder à deux conducteurs en fer fixés aux chapeaux des cadres de soutènement, sur une longueur de 720 mètres ; l'un de ces conducteurs constituait le positif, l'autre le négatif du circuit. La locomotive était constituée par un moteur attaquant les roues motrices par engrenage réducteur. La prise de courant que l'on peut voir sur le croquis, était constituée par un petit chariot à 4 roulettes que traînait la locomotive en se déplaçant. La vitesse du train était de 10 kilomètres à l'heure en charge et 13 à vide ; chaque train était constitué par 16 berlines pesant à vide 250 kilogs et pouvant porter une charge de 500 kilogs de houille.

Nous sommes loin dans les installations modernes de roulage par l'électricité, de ce dispositif plutôt primitif, et l'usage de la traction électrique s'est vulgarisé de la façon la plus curieuse. On adopte souvent les machines à accumulateurs (qui sont lourdes) parce que l'on évite les étincelles qui se reproduisent avec un trolley roulant ou glissant sur un fil conducteur. Parfois la locomotive traîne derrière elle un câble souple lui apportant le courant, pour éviter le danger constitué, notamment pour le personnel, par un conducteur non tendu le long des galeries. En tout cas, le plus ordinairement on met ce conducteur hors de portée, autant que possible, souvent on tend un second fil pour le courant de retour. On recourt au courant continu à assez faible tension. On recourt à un troisième rail abrité pour les couches minces. On arrive maintenant à d'excellents résultats, sans étincelles dangereuses au point de vue du grisou.

Moyens de sécurité. — Lorsque les voies de roulage sont en pente, par exemple dans les plans inclinés, il faut observer certaines précautions pour éviter les accidents. Les plans inclinés sont des lieux dangereux qui fournissent la plus grande part aux statistiques d'accidents.

Derrière les trains, le dernier wagonnet doit être muni d'une robuste béquille d'enrayage constituée par une solide fourche pendante retenue par une chaîne. En cas de rupture du câble de traînage ou d'un attelage, la fourche s'enfonce dans le sol, soulève le dernier wagonnet, et provoque un déraillement salutaire. Un autre dispositif consiste à avoir des aiguilles disposées de façon à produire le déraillement d'un train descendant ; bien entendu un tel système ne peut guère être appliqué que sur les voies où le trafic s'effectue dans un sens unique.

Toutefois, sur les voies où le trafic s'opère dans les deux sens, on peut disposer des aiguilles mobiles pouvant être

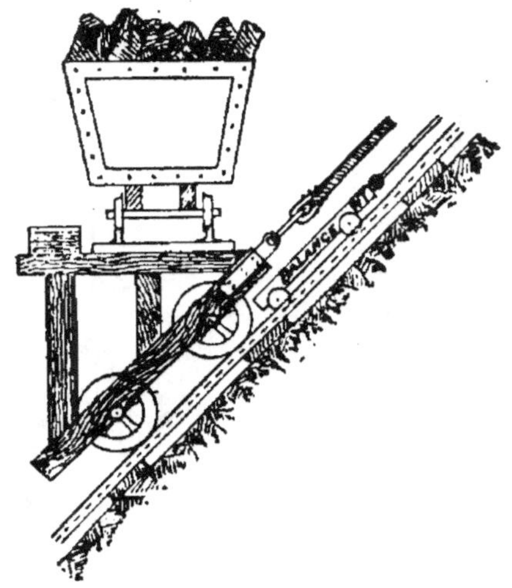

Fig. 414. — Chariot pour pentes très inclinées.

manœuvrées d'urgence d'une extrémité ou de l'autre de la voie, de façon à provoquer le déraillement. Lorsque les trains de berlines sont très longs, on les munit d'une chaîne de sûreté qui réunit les wagonnets entre eux, et qui s'accroche au câble au premier et au dernier wagonnet. Cela retient la rame en cas d'une rupture d'accouplements. Enfin des refuges, barrières et dispositifs analogues, seront établis, pour permettre au personnel de se garer en cas de nécessité.

Attelages. — Le point délicat dans les trains de berlines est l'attelage ou accrochage des wagonnets entre eux ; beaucoup d'accidents ont en effet pour cause, soit une rupture d'attelage, soit un décrochage accidentel. Le mode d'attelage varie suivant le mode de traînage ; avec la chaîne flottante ou le câble sans fin, les berlines accrochées individuellement n'ont pas besoin de barre d'attelage ; si on accroche plusieurs berlines à la fois, celles-ci devront être reliées entre elles par des attelages ; ceux-ci sont constitués

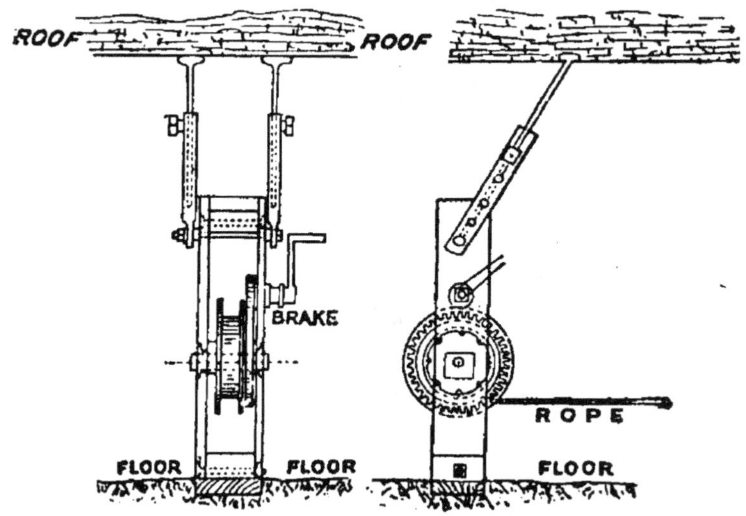

Fig. 415, 416. — Installation d'un touret.

soit par un crochet fixe venant s'ancrer dans un maillon de la berline précédente, soit par un double crochet mobile, les wagonnets ayant seulement des maillons à chaque extrémité ; il faut ajouter que l'on perd généralement bon nombre de ces crochets mobiles. La barre d'attelage doit avoir une force convenablement prévue, correspondant au nombre maximum de wagonnets dont on constituera un train, et que devra remorquer le wagonnet de tête. Une modification dans le mode de traînage nécessite souvent la transformation de tous les attelages.

Chariots porteurs. — Sur les pentes très inclinées, on ne peut remplir complètement les wagons, sous peine de voir tomber hors de la caisse une certaine partie du chargement. On a alors recours au chariot porteur dont la figure 414 montre la disposition générale ; les accrochages intermédiaires, s'il y en a, doivent être de niveau, et de

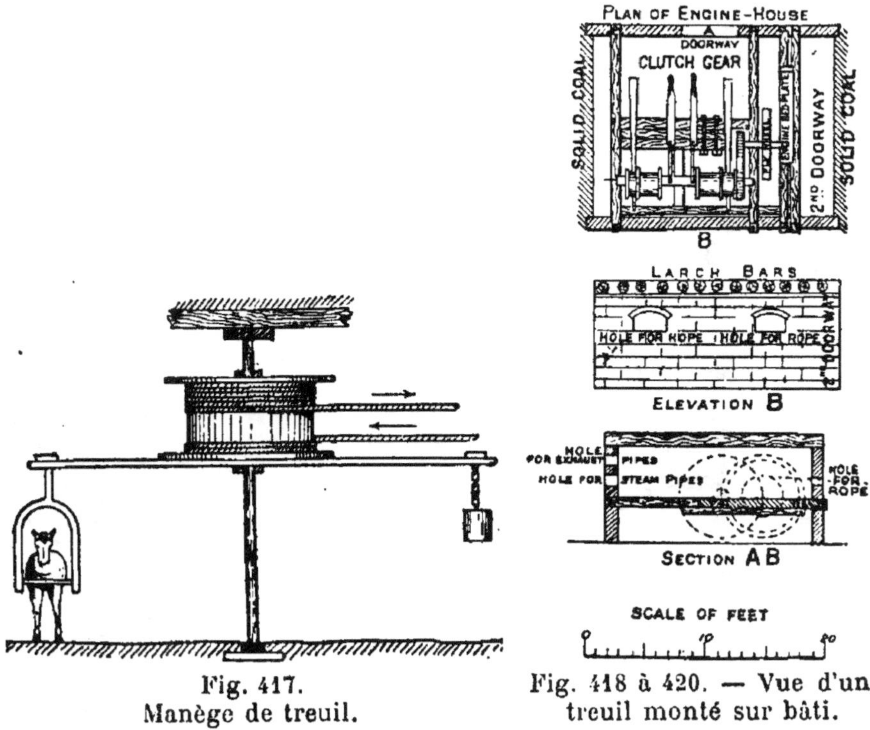

Fig. 417.
Manège de treuil.

Fig. 418 à 420. — Vue d'un
treuil monté sur bâti.

direction perpendiculaire au plan incliné ! S'il n'y a pas d'accrochage intermédiaire, l'orientation du wagon sur la plate-forme du chariot est indifférente.

Treuils à main et à cheval. — Dans les descenderies de faible longueur et de débit minime, la remonte des produits est quelquefois effectuée à la main au moyen d'un touret (fig. 415-416), sorte de treuil à engrenages. Pour une exploitation un peu plus active, mais insuffisante pour jus-

tifier l'installation d'un treuil mécanique, on emploie quelquefois un manège du genre de celui qu'indique la figure 417.
Fréquemment les treuils de traînages sont montés sur un

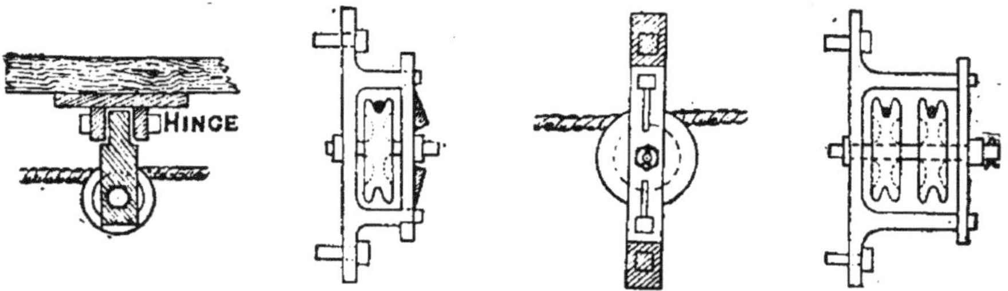

Fig. 421 à 424. — Galets pour câbles.

bâti en poutres du genre des figures 418, 419, 420. Enfin les
figures 421 à 424 donnent quelques types de galets simples

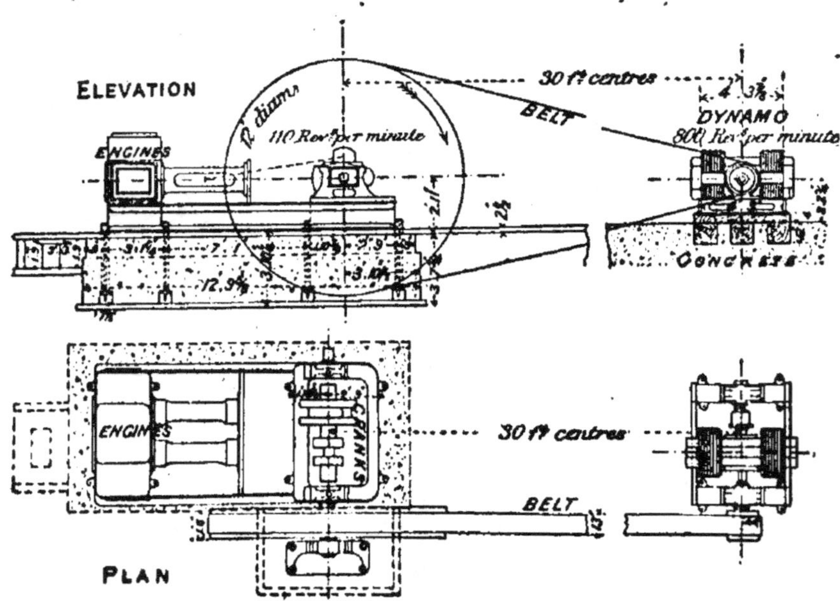

Fig. 425, 426. — Installation de production du courant électrique.

et doubles, tirefonnés sur les bois de galeries, et supportant
les câbles ; l'un d'eux est tourillonné et permet au câble un
certain mouvement latéral.

Moteurs électriques. — Les figures 425-426 montrent la commande d'une dynamo par courroie, depuis une machine à vapeur ; c'est un exemple, avec celui de la figure 427-428, montrant un treuil électrique à câble, totalement inusité, des dispositions auxquelles on avait recours d'abord pour les premières applications un peu timides de l'électricité dans les mines. Aujourd'hui ces applications se sont formidablement multipliées, en même temps que celles qui se rapportent à la traction des trains de berlines, à l'éclairage, à l'extraction, à la perforation, etc. La commande des treuils se fait sous la forme directe, ce qui évite

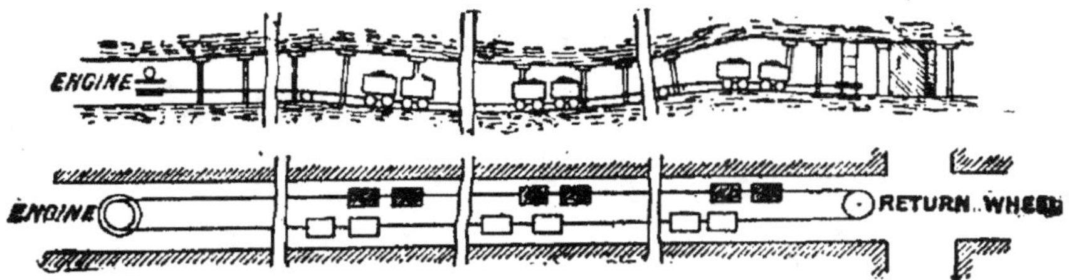

Fig. 427, 428. — Traînage primitif par moteur électrique.

l'encombrement, facilite la manœuvre ; cela donne la possibilité de travailler en surcharge, ce qui augmente la vitesse moyenne d'extraction ; la manœuvre est plus simple et plus aisée, de même que la surveillance, et n'exige pas un personnel aussi habile. Le plus souvent les treuils sont commandés par moteurs à courants triphasés de 7 à 10 chevaux sous 500 volts. Des installations de ce genre fonctionnent maintenant un peu partout. Des dispositions spéciales sont adoptées pour la fixation des câbles conducteurs de courant dans les puits entre des parois de planches.

Accrochage. — L'accrochage, encore appelé recette, surtout dans les mines métalliques, est le point où les berlines sont mises dans la cage d'extraction, ou bien en sont sorties au retour du jour. Une disposition rationnelle de la galerie d'accrochage est essentielle pour la rapidité d'extraction et le bon rendement du système de roulage et d'extraction ; dans le dispositif d'accrochage dit à voies tournantes, les vagonnets pleins arrivent au puits dans une direction, et les vagonnets vides s'en retournent de l'autre.

Fig. 429. — Vue d'un porteur aérien.

Câble aérien, telphérage. — Le telphérage est très usité à la surface pour transporter le minerai sur un par-

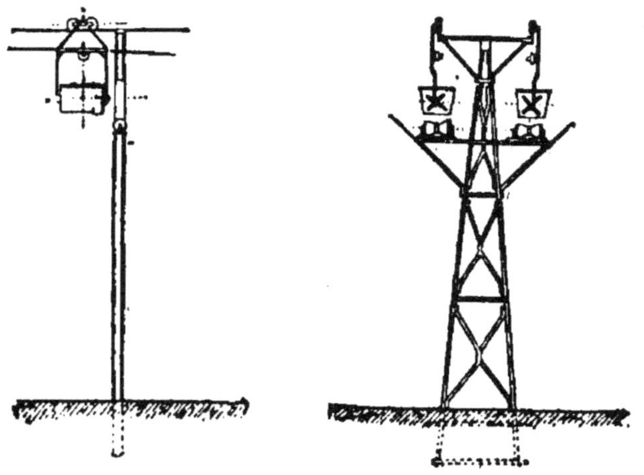

Fig. 430, 431. — Chevalets de support d'un câble porteur.

cours où l'établissement d'un chemin de fer serait impossible ou extraordinairement coûteux (fig. 429). Les figures 430-431 donnent le détail de différents types de poteaux ou chevalets de support usités ; la figure 432 donne, à plus grande échelle, le détail du trolley employé, qui est du système Otto Pohlig, un des plus usités en Allemagne. Le chemin de roulement est constitué par un câble d'acier supporté, aux points voulus, par des tours, chevalets ou poteaux, suivant le cas ; sur ce câble roule le trolley, qui supporte la benne. Celle-ci accrochée par un dispositif analogue à ceux décrits, à un câble sans fin supporté par des galets fixés au cadre même de la benne. Bien étudié et

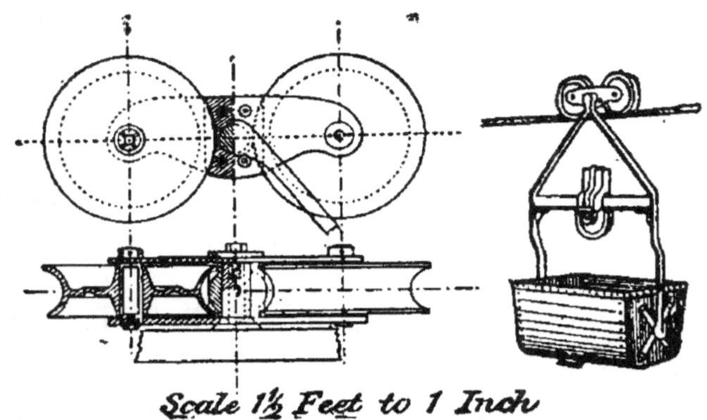

Fig. 432, 433. — Wagonnet et ses galets de roulement.

bien entretenu, le telphérage est un moyen de transport très économique, donnant toute satisfaction. Il a été appliqué, non seulement dans les régions montagneuses où son emploi est tout indiqué pour franchir les thalwegs, coteaux, rivières, etc., mais même dans les régions plates, en Allemagne notamment, où il a été démontré qu'il est moins coûteux qu'un chemin de fer comme frais d'établissement, et également plus économique comme prix de revient de la tonne kilométrique.

Un autre type de câble aérien, moins répandu à la vérité, consiste en un câble sans fin unique, sans câble porteur. Le câble unique est à la fois moteur et porteur, mais on se heurte avec ce système à diverses difficultés, notamment dans les courbes, et lorsque la pente du câble est très forte.

CHAPITRE XVII

TRANSMISSION DE LA PUISSANCE : ARBRES, CABLES, AIR COMPRIMÉ, ÉLECTRICITÉ, TRANSMISSION HYDRAULIQUE, etc.

La force motrice est transmise des chaudières et machines installées à la surface, dans la mine, par les agents suivants :

Vapeur. — La vapeur est parfois canalisée dans le puits et les maîtresses galeries jusqu'aux moteurs sur des distances considérables, dans quelque cas jusqu'à un millier de mètres. Pour éviter les pertes par condensation, ces conduites de vapeur doivent être recouvertes d'une épaisse couche de calorifuge. Les joints de dilatation doivent être multipliés, et la tuyauterie montée sur rouleaux ou suspendue entre joints de dilatation. Sans ces précautions, l'on aura à supporter des ruptures de joints continuelles. La conduite de vapeur est peut-être le mode de transmission de la puissance le plus économique, mais il présente plusieurs inconvénients. Les fuites de vapeur sont toujours ennuyeuses, et à peu près inévitables; en cas de rupture complète, l'irruption de la vapeur est dangereuse; enfin la chaleur dégagée dans le voisinage du tuyau est un inconvénient, qui peut faciliter d'ailleurs les combustions spontanées. On ne peut admettre ces conduites aux fronts de taille.

Le pourcentage de la perte subie par condensation dépend de la puissance transmise. Cette perte est proportionnelle à la circonférence du tuyau, dont dépend la surface de radiation ; mais comme le frottement d'écoulement d'un gaz dans un tube varie inversement comme la quatrième ou cinquième (cas le plus fréquent) puissance du diamètre, il s'en suit que, si une canalisation de 5 centimètres de diamètre suffit pour transmettre 10 chevaux, une canalisation de 10 centimètres transmettra 50 à 60 chevaux. Ainsi, tandis que la puissance transmise est cinq à six fois plus grande, la surface de radiation du tuyau est seulement doublée, et celle du calorifuge une fois et demie plus grande. Donc la perte en pour 100 est trois fois moindre environ pour la puissance la plus grande que pour l'autre. Si, dans le premier cas, 60 pour 100 par exemple de la vapeur se trouve condensée, il s'en condense seulement 20 pour 100 dans le second cas.

Le professeur Merivale a étudié très en détail cette question (1). Il décrit une installation où la vapeur d'une chaudière Cornouailles, de 8 m. 80 de long et de 1 m. 50 de diamètre, fournit de la vapeur distribuée à trois machines souterraines.

La première a 0 m. 30 d'alésage sur 0 m. 61 de course ; la valeur lui est amenée par une conduite de 312 mètres de long et 0 m. 127 de diamètre. La seconde machine est 868 mètres plus loin ; elle est alimentée par une conduite de 0 m. 064, et ses dimensions sont 0 m, 20 d'alésage $\times$ 0 m. 31 de course. Enfin la troisième machine est 110 mètres plus loin ; elle a une course de 0 m. 25 pour un alésage de 0 m. 15, et la conduite a 0 m. 038 de diamètre. La distance totale est 1.292 mètres depuis les chaudières ; conduites, vannes, clapets

(1) Consulter *Trans. of the North of England Institute of Mining Engineers*, vol. XXXV, part. III, vol. XXXVI, part. I.

et machines sont revêtus de calorifuge de Wormald; dans le puits, qui est assez humide, la colonne est feutrée et mise sous plomb. Les machines travaillent de cinq heures à onze heures par jour. Les chaudières consomment 193 kilogs de fines de houille par heure et évaporent 1.237 litres d'eau à 13 degrés à une pression de 2 kilogs 45 par centimètre carré.

De ces 1.237 litres, environ 21 pour 100 sont recueillis dans les purgeurs intercalés sur la conduite, montrant que la perte totale des entraînements d'eau à la chaudière et de la condensation est seulement de 21 pour 100. Il est probable néanmoins que la perte par condensation est supérieure à ce chiffre, car une certaine quantité d'humidité passe aux machines et n'est pas par suite recueillie aux purgeurs et séparateurs. Il n'en reste pas moins vrai que cette installation du professeur Mérivale démontre que la vapeur peut être canalisée avec grande économie jusqu'à des distances atteignant 1,600 mètres, et que si, au lieu d'une faible puissance transmise et une marche irrégulière des machines, il s'agissait de transporter une forte puissance à des moteurs travaillant sous charge constante, la perte serait encore bien inférieure au chiffre rapporté.

Air comprimé. — L'air comprimé est le mode de transmission de la puissance le plus généralement employé dans les mines, comme ne présentant aucun danger ou inconvénient, et se prêtant à tout genre de travail : treuils, traînage, exhaure, ventilation, hâvage et perforation mécanique.

Un compresseur d'air n'est pas autre chose qu'une pompe à air (fig. 435). L'air est aspiré par une valve, et refoulé dans un réservoir par une autre valve : 1, 1 sont les soupapes d'aspiration, et 2, 2 les soupapes de refoulement. Dans le cas où le refroidissement se fait par injection d'eau dans le cylindre, les clapets de refoulement doivent être disposés à fond de course.

Dans une installation de machine actionnant un compresseur étudiée par l'auteur, les cylindres à vapeur ont un diamètre de 0 m. 61, et les cylindre à air 0 m. 63; la course commune est 1 m. 22. La pression de l'air peut être obtenue supérieure, si on le désire, à celle de la vapeur. Pratiquement la pression de vapeur est de 2 kilogs 80 à 3 kilogs 5 par centimètre carré, et celle de l'air sensiblement la même.

Pour assurer l'économie de vapeur, la machine est munie

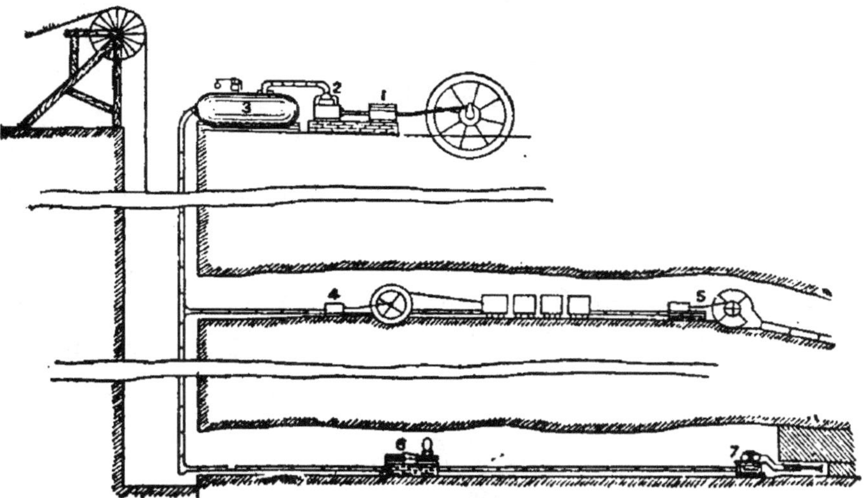

Fig. 434. — Transmission de force motrice par l'air comprimé.

d'un étrangleur sur l'admission, permettant de régler celle-ci d'après le travail indiqué au compresseur.

Dans le but de maintenir la pression de l'air dans le réservoir aussi constante que possible, la commande de cet étrangleur est rendue automatique par un régulateur de pression, essentiellement constitué par un piston se déplaçant dans un cylindre monté sur le réservoir. Les variations de pression font monter ou descendre le piston, qui ferme ou ouvre le papillon. En cas de chute brusque de la pression d'air, par exemple par suite d'une rupture de conduite, le régulateur de pression cesse d'agir sur l'étrangleur, et un

contrepoids ferme complètement celui-ci. Lorsqu'on emploie
des soupapes d'aspiration du genre indiqué par le croquis,
il faut disposer une plaque de garde en tôle perforée évitant
toute possibilité d'introduction d'un fragment de soupape
brisée à l'intérieur du cylindre.

La compression de l'air produit une grande chaleur, exac-

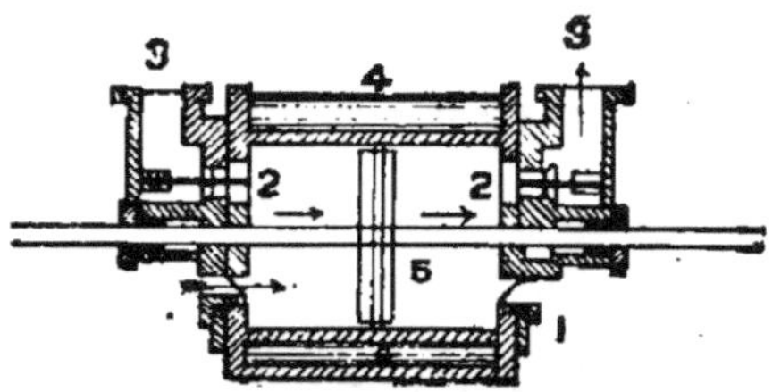

Fig. 435. — Compresseur d'air.

tement comme la détente de l'air comprimé produit un
grand froid.

Dans le but de refroidir les cylindres à air, il est d'usage
de les munir d'une double enveloppe à circulation d'eau.
D'autres fois, le refroidissement s'obtient par injection d'eau

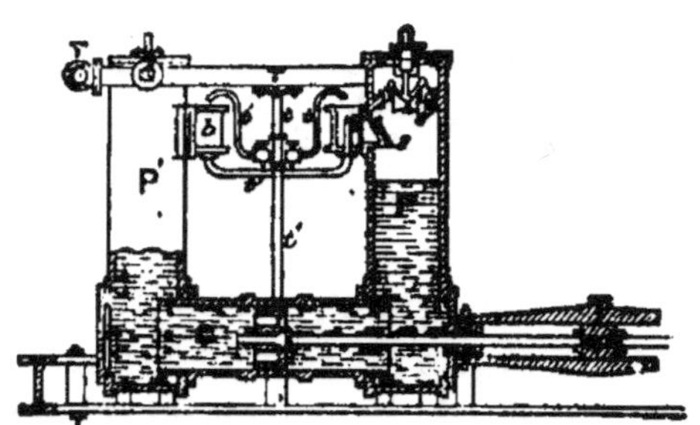

Fig. 436. — Compresseur avec matelas d'eau.

dans le cylindre; ce jet doit se présenter sous forme de
pulvérisateur : plus l'eau est divisée, mieux elle se mélange
à l'air, et plus le refroidissement est efficace. L'introduction
d'eau dans le cylindre est un inconvénient bien connu de
tous les mécaniciens, en particulier pour les machines à
grande vitesse; aussi beaucoup préfèrent-ils la compression

sèche. Dans quelques cas on introduit un matelas d'eau entre le piston et l'air à comprimer (fig. 436). Ce dispositif ne s'est point étendu, car il ne peut être appliqué que pour de très faibles vitesses du piston.

Plus la vitesse d'un compresseur est élevée, meilleur est le rendement; car il y a un moindre pourcentage de fuites aux soupapes et au piston, et l'air aspiré a moins le temps de s'échauffer.

La question des espaces morts dans le cylindre à air a une grande importance, car l'air comprimé dans ces espaces à l'aller du piston se détend au retour, diminuant ainsi la cylindrée utile d'air aspiré. Un jeu doit cependant être laissé forcément, pour éviter le choc du piston contre le fond du cylindre.

Dans le but de tourner cette difficulté des espaces morts, divers ingénieurs ont eu recours à l'ingénieux dispositif suivant : à chaque extrémité du cylindre, est ménagée une rainure un peu plus longue que l'épaisseur du piston. Quand le piston a dépassé cette rainure, l'air du côté compression passe par cette rainure du côté aspiration, comprimant ainsi la cylindrée déjà complète, et réduisant la contre-pression du côté opposé, qui va aspirer à son tour. L'objection à ce système, c'est qu'il peut faire « cogner » le piston, s'il n'y a pas amortissement suffisant du mouvement dans le cylindre à vapeur; en effet le matelas d'air comprimé dans l'espace mort, qui produisait cet amortissement dans le cas précédent, n'existe plus ici.

L'emploi économique de l'air comprimé dépend des principes suivants :

— Les chaudières et moteurs à vapeur produisant la force motrice, doivent être du meilleur rendement possible. Il serait inutile de rechercher l'économie dans la transmission, si l'on ne s'assurait au préalable de l'économie de la génération. Il est courant d'admettre que les chaudières et

machines, dans un charbonnage, consomment deux ou trois
fois plus de charbon qu'il n'est nécessaire, alors qu'on
s'étend en spéculations complexes pour choisir tel ou tel
système de transmission dont la supériorité sur son voisin
est de l'ordre des 10 à 20 pour 100.

Ayant une machinerie motrice économique, le point
important ensuite est de s'assurer un compresseur possédant des espaces morts minima, des valves et un piston
étanches, des valves de section suffisante.

La soupape d'aspiration doit s'ouvrir directement à l'air
extérieur, et non dans une chambre de machines, où l'air est
toujours plus ou moins échauffé; la conduite de refoulement
doit s'écarter directement du cylindre, pour éviter également une cause d'échauffement de plus à celui-ci.

La chaleur dégagée durant la compression constitue une
perte de puissance, et cette perte est d'autant plus grande
que la pression est plus élevée. A ce point de vue, une faible
pression, par exemple 2 kilogs, est plus économique qu'une
forte; mais cette économie est plus que contrebalancée par
la nécessité d'employer des canalisations et des cylindres
de plus grand diamètre pour des appareils récepteurs. Si
l'emploi de l'air comprimé est très répandu dans une mine,
on aura un gros avantage pécuniaire à employer les hautes
pressions, 4 kil. 2 à 5 kil. 6 par centimètre carré. Les compresseurs de mines ordinaires ont couramment une puissance, indiquée au cylindre à air, comprise entre 20 et
40 pour 100 de la puissance indiquée au cylindre à vapeur.
Avec un peu de soin, il serait cependant facile de réaliser
un rendement de 50 pour 100.

Compression de l'air par chute d'eau. — Ce mode
de compression a été récemment appliqué au Canada, avec
des résultats fort intéressants. Ici l'air est aspiré par un
courant d'eau tombant, la hauteur de chute égalant la hauteur d'eau correspondant à la pression de l'air.

A la partie inférieure l'air est conduit à un réservoir, alors que l'eau remonte par une autre canalisation jusqu'à un déversoir, dont le niveau est bien entendu inférieur au niveau d'entrée de l'eau. La puissance en kilogrammètres par seconde dépensée à comprimer l'air sera précisément égale au débit de la chute d'eau en kilogrammes par seconde multiplié par la différence de niveau en mètres entre l'entrée et la sortie de l'eau. On recueillerait par ce système une puissance dans l'air comprimé égale aux 70 pour 100 de la puissance dans l'eau calculée comme il vient d'être dit. Ce rendement, meilleur que pour les compresseurs à piston, s'explique par le refroidissement de l'air intimement mélangé à l'eau qui l'aspire, et à l'absence de frottements ou de fuites, etc., puisqu'il n'y a plus de pistons, clapets, etc. Ces installations se multiplient, particulièrement aux États-Unis; dans telle mine du Michigan, on obtient 5.000 chevaux, avec un rendement de 82 pour 100, et un prix d'établissement de 200 francs par HP.; l'appel d'air se fait par une trompe spéciale étudiée par l'ingénieur Taylor.

Transmission hydraulique. — La force peut être transmise hydrauliquement, de façon analogue à la transmission par air comprimé; en pareil cas, l'eau est généralement employée sous très forte pression : 55 kilogrammes par centimètre carré est une pression courante, et l'on va parfois jusqu'à 70. La transmission hydraulique est très employée par beaucoup d'industries, et dans une certaine mesure dans les mines, notamment pour la commande de pompes souterraines.

Néanmoins l'eau est d'un emploi moins pratique que l'air; généralement il est nécessaire d'avoir une seconde conduite pour le retour de l'eau. La forte pression et les coups de bélier occasionnés par les variations de vitesse de l'eau dans les conduites, obligent à employer des tuyaux très résistants, par suite très coûteux (exception est faite pour les petits tuyaux jusqu'à 75 millimètres de diamètre qui sont construits normalement avec un excès de résistance). La raison pour laquelle on adopte de très fortes pressions est que, l'eau étant incompressible, on ne peut accroître sa densité ; or, la friction dans les conduites étant proportionnelle à la densité, l'on n'aura pas plus à perdre à ce point de vue avec de l'eau à 70 kilogrammes qu'avec de l'eau à 0,7 ; tandis qu'au contraire la puissance transmise pour l'unité de poids sera 100 fois plus grande dans le premier cas. Quand la transmission est directe, de la génératrice au récepteur, par exemple pour une pompe souterraine, le rendement est excellent : 15 pour 100 de perte à la génératrice, 10 pour 100 à la réceptrice, soit une utilisation de la force motrice de 75 pour 100. Sauf ce cas, quand la puissance doit être utilisée pour des treuils et machines diverses, le rendement est très défectueux, car la pression de l'eau transmise est constante, tandis que la puissance requise est variable. Dans de telles conditions le rendement ne dépasse pas 25 pour 100.

Transmission électrique. — Depuis un certain temps, l'électricité a fait des progrès considérables dans l'industrie minière. Voici quelques exemples d'installations actuelles. Aux houillères de Saint-John, à Normanton, deux machines couplées 0 m. 570 $\times$ 1 m. 22, tournant à 50 tours, attaquent par engrenages, courroies et poulies 3 dynamos série Inmisch, de 50 chevaux, capables de débiter chacune 60 ampères à 600 volts et une petite dynamo compound fournissant du courant à 155 volts. Les conducteurs descendent dans le puits et viennent se connecter respectivement à un moteur ; il y a aussi trois circuits séparés, un pour chacune des génératrices de 50 HP. Les câbles dans le puits sont constitués d'un câblage de 19 fils n° 16 British Wire Gauge, sous revêtement isolant et chemise de plomb, afin de garantir le conducteur contre l'humidité. Deux moteurs souterrains de 50 HP, à une distance de 450 mètres environ des génératrices, attaquent chacun par engrenages réducteurs et courroie une pompe absorbant environ 35 chevaux. Le troisième moteur de 50 chevaux commande par engrenages un treuil de traînage, situé également à 450 mètres des génératrices. On compte encore comme appareils récepteurs un groupe moto-pompe 30 chevaux, à une distance de 1.460 mètres des génératrices, et trois autres petites pompes triplex de 3 chevaux, situées à des distances de 1.190, 1.280 et 2.010 mètres de la dynamo compound qui les alimente.

On pourrait citer mille autres installations, et des plus importantes, les applications de l'électricité aux services généraux d'une mine s'étendant de plus en plus. Il ne faut pas oublier, en installant la transmission électrique dans une exploitation, que cet agent est susceptible de causer des inflammations. L'isolement doit être parfait, et surveillé étroitement, tout défaut d'isolement pouvant se traduire par un court-circuit; c'est-à-dire que l'électricité, au lieu de suivre le chemin qui lui est tracé jusqu'à l'appareil récepteur, passe directement d'un conducteur à l'autre, ce qui provoque un trouble général, et un échauffement des fils, souvent même une violente étincelle, au lieu du court-circuit. Les effets pernicieux des courts-circuits sur les génératrices sont prévenus par des coupe-circuits fusibles ou des disjoncteurs; mais il n'en reste pas moins le danger d'allumage de gaz explosibles par un court-circuit violent ou une étincelle. Les étincelles sont inévitables aux bagues ou aux collecteurs des moteurs électriques; aussi faut-il prendre des précautions spéciales si l'on emploie ces moteurs dans des mines grisouteuses.

On a proposé différents dispositifs pour remédier aux dangers des étincelles. Dans le système Davis et Stokes, le collecteur, au lieu d'être à surface externe, comme d'ordinaire, est à surface interne ; et les balais viennent frotter intérieurement. Le collecteur est recouvert d'un carter muni d'ouvertures grillées, de telle manière que, d'après le principe des lampes de sûreté, la propagation de la flamme ne puisse se faire à l'extérieur, au cas où une étincelle allumerait un mélange explosif à l'intérieur du collecteur. Certains ingénieurs considèrent ce dispositif comme parfaitement sûr.

D'autres solutions analogues ont été proposées. Le directeur prudent se trouvera bien néanmoins de prohiber l'emploi de l'électricité partout où le grisou est à craindre, et où la ventilation est insuffisante à maintenir une atmosphère non dangereuse.

Un autre danger de l'électricité est le risque d'inflammation, par suite de courts-circuits, des cadres, coffrages ou cloisonnages en bois. Une terrible catastrophe, arrivée dans une mine métallifère à Przibram (Bohême), a montré que, lorsque les travaux en bois commencent à prendre feu, le courant d'air active la combustion et, délayant la fumée dans toute la mine, rend le retour d'air irrespirable, alors que la voie de salut par l'entrée est barrée par les flammes. Il y a donc lieu de surveiller très étroitement les risques d'inflammation des cadres et autres pièces en bois.

La question de la tension de distribution est une des plus importantes en électricité. Cette tension se mesure en volts, absolument comme la pression de la vapeur se mesure en kilogs. Plus la tension est élevée, plus les risques de défauts d'isolement, c'est-à-dire de feu, sont à craindre ; par contre la basse tension exige des conducteurs de forte section, c'est-à-dire coûteux. L'on semble s'être limité jusqu'à présent, dans les applications souterraines, à un voltage maximum de 600 volts. Cette tension est de beaucoup dépassée en surface, surtout s'il y a un transport de force amenant là puissance depuis une chute d'eau située à quelque distance de la mine, mais la tension est réduite au chiffre indiqué avant son entrée dans la fosse. Nous rappellerons, pour son intérêt historique, que le premier exemple démonstratif d'un transport de force à haute tension a été fait à Francfort, lors de l'Exposition de 1891. Une turbine de 300 chevaux, utilisant une chute d'eau à Lauffen, situé à plus de 160 kil. de Francfort, donnait le mouvement à une dynamo qui fournissait un débit de 4.200 ampères pour 50 volts, soit environ 280 chevaux. Ce courant à basse tension traversait le primaire d'un transformateur dont le secondaire fournissait un courant à haut voltage, 17.000 volts, alors que le courant était réduit à 11 ampères. Cette faible intensité n'exigeait plus que des conducteurs de faible diamètre, c'est-à-dire peu coûteux. A l'arrivée à Francfort, un second transformateur réduisait la tension, pour les applications normales, à 60 volts. On utilisait ainsi à Francfort 150 chevaux utiles : les courants triphasés venaient de faire une brillante entrée dans le monde en démontrant la possibilité du transport de la force à de très grandes distances, sans dépenses ni pertes exagérées. Cet exemple s'est généralisé depuis, et l'emploi de l'électricité comme transporteur de force est entré dans la pratique courante.

Rappelons aussi que deux formes principales de courant sont employées en électricité, le courant continu, et le courant alternatif. Le courant alternatif se décompose lui-même en monophasé et en polyphasés ; parmi ces derniers, est le « triphasé », dont les applications sont les plus importantes, et qui est le plus employé pratiquement, après le courant continu.

Le moteur triphasé possède un gros avantage sur son concurrent continu : c'est d'offrir moins de chances d'étincelles. Le collecteur est en effet remplacé par trois bagues sur lesquelles appuient des frotteurs; ces bagues sont unies, alors que le collecteur constitué, comme l'on sait, de lames alternatives de bagues et de mica s'usant différemment, présente une périphérie souvent irrégulière faisant sauter les balais : d'où étincelles; de même il n'y a plus ici de phénomènes de commutation aux balais, amenant un crachement dans certaines circonstances. Aussi le moteur triphasé s'est-il répandu beaucoup dans les applications minières; il présente cependant un inconvénient, celui de ne pouvoir démarrer aisément en charge.

D'après les résultats de l'expérience recueillis dans un certain nombre d'installations existantes, le rendement global d'une transmission électrique minière est d'environ 45 pour 100 pour une transmission à 450 mètres: le rendement peut être évidemment accru en sacrifiant davantage en capital immobilisé dans les canalisations, les principales pertes étant dues à l'échauffement de celles-ci, échauffement qui varie inversement avec la section.

Les principaux avantages de l'électricité sont : le faible encombrement des moteurs, provenant de leur grande vitesse de rotation; ensuite l'extrême facilité avec laquelle on peut poser des canalisations et établir des ramifications pour la distribution de l'électricité en tous points; les angles, changements de direction, courbes, n'offrent plus ici aucune difficulté comme dans le cas de tuyauteries. Plus d'un kilomètre, et même un kilomètre et demi de lignes électriques peut être aisément et commodément posé en une demi-journée. En outre il n'y a plus à craindre de ruptures de joints, ou de conduites brisées par un mouvement des terrains.

Le lecteur qui désirerait approfondir ses connaissances en électricité est prié de se reporter à l'excellent ouvrage de MM. Laflargue et Jumau, *Manuel du monteur électricien*, le cadre du *Manuel d'exploitation de mines* ne permettant d'exposer ici que les principes généraux de l'électricité à l'industrie minière.

Les applications minières ont progressé de façon magistrale. Les centrales de mines importantes, distribuant l'énergie aux différents services, se sont multipliées. La commande des pompes, ventilateurs, treuils, outils d'abatage et de perforation, est devenue courante. La traction électrique et enfin les machines d'extraction électriques puissantes sont aujourd'hui répandues.

Une seule station suffit à distribuer la force de tous côtés et à grande distance. Point de pertes par suite de l'interruption de la consommation dans certains services ; les ventilateurs électriques deviennent aisément transportables, les plus grands peuvent être installés n'importe où. Les avantages de la commande électrique sont tels que souvent on y recourt pour des appareils situés à faible distance des chaudières à vapeur. Pour les ventilateurs en particulier, on peut très facilement, sans perte sensible de force, faire varier le débit.

Pour les applications souterraines et générales les courants polyphasés sont employés de préférence. Pour l'extraction et la traction, où les efforts au démarrage sont fréquents et puissants, on est obligé de conserver le courant continu, qui est préférable à cet égard et fournit des solutions plus simples et plus sûres.

Transmission par tiges oscillantes. — La puissance peut être transmise mécaniquement à de grandes distances par des tiges articulées sur leviers oscillants. La figure 437 représente une disposition de ce genre. Ce mode de transmission, qui s'applique seulement aux mouvements alternatifs, a été surtout appliqué, et quelquefois sur des kilomètres, aux machines d'épuisement dites de Cornouailles, à maîtresse tige. Nous en parlons au chapitre pompes. On a eu également parfois recours à des arbres tournants.

Transmission par câbles. — Ce mode de transmission est d'une application classique dans les mines, où on l'emploie pour les transports souterrains. Dans certaines circonstances, il constitue la méthode de transmission la plus économique qu'on puisse employer. L'auteur a vu, en surface, la puissance transmise à une laverie placée à une distance de plusieurs centaines de mètres, au moyen d'un câble léger d'acier de 13 millimètres de diamètre, mené par une poulie de 4 m. 90 calée sur la machine ; une poulie similaire servait de réceptrice à la veine ; la puissance trans-

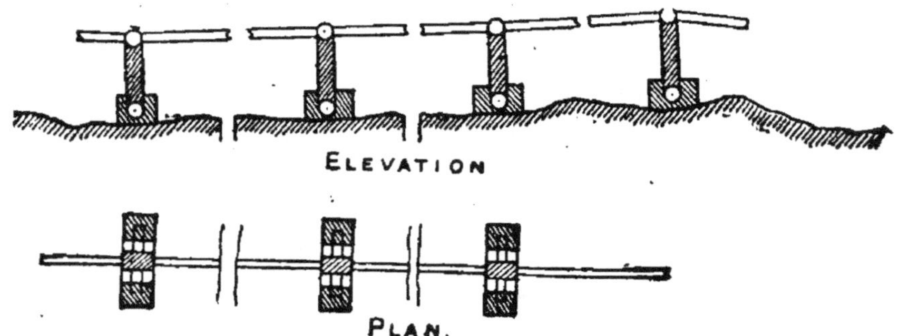

Fig. 437, 438. — Transmission de force motrice par tiges oscillantes.

mise était d'environ 100 chevaux. La gorge des poulies était garnie de caoutchouc, pour préserver le câble de l'usure et augmenter l'adhérence. La portée entre les deux poulies était directe, sans galets de support susceptibles d'absorber en friction une portion de la puissance transmise. Dans ce cas, la perte de puissance n'est pas supérieure à ce qu'elle serait dans le cas d'une transmission ordinaire par courroie dans une même salle. Dans les traînages souterrains ces conditions ne sont plus aussi simples ; les changements de direction exigent un grand nombre de poulies ordinaires et de renvoi ; aussi, une fraction importante de la force transmise est absorbée en frottements.

Les figures 439-440 donnent un exemple de traînage à

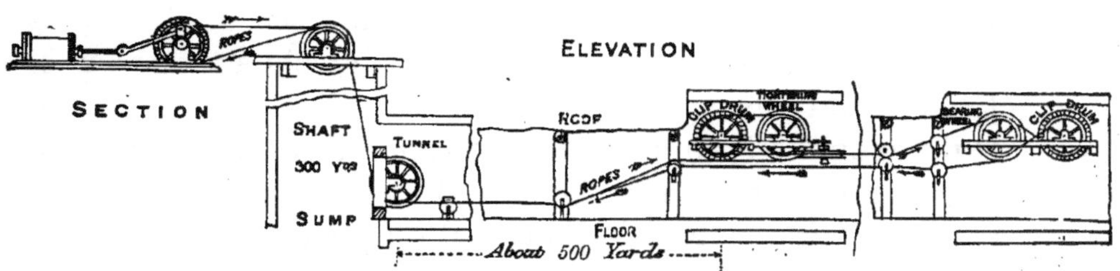

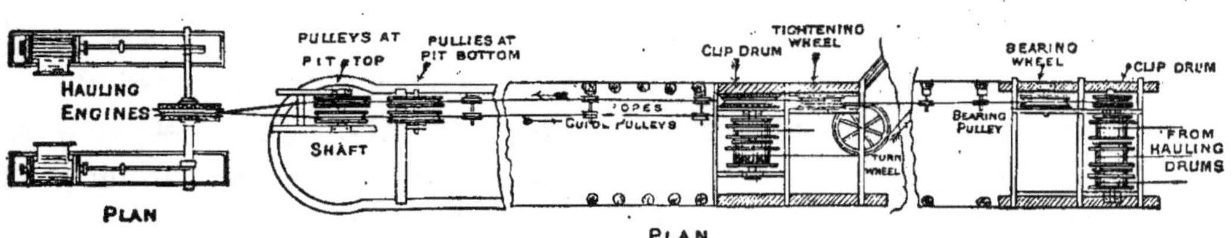

Fig. 439, 440. — Installation mécanique centrale d'un traînage à câble.

câble installé par l'auteur. Les machines, en surface, comprenaient deux cylindres jumelés 0 m. 63 $\times$ 1 m. 22 attaquant directement un tambour de 1 m. 80 commandant un câble sans fin en acier, de 22 millimètres de diamètre ; les brins passaient au sommet sur des poulies de renvoi, et au fond sous deux poulies de même diamètre ; la profondeur du puits était de 270 mètres environ. A une distance de 450 mètres du puits, le câble, porté sur galets s'enroulait sur une poulie de 1 m. 20, connectée par l'intermédiaire d'embrayages à deux treuils ; 540 mètres plus loin, le câble attaquait de la même façon trois autres treuils, et retournait ensuite au puits, et de là à la machine. Ceci est un exemple typique de transmission de force par câbles. La perte de puissance dépend du soin apporté au montage du système, et de la lubrification plus ou moins bonne des poulies et galets. Fréquemment cette perte atteint 50 pour 100 ; mais c'est parce que la transmission est toujours assez mal entretenue ; une autre cause de perte, due à la raideur du câble, se fait sentir à chaque changement de direction et enroulement du câble ; la valeur de cette perte est inverse, quoique non rigoureusement proportionnelle au diamètre de la poulie, indépendamment de l'angle de courbure du brin.

Moteurs à gaz et à pétrole. — Les moteurs à gaz ne peuvent guère être employés souterrainement, à cause du danger que présentent les gaz d'échappement ; cette difficulté est tournée par l'emploi du moteur à pétrole proprement dit fonctionnant sur le principe du moteur à gaz, mais employant comme agent moteur un mélange d'air et de pétrole lourd pulvérisé. Pour la mise en route, il est nécessaire de chauffer le carburateur par une source extérieure quelconque ; mais, une fois le moteur en marche, l'échauffement du cylindre est suffisant pour vaporiser le pétrole injecté. Il faudra donc se rappeler, en employant un tel moteur, qu'une flamme est nécessaire pour le démarrage. Le moteur à pétrole est aujourd'hui employé dans beaucoup de mines pour l'exhaure, les traînages et la perforation des roches.

CHAPITRE XVIII

EXTRACTION. — MACHINES D'EXTRACTION : VERTICALES, HORIZONTALES, COUPLÉES. — DIMENSION, PUISSANCE, VITESSE. — VALVES, FREINS, ÉVITE-MOLETTES, ÉQUILIBRAGE, ETC.

Les machines d'extraction sont les machines au moyen desquelles les matières minérales, et fréquemment les

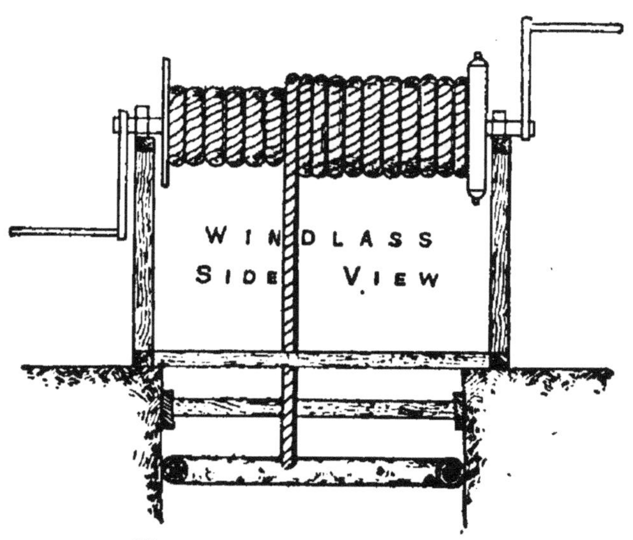

Fig. 441. — Treuil ordinaire.

hommes, sont extraits de la mine. La plus primitive est le treuil simple manœuvré à bras d'homme (fig. 441-442), qui

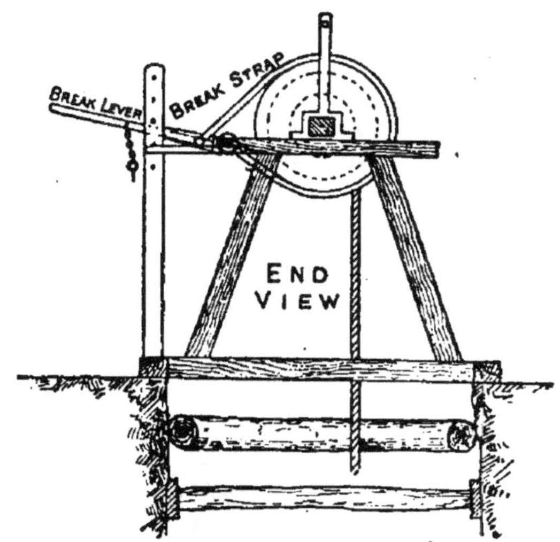

Fig. 442. — Treuil ordinaire.

peut être employé avec un seul câble et un seul cuffat ou

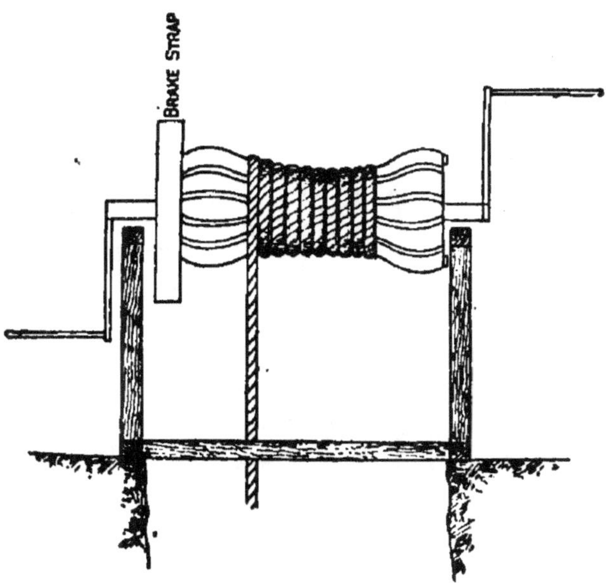

Fig. 443. — Treuil spécial.

panier, deux câbles et deux cuffats, enfin avec un seul

câble, enroulé autour du treuil en son milieu et portant un
cuffat à chaque bout. Au lieu du treuil à tambour cylindrique on peut employer un treuil dont le tambour est constitué par des barres de fer courbées pour présenter un diamètre croissant du milieu vers les extrémités (fig. 443). Au
fur et à mesure que le câble s'enroule, les couches de câble
se placent uniformément les unes sur les autres.

Le cheval est souvent employé à la place des bras

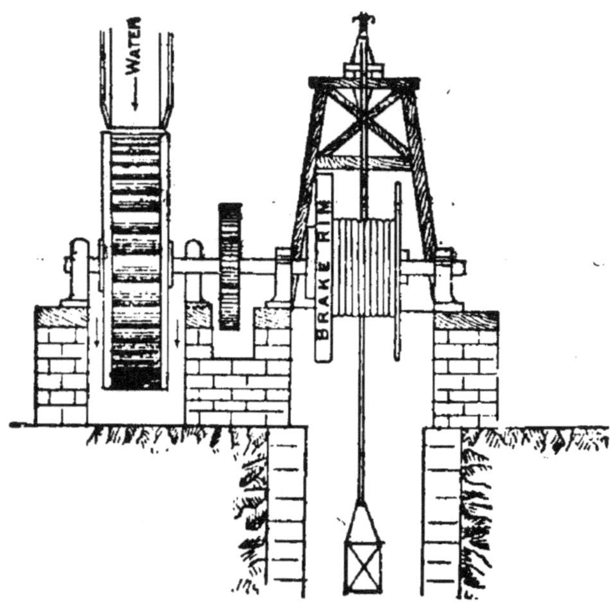

Fig. 444. — Roue hydraulique pour l'extraction.

humains, soit par simple tirage, comme dans la figure 243 ;
soit au moyen d'un manège à axe vertical comme dans la
figure 471. Les treuils à bras ou les manèges sont rarement
employés aujourd'hui.

Roues hydrauliques. — On emploie assez fréquemment une roue hydraulique pour l'extraction des produits
(fig. 444). La cage ou le tonneau vides sont descendus en
débrayant le treuil de la roue à aubes, et en modérant la

chute par un frein à bandes. Dans d'autres cas, le mouvement du treuil est renversé au moyen d'un changement de
marche, intercalé entre l'arbre de la roue et celui du treuil.
En Allemagne, on emploie quelquefois une roue double
(fig. 445), les aubes de l'une étant disposées pour produire
la rotation dans un sens, et celles de l'autre pour tourner en

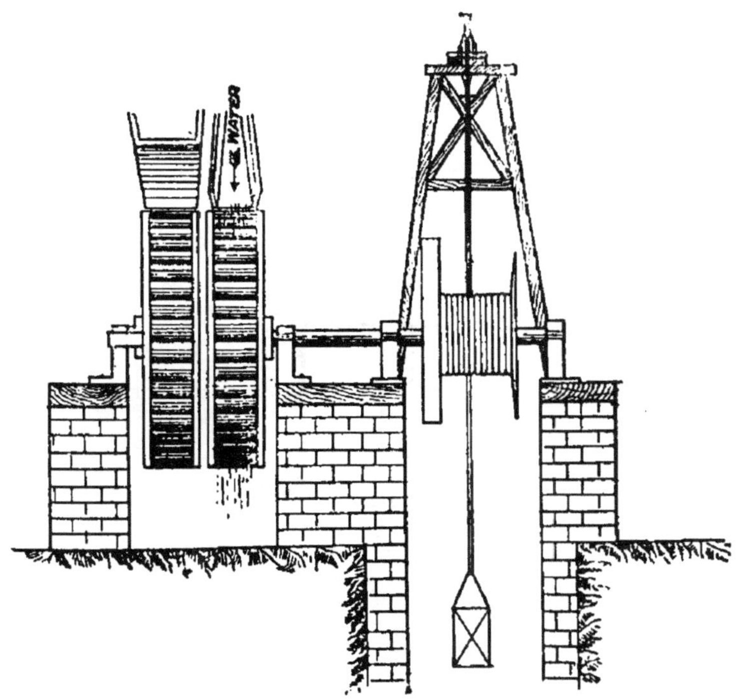

Fig. 445. — Roue hydraulique double.

sens inverse. Des vannes permettent d'envoyer l'eau sur
l'une ou l'autre roue, suivant le sens de rotation qu'on
veut imprimer au treuil (1).

Balance hydraulique. — Une méthode qui est usitée
encore aujourd'hui est représentée dans la figure 446.

Le câble porte une cage à chaque extrémité, et chaque

(1) La roue Pelton est utilisée dans certaines exploitations.

cage est munie d'un réservoir d'eau. Le réservoir de la cage supérieure est rempli d'eau à la surface, et dès que le poids de l'eau emmagasiné est supérieur à la charge qu'il s'agit de remonter, la cage descend ; à l'arrivée au fond, un taquet ouvre le réservoir qui se vide pendant qu'on décharge la cage arrivant à la surface. L'eau est remontée par une

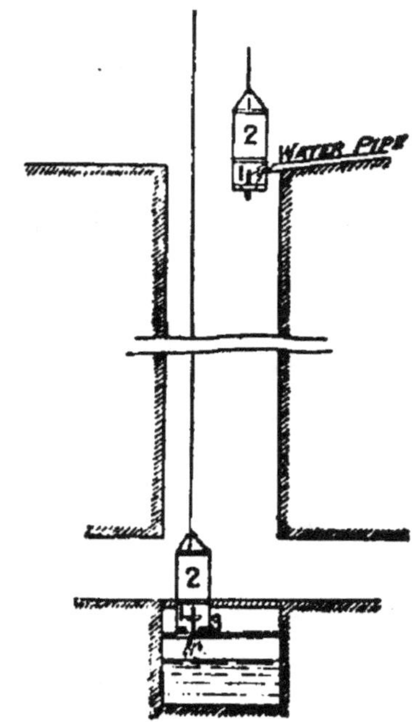

Fig. 446. — Balance hydraulique.

pompe marchant de façon continue, à moins que l'installation permette son évacuation naturelle. Cette méthode est trop lente.

Machine à vapeur. — La machine d'extraction à vapeur est aujourd'hui presque exclusivement employée. Il y a cent ans on l'employait déjà, mais sous forme de machine « atmosphérique ». Le cylindre était ouvert à la partie supérieure, et le vide était fait au-dessous du piston par condensation ; c'était donc la pression atmosphérique

qui provoquait le retour du piston, soulevé dans sa course
d'aller par l'admission de vapeur, et par des contrepoids.
La machine de Boulton et Watt est un premier perfectionnement. Le cylindre est fermé, le condenseur séparé, la
machine à double effet, la vapeur agissant alternativement
de part et d'autre du piston. Le treuil d'extraction dans les
anciennes machines atmosphériques et les machines de
Watt était calé sur un arbre secondaire, recevant son mouvement de l'arbre de la machine par engrenages ; généra-

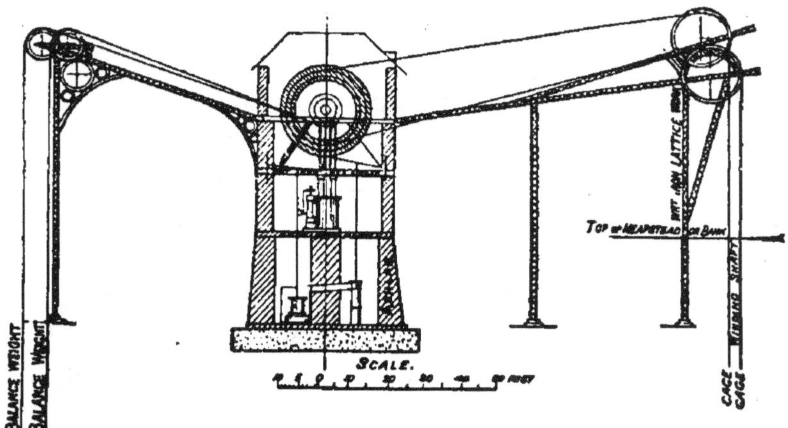

Fig. 447. — Grande machine d'extraction.

lement le rapport de réduction était de 3 à 1, c'est-à-dire
que le treuil tournait 3 fois moins vite que le moteur. Plus
récemment, le treuil fut placé directement sur l'arbre de la
machine, et l'on construisit celle-ci plus puissante, dans le
but d'accélérer l'extraction. Aujourd'hui on retrouve encore
en usage quelques machines à balancier, mais elles sont
fort rares.

Il y a 30 à 50 ans le type de machine le plus en faveur fut
la machine verticale à commande directe. Le câble employé
est d'ordinaire un câble plat en fer ; un lourd volant est
calé sur l'arbre des bobines, lequel porte également la poulie
d'un frein à bande.

La figure 447 représente une machine puissante installée dans une houillère anglaise il y a plus de 25 ans. Le moteur est à attaque directe par monocylindre vertical de 1 m. 70 de diamètre sur 2 m. 10 de course ; la pression de vapeur est de 1 kil. 4 par centimètre carré ; le vide à la condensation atteint 0 m. 31 ; les valves d'admission de vapeur sont du type Cornouailles, 0 m. 38 de diamètre ; les soupapes d'échappement sont du même type, avec une levée de 33 millimètres. Les bobines, pour câbles plats, ont un diamètre d'enroulement initial de 6 m. 70 ; quand la cage est

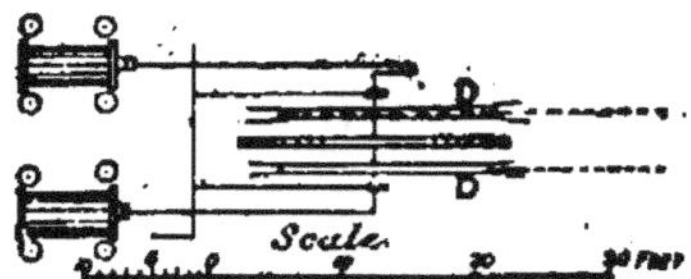

Fig. 448. — Machine d'extraction à deux cylindres horizontaux.

à fin de cordée, ce diamètre a atteint 7 m. 60, et le treuil a fait 23 tours 3/4. La cage est en acier, à quatre étages ; chaque palier peut recevoir deux berlines. La berline vide pèse 280 kil. et peut recevoir 420 kil. de charbon. La durée d'enroulement d'une cordée est d'environ 1 minute 1/2 ; les manœuvres à la recette, et à l'accrochage, ainsi que pour la mise en route, prennent en tout 14 à 16 secondes. La machine est alimentée par une batterie de 6 chaudières Cornouailles de chacune 10 mètres de long et 2 m. 30 de diamètre. La tige du piston est guidée verticalement par un mécanisme à parallélogramme.

Machines à cylindres conjugués. — Les machines d'extraction à vapeur sont faites aujourd'hui invariablement à cylindres conjugués. Deux cylindres avec manivelles calées à 90 degrés, attaquent le treuil à chaque extrémité de l'arbre des bobines. La figure 448 représente une machine de ce genre commandée par deux cylindres horizontaux de 0 m. 91 de diamètre et 1 m. 82 de course ; le diamètre initial des bobines est de 4 m. 25 ; le volant placé à l'intérieur des deux bobines a sa jante employée comme poulie de frein. Les manivelles sont calées à 90 degrés, de sorte que l'on ne se trouve jamais au point mort pour démarrer ; c'est là un avantage considérable de la machine à cylindres conjugués sur la monocylindrique, qui ne permet pas un démarrage graduel, et avec laquelle même le démarrage est impossible sans secours extérieur, si l'on s'est arrêté au point mort.

A l'heure actuelle toutes les machines d'extraction se font à cylindres conjugués, avec un minimum de 2 cylindres, cas le plus fréquent.

Machines verticales. — Contrairement à ce que l'on faisait autrefois, beaucoup de machines d'extraction verticales modernes possèdent les cylindres à vapeur à la partie supérieure du bâti, et l'arbre du treuil à la partie inférieure. La machine représentée (fig. 449-450) a été installée dans une houillère du Clamorganshire ; elle est constituée par deux cylindres à haute pression, à enveloppe de vapeur, alésage 1 m. 37, course 2 m. 10 ; distribution à soupapes, valves de 0 m. 35 de diamètre à l'admission, de 0 m. 40 à l'échappement ; détente variable à la main. Les manivelles sont en fer forgé ; le maneton a 0 m. 28 de diamètre ; l'arbre, également forgé, a 0 m. 61 de diamètre ; les paliers ont 0 m. 50 de diamètre et une portée de 0 m. 76. Le tambour du treuil est spiraloïde avec un diamètre initial de 5 m. 50, et un diamètre final de 9 m. 75, atteint en 14 tours ; les cages et leur attelage pèsent chacune 2.530 kil., renferment 4 berlines d'un poids de 2 tonnes et contenant 6 tonnes de houille : poids total suspendu au câble, plus de 15.500 kil.

Machines horizontales. — Il est aujourd'hui courant d'installer les machines d'extraction sur un bâti horizontal en fonte, fixé à un lit de maçonnerie par des boulons de

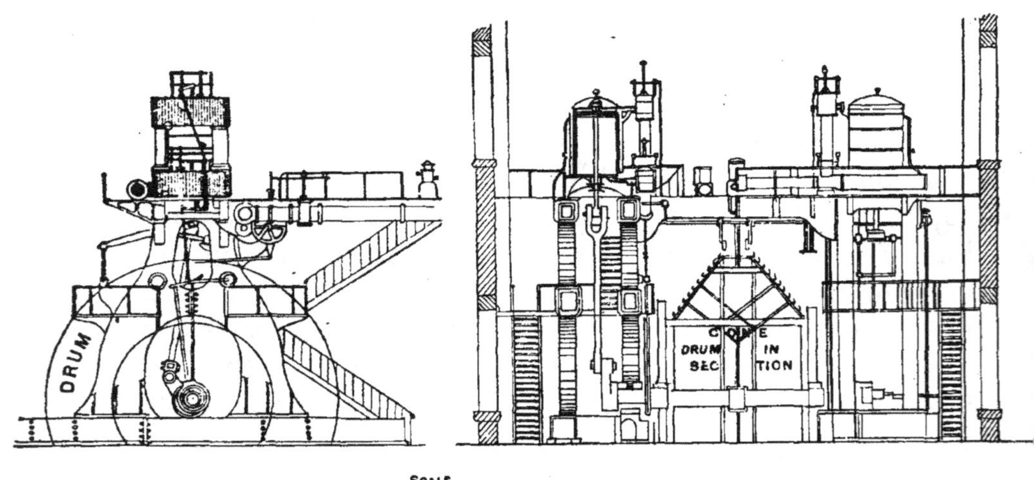

Fig. 449, 450. — Vue d'une machine d'extraction à deux cylindres.

fondation (fig. 451-452). La machine horizontale et la machine verticale ont toutes deux leurs détracteurs et leurs partisans, et il est difficile d'indiquer une supériorité évidente d'un type sur l'autre. Les machines dont il vient d'être question ont été examinées par l'auteur, il y a plus

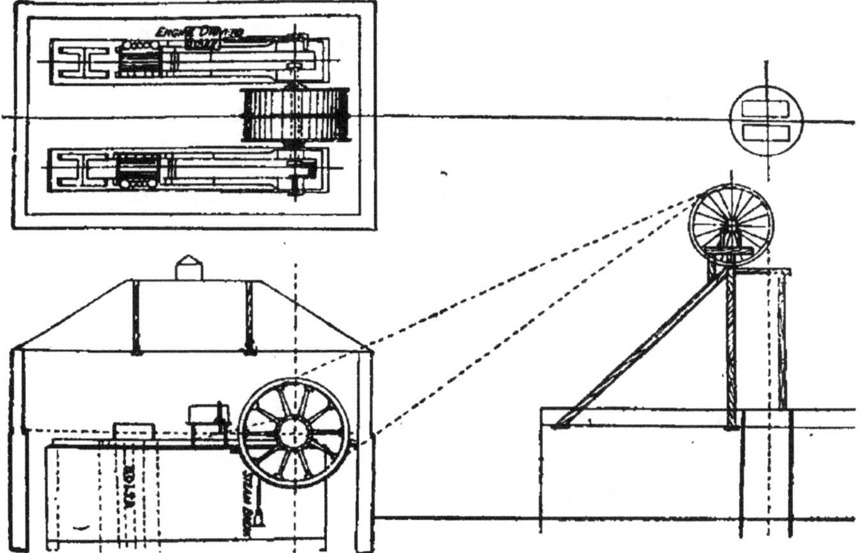

Fig. 451, 452. — Machine horizontale d'extraction.

de 20 ans, et continuent néanmoins aujourd'hui leur service, bien qu'à vrai dire, l'acier ait été substitué depuis aux anciens organes en fer forgé (1).

Caractéristiques de quelques machines d'extraction.

Machine du puits Saint-Dominique (*La Béraudière*). — Machine horizontale, 2 cylindres accouplés 0 m. 80 $\times$ 1 m. 60.

(1) C'est pour leurs bons services que l'auteur a jugé opportun de les donner en exemple ; mais nous avons cru nécessaire de remplacer les données qu'il fournissait par des données tout à fait modernes.

Pression 8 kil. aux chaudières. Distribution par soupapes Collmann à amortisseurs de chute. Changement de marche Marsall. Détente réglée par déclic solidaire d'un régulateur centrifuge. Soupape d'admission à chaque cylindre ; manœuvre simultanée, ouverture lente puis rapide. Excentriques permettant de maintenir les soupapes d'échappement plus ou moins éloignées de leur siège, pour étranglement et modération de la vitesse.

Machine de la Fosse d'Arenberg (Mines d'Anzin). — Compound tandem à 4 cylindres, course 1 m. 80, diamètre H P 0 m. 690, B P 1 m. 165. Puissance 3.000 chevaux. Extraction de 1.000 à 1.500 tonnes par jour, de 250 à 750 mètres par cages à 12 berlines. Distribution par tiroirs cylindriques verticaux avec segments en fonte. Tiroirs de détente cylindriques. Soupapes de sûreté à 12 et 6 kil. sur les tiroirs H P ou B P.

Machine du charbonnage Nine-Mile-Point (Galles du Sud). — Deux machines haute pression couplées. Diamètre des cylindres 0 m. 91, course 1 m. 83. Puissance 3.000 chevaux. Pression avec cylindres 10 kil. 5 par centimètre carré, vitesse limitée à 50 tours par minute par régulateur statique variant automatiquement l'admission.

Distribution. — L'organe de distribution fréquemment employé dans les machines d'extraction ordinaires est le tiroir. L'étanchéité du tiroir est assurée par la pression de la vapeur, qui l'appuie sur la glace du cylindre dans laquelle sont pratiquées les lumières d'admission et d'échappement. L'effet de cette pression toutefois est de déterminer un frottement absorbant, une puissance qui n'est plus négligeable, pour les grosses machines en particulier, lorsqu'il s'agit d'arrêter, changer de sens de marche et repartir, manœuvre qui est faite quelquefois par le mécanicien 4 à 5 fois par minute. Pour cette raison, pour les machines d'alésage supérieur à 0 m. 50, avec de la vapeur à 2 kil. 10

par centimètre carré ou d'alésage supérieur à 0 m. 46 avec
de la vapeur à 4 kil. 20, on n'emploie pas en général la distribution par tiroir, ou alors on emploie un dispositif de
tiroir équilibré, dans le but de réduire le frottement.

Il existe plusieurs genres de tiroirs équilibrés, dont la
figure 453 représente un type. La boîte du tiroir est munie
d'une cavité tubulaire à l'extrémité de laquelle se trouve un
diaphragme en acier *a* relié au tiroir par une tige articulée ;
la pression de vapeur agit entre le diaphragme et le tiroir,
mais la surface de celui-ci étant plus grande que celle de

Fig. 453. — Tiroir équilibré.

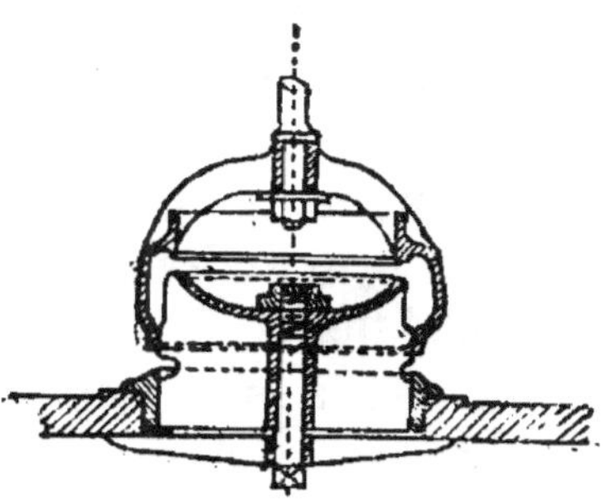

Fig. 454. — Soupape équilibrée.

la plaque, la pression applique bien le tiroir sur la glace,
assurant l'étanchéité sans excès de frottement. Ce dispositif vibre quelquefois bruyamment, quand la pression de
vapeur qui écarte le diaphragme du tiroir est insuffisante,
dans le cas par exemple où le régulateur étrangle l'admission. Aussi, pour les grosses machines, la distribution par
soupapes (fig. 454) est presque exclusivement usitée. La
soupape possède plusieurs avantages sur le tiroir. Le déplacement de la valve nécessaire pour produire le renversement de marche est 3 ou 4 fois moindre que pour le tiroir,
ce qui donne au mécanicien la possibilité d'une rapidité de
manœuvre 3 ou 4 fois plus grande. La pression de la vapeur
ne provoque aucun autre frottement que celui des presse-
étoupe, indispensables sur les tiges de soupapes, frotte-

ment qui d'ailleurs existait pareillement sur la tige du tiroir. La seule puissance nécessaire, autre que celle dépensée en frottements, est celle qui exige la levée de la soupape ; et il ne se produit qu'une seule levée à la fois par cylindre. Cela ne dépassera pas les forces du mécanicien. D'après la construction adoptée, montrée sur la figure, la pression de la vapeur s'exerce uniquement sur deux anneaux étroits environnant chaque valve, et dont la largeur peut être estimée à 6 millimètres. Supposons une valve de 0 m. 38 de diamètre, soit 1 m. 19 de circonférence ; la surface de chaque anneau sera de $1.19 \times 0.006 = 0.0071$ mètre carré, soit 142 centimètres carrés pour les deux ; avec de la vapeur à 3 kil. par centimètre carré, la pression totale tenant la valve fermée sera de 426 kil. ; dans une machine à cylindres conjugués, deux soupapes s'élèvent simultanément, soit une pression totale à **vaincre** de 852 kil. ; si la levée des soupapes est de 20 millimètres, le levier de renvoi devra accomplir un chemin de 6 cent. 3, et en admettant une démultiplication de 20, le mécanicien devra faire un effort au levier de commande de $\dfrac{852}{20} = 42{,}6$ kil. sur un espace de 0 m. 063 $\times$ 20 = 1.260 mètres.

C'est là un effort qui serait trop considérable pour un homme s'il devait s'imposer entièrement ; mais il faut tenir compte que, dès que la soupape est soulevée de son siège, la vapeur pénètre, et l'effort à produire diminue considérablement, le mécanicien étant en outre aidé par des contre-poids d'équilibre. D'ailleurs, pour les machines très puissantes, il est d'usage courant aujourd'hui d'employer un second moteur à vapeur pour la manœuvre de la coulisse de changement de marche, ce qui réduit à peu de chose l'effort à produire par le mécanicien.

Les machines à déclic, et détente automatique, type Cor-lis, sont également employées aujourd'hui partout où le combustible est cher, et où l'on veut réaliser des économies de vapeur, au Transwaal par exemple. Les machines Compound sont employées dans le même but, et donnent d'excellents résultats.

Changement de marche. — La rapidité du renversement de marche est une des nécessités de la machine d'extraction ; dans les machines à vapeur, le changement de

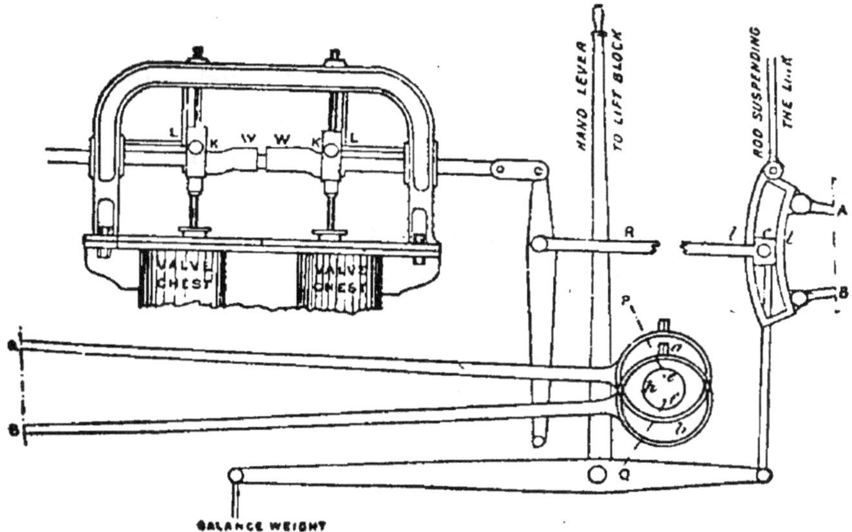

Fig. 455. — Coulisse de Stephenson pour changement de marche.

marche est réalisé par le dispositif classique dit *coulisse de Stephenson* (fig. 455).

Les deux excentriques *a*, *b* sont articulés aux extrémités de la coulisse *l* par l'intermédiaire des tiges A et B. La tige de commande de soupape R se termine par une tête *e* susceptible de glisser dans la coulisse ; si la tête est poussée en bas, son mouvement est celui que lui communique la tige d'excentrique s'articulant au bas de la coulisse ; si elle est poussée à fond en haut, c'est au contraire l'excentrique supérieur qui donne le mouvement ; la tête étant placée au centre de la coulisse, qui oscille autour de ce centre, le mouvement de la tige R sera nul ; enfin dans les positions intermédiaires, à mi-chemin par exemple entre le centre et l'extrémité de la coulisse, la levée des soupapes sera moitié moindre et la fermeture plus rapide, d'où moindre admission de vapeur, et régulation de la puissance et de la vitesse.

Dans la plupart des cas, au lieu de déplacer la tige de commande des soupapes dans la coulisse fixe, c'est au contraire la coulisse qu'on déplace.

En pratique, la disposition des tringles et de la coulisse n'est pas exactement aussi simple ; il existe un grand nombre de variantes destinées à réaliser un fonctionnement des soupapes et une action régulatrice de la machine aussi parfaits que possible. C'est ainsi que l'on donne toujours une légère avance au mouvement des soupapes, c'est-à-dire que la valve d'admission s'ouvre un peu avant le commencement de la course du piston, et que la valve d'échappement s'ouvre un peu avant la fin de course, la valeur de cette avance étant égale à environ les 19/20 de la course. Ceci est nécessaire pour deux raisons : d'abord parce que l'ouverture des soupapes est progressive, et que sans cela la pleine ouverture n'aurait pas lieu au moment voulu. Ensuite parce que, même en admettant une ouverture instantanée, il est désirable que la vapeur pénètre dans le cylindre un peu avant le commencement de la course, de façon à amortir l'effet d'inertie du piston, et à éviter un choc brusque ; de même il est désirable que l'ouverture de l'échappement se fasse avant que le piston soit près de la fin de sa course, afin de donner à la vapeur le temps voulu pour l'évacuation, et éviter une contre-pression due à ce fait.

La nécessité de l'avance est donc d'autant plus évidente, que le moteur est à plus grande vitesse.

Cette avance dans le fonctionnement des soupapes est obtenue par un calage convenable des excentriques.

Dans les puissantes installations modernes les manœu-vres de la coulisse sont faites par un servo-moteur à vapeur (fig. 456). Ceci est une pratique continentale. En Angleterre on préfère, en général, équilibrer soupapes, mécanisme de distribution et changement de marche, de façon à ce que le mécanicien opère toujours directement à la main. Dans les distributions à soupapes, les valves doivent toujours être conçues de façon à ce que la pression de vapeur tende à appuyer la soupape sur son siège, pour assurer

Fig. 456. — Dispositif de servo-moteur pour commande de la coulisse

l'étanchéité et éviter des ouvertures intempestives ; les valves d'admission doivent donc toujours être ouvertes contre la pression de vapeur d'admission, et les valves d'échappement contre la pression dans le cylindre ; de sorte que, quelle que soit la valeur que puisse prendre une contre-pression dans le cylindre, la valve d'échappement ne puisse s'ouvrir avant le moment opportun. Ceci est essentiel à observer au point de vue de la sécurité, bien que quelques constructeurs ne semblent pas s'en être souciés.

Au lieu de soulever les soupapes par leviers à déclic, on peut employer des glissières de forme appropriée. Le but de ce dispositif de commande est moins de produire la levée convenable des soupapes, que d'assurer leur fermeture de façon à éviter toute ouverture intempestive.

Détentes. — On sait toute l'économie de consommation que procure le principe de la détente, c'est-à-dire de la fermeture de l'admission avant que le piston ait accompli sa course, de façon à utiliser l'expansion ou détente de la vapeur introduite pendant le reste de la course. Dans ce but on ferme généralement l'admission après que le piston a couvert du quart à la moitié de sa course.

L'application de la détente, qui permet de réaliser une économie de vapeur sensible, aux machines d'extraction, doit faire l'objet de dispositions spéciales. Les principales détentes employées sont, en Angleterre, la Daglish, la Melling, la Thornewill et Warham ; en France, la détente Andemar, la Guinotte, la Maillet, etc. Actuellement on emploie de plus en plus les détentes automatiques, c'est-à-dire commandées par un régulateur : c'est seulement quand la machine a atteint sa vitesse de régime que la détente commence à agir ; aux démarrages, l'effort devant être maximum, la machine marche ainsi à pleine pression. Certaines détentes sont progressives au fur et à mesure de l'accroissement de vitesse.

De même lorsqu'il s'agit d'arrêter en pleine vitesse ou de renverser la marche du treuil, la détente est gênante, et, dans une machine présentant le maximum de sécurité, le mécanicien devra pouvoir supprimer à volonté l'action de la détente si la machine est à détente automatique.

Distribution et changement de marche à cames. — Les machines d'extraction continentales sont fréquemment construites avec un mécanisme à cames au lieu de la coulisse (fig. 457). Un pignon d'angle A commande l'arbre à cames B, parallèle au cylindre ; sur cet arbre coulisse un manchon C entraîné par lui, portant les cames, deux pour chaque soupape. Ces cames ont leurs bossages opposés, et ces bossages sont reliés comme le montre la figure par un palier et deux plans inclinés. Une tige de soupape appuie sur chaque came. Le changement de marche est obtenu en faisant coulisser le manchon de sa course maximum, de façon à substituer une des cames à l'autre ; en faisant seulement coulisser le manchon d'une fraction de sa course, le poussoir tombe sur le plan incliné, c'est-à-dire que la durée

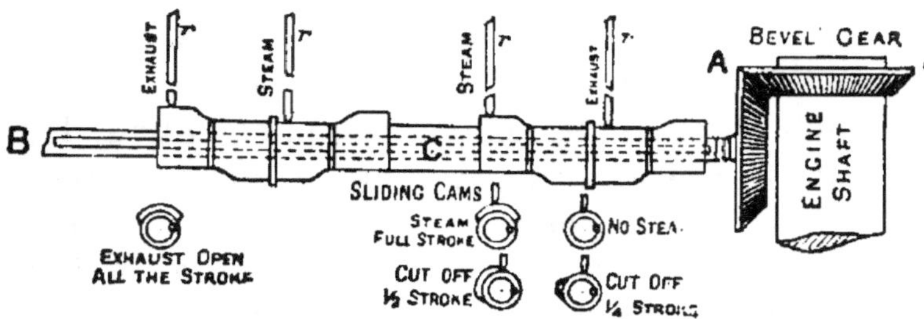

Fig. 457. — Changement de marche à cames (avec positions diverses des cames).

d'ouverture est proportionnellement réduite ; en faisant coulisser le manchon de la moitié de sa course, on tombe sur le palier, c'est-à-dire l'endroit où n'existe pas de bossage, et où l'ouverture est nulle par conséquent.

Ce mécanisme est extrêmement simple, précis et commode à commander par le mécanicien, auquel il ne demande qu'un effort minime, et qui maîtrise ainsi pleinement sa machine, variant à son idée les époques d'admission, la valeur de la détente, de la vitesse, le changement de marche, etc. (1).

____

(1) On commence d'employer couramment les machines électriques d'extraction, qui, comme l'a fort bien dit M. Izart, évitent les dépenses considérables de vapeur qu'entraînent les engins ordinaires ; le moteur électrique a un couple moteur régulier, sa vitesse se règle aisément (en courant continu surtout), son rendement est bien meilleur. (Voir la *Revue universelle des Mines*, le *Bulletin de la Société de l'Industrie minérale*.) Il semble avantageux surtout de recourir pour la

Équilibrage dans l'extraction. — Si le moteur d'extraction avait à extraire une cage seulement, sa puissance devrait être suffisante pour extraire la charge utile, la cage et son attelage et le poids de la longueur de câble dans le puits : au total un poids égal à trois ou quatre fois celui du charbon, charge utile. Quand il y a deux cages, en général, l'une montant, l'autre descendant, les poids morts des cages et berlines se compensent ; les poids tirant sur le treuil sont donc seulement la charge utile et le câble. Au départ le poids de câble est considérable ; mais, à mi-cordée, les longueurs du câble montant et du câble descendant sont égales, et leur poids s'équilibre ; reste donc seulement sur le treuil le poids de la charge utile. A mesure que le câble se déroule, la différence de poids entre le tronçon descendant et le montant vient se déduire de la charge utile, et il arrive un moment où le moment résistant au treuil devient nul, puis change de sens.

Le moment résistant durant une cordée varie donc de façon continue, et l'on doit s'efforcer d'en régulariser la valeur.

Dans le but de régulariser la charge de la machine, on a employé d'abord les chaînes de contrepoids : chaînes pendantes ou chaînes amarrées. Dans la vieille machine Wilson que nous avons déjà citée, l'équilibrage était réalisé au moyen d'une chaîne amarrée, qui exige une profondeur de

commande des bobines ou tambours à un courant continu ou à un moteur à excitation séparée ; diverses méthodes sont employées pour faire varier le voltage aux bornes et par suite la vitesse, notamment celle de la batterie divisée en autant de sections qu'on veut de vitesses. On a construit ainsi des machines à deux moteurs de 1.400 chevaux pour la Société allemande de Gelsenkirchen. Il y a aussi l'emploi du survolteur-dévolteur. Pour ce qui est de la station centrale fournissant le courant, on fait bien de la munir d'une batterie-tampon régularisant le débit et permettant d'employer des machines de puissance moindre. Si l'on a une centrale à courant alternatif, on recourt au dispositif de volant puissant imaginé par M. Ilgner puits, pour les contrepoids, moins grande que pour la chaîne pendante.

Dans cette installation, les deux contrepoids pesant chacun 5 tonnes (fig. 458) sont suspendus respectivement à une chaîne plate venant s'enrouler (après avoir passé sur deux poulies de renvoi) sur deux bobines calées sur l'arbre du treuil ; le diamètre initial est 1 m. 05 et le diamètre final

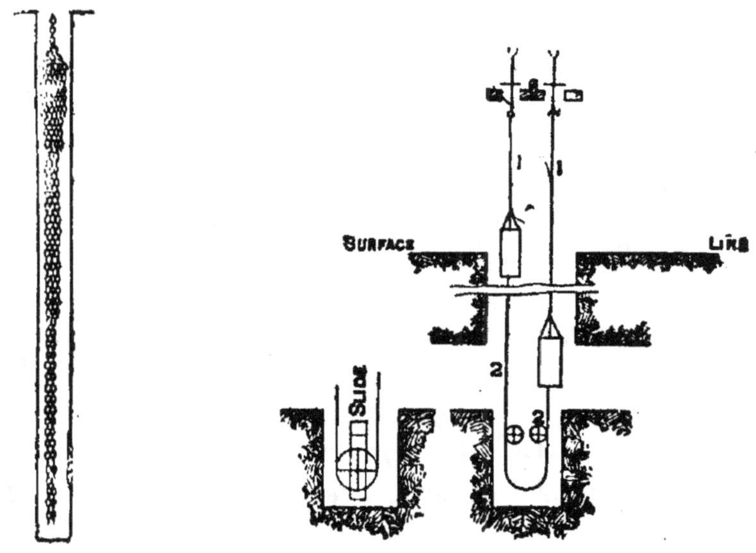

Fig. 458. — Chaine contrepoids de la machine Wilson.
Fig. 459. — Équilibrage par câble unique à bouts amarrés.

après enroulement de la chaîne, 2 m. 97. Quand l'extraction d'une cage chargée au fond commence, les deux contrepoids sont suspendus, soulageant la machine par le fait qu'ils équilibrent le poids de câble déroulé dans le puits ; au fur et à mesure que le câble s'enroule, les contrepoids descendent et reposent dans la fosse, la valeur du poids d'équilibre diminuant ainsi graduellement. A mi-cordée, la chaîne plate passée sur les petites bobines est complètement déroulée, et les contrepoids reposent totalement sur le fond de la fosse. L'extraction continuant, les chaînes doivent s'enrouler nécessairement et soulever par conséquent les contrepoids ; de sorte que, lorsque la charge atteindra la recette du jour, les chaînes seront totalement enroulées et les contrepoids suspendus, contribuant à modérer la marche de la machine.

Au lieu de chaînes de contrepoids, on peut régulariser l'extraction au moyen de câbles d'équilibre, en employant soit le câble continu ou câble sans fin, système Kœpe (1), soit le câble à bouts amarrés.

Le câble unique à bouts amarrés (fig. 459) consiste à réunir le dessous des cages par un contre-câble d'équilibre, mais au lieu d'être sans fin, le câble d'extraction vient s'amarrer au treuil par ses deux extrémités. Le guidage du contre-câble dans le puits s'effectue indifféremment soit par deux poulies de petits diamètres, soit par une poulie unique de grand diamètre, comme dans le second croquis.

Tambours spiraloïdes. — Au lieu de s'attacher à faire tirer un poids constant par la machine, on peut s'arranger de façon à faire varier le diamètre d'enroulement inversement à la variation du moment résistant, de façon à ce que le produit du bras de levier par le poids, c'est-à-dire le travail à effectuer par la machine, reste constant. Ce désidératum se réalise pour les câbles ronds au moyen des tambours coniques ou spiraloïdes et, pour les câbles plats, au moyen des bobines.

Le tambour spiraloïde est représenté dans la figure 460 ; dans cette dernière figure, les cylindres ont 0 m. 91 d'alésage sur 1 m. 80 de course ; le diamètre initial est de 6 mètres, le diamètre final de 9 mètres. Au fur et à mesure que la ma-

(1) Le système Kœpe, consiste à réunir les deux cages par un contre-câble, ce qui assure l'équilibre statique ; ce contre-câble passe sur un tambour au bas du puits. Toutefois ce contre-câble est un inconvénient par la masse qu'il ajoute, au moins aux grandes vitesses. (*Note du Traducteur.*)

chine tourne, le câble montant s'enroule en spirale, c'est-à-dire avec un diamètre croissant, alors que l'autre câble se déroule avec un diamètre diminuant suivant la même loi. Le câble descendant se déroule donc, au départ, avec une vitesse de 3 quand le câble montant s'enroule avec une vitesse de 2 ; à la fin de la cordée, les rôles sont renversés, la charge tendant à entraîner le câble tire sur le diamètre minimum, alors que celle qui est à soulever pèse sur le diamètre maximum, ce qui facilite l'arrêt de la machine comme la position contraire avait facilité le départ.

Le tambour conique et le câble rond sont très usités en Angleterre ; ils présentent l'inconvénient de faire frotter le

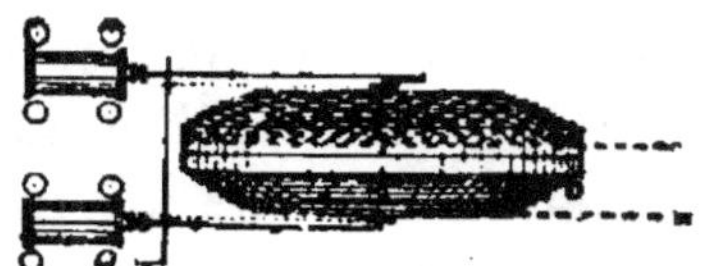

Fig. 460. — Tambour spiraloïde.

câble sur les joues des molettes, par suite de l'obliquité qu'il prend, étant donnée la largeur du treuil ; les bobines et câbles plats sont au contraire très usités sur le continent.

Bobines et câbles plats. — L'équilibrage peut être obtenu automatiquement, dans une certaine mesure, lorsque l'extraction est faite par bobines à câbles plats, en particulier pour les câbles de grande épaisseur, comme tel est le cas pour les câbles végétaux en chanvre, en aloès, ou autres fibres végétales. En Belgique, par exemple, l'usage de câbles en aloès de 30 centimètres de large et un peu moins de 3 centimètres d'épaisseur, est très répandu. Quand la bobine de la cage montante a fait par exemple 30 tours, son diamètre s'est accru de 30 fois 6 centimètres, soit 1 m. 80. Ainsi, si le diamètre initial était de 1 m. 65, à la fin il est de 3 m. 45 ; quand la cage avec ses berlines vides redescend, elle se trouve suspendue à la bobine dont le diamètre initial est le plus grand, et dont le moment équilibre par conséquent le poids du câble et de la cage qui remontent.

Indicateur de position des cages. — Le mécanicien chargé des manœuvres d'extraction doit avoir constamment sous les yeux un cadran, ou tout autre dispositif, lui indiquant la position relative des cages dans le puits. Ce résultat est quelquefois obtenu au moyen d'une corde attachée à un petit treuil recevant le mouvement, par un train réducteur, de l'arbre du treuil d'extraction ; cette corde passe sur une poulie de renvoi, et est tendue par un contre-poids se déplaçant verticalement devant une règle où sont figurés les divers accrochages et la recette supérieure, à une échelle correspondant au rapport de réduction choisi. Quand le contre-poids approche du sommet, il actionne une sonnerie qui avertit le mécanicien ; de même lorsqu'il s'approche du fond. Un autre genre d'indicateur est constitué par un cadran portant indication des divers accrochages ; un index commandé par pignon d'angle se déplace sur ce cadran, et met également en action une sonnerie avertissant le mécanicien.

Étrangleur de la prise de vapeur. — Toute machine d'extraction doit être munie d'une valve à papillon placée sur la conduite d'admission, valve qui permet au mécanicien d'étrangler ou même de fermer complètement l'arrivée de la vapeur en cas de nécessité. Dans les prises de vapeur à boisseau ou à soupape, on empêche quelquefois la fermeture totale de la valve, de façon à ce que le mécanicien puisse la rouvrir facilement.

Freins. — Les machines de puissance modérée sont généralement munies d'un frein à pédale, qui permet au mécanicien de freiner tout en ayant les mains occupées ailleurs sur le levier, le régulateur. Pour les grosses machines, un cylindre à vapeur produit le serrage du frein, la commande du cylindre étant effectuée indifféremment par une pédale ou par un levier à main ; quelquefois même le frein est à double enclanchement, c'est-à-dire que normalement le mécanicien serre le frein au pied, mais, en cas d'urgence, il peut faire usage de la pression de vapeur. (Les freins de treuil sont à mâchoires ou à bande ; bien que celui-ci soit plus énergique, c'est généralement le frein à mâchoires qui est employé). La figure 461 représente un puissant frein combiné avec un évite-molettes.

Évite-molettes. — Les évite-molettes sont destinés à

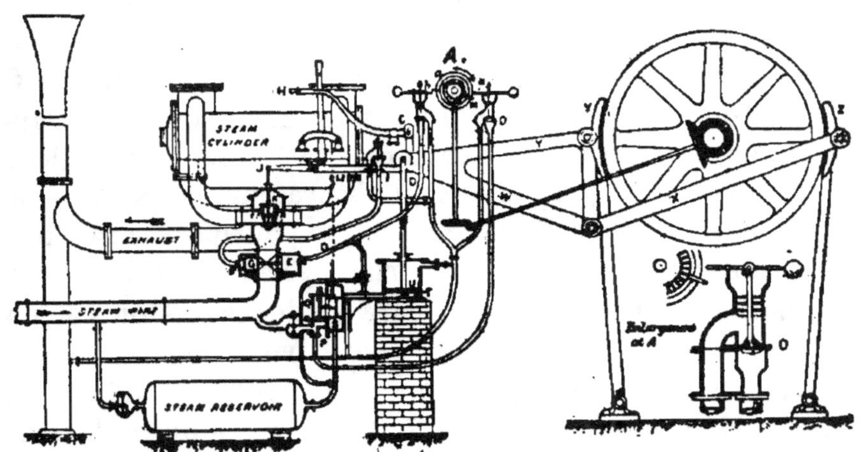

Fig. 461. — Type de frein Reumaux avec évite-molettes.

empêcher la cage de dépasser le moulinage, en cas d'oubli ou d'impuissance du mécanicien, et de causer des accidents dont la rupture du câble serait le moindre. Les plus simples sont l'évite-molette à coincement des guides et l'évite-molette à déclic d'attelage, la cage étant dans ce dernier cas déconnectée automatiquement du câble et retombant sur les taquets de la recette.

Les évite-molettes modérateurs agissent directement sur le moteur d'extraction. La cage, dépassant la recette, vient buter un levier, qui, par des tringles de renvoi, vient fermer

l'étrangleur d'admission et admettre la vapeur sur un frein
de secours.

Un évite-molette modérateur perfectionné est celui de
Reumaux (fig. 461). La roue A est commandée par pignons
d'angle par l'arbre du treuïl; lorsque la cage arrive aux
molettes, un taquet *b* de la roue A vient buter et ouvrir la
valve C, qui permet l'évacuation de la vapeur contenue dans
les tuyaux DD et le cylindre E; le piston G est alors poussé
par la vapeur contenue dans le cylindre F, et vient fermer
l'admission du moteur d'extraction. Si le mécanicien a déjà
prévenu l'effet de cette fermeture de l'admission en abaissant le levier H, et ouvrant par suite le clapet I, la vapeur
qui était contenue en F s'échappe, et le piston obturateur G
ne fonctionne pas. Ainsi l'obturateur de secours ne s'applique que si le mécanicien a omis de fermer l'étrangleur
d'admission K. Si, par l'effet de l'obturateur, la machine ne
s'arrête pas, la butée M entre en action peu après la butée *b*,
et vient ouvrir la valve *o*, qui permet à la vapeur d'évacuer
le cylindre P; la partie supérieure Q de ce piston est en
connexion avec la vapeur vive, et un petit piston R vient
ouvrir, sous l'effet de la pression, le clapet S, qui admet de
la vapeur dans le servo-moteur T du frein, soulève le piston U, dont le mouvement vient enfin serrer les mâchoires Y
et Z; celles-ci bloquent le treuil. Le frein est desserré quand
on manœuvre ensuite à la main le clapet S.

Descente des matériaux. — Dans les mines où l'on a
à exploiter des couches puissantes, il est fréquemment nécessaire de descendre des matériaux pour le remblayage.
On sert alors du treuil d'extraction comme treuil quelconque, et l'on modère la descente au moyen du frein.

Signaux. — Le mécanicien est guidé par des signaux,
généralement des coups de sonnette, qui lui sont envoyés
du moulinage et de l'accrochage au fond. Ces sonnettes
sont bien souvent constituées par un assemblage assez

complexe de leviers, tirants, mouvements de sonnettes ; les sonneries électriques constituent une solution beaucoup plus sûre, à action rapide. Dans quelques mines métallifères, il existe un très grand nombre d'accrochages intermédiaires, et il est souvent nécessaire de faire des signaux de la cage même à la recette du jour et à la chambre des machines. Un ingénieux appareil a été imaginé dans ce but à la mine Himmel's Furst, près de Freiberg. La batterie de piles est au jour ; un des pôles est connecté au cylindre du

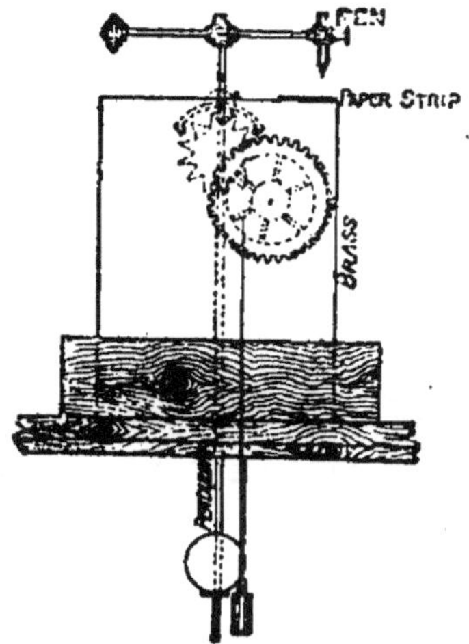

Fig. 462. — Vélocimètre.

moteur d'extraction, et de là à la cage par le câble et le tambour ; l'autre pôle est relié à une bande de cuivre disposée le long du guidage, dans le puits. Un dispositif est prévu pour appuyer de l'intérieur de la cage contre la bande de cuivre, fermant ainsi le circuit de la sonnerie (1). Les signaux diffèrent par le nombre des coups de timbre.

Puissance et travail d'extraction. — Il est important de connaître la puissance exigée par une machine d'extrac-

(1) Il va de soi que cette méthode ne peut être employée qu'avec les tambours et câbles métalliques.

tion. La manière la plus pratique d'obtenir des renseignements sur ce sujet, consiste à étudier la puissance des machines existantes.

La vitesse de la machine est mesurée à l'aide de tachy-
mètres et de tachygraphes divers. L'auteur a imaginé l'appareil de la figure 462, appelé *vélocimètre*. Dans cet appareil, une bande de papier se déroule sous une plume à
levier qui inscrit un signe toutes les secondes ; la vitesse de
déroulement du papier étant proportionnelle à celle de la machine, l'espacement des signes marqués par la plume mesu-
rera les variations de vitesse, un grand espacement correspondant à une grande vitesse. La plume a fait 6 marques,
montrant que 6 secondes se sont écoulées durant ce premier tour ; le second tour ne comporte que 2 marques et un
demi-espace, soit 2 secondes et demie ; on peut de même
estimer que le troisième tour a mis 1 seconde 7/8 à s'effectuer ; durant le quatrième tour on compte 1 seconde 3/4 ; au
quatorzième tour, la plume inscrit seulement 1 signe, et la
durée de ce tour est très légèrement supérieure à 1 seconde ; enfin, au vingt-quatrième tour, la machine accomplissant sa dernière révolution, on voit 7 marques tracées
par la plume, montrant que ce dernier tour s'est fait en
7 secondes.

Au moyen des diagrammes relevés à l'indicateur, on peut
calculer la puissance dépensée pour une cordée, et tracer
sur le diagramme explicatif.

**Le travail indiqué en kilogrammètres pour
chaque tour de la machine.** — La puissance indiquée
en chevaux est montrée par une autre ligne ; ceci est obtenu
au moyen des indications du vélocimètre, donnant le temps
en secondes mis à accomplir chaque révolution. Connaissant par ce moyen la vitesse linéaire moyenne du piston, et par le diagramme d'indicateur la pression effective
moyenne, enfin les dimensions du cylindre, on peut par

conséquent calculer la puissance en chevaux, et construire la ligne correspondante du diagramme.

Le poids total à extraire étant déterminé, le travail d'extraction est calculé en multipliant ce poids par le chemin parcouru, c'est-à-dire, dans ce cas, où il s'agit d'un tambour cylindrique pour câble rond, le même pour chaque tour ; le poids total à extraire diminuant uniformément à mesure qu'un câble s'enroule et que l'autre se déroule.

Puissance des machines d'extraction. — Des diagrammes précédents, l'on peut déduire que la puissance totale exigée par une machine d'extraction est de 2 1/2 à 3 fois celle qui est théoriquement nécessaire pour l'extraction ; et qu'il faut au moins une fois autant d'énergie pour communiquer au système l'accélération que pour vaincre la charge. Ceci est dû non seulement aux vitesses d'extraction élevées que l'on adopte, parfois 1.600 mètres à la minute, mais surtout au court espace de temps au bout duquel la machine doit avoir atteint sa vitesse de régime. Dans beaucoup de machines la période de démarrage ne dure que 10 secondes, et en 30 secondes on doit avoir atteint la marche en pleine vitesse.

Lubrification. — Il est important que tous les organes d'une machine d'extraction soient abondamment lubrifiés, pour réduire les frottements. Il y a trente ans, on n'employait guère que le suif ; mais il a été démontré que ce corps gras corrodait les parois métalliques des cylindres et soupapes. Les graisses et huiles minérales sont aujourd'hui employées avec les meilleurs résultats ; les huiles lourdes s'appliquent au graissage des cylindres, et les huiles légères à celui des paliers, coulisses, etc. L'emploi de garnitures métalliques pour les presse-étoupe est également préféré aujourd'hui par beaucoup d'ingénieurs à toute autre espèce de garniture.

CHAPITRE XIX

CHEVALEMENTS, MOLETTES, CAGES, TAQUETS, CABLES, ATTELAGES DE SÉCURITÉ, PARACHUTES, etc.

Les molettes pour câble d'extraction sont généralement de grand diamètre, atteignant jusqu'à 6 mètres pour un câble de 38 à 45 millimètres de diamètre. Le diamètre d'une molette doit être en proportion du diamètre du câble et du diamètre des brins dont il est composé; et ce dans le but de diminuer les frottements internes produisant l'usure

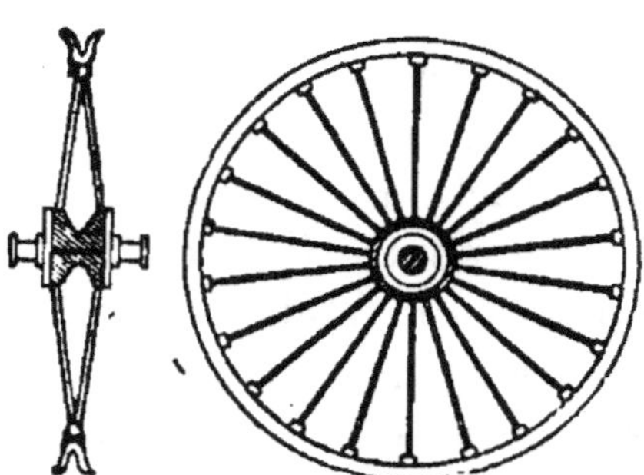

Fig. 463, 464. — Molette en fonte avec bras forgés.

prématurée. Pour un câble de 25 millimètres, une molette de 3 mètres donne de bons résultats; pour les câbles de 38 à 45 millimètres, on prend généralement des molettes de 4 m. 20 à 4 m. 80 de diamètre. Beaucoup de ces molettes sont en fonte (fig. 463-464) avec bras forgés

pris dans la jante d'une part, et dans le moyeu de l'autre.
Ce moyeu est fondu en deux moitiés, non jointives,
pour permettre un certain jeu de dilatation, et assemblées par des coquilles forgées portant les tourillons. Les
molettes pour câbles plats sont construites de façon analogue, avec une gorge à large évidement, et légèrement
bombée ; les câbles plats permettent de diminuer le dia-

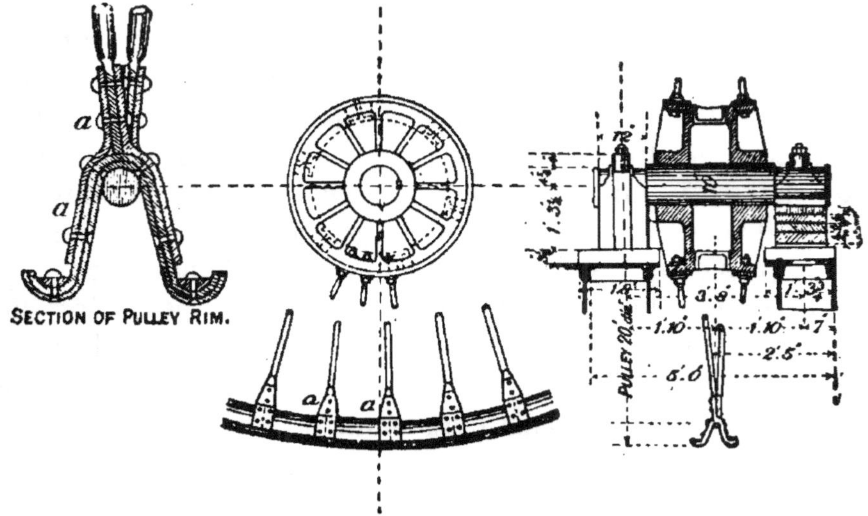

Fig. 465 à 467. — Éléments divers d'une molette en fer forgé.

mètre de la molette : 2 m. 50 à 3 mètres pour les câbles en
aloès, au lieu de 4 à 5 mètres pour les câbles ronds métalliques.

Aujourd'hui, les molettes en fer forgé sont préférées
comme étant plus légères, et par suite présentant moins
d'inertie. Les figures 465, 466, 467 montrent une molette de
la mine Harris Navigation, de 6 mètres de diamètre, de ce
type. L'arbre est en fer forgé, d'une longueur totale de
1 m. 45 et d'un diamètre au fort de 25 centimètres. Les
tourillons ont un diamètre de 22 centimètres et une portée
de 30 centimètres. Le moyeu est en fonte, d'un diamètre de

1 m. 05 environ, claveté sur l'arbre. La jante est rivée de la façon que montre la figure à l'extrémité de 48 bras, constitués par des tiges d'acier de 33 millimètres de diamètre. Ces bras, reliés au moyeu à la façon d'une roue de bicyclette, sont aplatis à l'autre extrémité, pour permettre le rivetage à la jante. La jante elle-même est constituée par une gouttière formée de tôles assemblées à rivets noyés avec joints en quinconce. La courbure de la gorge est suffisamment ouverte pour que les joues ne viennent pas frotter contre le câble, dont le diamètre est de 48 millimètres. Comme on le voit sur le croquis de droite, les paliers sont fixés sur un montage élastique constitué par trois blocs de caoutchouc, de chacun 50 millimètres d'épaisseur, séparés par des plaques d'acier ; le but de ce montage est d'éviter des tensions brusques dans le câble aux moments des démarrages.

Quelques molettes ont été faites (même pour des diamètres de 6 mètres) d'une jante en fonte d'une seule pièce, dont la gorge a été tournée sur tour en l'air, assurant ainsi un centrage parfait sans faux rond.

Une règle empirique fréquemment usitée consiste à assigner aux molettes un diamètre égal à 800 fois celui des brins dont le câble est constitué. Cette règle suffit pour les poulies de traînage ou de transmission de force, mais conduit à un diamètre insuffisant pour les molettes ; alors que celles-ci sont de 4 à 6 mètres pour des câbles de 38 à 45 millimètres, on emploie usuellement, avec bon résultat, des poulies de 1 m. 50 à 2 m. 10 pour câbles de traînage de 25 millimètres.

Chevalements. — Les molettes sont placées à la partie supérieure d'un chevalement en bois ou en fer, qui élève le centre de la molette de 6 à 24 mètres au-dessus de l'ouverture du puits. Cette élévation dépend avant tout de la hauteur de la cage : ainsi il faut tenir compte de ce qu'une cage à 4 étages a déjà une hauteur de 6 mètres ; ensuite de l'attelage et du mode d'attache du câble, dont la hauteur est de 3 m. 6 à 4 m. 2. Il faut également laisser un certain jeu pour lever la cage au-dessus des taquets, environ 1 m. 80 ; enfin prévoir une certaine longueur, généralement prise égale à la totalité ou à la demi-totalité du diamètre de la poulie, à titre de marge de sécurité au cas où la cage irait aux

Fig. 468. — Chevalement métallique du Hasard en poutres pleines.

molettes. De tout ceci, il résulte que l'élévation de l'axe des molettes au-dessus du sol est rarement inférieure à 15 mètres ; et, dans les mines importantes, elle est couramment de 18 à 24 mètres. Les chevalements métalliques sont faits soit en poutres à âme pleine (fig. 468), soit en poutres armées (fig. 469) ; quelquefois aussi les montants verticaux et les jambes de force ou arcs-boutants formant tendeurs sont constitués par des tubes rivetés, analogues à ceux dont sont constitués les mâts de navires.

Les chevalements en bois sont aujourd'hui inusités dans les lieux où les fers profilés sont facilement obtenus. Les figures 469-470 donnent un modèle de chevalement en bois.

Fig. 469. — Chevalement en poutres armées.

Attelage. — L'attache du câble à la cage s'effectue de plusieurs façons. Pour les câbles plats, on ganse le câble, et on l'introduit dans un étrier maintenu fermé par rivetage (fig. 472-473).

Pour les câbles ronds, on emploie assez souvent une douille du genre de la figure 474, plus large à la partie inférieure qu'au sommet. Cette douille est généralement

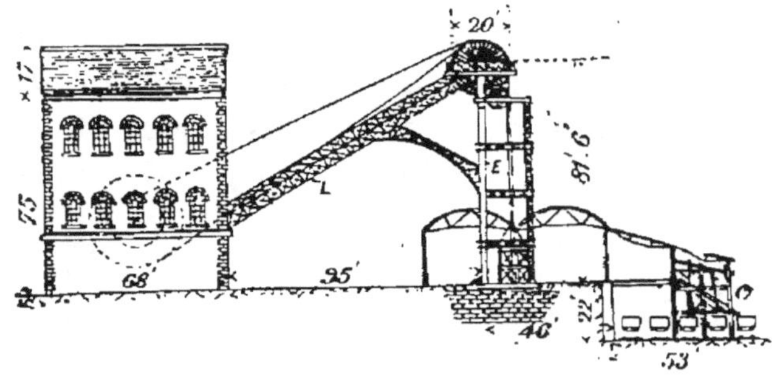

Fig. 470. — Installation générale avec poutres armées.

fendue et forme ganse à la partie inférieure, pour y intro-

Fig. 471. — Chevalement en bois.

duire une boucle reliant la douille aux chaines d'attelage.

Pour l'emploi de la douille de la figure 474, on décâble les torons sur une longueur de 1 m. 20 environ, et on arrête par une ligature solide en fil de cuivre ou laiton ; puis on recourbe les brins libres autour d'un cône 3 (fig. 474), de façon à former une masse conique au pourtour de laquelle on viendra serrer la douille au moyen de colliers 2, 2, 2 ;

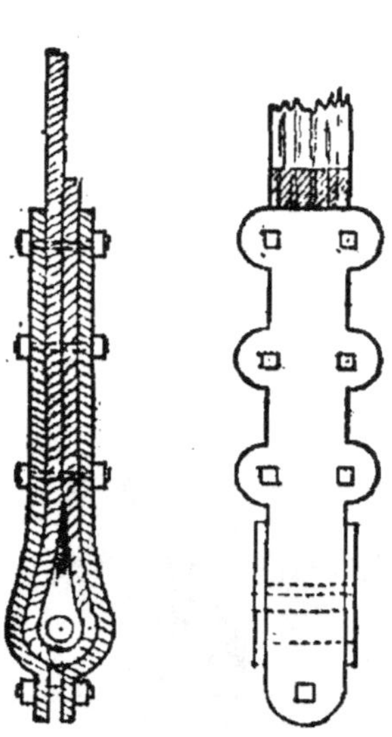

Fig. 472, 473.
Attelage de câble.

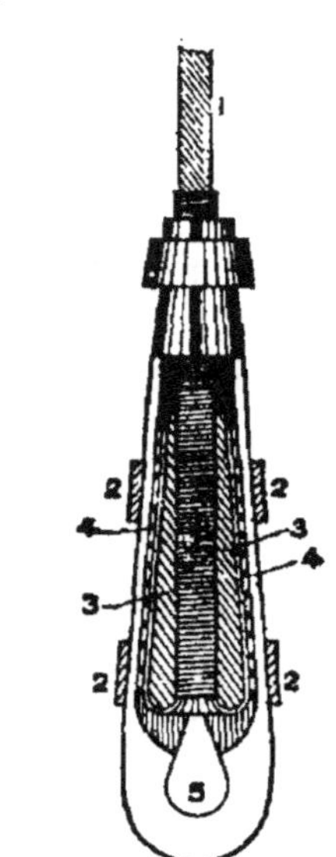

Fig. 474. — Autre attelage
pour câble rond.

comme l'indique la figure, la traction du câble, en coinçant le cône contre la douille, assure la solidité de l'attache.

On peut également réaliser une attache analogue à celle qu'on emploie pour les essais des câbles à la traction : les torons sont détournés ; on fait une ligature comme dans le cas précédent ; et les brins libres sont noyés dans une masse de plomb ou de métal blanc affectant une forme conique, que l'on viendra prendre dans une douille à coin du genre de celle qui vient d'être décrite. Toutefois ce mode d'attache exige beaucoup de soin, notamment en ce que tous les brins doivent être rigoureusement étamés isolément.

L'attache de câble à œillet est également très employée ; la table ci-après montre que c'est elle qui donne la résistance maximum. Elle consiste à boucler le câble autour d'un anneau à gorge, appelé œillet, et à relier par une ligature le brin libre ou brin principal.

La table ci-après donne les résultats d'essais comparatifs sur la valeur relative de quatre modes d'attache de câble assez souvent usités ; les essais ont été effectués pour l'auteur au Yorkshire College, sur des échantillons présentés par des fabricants ; les attaches avaient été faites par les fabricants de câbles eux-mêmes, la résistance de rupture pour ces câbles étant de 30 tonnes 5 dans les quatre cas. Ces essais sont extrêmement intéressants ; ils montrent dans quelle proportion l'attache affaiblit le câble. Théoriquement cette attache devait présenter la même résistance que le câble ; mais ce n'est jamais le cas.

Types d'attaches des câbles essayés. (Fig. 475 à 478)	Charge de rupture du câble.	Charge de rupture constante.	Observations.
	Tonnes.	Tonnes.	
	30,5	15,1	Douille rivetée. Les rivets supérieurs cèdent, le câble est tiré hors de l'attache.
	30,5	8,6	Douille à collier. La douille cède, le câble est tiré hors de l'attache.
	30,5	10,7	Douille conique fondue. Le câble est tiré hors de l'attache.
	30,5	27,1	Douille à œillet. La ligature cède, la ganse du câble s'ouvre.

L'attache du câble et la partie qui l'avoisine, dite l'enle-.vage, sont les points faibles par où périssent les câbles; aussi ces attaches doivent-elles être renouvelées assez fréquemment; d'autant plus fréquemment et sur une longueur plus grande que le câble est en usage depuis plus longtemps. Au début on ne refait l'attache que tous les six mois, en coupant seulement 1 m. 80 de câble; plus tard on la renouvellera toutes les six semaines, en coupant 3 m. 60 de câble; de la sorte on change la portion qui porte normalement sur ses molettes. Sur les tronçons coupés, on vérifiera à la machine d'essai la charge de rupture, et l'on aura ainsi une indication sur la fatigue du câble.

Qualité des câbles d'extraction. — Il y a cinquante ans, on employait des câbles ronds en chanvre, qui furent remplacés par les câbles en fer. Il y a vingt-cinq ans au moins, apparurent les câbles en acier, uniquement employés aujourd'hui lorsqu'il s'agit de câbles ronds. Ces derniers sont d'un emploi à peu près exclusif en Angleterre, alors que, sur le continent, on préfère les câbles plats en aloès, qui permettent une bonne régularisation de l'extraction avec un type de treuil simple et léger (bobines).

La résistance des câbles ronds en acier peut être calculée empiriquement au moyen de la règle suivante, qui n'est qu'approximative, mais aisée à retenir.

Règles. — Le poids du mètre de longueur de câble est égal à sa circonférence en centimètres, élevée au carré et divisée par 26.

La charge de rupture d'un câble est en tonnes égale à son poids en kilogrammes par mètre, multiplié par 8 s'il est en acier Bessemer, par 12 s'il est en acier au creuset, et par 16 s'il est en acier surfin.

Application numérique. — Soit un câble de 10 centimètres de circonférence.

Son poids en kilogrammes par mètre est :

$$P = \frac{10^2}{26} = 3,85$$

Sa charge de rupture sera en tonnes :

3,85 $\times$ 8 = 31 tonnes s'il est en acier Bessemer.
3,85 $\times$ 12 = 46   —   —   au creuset.
3,85 $\times$ 16 = 61   —   —   surfin.

Pour l'emploi des câbles d'extraction, on doit faire usage d'un facteur de sécurité élevé, pris égal à 10 généralement ; en d'autres termes un câble devant supporter en ser-

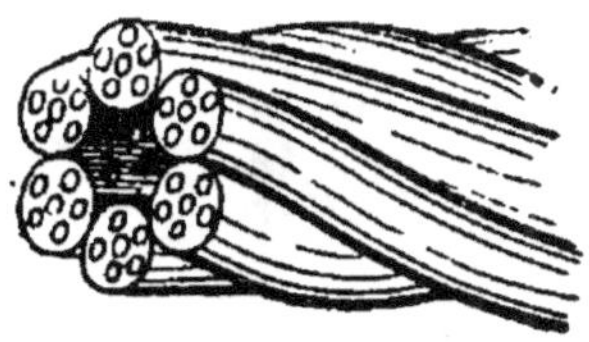

Fig. 479. — Câble métallique.

vice une charge (cage, attelage, berline, charbon) de 10 tonnes, devra présenter une charge de rupture de 10 $\times$ 10 = 100 tonnes.

Les câbles d'acier sont généralement faits avec une âme

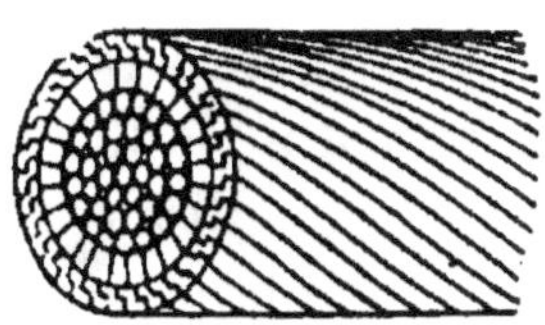

Fig. 480. — Câble métallique non susceptible de se détordre.

en chanvre (fig. 479). De par leur mode même de construction : torons câblés, si l'on suspend un poids à l'extrémité du câble, les torons auront tendance à se détordre.

VIII. — RÉSISTANCE ET CHARGE DES FILS D'ACIER
ENTRANT DANS LA COMPOSITION DES CABLES

N°ˢ des fils.	Section en millimètres carrés.	Résistance après câblage. (Qualité II, 80 kgs.)	Charge élémentaire calculée au 1/8 de la résistance, imposable en service.	Charge élémentaire calculée au 1/4 de la résistance, imposable en service.
		Kgs.	Kgs.	Kgs.
P	0,196	15,68	1,96	3,92
1	0,287	22,96	2,87	5,74
2	0,385	30,80	3,85	7,70
3	0,503	40,24	5,03	10,06
4	0,636	50,88	6,36	12,72
5	0,785	62,80	7,85	15,70
6	0,950	76,00	9,50	19,00
7	1,130	90,40	11,30	22,60
8	1,327	106,16	13,27	26,54
9	1,539	123,12	15,39	30,78
10	1,767	141,36	17,67	35,34

La cage étant maintenue par des guidages, ce mouvement ne peut se produire, bien qu'on constate, lorsque la cage est au repos sur les taquets, que l'attache de câble a tendance à boucler, tordant les chaînes de l'attelage. Pour les extractions de bennes ou paniers non guidés, on a avantage à employer des câbles n'ayant pas tendance à se détordre : tel est le cas lors du fonçage d'un puits. Le câble « Latch et Batcheloi » (fig. 480) a été décrit comme suit : le diamètre en était de 0 m. 047 ; ce câble était constitué de 6 torons de chacun 19 fils n° 11 (jauge anglaise), soit 114 fils en tout, du meilleur acier fin. Chaque toron était constitué par le câblage de 6 fils autour d'un fil unique, puis 12 fils étaient câblés en sens inverse autour de

(1) D'après les données publiées par les câbleries mécaniques des forges de Châtillon et Commentry : nous avons dû faire complètement disparaître le tableau trop spécialement anglais fourni par l'auteur.

cette première âme. Ensuite les 6 torons étaient câblés autour d'une âme en chanvre. Le poids de câble au-dessous des molettes (environ 630 mètres) était de 5 tonnes 1; la charge de rupture calculée était 105 tonnes 6; et la charge à enlever était 11 tonnes 35.

Cages. — Les cages se font à plusieurs étages : 1, 2, 3, 4,

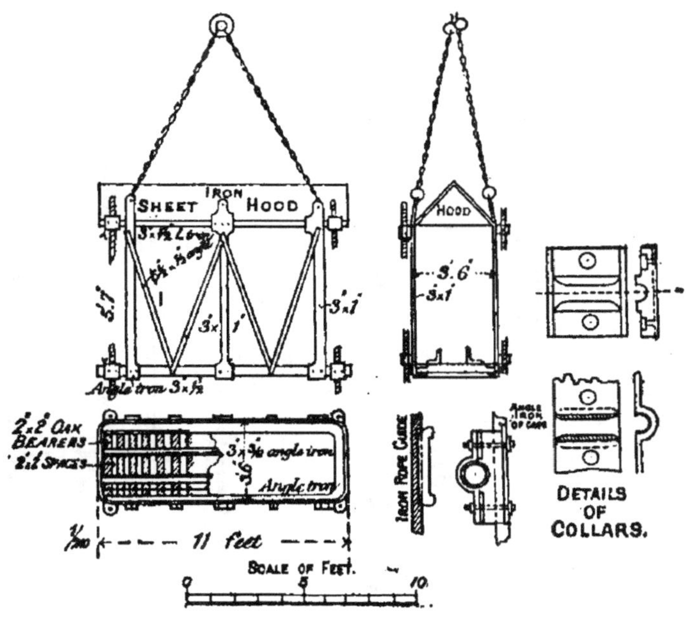

Fig. 481, 482. — Cage en fer et détails de construction.

et même 8 étages, pour les puits très étroits à trafic intense. Divers modèles de cages en fer sont donnés figures 481 482. La figure 481 fournit (en pieds de 0 m. 30), les cotes d'une cage à un seul étage, destinée à recevoir 2 berlines portant chacune une charge de 500 kilogs de houille. Le guidage est constitué par des câbles, et l'on voit 8 colliers en fonte, 4 en haut, 4 en bas, boulonnés à l'armature, et dans lesquels passeront les 4 fils de guidage ; le détail de ces colliers est donné à plus grande échelle.

La figure 483 donne les cotes d'une cage à 2 étages pouvant porter par étage 2 berlines de 500 kilogs de houille, ou 3 de 350 à 400 kilogs. Le poids de cette cage est environ 2 tonnes. Le guidage est également assuré par des colliers

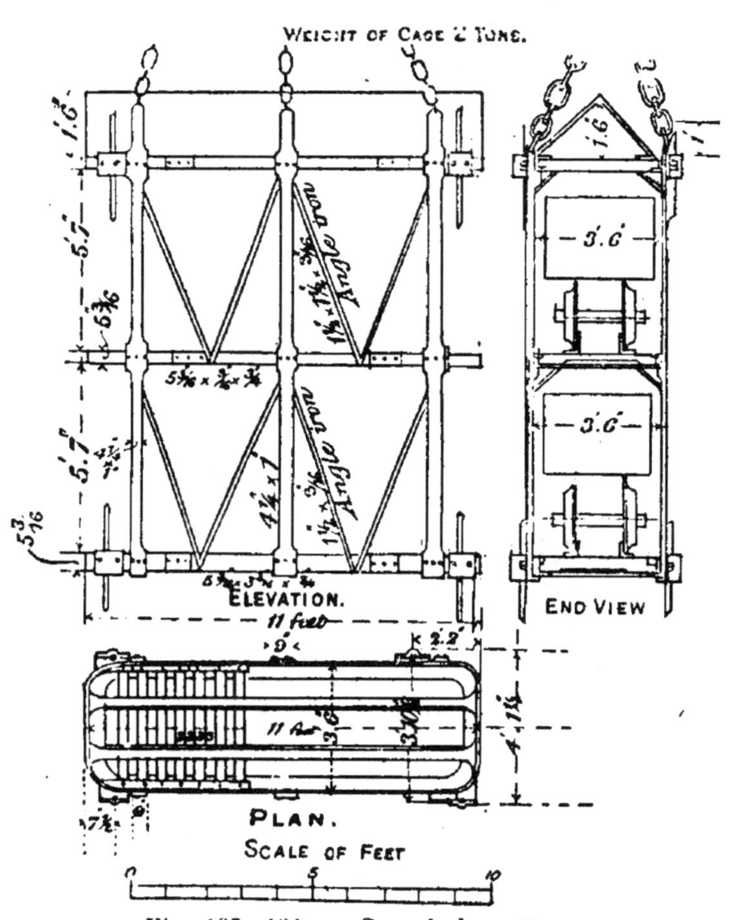

Fig. 483, 484. — Cage à deux étages.

en fonte, et un petit toit en fer protège les hommes de la chute des pierres, lors de la descente.

Les cages sont généralement en acier. La figure 486 donne un type de cage avec guidage en fer (rail Vignole) décrit par F. Brown et Adams dans les *Proc. of the*

Institution of Civil Engineers; elle est à un seul étage, et peut porter deux berlines. La longueur est de 3 m. 60, la largeur 0 m. 65, la hauteur 2 m. 10 ; le poids (sans les chaînes) en est de 1.650 kilogs environ. L'attelage est constitué par 6 chaînes se reliant à une boucle unique, où se fait l'attache du câble. La figure montre aussi les wagonnets, également en acier, pouvant contenir chacun 1.500 kilogs de charbon ; la voie est de 0 m. 75 ; l'essieu et les roues sont en acier, ces dernières de 38 centimètres de diamètre. La longueur de ces wagonnets, entre tampons, est 1 m. 75, et la largeur 1 mètre. C'est là le type primitif de cage employé à la mine Harris Navigation, remplacé depuis par des cages à 2 étages.

On construit aujourd'hui couramment des cages, non seulement à étages multiples, mais encore pouvant recevoir par palier 4, 5 et même 6 berlines.

Guidages. — Il y en a de nombreux types différents ; on a employé autrefois des tiges en fer vissées bout à bout. Ce guidage n'est plus employé, et l'on fait uniquement usage aujourd'hui de guidages en bois, de guidages par câbles ronds métalliques, et de guidages par rails ou fers profilés.

Les guidages en bois sont généralement placés aux extrémités opposées de la cage (fig. 485, 486) en *aa* ; ils sont soutenus par des traverses horizontales, appelées moises, *c*, encastrées dans le puits ; des semelles *b*, boulonnées sur la cage, aux extrémités supérieure et inférieure, et à chaque palier intermédiaire, s'il y en a, viennent prendre le guidage. Aux accrochages et à la recette du jour, ce guidage latéral est remplacé par des guidages d'angle, pour permettre les manœuvres. La dimension des pièces de guidage varie de 0 m. 10 $\times$ à 0 m. 10, 0 m. 15 $\times$ 0 m. 10 ; celle des moises en bois de guide est souvent prise un peu plus forte. Le guidage doit être soigneusement entretenu et régulièrement inspecté?

Au lieu de guides en bois, on emploie fréquemment des rails à simple champignon (fig. 487), éclissés à la façon ordinaire, et tirefonnés sur les bois de guide au moyen d'un sommier ou coussinet saisissant le pied du rail. Le guidage en fer est plus rigide, exige moins d'entretien

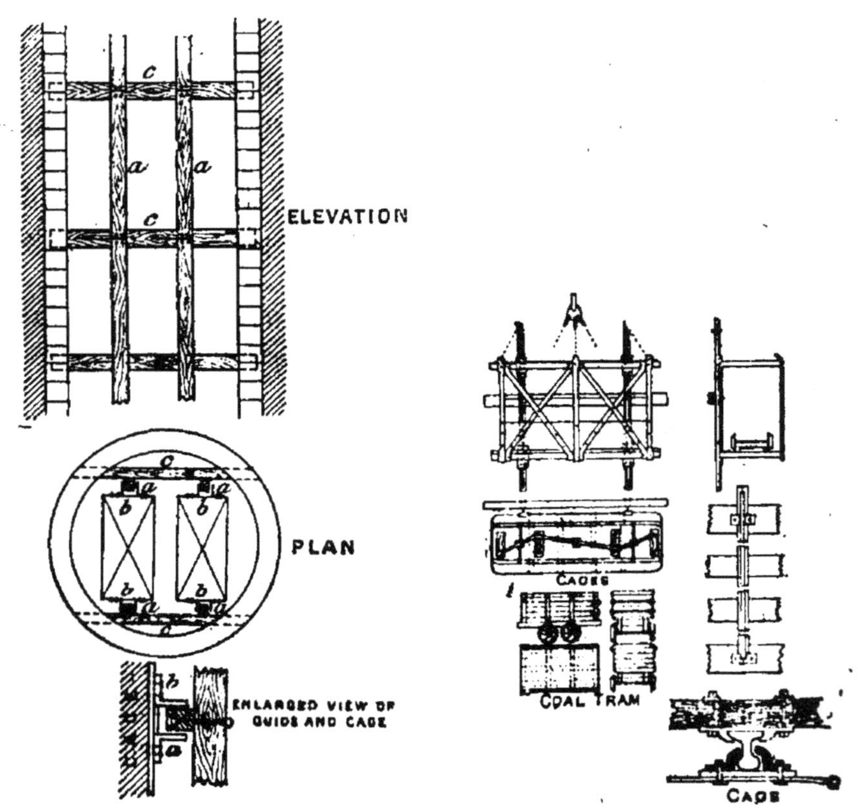

Fig. 485, 486. — Disposition des guidages.

Fig. 487. — Rails de guidage.

(sauf en cas d'eau corrosive), se prête mieux aux grandes vitesses d'extraction, mais offre moins de sécurité pour le fonctionnement des parachutes.

A la mine Harris Navigation, les rails de guidage sont en acier, pesant environ 30 kilogs au mètre, en longueur de 8 m. 10. Ces rails sont raccordés par des semelles de jonc-

tion boulonnées sur des moises spéciales, en pitchpin, de
30 × 15 centimètres. Les moises de support ordinaires sont

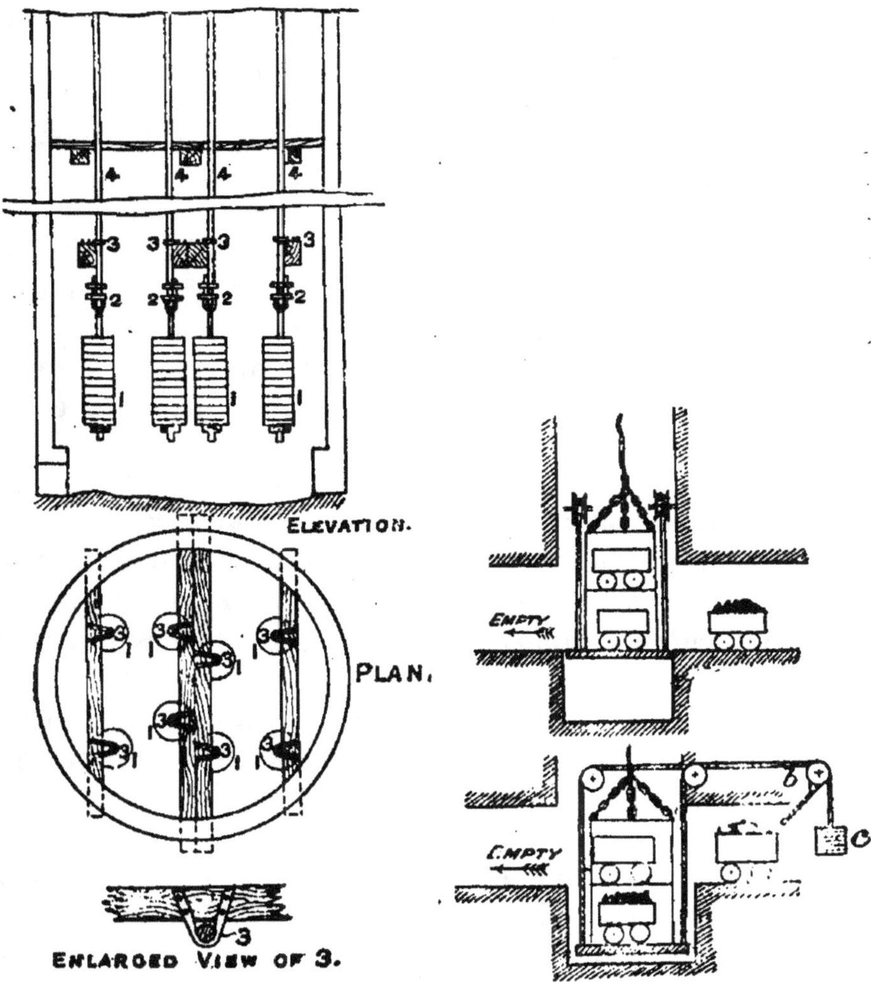

Fig. 488, 489. — Montage des contrepoids pour tension des câbles.
Fig. 490, 491. — Balance pour chargement de cages à plusieurs étages.

en pitchpin de 23 × 15 centimètres d'un côté, et 23 × 20
centimètres de l'autre, leur longueur respective étant
4 mètres et 5 m. 20; ces moises sont écartées, d'axe en axe,

de 2 m. 10. Cet ensemble constitue un guidage robuste, d'où la cage ne peut échapper qu'en cas de rupture.

Le guidage par câble est assez usité, mais il n'est pas rigide; il y a toujours un certain flottement qui doit faire écarter ce mode de guidage pour les grandes vitesses, à moins d'éloigner sensiblement les cages l'une de l'autre. Pour accroître la rigidité, les câbles-guides sont constitués par le câblage de véritables tiges de 10 à 12 millimètres, au lieu de fil fin. Une dimension courante est constituée par un câble formé d'un seul toron de 7 fils câblés, de 12 millimètres; le diamètre d'un tel câble est de 38 à 40 millimètres. La tension des câbles est assurée à la partie inférieure par des contrepoids (fig. 488) atteignant jusqu'à 5 tonnes par câble; un guidage complet est constitué, comme nous l'avons vu. de 4 câbles par cage, chaque câblé passant dans des colliers en fonte encerclant le guide (fig. 489). Entre deux jeux de cage, on tend toujours des câbles-guides pour empêcher tout contact. Le guidage par câble a l'inconvénient de ne pas éviter le ballottement de la cage, et l'on ne peut guère l'employer pour des profondeurs de plus de 900 mètres. Par contre, il est très économique d'établissement, n'exigeant pas notamment de moises à encastrer dans le puits; il n'offre qu'une résistance insignifiante à la ventilation, et le coût d'entretien est extrèmement minime.

Le guidage par rails est plus en faveur; l'usure produite par les griffes, ou mains courantes saisissant la tête du rail, a pour effet de couper le champignon au bout d'un certain temps. Pour les grandes vitesses d'extraction il est essentiel, afin d'éviter les heurts et ballottements, d'avoir une cage bien équilibrée dynamiquement, c'est-à-dire dont le câble soit bien dans le prolongement de l'axe vertical de la cage, et dont le centre de gravité soit également bien situé sur cet axe.

Réception de la cage aux recettes. — Les recettes appelées accrochages dans le puits, moulinage au jour, doivent être disposées pour permettre la plus grande rapidité de manœuvre.

Pour recevoir la cage, la stabiliser pendant ces manœu-

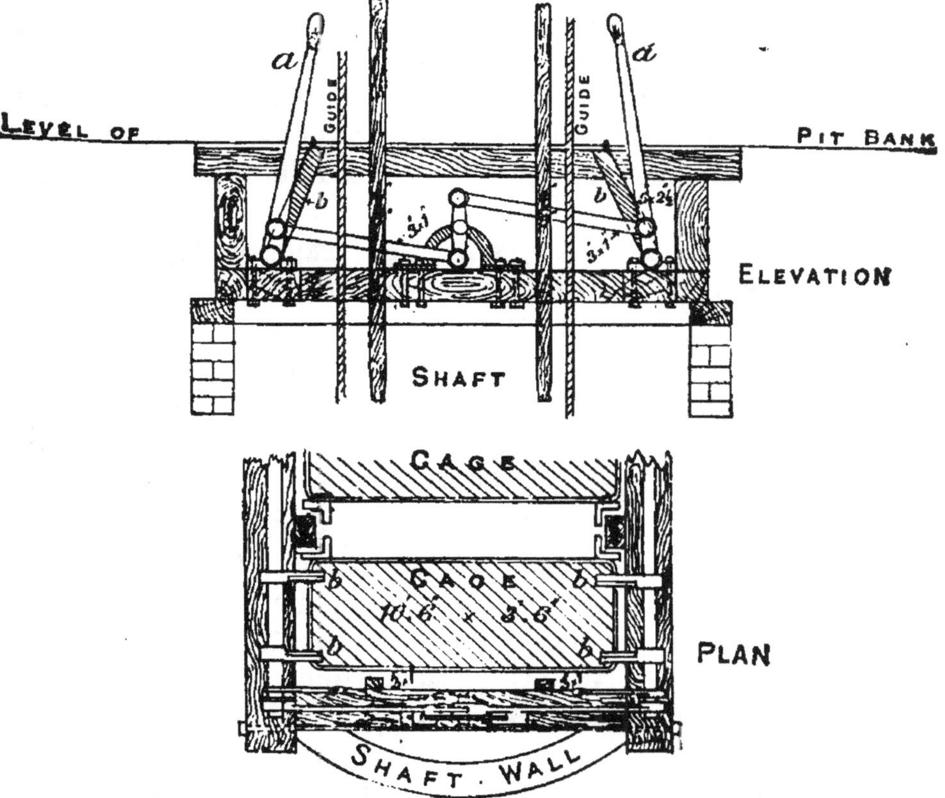

Fig. 492. — Disposition des taquets pour les cages avec recettes.

vres, on vient la faire reposer sur des taquets. Le plus généralement, ces taquets (fig. 492), sont constitués par 4 verrous *bb* par cage commandés simultanément par l'un ou l'autre des leviers *aa*, permettant d'effectuer la manœuvre d'un côté ou de l'autre de la plate-forme. Ces verrous sont disposés de manière à s'ouvrir, de façon à laisser passer la cage, puis à se refermer, le cadre de la cage venant se reposer sur eux. Ces taquets ont l'inconvénient d'exiger un soulèvement de la cage, pour permettre leur effacement, ce qui conduit à un changement de marche de la machine d'extraction, et à une perte de temps matérielle. Aussi a-t-on imaginé des taquets pouvant s'effacer sans exiger cette manœuvre : c'est le cas pour les taquets Stauss, qui fonctionnent un peu comme une came. Il y a aussi les taquets hydrauliques : le taquet s'abaisse de la hauteur d'un étage, sous le seul poids de la cage, quand on ouvre la valve du cylindre où se meut le piston hydraulique soutenant ce taquet.

Le changement et la réception des cages à étages multiples exigent, pour assurer une rapidité suffisante, des dispositions particulières. Usuellement, le chargement d'une cage à plusieurs étages devra se faire par autant d'accrochages superposés, qu'on réunit par une balance pour la manutention des berlines ; c'est une grosse complication qu'on supprime par une plate-forme ou balance à contrepoids, ou mieux encore des taquets hydrauliques.

La manœuvre de la balance se comprend aisément à la figure 490-491. La cage vient reposer sur une plate-forme équilibrée, dont le déplacement est contrôlé par un frein ; on charge d'abord l'étage inférieur, puis, en desserrant le frein, on descend la cage dont on chargera l'étage suivant, etc. La cage partie, le contrepoids fera remonter la plate-forme, dont on règlera la position toujours au moyen du frein. Ce dispositif ne peut être employé que pour le fond ; pour les accrochages intermédiaires et la recette du jour on emploie des taquets hydrauliques, qui ne sont en somme que des taquets ordinaires montés sur un piston hydraulique, dont on règle le mouvement à l'aide d'un robinet ; en vidant le cylindre, les taquets s'abaisseront, présentant les divers étages de la cage ; en remplissant le

cylindre une fois la cage partie, on remettra les taquets
dans leur position primitive de réception.

Il existe des variantes basées sur le même principe. La
figure 493 montre une recette hydraulique Fowler; ici la
cage est fixe, et la réception se fait simultanément aux

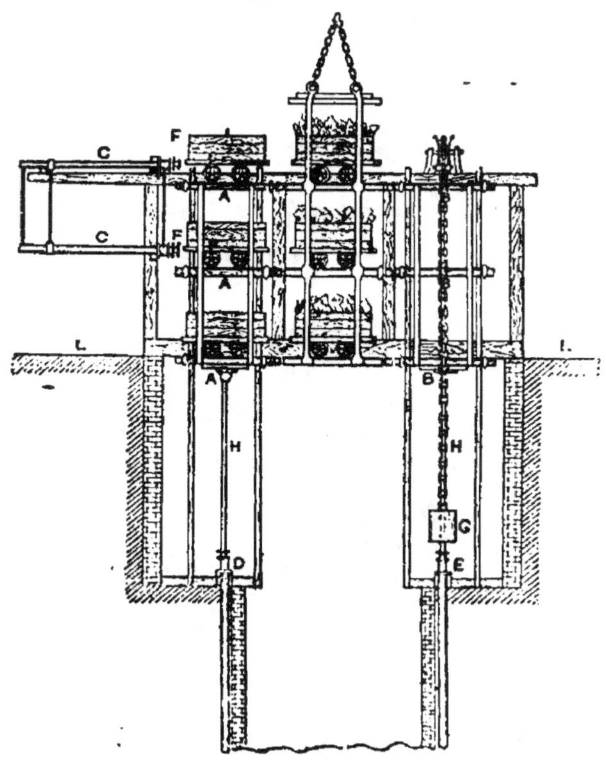

Fig. 493. — Recette hydraulique Fowler.

trois étages; une fois la cage partie, le piston hydraulique H
s'abaisse, en vidant le cylindre D, de façon à présenter successivement les trois étages, en face du terrain L. Par ce
procédé, les manœuvres se font en quelque sorte durant le
voyage de la cage, et l'on atteint ainsi le maximum de rapidité.

On a également employé les recettes à étages multiples;

la figure 494 représente une exploitation où la cage est à
quatre étages, et la recette du jour et celle du fond sont à
deux étages.

Dans le but d'augmenter également la rapidité de
manœuvre, on facilite quelquefois l'encagement et le décagement des berlines en faisant l'un des côtés de la recette
un peu plus élevé que l'autre, et donnant au fond de la cage

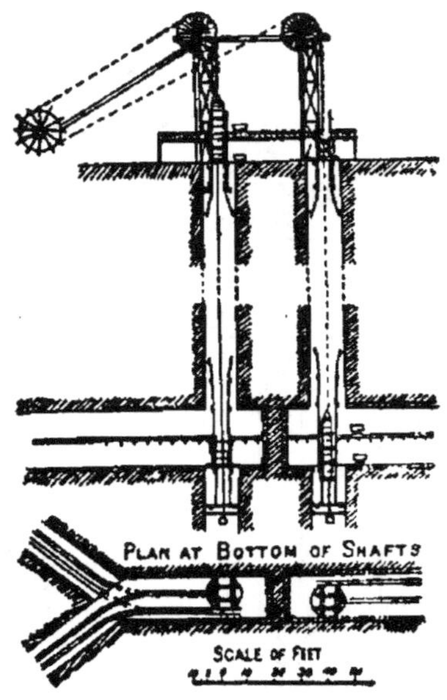

Fig. 494. — Recettes à étages multiples.

ou du palier une inclinaison correspondant à cette différence de niveau (environ 12 à 15 millimètres par mètre). Le
roulage des wagonnets est ainsi presque automatique ; par
contre on devra veiller à avoir sur la cage des taquets de
retenue des chariots particulièrement robustes. Une autre
disposition consiste à faire déborder les rails d'un côté de
la cage, de façon à introduire au-dessous une pièce de bois
qui les soulèvera quand la cage viendra à taquets. Cette
disposition est très pratique et peut être utilement combinée avec les taquets à effacement, de façon à produire un

véritable décagement automatique. Notons que, ailleurs qu'en Angleterre, les recettes sont toujours normalement couvertes dans leur entier.

Extraction des bennes d'eau. — Nous avons parlé de l'épuisement par caisse à eau, qui est justifié dans certains cas. Il est utile, en pareil cas, d'avoir un type de benne se remplissant et se vidant le plus rapidement possible. Les figures 495, 496, 497 donnent un bon type de caisse à eau, capable de

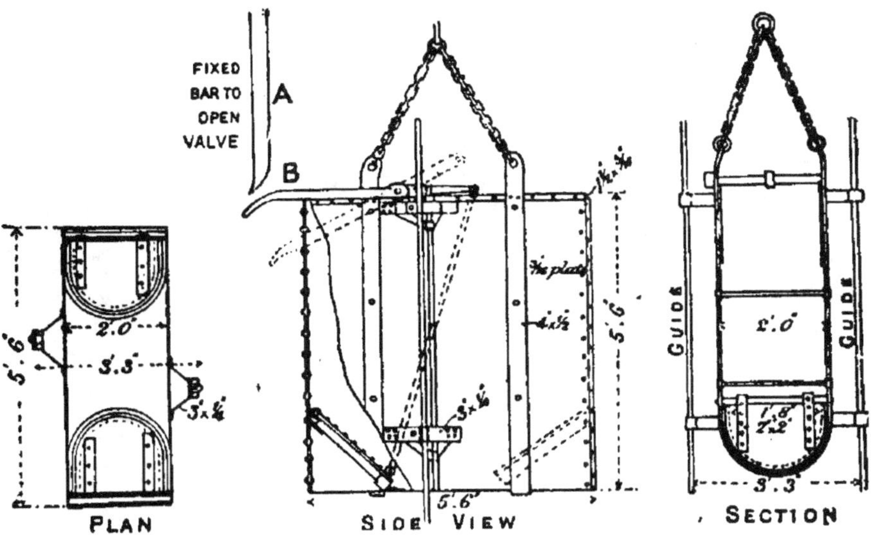

Fig. 495 à 497. — Caisse à eau à vidange automatique.

contenir, remplie jusqu'à 15 centimètres du bord, environ 1.350 litres. Il serait inutile d'avoir une caisse de grande dimension sans valves de grande surface permettant l'emplissage rapide ; sur la figure ces valves sont au nombre de deux, qui s'ouvrent d'elles-mêmes lorsque la benne rencontre l'eau ; l'ouverture automatique pour la vidange se fait lorsque le levier B vient rencontrer un heurtoir fixe A. Cette benne se remplit et se vide en quelques secondes ; employée dans un puits de profondeur = 450 mètres, elle peut être plongée, extraite et vidée dans un temps total de 80 secondes ; si l'on emploie un treuil d'extraction ordinaire, à deux câbles et deux bennes par conséquent, le débit d'épuisement est ainsi de 1.800 à 2.250 litres par minute. Avec une caisse de plus grande capacité et une machine d'extraction puissante, on peut atteindre un débit de 4.500 litres à la minute.

Nous avons parlé, lors du fonçage, de l'épuisement par bennes. M. Galloway a employé l'ingénieux dispositif qui suit pour remplir une caisse à eau sans la plonger entièrement dans le niveau de l'eau. A cet effet la benne, hermé-

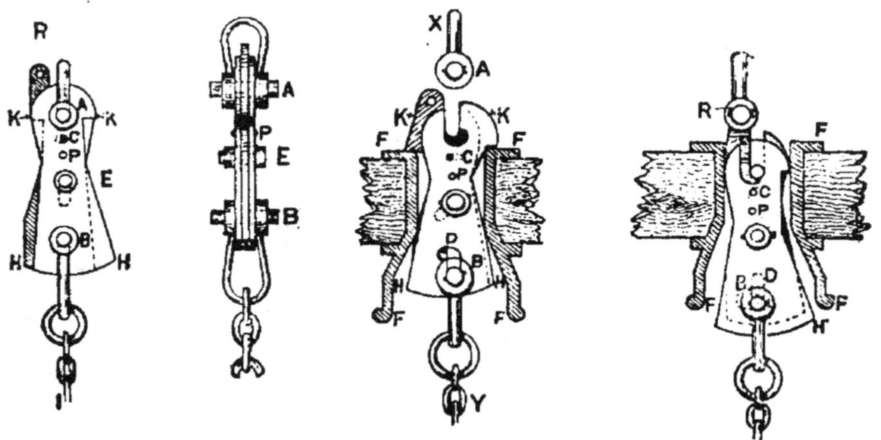

Fig. 498 à 501. — Déclic d'attelage Ormerod.

tique, baigne dans l'eau, qui peut pénétrer par une soupape s'ouvrant du dedans; la benne est alors connectée avec un réservoir dans lequel est maintenu un certain degré de vide; l'eau est aspirée, et remplit la benne. Le réservoir à vide était une vieille chaudière sur laquelle travaillait continuellement une petite pompe à air installée à la surface.

Dans le but d'éviter que la cage « aille aux molettes », différents moyens ont été mis en œuvre : les uns déclanchent la cage ou la bloquent; les autres agissent en arrêtant la machine d'extraction.

Évite-molettes à déclic d'attelage. — Les figures

498 à 502 montrent le déclic d'attelage Ormerod ; le câble est attaché à la boucle X, et la chaîne Y supporte la cage ; le heurtoir F, annulaire, est placé au-dessous de la molette, sur une poutre robuste. En temps normal, le crochet se présente sous la forme de la figure de gauche ; si la cage va à molettes, la saillie K pénètre bien dans le heurtoir annulaire, mais non la saillie inférieure H, qui, en s'effaçant, fait saillir l'épaulement K ; ce mouvement libère la boucle

Fig. 502. — Manchon du déclic Ormerod.

d'attelage X, tandis que la cage reste suspendue au heurtoir comme l'indique le croquis.

Le déclic King est donné en 503 à 507 ; il est constitué par l'assemblage de 4 plaques. L'engin est en fonctionnement normal dans les positions 3 et 4 ; lorsque la cage dépasse la cote voulue, les saillies C C, rencontrant un heurtoir, s'effacent en provoquant l'ouverture des épaulements D D ; ce mouvement, comme dans le cas précédent, libère l'attache du câble, et la cage reste suspendue aux arrêts D D ; le poids de la cage, suspendu à l'axe L, maintient écartés les deux épaulements.

L'un ou l'autre de ces déclics d'attelage sont très répandus dans les charbonnages anglais, et ils n'ont jamais occasionné d'accidents, sauf en cas de rupture ; si le dépassement de la cage est violent, il arrive en effet, en dépit d'une

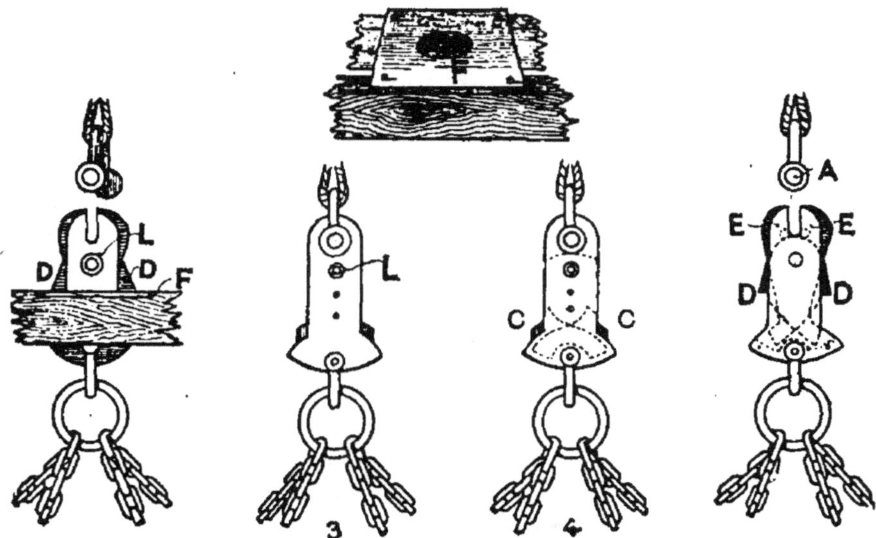

Fig. 503 à 507. — Déclic King.

construction robuste, que le déclic est endommagé au contact du heurtoir.

Les fig. 508 à 511 montrent le déclic de West ; il diffère

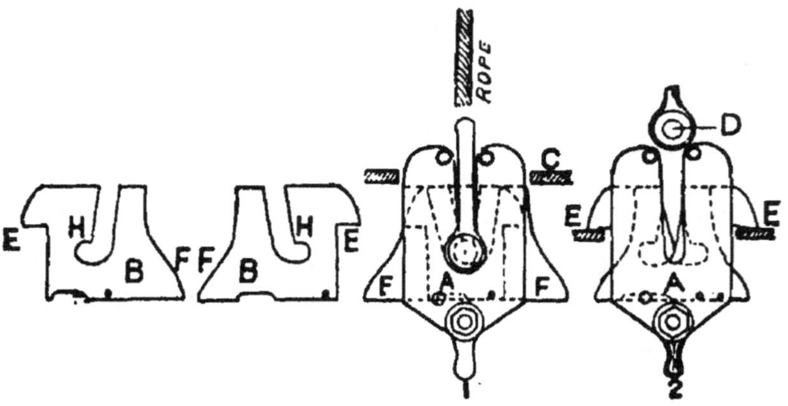

Fig. 508 à 511. — Déclic West.

des précédents en ce sens que l'on y utilise un phénomène

de glissement, au lieu d'une rotation autour d'un axe. Il est constitué d'une carcasse A, à l'intérieur de laquelle sont placées les pièces de glissement B B ; l'attelage est en fonctionnement normal dans la première position. Lorsqu'il pénètre dans le heurtoir, les deux saillies F F sont forcées de se rapprocher, libérant l'attache de câble, alors que les nez E E apparaissent, et servent à retenir la cage (position 2).

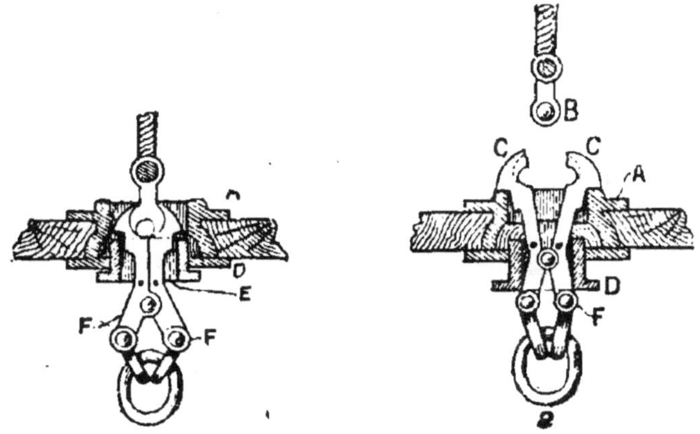

Fig. 512 à 514. — Déclic Walker.

Ce déclic est également considéré comme excellent, et est employé en beaucoup d'endroits.

Le déclic Walker (fig. 512 à 514) est basé sur un principe tout différent, bien qu'il fonctionne également à l'aide d'un heurtoir. Il est constitué par une paire de tenailles C C, enserrant l'attache de câble B ; ces tenailles sont tenues fermées normalement (situation 1) par le collier D, muni d'un rebord annulaire. Lorsque ce rebord vient buter au heurtoir, le poids de la cage, suspendu à l'autre extrémité des tenailles, force celles-ci à s'ouvrir, libérant de la sorte l'attache de câble (position 2). Ce déclic est le plus léger de tous ceux qui ont été imaginés ; toutefois il est moins usité que les précédents, car on lui a attribué, à tort ou à raison, l'origine de plusieurs accidents ; il est pourtant adopté par

beaucóup d'ingénieurs de préférence à tout autre. On recourt
aussi, pour éviter la mise aux molettes, à une diminution
progressive de la distance des guides ; si bien que la cage
est coincée et empêchée de monter davantage, au cas d'inat-
tention du mécanicien. Cela à l'inconvénient de pouvoir
amener la rupture du câble, et chute de la cage (des taquets
automatiques doivent prévenir sa chute). A citer l'évite-

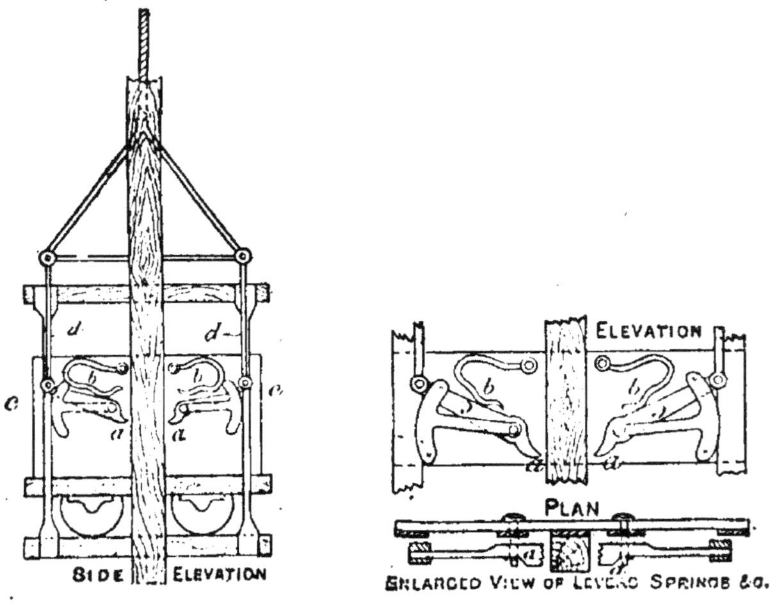

Fig. 515 à 517. — Dispositif de la cage de sûreté Owen.

molettes Reumaux, où un levier commandé par le passage
de la cage coupe l'admission à la machine et met un frein
en action ; ou bien une série de dispositifs électriques : un
contact est ménagé qui ferme un circuit, donne la contre-va-
peur, agit sur le frein. On dispose aussi des régulateurs à
boules pouvant établir un contact, fermer un circuit, arrêter
l'admission, serrer le frein, si la vitesse dépasse un certain
chiffre. (Se reporter au chap. xviii.)

Parachutes. — En Angleterre on emploie beaucoup les

évite-molettes à déclic d'attelage, alors que, sur le continent, on donne la préférence aux modérateurs freinant le treuil ; par contre l'usage des parachutes est rare en Angleterre, alors qu'il est très répandu sur le continent.

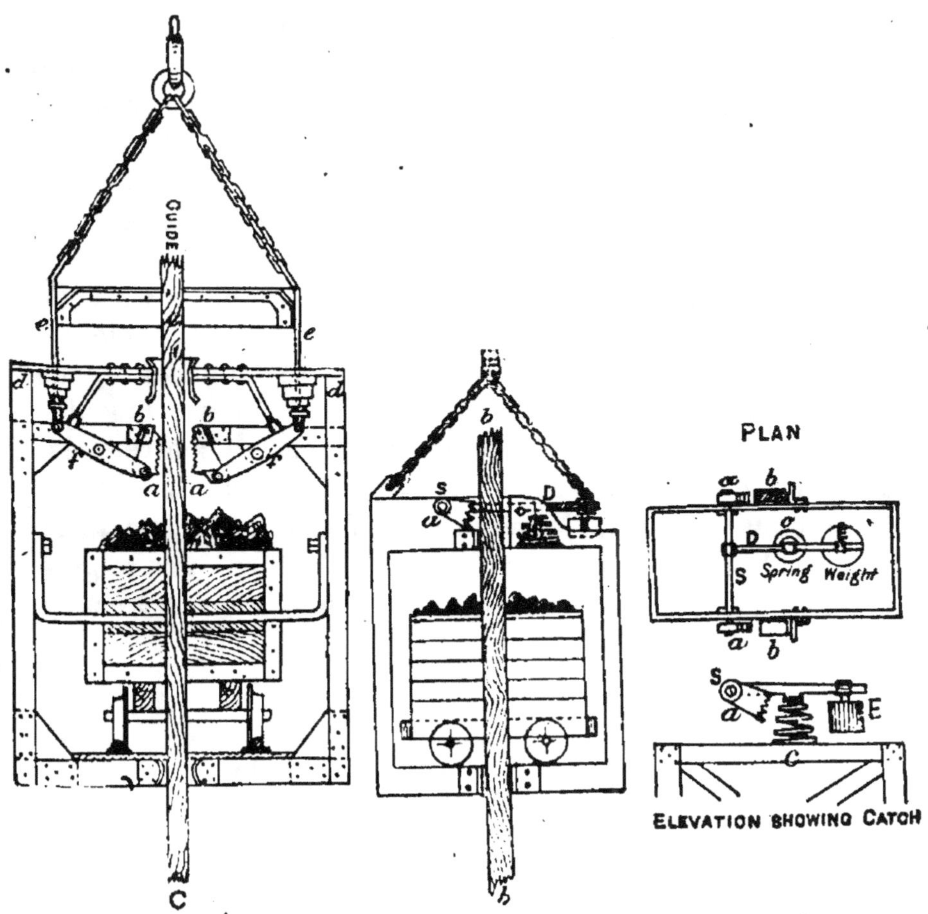

Fig. 518. — Système de sûreté du Hasard.

Fig. 519 à 521. — Dispositif de sécurité Calow.

Les figures 515 à 517 montrent la cage de sûreté Owen, avec parachute dans guidages en bois ; la figure fait aisément comprendre le mode de fonctionnement ; les griffes *a a* ont tendance à être arc-boutées par les ressorts *b b* ; nor-

malement ces ressorts sont contre-balancés par les leviers
c c, reliés à l'attelage du câble ; en cas de rupture du câble,
les ressorts, n'étant plus bandés, se détendent et viennent
ancrer les griffes dans le guidage. La figure 518 indique un
autre dispositif parmi la multitude de systèmes qui ont été
proposés. Il est encore pour guidage en bois ; les griffes *a a*
sont articulées à l'extrémité du fer *b* ; un levier qui pivote
en *f* est articulé à la griffe par un bout, et à un ressort *d* par
l'autre ; ce ressort est normalement bandé par l'attelage *e* ;
en cas de rupture du câble, le ressort se détend en faisant
osciller le levier, qui vient enfoncer la partie *a* de la griffe
dans le guidage. Les figures 519 à 521 donnent encore un
autre type de parachute à griffe pour guidage en bois,
comme les précédents ; le principe en est des plus ingénieux ;
la griffe *a* est solidaire d'un axe S, portant un levier D, sur
lequel un ressort *c* agit de façon à faire pénétrer la griffe
dans le guidage. Ce ressort est équilibré par un contrepoids
E qui, lorsque la cage est tenue, agit, alors que son action
devient nulle, lorsque la cage est en chute libre ; le ressort
est alors libre d'agir, et vient ancrer les griffes dans le guidage. Ce parachute de Calow est employé dans beaucoup
de charbonnages.

CHAPITRE XX

ÉPUISEMENT ; MACHINES D'EXHAURE ; TRANS-MISSION HYDRAULIQUE, PNEUMATIQUE, ÉLECTRIQUE.

Nulle machinerie n'est plus essentielle au mineur que la machinerie d'épuisement ; en fait la vapeur, et les premières machines à vapeur qui sont, comme l'on sait, d'origine anglaise, ont été étudiées et créées pour l'épuisement des eaux dans les mines. La machine de Savery, qui avait été surnommée « l'amie du mineur », fonctionnait assez exactement sur le même principe que les modernes pulsomètres ; elle était constituée par un cylindre dans lequel on admettait de la vapeur : en se condensant, elle créait un vide, aspirant ainsi l'eau dans le cylindre ; si l'on admettait de nouveau de la vapeur, cette eau était alors refoulée, la pompe ne pouvant guère aspirer l'eau au-dessous de 6 mètres ni la refouler au-dessus de 6 autres mètres, étant donnée la faible pression de vapeur qu'on employait. L'idée originale était de placer dans le puits une série de machines semblables, étagées exactement à la façon des pulsomètres dont nous avons déjà parlé.

Machine de Newcomen. — Avec la machine de Newcomen, on arrivait à la conception de la machine moderne, le système bielle et manivelle étant compliqué d'un balancier. Il y a encore une quinzaine d'années, on pouvait

voir en fonctionnement de ces vieilles machines à balancier, ·
perfectionnées par Smeaton. Le cylindre à vapeur, vertical
est à simple effet, ouvert à l'extrémité supérieure ; c'est là
le type dit des machines atmosphériques, la force motrice
étant fournie par la pression atmosphérique agissant sur le
piston, lorsque la vapeur au-dessous de celui-ci s'est condensée. Un balancier, terminé par un segment en arc de
cercle et une chaîne, transmettait le mouvement à la tige de
pompe ; le mouvement du piston était reçu de même.

Un autre progrès fut ensuite réalisé par Watt et Boulton,
qui créèrent la machine classique. Le cylindre est à double
effet, et à 4 soupapes ; le condenseur est séparé. Cette machine, toujours à cylindre vertical, fut employée à commander l'attirail des machines d'épuisement soit directement par balancier, soit indirectement au moyen de bielles
en bois.

Machine de Cornouailles. — Le type classique de la
machine de Cornouailles, encore en usage aujourd'hui, est
basé sur les grandes lignes de la machine de Watt ; elle est
constituée par un cylindre fermé, à simple effet, et seulement
3 soupapes : soupape d'admission, soupape d'équilibre, et
soupape d'échappement. Les soupapes sont successivement
ouvertes dans cet ordre par un mécanisme appelé cataracte ;
la course de piston ascendante est motrice dans les machines à action directe, c'est-à-dire placées directement au-
dessus du puits. Dans les machines à balancier, c'est au
contraire la course descendante ; dans les deux cas l'action
de la vapeur est de soulever tout l'attirail de la pompe, le
poids de la maîtresse tige et de cet attirail étant suffisant
pour refouler l'eau des corps de pompe. Le fonctionnement
des soupapes est le suivant : la soupape d'admission est
d'abord ouverte, le piston étant chassé sur une partie de
sa course jusqu'à ce que soit ouverte la soupape d'équilibre, qui met en communication les deux faces du piston,

et produit effet modérateur. Ensuite, la soupape d'échappement s'ouvre, et la vapeur se dirige sur le condenseur. Le but de la soupape d'équilibre est à la fois de produire un freinage, qui atténue les effets dynamiques dus à l'inertie des pièces très lourdes en mouvement, et ensuite d'enfermer un matelas de vapeur qui produit le même effet

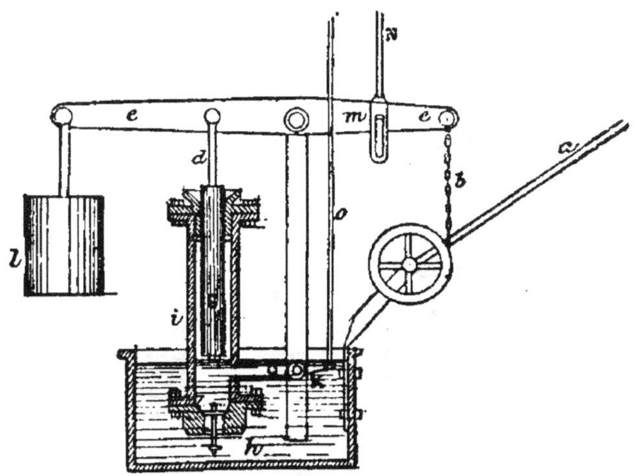

Fig 522. — Mécanisme d'une cataracte.

retardateur à l'autre extrémité de la course, et se détendra à la course suivante, facilitant le démarrage de soulèvement.

Le mécanisme de la cataracte est représenté fig. 522; un piston hydraulique G est soulevé par le balancier *e* auquel le mouvement est donné par une tige; en se soulevant, ce piston aspiré de *h* l'eau, qui s'échappera en K lorsque le piston redescendra par l'effet du contre poids *l*; l'ouverture de K réglera la vitesse de chute du piston, qui pourra ainsi accomplir à volonté sa course en une seconde ou en une minute. Avant d'atteindre le fond de cette course, la cheville *m*, solidaire du balancier, soulèvera une tige N, qui provoquera la chute d'un poids déterminant l'ouverture de la soupape. En réglant par la tige *o* l'orifice K, on réglera le moment de l'ouverture de la soupape.

Les machines de Cornouailles ont toujours un cylindre de vaste dimension : diamètre de 1 mètre à 2 m. 80 ; course de 2 m. 4 à 3 m. 60. La pression de vapeur employée varie entre 1 kil. 40 à 4 kil. 20 par centimètre carré, et le nombre de coups à la minute entre 4 et 8 ; 6 coups constituent une bonne vitesse moyenne pour une machine de 3 mètres de course, ce qui correspond à une vitesse de piston de

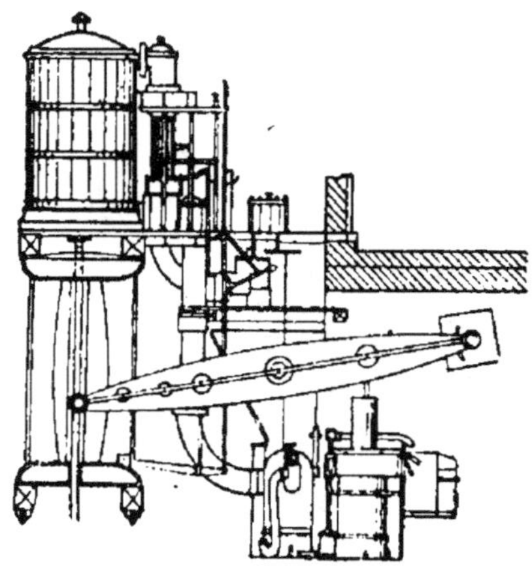

Fig. 523. — Machine Bull.

36 mètres à la minute ; ces grands volumes de cylindre se prêtent bien à l'application de la détente, qui est généralement comprise entre 1/3 et 2/3 de la course.

La machine Cornouailles classique est à balancier ; la machine à action directe s'appelle machine Bull.

Machine d'épuisement Bull. — La machine Bull, comme l'indique la figure 523, a son cylindre placé au-dessus du puits, la tige de piston étant directement accouplée à la maîtresse tige.

Il est nécessaire, pour diminuer l'inertie, d'équilibrer en partie le poids de l'attirail, afin de faciliter le mouvement ;

on y arrive au moyen d'un balancier d'équilibre relié comme
l'indique la figure à la tige du piston par une extrémité, et
portant un contrepoids à l'autre ; c'est de ce balancier que
sont actionnés la cataracte, les pompes à air, à eau, etc. La
machine à action directe est préférée par bien des ingénieurs ;

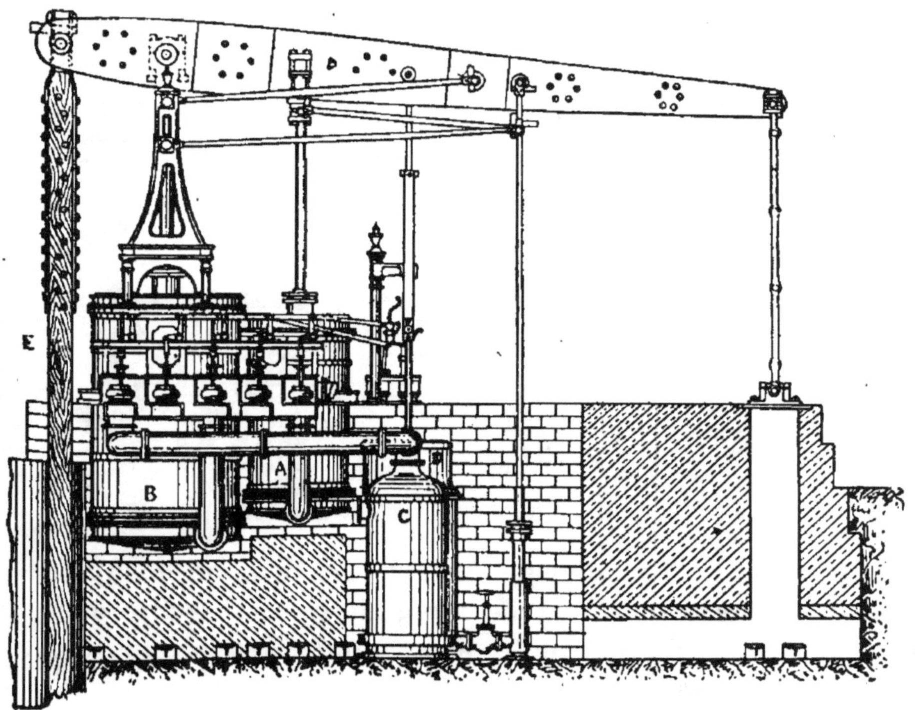

Fig. 524. — Machine Barclay.

mais elle encombre, beaucoup plus encore que la machine à
balancier, l'ouverture du puits.

La machine de Barclay (fig. 524) est encore une variante
de machines d'épuisement verticales. Elle est à balancier ;
l'action motrice du piston s'exerçant entre le centre de pivotement et la hache de la maîtresse-tige. On arrive ainsi à
obtenir une proportion voulue entre la course des tiges de
pompe et la course du piston.

Machines d'épuisement horizontales. — On emploie assez fréquemment des machines horizontales pour la commande de l'attirail (fig. 525). En ce cas, un système de bielles intermédiaires donne le mouvement à des balanciers placés à l'orifice du puits ; cette disposition est commode lorsqu'il s'agit de commander un nombre plus ou moins élevé de tiges de pompe individuelles, au lieu d'une maîtresse tige. Le moteur peut être du type Cornouailles ou du type ordinaire, double effet avec volant ; le volant a pour effet de régulariser le mouvement et la valeur de la course, empê-

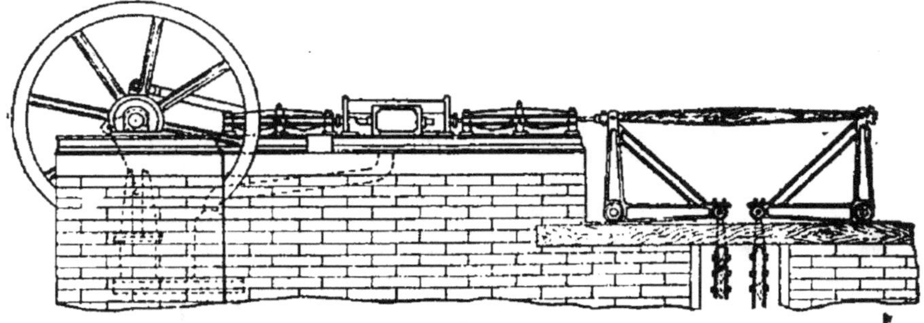

Fig. 525. — Machine d'épuisement horizontale.

chant par suite le moteur de cogner. Or, dans beaucoup de cas, on recherche la marche irrégulière, c'est-à-dire avec temps d'arrêt à fin de course, pour adoucir les à-coups dus à l'inertie ; aussi bien des ingénieurs préfèrent-ils la machine sans volant.

Machines Compound. — L'économie de vapeur dépend, comme l'on sait, de la valeur de la détente. On arrive à obtenir, en partant de hautes pressions, un rapport d'expansion $= 20$ entre le volume primitif de la vapeur et son volume à l'échappement ; ce rapport est encore augmenté, si l'on emploie la condensation. Toutefois cette grande valeur de la détente ne peut être obtenue dans un seul cylindre, pour raisons de constructions et de résistance ; aussi emploie-t-on plusieurs cylindres, deux le plus généra-

lement : on a ainsi les machines Compound. Pour les machines verticales, on place les deux cylindres côte à côte,
comme dans la figure 524 ; dans les machines horizontales, on les place quelquefois à la suite : c'est le type dit
tandem-compound.

Attirail dans le puits. — La raison pour laquelle on
emploie pour la pompe travaillante un piston à clapet au
lieu du piston plongeur des pompes foulantes supérieures,
est que, pour celles-ci, il est difficile de nettoyer ou réparer
pistons et clapets lorsqu'elles sont noyées ; alors qu'en
pareil cas, on peut atteindre facilement ces organes dans la
pompe soulevante en retirant les tiges.

Les tiges des pompes doivent être guidées dans le puits,
tant pour éviter les fouettements, que les accidents graves
pouvant provenir de la rupture d'une tige.

Le bon fonctionnement d'une machine de Cornouailles
dépend de son bon équilibrage ; c'est la différence de poids
entre la maîtresse-tige et la colonne d'eau à refouler qui
produit l'exhaure de celle-ci ; cette différence en faveur de
la tige est en général trop grande, et il faut l'équilibrer au
moyen des balanciers dont nous avons parlé ; la valeur du
contrepoids doit être variable à volonté. Plus le contrepoids sera léger, plus vite la machine pourra fonctionner.
Dans les mines très profondes, un seul balancier d'équilibre,
celui que l'on place à l'orifice, est insuffisant; on ajoute
alors, dans des chambres latérales, des contrepoids élémentaires articulés à la tige (fig. 526). Cette disposition a
encore l'avantage de réduire la tension que doit supporter
la tige dans le voisinage de l'orifice du puits, lorsqu'on emploie un seul balancier. Dans les puits inclinés (comme
dans les exploitations métallifères) on peut encore appliquer
la machine d'épuisement ; mais alors les tiges et l'attirail
reposent sur des rouleaux ou galets, au lieu d'être suspendus.

Clapets de pompes. — Il en existe de bien des modèles différents, dont le plus classique est la valve papillon décrite à propos des pompes de fonçage. Parfois la valve, au lieu d'être pivotée au centre, est pivotée sur le côté de la chapelle ou chambre à clapets ; assez souvent on la construit de façon à permettre une levée totale du clapet sur son siège, l'axe de pivotement se soulevant et s'abaissant verti-

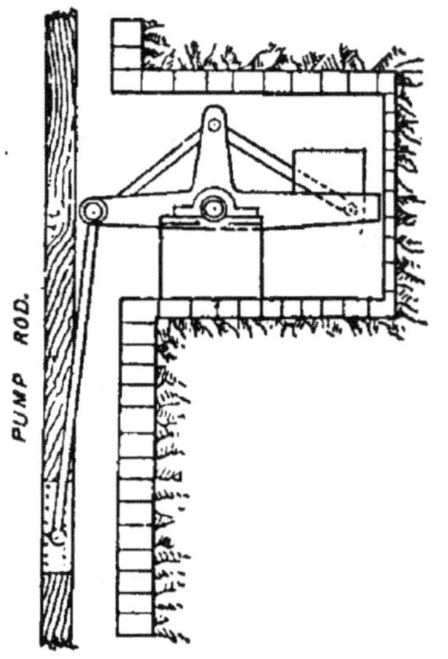

Fig. 526. — Balancier secondaire d'équilibrage.

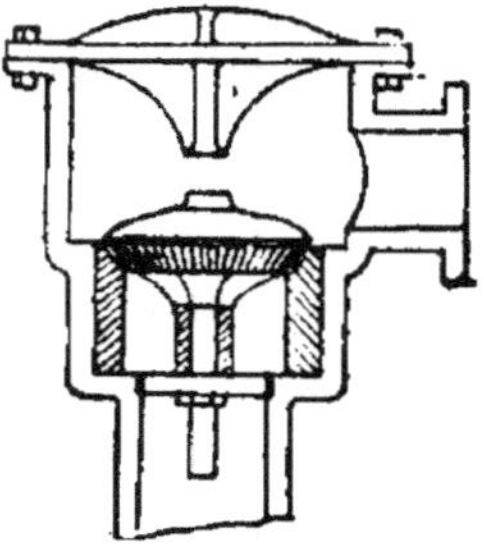

Fig. 527. — Valve champignon.

calement dans un chemin ménagé à cet effet. Au lieu du papillon, la valve champignon (fig. 527) est quelquefois employée. C'est une pièce circulaire en fonte ou laiton, munie d'une tige ou queue qui remplit l'office de guidage pour la levée de la soupape. Pour éviter le choc nuisible des soupapes de grande ouverture, on emploie le type de soupape annulaire des figures 528-529, à siège de gutta-percha. Il y a deux sièges superposés venus de fonte en une seule pièce, et garnis de caoutchouc ou gutta, pour amortir le choc et assurer l'étanchéité. Les deux figures montrent respectivement la soupape fermée et ouverte ; dans ce dernier cas, on voit que l'eau se fraye un double passage, ce qui permet, pour un même débit, d'adopter une levée moindre, et par conséquent un choc moins brutal. La pression d'eau s'exerçant sur la soupape proprement dite est d'ailleurs plus

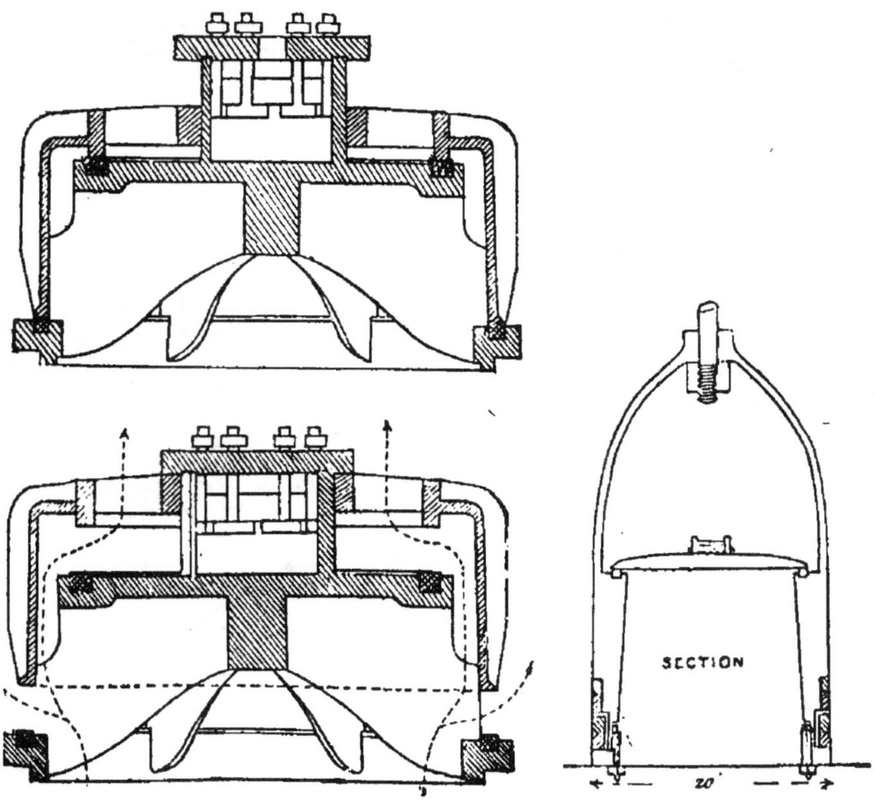

Fig. 528, 529. — Soupape annulaire à siège en gutta-percha dans ses deux positions.

Fig. 530. — Clapet en acier pour refoulement

faible, étant simplement représentée par le poids d'une couronne d'eau ayant comme diamètre moyen la moyenne des diamètres des deux sièges, et comme largeur la différence entre le diamètre intérieur du siège supérieur et le diamètre extérieur du siège inférieur. Or cette différence

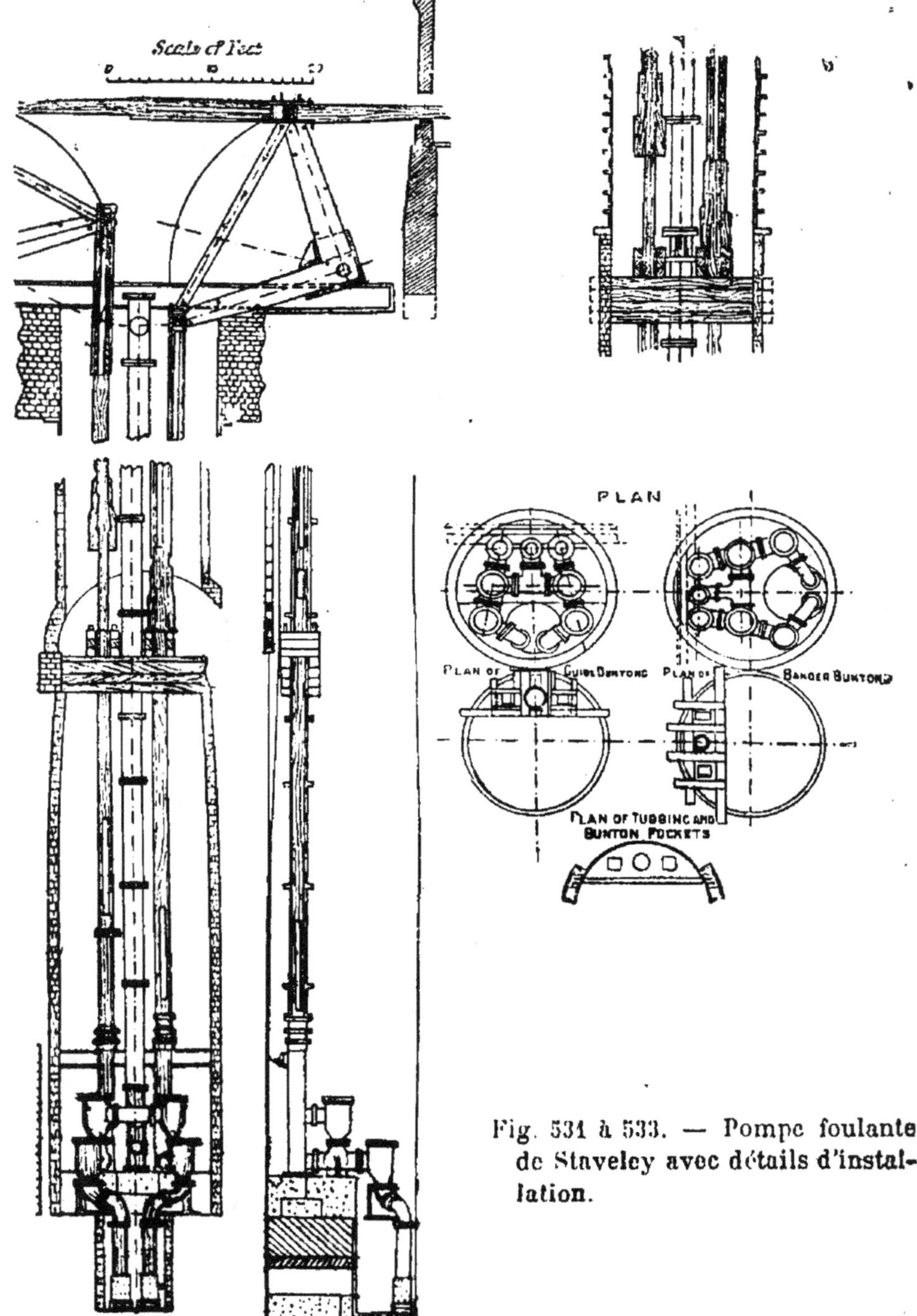

Fig. 531 à 533. — Pompe foulante de Staveley avec détails d'installation.

est rarement supérieure à 25 ou 30 millimètres. Toutefois, métal sur métal, ce type de soupape ne donne pas toujours entière satisfaction ; et il est préférable d'assurer le joint métal sur caoutchouc, par adjonction comme indiqué sur la figure, d'une bague de cette matière.

Grandes hauteurs de refoulement. — Depuis quelques années, il est devenu courant d'adopter de grandes

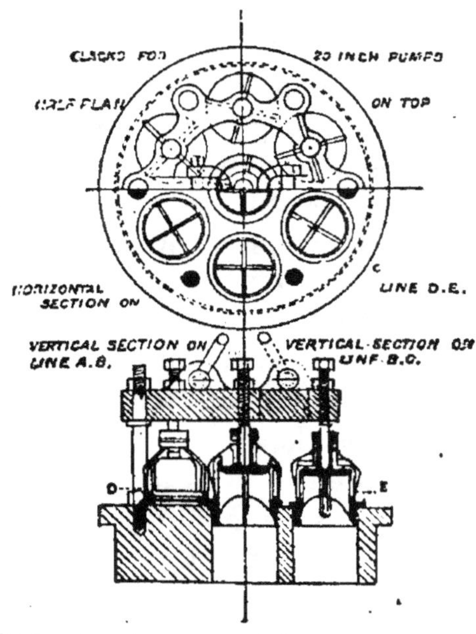

Fig. 534. — Série de valves annulaires pour grande profondeur.

hauteurs de refoulement par pompe, 100 mètres et plus par exemple ; plus grande est d'ailleurs la profondeur à atteindre, plus l'usure des clapets est grande. La figure 530 donne un modèle de clapet en acier pour refoulement de 90 mètres ; le diamètre est de 50 centimètres ; la paroi extérieure a une garniture en laiton tendre, pour adoucir les frottements contre le corps de pompe ; la soupape proprement dite, à la partie supérieure, est également en acier ; elle est à levée totale, sans pivotement, elle bat sur un anneau en caoutchouc ou gutta visible sur le croquis. Ceci est le modèle de piston creux à clapet pour pompe soulevante ou travaillante ; avec les pompes foulantes, on peut refouler à hauteur illimitée.

Aux houillères de Staveley est installée une pompe foulante de fond, remontant d'un seul jet l'eau à 220 mètres. Cette installation (fig. 531 à 533) comprend une machine Compound horizontale, sans volant, commandant par bielles un attirail constitué par deux balanciers en triangle rectangle ; chaque balancier manœuvre une tige carrée en pin de 0 m. 40 de côté. Les corps de pompe ont 0 m. 050 de diamètre ; ils refoulent tous deux dans une colonne unique de 0 m. 46 de diamètre. Comme à une telle profondeur la pression exercée sur les clapets est considérable, au lieu d'une valve unique, on emploie une série de 7 valves annulaires à double siège, dont la figure 534 montre la disposition. De cette façon on peut réduire la pression unitaire supportée par les sièges, augmenter la section de débit, et, par suite, réduire la levée des clapets.

Pompes souterraines. — Les machines d'épuisement sont encombrantes ; elles immobilisent un puits à elles seules ; les réparations sont peu aisées, etc... Aujourd'hui on préfère effectuer l'exhaure par pompes souterraines ; la pompe est placée un peu au-dessus du bougnon où elle aspire, — afin d'éviter d'être noyée en cas de venue d'eau un peu considérable — et refoule dans une colonne placée dans le puits.

On a toujours marqué une certaine hésitation à employer la pompe souterraine, tant pour la difficulté qu'occasionne le transport de la vapeur à cette distance, que par suite de la crainte de ne pouvoir marcher en cas d'inondation, cas où l'on aurait le plus besoin de la pompe. Aussi au début les pompes souterraines n'ont guère été usitées que comme appoint à une machine d'épuisement ordinaire, ou lorsque le treuil d'extraction était aménagé pour permettre un épuisement de secours, par caisses à eau. Aujourd'hui la pompe électrique et la pompe à transmission hydraulique répondent chacune à l'une des objections formulées plus haut.

Il existe une grande variété de pompes souterraines à

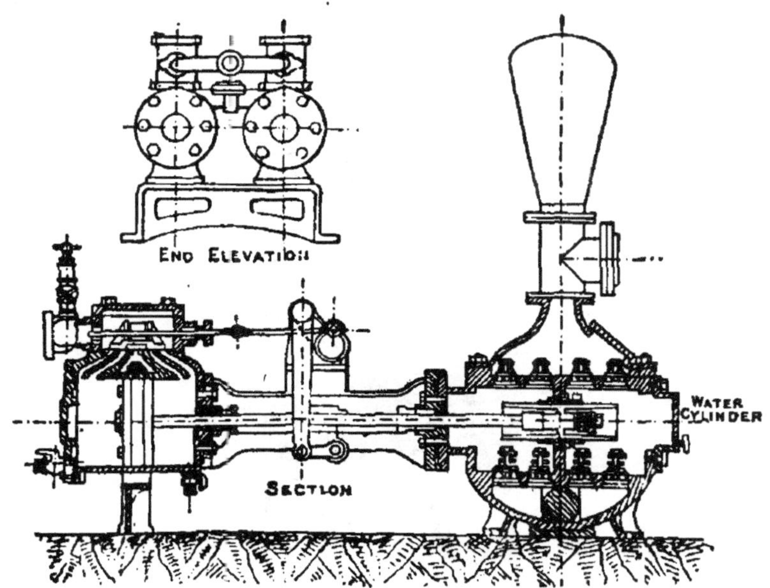

Fig. 535, 536. — Pompe duplex Worthington.

vapeur, avec ou sans volant. Les figures 535-536 donnent une pompe duplex Worthington, à action directe. Les pompes souterraines ont été souvent commandées par air comprimé; toutefois, à cause des fortes puissances, le froid produit par la détente est très important, et les valves d'échappement se recouvrent de glace, ce qui occasionne des troubles auxquels on remédie en adoucissant les arêtes pour que la glace ne puisse faire prise, ou en chauffant la valve par un moyen quelconque. Plus économique et plus pratique est l'emploi du réchauffeur d'air; mais il a l'inconvénient d'exiger un foyer, dont la présence peut être dangereuse. On apporte parfois du métal chaud au contact des valves.

La transmission hydraulique est une excellente solution, car la pompe peut travailler même noyée ; une machine à la surface envoie l'eau sous pression à la pompe d'exhaure.

Quelquefois on emploie une combinaison mixte (fig. 537) :

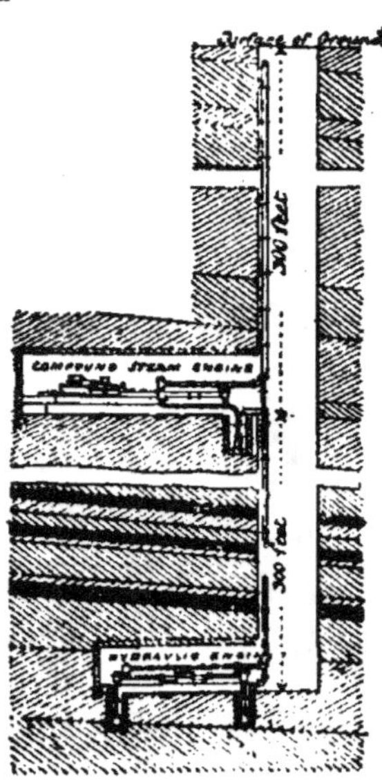

Fig. 537. — Combinaison d'une pompe à vapeur
et d'une pompe hydraulique.

une pompe à vapeur est installée dans le puits entre 50 et 100 mètres au-dessus du fond, et est alimentée par l'eau que lui envoie une pompe hydraulique placée au fond, et qui fonctionne à l'aide de la pression d'eau dans la colonne de refoulement de la première pompe. Enfin, les dernières en date sont les pompes électriques, qui se répandent-très rapidement, et ont contribué à la mise au point des pompes centrifuges à grande hauteur de refoulement : celles-ci ont aujourd'hui la faveur de beaucoup d'ingénieurs. Parfois, comme pompes proprement dites, on en emploie tournant à très grande vitesse comme les de Laval ; on recourt aussi aux pompes multicellulaires, série de pompes centrifuges montées sur le même axe ; rien de plus simple que d'accoupler directement une pompe centrifuge sur un moteur électrique.

Un bel exemple d'installation d'épuisement souterraine est celui des mines Klausthal, que montrent les figures 538

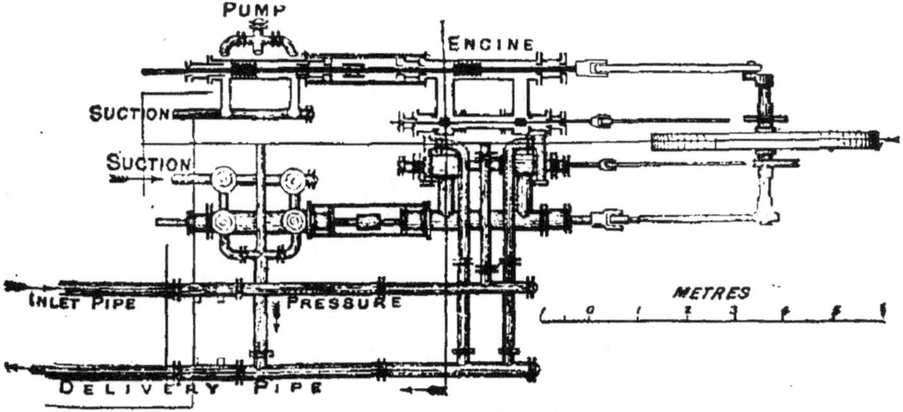

Fig. 538. — Plan des pompes hydrauliques de Klausthal.

et 539. Les machines sont à une profondeur de 630 mètres au-dessous de la surface ; la force motrice est fournie par de l'eau sous pression naturelle provenant de réservoirs à la surface ; d'autre part, à 240 mètres au-dessus des machines, se trouve un travers-banc débouchant dans une vallée à 12 kilomètres de là ; le problème consistait donc, au moyen d'eau sous hauteur de chute de 630 mètres, à refouler l'eau à une hauteur de 240 mètres, pour la rejeter dans la vallée par écoulement naturel le long du travers-banc ; la différence d'altitude, soit 390 mètres, correspond à une pression de 38 kilogs. La machine motrice était constituée par une paire de cylindres horizontaux (fig. 538) de 0 mètre 30 de diamètre avec une course de 60 centimètres ; la tige commune aux deux pistons (celui de la pompe et celui du moteur) avait 0 mètre 16 de diamètre ; enfin le diamètre du corps de pompe était de 0 mètre 33. Les cylindres, pistons et tiges ont été faits en laiton ; une seconde pompe en tous points analogue fut installée à titre de secours, en un point opposé du puits ; le coût total de l'installation atteignit 400 000 francs.

Un autre exemple intéressant d'épuisement est celui des mines de plomb de Allport (Derbyshire). L'eau était captée à

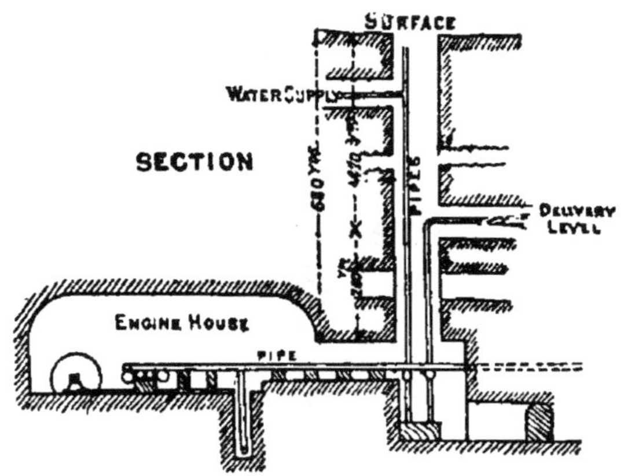

Fig. 539. — Coupe de l'installation de Klausthal.

quelque distance et arrivait au carreau de la mine, où était la machine, sous une pression de 4 kilogs par centimètre carré ; l'appareillage comprenait un cylindre hydraulique moteur de 1 m. 27 de diamètre et 3 m. 05 de course, attaquant directement une tige de pompe de 0 m. 50 de côté ; le corps de pompe, placé au fond, était foulant, le piston plongeur d'un diamètre de 1 m. 06. La colonne d'exhaure avait 1 m. 01, de diamètre, et la hauteur de refoulement était de 40 mètres. La vitesse normale était de cinq coups par minute ; à la vitesse encore normale de sept coups, le débit atteignait 18.000 litres par minute.

Les pompes, placées en des lieux relativement peu accessibles, sont assez souvent commandées par câble sans fin s'enroulant sur une poulie de commande portant une manivelle et bielle articulée à la tige des pistons.

Rendement des pompes. — Dans une machine d'épuisement verticale bien réglée, travaillant dans un puits vertical d'une profondeur de 100 mètres environ, 80 pour 100 du travail accompli par la machine sont retrouvés en eau élevée. Le travail indiqué se mesure au diagramme, comme nous l'avons déjà dit; le travail en eau élevée se mesure en multipliant le débit en litres (c'est-à-dire le poids d'eau en kilogs) par la hauteur en mètres à laquelle l'eau a été remontée; le produit donne le travail en kilogrammètres, que l'on transformera en chevaux-vapeur en divisant par 75. Le rendement d'une machine d'épuisement diminue au fur et à mesure qu'augmente la profondeur; car les frottements des tiges dans leurs guides augmentent, etc.; un rendement de 50 pour 100 seulement a été souvent constaté.

Les pompes à piston souterraines, au contraire, ont un rendement d'autant meilleur que le débit est plus grand et la hauteur de refoulement plus élevée. L'auteur a constaté un rendement de 88 pour 100 sur une pompe élevant 6.800 litres par minute à plus de 240 mètres. D'autre part, le mode de construction entre comme facteur important; l'auteur a noté une pompe de 15 chevaux, type horizontal à volant, qui avait un rendement de 50 pour 100, alors qu'une pompe de 20 chevaux, type vertical à action directe, avait un rendement de 90 pour 100; la différence étant due au mode d'arrangement et à la friction moindre dans la seconde machine.

Le combustible consommé par une machine d'épuisement dépend de la qualité des chaudières et du moteur, de la détente, de la pression de vapeur, etc.; pratiquement, la consommation varie entre 900 grammes par cheval-heure indiqué et 9 kilogs. Une consommation de 2 kil. 2 par cheval-heure constitue un chiffre moyen pour les installations en bon état de fonctionnement.

Résistance des tuyauteries. — Les conduites, chambres à clapets, corps de pompes, etc., doivent être calculés avec un très grand facteur de sécurité; car, outre la pression statique de l'eau, ils ont à supporter des effets d'inertie dus au mouvement de cette eau. Le coup de bélier à la fin d'une course de refoulement dans une pompe soulevante, produit une pression quatre fois supérieure à la pression statique normale. Ainsi, dans une pompe refoulant à 60 mètres, la pression sera de 6 kilogs : centimètre carré; cette pression peut atteindre 22 kilogs, par l'effet de la colonne d'eau retombant sur le clapet après sa fermeture; et, dans le cas d'une pompe soulevante, c'est-à-dire à piston-clapet, cette pression s'exerce également sur une partie du corps de pompe; de sorte qu'on devra calculer la résistance de celui-ci, en tenant compte d'un facteur de sécurité $= 5$, sur la base de $22 \times 5 = 110$ kilogs : centimètre carré.

Matelas d'air. — Dans les pompes souterraines, on régularise dans une certaine mesure le débit, et surtout l'on amortit les coups de bélier, au moyen d'une bouteille à air placée sur le refoulement (fig. 540). Lorsque la pression d'eau augmente pour une raison quelconque, c'est le matelas d'air élastique qui en absorbe le travail, en se comprimant; ensuite cet air comprimé, en se détendant et chassant l'eau, restitue le travail absorbé au moment où le débit baisse; tendant ainsi à régulariser celui-ci. Une bouteille à air bien conçue doit être normalement remplie aux deux tiers d'air comprimé à la pression correspondant à la hauteur de refoulement; en outre le volume de la bouteille doit être égal au moins à 6 fois le volume d'eau débité par coup de piston. Enfin l'organe doit être complété par un niveau et un reniflard permettant d'introduire de l'air comprimé, car celui-ci se dissout assez rapidement dans l'eau. Bien entendu, avec les pompes multiplex, où la régularisation du débit est obtenue par la multiplication des cylindres, la question des bouteilles d'air a moins d'importance.

Descente des hommes par tiges de pompe. — Dans beaucoup de mines, en particulier dans les mines métalli-

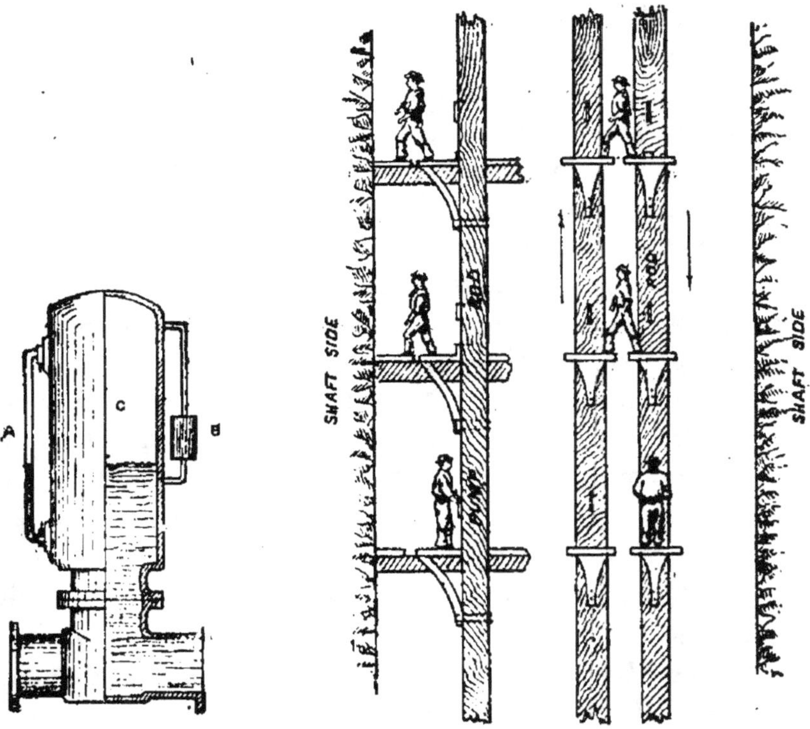

Fig. 540.
Bouteille à air.

Fig. 541, 542. — Remonte des hommes
par tiges oscillantes.

fères, la descente des mineurs se fait encore par échelles. Lorsqu'il s'agit de monter et de descendre dans un puits, par exemple de 350 à 400 mètres, c'est là un exercice très pénible. Pour éviter cela, on a employé très fréquemment, en Cornouailles, et aussi en Europe et en Amérique, un type de machine d'épuisement dans lequel les tiges sont mises à contribution pour la descente des hommes.

Deux tiges (fig. 541-542) analogues aux tiges de pompes sont suspendues dans le puits à des balanciers, qui les font mouvoir alternativement, de façon à ce que, lorsque l'une monte, l'autre descend, l'amplitude du mouvement étant exactement la même pour les deux tiges; ces tiges portent des plates-formes permettant à un ouvrier, voire même deux, de s'y tenir. Lorsque deux plates-formes sont de niveau — c'est-à-dire à bout de course — l'homme change de tige ; celle sur laquelle il se trouvait descend, alors que celle où il a pris place monte; à l'autre extrémité de la course il se trouve en face d'un autre palier, il change encore de tige, et continue à être remonté, etc. Il trouve des poignées pour s'accrocher. Si l'amplitude ou course est par exemple de 3 mètres et que les tiges fassent 6 allers et retours, battent, si l'on veut, 6 coups à la minute, l'homme, en changeant de palier, aura couvert douze fois la course : autrement dit il montera ou descendra à l'allure de 36 mètres par minute; à ce taux-là, la remonte ou la descente d'un puits de 180 mètres se fera en 5 minutes, celle d'un puits de 450 mètres en 12 minutes 1/2. Au lieu de deux tiges on peut en employer une seule avec plate-forme d'échange fixe (voir fig. 542), mais alors la vitesse est réduite de moitié, et l'homme mettra 25 minutes pour monter un puits de 450 mètres. Les tiges peuvent assurer aussi la descente. Cette méthode originale est, comme on le conçoit, des plus dangereuses; toutefois elle est préférée par beaucoup de mineurs qui en ont pris l'habitude, et qui considèrent comme beaucoup plus risqué de s'enfermer dans une cage suspendue à un câble gros comme les deux pouces.

CHAPITRE XXI

TRAITEMENT DU MINÉRAL A LA SURFACE. PRÉPARATION MÉCANIQUE DES MINERAIS LAVAGE DES CHARBONS, FOURS A COKE.

L'opération essentielle à faire subir au charbon après sa remonte, consiste à le classer aux dimensions marchandes et à le charger dans les péniches ou les wagons; en outre il doit être débarrassé des stériles, noireux ou schistes noirâtres qui le salissent. Une disposition fréquemment employée dans les districts du Midland, consiste à diriger la berline, une fois sortie de la cage d'extraction, sur une voie exhaussée à 1 m. 20 environ au-dessus du sol; la berline affleure ainsi à peu près au niveau des wagons de chemin de fer dans lesquels on charge le gros; lorsqu'il ne reste plus dans le wagonnet que du poussier et des menus plus ou moins mélangés de gros, la berline est élevée par un monte-charge; et on vient la décharger sur les grilles de classification (fig. 543-544), celles-ci les classent en différents produits : poussier, fines, gailletin, gailleterie, gros, etc.

Ce mode de travail est bien sommaire. L'atelier de criblage des figures 545-546 est plus complet; de la recette, la berline est roulée de niveau jusqu'à un basculeur, qui la vide sur les classeurs (grilles à barreaux). Pour faciliter le classement, le cadre des grilles est monté sur une bielle ou tige excentrique, qu'actionne un moteur; ceci permet de diminuer beaucoup l'inclinaison des grilles, et facilite la séparation, la vitesse de passage du charbon étant diminuée.

Au lieu de grilles à barreaux, on emploie aussi, pour le

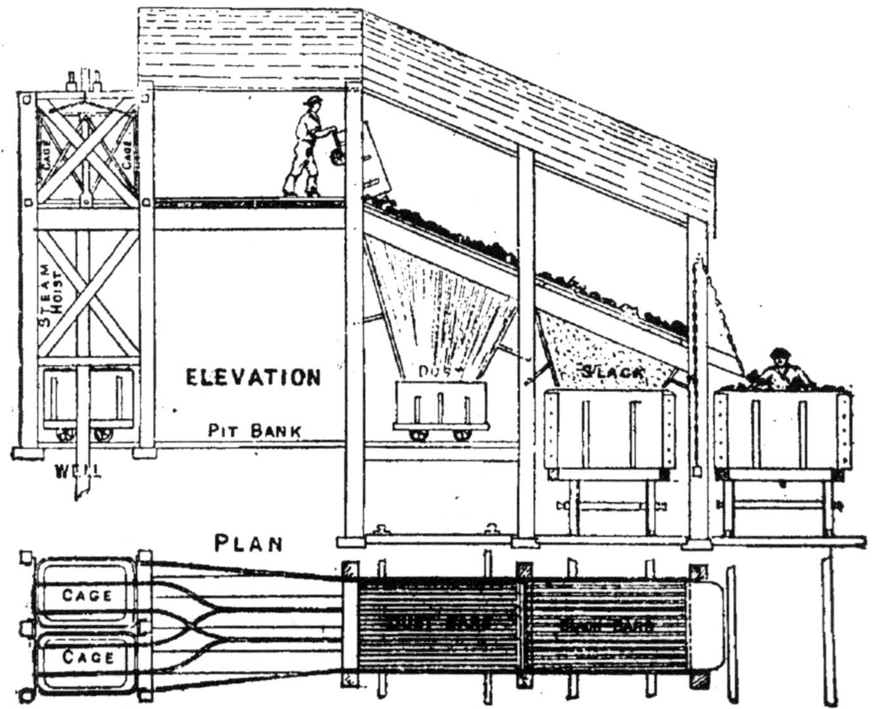

Fig. 543, 544. — Déversement du charbon sur les grilles de classification.

classement des houilles de petites dimensions, des cribles en tiges torses. (Voir aussi l'installation de la figure 470).

Lorsque le charbon n'est pas très pur, il nécessite un triage suivi de lavage; d'ailleurs il est bien rare aujourd'hui qu'une mine ne soit complétée par un lavoir à charbon. Le triage à la main se fait sur des tables sans fin (fig. 547), ou des transporteurs à courroie sans fin; le charbon passe à allure lente devant les ouvriers (des femmes généralement),

qui enlèvent les grosses impuretés, schistes, pyrites, etc.
Le charbon passe ensuite au lavage. La table de la figure 547

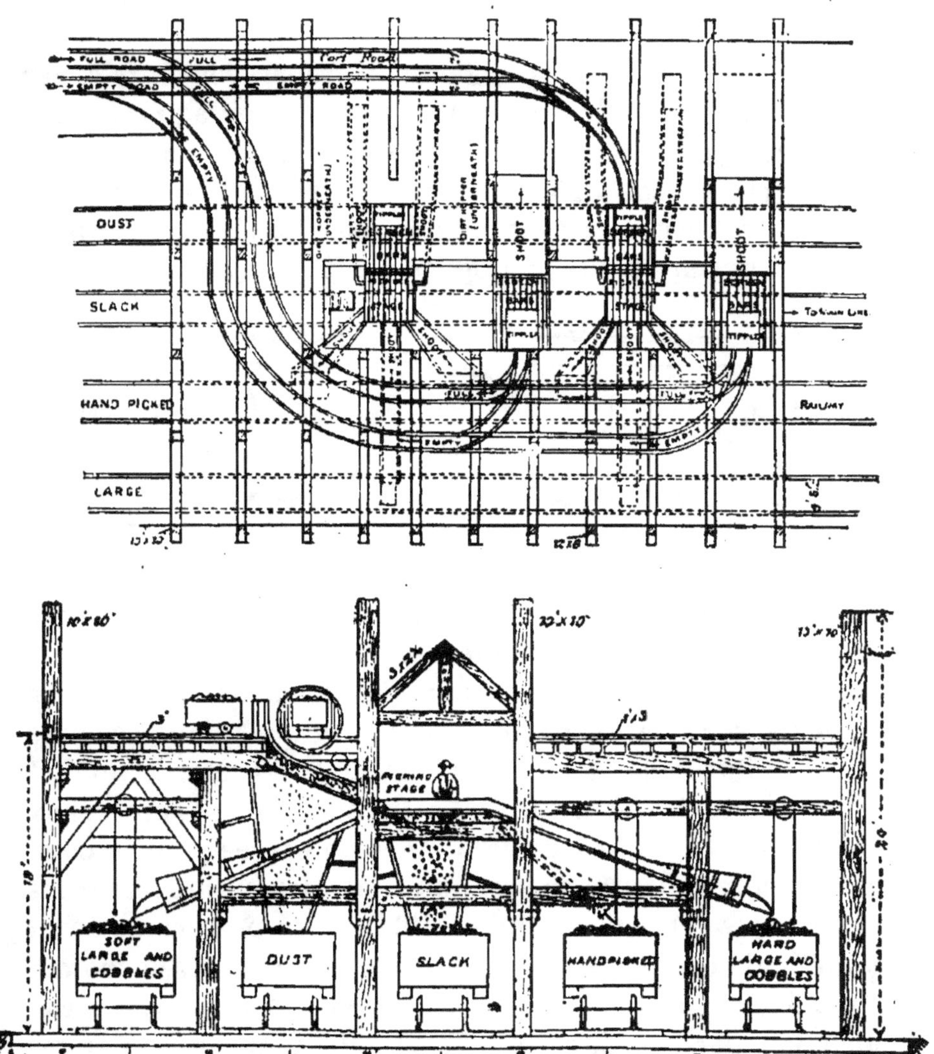

Fig. 545, 546. — Plan et coupe d'un atelier de criblage.

est constituée par des plaques d'acier montées sur une
chaine à maillons spéciaux, d'une largeur de 1 m. 35 et

d'une longueur de 0 m. 48; la longueur totale de la table
est de 36 mètres; la vitesse de translation de 9 à 12 mètres
par minute, permettant un débit de 1.000 tonnes par
8 heures.

L'anthracite est tout spécialement préparé, lavé, trié, car
c'est un combustible demandé pour le chauffage ménager
dans des types réguliers de grosseur; toute une coûteuse
machinerie est installée pour concasser les gros morceaux,
séparer les fines, laver les mixtes, etc. La classification se
fait dans des appareils analogues à ceux employés pour les

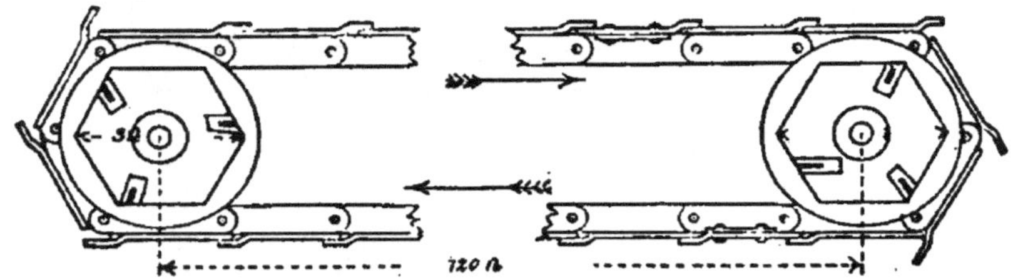

Fig. 547. — Tables sans fin pour triage à la main.

minerais (fig. 556); mais on emploie exclusivement des
broyeurs à rouleaux ou cylindres.

Fours à coke. — Beaucoup de charbons ne sont pas
convertis sur place en coke métallurgique; dans certains
districts (Durham), lorsque la qualité s'y prête, la totalité
du charbon extrait est convertie en coke; les gros morceaux
sont broyés en menus de la dimension exigée pour la cuisson au four. Ailleurs, ce sera, au contraire, uniquement les
menus, de valeur marchande faible, qu'on passera au four.
La méthode ordinaire de cuisson encore considérée comme
la meilleure par beaucoup d'ingénieurs, consiste à introduire le charbon dans une sorte de four de boulanger
(fig. 548), de section horizontale circulaire. Le charbon est
introduit par les orifices supérieurs; une charge est de
5 tonnes. Si le four est chaud à point, le charbon s'enflamme; quelques orifices d'air sont ménagés pour entrete-

nir, par combustion d'une fraction des gaz distillés, la température nécessaire à la cuisson ; si cette température s'élève trop, on bouche les trous d'air. Les gaz distillés sont très riches, et analogues comme composition au gaz d'éclairage ; autrefois cette énergie latente était perdue. Aujourd'hui on emploie les gaz pour le chauffage des chaudières, et il est surtout courant maintenant de les utiliser directement dans les moteurs à gaz, après récupération des goudrons et sous-produits qu'ils contiennent. Au reste

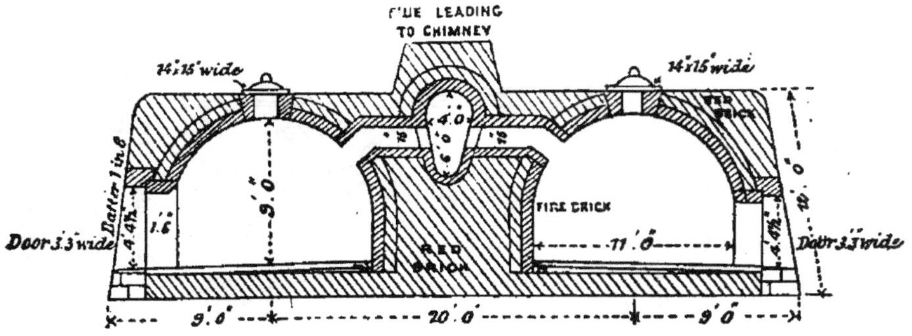

Fig. 548. — Fours à coke.

les fours à coke à récupération se sont étrangement perfectionnés.

Les anciens fours de boulanger sont bâtis par double rangée, à la façon que montre la coupe de la figure 548 ; la durée de cuisson est en général de 72 heures (elle varie entre 50 et 100, suivant la qualité du charbon). La porte latérale est alors ouverte ; on éteint le feu avec un jet d'eau, et on retire le coke, qu'on achève de refroidir, mais sans excès d'eau si l'on veut avoir un bon coke non humide. Le coke recueilli varie entre 50 et 68 pour 100 du poids de charbon introduit, selon la teneur de celui-ci en matières volatiles. Quand il est de bonne qualité, il est sonore, brillant, d'un éclat gris caractéristique, d'un poids spécifique = 0,74 environ. La machinerie des fours à coke s'est bien perfec-

tionnée, outre les types de four ; les pilonneuses et défour-
neuses mécaniques sont fort employées.

Lavoirs à charbon. — Le lavoir (dont nous avons dit
un mot déjà) est l'ensemble des installations mécaniques
permettant de débarrasser le charbon de ses impuretés. Le
charbon est d'abord classé, après le triage dont nous avons
parlé, par passage sur des cribles de différentes grosseurs

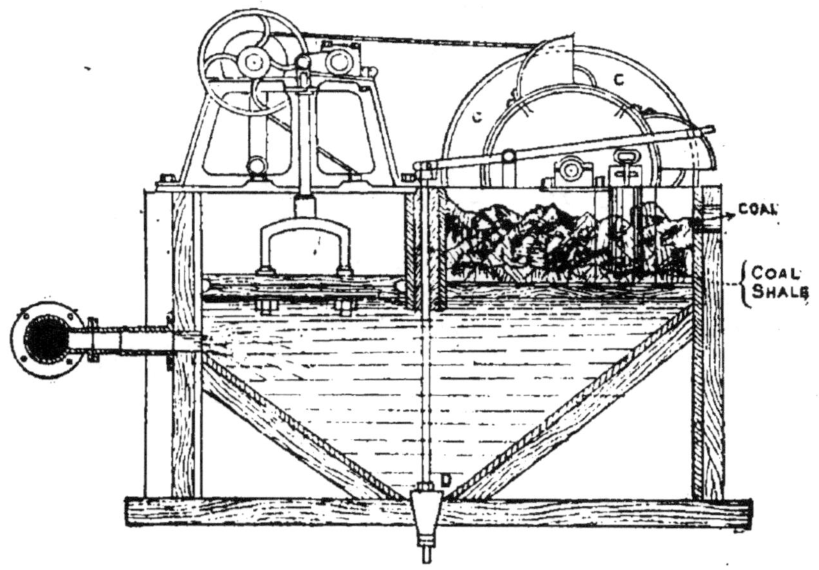

Fig. 549. — Bacs à piston pour lavage.

(fig. 556) ; puis il passe dans les laveurs, généralement des
bacs à piston ou « jiggers », à grille filtrante ou non.
Comme le montre la figure 549, ces bacs à piston sont
constitués d'un bac divisé en 2 compartiments par une
cloison ; d'un côté se meut, à l'allure de 50 à 60 coups par
minute, un piston commandé par un dispositif excentrique ;
de l'autre côté repose sur une grille le charbon à laver, qui
reçoit l'assaut de l'eau violemment agitée. Au bout de
quelque temps, il s'opère une séparation : les matières
légères (le charbon) sont à la surface ; les matières lourdes

(les stériles) sont au fond. Le charbon est alors entraîné en partie par un courant d'eau, en partie manipulé à la main ; les stériles sont évacués en A et enlevés par le tambour C (fig. 550). Les plus fines particules terreuses, sables, etc., même charbon, passent à travers la grille, et peuvent être évacuées par le clapet D. Un bac à piston peut passer 5 tonnes de grelassons ou braisette par heure.

Pour les fines encore plus menues et petits grains, on

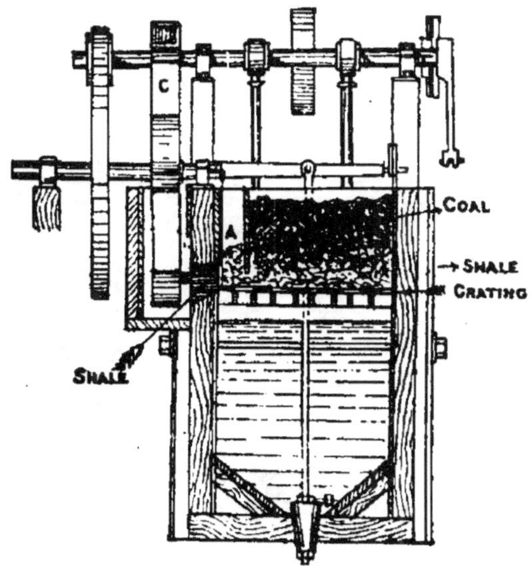

Fig. 550. — Vue en bout du bac à piston (*shale*, schistes).

emploie toujours les cribles à grille filtrante, qui ne diffèrent des précédents que par l'adjonction sur la grille métallique d'un lit filtrant de gravier de feldspath (fig. 551-552), d'une épaisseur de 8 à 10 centimètres. Sous l'action des secousses, les matières à traiter se classent comme précédemment par ordre de densité ; mais les secousses se répétant, la couche inférieure, la plus lourde (stériles), filtre peu à peu à travers le gravier, puis à travers la grille, et tombe au fond du crible où on l'évacue. Pour ce mode de traitement, la vitesse du piston est encore accrue : 100 à 150 coups à la minute. Le crible à secousses traite de 2 à 3 tonnes de grains charbonneux par heure.

Le pourcentage de charbon perdu durant le traitement dépend entièrement de la qualité de la machinerie et du mode de travail adopté. En lavant et relavant les mixtes, on peut arriver à séparer à peu près complètement le stérile et les impuretés, sans perte sensible de charbon ; mais,

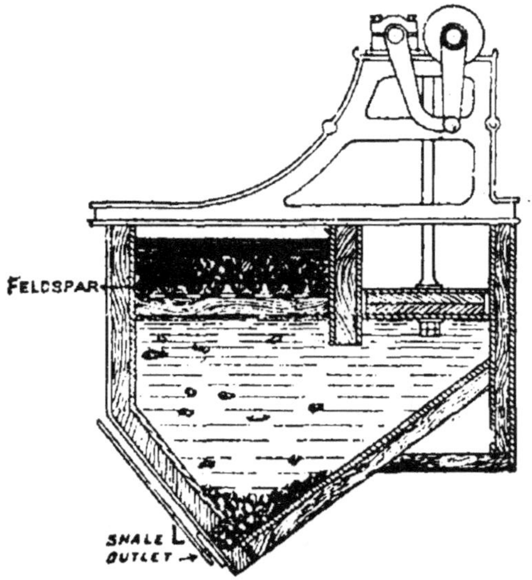

Fig. 551. — Crible à grille filtrante.

en général, un traitement poussé à ce point serait plus coûteux que la valeur des produits obtenus. D'ordinaire on arrête le lavage lorsqu'on a récupéré les 2/3 du tonnage initial, pour les charbons sales bien entendu ; ainsi on tirera 2 tonnes de bon charbon pour 3 tonnes de charbon brut. Les charbons propres donnent un meilleur rendement : de 7 tonnes de brut on retirera 6 tonnes de bon produit. L'eau des laveries est décantée, donnant des impalpables, qu'on utilise souvent pour la fabrication des briquettes ; elle est ensuite utilisée à nouveau ; et ainsi de suite, sans qu'on ait à en rejeter de gros volumes capables de souiller les rivières.

Les appareils que nous venons de voir sont des classeurs utilisant la différence de densité des matières en présence : eau 1, charbon environ 1,3, schiste environ 2,3. Un autre genre d'appareil, le laveur Robinson, qui s'est bien répandu en Angleterre, est basé sur le même principe que les bacs à secousses, bien qu'il soit réalisé de façon différente. Cet

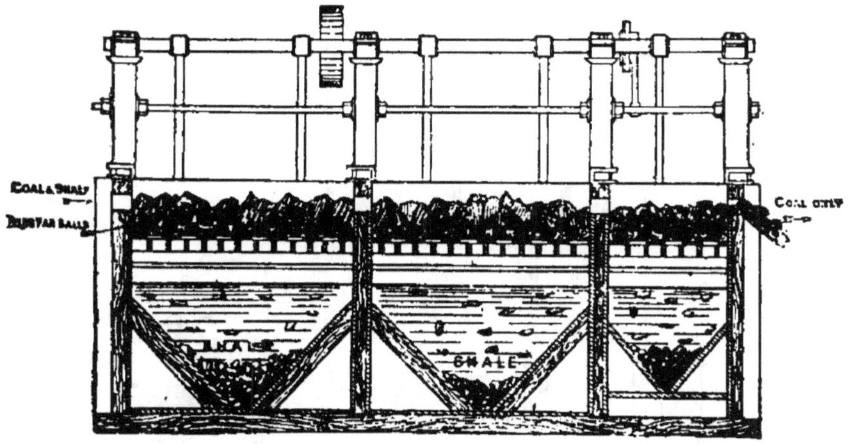

Fig. 552. — Vue latérale du crible à grilles filtrantes.

appareil (fig. 553) consiste en une enveloppe tronconique, ayant un diamètre à la base de 0 m. 60, au sommet de 2 m. 85 et d'une hauteur de 2 m. 40. L'eau est introduite à la base, en x, par des trous de 12 millimètres de diamètre ; tandis qu'un agitateur, tournant avec l'arbre vertical a, produit un violent brassage ; le charbon au contraire est introduit au sommet en E. Le réglage de la pression d'eau et de la vitesse de l'agitateur doit être tel que le courant d'eau ascendant ait une intensité suffisante pour s'opposer à la chute du charbon, mais pas à celle des impuretés, dont la densité est plus grande, et qui se rassemblent au fond du cône, d'où elles sont évacuées dans un wagon spécial à

l'aide du jeu de vanne *f* et *g* sous la commande des leviers R.
Le charbon au contraire, entraîné par le courant d'eau,
passe sur le déversoir H, et est envoyé dans un wagon.
L'eau vient sous pression d'un réservoir haut placé ; une
différence de niveau de 9 m. 60 à 10 mètres est nécessaire.

Un des types les plus anciens d'appareils laveurs à char-

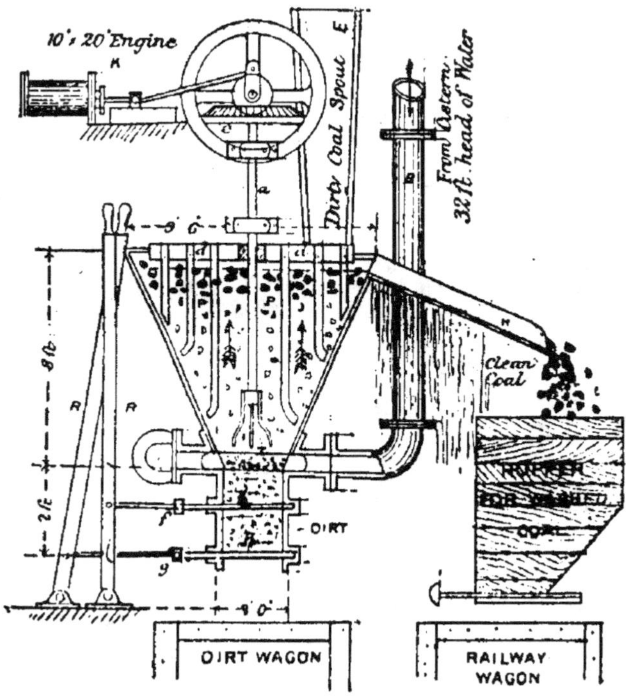

Fig. 553. — Laveur Robinson (*dirt*, déchets ; *washed coal*, charbon lavé).

bon, encore très usité maintenant, est le canal à courant
d'eau ou « sluice ». Ce canal est en planches, d'une largeur
de 0 m. 30 à 0 m. 50, d'une longueur de 60 à 80 mètres, et
d'une inclinaison suffisante pour qu'un courant d'eau y
prenne une grande vitesse d'écoulement. A intervalles de
1 mètre environ, un petit barrage transversal de 25 à
50 millimètres de hauteur provoque un ressaut de la veine
liquide. Le mélange de fines à laver et d'eau est débité au

sommet du canal; l'on conçoit fort bien qu'au passage de chaque barrage, les particules les plus lourdes ne pourront franchir l'obstacle et seront retenues derrière. A l'autre extrémité on recueillera donc du charbon bien débarrassé de ses impuretés. Ce laveur a au moins pour lui le mérite de la simplicité et n'exige pas de force motrice (autre que le pompage de l'eau), et il donne, au dire de plusieurs ingénieurs, d'excellents résultats. Il a par contre l'inconvé-

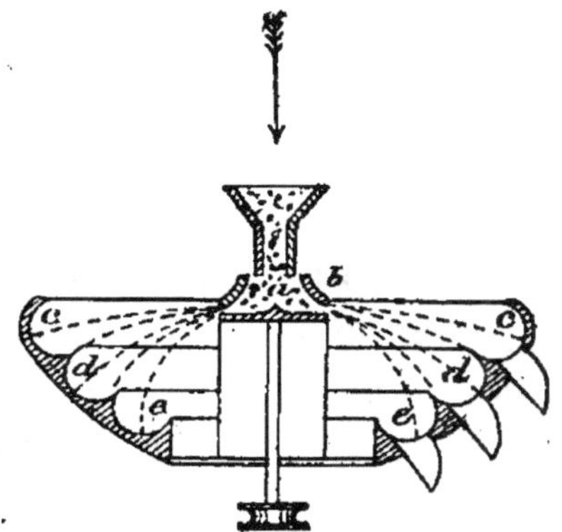

Fig. 554. — Séparateur centrifuge de minerai.

nient de ne pas être continu, car il faut nettoyer le canal lorsqu'il y a accumulation de stériles derrière les petits barrages.

Séparateur centrifuge à sec. — Le mouillage des charbons, nécessité par les appareils précédents, a l'inconvénient d'exiger un séchage, toujours coûteux. Si le charbon est destiné à la fabrication du coke, c'est au détriment de la chaleur du four que se fera le séchage de la houille ; on a également essayé de l'essorage pour sécher au moins en partie le charbon sortant des laveries.

On a proposé, pour la houille, le séparateur centrifuge Clarkson and Stanfield de la figure 554, qui a donné d'intéressants résultats avec les minerais métallifères. Le minerai à traiter est distribué au centre d'une turbine a, tournant à très grande vitesse. Sous l'influence de la force centrifuge, les matières sont rejetées périphériquement, avec une vitesse dépendant de leur poids ; de telle sorte que les par-ties les plus lourdes partiront avec la vitesse initiale la plus grande, par suite tomberont le moins vite, ou, si l'on pré-fère, auront une trajectoire plus proche de l'horizontale. On recueillera donc en *c* le riche, en *d* le mixte et en *e* le sté-rile ; le mixte pourra d'ailleurs être repassé au séparateur. On comprend comment cet appareil sert avec les minerais.

Briquettes. — La fabrication de celles-ci est un moyen très usité d'utiliser les fines ou poussiers, dont la valeur marchande est insignifiante. Parfois, lorsque le charbon est extrêmement friable, comme dans certaines mines fran-çaises, la presque totalité de la production est convertie en briquettes ; en Angleterre, de tels exemples sont tout à fait rares. On a proposé, comme liants de fines, une foule de corps, tels que l'argile, la chaux, l'amidon. En fait le brai est uniquement usité aujourd'hui. La proportion de brai dépend en partie de la machinerie employée, en partie de la nature du charbon, enfin en partie des exigences du con-sommateur ; elle varie entre un minimum de 5 pour 100 et un maximum de 20 pour 100. Le cours du brai est sujet à des variations considérables ; mais comme il est en moyenne 10 fois plus cher que celui des fines à agglomérer, on cher-che toujours à l'économiser le plus possible.

Le mélange du brai au charbon se fait de façon différente. En voici une : le charbon est pulvérisé, chassé en menus grains uniformes, le brai est de même pulvérisé en fine poudre. Les deux sont ensuite mélangés mécaniquement, et soumis à un chauffage, généralement à la vapeur. Le brai fond, et le mélange, légèrement plastique, est livré sous cette forme à la machine à briquettes. Les briquettes sortant du moule sont déposées mécaniquement sur une courroie transporteuse, qui emporte les briquettes finies. Ce type de machine est à peu près exclusivement employé en Angleterre. Sur le continent, on emploie beaucoup un autre type, où le mélange est comprimé dans un tube de section octogonale ou cylindrique, où on le coupe à des dimensions voulues; c'est une sorte de machine « à macaroni ». Ces briquettes sont en particulier très employées sur les locomotives.

Une briquette bien fabriquée est dure, et supporte très aisément le transport, la pluie, etc. Lorsqu'elle est faite avec des menus de houille pauvre, elle constitue un excellent combustible; si l'on a employé de la houille trop grasse, la briquette brûlera avec beaucoup de fumée. Le brai augmente toujours la production de fumée. Les briquettes anglaises pèsent usuellement 4 kilog. 1/2; cette dimension est un peu grande pour usage domestique, mais convient bien pour la marine et les chemins de fer. Sur le continent, en France notamment, les briquettes sont plus petites. Disons quelques mots du traitement des minéraux autres que le charbon.

Minerai de fer. — Les minerais argileux extraits du terrain houiller sont généralement très sales et exigent une préparation pour les séparer des schistes. Le lavage se fait parfois très sommairement, en amoncelant le minerai en tas, que l'on nettoie à la lance; d'autres fois — c'est préférable pour un lavage soigné — le minerai est passé au trommel.

Les hématites, le fer oolithique et les minerais analogues n'exigent en général aucune préparation. Quant à la calcination des fers carbonatés, qui se fait assez souvent à la mine, elle rentre dans le domaine de la métallurgie.

Minerai de plomb. — Le minerai est soumis à un scheidage (séparation de la matière utile), les gros morceaux étant cassés au marteau, les parties riches séparées des parties pauvres. Après ce premier triage, le minerai est envoyé à la classification mécanique. Un concasseur à mâchoire (fig. 555) brise les morceaux les plus gros, une grille donne des morceaux de dimension uniforme, qui sont envoyés au broyeur à cylindre (fig. 556) ; le cylindre fou est

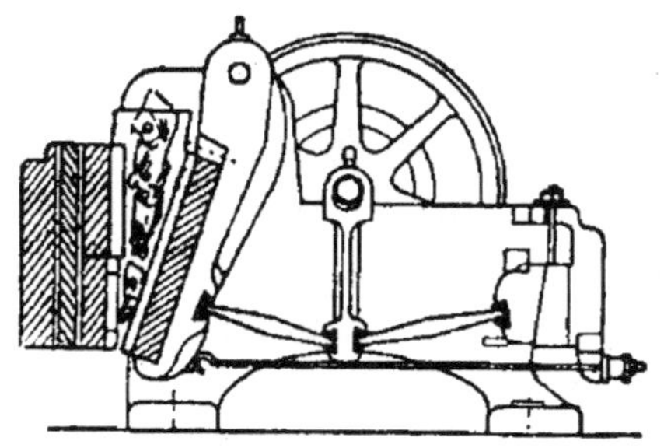

Fig. 555. — Concasseur à mâchoires.

muni d'un contrepoids ; si un morceau trop dur venait à passer, le cylindre pourrait s'écarter sans risque de dommages.

Du broyage, le minerai passe dans un trommel ou crible

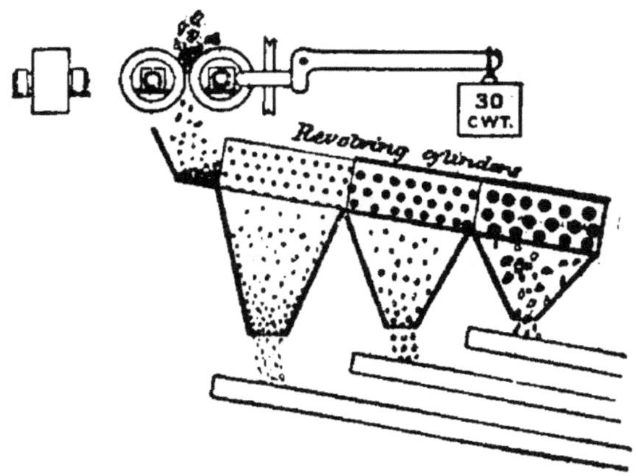

Fig. 556. — Broyeur à cylindres avec cribles.

tournant à tôles perforées (plus souvent cylindrique et oblique), qui classe les morceaux d'après leurs dimensions. Le refus du dernier crible, celui qui a les plus gros trous, est renvoyé au broyage. Toutes ces opérations, sauf le broyage, se font dans l'eau ; le minerai est donc débourbé, séparé de l'argile, de la terre et des autres impuretés légères. On recourt souvent au slime, en n'oubliant pas que ce sont les parties lourdes qui sont ici intéressantes.

Après la classification, le minerai passe à l'enrichissement ; d'abord dans des caisses pointues (fig. 557, 558),

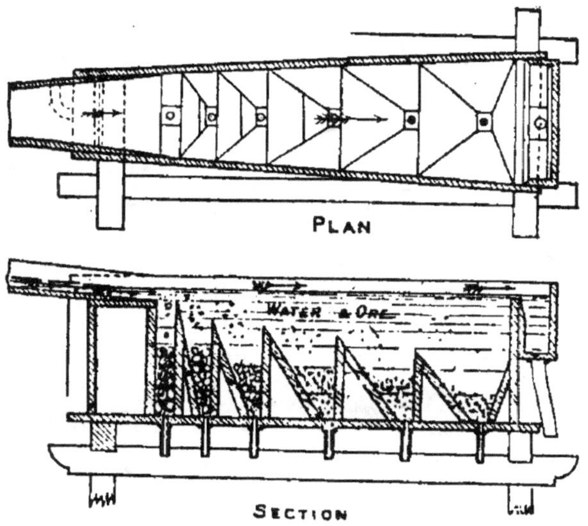

Fig. 557. — Caisses pour séparer et enrichir le minerai.

séparant les produits par ordre de densité. Le plus lourd, c'est-à-dire le plus riche, est recueilli dans les premières caisses ; les dernières caisses ne renferment au contraire que du stérile, presque exclusivement. Quant aux caisses du milieu, elles renferment des mixtes, qui subiront de nouvelles opérations d'enrichissement. Enfin le courant d'eau entraîne encore des particules extrêmement fines, mais néanmoins minéralisées, que l'on recueillera par décantation. Ces « impalpables », « slimes » ou « schlammus », seront traités sur un genre spécial de machinerie.

Les mixtes en grains sont généralement traités au crible

à secousses, à grille filtrante, du genre de ceux décrits à
propos du charbon ; avec cette différence qu'ici ce sont les
parties riches qui traversent le lit et sont recueillies. Les
impalpables sont traités soit au « buddle » concave fixe, ou
à la table tournante, convexe et mobile, ces deux appareils
fonctionnant sur le même principe ; soit à la table à secousses
genre Wilpley.

Le buddle (fig. 559), est un large bassin à parement de
bois, d'un diamètre de 4, 5 à 6 mètres, qui se fait soit con-

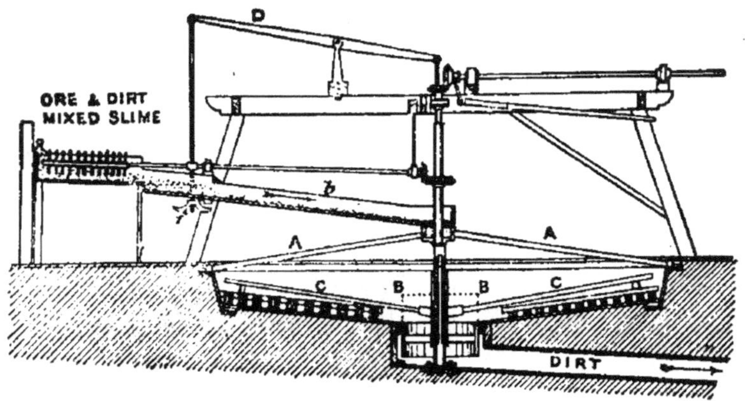

Fig. 559. — Buddle pour traiter les impalpables (*dirt*, déchets).

cave comme sur le croquis, soit au contraire en cône droit.
Sur un axe tournant, sont montés des balais très fins, qui
viennent balayer la surface conique ; le mélange d'impal-
pable et d'eau est débité à la périphérie pour les conduits A.
Sous l'action de la pente et du balayage, une séparation a
lieu, et l'on se trouve en présence de trois zones bien distinctes : la zone externe, qui sera la plus riche, puisque les
particules les plus lourdes s'y seront arrêtées ; la zone centrale contenant les stériles balayés et entraînés par l'eau ;
enfin la zone intermédiaire, renfermant des mixtes qui
devront être repassés. Dans les appareils modernes, les
balais sont remplacés par autant de petits jets d'eau dont

l'action est supérieure. La pente des parois du cône est prise en général égale à 1 sur 10.

Etain, cuivre, or, etc. — La méthode de traitement décrite ci-dessus est générale, et convient à tous minerais ; sauf cependant à ceux que l'on trouve à l'état natif, tels que l'or, l'étain, etc. Ces minerais, constitués par des quartzs ou conglomérats (lorsqu'on n'est pas en présence d'alluvions),

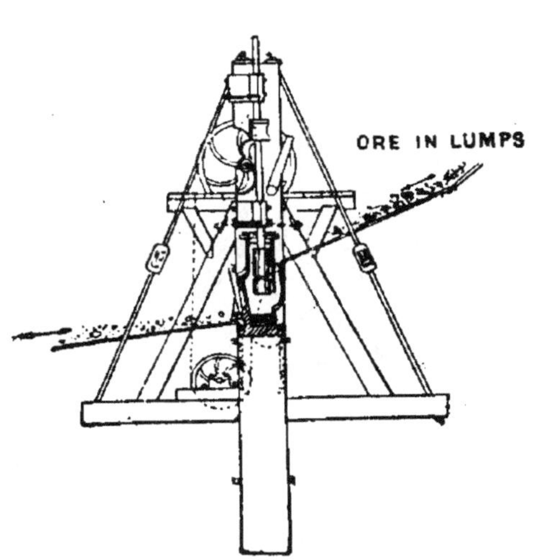

Fig. 560. — Vue latérale d'une batterie de pilons.

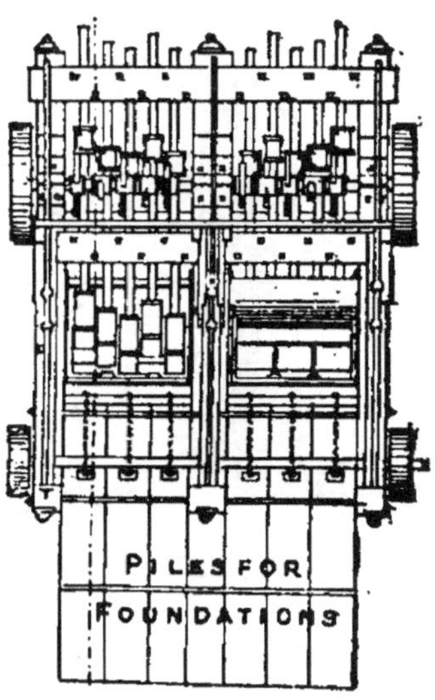

Fig. 561. — Vue de face d'une batterie de pilons.

exigent un broyage poussé à l'extrême, que l'on effectue généralement avec des pilons, et en présence d'eau. La figure 560 montre de côté, et la figure 561 de face, une batterie de pilons broyeurs. Chaque pilon est constitué par une masse à tête d'acier, pesant environ 300 à 350 kilogs, soulevée périodiquement par une came tournante, et retombant sur une glace ou enclume en fonte ou acier ; la hauteur de chute est d'environ 20 centimètres. Le minerai en morceaux est fourni d'un côté par un courant d'eau, qui entraînera le minerai broyé sous forme de pulpe. Ce mode de broyage est à faible débit ; aussi dispose-t-on toujours les pilons par batteries, batteries de 5 en général (fig. 561). La quantité de roche broyée en vingt-quatre heures dépend de la dureté de la roche, de la finesse de broyage exigée, et du nombre de coups battus à la minute. Le débit de chaque pilon est de la sorte compris entre les limites de 1 à 3 tonnes par vingt-quatre heures. On bat de 60 à 100 coups à la minute.

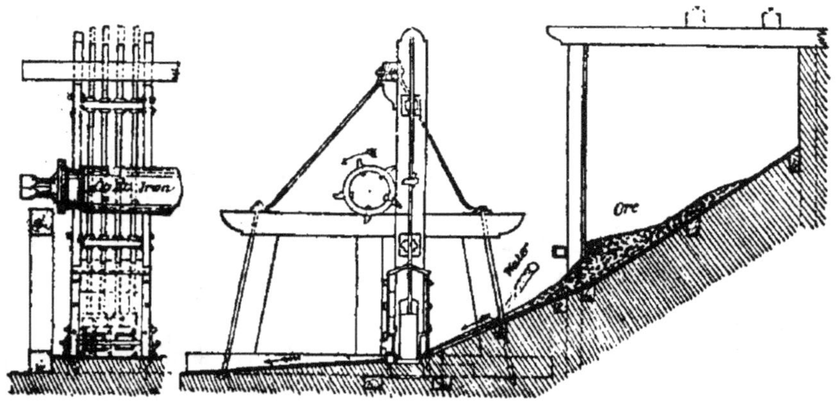

Fig. 562, 563. — Disposition classique des pilons de Cornouailles.

On interpose une toile plus ou moins fine sur le passage de la pulpe. Nous avons donné (fig. 562) un vieux mode de commande des pilons.

Le traitement de l'étain comprend simplement une batterie de pilons, et un « buddle » sur lequel on envoie la pulpe au sortir des pilons. Les figures 562, 563 montrent la disposition classique des mines d'étain de Cornouailles.

Le traitement de l'or est différent. A la sortie du pilon, la pulpe passe sur des plaques de cuivre amalgamées, où une partie de l'or est retenue par le mercure. La pulpe est ensuite recueillie et traitée chimiquement par cyanuration, chloruration ou bromo-cyanuration. Quelquefois les alluvions aurifères sont passées sur des tables de concentration. Il existe plusieurs modèles de ces tables à secousses, qui sont fort employées pour l'enrichissement des impalpables de tous minerais.

La plus simple (fig. 564) est constituée par une courroie *en caoutchouc* se déplaçant sans fin sur deux rouleaux ; un marteau donne à la courroie un mouvement vibratoire ; par

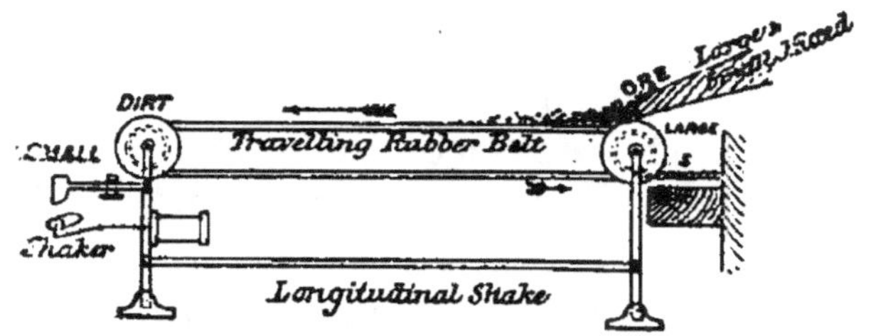

Fig. 564. — Tables de concentration à secousses.
(*Belt*, table-courroie ; *shaker*, appareil donnant les secousses.)

suite de ce mouvement, les particules les plus légères ne se déposent pas et sont entraînées par l'eau, alors que les plus lourdes se déposent et viennent adhérer au caoutchouc : on les y recueille à l'aide d'un râcloir. La table de Rittinger (fig. 565, 566) est également classique ; elle est analogue

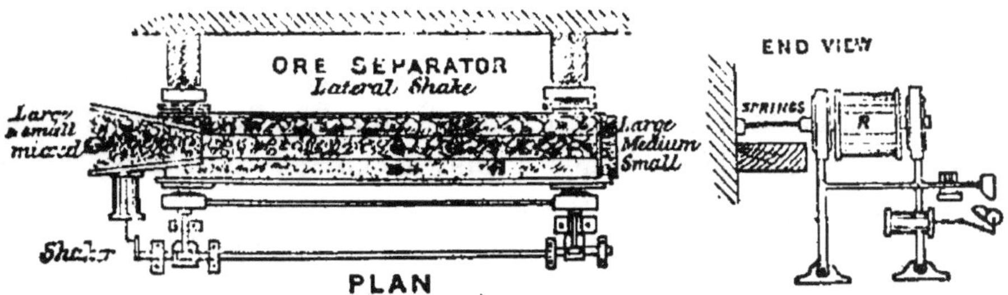

Fig. 565, 566. — Table de Rittinger (en plan et en bout).

au « Frue vanner » ; mais les secousses, au lieu d'être verticales, sont latérales au moyen du marteau et des ressorts indiqués par la figure ; de sorte que la classification est elle-même latérale : la courroie est divisée en trois zones par ordre de richesse, comme sur la surface inclinée du buddle (la figure 565 montre bien ces trois zones).

La terre diamantifère est en principe classée et traitée de façon analogue, soit dans des slimes, soit dans des bacs à piston comme le charbon. La terre jaune ou bleue est extraite, étendue sur le sol, sur une hauteur de 20 centimètres environ, remuée et abandonnée à l'action des pluies, ou d'un jet d'eau qui entraîne les terres légères, l'argile, etc. Le résidu est agité dans une vaste cuve ; les sables lourds qui se rassemblent au fond sont alors concentrés avec les appareils indiqués, de façon telle que le produit étant étalé sur des tables, on puisse recueillir les diamants à la main.

Principes généraux de la préparation mécanique. — Le but de la préparation mécanique est limité à la séparation physique de la partie minéralisée et de la gangue ; la séparation chimique du métal et des éléments avec lesquels il se trouve combiné est du domaine de la métallurgie. Nous ne donnerons donc pas de détails à cet égard. Les principales méthodes de préparation mécanique des minerais se réduisent aux simples règles suivantes : concasser le minéral de façon à permettre, par classification, de séparer les morceaux riches des stériles. On se base pour opérer cette séparation soit sur l'œil des ouvriers : scheidage, choix des diamants, etc., — soit sur la différence de densité : séparation mécanique, cribles à piston, caisses pointues, tables à secousse, etc. ; — soit sur une autre propriété physique : séparation électrostatique, séparation magnétique. Cette méthode est fort employée aujourd'hui, elle fait appel comme de juste à des aimants attirant, et par suite séparant les particules magnétiques.

Les opérations de broyage et de lavage se font soit à sec, soit en présence de l'eau. Le broyage se fait généralement à sec, et le triage humide ; cependant le broyage fin par pilons se fait en présence d'eau, celle-ci étant commode pour entraîner le minerai broyé. Certains modes de séparation s'exécutent pourtant à sec, d'autres en utilisant un liquide de densité autre que l'eau, l'huile par exemple.

Parmi les premiers nous avons déjà cité le séparateur centrifuge. On a également proposé des appareils classeurs à courant d'air, dans le genre des cyclones employés pour le classement des poudres. Dans ces appareils, le minéral tombe dans un sens perpendiculaire à celui du courant d'air : les particules sont déviées d'autant plus de leur trajectoire qu'elles sont plus légères.

La concentration par l'huile a pris droit de cité avec le procédé Elmore, qui rend de très grands services. Il est basé sur ce principe que, sur une pulpe de minerai broyé et d'eau, l'huile ajoutée va se coller aux particules métalliques ; on opère sous une certaine dépression, et les bulles d'air soulèvent ces particules métalliques ainsi enduites d'huile.

Les outils de broyage se trouvent aussi sous de très nombreuses formes qu'on peut ramener à trois principales : 1°) celles où le minerai est écrasé entre un marteau et une enclume (bocards, pilons, etc) ; 2°) celles où le minerai est écrasé entre un cylindre et une surface plane ou de révolution (meules, broyeurs à cylindre, etc) ; 3°) celles où l'écrasement des minerais a lieu par pression de morceaux sur morceaux ; les concasseurs à mâchoire peuvent se ranger dans cette catégorie. On peut également signaler des broyeurs spéciaux : le broyeur à boulets qui convient pour le broyage fin de substances dures, le broyeur centrifuge, constitué de palettes ou battoirs tournant très rapidement, qui convient pour les substances tendres ; les désintégrateurs, également centrifuges, convenant pour le traitement des mottes de terre à pulvériser, à mélanger, etc. Dans les mines d'or de l'Afrique du Sud, on se sert maintenant couramment de galets de silex roulant dans un cylindre à parois garnies de silex.

L'installation des ateliers de préparation mécanique est

fort coûteuse ; et, pour les mines peu importantes où l'on n'est pas assuré d'un fort tonnage de minerai, on se contente d'opérer à la main, à la pelle, ou en confectionnant des cribles à pistons capables d'être actionnés à la main. Les mines métallifères se trouvant le plus souvent en pays de montagne, on peut utiliser les chutes d'eau pour actionner les appareils, soit par une roue à aube, soit préférablement par une turbine hydraulique, dont le rendement général est supérieur à celui d'une roue.

En parlant de la préparation des minerais et minéraux, il convient de mentionner l'ardoise, dont les procédés de préparation sont des plus défectueux, sans doute par suite de l'abondance de cette substance. En fait, seulement 5 à 10 pour 100 du tonnage d'ardoise abattu sont vendus sous forme marchande. Le reste est rendu inutilisable, tant par le mode d'abatage en carrière, que pour le mode de préparation suivi. Par raison d'économie, on emploie les explosifs pour abattre ce minéral ; et, pour cette raison, une grande partie de l'ardoise est fendillée, fissurée. On doit refendre cette ardoise dès qu'elle est abattue ; car, si elle a le temps de sécher, l'opération du fendage est rendue des plus difficiles, sinon impossible. Elle est fréquemment abattue en gros blocs ; les blocs sont roulés jusqu'à l'atelier de fendage où ils sont d'abord débités par une scie circulaire, soit en dalles épaisses pour le commerce, soit en blocs parallélipipédiques dont on séparera par fendage les ardoises pour couverture. Ce fendage se fait à l'aide d'un ciseau ou coin et d'un marteau ; il exige une certaine habileté professionnelle. Un ouvrier est occupé à l'aide d'un grand couteau, analogue aux couteaux de relieurs, à rogner les tranches, à découper, en un mot, une ardoise aux formes régulières.

CHAPITRE XXII

PRESCRIPTIONS DE SÉCURITÉ A OBSERVER. DISCIPLINE, SOUFFLARDS, ÉBOULEMENTS, SAUVETAGE, SERREMENTS, BARRAGES, etc.

Les questions de sécurité ont été inévitablement traitées à un point de vue particulier, dans les chapitres qui précèdent ; mais il est bon de rappeler ici quelques prescriptions générales, utiles et même indispensables à observer. Les prescriptions officielles doivent être observées, et le rôle du Corps des mines est de contrôler si elles sont bien appliquées. Ces prescriptions diffèrent un peu suivant les pays. Le tableau ci-après donne le nombre d'accidents mortels dans les mines de houille et les mines diverses, avec la cause originelle de l'accident.

IX. — ACCIDENTS SURVENUS DANS LES MINES FRANÇAISES EN 1906.

	Nombre.	Ouvriers tués.
Éboulements	9.459	89
Grisou et poussières.	8	1.101 (1)
Explosifs	208	15
Ruptures de câbles, chaînes, engins. . . .	17	1
Autres causes, chutes depuis la surface . .	206	27
Exploitations des voies ferrées souterraines.	7.418	38
Travaux manuels.	6.030	1
Causes autres	4.474	8
	27.820	1.280

(1) Chiffre exceptionnel provenant de la catastrophe de Courrières, qui a fait 1.000 victimes.

L'on y voit que les éboulements, chutes de pierre, causent le plus grand nombre d'accidents. Les chutes du toit sont évitées par un boisage effectif et bien entretenu, mais il y a aussi les chutes de charbon, soit que le mineur soit écrasé au moment où il opère la saignée en sous-cavage, soit que le charbon s'éboule, ce qui est à redouter dans les couches puissantes. En pareil cas la surface de charbon sera solidement étayée comme dans la figure 358.

Il est nécessaire de surveiller constamment le boisage, car, par l'effet de la rupture des stratifications supérieures, par suite de mouvements de terrains, la pression effective des morts-terrains peut augmenter anormalement, et provoquer des éboulements ; des inspections régulières doivent être organisées. Quelquefois la pression est telle qu'en dépit de tout-boisage, le toit s'affaisse en écrasant les bois ; il faut alors évacuer le quartier. Ceci arrive dans les mines profondes, lorsque les piliers de charbon sont trop espacés. Le foudroyage, par retirement des bois, est particulièrement dangereux ; et l'on devra avoir grand soin d'observer les précautions mentionnées au chapitre « Boisage ».

On peut juger des phénomènes qui se produisent dans les masses d'ensemble en parcourant des voies peu fréquentées et entretenues, retour d'air, etc.

Vieux travaux. — Il arrive fort souvent que les travaux sont repris dans une exploitation minière qui, pour une cause quelconque, a dû être abandonnée. Il arrive en pareil cas que, si les galeries ne se sont pas complètement affaissées, les vides sont remplis de mauvais air ou d'eau. L'ingénieur en pareil cas devra guider ses travaux en se référant au plan des travaux abandonnés, de façon à les éviter. Or, soit que les plans aient été incomplets ou erronés, soit par suite d'inadvertance, il peut arriver que l'on perce une ouverture dans une vieille galerie, ouverture par laquelle jaillira de l'eau, ou s'écouleront des gaz dangereux.

Dans le but d'éviter dans la mesure du possible un accident, on devra prendre les précautions suivantes :

Lors de la reprise des travaux, on épuisera les anciens puits, et par suite les galeries qui peuvent être en communication avec eux ; moyennant cette précaution, le risque d'une catastrophe sérieuse est écarté. Toutefois des éboulements ont pu couper la communication entre les galeries et les puits, de sorte qu'on peut être néanmoins exposé à rencontrer des poches d'eau et de gaz. Dans ces conditions, lorsqu'on se saura dans le voisinage probable d'anciens travaux, on exécutera prudemment les travaux d'avancement et l'on se fera précéder de trous de sonde, à front de taille et de côté, trous relativement profonds mais de faible diamètre : 50 millimètres.

Lorsque la largeur de la galerie est de 1 m.80, le sondage de front précèdera de 10 à 20 mètres la galerie ; il suffira de bien mesurer ce trou de sonde dans la direction de la galerie, de sorte qu'au fur et à mesure de l'avancement de celle-ci, on allonge d'autant le trou de sonde. Les trous de flanc seront forés à un angle de 26 degrés 1/2 environ, sur l'axe de la galerie, et distancés de 1 m. 80 à 2 mètres ; leur profondeur sera de 5 m. 40 à 9 mètres, le sondage, dans ce dernier cas, traversant une épaisseur de terrain, latérale à la galerie, de 3 mètres environ. Il n'est pas prudent d'espacer davantage ces trous de sonde latéraux, car on risquerait de ne pas tomber sur les travaux vieux que l'on redoute, surtout si ceux-ci sont étroits. Si la couche où l'on avance est très épaisse, il sera même prudent de forer deux trous de sonde à la fois sur la même verticale, l'un près du toit, l'autre près du mur. Toutes ces précautions observées, l'on n'aura pas à redouter d'accident grave ; des tampons d'argile devront être à la portée des ouvriers, de façon à ce qu'ils puissent boucher immédiatement le trou de sonde en cas de dégagement de gaz, ou de venue d'eau.

Coups de poussières, de charbon. — Quelques mines sont sujettes à de véritables « éclatements » de charbon, très dangereux parce qu'ils ensevelissent ou étouffent les hommes du front de taille. Ces coups de charbon ne sont pas des éboulements à proprement parler ; une masse parfois importante (20 tonnes) de houille en moyenne, partie sous forme de menu et poussières, est projetée avec une certaine violence, et parfois accompagnement de gaz. Une intéressante description d'un phénomène de ce genre a été donnée par J. Dickinson dans les *Proceedings of the Manchester geological Society* (vol. XXII, 1893). La section de la veine d'une mine de Ashton-on-Lyne où eut lieu l'accident était la suivante : noireux et schistes 15 centimètres ; mauvais charbon tendre, pyrites 0 m. 45 ; bon charbon dur 0 m. 55 ; le sous-cavage était pratiqué dans la veine du charbon tendre, et c'est uniquement dans celui-ci qu'on constatait les coups de poussières, qui laissaient après eux une cavité de 8 mètres de profondeur, sur quelquefois pareille largeur ; la forme de cette cavité était irrégulière. Le phénomène était précédé de craquements caractéristiques, et d'un bruit de roulement sourd analogue au tonnerre ou à un échappement de vapeur. Des coups de charbon analogues ont été observés dans les Galles du Sud et en Belgique.

Les opinions diffèrent sur leur cause. L'explication la plus plausible est que le charbon tendre a été broyé, par la pression des morts-terrains, sous forme de menus sans cohésion ; ceux-ci sont projetés à la première occasion, lorsque les travaux tombent sur un soufflard. Toutefois des coups analogues ont été constatés en des points où les gaz avaient été drainés par des sondages ou des travaux voisins. Ce qui est sûr, c'est que le charbon est plus tendre là où se produisent ces coups spéciaux.

Soufflards. — Les soufflards sont des dégagements de

gaz importants, gaz qui étaient occlus dans des poches souterraines, sous une grande pression. La violence d'irruption des gaz est souvent si violente, que la ventilation ne peut suffire à maintenir une atmosphère inexplosible. Le degré de sécurité dépend alors de l'absence de feux nus, de foyers, ou de lampes de sûreté défectueuses dans le voisinage. Le volume de gaz dégagés est quelquefois si grand que l'atmosphère intérieure devient irrespirable. On a vu le cas, dans une mine belge, d'un dégagement de grisou si violent, que le gaz vint s'enflammer à l'orifice du puits, et brûla comme une immense torche de 45 mètres de haut ; la proportion du gaz était si forte que l'air dans le puits ne se trouvait pas en proportion suffisante pour déterminer un mélange explosible ; c'est seulement à la fin du dégagement qu'eut lieu l'explosion, dans le puits d'abord, dans les travaux ensuite. Dans les districts grisouteux, les soufflards plus ou moins importants sont toujours à redouter.

Lampes de sûreté. — Les lampes à feu nu autrefois uniquement employées sont aujourd'hui supplantées, dans la presque totalité des exploitations houillères, par les lampes de sûreté, même dans les mines où les dégagements de grisou sont rares et insignifiants. Dans les mines métallifères, par contre, l'usage des lampes à feu nu est exclusif ; elles donnent une bonne lumière, et ont le seul inconvénient de prêter aux risques d'incendie des boisages ou des cloisons en toile, canards de ventilation, par suite de négligences. Les lampes de sûreté sont malheureusement indispensables dans les exploitations grisouteuses ; elles donnent une très faible lumière, qui est une garantie de moins contre les éboulements, car, avec un mauvais éclairage, il est plus mal aisé d'observer les fissures ou l'état des bois de soutènement ; en outre le rendement du travail est également affecté par le manque de lumière ; enfin le Dr Court, de Staveley, a constaté qu'une forte proportion des mineurs employant la lampe de sûreté étaient sujets à une affection de l'œil appelée « nystagmus » ; il est vrai que le Dr Snelle, de Sheffield, a également constaté cette affection chez les mineurs employant la lampe à feu nu ; certainement cette maladie est surtout due à la position dans laquelle le mineur doit travailler ; toutefois il est incontestable qu'elle est plus fréquente chez ceux qui s'éclairent avec la lampe de sûreté. Le remède consisterait à trouver une lampe de sûreté donnant un éclairement d'une bougie (1).

Galeries dédoublées. — Il est prudent d'établir les passages, routes, etc., en double, permettant aux mineurs de retourner par l'un en cas d'éboulement ou d'accident dans l'autre. Cette précaution s'applique aussi bien aux mines de charbon qu'aux mines métallifères.

Examen des cuvelages. — Le puits doit être fréquemment et régulièrement inspecté, pour constater l'état du cuvelage et des installations, tuyauteries, guidages, etc., dans le puits. En fait, l'inspection de tous les organes essentiels assurant la sécurité d'une mine : exhaure, ventilation, extraction, etc., devrait être faite quotidiennement. On sait l'organisation de surveillance adoptée dans les mines françaises.

Discipline. — Il est essentiel, pour la bonne sécurité d'une mine, qu'une discipline rigide soit rigoureusement observée. Il est inutile que l'ingénieur de la fosse arrête des instructions, si elles ne doivent pas être suivies ; la première chose à faire est donc d'édicter en même temps une sanction, qui n'aura pas besoin d'être sévère, mais qui, pour être efficace, devra être appliquée strictement.

En Angleterre des ouvriers spéciaux, appelés députés, sont chargés de veiller à l'état de la mine et à l'observation

____

(1) Les lampes de sûreté électriques répondent à ce desideratum.

stricte des règles de sécurité! Ces députés ont une connaissance suffisante des rouages d'une exploitation minière, et un degré de responsabilité élevé; c'est une condition indispensable de l'efficacité de leur surveillance. Suivant l'importance de la mine, le nombre des « députés » est plus ou moins grand, chacun d'eux ayant sous sa responsabilité un domaine particulier nèttement établi; cette inspection est quotidienne, et donne lieu à un rapport écrit communiqué aux autorités de la mine avant la descente des mineurs. Des députés sont également délégués par spécialités : l'un surveillant le boisage, l'autre le roulage, un troisième l'extraction, etc.; ces députés sont sous les ordres d'un député général qui a charge de la fosse en l'absence de l'ingénieur en chef. Il y a ainsi, pour chaque mine, une véritable administration responsable, uniquement chargée de veiller à la sécurité de l'exploitation. Nous rappelons d'un mot pour la France la surveillance des ingénieurs et contrôleurs des mines, et aussi des délégués mineurs.

Matériel de sauvetage. — A la suite d'une explosion les voies d'air sont toujours plus ou moins détruites, cela amène de profondes perturbations dans la distribution du courant d'air frais, de telle sorte que certains quartiers de la mine, non ventilés, restent remplis de l'atmosphère irrespirable résultant du coup de grisou ou de la combustion des bois, même du charbon. Il est nécessaire de pouvoir rétablir la ventilation normale ou au contraire de barrer certaines galeries incendiées où l'introduction d'air frais ranimerait le feu. La ventilation faite au hasard peut être dangereuse pour les ouvriers demeurés dans la mine. Si l'on pouvait circuler dans les galeries immédiatement après l'explosion, l'on pourrait ainsi limiter rapidement l'étendue du désastre. Aussi a-t-on imaginé un grand nombre d'appareils respirateurs dont l'un des plus pratiques est l'appareil de Heuss. Il consiste en un masque s'appli-

quant étroitement sur le nez et la bouche du sauveteur ; sur
ses épaules, l'homme porte l'appareil proprement dit, com-
portant un tube d'oxygène comprimé et une boîte renfermant de la soude caustique ; deux tubes relient le masque
à la boîte, l'un — celui qui véhicule l'air expiré — est muni
d'une valve empêchant le sauveteur de respirer les produits
de la respiration. Cet air expiré passe sur la soude qui
absorbe l'acide carbonique, il s'enrichit d'une pètite proportion d'oxygène et est aspiré à nouveau. La même proportion d'air accomplit ainsi continuellement un cycle
fermé ; un détendeur règle le débit d'oxygène. Suivant la
provision d'oxygène et surtout suivant la résistance du sauveteur à l'accroissement continu de température de l'air
confiné accomplissant son cycle, l'homme peut respirer une
ou plusieurs heures avec cet appareil.

Un grand nombre d'appareils respiratoires ont été inven-
tés ; d'usage courant dans les mines allemandes, ils s'intro-
duisent maintenant partout. L'appareil Draeger, modifié
par Guglielminetti, est extrèmement usité dans les mines
allemandes où les services de sauvetage sont toujours très
bien organisés.

Le porteur d'un masque respiratoire doit avoir à sa disposition une lampe spéciale lui permettant de se diriger et de
voir dans un milieu incomburant où les lampes ordinaires
ne peuvent être usitées.

M. Heuss avait imaginé une lampe à forte intensité lumineuse, alimentée à l'oxygène et complètement isolée de
l'atmosphère par un joint hydraulique que devaient franchir les produits de la combustion. Le seul inconvénient en
était une consommation élevée d'oxygène. Depuis la création des lampes de mineurs portatives à l'électricité, cette
invention n'a plus qu'un intérêt très réduit.

Outre les masques respiratoires, toute mine devrait être
munie d'appareils d'inhalations d'oxygène et d'un matériel

complet de secours, permettant de rappeler les asphyxiés à la vie. Une réglementation a été prise récemment à ce sujet en France.

Après une explosion. — Il est utile de donner quelques indications sur la marche à suivre pour explorer une mine qui vient d'être soumise à une explosion. Aujourd'hui, avec l'amélioration des lampes de sûreté, la connaissance du rôle des poussières en suspension dans l'air et l'introduction des explosifs de sûreté, le nombre des explosions meurtrières est considérablement réduit, et nombre d'ingénieurs n'ont aucune expérience d'une catastrophe de ce genre. L'auteur a eu l'occasion d'assister dans sa carrière à l'exploration de cinq mines importantes après de graves explosions ; il indique la marche à suivre ci-après, non pas tant d'après son expérience personnelle que d'après celle qu'il a vu mettre en pratique par des gens particulièrement compétents.

Le premier soin est d'arrêter l'extraction et de tenir un puits prêt pour la descente des équipes de sauveteurs et la remonte des blessés ou des cadavres. Si la ventilation a lieu par foyer, il est usuel d'étouffer celui-ci dès qu'on le peut. Immédiatement une équipe de sauveteurs se met à la recherche des survivants dans le voisinage de l'accrochage, et si l'on en trouve on les interroge sur la nature et la cause probable de la catastrophe. L'exploration doit être prudente et les hommes marchent espacés les uns des autres de quelques mètres, de façon à se passer immédiatement les appareils de secours ou se venir en aide en cas de nécessité, de l'accrochage au sauveteur le plus éloigné.

Les retours d'air doivent être immédiatement examinés afin de se rendre compte, par la fumée ou les gaz, de l'abondance de gaz irrespirable ou de l'existence d'un incendie. Si les voies, portes, puits d'aérage sont endommagés, on doit procéder à leur réfection immédiate, de façon à rétablir, au

moins en partie, un courant d'air balayant le mauvais air
et permettant l'exploration de tout le quartier sinistré. Le
danger à craindre est que l'explosion ait créé un foyer d'incendie, et que le courant d'air ne dirige sur celui-ci une
masse de grisou susceptible de provoquer une nouvelle
explosion ; fait que l'on a pu constater maintes fois. Dans
le but d'éviter ceci dans la mesure du possible, la ventilation
ne doit être établie que graduellement, et un sauveteur
devra marcher aussi loin que possible dans le sens du courant d'air pour se rendre compte s'il existe ou non un foyer
d'incendie. Le danger auquel on doit s'exposer dans l'exploration d'une mine sinistrée dépend de la probabilité de
retrouver des survivants. Si cette probabilité existe, ce qui
est l'hypothèse générale, on n'hésitera pas à courir des
risques considérables, résultant de ce qu'on doit agir avec
rapidité. L'entrée des travaux est rigoureusement interdite
à toute personne autre que les équipes de sauvetage, jusqu'à
ce que l'une d'elles ait exploré complètement la mine et
reconnu qu'il n'y a pas d'incendie ; on pourra alors admettre
la descente d'un certain nombre d'hommes pour procéder
à la remise en état des galeries et chantiers. L'on ne devra
pas cesser, pendant tout ce temps, de surveiller étroitement
la composition du retour d'air.

Quand l'explosion a détruit les cloisonnages et portes de
ventilation, l'aérage est très incertain ; et il peut se produire
des sautes de courant, rabattant brusquement une atmosphère viciée sur un quartier sain ; il est pourtant normalement acquis que l'on doit rétablir la ventilation avant tout
autre travail de mise en état. S'il n'y a pas d'éboulement, ce
rétablissement se fait rapidement au moyen de panneaux
provisoires en toile et bois ; s'il y a éboulement, comme
c'est le cas général, et s'il n'existe pas de voie parallèle permettant de tourner l'obstacle, celui-ci devra être percé d'un
passage suffisant pour un homme. Bien entendu, dans tous

les travaux, les hommes exposés doivent être munis d'un casque respiratoire du genre de ceux décrits plus haut.

Ventilateur temporaire. — Dans le cas où l'aérage était effectué par un foyer qu'on a dû étouffer, ou lorsque le ventilateur a été endommagé, la vapeur est quelquefois employée comme moyen·de ventilation, en la véhiculant. jusqu'au fond du puits dans une conduite d'où on la laisse échapper sous forme d'un jet. Généralement on ne descend pas la conduite assez profondément, de telle sorte qu'on n'échauffe qu'une faible colonne d'air ; il en résulte une ventilation très faible et surtout très instable, sujette à des sautes de courant, ce qui est extrêmement dangereux, ainsi que nous l'avons déjà fait observer.

Barrages, serrements. — Au chapitre du Fonçage, nous avons parlé du tubage métallique comme d'un moyen de traverser les passées très aquifères. Il arrive également quelquefois qu'une galerie doit traverser une zone où les venues d'eau sont abondantes ; ce passage se fait soit en munissant la galerie d'un revêtement de briques jointées au ciment hydraulique, soit encore plus souvent, d'un bouclier d'anneaux en fonte boulonnés l'un à l'autre. Dans d'autres cas. notamment dans le cas des venues d'eau irrégulières, on se prémunit contre les irruptions soudaines pouvant causer des accidents en même temps qu'on régularise le débit des eaux, en faisant précéder les travaux de barrages ou serrements. (Dans les exploitations sous la mer, de grandes précautions doivent être prises sous cette forme.)

Ces serrements se font en bois ou en maçonnerie ; en Angleterre on préfère ces derniers (fig. 567 à 569). On creuse au pic deux saignées latérales dans une partie saine de la roche ; ces saignées serviront d'ancrage au serrement ; leur largeur sera de 40 à 90 centimètres, suivant la nature du terrain, la plus large épaisseur étant pratiquée avec les milieux tendres, la houille par exemple ; pareille entaille

sera pratiquée au toit et au mur. Un mur en briques est
alors bâti, pénétrant dans toutes ces saignées. Si la pression d'eau probable est faible, on se contentera d'un mur

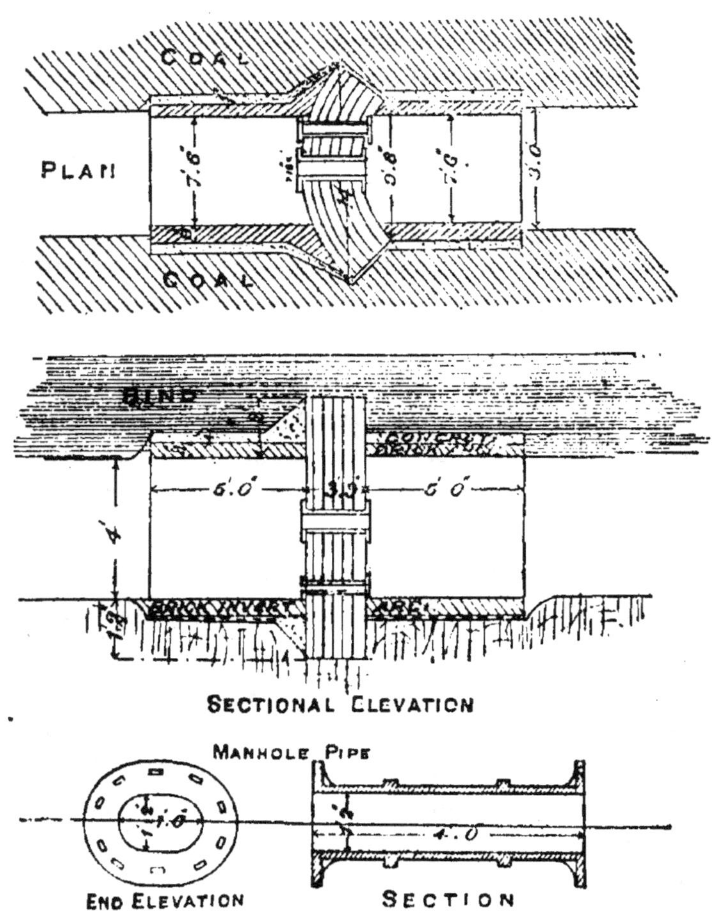

Fig. 567 à 569. — Modèle et détail d'un serrement en briques.
(*Concrete*, béton ; *manhole*, trou d'homme.)

droit ; si l'on a à redouter de fortes pressions, le barrage
devra être incurvé, la partie convexe se trouvant bien entendu du côté de l'eau. Les briques employées devront être
aussi dures que possible, surtout si le barrage est épais ; et

l'on emploiera du ciment hydraulique de première qualité, sans adjonction de sable. Le barrage sera constitué de petits murs élémentaires concentriques, comme l'indique la figure, entre lesquels on coulera du ciment. Les joints entre le barrage et les parois devront être également soigneusement injectés de ciment, pour les rendre aussi étanches que possible. Pour éviter tout mouvement préjudiciable du toit ou du mur dans le voisinage du serrement, on voûtera et l'on parera le devant et le derrière du barrage d'un revêtement en maçonnerie, ainsi que cela est indiqué par le croquis, sur une distance de 1 m. 50 à 2 mètres. Comme il est nécessaire, tant durant la construction qu'après, éventuellement, de pouvoir communiquer de l'autre côté du serrement, un trou d'homme en fonte est ménagé dans l'épaisseur de la maçonnerie. Un autre tuyau de petit diamètre (15 à 30 centimètres), à la partie inférieure sert de « soupape de sûreté » et permet soit de mesurer la pression d'eau, soit d'écouler une partie de l'eau lorsqu'elle s'est accumulée.

Les serrements en bois se font au moyen de blocs équarris, de section rectangulaire, dont l'épaisseur correspond à celle qu'on veut donner au barrage, soit 0 m. 90 à 1 m. 50. Ils sont encastrés dans des entailles analogues à celles pratiquées pour un barrage en briques; pour les barrages incurvés les bois seront taillés légèrement coniques, de façon à ce que leur section constitue une fraction de couronne. Les joints entre madriers ainsi que les joints aux parois seront rendus étanches par picotage d'abord, par calfatage ensuite à la mousse ou à l'étoupe ; ces opérations se feront sur chaque face du serrement. On ménagera, comme pour les barrages en briques, un trou d'homme et un tube d'écoulement. Un serrement en bois convenablement établi constitue le meilleur type de barrage.

Pression sur les serrements. — Pour calculer la pression s'exerçant sur un barrage cylindrique, on pourra faire usage de la règle approximative suivante :

Règle. — La pression totale sur le barrage en kilogrammes par centimètre carré s'obtient en multipliant le rayon extérieur du barrage en mètres par la pression de l'eau en kilogrammes par centimètre carré.

Connaissant cette pression totale on appliquera ensuite la règle suivante :

Règle. — La pression sur l'appui au serrement en kilogrammes par centimètre carré est égale à la pression totale divisée par l'épaisseur du barrage en mètres.

Application numérique. — Soit un barrage ayant un rayon extérieur de 3 m. 15 et une hauteur de 1 m. 20. Si la pression de l'eau sur le barrage est de 5 kil. 66 par centimètre carré, la pression totale sur le barrage sera :

$$P = 5.66 \times 3.15 = 17 \text{ kil. } 829 \text{ par centimètre carré,}$$

et la pression à l'appui au serrement,

$$p = \frac{17.829}{1.20} = 14 \text{ kil. } 852 \text{ par centimètre carré.}$$

CHAPITRE XXIII

OUTILS DE MINEURS. — AFFUTAGE, TREMPE, ETC.

Les outils du mineur, que nous avons déjà mentionnés, comprennent surtout le pic, la rivelaine, la pelle, le marteau à pointe, le coin ou l'aiguille infernale, la batrouille, les fleurets de perforatrices, etc.

Le pic est communément fait en acier fondu ; on en fait également à pointe d'acier rapportée.

La pelle est aussi le plus généralement en acier, ou en fer aciéré.

La batrouille, ou fleuret pour percer les trous de mine, est prise dans une barre d'acier de bonne qualité. Toutefois on fait quelquefois des barres de mine dont l'extrémité est en acier rapporté.

Les coins, brise-roches, aiguilles, se font plus spécialement en acier, quoiqu'il en existe aussi en fer.

Les marteaux, masses, etc., sont en fer ou en acier.

Les outils susceptibles de s'émousser au travail peuvent se ranger en deux catégories : ceux à pointes, et ceux à tranchants ou taillants.

Pour reforger une pointe, l'outil est chauffé au rouge et martelé convenablement à l'enclume. Ce réchauffage suivi de refroidissement lent a enlevé à l'acier sa dureté, qu'il est nécessaire de lui redonner par la trempe. Dans ce but, l'outil est réchauffé jusqu'au rouge cerise ou orange, puis plongé brusquement, pendant 3 à 5 secondes, dans l'eau froide sur une profondeur de 3 1/2 à 4 centimètres ; on agite l'outil pour assurer son refroidissement rapide. Ainsi trempée, la pointe est très dure, mais aussi très cassante ; il faut un recuit pour enlever la fragilité. Ce recuit se fait tout naturellement par le fait que toute la masse de l'outil était chauffée et qu'on en a refroidi seulement la pointe ; celle-ci reçoit sa part de chaleur restante. En frottant cette pointe sur une pierre ou en la décapant avec du sable, on met le métal à nu : on le voit devenir d'abord jaune paille, puis ensuite bleu foncé ; la couleur apparaît d'abord à une certaine distance de la pointe, et se dirige vers celle-ci ; bientôt elle aura tout envahi. C'est à ce moment qu'on refroidit complètement l'outil en le trempant tout entier dans l'eau. Tantôt on refroidit quand la pointe est encore jaune, tantôt on attend que le bleu l'ait atteinte totalement, selon le degré de dureté voulu. Les pics pour charbon, auxquels une grande dureté n'est pas nécessaire, sont refroidis au bleu. Si la trempe a été ratée, on devra recommencer le processus de réchauffage, trempe et recuit.

Les fleurets sont de même d'abord forgés, ce qui leur donne le taillant voulu ; ce taillant, lorsqu'il est très aigu, est difficile à obtenir au marteau ; et l'on a recours quelquefois à la lime ou même à la meule. Ceci fait, la pointe est chauffée au rouge clair, trempée à l'eau, nettoyée, et la couleur observée comme précédemment. Si la barre n'avait pas été chauffée suffisamment pour permettre le recuit à la couleur voulue, il faudra recommencer en chauffant sur une plus grande longueur. Un peu de pratique donne rapidement la notion du point de recuit le plus favorable, qui varie d'ailleurs avec la qualité d'acier.

Dans les forets de perforatrices à lame hélicoïdale, le taillant doit être façonné sous un angle d'attaque qui théoriquement est de 45 degrés par rapport à l'axe de la barre, mais qui pratiquement doit varier suivant le milieu que l'on fore. Ainsi, dans le charbon dur il devra être de 50 degrés, alors que, dans la houille tendre, il ne sera que de 40 degrés. Pour bien obtenir l'angle voulu, on se sert d'un petit gabarit en fer ; et le taillant, d'abord profilé au marteau, doit toujours être achevé à la lime. On procède ensuite à la trempe et au recuit de la manière déjà expliquée.

La fixation du pic sur le manche se faisait jadis au moyen d'un coin ; on préfère actuellement recourir à des manches interchangeables, dont la tête recouverte d'acier et légèrement tronconique vient s'emmancher à force dans l'œil du pic ; on emploie aussi une sorte de clavetage à rainure. De toutes façons il est très commode pour le mineur d'avoir un seul manche pour plusieurs lames, ce qui lui permet d'emporter avec lui une demi-douzaine de pics qui, sans cela, seraient fort encombrants.

Les manches sont faits en frêne, le noyer américain dit hickory est souvent préféré ; ils sont généralement taillés à la machine sur tour spécial.

Jadis l'apointage des pointes et taillants se faisait au moyen d'une forge installée au fond ; ce mode de travail est bien entendu dangereux dans les mines grisouteuses, et les ateliers de forgeage des pointes sont toujours aujourd'hui à la surface. On emploie des fours à réchauffer spécialement disposés pour qu'on puisse introduire dans le foyer juste l'extrémité de la lame ; on arrive ainsi, à l'aide d'un seul four, à reforger les pointes d'un assez grand nombre de pics à la fois.

FIN

TABLE DES MATIÈRES

E. GREVIN — IMPRIMERIE DE LAGNY

Librairie Bernard Tignol,

53 bis, Quai des Grands-Augustins

Téléphone 823-28.

CATALOGUE

DES

Ouvrages Scientifiques

et Industriels

ÉLECTRICITÉ

INDUSTRIES DIVERSES

Chimie — Arts et Manufactures — Agriculture

Ces livres sont envoyés franco, joindre à la demande le montant en un mandat-poste.

Nous fournissons également tous les ouvrages de Science Industrie, Littérature, etc., qui ne figurent pas dans nos Catalogues

La Maison se charge de publier à son compte ou à celui des Auteurs tous les ouvrages se rattachant à sa spécialité

1911

PARIS

Librairie Bernard TIGNOL

PUBLICATIONS DE LA

LIBRAIRIE de L'ÉCOLE CENTRALE des ARTS et MANUFACTURES

53 *bis*, Quai des Grands-Augustins, 53 *bis*

Accumulateurs (Voir ÉLECTRICITÉ, PILES)

Les Accumulateurs électriques. Nouve le édition, par F. CACHEUX, ingénieur-électricien. — 1 vol. in-16, avec figures dans le texte. Prix.. **4 fr.**
TABLE DES CHAPITRES. — Description et mode d'emploi des piles secondaires. — Les accumulateurs anciens et nouveaux. — Montage des éléments et choix du local pour les accumulateurs. — Charge et décharge. — Les accidents : leurs causes et leurs remèdes. — Résumé.

Acétylène.

L'Acétylène et ses Applications, l'Incandescence par le Gaz et le Pétrole, par F. DOMMER, ingénieur des Arts et Manufactures, professeur à l'Ecole de physique et de chimie industrielles de la Ville de Paris; 1 beau vol. in-16, 220 fig. — Prix........ **4 fr. 50**

Aérostation. — Aéroplanes.

Les Aéroplanes. Historique. Calcul et Construction des aéroplanes, par DE GRAFFIGNY, 1 vol. in-8 avec figures et 4 planches hors texte, 1909, 2ᵉ édition. — Prix.................................... **4 fr.**

Manuel pratique de l'Aéronaute. Étoffe. — Couture. — Filet. — Soupape. — Nacelle. — Lest. — Guide-rope. — Courants. — Observations. — Descente, etc. — Par W. DE FONVIELLE; in-16, figures. — Prix **5 fr.**

Machines aériennes d'aluminium (Fusairs et Uranes), par CONST. FONTANA, in-16 avec figures. — Prix.................... **1 fr. 50**

Aérostation. Construction, description et direction des ballons, par MIRET, in-8°, 58 pages, 37 figures. — Prix.................... **2 fr. 50**

Agriculture. — Animaux domestiques.

Les engrais. Engrais chimiques. — Engrais naturels. — Engrais composés. — Formules. — Besoins des plantes. — Analyse des engrais, par F. LEGRAND, 19 figures. — Prix.................................... **1 fr. 50**

Le Drainage des terres arables. Drains en bois, en poterie, etc. — Travaux sur le terrain. — Drainages spéciaux. — Fonctionnement. Avantages, par A. LARBALÉTRIER. — Prix..................... **1 fr. 50**

Élevage du Bétail. Chevaux. — Bœufs. — Vaches. — Moutons. — Porcs, etc., par Em. DARBORY, propriétaire-éleveur, 55 fig. — Prix **1 fr. 50**

Nos Légumes et nos Fleurs. Caractères. — Variétés. — Culture. — Maladies, etc., par E. Faveri et Larbalétrier, 56 fig. **1 fr. 50**

Machines agricoles et Constructions rurales. Charrues. — Herses. — Semoirs. — Faucheuses. — Moissonneuses. — Lieuses. — Batteuses, etc. — Constructions : Écuries. — Bouveries. — Étables, in-16, par G. Ménul, 112 figures. — Prix.................... **1 fr. 50**

Céréales et Fourrages. Culture pratique. — Froment. — Seigle. — Orge. — Avoine. — Sarrasin. — Trèfle. — Betterave, etc., par A. Larbalétrier, 51 figures. — Prix.................... **1 fr. 50**

Arbres fruitiers et la Vigne. Fumure. — Conduite. — Multiplication. — Variétés : Abricotier. — Amandier. — Cerisier, etc. — La Vigne. — Cépage, Culture, Accidents, Maladies, par P. d'Aygalliers, 46 figures. — Prix .... **3 fr.**

Cidre, Poiré et Boissons economiques. Culture du pommier et du poirier. — Fabrication du cidre et du poiré. — Maladie du cidre, remèdes. — Eaux-de-vie. — Vinaigre. — Conservation des fruits. — Vins de Dattes, Figues, Poires, Pommes tapées. — Vins de fruits frais, Cerises, Prunes, Framboises, Groseilles, etc., 24 figures, par E. Rigaux. — Prix.................... **1 fr. 50**

Volailles, Lapins et Abeilles. Poules, Élevage, Incubation, Engraissement, Pintades, Dindons, Oies, Canards, Pigeons. — Lapins. Élevage, Alimentation. — Abeilles. Colonies, Nourriture, Rucher, Essaimage, Ruche, Récolte du miel, par E. Paradis et E. Montoux 52 figures. 2ᵉ édition. — Prix.................... **1 fr. 50**

La Vaccination charbonneuse, d'après Pasteur, par Ch. Chamberland; in-8°, 10 figures, cartonnage toile. — Prix.................... **5 fr.**

Amendements et Engrais, par A. Renard, 1 volume in-18°, 424 pages avec figures. — Prix.................... **2 fr.**

Les légumes usuels. Les légumes usuels sont disposés dans l'ordre alphabétique pour faciliter les recherches, par Vilmorin-Andrieux, 1 vol. in-18, 610 pages, nombreuses figures. — Prix.................... **4 fr.**

Les Syndicats professionnels agricoles, par G. Gain, 1 volume in-18 de 337 pages. — Prix.................... **2 fr.**

La petite culture agricole, légumière et fruitière dans les campagnes et aux environs des villes, par G. Heuzé, 1 volume in-18, 610 pages, nombreuses figures. — Prix 2 fr.

Petit dictionnaire d'Agriculture, de Zootechnie et de droit rural, par A. Larbalétrier, 1 volume in-18, 199 pages, 23 figures. — Prix .... 2 fr.

Nutrition et production des animaux, bœuf, cheval, mouton, porc, par P. Petit, 1 vol. in-18, 368 pages. — Prix 2 fr.

Le Commerce de la Boucherie, par E. Pion, 1 volume in-18, 359 pages, 1 planche. — Prix .... 2 fr.

Alcool (Voir Distillation).

Fabrication de l'alcool. 1re Partie. — Distilleries agricoles, par E. Robinet et G. Canu, 1 volume in-16, 55 figures, cartonné. — Prix. 3 fr.

2e partie. — Tables de réduction et d'augmentation des degrés alcooliques, par P. Dussert; 1 volume in-16, cartonné. — Prix.... 4 fr. 50

Aluminium.

L'Aluminium. Nouveaux procédés de fabrication. —Alliages. — Emplois récents de l'aluminium. — Par Ad. Minet, ingénieur-électricien; 2 volumes in-16, figures dans le texte. — Prix..................... 9 fr.

On vend séparément :
1re Partie : Fabrication. — Prix......................... ...... 4 fr. 50
2e Partie : Alliages, Emplois. — Prix...................... 4 fr. 50

Amalgames.

Les Amalgames et leurs applications, par Léon de Mortillet, ingénieur des Arts-et-Manufactures; in-8°. — Prix........ 2 fr.

Ammoniaque.

L'Ammoniaque, ses nouveaux Procédés de Fabrication et ses Applications. L'Ammoniaque. — Ses sels ammoniacaux. — Propriétés physiques. — Fabrication. — Travail des Eaux ammoniacales. — Analyse de l'Ammoniaque. — Des sels ammoniacaux. Des Matières premières. — Dosage dans les Eaux. — Applications. — Production et Consommation. — Brevets. — Par P. Truchot, ingénieur-chimiste; in-16, figures. — Prix.... .... 6 fr.

Architecture et Constructions.

Manuel pratique de Constructions rustiques, par P HASLUCK et L. GRUNY, 1 beau volume in-8, 194 figures dans le texte. — Prix.. **3** fr.

Aide-Mémoire de poche de l'Architecte et de l'Ingénieur-Constructeur, pour le calcul des Constructions. — Formules usuelles. — Fondations. — Poutres. — Planchers en fer et en bois. — Calcul des Fermes. — Maçonnerie. — Hydraulique. — Électricité. — Chauffage. — Escaliers, etc. — Tables. — Par Ch. SÉE, ingénieur-architecte; 1 vol. in-16, avec figures, cartonné, toile anglaise. — Prix **4** fr. **50**

Table à l'usage des Constructeurs, donnant, par la connaissance de la corde et de la flèche, le rayon, l'angle au centre, etc. — Par L. SERGENT. in-12 (1882). — Prix..................... **1** fr. **50**

Les Cheminées d'usines. Construction. — Réparations, par Victor LEFÈVRE, ingénieur civil; 1 volume in-16 de 48 pages, avec 13 figures dans le texte. — Prix.... .... **1** fr. **50**

La Tour Eiffel de 300 mètres de l'Exposition Universelle. — Historique et description; par MAX DE NANSOUTY, ingénieur; 1 volume in-16 de 140 pages; nombreuses figures. — Prix............... **2** fr. **50**

Théorie sur la stabilité des hautes cheminées en maçonnerie, par GOUILLY (Al.), ingénieur des Arts et Manufactures répétiteur à l'École centrale, in-8° avec planches, 1876. — Prix **1** fr. **50**

Arpentage.

Manuel pratique d'Arpentage et de levé des Plans, par G. DALLET, du Service géographique de l'armée, 1 volume, in-16, 73 figures dans le texte. — Prix..................... **4** fr.

Arts militaires.

Science et Guerre. Télégraphie optique. — Lumière électrique. — Cryptographie. — Poste par pigeon, par MAX DE NANSOUTY (1888), 1 vol. in-16, 190 pages, 57 figures dans le texte, 3 planches hors texte.... **4** fr.

Automobiles. — Motocyclette. — Bicyclette.

Manuel pratique du Constructeur d'Automobiles à pétrole, par MAURICE FARMAN. — Un beau volume in-16, avec 65 figures dans le texte et un atlas de 20 planches in-4°. — Prix...... **9** fr.

Nouveau Manuel du Conducteur d'Automobiles, par Maurice FARMAN et P. MAISONNEUVE. — Théories du moteur. — Organes. — Graissage. — Carburateurs. — Allumage. — Embrayage. — Change-

ment de vitesse.—Freins.—Châssis.— Les pneumatiques. — Conseils pratiques. — Les pannes et les moyens d'y remédier. — Un beau vol. in-8°, cartonnage toile anglaise..... **5 fr. 50**

Manuel du Conducteur d'Automobiles, par MAURICE FARMAN. — In-8°, 160 figures, 4e édition 1905. — Prix........ **4 fr. 50**

Catéchisme de l'Automobile à la portée de tout le monde, par H. DE GRAFFIGNY, ingénieur civil, 1 volume in-16, cartonné, 64 figures dans le texte (2ᵉ édition).— Prix **2 fr.**

TABLE DES CHAPITRES.— Les voitures automobiles en général. — Le moteur. — Le carburateur. — La transmission.— La carrosserie automobile. -- Conduite d'une automobile. — Entretien et réparations. — Législation.

Les Omnibus automobiles. Conseils pratiques sur l'organisation des transports en commun par omnibus automobiles, par G. LE GRAND. 1 volume in-8°, 16 figures. — Prix................................ **1 fr. 50**

Choix de la ligne. — Choix des véhicules. — Les bandages. — Les mécaniciens et les encaisseurs. — L'exploitation. — Le garage. — Les assurances. — Intervention de l'Etat.

La Motocyclette et le Tricar. Choix de la machine et des appareils. — Accessoires. — Moteur à quatre temps. — Carburateur à pulvérisation. — Conduite. — Graissage. — Transmission. — Pannes, etc., par A. COQUERET, un beau volume in-8°, avec figures dans le texte et un modèle avec détails en couleurs des organes superposés et démontables de la motocyclette. Nouvelle édition (1910). — Prix. .... **3 fr.**

La Voiture automobile d'occasion. Répertoire anthropométrique, caractéristiques et prix de toutes les voitures et de toutes les marques de 1895 à 1908. — Moyens de reconnaître la date de création, la série, la force exacte et l'état d'une automobile d'occasion, quelques modifications qu'elle ait pu subir, à quelque type et quelque marque qu'elle appartienne; suivi des perfectionnements automobiles en 1908, par MORTIMER-MÉGRET, 1 volume in-8°, 456 pages, figures dans le texte — Prix.. **9 fr. 75**

Construction et réglage des moteurs à explosions. Manuel pratique de construction d'un moteur à explosions. — Calculs généraux. — Recherche des dimensions et de la meilleure forme à donner

aux pièces. — Mise au point d'un moteur construit, par Louis Lacoin, 1 vol. grand in-8°, 424 pages, 180 figures. Cartonné toile. — Prix.   **12 fr.**

L'allumage dans les moteurs à explosions.
Explication détaillée des phénomènes électriques et du fonctionnement. — Appareils électriques d'automobiles. — Piles, accus, bobines, trembleurs, montages divers, etc. — Magnétos à basse et à haute tension, leur description, leur entretien, leur réglage, par L. Baudry de Saunier, 1 vol. grand in-8°, 480 pages, 294 figures. Broché. — Prix...................... **12 fr.**

Eléments d'Automobile.
Notions sommaires sur la question des voitures automobiles, sur leur fonctionnement, sur leur utilité. — Voitures à vapeur, voitures électriques, voitures à pétrole, par L. Baudry de Saunier, 1 vol. petit in-8°, 184 pages, nombreuses figures. Cartonné. — Prix.. **2 fr. 50**

L'Art de bien conduire une Automobile.
Recueil des connaissances, des principes et des tours de main que doit posséder un conducteur pour tirer le meilleur parti possible de sa voiture, par L. Baudry de Saunier, 1 vol. in-16, 286 pages, 60 figures. — Prix cart toile. **5 fr.**

Les Recettes du Chauffeur.
Manuel pratique indiquant les procédés et les tours de main indispensable au conducteur d'une automobile. — Les remèdes aux pannes, etc. — Recueil de notions, procédés et recettes utiles à un conducteur de véhicule mécanique (Voiture, Motocycle, Motocyclette). — Indication des pannes principales et des remèdes à leur apporter, par L. Baudry de Saunier, 1 vol. petit in-8°, 638 pages, nombreuses gravures, 17ᵉ mille. Cartonné toile. — Prix........ **12 fr.**

Bière.

Manuel du Chimiste Brasseur,
par E. Fontaine, Ingénieur-Chimiste, un beau volume in-16, 65 figures dans le texte, cartonné toile anglaise (1911). — Prix................................. **6 fr.**

Manuel pratique de la Fabrication de la Bière,
par P. Boulin, chimiste-industriel; un gros volume in-16, avec figures dans le texte et une planche (plan d'une grande brasserie). — Préparation du malt. — Brassage. — Le moût. — Houblonnage. — Fermentation. — Levure. — Mise en levain, etc. — Les fûts. — Caves. — Clarification. — Diverses méthodes de brassage. — Analyse. — Falsification, etc... **9 fr.**

Tables du degré de fermentation et du rendement en extrait donnés immédiatement sans calcul,
par Jean Stauffer, professeur à l'Ecole de brasserie de Munich. 1 grand volume in-8° de 964 pages. Cartonné toile. — Prix.............. **10 fr.**

Bois, Arbres, Machines diverses (Voir Scieries).

Traité de Sylviculture générale.
Culture, Aménagement et Gestion des Forêts, par Alexis Frochot, sous-ingénieur des forêts. — 1 volume in-8°, 264 pages, 41 figures. — Prix.............. **10 fr.**

L'Industrie chimique des bois. Leurs dérivés et extraits industriels, par P. DUMESNY et J. NOYER, ingénieurs-chimistes, 1 vol. in-8°.
Nombreuses figures dans le texte. — Prix, broché.......... ... **12 fr.**
— Reliure toile anglaise **15 fr.**

TABLE DES CHAPITRES

1re PARTIE. — *La distillation du bois* : Généralités. — Propriétés physiques et chimiques. — Principaux procédés de carbonisation du bois. — Industrie de l'acide acétique. — Acétates et alcool méthylique. — Produits secondaires de la distillation des bois et industries utilisant chimiquement le bois. — Partie analytique.

2e PARTIE. — *Fabrication d'extraits divers* : Extraits de châtaignier. — Matériel et appareillage pour le traitement du bois de châtaignier. — Type d'usine d'extraits. Capital à engager. Calcul du prix de revient. — Importance et nombre d'usines en France, en Corse et en Italie. — Usage et mode d'emploi des extraits en tannerie. — Fabrication de l'extrait de chêne. — Fabrication de l'extrait de quebracho. — Fabrication d'extraits de sumac. — Des matières tannantes diverses. — Fabrication des extraits de campêche. — Analyse des matières tannantes, etc.

Tarif métrique pour la réduction des bois en grume et de la charpente de trois en trois centimètres, suivi d'un tarif pour la réduction des sapins, par L. GODART et O. PÉRINET, marchands de bois, in-18, 11e édition. — Prix .... **4 fr. 50**

Bougies (Voir SAVONS).

Théorie et pratique de la Fabrication des Bougies, des Chandelles et Savons de Toilette, par Léon DROUX et V. LAUE, ingénieurs-chimistes ; in-8° de 592 pages, 108 figures dans le texte et un atlas de 19 planches in-4°, cartonnage toile anglaise. **20 fr.**

Boulangerie et Meunerie.

Manuel du Boulanger et du Pâtissier-Boulanger.
Boulangerie et Pâtisserie-Boulangère françaises et étrangères, par E. FAVRAIS, boulanger-pâtissier à Paris, fondateur de l'Ecole professionnelle de la boulangerie, 1 beau volume in-8° avec 124 figures dans le texte, 2 planches en noir et 17 planches en couleur. — Prix............ **12 fr.**
Le même ouvrage sans les planches en couleurs....... .... **6 fr.**

Guide pratique de la Meunerie et de la Boulangerie, par Pierre MARMAY, ancien meunier, 1 volume in-8° de 144 pages avec atlas de 9 planches in-4° gravées sur acier, 1863. — Prix réduit... **5 fr.**

Bridge.

Manuel pratique et scientifique du Jeu de Bridge, par E. RÉVEILLAUD. 1 volume in-16. Cartonnage toile anglaise, 1910. —
Prix .... **4 fr.**

Briques et Tuiles.

Nouveau Manuel du Briquetier : Briques, Tuiles, Carreaux, par Émile Lejeune et Bonneville, revu et augmenté par H. de Graffigny ; in-16, nombreuses figures. — Prix broché.... **10 fr.**
Reliure toile anglaise.................................. **12 fr.**

La Pierre artificielle. — Fabrication des briques et matériaux de construction en grès silico-calcaire, par Ernest Stoffler, ingénieur civil, 120 pages, 100 figures dans le texte. — Prix.................. **4 fr. 50**
Préparation des matières premières. — Chaux. — Sable. — Broyage.— Mélange. — Moulage. — Durcissement. — Moteurs. — Appareils. — Installation des usines. — Prix de revient. — Essai des produits.

Caoutchouc.

Les Courroies en Caoutchouc. Calcul et emploi, par R. Bobet, ingénieur, in-16, 1897. — Prix............................... **1 fr.**

Au pays du caoutchouc, par Eugène Ackermann, ingénieur civil des Mines, 1 volume in-12 de 64 pages avec 3 phototypies. — Prix **1 fr. 50**

Carrosserie.

La Carrosserie. Poids des voitures, roues, essieux, ressorts, suspension de voitures, avant-trains, caisses, voitures diverses, appareils enregistreurs de la vitesse, du tirage et de la douceur de suspension, par G. Anthoni, in-8°, 64 pages, 41 figures et 1 planche, 1878. — Prix. **3 fr.**

Chaleur.

La chaleur. Leçons élémentaires sur la thermométrie, la calorimétrie, la thermodynamique et la dissipation de l'énergie, par J. Clerk Maxwell F. R. S., édition française d'après la 8ᵉ édition anglaise, par G. Mouret, ingénieur des ponts et chaussées, avec préface de M. A. Potier, membre de l'Institut, in-16, figures dans le texte. — Prix... **6 fr.**

Chauffeurs (Voir Automobiles, Mécanique et Machines)

Catéchisme des Chauffeurs et des Machinistes, traitant de la législation, de la combustion, de l'entretien, de la conduite des machines, mise en marche, description des organes, arrêt, machines spéciales, chaudières, foyers, appareils de sûreté, etc., 7ᵉ édition, revue et augmentée d'un appendice, in-16, figures dans le texte. — Prix... **2 fr.**

Chaux et Plâtres (Voir Briques et Tuiles).

Manuel du Chaufournier et du Plâtrier, du fabricant de bétons et mortiers hydrauliques, par Émile Lejeune, ingénieur. Nouvelle édition, revue par H. de Graffigny. 1 beau volume in-16, figures dans le texte. — Prix..................................... **7 fr. 50**

Chemins de fer.

Calcul des Voies. Partie théorique et Formules, par J. MARIDET, chef de section P.-L.-M., in-8°, 1876. — Prix réduit........ ... **2 fr. 50**

Le Chemin de fer glissant de Girard et Barre. par M. MAX DE NANSOUTY, ingénieur des Arts et Manufactures (1890), 1 vol. in-12, 39 pages, 12 figures dans le texte. — Prix .... **1 fr 50**

Chimie pure et appliquée.

Dictionnaire de Chimie industrielle, contenant toutes les applications de la Chimie à l'Industrie, à la Pharmacie, à la Métallurgie à l'Agriculture, à la Pyrotechnie et aux Arts et Métiers, avec la traduction russe, anglaise, allemande, espagnole et italienne des principaux termes techniques, par M. A.-M. VILLON, ingénieur-chimiste, professeur de technologie chimique, et par M. P. GUICHARD, Président de la Société de Pharmacie, Membre de la Société chimique de Paris; 3 beaux vol. in-4°, 2.300 pages, 1.200 figures. — Prix : broché....... .... **75 fr.**
relié en 2 vol. demi-chagrin. **80 fr.**

On vend séparément : Le tome Ier, **30** fr ; le tome II, **25** fr ; le tome III, **25** fr.
Un prospectus spécial est envoyé sur demande.

Formulaire général des réactions et réactifs chimiques et microscopiques, comprenant les réactions et réactifs usités en analyse. Papiers réactifs et indicateurs. Procédés microscopiques de coloration simple, double ou triple des coupes ou préparations. Formules de solutions microbiologiques fixantes, clarifiantes, antiseptiques, décalcifiantes, désagrégeantes, etc. Formules de masses d'injection, d'inclusion, de montage, de ciments pour préparations, etc., etc., par Raoul ROCHE; un beau vol. in-8°. — Prix : broché .... **7 fr. 50**
Cartonné toile................ ... . **9 fr.**

Revue de Chimie industrielle. Revue des produits chimiques, couleurs, teinture, métallurgie, distillerie, pyrotechnie, engrais, comestibles, analyses industrielles, électrochimie, réunis avec *la Revue de Physique et de Chimie et de leurs applications industrielles*, fondée par MM. SCHUTZENBERGER et LACTH. — Les années 1890 à 1910 forment 21 beaux volumes in-4°. — Prix de chaque volume................. **15 fr.**

Prix des abonnements (du 1er janvier de chaque année) :
France et Colonies.. .... **12 fr.**
Etranger... .... **15 fr.**
Spécimen gratuit à toute personne qui en fait la demande.

Dictionnaire des Analyses chimiques. Répertoire alphabétique des analyses de tous les corps naturels et artificiels, depuis l'origine de la chimie jusqu'à nos jours, second tirage augmenté de 400 analyses nouvelles, par VIOLETTE et J. ARCHAMBAULT, 2 gros volumes in-8°, à deux colonnes, 1860. — Prix réduit .... **8 fr.**

Nouvelles manipulations chimiques simplifiées, ou *Laboratoire économique de l'étudiant*, contenant la description d'appareils simples et nouveaux, suivi d'un cours de chimie pratique, à l'aide des instruments, 3e édition, par Henri VIOLETTE, 1 volume in-8°, 476 pages, avec 30 tableaux et 227 figures dans le texte, 1860. — Prix réduit..   **5 fr.**

Principes de Chimie, par DIMITRI MENDÉLÉEFF, professeur à l'Université de Saint-Pétersbourg (édition française), par MM. ACHKINASI et CARRION, avec préface par M. le professeur Armand GAUTIER, 2 volumes in-16, cartonnés.

TOME I. — L'étude de la chimie. — L'eau et ses combinaisons. — Composition de l'eau et hydrogène. — L'oxygène. — Ozone et peroxyde d'hydrogène. — Loi de Dalton. — Azote et air atmosphérique. — Composés hydrogénés de l'azote. — Molécules et atomes. — 1 volume in-16, nombreuses figures, 585 pages. — Prix........................ .. **7 fr. 50**

TOME II. — Carbonate et hydrocarbures. — Chlorure de sodium. — Les Halogènes : chlore, brome, iode, fluor. — Potassium, rubidium, cesium, lithium. — Capacité calorique des métaux. — Similitude des éléments et Loi périodique. 1 vol. in-16, figures dans le texte, 499 pages   **7 fr. 50**

Chocolat.

Manuel pratique du Chocolatier. Le Cacaoyer et sa culture. — Examen et choix du cacao. — Aromates. — Fabrication du chocolat. — Mélange. — Broyage et finissage. — Installation d'une chocolaterie moderne. — Différentes sortes de chocolat. — Moulage et empaquetage. — Falsification. — Par L. DE BELFORT DE LA ROQUE; in-16, nombreuses figures. — Prix .... **4 fr. 50**

Combustibles (Voir GAZ, HOUILLE et TOURBE).

Étude sur les Combustibles en général et sur leur emploi au chauffage par les gaz. — Historique. — Etudes des combustibles et des gaz qu'ils fournissent. — Anthracites et houilles. — Lignites. — Tourbe. — Bois. — Goudrons et huiles minérales. — Epuration des gaz et combustion. — Lavage et épuration des gaz. — Emploi des combustibles solides. — Production de la vapeur. — Dégénération et récupération. — Gazogènes en général. — Description des appareils. — Par M L'NCAUCHEZ, ingénieur civil; 1 volume, grand in-8°, 344 pages, 55 figures dans le texte et un atlas de 31 pl. in-folio. — Prix......................... **16 fr.**

Comptabilité.

Traité général théorique et pratique de Comptabilité commerciale, Industrielle et Administrative, par G. OPPELT. — Ouvrage adopté pour l'Enseignement. 1 volume in-8° (1876), 367 pages. — Prix réduit .... **4 fr.**

Conserves.

Manuel des Conserves alimentaires. Fruits, Légumes, Poissons, Gibier et animaux de boucherie, in-16, nombreuses figures, par R. DE NOTER. 2ᵉ édition. — Prix.................................... **3 fr.**

Constructions rustiques.

Manuel de Constructions Rustiques en bois, à l'usage des amateurs, par HASLUCK et GRUNY. — Un volume in-8º, 194 figures dans le texte, 1910. — Prix.......................... **3 fr.**

Corps gras.

Les Corps gras. Huiles végétales, non-siccatives, siccatives. — Huiles animales, — Graisses végétales. — Graisses animales. — Suifs. — Cires. Matières grasses minérales. — Lubrifiants, etc. — Par A.-M. WILLON, ingénieur-chimiste, in-16, figures dans le texte. (2ᵉ tirage) — Prix.. **6 fr.**

Le Frottement, le Graissage des Machines et les Lubrifiants, par R. H. THURSTON, professeur à l'Université de New-York, 2ᵉ édition française; 1 vol. in-16, avec figures dans le texte. **4 fr.**

Couleurs (Voir TEINTURE et VERNIS).

Nouveau Manuel du Fabricant de Couleurs. Couleurs industrielles, Couleurs fines, Emploi des couleurs. — Gouache. — Pastel, etc., par M. COFFIGNIER, ingénieur-chimiste, Directeur de l'Usine des Couleurs de la Société des Matières colorantes, 1 beau volume in-8º, avec figures. — Prix : broché................................... **10 fr.**

cartonné .... **12 fr.**

Manuel pratique de la Fabrication des Couleurs. Matières premières employées dans la préparation des couleurs, essences, et vernis, par MM. R. LEMOINE et CH. DU MANOIR; 1 beau volume in-8º, 360 pages. — Prix.................................. **6 fr.**

Notions générales sur les Matières colorantes organiques artificielles. par Jules MAMY; 1 volume in-16, 72 pages. — Prix .... **1 fr. 50**

Distillation. — Alcools. — Liqueurs.

Guide pratique du Distillateur. Fabrication des Liqueurs. Distillation. — Rectification. — Filtrage. — Tranchage. — Générateurs. — Matières sucrées. — Conserves. — Sirops. — Punchs. — Miels et Hydromels. — Fruits à l'eau-de-vie. — Boissons gazeuses. — Liqueurs de ménage. — Par Edouard ROBINET, (d'Epernay); 1 fort vol. in-16, 424 pages. — Prix.................................... **5 fr.**

Distillation. Traité ou Manuel complet, théorique et pratique, de la distillation de toutes les matières alcoolisables : grains, pommes de terre, vins, betteraves, mélasses, etc., contenant la description de tous les principaux appareils connus et en usage dans la pratique, par Charles STAMMER; 1 volume, grand in-8°, 452 pages, accompagné de 88 figures dans le texte et de nombreux tableaux. Relié, 1880. — Prix réduit ..... **12 fr.**

Fermentation spontanée sans, levure de bière. Travail de la mélasse de betteraves, par Jules KUNEMAN; in-8° (1892).. **2 fr. 50**

Dorure, Argenture, etc. (Voir GALVANOPLASTIE).

Manuel pratique de Dorure-Argenture, Nickelage et Coloration des métaux, par J. GHERSI et P. CONTER. Edition française par A. GAYET, ancien Professeur de l'Université. — Cuves. — Moulages. — Métallisation des substances non conductrices. — Polissage des métaux. — Dorure. — Argenture galvanique. — Nickelage. — Cuivrage. — Platinage. — Le Fer. — Etamage. — Aluminage. — Plombage. — Zingage. — Antimonage et autres métaux. — Alliages. — Coloration des métaux. — Produits employés en galvanoplastie, etc. — Un beau volume in-8 de 255 pages et figures. — Prix.................... **4 fr 50**

Eaux.

Manuel pratique d'Analyse micrographique des Eaux, par P. FABRE-DOMERGUE, directeur du Laboratoire de Zoologie maritime; in-16, 10 fig. — Prix............................... **1 fr. 50**

Electricité.

Manuel pratique du Monteur-Electricien. Le Mécanicien-chauffeur-électricien. — Montage et conduite des installations électriques, etc., par J. LAFFARGUE, ingénieur-électricien, attaché au service municipal de contrôle des Sociétés d'électricité de la Ville de Paris. — Petit in-8°, reliure anglaise, 1.000 pages, 927 figures et 4 planches en couleurs. — Treizième édition, revue entièrement par L. JUMAU, ingénieur-électricien. — Prix......................... **10 fr.**

Catéchisme d'Électricité pratique. Premières leçons à la portée de tous. — Electricité statique. — Magnétisme. — Unités et mesures. Piles. — Accumulateurs. — Machines dynamo et magnéto-électriques. — Lampes et éclairage — Téléphonie. — Sonneries. — Par Ernest SAINT-EDME, ancien professeur de physique à l'Ecole Turgot. — 1 volume in-16, avec 73 figures, cartonné, 2e édition. — Prix................... **2 fr. 50**

Table des Chapitres. — Chapitre I. Généralités sur l'électricité statique. — Chapitre II. Magnétisme. — Chapitre III. Unités et appareils de mesure. — Chapitre IV. Les piles électriques, — Chapitre V Accumulateurs. — Chapitre VI. Les machines magnéto et dynamo-électriques. — Chapitre VII. L'éclairage et les Lampes électriques. — Chapitre VIII. Tableaux de distribution; conducteurs; installations de lignes. — Chapitre IX. Téléphonie. — Chapitre X. Sonneries électriques.

Manuel pratique du Constructeur Electricien, par

MM. G. Pardini, Cababin et L. J., ingénieurs-électriciens. 1 beau volume in-16, 624 pages, 388 figures, cartonné toile anglaise. — Prix........ **10 fr.**

Définitions. — Lois. — Unités. — Généralités. — Classification des machines. — Matériaux employés et leurs propriétés. — Examen des pertes dans la construction. — Refroidissement des machines. — Construction des noyaux magnétiques. — Construction des enroulements et isolements. — Construction de la partie mécanique. — Construction des parties accessoires. — Essais. — Mesures sur les machines. Installation d'une usine. — Calcul des parties mécaniques. — Calcul des parties électro-mécaniques. — Diagrammes.

L'Électricité industrielle à la portée de tous, par

Cl. Créchet. ingénieur, Professeur du cours d'électricité de la ville du Havre.— 1 beau volume in-8°, 325 pages, 224 figures. — Prix. **2 fr. 50**

Album de plans de pose d'Installations de la Lumière électrique, par H. de Graffigny. — 32 planches hors-texte, avec

explications. In-8°, cartonné. — Prix.................. .... **3 fr. 50**

Manuel de l'Apprenti et de l'Amateur électricien.

Cinq volumes in-16, avec de nombreuses figures dans le texte, par MM. Marie Zéda et de Graffigny.

1re Partie. — **Principes d'électricité. Machines électriques** : Historique. — Courant. Electrochimie. — Magnétisme. — Electromagnétisme. — Capacité. — Unités de mesure. — Machines magnéto et dynamo électriques. — Courants alternatifs, etc., 2e édition, par R. Marie; in-16, fig. 1 à 104. — Prix.................................. **2 fr.**

2e Partie. — **Sonneries électriques, Paratonnerres** : Sonneries, Mécanisme. — Les piles. — Installation des sonneries simples, tableaux indicateurs. — Lignes aériennes. — Paratonnerres, etc., par H. Zéda; in-16, figures 105 à 203. — Prix .... **2 fr.**

3e Partie. — **Téléphonie pratique** : Historique du téléphone. — Matériel et appareillage pour les lignes téléphoniques. — Les téléphones domestiques. — La téléphonie à grande distance. — Installation des réseaux téléphoniques. — Les bureaux téléphoniques centraux. — Défauts et réparations, etc., 2ᵉ édition, par H. ZÉDA. In-16, figures 204 à 285. — Prix. **2 fr.**

4ᵉ PARTIE. — **Tramways et Chemins de fer électriques** : généralités sur la traction électrique. — Traction par prise de courant électrique. — Système moteur. — Traction par accumulateur. — Traction par système générato-moteur. — Chemins de fer à traction électrique. — Traction par unités multiples. — Métropolitain de Paris. — Traction par courants alternatifs. — Traction électrique sur routes. — Chemin de fer électrique suspendu, par R. MARIE. In-16, fig. 286 à 317. — Prix..... **2 fr.**

5ᵉ PARTIE. — **Éclairage électrique dans les appartements** : De l'éclairage électrique en général. — Production et mesure de l'électricité. — L'éclairage électrique par les piles. — Installations de lumière sur secteurs. — Les lampes électriques portatives. — Éclairage électrique domestique par les machines. — Installations d'éclairage particulier, etc., par H. DE GRAFFIGNY. In-16, figures 318 à 386, 2ᵉ édition. — Prix.............. **2 fr.**

Les Lampes électriques. Régulateurs, — Incandescence. — Par

P. D'URBANITZKI. — Deuxième édition française, revue et augmentée, par Georges FOURNIER, ingénieur-électricien. — Un beau volume in-16 de 250 pages avec 126 figures dans le texte. — Prix............. **4 fr. 50**

Manuel pratique de l'installation de la Lumière électrique, par J.-P. ANNEY, ingénieur-électricien.

1ʳᵉ PARTIE. — Installations privées. — Troisième édition. — 1 beau vol. in-16 de 344 pages, avec 135 figures dans le texte. — Prix......... **5 fr.**

2ᵉ PARTIE. — Stations centrales. — 1 beau volume in-16, avec 99 fig. dans le texte et 10 planches, dont 8 en couleurs. — Prix .... **7 fr.**

L'Électricité dans la Maison moderne, par Ernest COUSTET,

ingénieur-électricien. — Production du courant. — Éclairage. — Chauffage. — Moteurs domestiques. — Assainissement. — Sonneries. — Horloges. — Téléphone. — Paratonnerres. — 1 fort volume in-16, avec 185 figures. — Prix cartonné............................... **4 fr. 50**

Les Compteurs d'Électricité, par Ernest COUSTET. 1 beau vol.

in-16 avec 56 figures dans le texte — Prix.................... **2 fr. 50**

Câbles d'Éclairage électrique et Distribution de l'Électricité, par STUART A. RUSSEL. — Traduit avec l'autorisation de

l'auteur par G. FORMENTIN. — 1 fort volume in-16, avec 108 figures dans le texte. — Prix, reliure toile anglaise .... **6 fr.**

Aide - Mémoire de l'Ingénieur-Électricien. Recueil de

tables, formules et renseignements pratiques à l'usage des électriciens, par G. DUCHÉ, B. MARINOVITCH, E. MEYLAN et G. SZARVADY. — Sixième tirage, augmenté par P. JUPPONT, ingénieur des arts et manufactures. — 1 beau volume in-16, nombreuses figures intercalées dans le texte, cartonnage anglais. — Prix... **6 fr.**

Terminologie électrique. Vocabulaire français, anglais, alle-

mand, des termes employés en électricité, par G. FOURNIER, ingénieur-électricien (1887), 1 vol. in-12, 40 pages. — Prix.................... **1 fr.**

Les Applications de l'Électricité, par Th. DU MONCEL, ingénieur-électricien (1885), 5 vol. in-8°, nombreuses figures dans le texte. Cartonné. 1re et 2e parties : Technologie électrique ; 3e partie : télégraphie électrique ; 4e partie : Applications mécaniques de l'électricité ; 5e partie : Applications industrielles de l'électricité. Les 5 volumes (publiés à 50 fr.) Prix réduit.. **20 fr.**

Revue pratique de l'Électricité. Revue bi-mensuelle illustrée, in-4°.

Prix de l'abonnement, un an : France et Colonies..... **6 fr.**
Étranger................ **7 fr. 50**

Manuel de Construction et d'emploi des Machines et Appareils électriques, par A. LUZY, professeur à Lille, 1 volume in-8°, figures dans le texte, 1909. — Prix.................... **6 fr.**

Electrolyse (Voir GALVANOPLASTIE.).

L'Électrolyse et l'Électro-Métallurgie, par Édouard JAPING, ingénieur-électricien, — 3e édition française, augmentée d'un appendice sur l'électro-métallurgie à l'exposition de 1900, par L. GUILLET, ingénieur-chimiste, 1 volume in-16 illustré de nombreuses figures dans le texte. — Prix... **4 fr**

Encres et Cirages.

Fabrication des Encres et cirages. *Encres à écrire, à copier, métalliques, à dessiner, lithographiques. — Cirages, vernis et dégras. —* Encres à écrire. — Matières premières. — Constitution chimique. — Fabrication des encres à l'acide tannique. — Encres à l'acide gallique.— Encres au campêche — Encres au sesquioxyde de fer. — Encres à l'alizarine. — Encres de matières extractives. — Encres à copier. — Encres hectographiques — Encres de sûreté. — Extraits d'encres et encres en poudre. — Conservation de l'encre. — Encres de couleur. — Encre métallique. — Encres solides. — Encres et crayons lithographiques. — Crayons autographiques. — Crayons d'encre. — Crayons de couleur. — Encre à marquer. — Encres spéciales. - Encres sympathiques.— Encres pour timbres et tampons. — Bleu d'azurage du linge. — Fabrication du

cirage pour chaussures, des vernis, et de la graisse pour le cuir. — Fabrication du noir d'os. — Fabrication du dégras. — Deuxième Edition française, par DESMAREST, d'après LEHNER et BRUNNER. — 1 vol. in-16 de 345 pages. — Prix... **5** fr.

Ferblantier.

Manuel théorique et pratique du Ferblantier, par ORTLIEB, professeur de dessin industriel, contre-maître d'usine, in-8° 297 figures dans le texte. — Prix.................................... **6** fr.

Galvanoplastie (Voir ELECTROLYSE et DORURE).

Manuel de Galvanoplastie. Dorure, argenture, cuivrage, nickelage, étamage, par Georges BRUNEL; 1 volume in-16, avec 28 figures dans le texte. — Prix.. **4** fr.

La Galvanoplastie. Histoire et procédés. — Dorure. — Argenture. — Nickelage. — Photogravure sur zinc et cuivre à la portée des amateurs, par Paul LAURENCIN. — 1 vol. in-16, 5e édition, cartonné. — Prix. **3** fr.

Gaz (Voir COMBUSTIBLES).

Fours à gaz et à chaleur régénérée, de M. SIEMENS, par F. KRANZ, ingénieur des Mines, professeur de métallurgie à l'Université de Louvain, in-8°, 6 planches (publié à 10 fr). — Prix réduit...... **5** fr.

Géodésie (Voir MINES).

Manuel pratique de Géodésie, par G. DALLET, du Service géographique de l'Armée; in-16, fig. dans le texte. — Prix........... **4** fr.

Géologie (Voir MINES).

Éléments de Géologie. Notions sommaires sur les roches. — Phénomènes actuels d'origine externe. — Phénomènes actuels d'origine interne. — Constitution générale de l'écorce du globe. — Ere primaire. — Ere secondaire. — Ere tertiaire. — Ere quaternaire. — Géologie de la France, par E. NIVOIT, 368 pages. 156 fig., 1 carte géologique — Prix. **2** fr.

Goudrons.

Etude sur les Goudrons et leurs nombreux dérivés, par KNAB, ingénieur-chimiste, grand in-8° de 102 pages avec 8 figures (1884). — Prix... **3** fr.

Horlogerie.

L'Horlogerie électrique, par A. TOBLER, professeur à l'Ecole Polytechnique de Zurich, 2e édition française revue et augmentée, par L. DE BELFORT DE LA ROQUE, ingénieur civil, 1 vol. in-16, avec 65 figures dans le texte. — Prix.. **3** fr.

Hydraulique, Turbines, Lithologie.

Les Fontaines lumineuses à l'Exposition de 1889,
par Delannoy, ingénieur, in-8°, 1889, nombreuses figures. — Prix **0 fr. 75**

Construction des Turbines et des Pompes centrifuges,
par Lucien Vallet, ingénieur constructeur. — 1 volume in-8° et atlas de 15 planches (1875). — Prix... **15 fr.**

Les Cours d'eau.
Hydrologie. — Généralités. — Torrents, lacs et rivières. — Petits cours d'eau et fossés de dessèchement. — Cultures permanentes. — Législation. — Eaux pluviales et sources. — Des cours d'eau non navigables et non flottables. — Des rivières flottables à bûches perdues. — Des fleuves et rivières navigables ou flottables, par MM. C. Léchalas, de Lalande et Sarrat, 2ᵉ édition revue augmentée, 375 pages, 38 figures. — Prix... **2 fr.**

Ingénieur.

Carnet de l'Ingénieur.
Recueil de tables, de formules et de renseignements usuels et pratiques sur l'industrie, chimie, physique, mécanique, machines à vapeur, hydraulique, résistance, frottements, etc , à l'usage des ingénieurs, des constructeurs, des architectes, des chefs d'usines, des mécaniciens, des directeurs et conducteurs de travaux, des agents-voyers, des manufacturiers et des industriels; par une réunion d'ingénieurs et de savants français et étrangers (Carnet Lacroix); 1 vol. in-16, cartonné, format de poche, 400 pages petit texte compact, avec nombreuses figures, etc. — 53ᵉ tirage. — Prix................ **4 fr. 50**

Lait.

Laiterie, Beurre et Fabrication des Fromages.
Lait. — Analyse. — Conservation. — Écrémage. — Barratage. — Beurre. — Conservations. — Fromages mous, frais, affinés, cuits, etc., 2ᵉ édition, par E. Rigaux, professeur à l'École d'Agriculture de Mende, 320 pages, 73 figures. -- Prix .... **3 fr.**

Principes de Laiterie.
Constitution physique du lait. — Constitution chimique du lait. — Les microbes du lait. — Études de quelques fermentations spéciales. — Méthodes d'analyse du lait. — Traitement commercial du lait. — Écrémage naturel. — Écrémage centrifuge. — Barattage du lait ou de la crème. — Le beurre. — Principes généraux de la fabrication des fromages. — Divers types de fromage. — Fromage à pâte ferme et à pâte molle, par E. Duclaux. 1 volume 361-xxv pages. Prix .... **8 fr. 50**

Laminage (Voir Mécanique et Machines).

Manuel pratique de Laminage du Fer.
Principe du laminage. — Influence du diamètre des cylindres. — Influence de la vitesse. — Influence de la nature, de l'état calorique et de la manière dont on présente le fer aux cylindres. — Application des principes du laminage. — Classement des trains de laminoirs. — Règle du tracé des cannelures. —

Classification des trains de laminoirs. — Trains de puddlage. — Gros train nº 1. — Gros train nº 2. — Train cadet. — Train à guides. — Train mixte. — Train machine. — Généralités sur les cylindres. — Classification des cylindres. — Lignes des cannelures. — Entrée des cannelures. — Sortie des cannelures. — Guidage des cylindres. — Levage des cylindres. — Montage des cylindres dans les cages. — Guidage du fer à l'entrée et à la sortie des cylindres. — Tracé des cannelures.

Acier : Dégrossisseurs ogives. — Dégrossisseurs carrés. — Mises du puddlage. — Fers plats. — Gros ronds. — Gros carrés. — Feuillards. — Fers en U. — Fers à T doubles cornières. — Fers à simple T. — Fers à paumelles. — Fers zorès. — Rails. — Fers à bourrelets. — Fers demironds. — Vitrages et demi-vitrages. — Fers à nœuds pour crampons. — Petits carrés aux guides. — Petits ronds droits aux guides.

Par F. Neveu et L. Henry, ingénieurs-métallurgistes; 1 volume in-16, avec 6 figures et 10 tableaux et atlas de 117 planches in-folio. Prix. **40 fr.**

Mécanique et Machines.

Éléments proportionnels de Constructions mécaniques, disposés en séries propres à faciliter l'étude et l'exécution des diverses pièces détachées des constructions mécaniques, par D.-A. Casalonga, ingénieur civil, ancien élève des Arts et Métiers; 1 vol. cartonné, grand in-4", comprenant un texte et 64 planches. - Prix réduit. **7 fr. 50**

Des Régulateurs appliqués aux Machines à vapeur, par V. Lebeau, in-8°, 10 figures (1890). — Prix .... **2 fr.**

Incrustation des Chaudières à vapeur et divers moyens de la combattre, par A. Brull et A. Langlois, in-8°, 104 pages, 5 planches, (1870). — Prix réduit.. **2 fr.**

Traité pratique de filetage, à l'usage de tous les mécaniciens, par J. Cady, 10ᵉ édition, 1906. — Prix.................... **2 fr. 25**

Méthodes de calculs applicables aux diagrammes des machines à vapeur, avec tables de densités et de volumes de la vapeur sous différentes pressions, par Queruel (A.), ingénieur civil, 1 vol. in-8°, 1881. — Prix **2 fr.**

Études expérimentales sur l'effet utile dans le martelage, par E. Deny, ingénieur aux Forges de Monterhausen, ancien élève de l'école de Châlons. 1 volume in-8° avec nombreuses figures et planches, 1875. — Prix.................... **2 fr.**

Cours de Chaudières et de Machines à vapeur. Théorie et pratique, par L. Poillon, ingénieur mécanicien (1877), avec supplément (1879), 2 beaux volumes in-8°, 687 pages et 14 planches. — Publié à **30 fr.** — Réduit à................................. **7 fr. 50**

Étude sur la Production de la Vapeur, par A. Lencauchez, ingénieur civil, in-8°, 1904. — Prix........................... **3 fr**

Manuel de l'Ouvrier Mécanicien. 9 vol. in-16 avec nombreuses figures dans le texte, par M. Georges FRANCHE, ingénieur-mécanicien (Arts et Métiers, E. C. P.).

1re PARTIE. — *Principes de mécanique générale :* Statique, Cinématique, Dynamique, Théorie de la chaleur. — In-16 cartonné, figures 1 à 95, 2e édition. — Prix .... **2** fr.

2e PARTIE — *Outils, Machines-Outils :* Travail du bois. — Travail des métaux. — In-16 cartonné, fig. 96 à 174, 3e édition. — Prix........ **2** fr.

3e PARTIE. — *Forge et Fonderies :* Travail du fer. — Travail du cuivre. In-16 cartonné, fig. 175 à 317, 2e édition. — Prix.............. **2** fr.

4e PARTIE. — *Engrenages et Transmissions :* Engrenages cylindriques, coniques, hélicoïdaux. — Transmissions fixes. — Arbres. — Poulies. — In-16, cartonné, figures 318 à 406, 2e édition — Prix.............. **2** fr.

5e PARTIE. — *Boulons, Rivets, Chaudronnerie :* Assemblage. — Filetage et taraudage. — Chaudronnerie de fer. — Chaudronnerie de cuivre. — Chaudières. — In-16 cartonné, figures 407 à 573, 2e édit. — Prix.. **2** fr.

6e PARTIE. — *Machines à vapeur :* Principes. — Fonctionnement. — Machines à vapeur. — Turbo-moteurs. — Conduite. — Graissage. — — Régulateurs. — Précautions générales. — Figures 574 à 700, 3e édition. — Prix... **2** fr.

7e PARTIE. — *Moteurs fixes à gaz et à pétrole :* Historique. — Théorie. — Moteurs divers à pétrole. — Moteurs à gaz pauvres. — Moteurs spéciaux. — Moteurs à combustibles quelconques. — Figures 701 à 801, 3e édition. — Prix... **2** fr.

8e PARTIE. — *Moteurs hydrauliques, Roues, Turbines, Pompes :* Théorie et généralités. — Roues hydrauliques. — Tracés. — Roues diverses. — Turbines, Dispositions générales, Turbines diverses. — Pompes à pistons, Pompes centrifuges. — Figures 802 à 872, 2e édition. — Prix .... **2** fr.

9e PARTIE. — *Montage des Machines,* par P. BLANCARNOUX : Fondations. — Chaudières. — Cylindres et Compléments. — Pistons et Tiroirs. — Bielles et Manivelles. — Arbres et dérivés. — Tuyaux. — Joints. — Accessoires. — Arbres et supports. — Engrenages et Poulies. — Courroies et Câbles. — Chaudières. — Machines. — Auxiliaires. — 200 figures. — Prix... **2** fr.

Les 9 volumes, pris ensemble. — Prix..................... **17** fr.

Mines. — Minéralogie. — Marbre.

Manuel pratique du Prospecteur. — Guide du Prospecteur et du voyageur pour la recherche des métaux et des minéraux précieux, par J.-W. ANDERSON. — 2e édition française, d'après la huitième édition anglaise, par J. ROSSET, ingénieur civil des Mines. — In-16, 73 figures dans le texte (1910). — Prix, cartonné toile .... **5** fr.

Manuel pratique du Mineur (Exploitation des mines), par D. LUPTON et P. BELLET, ingénieurs des mines. 1 beau volume in-16 de 600 pages, 500 figures. Cart. toile anglaise. 1911. — Prix.......... **10** fr.

Cours de Minéralogie professé à l'École Centrale, par DE SELLE, professeur à l'École Centrale. — Minéralogie; phénomènes actuels. Les dix-huit premiers chapitres traitent des phénomènes qui

ont bouleversé notre globe; les chapitres suivants traitent de la minéralogie et donnent la description de toutes les espèces et variétés minérales considérées comme indiscutables et classées par familles; 1 fort volume de 585 pages in-8° et 1 atlas de 147 planches comprenant 978 figures et 27 tableaux. (Publié à 25 fr.) — Prix réduit.................. **7 fr. 50**

Étude pratique sur l'Industrie des Marbres en France, par Tournier, in-8° broché, 60 pages. — Prix .... **3 fr.**

Musique.

La Musique. Fabrication des instruments; acoustique; fabrication des instruments à vent, à cordes, à percussion; orgues, pianos, etc. Application de l'Électricité aux instruments musicaux, par Boudoin et Hervé, 1 vol. grand in-8°, 147 pages, 64 figures dans le texte et 2 planches, 1886. — Prix... **2 fr.**

Naturaliste.

Manuel pratique du Naturaliste-Empailleur. — La Taxidermie à la portée de tous. — Dépouillement des oiseaux. — Bourrage et montage des oiseaux. — Dépouillement et mise en peau des mammifères. — Têtes d'animaux avec cornes, polissage et montage des cornes. — Dépouillement, bourrage et moulage des poissons. — Conservation, nettoyage et teinture des peaux. — Conservation des insectes et des œufs d'oiseaux. — Boîtes pour les spécimens empaillés, par P. Halscck et L. Gruny. 1 volume in-8° de 128 pages et 108 gravures. — Prix .... **3 fr.**

Navigation.

La Navigation Sous-Marine. Bateaux sous-marins historiques. — Bateaux sous-marins actuels; par A.-M. Villon. — 1 volume in-16, 11 figures. — Prix..................................... **1 fr. 50**

Or.

L'Or. Gîtes aurifères. Extraction de l'Or. Traitement du minerai. — Emplois et analyse de l'or. — Vocabulaire des termes aurifères. — Par H. de La Coux, ingénieur-chimiste; 1 beau volume in-16, nombreuses figures dans le texte. — Prix..................... **5 fr.**

Une Région aurifère dans l'Afrique occidentale. — Les territoires miniers du bassin de la Falémé, par EUG. ACKERMANN, ingénieur civil des Mines, 1 vol. in-12, 120 pages. — Prix.................... **3 fr. 50**

Parfumerie (Voir SAVONS).

Manuel du Parfumeur. Odeurs, essences, extraits et vinaigres de toilette, poudre, sachets, pastilles, émulsions, pommades, dentifrices; par W. ASKINSON; 2e édition française, par G. CALMELS. — Histoire de la parfumerie. — Matières odorantes en général. — Matières odorantes extraites du règne végétal. — Matières animales. — Produits chimiques. — Préparation des matières odorantes. — Des falsifications des huiles essentielles. — Essences et extraits. — Parfumerie proprement dite. — Parfums de mouchoirs. — Parfums ammoniacaux. — Des parfums secs. — Pastilles fumigatoires. — Parfumerie cosmétique et hygiénique. — Préparation des émulsions, des poudres des pâtes, du lait végétal et des crèmes. — Des préparations employées pour l'hygiène des cheveux et de la bouche. — Parfumerie cosmétique. — Fards et produits servant à embellir la peau. — Préparation pour colorer les cheveux et préparations épilatoires. — Cires, bandolines et brillantines. — Des couleurs employées en parfumerie. — 1 fort volume in-16 avec 30 figures dans le texte. — Prix... .... **6 fr.**

Pêche.

Fabrication et emploi des Filets de pêche, par le commandant VANNETELLE ; 1 vol in-16, 64 figures. — Prix.......... **3 fr.**

Nouveau manuel pratique du Pêcheur à la ligne. Matériel du pêcheur. — Travaux pratiques du pêcheur. — Les amorces. — Esches ou appats. — Différents genres de pêche à la ligne. — Pêche particulière de chaque poisson. — Pêche en mer. — Législation de la pêche, par G. LANORVILLE, avec préface de R. de SAINT-AROMAN, 1 vol. in-8° colombier, 170 pages, 136 figures. — Prix............... **3 fr.**

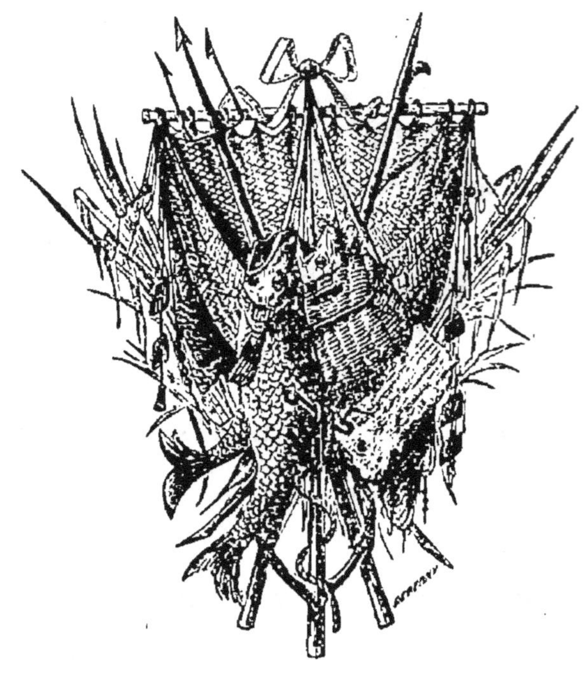

Pétrole.

Le Pétrole et ses applications, par Henry DEUTSCH (de la Meurthe).

Notions générales. — Géographie. — Notions historiques. — Exploitation des gisements. — Physique et chimie. — Technologie. — Propriétés physiques. — Etude chimique des huiles minérales. — Les huiles minérales en général. — Action de la chaleur. — Etude particulière des huiles minérales suivant leur provenance. — Essai des huiles minérales. — Technologie du pétrole. — Traitement des pétroles américains. — Traitement des huiles russes. — Application. — Chauffage au pétrole. — Production de la force motrice. — Graissage — Applications industrielles diverses. — In-8°. 313 pages, 74 figures.

Prix : Broché.. . ... 5 fr. — Cartonné.... .... . . 6 fr.

Phonographe.

Le Phonographe et ses applications, par A.-M. VILLON, ingénieur. — 1 vol. in-16, avec 36 figures dans le texte. — Prix....... 2 fr.

Photographie.

Manuel de Photographie en Couleurs sur plaques à filtres colorés, par Ed. COUSTET. in-8° 1908. — Prix..... 2 fr. 50

Photographie. Encyclopédie de l'Amateur-Photographe,
par MM. G. BRUNEL, P. CHAUX, E. Forestier et A. REYNER. 10 volumes in-16, près de 500 figures dans le texte. — Prix (les 10 volumes)... ..... 10 fr.

On vend séparément chaque volume.... . ... 1 fr.

N° 1. — **Choix du matériel et installation du laboratoire.** par G. BRUNEL et F. FORESTIER. — Prix.... ..... 1 fr.

N° 2. — **Le sujet. — Mise au point. — Temps de pose,** par G. BRUNEL. Prix............................ .. 1 fr.

N° 3. — **Les clichés négatifs,** par G. BRUNEL et E. FORESTIER. Prix. 1 fr.

N° 4. — **Les épreuves positives.** par par G. BRUNEL. — Prix.......... 1 fr.

N° 5. — **Les insuccès et la retouche,** par G. BRUNEL. — Prix. 1 fr.

N° 6. — **La photographie en plein air,** par G. BRUNEL et P. CHAUX. Prix.. .... 1 fr.

N° 7. — **Le portrait dans les appartements**, par A. Reyner. — Prix.. **2 fr.**

N° 8. — **Les agrandissements et les projections**, par G. Brunel. — Prix.. **1 fr.**

N° 9. — **Les objectifs et la stéréoscopie**, par G. Brunel — Prix. **1 fr.**

N° 10. — **La photographie en couleurs**, par G. Brunel. — Prix. **1 fr.**

Physique.

Température et Énergie. Essai sur une équation de dimensions de la température, ses conséquences thermiques, ses corrélations avec les autres formes de l'énergie, par P. Juppont. 1 volume in-16, 97 pages, 1899. — Prix.. **2 fr. 50**

Piles (Voir Accumulateurs-Électrolyse).

Les Piles électriques et les Piles thermo-électriques, par W. Hauck. — Troisième édition française, par G. Fournier, ingénieur-électricien. — 1 fort vol. in-16, orné de 71 fig. dans le texte. Prix. **4 fr. 50**

Traité des Piles électriques. Piles Hydro-Thermo et Pyro-Électriques, par Donato Tommasi, docteur ès-sciences, in-16, 139 figures (publié à 12 fr. 50). — Prix réduit..................... **7 fr. 50**

Piles aux bichromates. Applications industrielles des résidus provenant des piles aux bichromates, par Georges Fournier, ingénieur-électricien (1889). 1 vol. in-12, 58 pages. — Prix............. **1 fr. 50**

Ponts.

Recueil pratique des moments d'inertie, à l'usage des ingénieurs et des constructeurs ayant à calculer ou à vérifier les conditions de résistance de tabliers métalliques, suivi de courbes graphiques représentant par mètre superficiel et suivant les portées, le poids moyen des différents tabliers métalliques établis sur les lignes du Nord, par H. Forest, ingénieur civil, chef du bureau des études du matériel des voies et des ouvrages métalliques au chemin de fer du Nord, ancien élève et répétiteur du cours de travaux publics à l'École Centrale des Arts et Manufactures. — 1 volume in-8°, 1877. — Prix................... **4 fr.**

Traité de construction de ponts. Les poutres droites considérées au point de vue des forces extérieures, par D.-E. Winckler, traduit de l'allemand par M. Ch. d'Espine, ingénieur, ancien élève de l'École polytechnique, de Zurich. — Grand in-8°, 252 pages, 123 figures dans le texte et 7 planches. — Prix.................................... **8 fr.**

Le Portugal.

Le Portugal moderne. Etude intime des conditions industrielles du pays, par E. ACKERMANN, ingénieur civil des Mines, 2 volumes in-12 ; 1re partie : L'industrie minière, 122 pages. — Prix................ **2 fr.**
2me partie : L'Industrie et le Commerce, 125 pages. — Prix....... **2 fr.**

Radiographie.

Le Radium. La Radioactivité. — Rayons Becquerel. — Le Radium. — Propriétés physiques, physiologiques et chimiques. — Origines du rayonnement, etc., in-8° avec figures, par JEAN ESCARD. — Prix... **3 fr.**

Manuel pratique de Radiographie. Pratique des rayons X, par G. BRUNEL. — 1 vol. in-16, 56 figures, 3me édition. — Prix. **1 fr. 50**

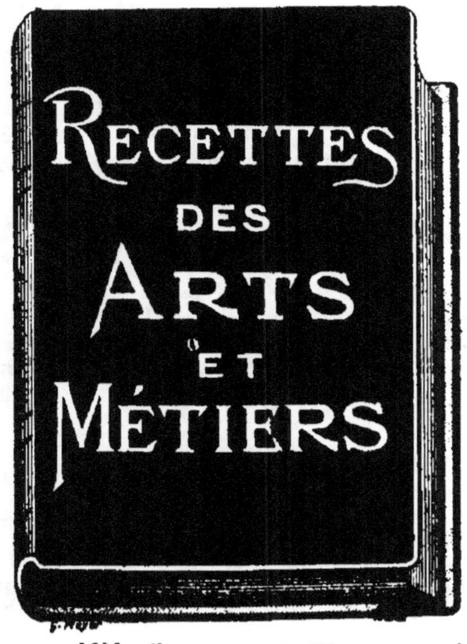

Recettes.

Les meilleures Recettes pratiques, par Daniel BEL-LET.

1er volume. — *Recettes de la vie domestique*, 247 pages. — Prix : cartonné.......... **2 fr.**
2me vol. — *Recettes de la Ferme et du Château*. — Prix : cartonné................... **2 fr.**
3me vol. — *Recettes des Arts et Métiers.*— Prix : cartonné **2 fr.**

Savons (Voir BOUGIES).

Manuel pratique du Savonnier. *Savons communs, savons de toilette, mousseux, transparents, médicinaux, pâtes et émulsions, analyse des savons,* par MM. CALMELS et WILTNER, chimistes. — 1 vol. in-16, 26 figures, 3me édition française. — Prix........................ .... **4 fr.**

EXTRAIT DE LA TABLE DES CHAPITRES : Historique des savons. — Réaction fondamentale de la saponification.— Des matières employées pour la fabrication des savons. — Préparation des lessives alcalines. — Fabrication du von. — De la saponification en général. — Classification des savons. —

Fabrication des diverses sortes de savons. — Savons médicinaux. — Moulage des savons. — Tableaux de cuisson. — Fabrication des savons par la vapeur. — Fabrication des savons de toilette. — Préparation de la masse destinée à la fabrication des savons de toilette. — Description des machines employées pour la fabrication des savons de toilette. — Couleurs et substances colorantes. — Recettes pour la préparation des savons de toilette. — Analyse des savons.

Scieries (Voir Bois).

Instruction pratique sur les Scieries. Contenant : l'étude et les valeurs de la résistance des matériaux à l'action de l'outil ; des considérations théoriques ; des résultats d'expériences et des règles pratiques pour la détermination des proportions et des vitesses des différentes parties des mécanismes, par P. Boileau, 2ᵐᵉ édition, 1 vol. in-8°, 108 pages, et 4 planches in-folio. -- Prix.......................... .... **5 fr.**

Soie.

La Soie artificielle. Cellulose. — Soie à base d'alcool, d'acide acétique, d'hydrate de cuivre, de chlorure de zinc, de viscose. — Procédés divers. — Conclusion, par P. Willems, ingénieur des Arts et Manufactures, in-8° avec échantillon. — Prix .... **4 fr.**

Manuel pratique de la Soie. Education des vers. — Filage des cocons. — Cuite. — Assouplissage. — Blanchiment. — Filature des déchets. — Moulinage — Conditionnement des soies. — Teinture et dorure de la soie. — Par A. Villon, ingénieur à Lyon ; 1 fort volume in-16, nombreuses figures dans le texte. -- Prix .... **6 fr.**

Sondages (Voir Mines).

Manuel pratique de Sondages. Etudes et recherches souterraines par sondages à de faibles profondeurs, par Ed. Lippmann, ingénieur civil. — 1 vol. in-16, avec 5 planches. Prix, cartonné .... **4 fr. 50**

Sonneries Électriques (Voir Electricité).

Albums de 32 plans de pose de sonneries électriques, par S. Denis, fils aîné, constructeur-mécanicien. — Troisième tirage, in-12 oblong. — Prix... **1 fr.**

Les Sonneries électriques. Installation et entretien, par Georges Fournier, ingénieur-électricien, d'après O. Cantor. — Cinquième édition, revue et corrigée — 1 volume in-16, avec 59 figures dans le texte. — Prix .... **2 fr. 50**

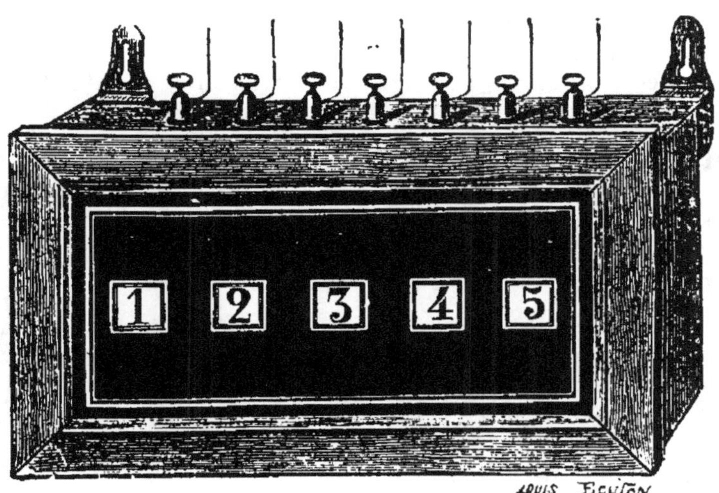

Extrait de la Table des Matières. — Préface. — Unités électriques. — Introduction. — Les sonneries électriques employées aux usages domestiques. — Les appareils avertisseurs automatiques. — Installation et pose des circuits et appareils. Règles à observer. — Exemple de pose et d'installation. — Calcul des intensités de courant nécessité dans la pratique. Exemples. — Les sonneries électromagnétiques.

Soude.

La Soude Electrolytique. — Théorie. — Laboratoire. — Industrie. — Problème de la soude électrolytique. — Tension de décomposition. — Le phénomène de Hittorf. — Théorie des électrolyseurs à diaphragmes. — L'anode. — Le diaphragme. — Méthode avec diaphragmes. — Méthode avec circulation. — Méthode avec cathode de mercure — Méthode par fusion ignée. — Technique de l'électrolyse. — Elaboration du chlore. — Elaboration des alcalis. — Utilisation de l'hydrogène. — Prix de revient. — Etat actuel de l'industrie des alcalis électrolytiques, par André Brochet, docteur ès-sciences. — 1 volume in-8° de 274 pages et 60 figures dans le texte. — Prix, broché .... **10 fr.**

Sténographie.

Sténographie. Art d'écrire aussi vite que la parole, par V. Gaillard. — In 8°. — Prix .... **0 fr. 50**

Sucre.

Manuel du Fabricant de Sucre. Sucre de betteraves, de cannes ; par P. BOULIN, chimiste-industriel ; 1 beau volume in-16, 30 figures dans le texte. — Prix .... **6 fr.**

Fabrication du Sucre (Traité complet théorique et pratique de la). — Guide du fabricant, par le Dr Charles STAMMER ; 1 volume gr. in-8° 718 pages avec 165 figures, nombreux tableaux dans le texte et 3 planches Cartonné toile anglaise. (1875). — Prix .... **20 fr.**

Manuel pratique de Diffusion. Historique. — Théorie. — Diffusion. — Contrôle. — Rendements. — Devis. — Installation, par ELIE FLEURY et ERNEST LEMAIRE. — In 8° (1880). — Prix réduit ... **3 fr.**

Tabac.

Tabac. Description historique, botanique et chimique. — Climat. — Culture. — Frais. — Produits. — Mode de dessiccation. — Séchoirs. — Conservation. — Commerce ; par V.-P.-G. DEMOOR. — In-18, 130 pages, 20 figures. — Prix .... **2 fr.**

Teinture. — Blanchiment.

Manuel pratique du Teinturier. Matières colorantes, par J. HUMMEL, directeur du Collège de Teinture de Leeds. Edition française, par M. F. DOUMER, professeur à l'Ecole de physique et de chimie industrielles. — 1 fort vol. in-16, 80 figures dans le texte. — Prix... **7 fr. 50**

Traité de la teinture des Tissus et de l'impression du Calicot, comprenant les derniers perfectionnements apportés dans la préparation et l'emploi des couleurs d'aniline. Ouvrage illustré de gravures sur bois et de nombreux échantillons d'étoffes, par le Dr CALVERT, 1 vol. in-8°, 500 pages, cartonné toile. — Prix réduit .... **5 fr.**

Télégraphie.

Traité de Télégraphie électrique. Cours théorique et pratique à l'usage des fonctionnaires de l'Administration des Lignes télégraphiques, des ingénieurs, constructeurs, inventeurs, employés des Chemins de fer, etc., etc., par E.-E. BLAVIER, inspecteur des Lignes télégraphiques. — 2 beaux volumes in-8° de 952 pages, avec 413 figures dans le texte (1867). (Publié à 20 fr.) — Prix réduit .... **10 fr.**

Téléphonie (Voir ÉLECTRICITÉ).

Manuel pratique du Téléphone. 1re partie. — Installations privées. — Téléphone. — Microphone et Radiophone, par Théodore SCHWARTZE. — 4e édition française, par S. FOURNIER et D. TOMMASI. — 1 vol. in-16, avec 153 figures dans le texte. — Prix .... **4 fr.**

2e partie. — Traité de téléphonie. — Installations industrielles à grandes distance, par le Dr V. WIETLISBACH. — 1 vol. in-16, avec 123 figures dans le texte. — Prix........................ .... **4 fr.**

Album de plans de pose d'Installations téléphoniques,

par H. de GRAFFIGNY, 32 plans hors texte, avec explications, in-8°, cartonné. — Prix............................ .... **3 fr. 50**

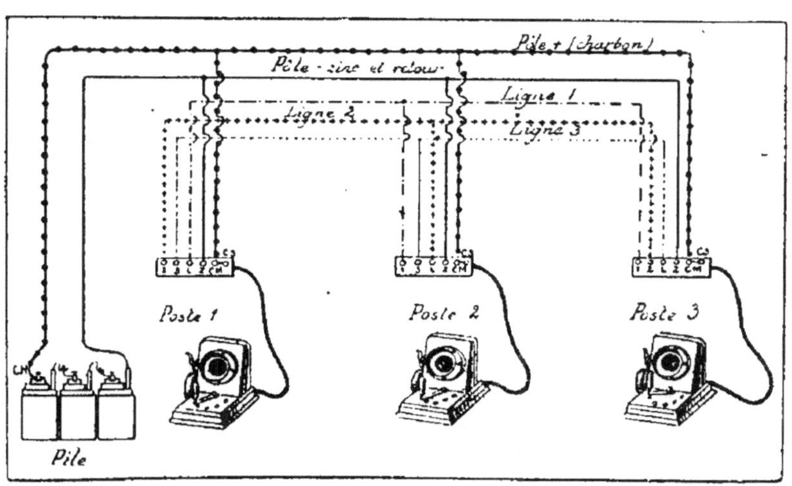

Tissage. — Laine. — Industries textiles.

Manuel de Filature, par J. DANTZER, professeur de Filature et de Tissage à l'Institut Industriel de Lille et à l'Ecole des Arts Industriels Roubaix.

1re PARTIE. — Mécanique et principes généraux de la filature des textiles. — In-16, 90 figures. — Cartonné. — Prix........................ **2 fr.**

2e PARTIE. — Culture, rouissage, teillage et filature du lin. — In-16, figures 91 à 141. — Cartonné, 1908. — Prix........................ **2 fr.**

3e PARTIE. — Filature du lin. — In-16, figures 142 à 180. — Cartonné, 1909. — Prix .... **2 fr.**

Self-Acting. Métier à filer automate de PARR-CURTIS, par PARR-CURTIS, traduit et annoté par Paul DUPONT, professeur à l'Ecole de Tissage de Mulhouse, 1 volume grand in-8° avec 4 planches coloriées, 1880. — Prix.. **3 fr. 50**

Travail des laines cardées. Cardage et filage, par A. LORISCH, édition française, par H. DANZER, ingénieur; in-8°, 86 pages et 52 figures. — Prix.. **3 fr.**

Tourbe.

La Tourbe. Son extraction et son emploi comme combustible industriel, guide pratique de la fabrication des briquettes de tourbe et pour leur utilisation générale en métallurgie, en verrerie, en cristallerie et pour le chauffage au gaz, par M. LENCAUCHEZ. — 1 vol. grand in-8', avec atlas in-4º de 17 planches doubles. — Prix................. **7 fr. 50**

Tramways (Voir CHEMINS DE FER).

Manuel pratique de traction des Tramways électriques, par Georges DAUSSY, chef de l'exploitation des tramways de Toulon, in-8°, 1909, cartonné, planches et figures. — Prix......... **5 fr.**

Transport de la force.

Le Transport de la force par l'Électricité, par Ed. JAPING, ingénieur-électricien. — Troisième édition française. — Annotée et augmentée de la description des plus récentes applications du Transport de la force, par M. Marcel DEPREZ, membre de l'Institut. — 1 volume in-16, avec 49 figures dans le texte. — Prix.............................. **5 fr.**

EXTRAIT DE LA TABLE. — Introduction du transport de la force en général et en particulier du transport de la force par l'électricité. — Forces naturelles propres à être transmises par l'électricité. — Machines électriques pour la production du courant électro-moteur. — Théorie de la transformation du courant en travail. — Considérations théoriques concernant le rapport de la force à de grandes distances. — Emploi des machines électriques. — Les conducteurs électriques. — La propagation et la distribution du courant électrique. — Distribution du courant électrique. - Transformateurs et accumulateurs. — Procédé pour diminuer les pertes d'énergie. — Applications industrielles. — Rendement économique du transport de la force par l'électricité. — Appendice. — Nouvelles expériences du transport de la force.

Urine.

Manuel pratique de l'analyse de l'urine. Instructions pour l'examen chimique de l'urine ainsi que pour la préparation artificielle de l'urine pathologique nécessaire pour les besoins des exercices pratiques et de l'enseignement; avec un appendice : Analyse des sucs gastriques, par le professeur Dr LASSAR KOHN, traduit de l'allemand, d'après la 3e édition, par Eug. ACKERMANN. — Prix .. .. **1 fr. 50**

Vannerie.

Manuel pratique de Vannerie. L'art du vannier à la portée de tous. — Outils et matières premières. — Paniers ordinaires. — Paniers carrés. — Paniers ronds. — Paniers ovales. — Paniers plats. — Paniers à provisions. — Vannerie de campagne. — Paniers en fibre de bois. — Paniers et objets de fantaisie. — Enveloppes pour carafes et bouteilles. — Vannerie de poche. — Réparation des paniers. — Fauteuils en vannerie. par P. HASLUCK et L. GRUNY. — 1 volume in-8° de 132 pages et 189 fig. — Prix. **3 fr.**

Vernis (Voir COULEURS).

Manuel pratique du Fabricant de Vernis. Gommes. — Huiles. — Térébenthines. — Huiles siccatives. — Vernis gras. — Vernis à l'essence. — Vernis à l'alcool, par E. COFFIGNIER, 1 fort volume in-16, avec figures. — Prix.. **5 fr.**

   EXTRAIT DE LA TABLE DES MATIÈRES. — Matières premières. — Analyses des gommes. — Résines et linoléates. — Les dissolvants. — Huiles végétales. — Les Térébenthines. — La gomme. — Les résineux. — Fabrication des huiles siccatives. — Diverses cuissons. — Fabrication des vernis gras. — Analyse et essai des vernis. — Différents vernis à l'essence. Leur mode de fabrication. — Fabrication des vernis à l'alcool. — Les principaux vernis à l'alcool. — Vernis mixtes. — Vernis au caoutchouc. — Vernis à l'eau.

Verrerie.

Douze leçons sur l'art de la Verrerie, par E. PÉLIGOT, suivies d'une note sur la peinture sur verre, par M. SALVÉTAT, in-8° avec figures. — Prix... **5 fr.**

Vinaigre.

Manuel pratique du Vinaigrier. Méthodes nouvelles de fabrication du vinaigre, par Ch. FRANCHE, ingénieur-chimiste. — Un beau volume in-16, nombreuses figures dans le texte. — Prix........ **4 fr. 50**

EXTRAIT DE LA TABLE DES MATIÈRES. — Acide acétique. — Propriétés générales. — Origine chimique de l'acide acétique. — Fermentation acétique. — Choix des liquides pour la fabrication du vinaigre. — Différentes méthodes : Méthode d'Orléans, Méthode Pasteur, Méthode anglaise, Nouvelles méthodes, etc. — Propriétés, traitements, conservation. emmagasinage. — Essai et analyse du vinaigre. — Falsifications.

Vins.

Manuel général des Vins (Nouvelle édition revue et corrigée), par Edouard Robinet (d'Epernay).
Trois beaux volumes in-16, de 1.366 pages et 136 figures. — Prix. **15 fr.**

On vend séparément :

Tome Ier. — Vins rouges. — Vins blancs. — Vins artificiels........ **5 fr.**
Tome II. — Vins mousseux. — Champagnes .... **5 fr.**
Tome III. — Analyse des Vins. — Fermentation. — Falsifications... **5 fr.**

Note sur la fabrication des Vins mousseux dans les pays chauds, par E. Robinet, 1 vol. in-16, 32 pages. — Prix **1 fr. 50**

Manuel de Pasteurisation des Vins et Traitement de leurs maladies, par Frantz Malvezin, préface de G Jacquemin, in-8°, 277 pages, 98 figures et 11 planches en couleur. — Prix. **7 fr. 50**

Sucrage des vendanges, avec les sucres purs de cannes ou de betteraves, par M. Dubrumfaut, 3e édition. — Prix réduit.... **1 fr. 50**

Vieillissement des Vins et Spiritueux par Frantz Malvezin. — Prix..................................... .... **6 fr. 50**

Traité de la Vigne et des Vins. Traité complet, théorique et pratique de la vigne, de la vinification, de l'analyse et des falsifications, par Em. Viard, chimiste. — In-8° (1892). — Prix................ **15 fr.**